"十三五"国家重点图书出版规划项目

"十三五"国家重点图书出版规划项目

中外物理学精品书系

前沿系列·48

从动力学到统计物理学

郑志刚 胡 岗 著

北京大学出版社

PEKING UNIVERSITY PRESS

图书在版编目(CIP)数据

从动力学到统计物理学/郑志刚,胡岗著. —北京:北京大学出版社,2016.10
(中外物理学精品书系)
ISBN 978-7-301-27660-0

Ⅰ. ①从… Ⅱ. ①郑… ②胡… Ⅲ. ①动力学—研究 ②统计物理学—研究
Ⅳ. ①O313 ②O414.2

中国版本图书馆 CIP 数据核字(2016)第 247517 号

书　　　名	从动力学到统计物理学	
	CONG DONGLIXUE DAO TONGJI WULIXUE	
著作责任者	郑志刚　胡　岗　著	
责 任 编 辑	刘　啸	
标 准 书 号	ISBN 978-7-301-27660-0	
出 版 发 行	北京大学出版社	
地　　　址	北京市海淀区成府路 205 号　100871	
网　　　址	http://www.pup.cn	
电 子 信 箱	zpup@pup.cn	
新 浪 微 博	@北京大学出版社	
电　　　话	邮购部 62752015　发行部 62750672　编辑部 62752021	
印 刷 者	天津中印联印务有限公司	
经 销 者	新华书店	
	730 毫米×980 毫米　16 开本　32 印张　插页 3　610 千字	
	2016 年 10 月第 1 版　2019 年 12 月第 2 次印刷	
定　　　价	89.00 元	

序　言

　　物理学是研究物质、能量以及它们之间相互作用的科学。她不仅是化学、生命、材料、信息、能源和环境等相关学科的基础,同时还是许多新兴学科和交叉学科的前沿。在科技发展日新月异和国际竞争日趋激烈的今天,物理学不仅囿于基础科学和技术应用研究的范畴,而且在社会发展与人类进步的历史进程中发挥着越来越关键的作用。

　　我们欣喜地看到,改革开放三十多年来,随着中国政治、经济、教育、文化等领域各项事业的持续稳定发展,我国物理学取得了跨越式的进步,做出了很多为世界瞩目的研究成果。今日的中国物理正在经历一个历史上少有的黄金时代。

　　在我国物理学科快速发展的背景下,近年来物理学相关书籍也呈现百花齐放的良好态势,在知识传承、学术交流、人才培养等方面发挥着无可替代的作用。从另一方面看,尽管国内各出版社相继推出了一些质量很高的物理教材和图书,但系统总结物理学各门类知识和发展,深入浅出地介绍其与现代科学技术之间的渊源,并针对不同层次的读者提供有价值的教材和研究参考,仍是我国科学传播与出版界面临的一个极富挑战性的课题。

　　为有力推动我国物理学研究、加快相关学科的建设与发展,特别是展现近年来中国物理学者的研究水平和成果,北京大学出版社在国家出版基金的支持下推出了"中外物理学精品书系",试图对以上难题进行大胆的尝试和探索。该书系编委会集结了数十位来自内地和香港顶尖高校及科研院所的知名专家学者。他们都是目前该领域十分活跃的专家,确保了整套丛书的权威性和前瞻性。

　　这套书系内容丰富,涵盖面广,可读性强,其中既有对我国传统物理学发展的梳理和总结,也有对正在蓬勃发展的物理学前沿的全面展示;既引进和介绍了世界物理学研究的发展动态,也面向国际主流领域传播中国物理的优秀专著。可以说,"中外物理学精品书系"力图完整呈现近现代世界和中国物理科学发展的全貌,是一部目前国内为数不多的兼具学术价值和阅读乐趣的经典物理丛书。

"中外物理学精品书系"另一个突出特点是,在把西方物理的精华要义"请进来"的同时,也将我国近现代物理的优秀成果"送出去"。物理学科在世界范围内的重要性不言而喻,引进和翻译世界物理的经典著作和前沿动态,可以满足当前国内物理教学和科研工作的迫切需求。另一方面,改革开放几十年来,我国的物理学研究取得了长足发展,一大批具有较高学术价值的著作相继问世。这套丛书首次将一些中国物理学者的优秀论著以英文版的形式直接推向国际相关研究的主流领域,使世界对中国物理学的过去和现状有更多的深入了解,不仅充分展示出中国物理学研究和积累的"硬实力",也向世界主动传播我国科技文化领域不断创新的"软实力",对全面提升中国科学、教育和文化领域的国际形象起到重要的促进作用。

值得一提的是,"中外物理学精品书系"还对中国近现代物理学科的经典著作进行了全面收录。20世纪以来,中国物理界诞生了很多经典作品,但当时大都分散出版,如今很多代表性的作品已经淹没在浩瀚的图书海洋中,读者们对这些论著也都是"只闻其声,未见其真"。该书系的编者们在这方面下了很大工夫,对中国物理学科不同时期、不同分支的经典著作进行了系统的整理和收录。这项工作具有非常重要的学术意义和社会价值,不仅可以很好地保护和传承我国物理学的经典文献,充分发挥其应有的传世育人的作用,更能使广大物理学人和青年学子切身体会我国物理学研究的发展脉络和优良传统,真正领悟到老一辈科学家严谨求实、追求卓越、博大精深的治学之美。

温家宝总理在2006年中国科学技术大会上指出,"加强基础研究是提升国家创新能力、积累智力资本的重要途径,是我国跻身世界科技强国的必要条件"。中国的发展在于创新,而基础研究正是一切创新的根本和源泉。我相信,这套"中外物理学精品书系"的出版,不仅可以使所有热爱和研究物理学的人们从中获取思维的启迪、智力的挑战和阅读的乐趣,也将进一步推动其他相关基础科学更好更快地发展,为我国今后的科技创新和社会进步做出应有的贡献。

"中外物理学精品书系"编委会　主任
中国科学院院士,北京大学教授
王恩哥
2010年5月于燕园

内 容 提 要

本书从动力学出发讨论了平衡态和非平衡态统计物理的基本问题以及与此密切相关的一些重要应用,介绍了这一领域的重要研究成果,例如非线性动力学的内禀随机性问题、从动力学的遍历理论到平衡态统计物理基本问题、少体系统动力学与平衡和非平衡统计物理、非平衡体系的涨落定理、低维系统热传导与反常扩散、分子马达与定向输运等.本书第1章通过系统论述确定性动力系统的不稳定性与内禀随机动力学阐明了随机性的微观动力学起源,为动力系统的统计和热力学描述提供了理论基础.第2章进一步建立了有限自由度系统的平衡态统计描述,系统阐述了遍历理论的基本内容,并通过微分几何理论论述了微观系统的动力学特征与微分几何拓扑特征的关系,以及它们的变化与平衡态相变等宏观热力学行为的密切联系.第3章以耗散可逆动力系统为基础建立了对非平衡态系统的确定性描述,并在混沌假设的基础上建立起测度不变分布,详细介绍了加拉沃蒂-科恩涨落定理、伊万斯-瑟尔斯瞬时涨落定理、加津斯基自由能等式与克鲁克斯涨落定理及变温自由能等式等几个典型的非平衡涨落关系.第4章系统阐述了低维和少体系统的热传导行为及其调控,探讨非线性、不可积性、遍历性与混沌等微观动力学特征对宏观热传导的影响,并从集体激发模式与能量载流子的角度来进行研究.第5章对非平衡定向输运问题进行了讨论,从动力学、统计物理、热力学等方面对无方向偏置系统出现的定向输运进行了分析,并对生物分子马达从生物特征、动力学的物理建模及影响马达与定向输运的各种因素等方面进行了讨论.

本书可供从事统计物理、复杂性科学及其非线性动力学研究的工作者、理工科大学的教师、大学高年级学生和研究生阅读,对在相关交叉领域从事应用研究的同行也有一定的参考价值,也可为现行非线性动力学及统计物理教学与教材等提供有益的材料.

前　　言

　　这是一本试图在动力学与统计物理学之间架起桥梁的书.动力学指的是一个系统在微观自由度层面的变量的演化行为,在物理上由经典力学或量子力学来描写.统计物理学则是一门对一个系统宏观热力学给予统计解释的学科.要架起一座桥梁并不容易,因为虽然统计物理学已经发展了 100 多年,但动力学与统计力学的关系至今仍然是一个颇具争议的问题,历史上它被称为统计物理基本问题.微观动力学与统计力学及宏观热力学的关系在平衡态与非平衡态统计物理中都广泛存在.近年来随着小系统、小尺度、非广延、非平衡等因素的介入,有关基本问题的研究由于涉及统计力学的根基而显得更加重要.

　　传统统计物理学的研究对象是由大量单元组成的热力学系统,它成功地从微观出发阐述了大自由度系统的宏观热力学现象及各种宏观行为的转变.通过引进合理的统计假设及考虑系统的各种作用,统计物理可以利用系综运算处理微观层次的复杂性,从而在宏观层次上理解热力学的一般规律.如今统计物理的思想方法和研究成果已被用于大量的领域.

　　统计物理自诞生之日起就面临两对矛盾的挑战.一是系统微观动力学的确定性与统计物理研究对象行为的随机性之间的矛盾.这引出了统计物理的第一个基本问题,即统计性或随机性的动力学根源.第二对矛盾则是系统微观动力学的时间可逆性与宏观热力学过程的不可逆性之间的矛盾.这引出了统计力学中最古老和最有趣的问题之一,即第二个基本问题——宏观热力学时间不可逆性的微观起源.

　　历史上对上述两对矛盾的研究是相互关联的.在微观世界中,分子运动所遵循的运动方程对时间反演不变,这种微观可逆性在某种条件下会在宏观热力学上体现出来,例如非平衡输运过程中的昂萨格倒易关系就是典型的漂亮结果.然而一般情况下,热力学过程的不可逆性是热力学的根本特点,它由热力学第二定律给出.统计物理学先驱玻尔兹曼于 1872 年推导出了稀薄气体单体约化概率分布随时间演化的方程,并推导了单粒子熵随时间单调演化的 H 定理,阐释了气体系统热力学过程的不可逆性. 这个方程取得了巨大成功,成为百年来气体系统非平衡演化及流体力学的奠基性方程,但也受到了一些物理学家和数学家的猛烈攻击. 为从动力学层面解释宏观不可逆性,玻尔兹曼提出了遍历性,由此开启了遍历理论的建立和发展过程. 遍历理论在动力学和统计之间搭建了从微观到宏观的重要桥梁,此课题的重要性和意义在混沌动力学研究开展的几十年后已不言自明. 近几十年来的研究已经表明,系统微观动力学遍历性揭示了随机性和统计手段的内在起源,它们并非来自外来因素,而是来自系统微观动力学的不稳定性与内禀随机性,其中微观动力学的不稳定性密切联系着宏观过程的不可逆性. 因此,从统计意义上来看,宏观过程的不可逆性与微观动力学的可逆性二者之间并不矛盾. 在此意义上,系统的无限大自由度已不是决定性的因素. 人们可以系统建立少自由度系统的统计力学及热力学.

　　虽然关于热力学系统平衡态的微观动力学与统计之间的关系已基本清楚,但人们对非平衡态的理解,无论从宏观层面还是微观层面上都还远未清楚,系统动力学的非线性与复杂性产生的非平衡过程的多样性是建立普遍性基础理论的主要困难之一. 非平衡态统计理论同样涉及类似于平衡态统计的基本问题,即动力学与统计之间的关系问题,称为非平衡态统计物理基本问题. 在过去的半个多世纪里,非平衡态统计力学和不可逆过程热力学理论研究和框架构建也取得了许多令人振奋的进展. 非平衡现象的研究领域已经从近平衡态扩展到了远离平衡态的系统,普利高津的耗散结构论与哈肯的协同学等一系列成果掀起了人们对非平衡系统研究的热潮,对各种非平衡现象及其内在本质普遍规律的细致深入研究已经成为了当前理论物理和其他交叉学科的重要前沿课题. 纳米尺度下的非平衡行为在近二十年成为研究的热点. 在纳米尺度下,一些效应变得非常重要,人们发现了系统在非平衡条件下的一系列称为涨落定理的行为关系,其中包括 1995 年加拉沃蒂与科恩针对满足阿诺索夫性的系统在混沌假设下提出的基于动力学层面的涨落定理、伊万斯与瑟尔斯在 1994 年从统计系综的角度对正逆过程的不对称性进行阐述及提出的瞬时涨落定理、加津斯基于 1997 年在热力学层面对一般非平衡过程热力学量之间关系的自由能等式、1998 年克鲁克斯建立的热力学过程做功概率满足的半热力学涨落定理等. 这些定理或关系的提出及其诠释是对一个多世纪以前统计物理基本问题和不可逆性起源问题的延续,人们在从动力学到热力学的不同层面以小系统为研究对象取得了更为深刻的理论结果,为 100 多年前的那些论战提供了更为清晰的回答.另一方面,由于小尺度和小系统热力学本身就是近年来随技术发展已经提上日程的应用研究的重要问题,因此这些理论研究成果跨越了少体系统的平衡态和非平衡态统计物理与应用之间的鸿沟,实验研究为理论提供了重要的实例验证,理论结果又为小系统的热力学分析及测量提供了理论依据和方法.

有关热力学第二定律基本问题讨论的本质是对非平衡过程的理解.自然界大量的非平衡物理过程、化学反应动力学、生命过程乃至人类社会各种活动等表面上看起来似乎完全不同的非平衡现象背后是非平衡区域的输运行为,它们通过物质、能量或信息的时空迁移过程,如扩散、漂移、热传导、黏滞性等宏观现象展现出来.近年来,作用于系统上的外力总效果为零甚至无偏置外力情况下物质或能量在空间中产生的定向输运问题受到了广泛关注,对这一大类问题的研究有助于深入理解各种非平衡过程,而从非线性动力学到非平衡统计及输运过程的分析手段为此提供了有力的工具.

热传导是能量在空间的定向输运过程,是典型的非平衡统计热力学问题.传统热传导问题是非平衡热力学系统输运理论与线性响应理论的重要组成部分,其早期研究主要采用唯象理论,并得到了线性响应下的傅里叶定律.基于经典和量子的微观动力学,利用统计物理方法导出热传导基本定律是非常重要的课题.低维与纳米材料的热传导理论与实验研究近年来形成了两个方面的小热潮,一个方面是正常热导率的动力学机制研究,另外一个方面则是低维体系热传导行为的应用,特别是热调控器件的理论与实验研究.

正常热导率的问题是热传导微观动力学机制研究中非常重要的问题.近年来人们发现,低维体系的热导率不仅与材料性质有关,而且还可能是系统尺寸的函数,这种反常的热导率现象引起了人们的极大兴趣.人们从微观动力学的不同角度对大量一维和二维系统的热传导性质开展了研究,使得微观动力学行为与宏观能量输运之间的关系扩展到了更深入的从非线性动力学、声子与非线性模式动力学等角度对热传导机制的解释.这些研究促进了大自由度系统的统计性质、集体模激发性质、非线性波等相关问题的研究.基于声子图像的热传导微观理论,特别是声子的重整化理论不仅解释了热传导的微观机制,而且成功地应用到了低维材料的热导性质参数的计算中.

热传导微观机制的研究也为实现能量输运与热传导过程的调控提供了必要的理论基础.以近年来通过引入缺陷成功控制热流而开辟热输运调控的新方向为起点,人们提出了热二极管、热三极管、热逻辑门等热调控器件的基本机制,并已在实验研究方面取得了进展.这些潜在的应用推动沉寂多年的声子学作为一门兼跨理论研究与实际应用的学科与电子学和光子学等站在一起,焕发出新的生机和活力.

非平衡系统在外力总效果为零的情况下发生定向输运,意味着内部或外部的某些对称性被打破,以此将非定向驱动的能量或涨落转化为定向的物质流动或做功.这种现象在物理上称为棘轮效应.在生物学中也有一类与此相关的被称为分子马达的分子机器.分子马达的行为是生命活动中最典型、最基本的非平衡现象.生命体区别于非生命体的重要标志是主动运动,实现各种主动的运动是通过被称为分子马达的蛋白酶来完成的,它们扮演着生命宏观活动的微观守护神的角色,在生物体内无处不在,并执行着如肌肉收缩、细胞内和细胞间的物质输运、DNA 复制、细胞分裂等各种各样的生物功能.因此,探索细胞层次的生命运动不仅是生物学的重要使命,也是物理学家非常感兴趣的领域.

分子马达的结构和功能具有多样性.另一方面,很多不同种类的分子马达分享着类似的基本物理原理.因此,即使不同分子马达进化过程毫不相关,生物功能也各不相同,但对某一分子马达的分析都可以不断地启示我们对其他分子马达功能的确定.物理学家更喜欢透过现象看本质,并通过建立简单的模型来探讨分子马达产生定向输运的生物复杂性行为,通过了解这些不同种类的分子马达的结构和功能,进一步在物理上利用简单的机理和方程来揭示和描述其运动.对于分子马达功能的深入和更为丰富的理解,需要生物学、物理学、化学和力学的交叉.生物分子马达的研究是近年来生物学和物理学融合成果丰硕的热点领域之一.由于分子马达蛋白尺度小以及它们的工作大多处在热运动起重要作用的条件下,测量分子马达速率及发现相关的物理量在技术上就很具挑战性.许多用于各种物理概念测量的精巧技术大部分是由生物学家和物理学家一起合作开发的.

上述的一系列涉及统计物理的激动人心的新课题表明了一个重要事实,那就是系统的微观动力学扮演着重要的角色.一方面,微观动力学的遍历理论为统计思想和方法的运用提供了基础,架起了从动力学到统计的桥梁;另一方面,微观动力学远远不限于满足遍历性这样相对简单的满足一定统计性的特征,遍历性破缺的情形随处可见.系统在微观动力学上的这种复杂性使得系统会表现出各种非平衡的宏观涌现行为.物理上的平衡态与非平衡态相变就为我们展现了丰富多彩的由于遍历性破缺或对称破缺而产生的现象.我们不准备在本书中对这些问题的各个方面进行面面俱到的讨论,而是集中论述平衡态和非平衡态统计物理的基本问题及其近年来围绕基本问题的一些重要研究成果,主要内容包括非线性动力学内禀随机性的问题,平衡态统计物理基本问题,即动力系统理论与遍历理论,少体系统的平衡与非平衡态统计物理,有限非平衡体系的涨落定理,低维体系的热传导与反常扩散,分子马达与定向输运等.本书自始至终贯穿的一条主线是热力学与统计力学中微观动力学扮演着重要角色的那些宏观集体行为.本书的内容安排如下:

第 1 章将系统阐述确定性动力学系统的不稳定性与内禀随机动力学.我们从经典力学开始,以哈密顿系统的混沌行为为核心切入问题的讨论,通过对混沌动力学的详细分析来阐明随机性的微观动力学起源于非线性系统的动力学不稳定性及其导致的混沌运动.混沌动力学研究表明,确定性系统会由于"差若毫厘,谬以千里"的初值敏感性混沌特点而导致长时间行为的随机性,这一特征缩小了确定论和随机论之间的鸿沟,为动力学系统的统计描述提供了理论基础.对具有随机性的动力学系统有必要引入概率描述,而统计力学的思想和方法也将自然地进入动力学系统的框架和分析之中.

第 2 章将在第 1 章的基础上完成从动力学到统计的过渡,进一步建立对有限自由度系统的平衡态统计描述.我们将系统阐述遍历理论的基本内容,将动力学系统的随机性概念,如回归性、遍历性、混合性、K 系统、阿诺索夫系统等按照由弱到强的顺序加以介绍,并在遍历性基础上建立少体系统的统计力学框架.大自由度哈密顿系统的统计热力学及其平衡态相变与哈密顿动力学特征有密切联系,通过建立哈密顿系统的微分几何理论,人们不仅可以利用微分几何的拓扑量来计算哈密顿系统的动力学特征指数,而且可以发现系统的动力学特征、几何拓扑特征的变化与平衡态相变等宏观热力学行为的密切联系.这将是该章的重要内容之一.

第 3 章将讨论非平衡系统的基本问题及其应用.随着计算机模拟的广泛应用和纳米尺度实验技术的出现,人们有条件深入研究系统处于非平衡态下纳米尺度小系统的动力学行为细节,并发现了一系列被称为涨落定理的非平衡关系.该方面的研究在近二十年中取得了长足的进步,并对纳米尺度下系统的研究产生了实质性推动.这一系列的突破来自于几个与小系统非平衡涨落有关的定理的发现和建立.在第 3 章中,我们将集中介绍小系统的非平衡涨落效应.首先该章以耗散可逆动力学系统为基础建立对处于非平衡态的系统的确定性描述,并在混沌假设的基础上建立起 SRB 不变分布.然后我们将详细介绍几个重要的,包括加拉沃蒂-科恩涨落定理、伊万斯-瑟尔斯涨落定理、加津斯基自由能等式和克鲁克斯涨落关系在内的非平衡涨落关系.以少体硬球系统为例,我们还将从动力学系统出发讨论非平衡不可逆过程.

第 4 章将对低维和少体系统的热传导行为及其调控进行系统阐述,试图从微观动力学角度对宏观热传导的机制及其应用进行探讨.在能量输运和热传导的微观动力学机制研究方面,我们将从两个层面加以考虑.第一个层面是考虑系统的微观哈密顿力学,探讨非线性、不可积性、遍历性与混沌等微观动力学特征对宏观热传导的影响,特别要探讨在诸多动力学特征中哪些因素与正常热导率直接相关.第二个层面是从能量载流子的角度来进行研究.热传导系统微观动力学中的集体激发模式是实现能量空间迁移输运的重要因素,其中典型的线性激发模式是声子,而高温下系统的非线性相互作用会使得非线性激发模,如孤子和呼吸子等在能量输运中变得重要起来.近些年提出来的重整化声子理论将声子动力学由线性区域推广到了非线性情形.

第 5 章将着重讨论从生物分子马达与物理学背景下抽象出来的非平衡定向输运问题,并从动力学、统计物理和热力学方面加以分析.传统的关于物理定向输运的研究是从热力学,特别是热机及其密切相关的热力学第二定律开始的,是非平衡态情况下的有限时间热机问题的延伸.生物分子马达作为精巧的热力学机器用传统的热力学是无法简单描述的,用单纯的统计力学方法也是不够的,不仅要考虑分子马达蛋白的内部构型及其构型变化过程,还要考虑化学供能的过程以及该过程与力学做功过程的结合.从这一点来看,生物分子马达的刻画与描述过程中,内部动力学的非线性效应、化学供能过程与机械做功过程的耦合等因素不可避免,甚至起着重要和关键的作用.本章通过对分子马达生物学机理、动力学建模、各种动力学参数对马达行为形成和效率的影响的分析等论述了这些作用.

为使读者更好地阅读本书,我们一方面力求在基本知识铺垫的基础上展现最新的进展,另一方面尽可能通过合理的内容安排使读者可以相对独立地单独阅读每一章的内容.对于个别在不同章节出现的共同的基础知识,本书在附录部分给出.本书通过综合、全面地向读者展示统计物理基本问题与理论及其应用的新发展,希望以此引起读者的兴趣,并对现行统计物理教学与教材等提供有益的材料.

本书主体内容的写作基于两位作者多年来的科研及教学工作及其与诸多同事、研究生的讨论合作.我们自 1992 年开始的师生之谊及对动力学与统计物理学之间关系的共同探索兴趣支撑着这二十多年的密切合作.我们共同完成了一批该方面的研究工作.在此感谢岁月赐予我们的珍贵友谊和这本以我们成果积淀为基础的专著.作者要感谢已故的休斯敦大学教授、香港浸会大学物理系前系主任、非线性研究中心主任胡斑比先生.两位作者与斑比先生的合作始于 1996 年,近 20 年的合作和友谊跨越了世纪,跨越了香江的历史变迁,跨越了统计物理学与非线性动力学的界限.我们谨以本书来纪念我们的挚友胡斑比先生.作者还要感谢学界的郝柏林、于禄、陈式刚、孙义燧、葛墨林、欧阳钟灿、郑伟谋、刘寄星、龙桂鲁、孙昌璞、欧阳颀、胡进锟、汪秉宏、何大韧、Michael Cross、来颖诚、屈支林、汤雷瀚、李保文、Choi-Heng Lai、赵鸿、王炜、刘杰、刘宗华等各位教授的学术支持与合作,众多的前辈与朋友,长长的名单,恕不能一一列出,在此一并致谢.作者感谢北京师范大学非平衡统计物理与非线性动力学课题组多年来的研究生们,正是与他们的不断合作,教学相长,才使得本书的一些科研成果逐渐沉淀成为可以写入教科书的内容.感谢北京师范大学的方福康、杨展如、狄增如、张丰收、晏世伟、包景东、邵久书、李新奇、严大东、涂展春等同事,本书所涉及的领域自 20 世纪 80 年代起就是北师大物理学科的特色.作者蒙北师大众多统计物理与非线性科学领域的同行与合作者的鼓励、讨论与指点,相互学习,取长补短.

作者感谢多年来国家自然科学基金委、科技部 973 项目、教育部、北京师范大学、华侨大学等多方科研项目的支持.感谢夏建白院士、王恩哥院士对我们撰写本书的盛情邀请.

目　　录

第1章　非线性系统的动力学与混沌 ······················· (1)

§1.1　引言 ··· (1)

§1.2　从牛顿力学到拉格朗日与哈密顿力学 ·············· (9)

§1.3　哈密顿系统的运动积分与正则变换 ················ (15)

§1.4　可积系统的动力学 ······························ (25)

§1.5　近可积系统——小分母问题与 KAM 定理 ·········· (33)

§1.6　庞加莱-伯克霍夫定理与混沌运动 ················ (42)

§1.7　走向混沌——从蝴蝶效应谈起 ··················· (59)

§1.8　分形几何与奇异吸引子 ························· (80)

第2章　从动力学到平衡态统计物理 ····················· (102)

§2.1　统计物理基本问题研究概述与历史回顾 ··········· (102)

§2.2　遍历理论 ······································· (112)

§2.3　少体系统的统计与热力学 ······················ (132)

§2.4　硬球系统的统计力学 ·························· (138)

§2.5　哈密顿系统动力学的微分几何理论 ··············· (152)

§2.6　哈密顿系统的李指数与平衡态相变 ··············· (162)

第3章　少体系统的非平衡涨落理论与自由能关系 ········· (179)

§3.1　近平衡态热力学简介 ·························· (182)

§3.2　非平衡统计物理基本问题 ······················ (191)

§3.3　基于微观动力学的涨落定理 ···················· (202)

§3.4　加津斯基自由能等式 ·························· (208)

§3.5　克鲁克斯涨落关系 ···························· (222)

§3.6　变温热力学过程自由能关系 ···················· (227)

§3.7　少体硬球系统的不可逆过程与涨落 ·············· (239)

第4章　非线性系统的热传导与动力学 ··················· (255)

§4.1　非线性系统热传导引论 ························ (255)

§4.2　热传导过程的理论研究方法 ···················· (261)

§4.3　动力学系统的遍历性质与热传导 ················ (271)

§4.4　晶格热传导的声子气体理论 ……………………………（291）

§4.5　声子重整化理论 ……………………………………………（309）

§4.6　热传导与非线性能量载流子 ……………………………（319）

§4.7　反常热传导与反常扩散 …………………………………（340）

第5章　分子马达动力学与合作定向输运 …………………………（351）

§5.1　热力学棘轮与布朗马达 …………………………………（353）

§5.2　布朗马达的定向输运 ……………………………………（360）

§5.3　生命体内的分子马达 ……………………………………（377）

§5.4　分子马达动力学机制与物理建模 ………………………（387）

§5.5　耦合作用对定向输运的影响 ……………………………（405）

§5.6　耦合引起的对称破缺与定向输运 ………………………（414）

附录A　张量与黎曼几何初步 ………………………………………（432）

A.1　张量分析与对称性 ………………………………………（432）

A.2　矢量平移、仿射联络与协变微商 ………………………（434）

A.3　曲率张量与测地线方程 …………………………………（436）

A.4　黎曼空间的度规张量与克氏联络 ………………………（438）

A.5　黎曼空间中的测地线与曲率张量 ………………………（440）

附录B　布朗粒子在势场中的逃逸与跃迁 ………………………（442）

B.1　克莱默斯逃逸速率 ………………………………………（442）

B.2　首通时间 ……………………………………………………（445）

B.3　福克–普朗克方程非定态与逃逸率 ……………………（447）

附录C　分数阶微积分简介 …………………………………………（450）

C.1　常见的分数阶微积分定义 ………………………………（451）

C.2　分数阶微积分的性质 ……………………………………（454）

C.3　分数阶导数的拉普拉斯变换与傅里叶变换 ……………（455）

参考文献 …………………………………………………………………（458）

第1章 非线性系统的动力学与混沌

§1.1 引 言

在经典物理中,牛顿(I. Newton,1642—1726)力学认为,如果所受的作用力已知,给定一个系统的初始状态,则系统以后的运动都是确定的,未来的状态总是可以通过计算来预言[1]. 法国著名数学家、物理学家和哲学家拉普拉斯(P. S. Laplace,1749—1827)指出[2]:"在任何给定时刻,如果有某位智者能够洞悉所有支配自然界的力和组成自然界的物体的相对位置,并且这位智者的智慧足以对这些数据进行分析,他就可以用一个公式来概括宇宙中最大的天体和最小的原子的运动. 对这样的智者来说,没有什么是不确定的,未来同过去一样都历历在目." 换言之,这个世界像钟表一样精确地运行. 这种确定论(determinism)在很长一段时间内都占据了物理学的主流,而随机性(stochasticity)被认为是与确定性实质完全不相干的数据处理方法. 但是后来的研究发现,由牛顿运动定律所得的确定性微分方程组的解也会出现随机运动,用任何可实现的办法对初始条件进行的精确测量和对轨道做出的精确计算都不能准确预言运动物体在长时间后的位置和速度. 因此,确定性的系统在长时间后所得的结果可以表现出不可预测性(unpredictability)和随机性. 我们把这种确定性系统表现出的长时间行为的随机性称为动力学系统(dynamical systems)的内禀随机性(intrinsic stochasticity),或称为混沌[3].

"混沌"一词古已有之,或称"浑沌",中外都有相应的各种不同说法. 例如在英、法、德文中写为 chaos,在俄文中写为 xaoc,它们都源自希腊文 ΧΑΟΣ. 在中国民间传说中,混沌是指盘古开天辟地之前天地合一,"元气未分、模糊一团"的状态. 汉朝的班固在《白虎通·天地》中说:"混沌相连,视之不见,听之不闻,然后剖判."《云笈七签》卷二中对混沌表述为:"昔二仪未分之时,号曰洪源. 溟滓濛鸿,如鸡子状,名曰混沌."《庄子·应帝王》中对混沌的描述则更为有趣:"南海之帝为儵,北海之帝为忽,中央之帝为混沌. 儵与忽时相与遇于混沌之地,混沌待之甚善. 儵与忽谋报混沌之德,曰:'人皆有七窍,以视听食息,此独无有,尝试凿之.'日凿一窍,七日而混沌死."在古代欧洲,人们对混沌的阐述与中国古代传说有异曲同工之妙. 古罗马诗人奥维德(Ovidius)的《变形记》(*Metamorphosis*)中这样描述混沌:"天地未形,笼罩一切、充塞寰宇者,实为一相,今名之曰浑沌. 其象未化,无形聚集;为自然之种,杂沓不谐,然燥居于一所."当时人们将浑沌分成以太、空气、泥土和水这四种元素,并认为由它们形成了天空、陆地、海洋和万物. 可以看到, 古今中外对混沌的理解大都与无序和混乱联系在一起. 当前混沌在科学中的含义则是一种有组织的无序, 正所谓"聚散有法, 周行而不殆, 回复而不闭".

物理上对混沌研究的兴趣主要来自于两个方面, 它们密切联系着混沌运动的原因和后果. 第一个方面, 可以被看做意料之外的重要结果, 来自于早期对天体力学中三体问题的研究. 说是意料之外, 是因为传统的力学并不垂青随机性, 而确定性与规律性是传统力学要阐述的观点. 然而在 19 世纪末, 庞加莱 (J. H. Poincaré, 1854—1912) 对于三体问题的研究向我们展示了确定性力学系统的另一面——内禀的随机性和不稳定性[4]. 现在人们已经知道, 力学系统可以分为可积系统和不可积系统, 可积系统只存在平移运动、周期运动和准周期运动, 而不可积系统除这些运动类型之外还存在着混沌运动. 现实世界中绝大部分力学系统都是不可积的, 因此混沌运动是一种普遍运动形式. 如何理解混沌这种普遍运动的根源是科学家们很长时间以来关注的重要问题之一. 混沌研究兴趣的第二个方面是有关统计物理基本问题的探讨. 如果说传统力学关注的是确定性规律的话, 统计力学所关注的则是与其完全相对的另一面——随机性. 随机性是统计力学发挥作用的重要基石, 因此随机性是由外部因素引起还是系统内在运动的本性成为统计物理的基本问题之一. 混沌动力学的研究对随机性的起源给出了清晰的回答. 统计物理基本问题的另一个方面是宏观过程不可逆性的起源, 这也需要从系统的微观动力学本身入手加以理解, 而混沌动力学的结果可以为该问题提供一定的启迪.

混沌理论的发展与相对论和量子力学等物理学革命性突破不同, 它并不针对特定的物理现象, 而是一个百川归大海式的发展, 是众多学科相互交叉影响的结果. 早期混沌现象的揭示来自气象、数学、工程等很多非常不同的领域, 而混沌理论发展所提供的概念和方法等又涉及并影响了几乎所有科学领域. 由于力学在混沌动力学发展史中扮演着独特的角色, 因此下面结合力学有关混沌研究的历史做一简单回顾.

1.1.1　庞加莱与三体问题

庞加莱 (图 1.1) 被公认为非线性系统混沌动力学研究的鼻祖. 他是法国的天才数学家、数学界的领袖、理论物理学家, 同时他还是一名出色的工程师、科学哲学家. 他的才华和成就横跨了科学与人文、科学与哲学这些不同领域, 被称为历史上的最后一个集大成者、现代数学的两位奠基人之一 (另一位是德国数学家黎曼, G. F. B. Riemann, 1826—1866)、历史上精通当时所有数学的最后两人之一 (另一位是著名数学家希尔伯特, D. Hilbert, 1862—1943). 他是著名数学家厄米 (C. Hermite, 1822—1901) 的学生. 庞加莱在 58 岁时就去世了, 但他如同科学天空中的一颗耀眼的明星. 他一生发表了约 500 篇科学论文, 约 30 部科学著作, 这些成就几乎涉及数学的所有领域以及理论物理、天体物理等学科的许多重要领域, 且多为传世的经典之作.

图 1.1　庞加莱

庞加莱在 19 世纪末就讨论了天体中三体系统 (如日-月-地系统) 的运动规律. 他在 1885 年 (31 岁) 发表了论文《关于三体问题的动态方程》(*Sur le problème des trois corps et les équations de la dynamique*)[5]. 该研究的触发点来自于一次有趣的数学比赛. 1885 年, 瑞典数学杂志 *Acta Mathematica* 发布通告称, 为庆祝瑞典和挪威国王奥斯卡二世六十岁生日, 将举办一次数学比赛, 获胜者将获得 2500 克朗和一块金牌. 通告中列出了 4 个题目, 其中第一个题目就是找到 N 体问题的所有解. 所谓 N 体问题, 指的是在三维空间中的 N 个质点, 如果在它们之间只有万有引力作用, 那么在给定 N 个质点初始位置和速度的条件下, 求解粒子在空间中的运动. 我们知道, $N=1$ 的情况是力学中的单体问题, 已经完全解决. $N=2$ 的情况即开普勒问题, 也是当时已经解决的问题. 与单体和二体问题不同, 三体问题解析求解就已非常困难, 必须用摄动理论进行微扰近似.

庞加莱参加了这场有趣的竞赛. 1888 年 5 月, 他在比赛截止日期前交上了他的论文. 到比赛截止, 一共提交了 12 篇文章, 其中 5 篇是关于 N 体问题的, 但没有一篇得到题目要求所需的级数解. 评审团经过审议, 最后宣布庞加莱为获胜者, 论

文发表于杂志 *Acta Mathematica* 上. 评委魏尔斯特拉斯(K. T. W. Weierstrass, 1815—1897)很有预见地指出这篇论文将打开天体力学史上的新纪元.

庞加莱证明了对于 N 体问题, 在 $N > 2$ 时不存在能量、总动量与总角动量以外的首次积分(uniform first integral). 通过研究所谓的渐近解(asymptotic solutions)、同宿轨道(homoclinic orbits)和异宿轨道(heteroclinic orbits), 庞加莱发现, 即使在简单的三体问题中, 在这样的同宿轨道或者异宿轨道附近, 方程解的状况也会非常复杂, 以至于对于给定的初始条件, 几乎没有办法预测长时间轨道的最终命运[5], 即不可能通过发现各种不变量最终降低问题的自由度, 把问题化简成更简单的可以解出的问题. 他发现, 即使在任意小的微扰下, 系统也存在无穷多个稠密分布的对扰动不稳定的轨道. 这打破了当时很多人希望找到三体问题一般显式解的幻想.

1892—1899 年期间, 庞加莱出版了三大卷宏伟巨著《天体力学的新方法》(*Les Méthodes Nouvelles de la Mécanique Céleste*), 奠定了现代天体力学、动力学系统、微分方程定性理论及混沌理论的基础[5]. 人们发现庞加莱所揭示的现象在一般动力学系统中很是常见, 称为稳定流形(stable manifold)和不稳定流形(unstable manifold)横截相交(intersecting transversally)所引起的同宿纠缠(homoclinic tangling). 为研究 N 体问题, 庞加莱发明了许多全新的数学工具与概念, 诸如不变积分(invariant integrals)、第一回归映射(first return map)、庞加莱映射与截面、特征指数(characteristic exponents)、解对参数的连续依赖性(continuous dependence of solutions with respect to parameters)等, 并证明了回归定理(recurrence theorem).

在此期间混沌行为的发现伴随着一系列历史趣闻轶事[6]. 在 1889 年冬天被宣布获奖之后, 庞加莱的论文已经被印刷而且送到了当时最有名的一些数学家那里. 就在这时, 负责校对的一位数学家, 助理编辑弗拉格曼(L. E. Phragmén, 1863—1937)和庞加莱本人都发现了文章中一些证明有错误的地方, 于是庞加莱开始修改这些部分并且紧急通知当时的 *Acta Mathematica* 杂志主编, 数学家米塔-列夫勒(G. Mittag-Leffler, 1846—1927)收回已印出的杂志, 并予以销毁. 在 1890 年 10 月, 庞加莱论文的新版本重新问世, 这也是我们今天看到的版本. 事实上被销毁的版本仅有 158 页, 而后来的版本由于增加了很多需要进一步证明的内容而扩展到了 270 页, 为此庞加莱自己支付了印刷第一版的费用 3585 克朗. 相比于他获得的 2500 克朗奖金, 庞加莱在这次比赛中反而赔了 1000 多克朗!

但历史证明了这是一次伟大的纠错. 在第一版获奖的论文中, 庞加莱误认为所提到的同宿和异宿轨道是稳定的, 他没有意识到流形可以发生横向的相交而导致不稳定. 正是在这次修正中, 庞加莱重新审视这个错误, 并改正了其中的一个稳定性定理,最终导致了同宿交错网的发现. 而这一点,直接使得他发现了不稳定轨道的长期预测性困难. 按照他的描述,"初始条件小的差异可能会在最终产生巨大的不同……预测变得不可能",这实际上就是人们现在所说的混沌运动. 从自己的错误中得到惊人的发现,这不能不说是庞加莱的伟大天才. 另一方面,这也要感谢学报的编辑弗拉格曼的细心和敏锐,使得这一发现写入了文章,也写入了历史. 庞加莱开启了混沌理论研究的先河,在半个多世纪的沉寂后人们又纷纷重新"发现"了混沌运动,这更凸显了庞加莱工作的奠基性,使其成为科学与哲学发展中的重要事件.

更为有趣的是,科学家们原以为已经销毁了庞加莱所有有错误的第一版论文,然而近百年后人们在瑞典米塔-列夫勒数学研究所的旧文件中竟然发现了几本第一版的庞加莱论文. 这几本论文如同错版邮票一样成为了珍贵的历史文物,也成为数学史研究者和数学家研究庞加莱工作的宝贵资料.

需要指出,尽管存在混沌运动,但寻找三体问题的解析解就如同寻找珍宝一样,至今仍然是科学家们努力的目标[7]. 自三体问题被确认以来的 300 多年中,人们只找到了 3 族周期性特解. 最近,塞尔维亚物理学家舒瓦科夫(M. Šuvakov)和什诺维奇(V. Dmitrašinovic)发现了新的 13 族特解. 这是近年来该方面研究的一个重大突破[8].

1.1.2 FPU 问题与 KAM 定理

保守系统(conservative systems)动力学研究的第二次突破来自于 20 世纪 50—60 年代在物理上关于非简谐耦合链系统的能量均分问题和数学与力学的近可积哈密顿系统的可积性问题的研究,其中前者得益于计算机技术的发展,该发展使得利用数值计算实验来验证物理理论成为可能.

利用计算机对统计物理基本问题进行数值研究的最早记录来自于著名物理学家费米(E. Fermi,1901—1954)与合作者帕斯塔(J. R. Pasta,1918—1984)、乌拉姆(S. M. Ulam,1909—1984)和青欧(M. Tsingou,1928—)关于非简谐耦合振子系统能量均分问题的研究(图 1.2),多数文献称为费米-帕斯塔-乌拉姆问题(FPU问题),但也有一些文献称为费米-帕斯塔-乌拉姆-青欧问题(FPUT 问题). 在最早的内部报告中[9],青欧的名字只出现于致谢中,虽然不在研究报告作者之列,但她作为整个数值计算的完全实施者参与了该工作,且对人类利用电子计算机进行数值实验研究的最早工作也有重要贡献. 这一段故事可见于法国物理学家道克修斯(T. Dauxios)教授发表于 *Physics Today* 杂志的回忆文章《费米、帕斯塔、乌拉姆和一位神秘的女士》中有趣的叙述[10]. 为了验证平衡态统计物理中的遍历性假设(ergodic hypothesis),1953 年夏天,在位于美国新墨西哥州的洛斯阿拉莫斯国家实验室(Los Alamos National Laboratory,简称为 LANL),费米等人用当时参与设计氢弹计划的 Maniac I 号计算机(图 1.3(a))对弱非线性耦合的一维均匀格点链进行了数值研究.他们计算的是由 $N=64$ 个谐振子组成的存在微弱非线性相互作用的系统.按照理论分析,如果相互作用是简谐的,可以得到 N 个相互独立的本征声子模式,初始能量集中于某一模式时,能量随时间推移不会转移到其他本征模式上.而非简谐相互作用则会引起这些本征模式之间的耦合,进而使得能量可以在不同模式之间输运分配,有可能在长时间之后达到均分,从而验证热力学中的能量均分定理[11].

图 1.2   FPU 问题研究的四位科学家

从左到右为费米、帕斯塔、乌拉姆和青欧.其中最后一位女科学家青欧是具体数值计算的实施者,但并没有出现在 FPU 研究论文的作者中,只出现于致谢中

为了观察能量在系统中的分配情况,研究者在数值计算时在初始态将总能量集中在第一个模上.按照平衡态统计物理的遍历性假设,弱非线性项的存在会使得系统的总能量在长时间后均匀地分配到各个模上.从初始演化的一段时间里,他们确实看到了与预想相符的情况,集中于第一个模式的总能量很快衰减,第二个模式的能量首先开始增加,接着第三个模的能量也开始增加,接着第四个模,等等.但后来,这种能量在后续模中趋向均匀分配的现象停止了.相反,以后的演化中某一个模开始占主导地位.例如,他们发现第二个模决定牺牲其他模而自己快速增长,在某一时刻它的能量比其他所有模的能量加起来还多.后来,第三个模顶替这个角色,再后来第四个模又顶替这个角色,等等.能量的交换只发生在最初几个模上并具有一定的规律性.经过一段时间后,又一个让人更惊讶的事情发生了,即系统能量几乎全部回到了第一个模上,因此该系统运动看起来几乎是周期的(图 1.3(b)).经典的能量均分定理竟然没有得到证实!这种能量仅在少数几个模中交换并能回到起始状态附近的现象被称为 FPU 回归.很显然,费米等人看到的这种回归现象与原先预估的能均分设想大相径庭.

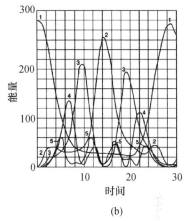

(a)　　　　　　　　　　　　　　　　　　　(b)

图 1.3　FPU 数值实验研究

(a) 1954—1955 年进行 FPU 数值实验研究所用的 Maniac I 号计算机. (b) FPU 链声子模的前几个模式能量随时间的演化. 可以看到各模式之间并没有出现随时间推移的能量均分现象

　　该研究结果于 1955 年以洛斯阿拉莫斯实验室内部报告的形式发表, 而费米在 1954 年已经去世. 费米及其合作者的开创性工作是动力学系统历史上的一个里程碑, 这个与预期结果背道而驰的发现打开了一个崭新的局面, 人们开始试图理解为什么用非线性去解释遍历性 (ergodicity) 这个看起来很合理的途径会失败.

　　FPU 回归现象的研究至少开辟了如下三条道路:

　　第一条道路, 孤立子和非线性波的研究. 扎布斯基 (N. J. Zabusky) 和克鲁斯卡尔 (J. B. Kruskal) 在 1965 年发现[12], 在一定初始条件 (如长波极限) 下的 FPU 动力学可以近似地用一个可积非线性偏微分 KdV 方程来描述, 这就导致了孤立子的重新发现和大家对非线性科学的新一轮研究热潮. 扎布斯基和克鲁斯卡尔重新发现孤立子后, 孤立子理论一方面沿着可积非线性偏微分方程 (连续系统) 的思路发展, 这方面取得了巨大的成功, 成为数学家和物理学家都很关心的课题. 另一个发展思路是格点系统 (离散系统) 中的非线性波. 由于物理中很多系统是从离散格点模型来考虑的, 如固体就是被考虑成晶格体系, 因此物理学家对格点系统中的非线性波研究具有极大的兴趣[13, 14].

　　第二条道路, 计算机数值计算实验[15]. FPU 问题除了其本身物理上的重要性外, 还是利用计算机开展数值实验的最早尝试之一. 在 20 世纪 50 年代刚刚利用计算机进行物理学研究时, 连费米本人都未意识到数值研究的重要性, 以至于研究者之一青欧的名字只是作为致谢出现于文章当中. 在当今社会, 计算机数值实验已经发展为与实验和理论同样重要的研究科学问题的三大方法之一, 且已经越来越占有重要地位. 当前的很多理论计算和推导可以直接利用计算机来进行. 一些如核反应等难以进行的重大实验可以在通过数值模拟找到优化参数的基础上进行操作以大大提高成功率. 在大数据时代, 由实际实验得到的海量数据必须借助于高效的数值计算和处理才可以充分挖掘其中的有用信息.

　　第三条道路, 哈密顿系统的混沌动力学研究. 虽然庞加莱在三体问题研究中天才地给出了理论预测, 但这一研究真正成为热点是从二战之后开始的. 与物理的 FPU 问题相似并且几乎同期, 科尔莫戈罗夫(A. N. Kolmogorov, 1903—1987)、阿诺德(V. I. Arnold, 1937—2010)、莫泽(J. Moser, 1928—1999)(图 1.4)提出并证明了扰动足够小的不可积系统仍然可以保留足够多的可积区域[16—20], 称为 KAM 定理. FPU 实验观测到的行为正是这种数学理论在物理上的表现, 与 KAM 定理的工作可谓异曲同工, 两个似乎在不同领域的研究自动产生了交汇. 而出现于 FPU 链的这种回归现象是规则运动的典型特征, 可以借助于 KAM 定理来理解. FPU 问题的意义在于, 哈密顿系统是物理的, 它所代表的是形形色色的物理体系的行为, 哈密顿系统的混沌动力学与统计行为原来距离如此之近, 以至于人们可以从动力学和哈密顿系统的拓扑结构角度来研究热力学系统的不可逆性、相变等行为. 我们将在后面的章节对此加以论述.

图 1.4　提出并证明 KAM 定理的三位科学家

左:科尔莫戈罗夫, 苏联数学家, 20 世纪世界最有影响的数学家之一. 中:阿诺德, 苏联数学力学家, 苏联科学院院士, 沃尔夫奖获得者. 他在现代微分几何、微分方程、动力理论以及现代力学等许多方面都有杰出贡献. 他的《经典力学的数学方法》是 20 世纪力学的经典之作, 被誉为经典力学的三本"圣经"之一. 右:莫泽, 美国与德国数学家, 美国科学院院士

　　在哈密顿动力学系统的理论研究方面, 庞加莱并没有完全解决的三体问题的不可积性问题在几十年后由科尔莫戈罗夫、阿诺德和莫泽进一步研究解决了, 后者揭示了哈密顿系统混沌性的本质[21]. 科尔莫戈罗夫是 20 世纪苏联最杰出的数学家和力学家之一. 他的研究几乎遍及数学的所有领域, 无论在纯粹数学还是应用数学方面, 在确定性现象的数学还是随机数学方面, 在数学研究还是数学教育方

面,他都做出了杰出的、开创性的贡献.为了描述不可积系统复杂运动的图像,科尔莫戈罗夫在 1954 年阿姆斯特丹举行的国际数学会议上提出了一个重要定理[16,17],后来,科尔莫戈罗夫的学生阿诺德[18,19]、美国–德国数学家莫泽[20]分别给出了定理的严格证明,这就是 KAM 定理. KAM 定理是关于近可积系统非常重要的一般性理论.它告诉我们,在较小的、足够光滑且离开共振条件一定距离的扰动情况下,对于大多数初始条件,弱不可积系统的运动图像与可积系统基本相同,即绝大多数轨道仍然限制在稍有变形的 n 维环面(torus)上,这些环面并不消失,而只有轻微的变形,称为不变环面(KAM 环面).另一方面,只要有非零的扰动,系统就会有一些轨道逃离不变环面,出现不稳定、随机性的特征,但只要满足 KAM 定理的条件,这些不稳定轨道就不代表系统的典型行为.大量的计算机数值实验表明,破坏 KAM 定理的任何一个条件,都会使运动的不规则性和随机性增大,最终导致混沌运动.

　　少自由度哈密顿系统中混沌的发现,扭转了传统科学中对于决定论一边倒的倾向.非线性系统混沌行为的表现多种多样,现象与特点各不相同.美国著名非线性物理学家福特(J. Ford,1927—1995)针对爱因斯坦(A. Einstein,1879—1955)的"上帝不掷骰子"的名言曾有新的阐述:"上帝的确是在掷骰子,但骰子是灌了铅的."所以,研究随机性的动力学起源,弄清楚随机性的骰子是按照何种规则被"灌铅"的,是目前统计物理与非线性交叉领域研究的基本问题.

　　本章将先从经典力学的三大理论体系——牛顿力学、拉格朗日力学和哈密顿力学的描述开始,通过对它们的比较,重点用哈密顿力学体系对保守体系的混沌动力学出现的机制进行分析.本章主要考虑具有较少自由度(主要是二自由度)的简单哈密顿系统,并显示在大多数情况下,它们在相空间的运动都是十分复杂的,规则运动与混沌运动共存.这些分析使我们认识到经典分析力学的大多数教科书中讨论的规则运动仅仅是一些例外的特殊情形.简单的非线性系统的运动就可能表现出随机性,这正是统计性的基础.动力学随机性在耗散非线性系统中也普遍存在,本章也将对此进行介绍.本章也将介绍非线性科学的有关基本知识,如动力学系统、不动点(fixed point)及稳定性、分岔(bifurcation)、混沌运动及其本质、分形几何等.这些知识是后面许多讨论的准备,也可以单独作为了解非线性动力学知识的学习内容.

§1.2　从牛顿力学到拉格朗日与哈密顿力学

1.2.1　从牛顿力学到拉格朗日力学

经典力学以牛顿运动三定律为基础,阐述了运动和力之间的关系.牛顿第一定律(又称为惯性定律)断言,若物体处于静止状态,或呈匀速直线运动,只要没有外力作用,物体将保持静止状态或呈匀速直线运动状态.第二定律告诉我们,物体的加速度与所受的净外力成正比,方向与净外力的方向相同.牛顿第三定律则指出,两个物体的相互作用力总是大小相等,方向相反,同时出现或消失.由伽利略(G. Galilei,1564—1642)和牛顿等人发展起来的经典力学着重于分析位移、速度、加速度、力等矢量间的关系,因而又称为矢量力学.经典力学体系的建立,是人类认识自然的历史的第一次大飞跃和理论的大综合,它开辟了一个新的时代,并对科学发展的进程以及人类生产生活和思维方式产生了极其深刻的影响.牛顿经典力学的建立是科学形态上的重要变革,标志着近代理论物理学的诞生,并成为其他各门自然科学的典范[1].

但是,经典力学的牛顿力学形式 $\boldsymbol{F}=m\boldsymbol{a}$ 只能用于比较简单的场合.考虑由 N 个粒子组成的力学体系,所有粒子的位置用直角坐标分量 $\{x_i(t)$, $i=1,2,\cdots,3N\}$ 来表示,称为达朗贝尔(J. le R. d'Alembert,1717—1783)位形.利用牛顿力学,我们可以很方便地建立运动方程,但是由于系统通常会有多个约束条件,对方程求解会变得很困难.为了最简单地解决问题,首先需要明确决定问题的最少变量,即确定体系的独立变量,抛弃冗余变量.这就要引入广义坐标(或称广义位置)的概念.通过对称性分析等手段剔除冗余变量后,我们可得到独立的位置变量 $\{q_i(t)$, $i=1,2,\cdots,n\}$,即广义坐标(称为拉格朗日(J. Lagrange,1736—1813)位形),n 称为体系的自由度.自由度数中应剔除冗余变量,即 $n=3N-N_c$,其中 N_c 为系统约束条件的数目.广义坐标的引入具有重要意义,它摆脱了笛卡尔坐标的限制,成为拉格朗日力学和哈密顿(W. R. Hamilton,1805—1865)力学的出发点.在拉格朗日和哈密顿的力学体系中,我们可以自由选择描述系统状态的变量,这为问题的灵活处理以及进一步数学体系化提供了便利[22, 23].

下面介绍如何从最小作用量原理(哈密顿原理)来导出更普遍的拉格朗日形式的经典力学[24].拉格朗日力学使用抽象的位形空间描述力学系统的运动.对于 n 个自由度的系统,其演化对应于 n 维位形空间的轨迹.考虑一个 n 自由度理想、完整、有势的动力学系统,以 q_i 与 $\dot{q}_i$ 分别表示广义位移(坐标)与广义速度.定义拉格朗日函数 $L=L(\boldsymbol{q},\dot{\boldsymbol{q}},t)$ 为体系动能 T 与势能 U 之差:$L(\boldsymbol{q},\dot{\boldsymbol{q}},t)=T-U$,其中广义位置 $\boldsymbol{q}=(q_1,q_2,\cdots,q_n)$ 为足以确定体系粒子位置的一组独立变量.以下均讨论保守系统.保守体系的拉格朗日函数可表述为

$$L(\boldsymbol{q},\dot{\boldsymbol{q}},t)=T(\dot{\boldsymbol{q}})-U(\boldsymbol{q})=\frac{1}{2}\sum_{i=1}^{3N}m_i\dot{x}_i^2-U(\boldsymbol{q})$$

$$=\frac{1}{2}\sum_{i=1}^{3N}\sum_{k,l=1}^{n}m_i\frac{\partial x_i}{\partial q_k}\frac{\partial x_i}{\partial q_l}\dot{q}_k\dot{q}_l-U(\boldsymbol{q})$$

$$= \frac{1}{2} \sum_{k,l=1}^{n} M_{kl} \dot{q}_k \dot{q}_l - U(\boldsymbol{q}), \tag{1.2.1}$$

其中$\{x_i\}$为达朗贝尔位形,广义质量M_{kl}定义为

$$M_{kl} = \sum_{i=1}^{3N} m_i \frac{\partial x_i}{\partial q_k} \frac{\partial x_i}{\partial q_l}, \quad k,l = 1,2,\cdots,n. \tag{1.2.2}$$

可见,拉格朗日函数的动能部分只是广义速度的二次型函数,广义质量M_{kl}只是广义坐标的函数.

设体系在t_1时刻从点A出发,经过某路径$\boldsymbol{q}(t)$在t_2时刻到达点B(图1.5).对于每条可能的路径$\boldsymbol{q}(t)$,可以定义作用量泛函(action)

$$S[\boldsymbol{q}(t)] = \int_{t_1}^{t_2} L(\boldsymbol{q},\dot{\boldsymbol{q}}) \mathrm{d}t. \tag{1.2.3}$$

作用量S是标量,是路径$\boldsymbol{q}(t)$的泛函.对于给定的起点A和终点B,中间可以有许多条路径.但是对于给定形式的拉格朗日函数,粒子实际的路径除了可用牛顿方程来解(可能非常麻烦)之外,还可等价地用最小作用量原理来解,即在各种可能的路

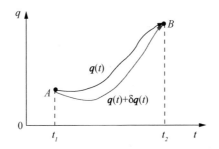

图 1.5　从出发点到终点的不同路径示意图

体系在t_1时刻从点A出发,经过某路径$\boldsymbol{q}(t)$或另外一条变分的路径$\boldsymbol{q}(t)+\delta\boldsymbol{q}(t)$在$t_2$时刻到达点$B$

径中,粒子实际走的真实路径应当是作用量最小的那条路径,即哈密顿原理:

$$\delta S = \delta \int_{t_1}^{t_2} L(\boldsymbol{q},\dot{\boldsymbol{q}},t) \mathrm{d}t = 0. \tag{1.2.4}$$

于是问题就归结为有约束的变分问题.设对可能路径$\boldsymbol{q}(t)$做无穷小的、想象的虚拟位移$\delta\boldsymbol{q}(t)$,即$\boldsymbol{q}(t)=\boldsymbol{q}(t)+\delta\boldsymbol{q}(t)$,在起点与终点虚位移$\delta\boldsymbol{q}(t_1)=\delta\boldsymbol{q}(t_2)=0$的约束下,改变虚位移$\delta\boldsymbol{q}(t)$,使得作用量的变分$\delta S=0$.对(1.2.3)式两边求变分得到

$$\delta S = \int_{t_1}^{t_2} \mathrm{d}t \sum_{i=1}^{n} \left\{ \frac{\partial L}{\partial q_i} \delta q_i + \frac{\partial L}{\partial \dot{q}_i} \delta \dot{q}_i \right\}. \tag{1.2.5}$$

上述变分为在同一时刻的变分(等时变分),变分算符δ可与时间微分算符$\mathrm{d}/\mathrm{d}t$对易,

$$\delta \dot{q}_i = \delta \frac{\mathrm{d}q_i}{\mathrm{d}t} = \frac{\mathrm{d}}{\mathrm{d}t} \delta q_i, \tag{1.2.6}$$

因此

$$\sum_{i=1}^{n} \frac{\partial L}{\partial \dot{q}_i} \delta \dot{q}_i = \frac{\mathrm{d}}{\mathrm{d}t} \sum_{i=1}^{n} \frac{\partial L}{\partial \dot{q}_i} \delta q_i - \sum_{i=1}^{n} \delta q_i \frac{\mathrm{d}}{\mathrm{d}t} \left(\frac{\partial L}{\partial \dot{q}_i} \right). \tag{1.2.7}$$

将此式代入(1.2.5)式右边第二项,再积分得到

$$\delta S = \int_{t_1}^{t_2} \mathrm{d}t \sum_{i=1}^{n} \left[\frac{\partial L}{\partial q_i} \delta q_i + \frac{\mathrm{d}}{\mathrm{d}t} \left(\frac{\partial L}{\partial \dot{q}_i} \delta q_i \right) - \delta q_i \frac{\mathrm{d}}{\mathrm{d}t} \left(\frac{\partial L}{\partial \dot{q}_i} \right) \right]$$

$$= \left[\sum_{i=1}^{n} \frac{\partial L}{\partial \dot{q}_i} \delta q_i \right]_{t_1}^{t_2} + \int_{t_1}^{t_2} \mathrm{d}t \sum_{i=1}^{n} \delta q_i \left[\frac{\partial L}{\partial q_i} - \frac{\mathrm{d}}{\mathrm{d}t} \left(\frac{\partial L}{\partial \dot{q}_i} \right) \right]. \tag{1.2.8}$$

因为初末时刻的约束,上式右边第一项为零. 最小作用量原理要求左边的作用量变分 $\delta S = 0$. 由于路径的变分 δq_i 是任意的,可得到如下拉格朗日方程:

$$\frac{\mathrm{d}}{\mathrm{d}t} \frac{\partial L}{\partial \dot{q}_i} - \frac{\partial L}{\partial q_i} = 0, \quad i = 1, 2, \cdots, n. \tag{1.2.9}$$

拉格朗日方程使得人们对动量有了更深入的认识. 在上式中,左边第二项为第 i 个粒子受到的力,因此第一项也必定为力. 利用动量的时间导数为力的概念,可以得到广义动量的定义为

$$p_i = \frac{\partial L}{\partial \dot{q}_i}, \quad i = 1, 2, \cdots, n, \tag{1.2.10}$$

它与广义位置 q_i 对应,称为互相共轭(conjugate). 动量的时间导数与力相联系,这样定义的动量概念要比利用速度定义的动量 $\boldsymbol{p} = m\boldsymbol{v}$ 更为普遍和本质. 用速度定义的动量只适用于非相对论的情况,而(1.2.10)式定义的广义动量则由于满足协变性因而可适用于相对论的情况.

　　在经典力学中,拉格朗日方程等价于牛顿第二定律. 如果体系受到外力,则只要把拉格朗日方程右边加上该自由度上受到的外力分量即可:

$$\frac{\mathrm{d}}{\mathrm{d}t} \frac{\partial L}{\partial \dot{q}_i} - \frac{\partial L}{\partial q_i} = f_i^{\mathrm{ext}}, \quad i = 1, 2, \cdots, n. \tag{1.2.11}$$

　　拉格朗日方程与牛顿方程在力学上是等价的,我们可以从(1.2.11)式得到牛顿第二定律. 来源于保守体系内部相互作用而施加于 i 方向的力为

$$f_i^{\mathrm{in}} = -\frac{\partial U}{\partial q_i} = \frac{\partial L}{\partial q_i}, \tag{1.2.12}$$

即内力就是势能的负梯度在该方向上的分量. 由(1.2.10)式,有

$$\frac{\mathrm{d}}{\mathrm{d}t} \left(\frac{\partial L}{\partial \dot{q}_i} \right) = \frac{\mathrm{d}p_i}{\mathrm{d}t} = m\ddot{q}_i, \tag{1.2.13}$$

这样对于保守系,(1.2.11)式可写为

$$m\ddot{q}_i = f_i^{\mathrm{in}} + f_i^{\mathrm{ext}}, \quad i = 1, 2, \cdots, n. \tag{1.2.14}$$

此即通常的牛顿方程,一个质量为 m 的粒子在 i 方向受到的力等于外力 f_i^{ext} 与体系内部势能产生的力 f_i^{in} 的合力. 这说明了拉格朗日力学与牛顿力学的等价性. 不

同于牛顿方程,拉格朗日方程是用一组 n 个二阶联立微分方程代替了牛顿力学的一组 $3N$ 个联立二阶微分方程.拉格朗日方程的优点在于它是只关于独立变量的方程组,而牛顿方程则在此之外还包含非独立的冗余变量.

另外要指出的是,拉格朗日函数具有不确定性,即同一个力学系统可以对应不同的拉格朗日函数.可以证明,如果函数 $L(\boldsymbol{q},\dot{\boldsymbol{q}},t)$ 为拉格朗日方程(1.2.9)或(1.2.11)的解,则函数

$$L_2(\boldsymbol{q},\dot{\boldsymbol{q}},t) = L(\boldsymbol{q},\dot{\boldsymbol{q}},t) + \mathrm{d}f(\boldsymbol{q},t)/\mathrm{d}t \tag{1.2.15}$$

也一定是拉格朗日方程的解,其中 $f(\boldsymbol{q},t)$ 为广义坐标与时间的任意函数.

1.2.2 从拉格朗日力学到哈密顿力学

拉格朗日方程的解在几何上是 n 维位形空间中的轨线.通过该空间中任一点可有无穷多条轨线,这在理论研究中不仅很不方便,而且对系统动力学的分析也容易造成混乱.一个解决的办法是将广义位移与广义速度组成状态矢量,将拉格朗日方程化为状态方程,以克服上述不便.另一个更方便的做法是引入广义动量,将拉格朗日方程化为以广义位移与广义动量为基本变量的哈密顿方程[25,26].下面就讨论哈密顿力学框架下的表述[27,28].

一个系统若其运动可用一组哈密顿正则方程描述,就称之为哈密顿系统.哈密顿方程通常可以由拉格朗日方程经勒让德(A. M. Legendre,1752—1833)变换而导出.勒让德变换是一种把函数的一组独立自变量中的一部分换成同样个数的另一组独立自变量的数学方法,例如对一多变量函数

$$f = f(x_1, x_2, \cdots, x_n), \tag{1.2.16}$$

其全微分为

$$\mathrm{d}f = X_1 \mathrm{d}x_1 + X_2 \mathrm{d}x_2 + \cdots + X_n \mathrm{d}x_n, \tag{1.2.17}$$

引入一个新的函数

$$F = f - X_1 x_1 - X_2 x_2, \tag{1.2.18}$$

则其全微分可写为

$$\mathrm{d}F = x_1 \mathrm{d}X_1 + x_2 \mathrm{d}X_2 + X_3 \mathrm{d}x_3 \cdots + X_n \mathrm{d}x_n. \tag{1.2.19}$$

这样通过勒让德变换,我们就可以得到另外一组独立变量的新函数,这在一些物理问题的处理上会带来很大便利.拉格朗日函数 L 的独立变量也可以换成另外一组独立变量,如(1.2.10)式用偏导数引入广义动量就是由拉格朗日函数 L 生成的一组勒让德变换.若行列式

$$\det[\partial^2 L/\partial \dot{q}_i \partial \dot{q}_j] \neq 0, \tag{1.2.20}$$

则(1.2.10)式为可逆的非奇异变换,而其逆变换也是勒让德变换.根据勒让德变换的逆变换可以得到(1.2.10)式逆变换的生成函数为

$$H(\boldsymbol{q},\boldsymbol{p},t) = \sum_i (p_i \dot{q}_i - L)_{\dot{q}_i \to p_i}, \tag{1.2.21}$$

这里 $\boldsymbol{p} = (p_1, p_2, \cdots, p_n)$. 相应的逆变换为

$$\dot{q}_i = \frac{\partial H}{\partial p_i}, \quad i = 1, 2, \cdots, n. \tag{1.2.22}$$

同时,正逆变换的生成函数 L 与 H 之间有如下关系:

$$\frac{\partial H}{\partial q_i} = -\frac{\partial L}{\partial q_i}, \quad i = 1, 2, \cdots, n. \tag{1.2.23}$$

由(1.2.10)、(1.2.21)及(1.2.23)式,可得

$$\dot{p}_i = -\frac{\partial H}{\partial q_i}, \quad i = 1, 2, \cdots, n. \tag{1.2.24}$$

结合(1.2.22)与(1.2.24)式,我们就可以得到以(q_i, p_i)为基本变量的哈密顿正则方程:

$$\dot{q}_i = \frac{\partial H}{\partial p_i}, \quad \dot{p}_i = -\frac{\partial H}{\partial q_i}, \quad i = 1, 2, \cdots, n. \tag{1.2.25}$$

需要注意的是,该方程与拉格朗日方程(1.2.9)是等价的,但描述的基本变量(q_i, p_i)为 $2n$ 个,称为正则(状态)变量.

由正则变量(q_i, p_i)组成了新的状态空间,称为系统的相空间,$H(\boldsymbol{q},\boldsymbol{p},t)$称为哈密顿函数. 在相空间中,系统的状态由相点描述,随时间的演化由一条相轨迹描述,不同轨迹之间不能横截相交. 系统在相空间的各种描述都显得非常方便,我们后面有关保守系统动力学行为的研究都基于哈密顿动力学.

将(1.2.21)式代入(1.2.4)式,则可以得到另一种形式的哈密顿原理:

$$\delta \int_{t_1}^{t_2} \left(\sum_i p_i \dot{q}_i - H(\boldsymbol{q},\boldsymbol{p},t) \right) dt = 0. \tag{1.2.26}$$

它与(1.2.4)式等价. 但需要注意的是,在(1.2.4)式中仅有 $q_i(i = 1, 2, \cdots, n)$ 为独立变量,它们在积分上下限为固定值,积分为 n 维位形空间中的作用量泛函,而(1.2.26)式中,q_i 与 p_i 同为独立变量,它们在积分上下限的值都固定,积分为 $2n$ 维相空间中的作用量泛函. 由于二者的等价性,也可从修正的哈密顿原理(1.2.26)通过变分计算来直接得到正则方程(1.2.25).

将(1.2.26)的变分作用到被积函数中,可得

$$\int_{t_1}^{t_2} \left[\sum_{i=1}^{n} \dot{q}_i \delta p_i + \sum_{i=1}^{n} p_i \delta \dot{q}_i - \sum_{i=1}^{n} \left(\frac{\partial H}{\partial q_i} \delta q_i + \frac{\partial H}{\partial p_i} \delta p_i \right) \right] dt = 0.$$

由于

$$\frac{\mathrm{d}}{\mathrm{d}t}(p_i \delta q_i) = \dot{p}_i \delta q_i + p_i \frac{\mathrm{d}}{\mathrm{d}t}(\delta q_i) = \dot{p}_i \delta q_i + p_i \delta \dot{q}_i,$$

将其代入上式,可得

$$\int_{t_1}^{t_2} \Big[\sum_{i=1}^{n} \dot{q}_i \delta p_i + \frac{\mathrm{d}}{\mathrm{d}t} \sum_{i=1}^{n} p_i \delta q_i - \sum_{i=1}^{n} \dot{p}_i \delta q_i - \sum_{i=1}^{n} \Big(\frac{\partial H}{\partial q_i} \delta q_i + \frac{\partial H}{\partial p_i} \delta p_i \Big) \Big] \mathrm{d}t$$

$$= \Big[\sum_{i=1}^{n} p_i \delta q_i \Big]_{t_1}^{t_2} + \int_{t_1}^{t_2} \sum_{i=1}^{n} \Big[-\Big(\dot{p}_i + \frac{\partial H}{\partial q_i}\Big) \delta q_i + \Big(\dot{q}_i - \frac{\partial H}{\partial p_i}\Big)\delta p_i \Big] \mathrm{d}t$$

$$= 0.$$

由于起点与终点的虚位移 $\delta q_i = 0$, 因此上式第一项为零. 第二项积分的第二部分由于(1.2.22)式而等于零, 于是上式可以简化为

$$\int_{t_1}^{t_2} \sum_{i=1}^{n} \Big[-\Big(\dot{p}_i + \frac{\partial H}{\partial q_i}\Big)\delta q_i \Big] \mathrm{d}t = 0.$$

由于上式对沿任意路径变分 $\delta \boldsymbol{q}$ 都成立, 因此其成立的充分必要条件为

$$\dot{p}_i = -\frac{\partial H}{\partial q_i}, \quad i = 1, 2, \cdots, n,$$

此即(1.2.25)式, 它与(1.2.22)式共同构成哈密顿正则方程组.

哈密顿正则方程的直接求解完全等价于求解拉格朗日方程, 然而哈密顿方程相对拉格朗日方程形式有诸多不可替代的优点. 后面将讨论的刘维尔定理就是从哈密顿方程出发揭示了力学系统在相空间中的运动规律, 提供了一条从经典力学过渡到统计物理的途径, 而这些结果在拉格朗日动力学的位形空间中却不能得到. 此外, 下面将引入的泊松(S. D. Poisson, 1781—1840)括号也与哈密顿方程直接相关, 它却无法与拉格朗日方程产生直接的联系. 力学规律的泊松括号形式又揭示了经典力学与量子力学的对应关系, 更体现出哈密顿方程具有优于拉格朗日方程的表述形式. 另外, 哈密顿方程的独立变量(广义坐标与广义动量)比拉格朗日方程的独立变量(广义坐标)多一倍, 表面上看起来复杂化了, 但正是由于这种变量个数的增加使得哈密顿方程对于正则变换具有不变性, 因而可借助这种变换使得哈密顿函数及相关计算变得简单, 这是哈密顿方程在数学、物理中被广泛使用的原因.

§1.3 哈密顿系统的运动积分与正则变换

1.3.1 泊松括号与运动积分

我们以下进一步阐述在哈密顿力学框架下力学量之间的关系, 这对研究哈密顿系统的力学性质是非常重要的. 为此先定义泊松括号. 泊松括号是哈密顿力学中重要的运算, 对哈密顿表述的动力学系统, 它在各种动力学量时间演化的计算中扮演着中心角色, 起着关键作用. 设

$$F = F(\boldsymbol{q}, \boldsymbol{p}, t), \quad G = G(\boldsymbol{p}, \boldsymbol{q}, t)$$

为定义在相空间中任意两个连续可微的动力学量,则 F 与 G 的泊松括号定义为运算操作

$$\{F,G\} = \sum_k \left[\frac{\partial F}{\partial p_k} \frac{\partial G}{\partial q_k} - \frac{\partial F}{\partial q_k} \frac{\partial G}{\partial p_k} \right]. \tag{1.3.1}$$

很显然上述泊松括号运算操作后得到的新量仍然是状态 $(\boldsymbol{q},\boldsymbol{p})$ 和时间 t 的函数,因此仍然是一个动力学量.

由(1.3.1)定义可以证明,泊松括号具有如下重要性质:

(1) 反对称性.泊松括号中的两个力学量交换位置,则泊松括号的值改变符号,

$$\{F,G\} = -\{G,F\}. \tag{1.3.2}$$

(2) 双线性.由两个线性组合的力学量构成的新力学量与第三个力学量的泊松括号操作等于这两个力学量分别与第三个力学量泊松括号的线性组合

$$\{aF + bG, K\} = a\{F,K\} + b\{G,K\}, \tag{1.3.3}$$

式中 $K = K(\boldsymbol{q},\boldsymbol{p},t)$ 为另一连续可微的动力学量,a 与 b 为常数.

(3) 莱布尼兹(G. W. Leibniz,1646—1716)规则.两个力学量给定的某种运算与第三个力学量满足如下结合律

$$\{F \cdot G, K\} = F \cdot \{G,K\} + G \cdot \{F,K\}, \tag{1.3.4}$$

其中"·"代表两个力学量之间的某种给定运算.

(4) 雅可比(Jacobi)恒等式.任意给定三个力学量 F,G,K,它们的泊松括号嵌套循环之和为零,即

$$\{F,\{G,K\}\} + \{G,\{K,F\}\} + \{K,\{F,G\}\} = 0. \tag{1.3.5}$$

(5) 非退化性.若相点 $(\boldsymbol{q},\boldsymbol{p})$ 不是 F 的奇点,即

$$DF(\boldsymbol{q},\boldsymbol{p}) \equiv \sum_k \left[\frac{\partial F(\boldsymbol{q},\boldsymbol{p})}{\partial q_k} \dot{\boldsymbol{q}}_k + \frac{\partial F(\boldsymbol{q},\boldsymbol{p})}{\partial p_k} \dot{\boldsymbol{p}}_k \right] \neq 0, \tag{1.3.6}$$

则存在连续可微的函数 G,使 $\{F,G\}(\boldsymbol{q},\boldsymbol{p}) \neq 0$,(1.3.6)式中 $\dot{\boldsymbol{q}}_k, \dot{\boldsymbol{p}}_k$ 为单位向量.

上述有关泊松括号的一系列性质对于研究力学量之间的关系很重要,尤其是性质(5)的非退化性已经给出了运动积分的概念,这是哈密顿系统至关重要的概念.为了更清楚看到这一点,直接利用泊松括号重新表述正则方程(1.2.25)可得

$$\dot{q}_i = \{H,q_i\}, \quad \dot{p}_i = \{H,p_i\}, \quad i = 1,2,\cdots,n. \tag{1.3.7}$$

任一动力学量 $F(\boldsymbol{q},\boldsymbol{p},t)$ 的时间变化率可用泊松括号简洁地表示为

$$\frac{\mathrm{d}F}{\mathrm{d}t} = \{H,F\} + \frac{\partial F}{\partial t}. \tag{1.3.8}$$

若

$$\mathrm{d}F/\mathrm{d}t = 0, \tag{1.3.9}$$

则称 F 为运动积分.另若 F 不显含 t,则有

$$\frac{\mathrm{d}F}{\mathrm{d}t} = \{H,F\}. \tag{1.3.10}$$

对于自治(autonomous)哈密顿系统,H 不显含 t,若 F 为不显含时间的运动积分(运动常数),则有

$$\{H,F\} = 0. \tag{1.3.11}$$

(1.3.11)可作为自治哈密顿系统中 F 为运动积分的定义.对自治哈密顿系统,有 $\{H,H\}=0$,这意味着自治哈密顿系统的总机械能总是守恒的.

若 F 与 G 同为一个自治哈密顿系统的运动积分,即它们分别满足(1.3.11)式,则可用雅可比恒等式(1.3.5)证明

$$\{F,G\} = 常数. \tag{1.3.12}$$

由此可知,由两个运动积分构成的泊松括号也是运动积分,此结论称为泊松定理.据此,可从已知运动积分获得新的运动积分.但是,这样得到的运动积分可能有意义,也可能没有意义.若

$$\{F,G\} = 0,$$

则称运动积分 F 与 G 对合(in involution).令 F 与 G 分别为 q_i 与 p_i,则有

$$\{q_i,q_j\} = 0, \quad \{p_i,p_j\} = 0, \quad \{q_i,p_j\} = -\delta_{ij}. \tag{1.3.13}$$

泊松括号为我们在哈密顿力学下研究力学量及其相互关系建立了基础框架.

在量子力学框架下,上述的一系列讨论就更容易理解.我们只需要将上述的泊松括号$\{F,G\}$换成对易括号$[F,G]$,力学量 F,G 对应于算符,上面的大部分结果都仍然适用.运动积分及其对易行为将是以下进一步研究的重要基础之一.

1.3.2　非自治哈密顿系统的自治化

在研究哈密顿系统的时候经常会遇到非自治的情况,即系统的哈密顿量显含时间 t.$2n$ 维的非自治哈密顿系统可通过增加系统维数的方法来化为 $2n+2$ 维的自治哈密顿系统,这样有关哈密顿动力学的各种结果在数学上就同样适用于非自治系统.

考虑一个 $2n$ 维非自治哈密顿系统,哈密顿函数为 $H(\boldsymbol{q},\boldsymbol{p},t)$,它满足哈密顿方程(1.2.25).引入一个新的广义坐标 q_{n+1} 来代替 t,使得

$$\dot{q}_{n+1} = \dot{t} = 1. \tag{1.3.14}$$

按正则的要求,对于新的广义坐标需要再引入一个共轭的广义动量 p_{n+1}.将新的哈密顿函数记为 $\bar{H}(\boldsymbol{q},q_{n+1},\boldsymbol{p},p_{n+1})$,它满足(1.2.25)与(1.3.14)式,因此有

$$\frac{\partial \bar{H}}{\partial \boldsymbol{q}} = \frac{\partial H}{\partial \boldsymbol{q}}, \quad \frac{\partial \bar{H}}{\partial \boldsymbol{p}} = \frac{\partial H}{\partial \boldsymbol{p}}, \quad \frac{\partial \bar{H}}{\partial p_{n+1}} = 1. \tag{1.3.15}$$

显然,$\bar{H}$ 与旧哈密顿量 H 之间满足如下关系

$$\bar{H}(\boldsymbol{q},q_{n+1},\boldsymbol{p},p_{n+1}) = H(\boldsymbol{q},\boldsymbol{p},q_{n+1}) + p_{n+1}, \tag{1.3.16}$$

而新哈密顿量 $\bar{H}$ 可以满足(1.3.15)的要求,于是有

$$\dot{p}_{n+1} = -\frac{\partial \bar{H}}{\partial q_{n+1}} = -\frac{\partial H}{\partial t} = -\dot{H}, \tag{1.3.17}$$

即新哈密顿量 $\bar{H} = H + p_{n+1}$ 守恒. 这意味着(1.3.16)式通过引入一个附加的自由度伴随了一个新的运动积分. 由于 p_{n+1} 的初始条件可任意选取, 我们可以选择初始条件

$$p_{n+1}(t_0) = -H(\boldsymbol{q}(t_0), \boldsymbol{p}(t_0), t_0), \tag{1.3.18}$$

则有

$$p_{n+1}(t) = -H(\boldsymbol{q}, \boldsymbol{p}, t), \tag{1.3.19}$$

于是有

$$\bar{H} = H + p_{n+1} = 0,$$

说明新的哈密顿函数是一个运动积分. 可见, n 自由度的非自治哈密顿系统等价于 $n+1$ 自由度的自治哈密顿系统, 新系统也满足正则方程(1.2.25). 这样, $n+1$ 自由度自治哈密顿系统的各种结论都可推广到 n 自由度的非自治哈密顿系统.

设 γ_0 是 $2n+1$ 维扩展了的相空间 $\boldsymbol{q}, \boldsymbol{p}, t$ 中的一条闭曲线. 以该曲线上的点作哈密顿方程(1.2.25)的解的初始条件, 所有初始条件在 γ_0 上的解轨道的集合是一光滑曲面 Γ, 称为相轨道管. 设 γ_1 与 γ_2 是环绕同一相轨道管的两条闭曲线, 可证[29]

$$\oint_{\gamma_1} \left(\sum_i p_i \mathrm{d}q_i - H\mathrm{d}t \right) = \oint_{\gamma_2} \left(\sum_i p_i \mathrm{d}q_i - H\mathrm{d}t \right), \tag{1.3.20}$$

此式称为庞加莱-嘉当(Cartan)积分不变量, 这是自治与非自治哈密顿系统都具有的一个重要守恒量. 若 γ_1 与 γ_2 在 $t=$ 常数的平面上, 则 $\mathrm{d}t = 0$, (1.3.20)式退化为

$$\oint_{\gamma_1} \sum_i p_i \mathrm{d}q_i = \oint_{\gamma_2} \sum_i p_i \mathrm{d}q_i, \tag{1.3.21}$$

此式称为庞加莱相对积分不变量.

1.3.3 刘维尔保体积定理

由 $2n$ 维自治哈密顿系统(1.2.25)式可以看到, 哈密顿系统在相空间中具有辛结构. 辛几何(symplectic geometry)或辛拓扑(symplectic topology)是微分几何的一个重要分支, 是现代物理和力学的基础, 其研究对象为辛流形. 实际上, 哈密顿力学的数学基础就是辛几何, 它与欧氏几何一样对哈密顿系统的流形拓扑结构研究起着重要作用[30,31].

将广义坐标和广义动量统一, 以单一变量矢量 $\boldsymbol{z} = (\boldsymbol{q}, \boldsymbol{p})$ 作为 $2n$ 维相空间的状态矢量, 则哈密顿函数可改写为 $H(\boldsymbol{z}, t)$, 这样的好处是可以进行更直接和清楚的矢量分析. 引入

$$\boldsymbol{D} = (\partial/\partial z_1, \partial/\partial z_2, \cdots, \partial/\partial z_{2n}) \tag{1.3.22}$$

作为相空间的梯度算子矢量,则哈密顿方程(1.2.25)可改写为

$$\dot{\boldsymbol{z}} = \boldsymbol{J}\boldsymbol{D}H(\boldsymbol{z}, t), \tag{1.3.23}$$

其中矩阵

$$\boldsymbol{J} = \begin{bmatrix} 0 & \boldsymbol{I}_n \\ -\boldsymbol{I}_n & 0 \end{bmatrix} \tag{1.3.24}$$

为单位辛矩阵,$\boldsymbol{I}_n$ 为 $n \times n$ 的单位矩阵.单位辛矩阵 $\boldsymbol{J}$ 具有下列性质:

$$\boldsymbol{J}^{\mathrm{T}} = \boldsymbol{J}^{-1} = -\boldsymbol{J}, \quad |\boldsymbol{J}| = 1, \tag{1.3.25}$$

因此,哈密顿系统在相空间中具有辛结构.

我们用辛几何变量来写出哈密顿方程:

$$\dot{\boldsymbol{z}} = f(\boldsymbol{z}) = \boldsymbol{J}\boldsymbol{D}H(\boldsymbol{z}) = [(\partial H/\partial p)^{\mathrm{T}}, (-\partial H/\partial q)^{\mathrm{T}}]^{\mathrm{T}}, \tag{1.3.26}$$

它给出 $2n$ 维相空间中的矢量场 $f(\boldsymbol{z})$.设该方程的解可延伸到整个时间范围 $(-\infty, \infty)$,我们用 $(\boldsymbol{q}(t), \boldsymbol{p}(t))$ 表示哈密顿方程在初始条件 $(\boldsymbol{q}(0), \boldsymbol{p}(0))$ 下的解

$$g: (\boldsymbol{q}(0), \boldsymbol{p}(0)) \to (\boldsymbol{q}(t), \boldsymbol{p}(t)), \tag{1.3.27}$$

它称为 $2n$ 维相空间中哈密顿系统的相流,其中 g 代表从初始点的演化算子.矢量场 f 的散度为

$$\mathrm{div}\boldsymbol{f} = \sum_i \left(\frac{\partial \dot{q}_i}{\partial q_i} + \frac{\partial \dot{p}_i}{\partial p_i}\right) = \sum_i \left(\frac{\partial}{\partial q_i}\left(\frac{\partial H}{\partial p_i}\right) + \frac{\partial}{\partial p_i}\left(-\frac{\partial H}{\partial q_i}\right)\right) = 0. \tag{1.3.28}$$

矢量场散度为 0 表明哈密顿的相流为不可压缩流.

相流的不可压缩性意味着在哈密顿相流下相空间的体积保持不变,即 $t=0$ 时从区域 $D(0)$ 出发的相流在任意 t 时刻的相区域

$$g: D(0) \to D(t)$$

的体积等于 $D(0)$ 的体积,这就是著名的**刘维尔保体积定理**:

$$\iint\limits_{D(0)} \mathrm{d}\boldsymbol{q}\mathrm{d}\boldsymbol{p} = \iint\limits_{D(t)} \mathrm{d}\boldsymbol{q}\mathrm{d}\boldsymbol{p}. \tag{1.3.29}$$

这是自治哈密顿系统的最基本性质之一,说明相体积

$$\varGamma = \iint \mathrm{d}\boldsymbol{q}\mathrm{d}\boldsymbol{p}$$

为哈密顿动力学下的 $2n$ 阶不变量.由刘维尔定理可以直接推出一系列重要结果,其蕴涵的哈密顿系统的力学不变性可以在不同情形下有不同的表现.我们会在之后的讨论中看到这种不变性的结果.

相体积守恒意味着保守系统的运动在相空间中没有吸引区域,因此哈密顿系统不可能存在类似于耗散系统(dissipative systems)的吸引子(attractor)行为.具体来说,在哈密顿系统中,我们不可能找到渐近稳定的平衡点(即不动点,如焦点、结点等),平衡点只能是中心(椭圆不动点)或鞍点(双曲不动点).也不可能找到渐

近稳定与不稳定的极限环(limit cycle),只可能存在简单闭合轨道、同宿轨道或异宿轨道等等.在典型的哈密顿系统中,只能存在有限个平衡点,但可有无穷多个周期轨道.在后面的讨论中将看到,保守系统也有混沌运动,只是保守系统在相空间的混沌区通常与规则运动区交织在一起.

在相空间中,系统状态完全由 $(q(t),p(t))$ 决定,其演化由正则方程(1.2.25)决定.演化形成相空间中的轨迹(流线),每条轨迹的演化唯一由其初态确定.另外可证明,对自治哈密顿系统,两条不同的轨迹在相空间中除奇点之外的地方都不能相交.另外,根据刘维尔定理,无论系统的哈密顿量是否显含时间,相空间中的流都保体积.

推论(庞加莱回归定理):对哈密顿相流而言,从相空间中任意小邻域 U 中的任一点 $z \in U$ 出发的相轨道必然在一足够长时间后回到该邻域,即 $g^t z \in U$.

此即庞加莱回归定理.这是已得到的很少的关于哈密顿系统运动特性一般性结论中的一个.

1.3.4   正则变换

哈密顿力学体系通过引入正则动量,并与正则坐标共同构成相空间来对运动进行描述.这种处理不仅具有上面所述的诸多优点,更重要的是相空间的坐标体系在选择上是自由的.前面(1.3.10)~(1.3.11)式指出了哈密顿系统运动积分的定义和要求,有时这些运动积分可通过选择适当的坐标系直接找到.

不同的正则坐标系之间存在一定的关系,从一组正则变量(要求正则坐标与正则动量共轭)可以变换为另一组正则变量,这就是正则变换(canonical transformation),又称辛变换(symplectic transformation).它是从一个相空间正则坐标到另一个相同维数的相空间正则坐标的变换.

建立一组正则变量 (q,p),并设

$$Q_i = Q_i(q,p,t), \quad P_i = P_i(q,p,t), \quad i = 1,2,\cdots,n \qquad (1.3.30)$$

是 (q,p) 到新正则变量 (Q,P) 的正则变换,变换前后的哈密顿函数分别设为 $H(q,p,t)$ 与 $\widetilde{H}(Q,P,t)$.由于哈密顿原理(1.2.4)式(1.2.26)式对两组坐标均成立,因此两个作用量泛函

$$S = \int_{t_1}^{t_2} \left(\sum_i p_i \dot{q}_i - H \right) \mathrm{d}t, \qquad (1.3.31)$$

$$\widetilde{S} = \int_{t_1}^{t_2} \left(\sum_i P_i \dot{Q}_i - \widetilde{H} \right) \mathrm{d}t \qquad (1.3.32)$$

之间最多相差一个确定的 q,p,Q,P,t 的函数,设为 $F(q,p,Q,P,t)$.这样,在 $2n+1$ 维的扩展相空间中我们有

$$\sum_i p_i \mathrm{d}q_i - H\mathrm{d}t = \sum_i P_i \mathrm{d}Q_i - \widetilde{H}\mathrm{d}t + \mathrm{d}F, \tag{1.3.33}$$

$$\mathrm{d}F = \sum_i \left(\frac{\partial F}{\partial q_i}\mathrm{d}q_i + \frac{\partial F}{\partial p_i}\mathrm{d}p_i + \frac{\partial F}{\partial Q_i}\mathrm{d}Q_i + \frac{\partial F}{\partial P_i}\mathrm{d}P_i \right) + \frac{\partial F}{\partial t}\mathrm{d}t. \tag{1.3.34}$$

更一般的情形下,(1.3.33)左边还可有一个标量乘子,为简单起见,此处令它等于1.(1.3.33)式可作为正则变换的定义.

将(1.3.34)式代入(1.3.33)式,并比较两边 $\mathrm{d}t$ 前面的因子可以得到两个不同哈密顿函数之间的关系:

$$\widetilde{H}(\boldsymbol{Q},\boldsymbol{P},t) = H(\boldsymbol{q},\boldsymbol{p},t) + \frac{\partial F}{\partial t}. \tag{1.3.35}$$

可以看到,函数 F 实际上给出了正则变换的规则,我们将其称为正则变换的生成函数或母函数(generating function).若母函数不显含时间,

$$\partial F/\partial t = 0,$$

则

$$\widetilde{H}(\boldsymbol{Q},\boldsymbol{P},t) = H(\boldsymbol{q},\boldsymbol{p},t).$$

此时正则变换的条件(1.3.33)式成为

$$\sum_i (p_i \mathrm{d}q_i - P_i \mathrm{d}Q_i) = \mathrm{d}F. \tag{1.3.36}$$

上述的正则变换(1.3.33)或(1.3.36)式建立了 $4n$ 个新旧正则变量之间的 $2n$ 个关系式,所以我们还有 $2n$ 个变量可独立选取.通过选取不同的独立正则变量,我们就会有不同的正则变换.如果我们取 $\boldsymbol{q}$ 与 $\boldsymbol{Q}$ 作为独立正则变量,即 $F = F_1(\boldsymbol{q},\boldsymbol{Q},t)$,将其代入(1.3.34)式并与(1.3.33)式比较,可得

$$p_i = \frac{\partial}{\partial q_i}F_1(\boldsymbol{q},\boldsymbol{Q},t), \quad P_i = -\frac{\partial}{\partial Q_i}F_1(\boldsymbol{q},\boldsymbol{Q},t). \tag{1.3.37}$$

若令

$$F_2(\boldsymbol{q},\boldsymbol{P},t) = F + \boldsymbol{P} \cdot \boldsymbol{Q}, \tag{1.3.38}$$

则可得(1.3.35)式及

$$p_i = \frac{\partial}{\partial q_i}F_2(\boldsymbol{q},\boldsymbol{P},t), \quad Q_i = \frac{\partial}{\partial P_i}F_2(\boldsymbol{q},\boldsymbol{P},t). \tag{1.3.39}$$

正则变换有一些非常重要的性质,这些性质表现为各种不变性.下面列举几种典型性质,其前三个性质本身就可以用来判断一个变换是否为正则变换.

(1) 正则变换下的泊松括号不变性:

对所有连续可微函数 F 与 G,有

$$\{F,G\}_{\boldsymbol{Q},\boldsymbol{P}} = \{F,G\}_{\boldsymbol{q},\boldsymbol{p}}. \tag{1.3.40}$$

上式左、右边分别表示在正则坐标 $\boldsymbol{Q},\boldsymbol{P}$ 与 $\boldsymbol{q},\boldsymbol{p}$ 坐标系下的泊松括号.

（2）正则变换的辛条件不变性：

令

$$T = \frac{\partial(\boldsymbol{Q},\boldsymbol{P})}{\partial(\boldsymbol{q},\boldsymbol{p})} = \begin{bmatrix} \partial\boldsymbol{Q}/\partial\boldsymbol{q} & \partial\boldsymbol{P}/\partial\boldsymbol{q} \\ \partial\boldsymbol{Q}/\partial\boldsymbol{p} & \partial\boldsymbol{P}/\partial\boldsymbol{p} \end{bmatrix} \tag{1.3.41}$$

为正则变换的雅可比矩阵，则有

$$\boldsymbol{J}^{\mathrm{T}}\boldsymbol{T}\boldsymbol{J} = \boldsymbol{T}, \tag{1.3.42}$$

其中 $\boldsymbol{J}$ 为（1.3.24）的单位辛矩阵，$\boldsymbol{T}^{\mathrm{T}}$ 为雅可比矩阵 $\boldsymbol{T}$ 的转置矩阵. 若正则变换 $\boldsymbol{T}$ 是可逆的，则其逆变换 $\boldsymbol{T}^{-1}$ 亦为正则变换，从而有

$$\boldsymbol{J}^{\mathrm{T}}\boldsymbol{T}^{-1}\boldsymbol{J} = \boldsymbol{T}^{-1}, \tag{1.3.43}$$

由于单位辛矩阵 $\boldsymbol{J}$ 满足（1.3.25）式，

$$\boldsymbol{J}^{\mathrm{T}} = \boldsymbol{J}^{-1} = -\boldsymbol{J},$$

因此（1.3.43）式变为

$$\boldsymbol{J}^{\mathrm{T}}\boldsymbol{T}^{-1}\boldsymbol{J} = (\boldsymbol{J})^{-1}\boldsymbol{T}^{-1}(\boldsymbol{J}^{\mathrm{T}})^{-1} = (\boldsymbol{J}^{\mathrm{T}}\boldsymbol{T}\boldsymbol{J})^{-1} = \boldsymbol{T}^{-1}. \tag{1.3.44}$$

两边再取逆，即可得到（1.3.42）式，这就是正则变换的辛条件，即一个变换 $\boldsymbol{T}$ 是正则变换，当且仅当辛条件成立.

（3）正则变换的庞加莱相对积分不变量不变性：

对任一封闭曲线有

$$\oint_{T\gamma} \sum_i P_i \mathrm{d}\boldsymbol{Q}_i = \oint_{\gamma} \sum_i p_i \mathrm{d}\boldsymbol{q}_i. \tag{1.3.45}$$

（4）正则变换的相空间体积不变性：

该性质亦称为正则变换的刘维尔定理，即

$$\iint_{TD} \mathrm{d}\boldsymbol{Q}\mathrm{d}\boldsymbol{P} = \iint_{D} \mathrm{d}\boldsymbol{q}\mathrm{d}\boldsymbol{p}. \tag{1.3.46}$$

由此亦可以得到，正则变换的雅可比行列式值为 1：

$$\det(\boldsymbol{T}) = \det(\boldsymbol{T}^{-1}) = 1. \tag{1.3.47}$$

（5）正则变换下的哈密顿方程形式不变性：

以 $\boldsymbol{q},\boldsymbol{p}$ 为正则变量的哈密顿方程（1.2.25）在以 $\boldsymbol{Q},\boldsymbol{P}$ 为正则变量的框架下，哈密顿方程可以写为

$$\dot{Q}_i = \frac{\partial \widetilde{H}}{\partial P_i}, \quad P_i = -\frac{\partial \widetilde{H}}{\partial Q_i}, \quad i = 1, 2, \cdots, n, \tag{1.3.48}$$

即正则方程具有形式不变性. 需要指出的是，这一性质反过来不一定成立，即不能利用方程形式是否具有不变性来判定变换是否为正则变换. 一个简单的例子是变换 $\boldsymbol{P}=2\boldsymbol{p}$，$\boldsymbol{Q}=\boldsymbol{q}$ 可以使哈密顿方程形式保持不变，但它显然不是上述意义下的正则变换.

1.3.5 哈密顿–雅可比方程

寻求正则变换的主要目的之一是通过该变换使得哈密顿函数与哈密顿方程具有简单的形式,以便于对哈密顿方程求解.实际上,最简单的哈密顿函数就是通过变换使其恒为零.若令 $\widetilde{H}=0$,$F=F_2$,其中 F_2 在(1.3.38)式中定义,则利用(1.3.35)可以得到

$$H(\boldsymbol{q},\boldsymbol{p},t)+\frac{\partial F_2}{\partial t}=0 \qquad (1.3.49)$$

显然,利用 $\widetilde{H}$ 所对应的正则方程(1.3.48),我们可以得到 Q_i,P_i 均为常数,即

$$Q_i=a_i,\quad P_i=b_i, \qquad (1.3.50\mathrm{a})$$

a_i,b_i 为 $2n$ 个积分常数.这样的正则变换相当于将原相空间中的每一条相轨线都变成了新相空间中的一个不动点 $(\boldsymbol{a},\boldsymbol{b})$.我们称该变换为化零正则变换.于是有

$$F_2=F_2(\boldsymbol{q},\boldsymbol{b},t),$$

(1.3.39)式变成

$$p_i=\partial F_2/\partial q_i,\quad a_i=\partial F_2/\partial b_i, \qquad (1.3.50\mathrm{b})$$

而(1.3.49)式则变成

$$H\left(\boldsymbol{q},\frac{\partial F_2}{\partial \boldsymbol{q}},t\right)+\frac{\partial F_2}{\partial t}=0. \qquad (1.3.51)$$

此式称为哈密顿–雅可比方程.由于 H 是 p_i 的二次式,因此此式为一个一阶二次非线性偏微分方程,生成函数 $F_2(\boldsymbol{q},\boldsymbol{b},t)$ 就是它的解.

按照前面的讨论,$\boldsymbol{b}$ 为常矢量,所以 F_2 只是 $\boldsymbol{q}$ 和 t 的函数.写出 F_2 的时间全导数为

$$\frac{\mathrm{d}F_2}{\mathrm{d}t}=\sum_i\frac{\partial F_2}{\partial q_i}\frac{\mathrm{d}q_i}{\mathrm{d}t}+\frac{\partial F_2}{\partial t}=\sum_i p_i\dot{q}_i-H, \qquad (1.3.52)$$

进一步积分,可以得到

$$F_2=\int_{t_0}^{t}\left(\sum_i p_i\dot{q}_i-H\right)\mathrm{d}t. \qquad (1.3.53)$$

对比(1.2.26)式可以发现,这里的生成函数 F_2 实际上就是前面所说的作用量泛函 S,因此我们在下文中改用 S 来表示生成函数,即

$$S=F_2(\boldsymbol{q},\boldsymbol{b},t),$$

相应的哈密顿–雅可比方程(1.3.51)可以改写为

$$H\left(\boldsymbol{q},\frac{\partial S}{\partial \boldsymbol{q}},t\right)+\frac{\partial S}{\partial t}=0. \qquad (1.3.54)$$

(1.3.50b)式可以写成

$$p_i = \frac{\partial S}{\partial q_i}, \quad a_i = \frac{\partial S}{\partial b_i}. \tag{1.3.55}$$

下面再来分析自治哈密顿系统的哈密顿-雅可比方程及其解. 自治系统的哈密顿量 H 不显含时间 t, 而且是运动积分, 积分常数等于系统的总机械能, 记为 h. 因此 (1.3.54) 可化为

$$h + \frac{\partial S}{\partial t} = 0, \tag{1.3.56}$$

对其求解可以得到通解

$$S(\boldsymbol{q},\boldsymbol{b},t) = -ht + W(\boldsymbol{q},\boldsymbol{b}), \tag{1.3.57}$$

这里不含时的任意函数 W 称为哈密顿特征函数. (1.3.57) 式中包含 $n+1$ 个常数为 $b_1, b_2, \cdots, b_n, h$. 一个 n 自由度哈密顿系统最多有 n 个运动积分, 因此这 $n+1$ 个常数并不独立, 可以去掉其中一个不独立的常数, 例如 b_n, (1.3.57) 式变成

$$S = -ht + W(q_1, \cdots, q_n; b_1, \cdots, b_{n-1}; h). \tag{1.3.58}$$

对 (1.3.57) 两边求偏微分, 可以得到

$$\frac{\partial S}{\partial q_i} = \frac{\partial W}{\partial q_i}, \quad \frac{\partial S}{\partial b_i} = \frac{\partial W}{\partial b_i}, \tag{1.3.59}$$

这样, 自治系统的哈密顿-雅可比方程为

$$H\left(\boldsymbol{q}, \frac{\partial W}{\partial \boldsymbol{q}}\right) = h. \tag{1.3.60}$$

以其解

$$W = W(q_1, \cdots, q_n; b_1, \cdots, b_{n-1}; h) \tag{1.3.61}$$

代入 (1.3.59) 和 (1.3.55) 式, 可以得到

$$p_i = \frac{\partial W}{\partial q_i}, \quad a_i = \frac{\partial W}{\partial b_i}. \tag{1.3.62}$$

对哈密顿-雅可比方程的求解可由哈密顿-雅可比定理来保证.

哈密顿-雅可比定理: 设 $S = S(\boldsymbol{q},\boldsymbol{b},t)$ 为哈密顿-雅可比方程 (1.3.54) 的解, 且满足

$$\det\left(\frac{\partial^2 S}{\partial \boldsymbol{q} \partial \boldsymbol{b}}\right) \neq 0, \tag{1.3.63}$$

则 S 称为哈密顿-雅可比方程 (1.3.54) 的全积分. 将其代入 (1.3.55) 式, 由隐函数定理可得 $\boldsymbol{q}$ 与 $\boldsymbol{p}$ 的 $2n$ 个关系式, 它们是原哈密顿方程以 $\boldsymbol{a},\boldsymbol{b}$ 为参数的通解, 参数 $\boldsymbol{a},\boldsymbol{b}$ 由初始条件确定.

我们引入哈密顿-雅可比方程的目的是通过求解哈密顿-雅可比方程来得到哈密顿方程的解. 反过来说, 如果有了哈密顿方程的解, 我们也可以用特征线法来确定哈密顿-雅可比方程的解. 特征线法是求解偏微分方程的一种方法, 这里不再对

此展开详细讨论. 总之,哈密顿-雅可比方程与哈密顿方程是等价的. 上述的哈密顿-雅可比方程与哈密顿-雅可比定理共同构成了一整套完整的求解哈密顿系统动力学的方法,称为哈密顿-雅可比方法.

§1.4 可积系统的动力学

哈密顿方程具有一个重要特点,即为了积分 $2n$ 维的哈密顿方程,我们需要有 n 个独立、对合的运动积分(守恒量),而每个运动积分可使哈密顿方程减小 2 维. 这一结论可由下面关于可积哈密顿系统的刘维尔定理得出.

1.4.1 刘维尔可积性定理

考虑哈密顿函数为 $H(q,p,t)$ 的 n 自由度哈密顿系统. 前面已经指出,一个力学量的函数 $F=F(q,p,t)$ 若满足 $dF/dt=0$,则称为系统的一个运动积分. 对于自治的哈密顿系统,若 F 与哈密顿量对合,即 $\{F,H\}=0$,则 F 为运动积分. 对于同一个自治哈密顿系统的两个运动积分,若它们的泊松括号为零,则它们是对合的.

刘维尔了证明如下的定理:

刘维尔可积性定理:对于一个 n 自由度的哈密顿系统,如果存在 n 个独立且两两对合的运动积分 $\{H_i, i=1,2,\cdots,n\}$,则可通过有限次代数运算和求已知函数的积分来得到该系统的积分.

这种系统称为在刘维尔意义上的(完全)可积哈密顿系统. 这里运动积分 H_i 之间需要相互独立,即不同 i 的 dH_i 之间线性无关. 对可积的哈密顿系统来说,我们可以用研究系统的 n 个运动积分对应的时间演化情况来代替直接研究系统状态变量的演化,系统的全局特征则完全由这 n 个运动积分来确定[32]. 对自治的哈密顿系统,刘维尔定理可以在数学上更确切地表述如下:

设在 $2n$ 维相空间中存在 n 个互相独立的运动积分

$$H_1, H_2, \cdots, H_n, \tag{1.4.1}$$

其中 $H_1=H$,这些运动积分相互对合:

$$\{H_i, H_j\} = 0, \quad i,j = 1,2,\cdots,n. \tag{1.4.2}$$

考虑这 n 个运动积分 $\{H_i\}$ 为某一组常数 $\{h_i\}$ 的坐标集合(流形),即

$$M_h = \{(q,p) \mid H_i(q,p) = h_i, i=1,2,\cdots,n\}, \tag{1.4.3}$$

例如,如果哈密顿系统只有一个运动积分 $H_1=H=h_1$,则 M_h 表示系统在该等能面上所有状态 (q,p) 的集合. 假定所有 H_i 在 M_h 上互相独立,则有

(1) M_h 是一个光滑的流形,它在以 $H=H_1$ 为哈密顿函数的相流下不变,即从 M_h 上一点出发的相轨线保持在 M_h 上.

（2）若流形 M_h 是紧连通的,则它同胚于一个 n 维环面

$$T^n = \{(\theta_1, \theta_2, \cdots, \theta_n), \mathrm{mod} 2\pi\}. \tag{1.4.4}$$

（3）在流形 M_h 上的哈密顿相流是准周期（quasiperiodic）或周期的,即

$$\frac{\mathrm{d}\boldsymbol{\theta}}{\mathrm{d}t} = \boldsymbol{\omega}, \quad \boldsymbol{\omega} = \boldsymbol{\omega}(\boldsymbol{h}), \tag{1.4.5}$$

式中

$$\boldsymbol{\theta} = (\theta_1, \theta_2, \cdots, \theta_n), \quad \boldsymbol{\omega} = (\omega_1, \omega_2, \cdots, \omega_n), \quad \boldsymbol{h} = (h_1, h_2, \cdots, h_n). \tag{1.4.6}$$

（4）具有哈密顿函数 $H = H_1$ 的哈密顿方程可用求积分的方法求解.

刘维尔可积性定理的上述几条结果表明,系统是束缚在等能面上的运动,可积系统运动轨迹可能很复杂,但它是最高为 n 维的准周期运动,即可以通过一定的变换将其映射到一个 n 维准周期环面上,这样的运动是可以解析求解的.鉴于这种同胚性质,我们可以通过正则变换找到环面坐标的表示.

1.4.2　作用量-角变量坐标体系

按照刘维尔定理,一个 n 自由度的自治哈密顿系统若存在 n 个独立、对合的运动积分,则该系统可积,可积系统是可解的.由于正则坐标选择的自由性,对于可积系统,我们可以基于运动积分,利用上面的刘维尔定理,选择环面坐标 $(\boldsymbol{H}, \boldsymbol{\theta})$,其中

$$\boldsymbol{H} = (H_1, H_2, \cdots, H_n)$$

为 n 个运动积分,

$$\boldsymbol{\theta} = (\theta_1, \theta_2, \cdots, \theta_n)$$

为环面的角坐标.

在 $(\boldsymbol{H}, \boldsymbol{\theta})$ 坐标中,哈密顿系统的相流可用下列 $2n$ 维常微分方程描述:

$$\frac{\mathrm{d}\boldsymbol{H}}{\mathrm{d}t} = 0, \quad \frac{\mathrm{d}\boldsymbol{\theta}}{\mathrm{d}t} = \boldsymbol{\omega}(\boldsymbol{H}), \tag{1.4.7}$$

但是要注意的是,(1.4.7)式中所采用的 $\boldsymbol{H}, \boldsymbol{\theta}$ 不一定是正则坐标,因为 $\boldsymbol{H}$ 和 $\boldsymbol{\theta}$ 之间不一定是共轭变量.因此,需要找到与广义坐标 $\boldsymbol{\theta}$ 共轭的广义动量 $\boldsymbol{I}$. 可以证明[29],存在 $\boldsymbol{H}$ 的函数

$$\boldsymbol{I} = (I_1, I_2, \cdots, I_n) = \boldsymbol{I}(\boldsymbol{H}), \tag{1.4.8}$$

使得 $\boldsymbol{I}, \boldsymbol{\theta}$ 为正则坐标.这样的一组正则坐标中的广义动量 I_i 称为作用量,广义坐标 θ_i 则称为角变量. I_i 由于是运动积分 $\boldsymbol{H}$ 的函数,因此它们也都是互相对合的运动积分.哈密顿函数 $H = H_1$ 也可用 $\boldsymbol{I}$ 的函数来表示,且不显含角变量 $\boldsymbol{\theta}$. 于是,一旦采用了 $\boldsymbol{I}, \boldsymbol{\theta}$ 坐标来代替(1.4.7)式的 $\boldsymbol{H}, \boldsymbol{\theta}$ 坐标,我们就可以写出它们满足的正则方程,即

$$\frac{\mathrm{d}\boldsymbol{I}}{\mathrm{d}t} = -\frac{\partial H(\boldsymbol{I})}{\partial \boldsymbol{\theta}} = 0, \quad \frac{\mathrm{d}\boldsymbol{\theta}}{\mathrm{d}t} = \frac{\partial H(\boldsymbol{I})}{\partial \boldsymbol{I}} = \boldsymbol{\omega}(\boldsymbol{I}), \tag{1.4.9}$$

其解很容易得到,为

$$\boldsymbol{I}(t) = \boldsymbol{I}(0), \quad \boldsymbol{\theta}(t) = \boldsymbol{\theta}(0) + \boldsymbol{\omega}(\boldsymbol{I}(0))t. \tag{1.4.10}$$

这表明,作用量-角变量坐标体系对于可积哈密顿系统来说是非常好的选择. 如果一个系统可以通过正则变换构造出 $\boldsymbol{I},\boldsymbol{\theta}$ 正则坐标, 且系统哈密顿量只显含 $\boldsymbol{I}$, 即 $H = H(\boldsymbol{I})$, 则哈密顿系统必然是可积的. 因此, 如何通过一定的方法得到 $\boldsymbol{I},\boldsymbol{\theta}$ 坐标来描述一个哈密顿系统又是研究该系统可积性和求解可积系统一个非常重要的途径.

利用前面讨论的哈密顿-雅可比方法,我们可以通过求解哈密顿-雅可比方程来构造正则坐标 $\boldsymbol{I},\boldsymbol{\theta}$. 下面先从单自由度系统开始,然后将方法推广至多自由度的情形. 我们的目的是通过正则变换 $(q,p) \to (\theta,I)$ 得到在等能面 $H = h$ 上单自由度系统作用量和角变量的表达式,即

$$I = I(h), \quad \oint_{M_h} \mathrm{d}\theta = 2\pi. \tag{1.4.11}$$

为此,可令

$$W = W(q, I)$$

为系统如(1.3.57)式定义的与生成函数 S 相关的哈密顿特征函数. 由哈密顿-雅可比方程(1.3.60)和(1.3.62)式,可得

$$H\left(q, \frac{\partial W}{\partial q}\right) = h(I), \tag{1.4.12}$$

$$p = \frac{\partial W}{\partial q}, \quad \theta = \frac{\partial W}{\partial I}. \tag{1.4.13}$$

给定一个 h, 由于它是 I 的函数, 若 $h(I)$ 可逆, 则可得到一个确定的 I 值, 并以此来确定 M_h. 另外如果确定了 I, 则 $W = W(q,I)$ 只是 q 的函数, 于是可以由(1.4.13)式的第一式得到 $\mathrm{d}W|_{I=常数} = p\mathrm{d}q$, 并通过积分得到

$$W(q, I) = \int_{q_0}^{q} p\mathrm{d}q. \tag{1.4.14}$$

(1.4.14)式给出的 $W(q,I)$ 是在 $I = $ 常数的邻域上的特征函数. (1.4.11)式的第一式自动满足,第二式则需要做沿闭合曲线 M_h 的积分. 由上式可得

$$\Delta W(I) = \oint_{M_{h(I)}} p\mathrm{d}q, \tag{1.4.15}$$

它等于曲线 $M_{h(I)}$ 所围的面积 A. 为满足(1.4.11)的第二式,需有 $I = \Delta W/2\pi = A/2\pi$. 于是对于单自由度的哈密顿系统 $H(q,p)$, 作用量和角变量可最终求得,为

$$I(h) = \frac{1}{2\pi}\oint_{M_h} p\,\mathrm{d}q, \quad \oint_{M_h} \mathrm{d}\theta = 2\pi. \tag{1.4.16}$$

下面以一维谐振子系统为例演示上述计算. 一维谐振子的哈密顿量为

$$H = p^2/2 + \omega^2 q^2/2.$$

该系统在 (p,q) 平面上的闭合曲线（等能面）M_h 为椭圆, 椭圆曲线所包围的面积为

$$A(h) = \pi(\sqrt{2h})(\sqrt{2h}/\omega) = 2\pi h/\omega.$$

由 (1.4.16) 可得 $I = H/\omega$. 所以由正则方程可得 $\dot{\theta} = \mathrm{d}H/\mathrm{d}I = \omega$. 下面导出正则坐标 (p, q) 与 (I, θ) 之间的变换. 对一维谐振子, 利用 (1.4.14) 及谐振子哈密顿量, 可以算出

$$W(q, I) = \int_{q_0}^{q} (2\omega I - \omega^2 q^2)^{1/2} \mathrm{d}q.$$

由 $\theta = \partial W/\partial I$, 可以得到

$$\theta = \omega \int_{q_0}^{q} (2\omega I - \omega^2 q^2)^{-1/2} \mathrm{d}q.$$

对此式积分, 可得

$$q = (2I/\omega)^{1/2} \sin(\theta + \theta_0).$$

由 $p = \partial W/\partial q$, 可得

$$p = (2\omega I)^{1/2} \cos(\theta + \theta_0),$$

式中 $\theta_0 = \sin^{-1}(q_0 \omega/(2h)^{1/2})$. 这样, 两套正则坐标的变换式已求出.

如果将上述的简谐振子换成非线性振子, 例如哈密顿函数为 $H = p^2/2 + \alpha q^4/4$ 的系统, 也可以按照上述方法导出正则坐标 (p, q) 与 (I, θ) 之间的变换. 根据 (1.4.16) 式, 作用量为

$$I(H) = \frac{1}{2\pi} \oint_{M_h} \pm \sqrt{2H - \alpha q^4/2}\, \mathrm{d}q = c_1 H^{3/4},$$

式中

$$c_1 = \sqrt{2}\,\Gamma^2(1/4)/(3\pi^{3/2} \alpha^{1/4}),$$

系数中的 $\Gamma(1/4)$ 为伽马函数

$$\Gamma(\alpha) = \int_0^{\infty} t^{\alpha-1} \exp(-t) \mathrm{d}t.$$

取 $\alpha = 1/4$ 时的值. 求出 $I(H)$ 的逆变换为

$$H(I) = c_2 I^{4/3},$$

其中

$$c_2 = [81\pi^6 \alpha/4\Gamma^8(1/4)]^{1/3}.$$

频率为

$$\omega(I) = \mathrm{d}H(I)/\mathrm{d}I = c_3 I^{1/3},$$

其中 $c_3 = 4c_2/3$. 而由 (1.4.14) 式,

$$W(q,I) = \int_{q_0}^{q} p\,\mathrm{d}q = \int_{q_0}^{q} \sqrt{2H(I) - \alpha q^4/2}\,\mathrm{d}q,$$

因此

$$\theta = \partial W/\partial I = \omega(I) \int_{q_0}^{q} \left[2H(I) - \alpha q^4/2\right]^{-1/2}\mathrm{d}q.$$

由此可解出 q,p 作为 (θ,I) 的函数的变换关系.

上述构造单自由度哈密顿系统作用量-角变量的思路和方法可以推广到 n 自由度哈密顿系统. 设 γ_j 为环面 M_h 上的一维环路,角变量 θ_i 在环路 γ_j 上运行一周的增量为 $2\pi\delta_{ij}$. 系统的作用量定义为

$$I_i(\boldsymbol{h}) = \frac{1}{2\pi}\oint_{\gamma_i} p_i\,\mathrm{d}q_i. \tag{1.4.17}$$

假定有 n 个互相独立的运动积分 $H_i = h_i$,$\det(\partial \boldsymbol{I}/\partial \boldsymbol{h})\neq 0$,则在 M_h 的邻域上我们可取 $\boldsymbol{\theta},\boldsymbol{I}$ 为坐标,且 $\boldsymbol{q},\boldsymbol{p}\to\boldsymbol{\theta},\boldsymbol{I}$ 为正则变换. 特别地,对于可分离变量系统,哈密顿特征函数可以写成

$$W(q,I) = \sum_{i=1}^{n} W_i(q_i,\boldsymbol{h}),$$

利用(1.4.16)式,可有

$$I_i = \frac{1}{2\pi}\oint_{\gamma_i} \frac{\partial}{\partial q_i} W_i(q_i,\boldsymbol{h})\,\mathrm{d}q_i, \quad i=1,2,\cdots,n. \tag{1.4.18}$$

从中消去 $\boldsymbol{h}$,得

$$W = \sum_{i=1}^{n} \overline{W}_i(q_i,\boldsymbol{I}).$$

角变量则为

$$\theta_i = \frac{\partial W}{\partial I_i} = \sum_{i=1}^{n} \frac{\partial}{\partial I_i}\overline{W}_i(q_i,\boldsymbol{I}). \tag{1.4.19}$$

以 n 自由度的谐振子系统为例,其哈密顿函数为

$$H = \sum_{i=1}^{n} H_i = \sum_{i=1}^{n}(p_i^2 + \omega_i^2 q_i^2)/2.$$

令

$$H_i = h_i,$$

$$I_i = \frac{1}{2\pi}\oint_{\gamma_i} \pm\sqrt{2h_i - \omega_i^2 q_i^2}\,\mathrm{d}q_i = h_i/\omega_i,$$

从而有

$$H = \sum_{i=1}^{n} \omega_i I_i.$$

上面一维情况关于 θ_i 表达式的计算及正则变换可完全应用于 n 维正则坐标变换

$(q_i, p_i) \leftrightarrow (\theta_i, I_i)$，$i = 1, 2, \cdots, n$ 的讨论，从而得到变换的解析解.

1.4.3　环面与准周期运动

下面讨论一个可积的哈密顿系统在相空间的运动轨线特征[33,34]. 在作用量-角变量的坐标系统中，一个可积哈密顿系统的运动正则方程(1.4.9)可以直接求解得到(1.4.10)式，这说明系统的运动是在 n 个守恒量的空间中的规则运动. 当 I 为一组运动积分矢量时，系统坐标的集合 $\boldsymbol{\theta} = \{\theta_i\}$ 为一个 n 维环面 T^n，系统在该环面上的运动由(1.4.10)式第二式描述，其中 $\boldsymbol{\omega} = \{\omega_i\}$ 为对应于该环面上的频率矢量.

n 维环面 T^n 的几何特征取决于频率矢量各分量之间的关系. 如果频率矢量 $\boldsymbol{\omega}$ 的各分量任意的整数线性组合都不为零，即满足如下的非共振条件

$$\sum_i k_i \omega_i \neq 0, \quad \boldsymbol{k} \in Z^n \backslash \{0\} \tag{1.4.20}$$

时，各 ω_i 独立. 这里 $\boldsymbol{k} \in Z^n \backslash \{0\}$ 代表一个非零整数矢量，其中 Z^n 为 n 维整数矢量空间. 任意的线性组合不为零，表示 $\boldsymbol{\omega} = \{\omega_i\}$ 各分量线性无关，此时称对应哈密顿系统为非共振的，系统进行准周期运动. 注意这里的非零整数矢量 $\boldsymbol{k} \in Z^n \backslash \{0\}$ 并不意味着所有分量 k_i 都必须不等于 0，因此准周期运动可以是小于 n 维的.

当 $\boldsymbol{\omega}$ 满足非共振条件时，系统的任一相轨线在环面上密集、均匀地分布在环面上，长时间后将布满整个环面. 对于系统的任意一个动力学量我们有如下的平均定理：给定任一力学量 $f(\boldsymbol{\theta}, \boldsymbol{I})$，考虑到广义坐标 $\boldsymbol{\theta}$ 的循环性，可以将其表为多重傅里叶(J.-B. J. Fourier, 1768—1830)级数

$$f(\boldsymbol{\theta}, \boldsymbol{I}) = f_0(\boldsymbol{I}) + \sum_{r=1}^{\infty} \sum_{|k|=r}^{\infty} \left[f_k^c(\boldsymbol{I}) \cos(\boldsymbol{k}, \boldsymbol{\theta}) + f_k^s \sin(\boldsymbol{k}, \boldsymbol{\theta}) \right], \tag{1.4.21}$$

式中 $\boldsymbol{k} = (k_1, k_2, \cdots, k_n)$ 为整数矢量，

$$|\boldsymbol{k}| = \sum_{i=1}^n |k_i|,$$

$$(\boldsymbol{k}, \boldsymbol{\theta}) = \sum_{i=1}^n k_i \theta_i.$$

由于作用量为守恒量，对 T^n 上任一可积函数 $f(\boldsymbol{\theta})$，我们可以定义 f 在 T^n 上的空间平均，即

$$\bar{f} = \frac{1}{(2\pi)^n} \int_0^{2\pi} f(\boldsymbol{\theta}) \, \mathrm{d}\boldsymbol{\theta}. \tag{1.4.22a}$$

我们也可以定义 f 在 T^n 上沿环面运动的时间平均

$$f^*(\boldsymbol{\theta}_0) = \lim_{T \to \infty} \frac{1}{T} \int_0^T f(\boldsymbol{\theta}_0 + \boldsymbol{\omega} t) \, \mathrm{d}t. \tag{1.4.22b}$$

在(1.4.21)中,令 $\boldsymbol{I}$ 为常矢量,则 f 只是 $\boldsymbol{\theta}$ 的函数. 将其代入(1.4.22a)与(1.4.22b),并完成积分. 将二者做比较可以得到,当 $\boldsymbol{\omega}$ 满足非共振条件时,两种平均结果相等

$$\bar{f} = f^*. \tag{1.4.23}$$

这意味着任一力学量的空间平均在非共振条件下等于时间平均,此称平均定理. 在非共振环面上满足平均定理的可积哈密顿系统的运动被称为是遍历的(ergodic),有关遍历性的一般理论我们将在第 2 章给予专门讨论.

如果存在一组非零整数 $\{k_i^u\} = \{k_1^u, k_2^u, \cdots, k_n^u\}$,使得 n 个频率满足关系

$$\sum_i k_i^u \omega_i = 0, \tag{1.4.24a}$$

则这些频率满足共振关系,其中

$$|\boldsymbol{k}| = \sum_{i=1}^{n} |k_i^u| \tag{1.4.24b}$$

称为共振的阶数. 在(1.4.24)式中整数 k_i^u 除了与(1.4.21)式类似的下标 i 外还有上标 u,这是因为对于一个给定的共振阶数 $|\boldsymbol{k}|$,可以有多种不同的 $\{k_i^u\}$ 组合,它们都满足绝对值之和等式(1.4.24b)和共振关系(1.4.24a),这里不妨设有 α 种,并将不同组合用整数 u 标记,$u = 1, 2, \cdots, \alpha$. n 个频率满足同样(1.4.24)式共振阶数值的组合数 α 称为共振关系数.

对 n 自由度可积哈密顿系统来说,最多可以有 $\alpha = n - 1$ 个共振关系. n 自由度系统如果具有最多的 $n - 1$ 个共振关系,则称为完全共振. 在完全共振的环面上,可积哈密顿系统的相轨线是闭合的,运动是周期的. 如果共振关系数 $1 \leqslant \alpha < n - 1$,则系统称为部分共振,此时有 $n - \alpha$ 个独立的频率,系统在 α 维子环面上的运动是周期的,而在其补子环面上的运动是准周期的,此时的准周期环面为低维环面.

$n > 2$ 维的部分共振环面运动比较抽象,不太容易想象. 下面来讨论两自由度可积哈密顿系统的环面运动,它是特殊但很直观的例子,如图 1.6 所示. 系统在一个形如轮胎的二维环面 T^2 上运动,运动在横截环面 θ_1 方向和沿环面 θ_2 方向上的频率分别为 ω_1 和 ω_2,而两个频率之比

$$\mu = \omega_1 / \omega_2$$

称为转数(winding number). 当 ω_1 和 ω_2 不独立时,可以找到一对互质整数 r, s 使得

$$\mu = r/s,$$

即 μ 为有理数,此时环面 T^2 上的相轨线可以在 θ_1 方向转 r 圈同时在 θ_2 方向上转 s 圈之后回到初始点,运动轨线为周期轨线. 当 μ 为无理数时,环面 T^2 上会遍历地布满准周期轨线,称为不变曲线.

一个完全可积的 n 自由度哈密顿系统,若其频率满足条件

$$\det(\partial\boldsymbol{\omega}(\boldsymbol{I})/\partial\boldsymbol{I}) = \det(\partial^2 H(\boldsymbol{I})/\partial\boldsymbol{I}^2) \neq 0, \qquad (1.4.25)$$

则称该系统是非退化(non-degenerate)或非奇异(non-singular)的. 对非退化系统, 对应于不同 $\boldsymbol{I}$ 的环面有不同的 $\boldsymbol{\omega}$, 即系统是非线性的. 随着 $\boldsymbol{I}$ 的变化, 系统有无穷多个环面, 其中的一些环面被周期轨线或部分周期轨线所覆盖, 为共振环面, 其余的环面则被准周期轨线覆盖, 为非共振环面. 虽然共振环面有无穷多个, 但仍比非共振环面要少得多, 这如同在一定实数范围内的有理数和无理数的关系一样, 前者有无穷多个但测度为零, 而后者则测度为 1.

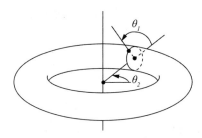

图 1.6　二自由度可积哈密顿系统在相空间中简单的轮胎形二维环面上的运动

运动可以分解为两个方向的转动

一个完全可积 n 自由度哈密顿系统, 若频率满足

$$\det(\partial\boldsymbol{\omega}(\boldsymbol{I})/\partial\boldsymbol{I}) = \det(\partial^2 H(\boldsymbol{I})/\partial\boldsymbol{I}^2) = 0, \qquad (1.4.26)$$

则称对应的可积哈密顿系统为固有退化的. 线性哈密顿系统是最简单的固有退化哈密顿系统.

当 H 为常数时, 如果系统的一个频率(设为 ω_1)不为零, 而且其他的 $n-1$ 个频率(设为 ω_i)与它的比 ω_i/ω_1 相互独立, 则称该系统为等能非退化. 满足等能非退化的条件是

$$\det\begin{bmatrix} \partial^2 H/\partial\boldsymbol{I}^2 & \partial H/\partial\boldsymbol{I} \\ \partial H/\partial\boldsymbol{I} & 0 \end{bmatrix} \neq 0. \qquad (1.4.27)$$

在等能非退化系统中, 对于任意给定的能量面上非共振与共振环面的集合都是稠密的, 但非共振集合的测度为 1, 共振集合的测度为零.

对 n 自由度可积哈密顿系统, 相空间维数为 $2n$, 等能量面维数为 $2n-1$, 环面维数为 n. 当 $n=1$ 时, 等能面与环面为同一个一维流形, 它总是遍历的; 当 $n=2$ 时, 二维环面镶嵌在三维等能面中, 环面将等能面分成内、外两个区; 当 $n\geqslant 3$ 时, 等能面与环面的维数之差大于 1, 环面将不再能把等能面分成闭域的集合. 等能面与环面之间关系的这一差别将使两个与三个及三个以上自由度近可积哈密顿系统具有不同特征的混沌运动, 这些将在下节叙及.

§1.5 近可积系统——小分母问题与 KAM 定理

1.5.1 近可积系统的摄动理论与小分母问题

可积系统展现出了简单而丰富的周期和准周期运动. 在庞加莱之前, 人们倾向于相信一般的哈密顿系统都可以通过正则变换和哈密顿-雅可比方程两件武器来得到所有的运动积分, 因此大部分关于哈密顿系统动力学的工作集中在寻找不变积分上. 如果能找到足够多相互独立的运动积分, 则系统就是可积的, 借助于正则变换, 可积系统的运动就完全可解, 而所有这些运动都是规则的.

然而, 实际中的可积系统却非常稀少, 一个小的扰动就可能破坏系统的可积性. 若一个 $n(\geqslant 2)$ 自由度哈密顿系统不存在与哈密顿函数 H 独立、对合的运动积分, 则称其为完全不可积哈密顿系统. 完全不可积系统通常是高度非线性的, 对其动力学的理论研究很困难, 经常需要借助于数值模拟的方法来进行分析.

研究不可积哈密顿系统动力学行为的一个比较可行的办法是在可积系统的基础上加上小扰动, 然后利用微扰论 (天体物理学中称为摄动理论) 进行研究, 分析小的不可积哈密顿扰动对可积哈密顿系统的影响. 我们将在可积系统上加上小扰动后的系统称为近可积哈密顿系统. 近可积系统的突出特点是在相空间中规则运动区域与混沌运动区域同时出现, 并紧密地混合交织在一起. 对于二自由度自治系统来说, 规则轨线分隔着混沌区域. 这些混沌轨迹是由确定性的、不含任何附加随机力的哈密顿方程运动自发产生的结果. 对于两个以上自由度的自治系统, 规则轨迹不再能分隔混沌区域, 这时混沌区域会连成一个网络, 在不同混沌区域之间的运动以阿诺德扩散 (Arnold diffusion) 机制进行. 下面我们集中讨论二自由度自治哈密顿系统的复杂运动行为.

按照庞加莱的说法, 近可积哈密顿系统摄动理论的研究是动力学研究的基本问题[5], 该问题的研究导致了正则摄动理论. 正则摄动理论的基本思想是寻求可积部分的精确解, 并在此基础上研究加上不可积的小修正后哈密顿系统的近似解. 庞加莱在其开创性的三体问题的研究中就将三体问题的近似解表示成二体问题的精确解加上第三体小干扰影响所产生的修正解的形式. 在哈密顿系统理论研究的早期, 许多科学家穷其毕生精力去寻找正则变换, 试图将一般的哈密顿系统变换为可积形式, 但是这一努力遇到了很大困难. 以庞加莱等人为代表的很多数学家发现, 绝大部分的哈密顿系统是不可积的. 后面会看到, 对两个及两个以上自由度的哈密顿系统, 正则摄动理论将会遇到小分母发散的问题. 这个发散问题在 20 世纪 50—60 年代物理学的 FPU 问题的研究及数学与力学的 KAM 理论研究的过程中得到了深刻理解与合理解决.

　　正则摄动理论的精髓之一是平均法,该方法的基本思想是区分系统的快慢变量,然后以慢变量为不变量,在此基础上得到新的摄动方程[35].下面以简单的单变量系统对这一思想做一说明.对于一般的具有摄动的动力学系统

$$\dot{x} = \varepsilon f(x,t) + \varepsilon^2 g(x,t,\varepsilon), \tag{1.5.1}$$

设函数 $f(x,t)$,$g(x,t,\varepsilon)$关于时间都以 $T>0$ 为周期,相应的平均方程为

$$\dot{y} = \varepsilon \bar{f}(y), \tag{1.5.2}$$

其中 $\bar{f}(y)$为如(1.4.22b)式定义的 $f(y,t)$的时间平均.平均定理指出[36],对于系统(1.5.1),存在一个坐标变换

$$x = y + \varepsilon w(y,t), \tag{1.5.3}$$

使得(1.5.1)式在坐标变换下变为

$$\dot{y} = \varepsilon \bar{f}(y) + \varepsilon^2 f_1(y,t,\varepsilon). \tag{1.5.4}$$

(1.5.4)式右边的第一项为不含时项.

　　平均法启示我们,对于近可积哈密顿系统的处理可以通过一定的变量变换来进行.林德斯特(A. Lindstedt,1854—1939)方法[37]是最早使用的处理不可积系统摄动的方法,其基本思想是寻找一个关于自变量的近似恒等的辛变换来使得新的哈密顿系统仅仅依赖于作用变量 I.另外一种典型的方法是庞加莱-冯·泽培尔方法(E. H. von Zeipel,1873—1959)[33],其实质是通过将生成函数展开成为小参数 ε 的幂级数形式,然后对相应各次幂依次求解哈密顿-雅可比方程来获得所需精度的解.下面我们讨论在 ε 的一次幂下求解的方法.

　　设 I,θ 为可积哈密顿系统的作用量-角变量,系统的哈密顿函数 H_0 只依赖于作用变量 I.未扰哈密顿系统的运动方程为

$$\dot{I} = 0, \quad \dot{\theta} = \omega(I_0), \tag{1.5.5}$$

$$\omega(I_0) = \partial H_0(I)/\partial I \big|_{I=I_0}. \tag{1.5.6}$$

如果可积系统 H_0 受到一个小的哈密顿扰动 $\varepsilon H_1(I,\theta)$,其中 H_1 是关于角变量 θ 以 2π 为周期的周期函数,则系统的哈密顿量可写为

$$H(I,\theta) = H_0(I) + \varepsilon H_1(I,\theta), \tag{1.5.7}$$

受扰哈密顿系统的运动方程为

$$\dot{I} = -\varepsilon \frac{\partial H_1}{\partial \theta}, \quad \dot{\theta} = \omega(I) + \varepsilon \frac{\partial H_1}{\partial I}. \tag{1.5.8}$$

上式中对于微小扰动 $|\varepsilon| \ll 1$,I 与 θ 分别为慢变量与快变量.相应地,系统的运动由慢的渐近运动和小而快速的振动运动组成.在实际应用中,我们可能只对慢变量即渐进运动感兴趣,因此可以通过对快变量的平均得到关于慢变量的方程.设无微扰的系统是非共振的.由于遍历性,我们可对上式应用空间平均(1.4.22a)或时间平均(1.4.22b),所得的结果应该相同.平均和变换后的作用量方程为

$$\dot{\boldsymbol{J}} = 0. \tag{1.5.9}$$

　　下面以二自由度非线性可积哈密顿系统为例来对上述方法加以说明,此时 $\boldsymbol{I}=(I_1,I_2)$, $\boldsymbol{\theta}=(\theta_1,\theta_2)$. 我们希望能寻求一个从旧变量 $(\boldsymbol{I},\boldsymbol{\theta})$ 到新正则变量 $(\boldsymbol{J},\boldsymbol{\varphi})$ 的变换,这个变换使得新的哈密顿函数 $\widetilde{H}$ 仅是作用量 $\boldsymbol{J}$ 的函数. 首先可以在 ε 的一级近似量级上把受扰哈密顿量化成非受扰哈密顿量的积分形式,即 $(\boldsymbol{I},\boldsymbol{\theta}) \rightarrow (\boldsymbol{J},\boldsymbol{\varphi}) \rightarrow \widetilde{H}(\boldsymbol{J})$,使得

$$\widetilde{H}(\boldsymbol{J}) = H(\boldsymbol{I},\boldsymbol{\theta}). \tag{1.5.10}$$

令生成函数(generating function)为 $S(\boldsymbol{J},\boldsymbol{\theta})$,由(1.3.55)式,有

$$\boldsymbol{I} = \frac{\partial S(\boldsymbol{J},\boldsymbol{\theta})}{\partial \boldsymbol{\theta}}, \quad \boldsymbol{\varphi} = \frac{\partial S(\boldsymbol{J},\boldsymbol{\theta})}{\partial \boldsymbol{J}}. \tag{1.5.11}$$

将其代入生成函数满足的哈密顿-雅可比方程(1.3.54),考虑 H,S 不显含时间,可得

$$H\left(\frac{\partial S}{\partial \boldsymbol{\theta}},\boldsymbol{\theta}\right) = \widetilde{H}(\boldsymbol{J}). \tag{1.5.12}$$

求解生成函数的一个手段是寻找它的级数解,即将其展开为级数

$$S(\boldsymbol{J},\boldsymbol{\theta}) = S_0 + \varepsilon S_1(\boldsymbol{J},\boldsymbol{\theta}) + O(\varepsilon^2)$$

$$= \boldsymbol{J} \cdot \boldsymbol{\theta} + \varepsilon S_1(\boldsymbol{J},\boldsymbol{\theta}) + O(\varepsilon^2), \tag{1.5.13}$$

这里 S 的 ε 零级项可以生成恒等变换 $\boldsymbol{J}=\boldsymbol{I}$, $\boldsymbol{\varphi}=0$. 旧的作用量和新的角变量的变换也可以用 ε 幂级数形式写出:

$$\boldsymbol{I} = \boldsymbol{J} + \varepsilon \frac{\partial S_1}{\partial \boldsymbol{\theta}} + O(\varepsilon^2), \tag{1.5.14a}$$

$$\boldsymbol{\varphi} = \boldsymbol{\theta} + \varepsilon \frac{\partial S_1}{\partial \boldsymbol{J}} + O(\varepsilon^2). \tag{1.5.14b}$$

将其代入哈密顿-雅可比方程(1.5.12),并利用(1.5.7)式,可以得到

$$H_0\left(\boldsymbol{J} + \varepsilon \frac{\partial S_1}{\partial \boldsymbol{\theta}} + \cdots\right) + \varepsilon H_1\left(\boldsymbol{J} + \varepsilon \frac{\partial S_1}{\partial \boldsymbol{\theta}} + \cdots,\boldsymbol{\theta}\right) = \widetilde{H}(\boldsymbol{J}). \tag{1.5.15}$$

将展开保留到 ε 的一阶项,可以得到

$$H_0(\boldsymbol{J}) + \varepsilon \left[\frac{\partial H_0}{\partial \boldsymbol{J}} \cdot \frac{\partial S_1}{\partial \boldsymbol{\theta}} + H_1(\boldsymbol{J},\theta)\right] + O(\varepsilon^2) = \widetilde{H}(\boldsymbol{J}). \tag{1.5.16}$$

令

$$\Omega(\boldsymbol{J}) = \partial H_0/\partial \boldsymbol{J}$$

为无扰动情况下的频率矢量,并考虑角变量的周期性,可以将上述包含角变量的函数做傅里叶展开

$$S_1(\boldsymbol{J},\theta) = \sum_{k \neq 0} s_k(\boldsymbol{J}) e^{ik \cdot \theta}, \tag{1.5.17}$$

$$H_1(\boldsymbol{J},\theta) = \sum_{k \neq 0} h_k(\boldsymbol{J}) e^{ik \cdot \theta}. \tag{1.5.18}$$

将其代入(1.5.16)式,并使变换后的哈密顿量在任意 ε 展开级别下都只显含作用角动量 J,可在各阶项上得到展开系数的方程.首先在 ε^0 和 ε^1 级别上建立方程,可构建可积变换

$$H = H_0(\boldsymbol{J}),\qquad (1.5.19a)$$

$$\sum [h_k(\boldsymbol{J}) + \mathrm{i}\boldsymbol{k}\cdot\boldsymbol{\Omega}(\boldsymbol{J})s_k(\boldsymbol{J})]\mathrm{e}^{\mathrm{i}\boldsymbol{k}\cdot\theta} = 0,\qquad (1.5.19b)$$

$\mathrm{e}^{\mathrm{i}\boldsymbol{k}\cdot\theta}$ 对不同 $\boldsymbol{k}$ 线性独立,因此对每个 $\boldsymbol{k}$,其在(1.5.19b)式前面的系数均为零,于是对任一 $\boldsymbol{k}$,有

$$h_k(\boldsymbol{J}) + \mathrm{i}(\boldsymbol{k}\cdot\boldsymbol{\Omega})s_k(\boldsymbol{J}) = 0,\qquad (1.5.20a)$$

因此

$$s_k(\boldsymbol{J}) = -\frac{\mathrm{i}h_k(\boldsymbol{J})}{\boldsymbol{k}\cdot\boldsymbol{\Omega}}.\qquad (1.5.20b)$$

对于二自由度系统的情形,我们有

$$\boldsymbol{k}\cdot\boldsymbol{\Omega} = k_1\Omega_1 + k_2\Omega_2,$$

$$s_k(\boldsymbol{J}) = -\frac{\mathrm{i}h_k(\boldsymbol{J})}{k_1\Omega_1 + k_2\Omega_2},\qquad (1.5.21)$$

频率 Ω_1 和 Ω_2 为 I 的非线性函数,k_1 和 k_2 为整数,因此

$$S_1(\boldsymbol{J},\boldsymbol{\theta}) = -\sum_{k\neq0}\frac{\mathrm{i}h_k(\boldsymbol{J})}{k_1\Omega_1 + k_2\Omega_2}\mathrm{e}^{\mathrm{i}(k_1\theta_1+k_2\theta_2)},\qquad (1.5.22)$$

由此导出生成函数

$$S(\boldsymbol{J},\boldsymbol{\theta}) = \boldsymbol{J}\cdot\boldsymbol{\theta} - \mathrm{i}\varepsilon\sum_{k\neq0}\frac{h_k(\boldsymbol{J})}{k_1\Omega_1 + k_2\Omega_2}\mathrm{e}^{\mathrm{i}(k_1\theta_1+k_2\theta_2)} + O(\varepsilon^2).\qquad (1.5.23)$$

如果 Ω_1/Ω_2 为一有理数(1.5.22),求和中必然存在一些 (k_1,k_2) 对,使求和项中一些项的分母为零,

$$\boldsymbol{k}\cdot\boldsymbol{\Omega} = k_1\Omega_1 + k_2\Omega_2 = 0,\qquad (1.5.24)$$

从而使生成函数的一级摄动项发散.即使对 Ω_1/Ω_2 为无理数的情况,我们也总可找到 (k_1,k_2) 使 $|\boldsymbol{k}\cdot\boldsymbol{\Omega}|$ 任意小.这就是所谓的小分母问题 (small-denominator problem)[38].由于小分母存在,$S(\boldsymbol{J},\boldsymbol{\theta})$ 的微扰解在展开的一级就会发散.由于有理数在实数空间中稠密,这使在非线性情况下(1.5.24)式的零分母点在相空间中也分布稠密.而且即使 Ω_1/Ω_2 为无理数,在它的无穷近邻域也总有无穷接近零的分母存在,即在相空间中处处都存在小分母问题.

　　以上只是在 ε 展开一级近似下求解时出现的奇异性和小分母问题,同样的问题也会出现在 ε 的高阶展开的每一阶,这就产生了奇异区极为复杂的层层嵌套结构.庞加莱对上述极为一般性的哈密顿系统得出了一个重要结论:不存在能量以外的任何其他解析不变量.如能量外的不变量能够存在,其表现必然是在相空间中处处病态和奇异的.

数学上的小分母现象及其产生的数学困难直接反映了处理实际问题中的物理困难,因为这类数学困难是由实际系统相空间中存在的真实共振所引起.非简谐耦合振子能量在各种模式间转移的 FPU 现象反映了物理上这种共振的直接结果.

另一方面,人们试图在数学上进一步发展一些有效的方法来避免或降低小分母问题带来的摄动展开发散问题,并在高阶展开中发展延缓奇异性的方法方面做了大量的努力[35,39],并取得了一定成功.这些方面的工作使我们得以在相空间的某些区域里得到很长但有限时间内运动的近似解.此外,某些情况下这些解在相空间的某一局部在任意长的时间里都非常接近真实运动,所有这些结果都源自在一些特定的情况下某些级数的真实收敛性.在后面我们通过对两个自由度系统的讨论将会看到,这些解封闭地包围着共振解轨道,把非常复杂的共振轨迹约束到近似于非共振解.以下讨论的 KAM 理论则集所有这些研究之大成,给出了可以得到这些解的严格数学条件.

1.5.2 无理环面与 KAM 定理

从上一小节的分析中已知,若一个非线性可积系统略受扰动,各自由度之间的共振会破坏以未受扰系统为基础的各级 ε 展开的收敛性.扰动将对系统产生两种不同的影响.第一,在出现非线性共振及其紧邻的区域,一个很小的扰动就可导致有理环面的重大畸变.在非线性情况下,满足共振条件(分母为零)的点稠密地分布于整个等能面相空间中,因此庞加莱得出了对于近可积系统不存在能量以外的任何独立的解析不变量的重要结论,庞加莱的结论也是他所讨论的与混沌相关的内容.第二,从相空间整体的动力学来说,这一结论是正确的,但却没有解决系统在相空间局部区域运动的可积性问题,即没有回答另一个重要问题:在整体运动积分被破坏的情况下是否还存在局部不被破坏的可积运动轨道.尽管有非线性共振区域存在的稠密性,但仍然可能存在扰动后良好保存的非共振运动.

对于上述的扰动的第二方面影响,前苏联著名数学家科尔莫戈罗夫于 1954 年提出了不变环面定理(invariant torus theorem)[16,17].后来该定理由阿诺德在解析的扰动哈密顿量 H_1 情形给出了证明[18,19].而美国数学家莫泽运用纳什-莫泽技巧,在有足够阶连续导数的 H_1 情形证明了保面积挠映射的不变环面理论[20](见 1.6.1 节),因此该理论被称为科尔莫戈罗夫-阿诺德-莫泽(KAM)理论.KAM 理论的核心是经典 KAM 定理,它是 20 世纪力学最有代表性的成果.KAM 理论指出,当满足某些条件时,非线性耦合系统仍会存在能量以外的不变量,只是这类不变量不是整体和解析地存在于相空间中,而是广泛但局域地存在于各类无理环面附近.

环面不变定理考虑的是一个近可积系统,即对一完全可积系统加一个很小的不可积扰动.该定理指出:如果扰动很小,大多数非共振的不变环面并不消失,只是发生一些微小的变形.满足 KAM 定理的轨道运动仍然会限制在 N 维环面上,环面上的运动仍然是准周期的.这些未被破坏的环面称为 KAM 环面.

KAM 理论对近可积哈密顿系统研究的基本方向包括如下两个方面:

(1) 当 $\omega = \Omega_1/\Omega_2$ 为有理数时,摄动理论展开存在分母为零的一阶项,此时非微扰系统 $H_0(I)$ 的轨道叫共振轨道,它对于任意小的扰动都会被破坏.但当 Ω 为无理数时,一阶项分母总不为零,仅有小分母问题,而此时分子和分母的大小之比则成为关键,这样的轨道不一定会被严重破坏.

(2) 由于有理数在实数域内处处稠密,生成函数的一阶展开式不可能整体给出解析 $S(J, \theta)$,从而得到能量以外的解析积分常数.但对于 $H_0(I)$ 中某一 I 值对应的具体轨道,由上述生成函数的计算和 $(I, \theta) \to (J, \varphi)$ 变换则有可能存在,这就可能使问题的考虑从整体的计算 $S(J, \theta)$ 变换转为针对某一确定的 I 环面的坐标变换,并由此确定该环面在微扰下的稳定性.

KAM 定理正是针对这两个方面,利用微扰计算中快速收敛的数学技巧,漂亮地解决了庞加莱理论留下的困惑.

要理解 KAM 定理,我们需要首先讨论有理数和无理数的距离问题.在给定的 $(0, 1]$ 的实数区间内,有理数处处稠密,但其测度为零,而无理数的测度为 1.有理数是可排序的,我们可用不可约真分数对 $(0, 1]$ 中的有理数进行如下排序:

$$1, \frac{1}{2}, \frac{1}{3}, \frac{2}{3}, \frac{1}{4}, \frac{3}{4}, \frac{1}{5}, \frac{2}{5}, \frac{3}{5}, \frac{4}{5}, \cdots, \frac{k_1}{k_2}, \cdots, \qquad (1.5.25)$$

其中 $k_2 > k_1$ 为正整数且 k_1, k_2 不可约.设 $s = k_1/k_2$,$|k_1| + |k_2| = K$,可以大约地用 K 来标记有理数的序号(当然可有多个有理数对应同一个 K).

无理数可以用有理数来逼近.在 $(0, 1]$ 中的一个无理数可以用 $s = k_1/k_2$ 在 $k_1 \to \infty, k_2 \to \infty$ 的一定序列来逼近.既然有理数在实数域中稠密,任何无理数与有理数之间似乎都不存在距离的概念.但在 (1.5.25) 式中 K 越大,相应的一对 k_1, k_2 也就越大,二者一旦不可约,分数 $s = k_1/k_2$ 就离无理数越近,因此对不同的 K,不可约分数 $s = k_1/k_2$ 的值(准确地说应当是 k_1 和 k_2 的值)就反映了无理数离有理数的"距离远近".数学家在极限意义上建立了远近的概念:给定 $(0, 1]$ 中的无理数 ω 和某一有理数 k_1/k_2,$|\omega - k_1/k_2|$ 就是该有理数与无理数之间的距离.给定一任意小的 δ,总有 M 使 $K < M(\delta, \omega)$ 中所有有理数 k_1/k_2 满足

$$|\omega - k_1/k_2| > \delta. \qquad (1.5.26)$$

对同一 δ,不同 ω 对应的 M 会有不同的值.越大的 M 说明 ω 离有理数越远.$M(\delta, \omega)$ 的函数关系可以确定 (1.5.23) 式中小分母对分数值的影响程度.

无理性条件定理[29]:*存在与 ω 有关的函数 $D(\omega) > 0$,使*

$$|\,\omega - k_1/k_2\,| \geqslant D(\omega)K^{-\mu}, \tag{1.5.27}$$

$D(\omega)$ 与 K 无关,其中 $\mu > 1$ 为一实数.满足无理性条件的点测度为 1,有理数与不满足条件(1.5.27)的无理数的总测度为零.

以下在无理性条件定理的基础上进一步探讨 KAM 理论对小分母问题的处理.对于频率比 $\omega = \Omega_1/\Omega_2$ 为无理数的情形,若(1.5.27)式给出了(1.5.23)式中的分母随 K 增大而减小的速率,则(1.5.23)式的分数值的发散与否取决于分子 $h_k(\boldsymbol{I})$ 随 K 增加的变化行为:是增大还是减小,如减小是以什么速率减小.结论是,只要(1.5.7)式中 $H_1(\boldsymbol{I}, \boldsymbol{\theta})$ 对 θ 解析,在 $K \to \infty$ 时,对绝大多数无理数环面 $h_k(\boldsymbol{I})$ 都会以比分母更快的速率趋于零,而使(1.5.23)式的分数不发散.

将 $H_1(\boldsymbol{I}, \boldsymbol{\theta})$ 做傅里叶展开:

$$H_1(\boldsymbol{I}, \boldsymbol{\theta}) = \sum h_k \mathrm{e}^{\mathrm{i}(k_1\theta_1 + k_2\theta_2)}, \tag{1.5.28}$$

由于 $H_1(\boldsymbol{I}, \boldsymbol{\theta})$ 是实函数,式中 $h_{-k} = h_k^*$.又由于 $H_1(\boldsymbol{I}, \boldsymbol{\theta})$ 对 θ 解析,该函数可解析延拓到 θ 的复平面,并在 $\theta_i\,(i=1,\,2)$ 的复平面某一区域有界.设在复平面上对于 $|\,\mathrm{Im}(\theta_i)\,| < \rho$,$H_1(\boldsymbol{I}, \boldsymbol{\theta})$ 对 θ 解析,则有

$$\begin{aligned}
h_k &= (2\pi)^{-2} \int_0^{2\pi} \mathrm{d}\theta_1 \int_0^{2\pi} \mathrm{d}\theta_2 H(\boldsymbol{I}, \boldsymbol{\theta}) \mathrm{e}^{-\mathrm{i}k_1\theta_1 - \mathrm{i}k_2\theta_2} \\
&= (2\pi)^{-2} \int_{0-\mathrm{i}\rho}^{2\pi-\mathrm{i}\rho} \mathrm{d}\theta_1 \int_{0-\mathrm{i}\rho}^{2\pi-\mathrm{i}\rho} \mathrm{d}\theta_2 H(\boldsymbol{I}, \boldsymbol{\theta}) \mathrm{e}^{-\mathrm{i}k_1\theta_1 - \mathrm{i}k_2\theta_2},
\end{aligned} \tag{1.5.29}$$

存在 $\rho > 0$,使得

$$h_k \leqslant B \mathrm{e}^{-K\rho} \leqslant D(\omega)K^{-M-1} \leqslant |\,\boldsymbol{k} \cdot \boldsymbol{\Omega}\,|. \tag{1.5.30}$$

式中最后一个不等式源自无理性条件(1.5.27)式,而 $M = M(\delta,\,\omega)$ 为使(1.5.26)式成立的 K 的上界.h_k 随 K 增大而指数递减,远快于(1.5.23)式中分母趋于零的速度.所以对无理数而言,(1.5.23)式的小分母并不导致分数值奇异性.变换(1.5.23)式对无理数 ω 对应的环面而言在 ε 一级近似上是成立的.

KAM 理论以同样的精神进一步解决了 ε 展开高阶项的小分母问题,并用快速收敛的 ε 展开方法证明了对 ε 各阶展开求和的收敛性,得出了如下明确的结论:对于充分小的 ε,大部分原 $H_0(\boldsymbol{I})$ 系统中的不变环面不会消失,只在微扰下产生小的变形,而当 $\varepsilon \to 0$ 时,这类未被破坏的不变环面的测度趋于 1[29].

KAM 定理:设受扰哈密顿系统(1.5.7)的哈密顿函数为

$$H(\boldsymbol{\theta}, \boldsymbol{I}) = H_0(\boldsymbol{I}) + \varepsilon H_1(\boldsymbol{\theta}, \boldsymbol{I}),$$

并设未受扰系统存在由(1.5.5)和(1.5.6)给出的环面 $\boldsymbol{I} = \boldsymbol{I}_0$.若如下几个条件满足:

(1) 解析性条件,$H(\boldsymbol{\theta}, \boldsymbol{I})$ 在相空间角变量和作用量变量分别满足 $|\,\mathrm{Im}\boldsymbol{\theta}\,| \leqslant \rho$,$|\,\boldsymbol{I}_0 - \boldsymbol{I}\,| \leqslant s$ 的一个小区域 Σ_0 上为 $\boldsymbol{\theta}, \boldsymbol{I}$ 的实解析函数(处处可微的实函数),

(2) 非退化(或非简并)条件,未受扰系统满足

$$\det(\partial \boldsymbol{\omega}(\boldsymbol{I})/\partial \boldsymbol{I}) = \det(\partial^2 H(\boldsymbol{I})/\partial \boldsymbol{I}^2) \neq 0,$$

(3) 强非共振条件(无理性条件),$\boldsymbol{\omega}(\boldsymbol{I})$满足丢番图(Diophantine)条件,即存在非零整数矢量 $\boldsymbol{k} = (k_1, k_2, \cdots, k_n)$ 和 $D = D(\boldsymbol{\omega}) > 0$ 与 $\mu > n-1$,使得

$$|(\boldsymbol{k}, \boldsymbol{\omega})| \equiv \left| \sum_{i=1}^{n} k_i \omega_i \right| \geqslant D |\boldsymbol{k}|^{-\mu}, \qquad (1.5.31)$$

则对任意的 $\varepsilon > 0$,如果存在

$$d = d(\varepsilon, D, \mu, s, \rho) > 0$$

使得在区域 Σ_0 内 $|H| < d$,那么(1.5.7)定义的哈密顿系统相流具有一个 n 维不变环面

$$\boldsymbol{I} = \boldsymbol{I}_0 + v(\boldsymbol{\xi}, \boldsymbol{\varepsilon}), \quad \boldsymbol{\theta} = \boldsymbol{\xi} + u(\boldsymbol{\xi}, \boldsymbol{\varepsilon}). \qquad (1.5.32)$$

式中 v, u 是在复域 $|\mathrm{Im}(\boldsymbol{\xi})| \leqslant \rho/2$ 上周期为 2π 的实解析函数,$\boldsymbol{\xi}$ 为在不变环面 (1.5.32)上的相流,

$$\boldsymbol{\xi} = \boldsymbol{\xi}_0 + (\partial H/\partial \boldsymbol{I} \,|_{\boldsymbol{I}=\boldsymbol{I}_0}) t, \qquad (1.5.33)$$

而且不变环面(1.5.32)充分接近于未扰可积系统(1.5.5)的相应不变环面,即

$$|v| + |u| < s.$$

上述定理说明,若受扰哈密顿函数光滑,未扰哈密顿系统非退化且近似满足共振条件,则对充分小的哈密顿扰动,未扰哈密顿系统的非共振环面不消失,只有少许变形,这些不变环面称为 KAM 环面.

对 KAM 定理的证明过程有以下几点有别于以往的摄动方案:

(1) KAM 定理不追求求解整体的不变积分,而是针对一具体的轨道环面,讨论其在扰动下的稳定性问题,这一目标的转移是 KAM 定理成功的首要条件.

(2) KAM 定理证明的出发点是固定一个非扰动哈密顿系统的无理环面,即选定一组分量独立的频率 ω,使得它不会近似地满足任意低阶共振条件(1.5.31)式,甚至要尽可能远离共振,这样在加上扰动后该非共振条件相对更容易保持.

(3) 加入扰动后,KAM 定理证明可在非扰动系统频率 $\boldsymbol{\omega}$ 的非共振环面附近找到扰动后的一个同样的不变环面,即该不变环面上的准周期运动也为该频率 $\boldsymbol{\omega}$,且满足非共振条件(1.5.31)式.

(4) 上面几点的重要之处是它们不直接分析非扰环面受扰后的行为. 这是因为由(1.5.13)式及其相关的扰动程序使得环面频率是依赖于扰动 ε 的. 随着扰动的加入,原来无扰动时环面的远离共振条件很容易被破坏,产生"频率漂移",从而造成小分母的发散. 因此在证明 KAM 定理时的做法是固定环面频率 $\boldsymbol{\omega}$,而使初始条件依赖于参数以保证具有 ω 频率的运动存在,而只要将初始条件做小的改变即可做到这一点(可见(1.5.33)式).

(5) 求不变环面的思想不同于 1.5.1 节扰动参数的幂级数展开,因为这样的幂级数展开收敛速度慢,从而可能在某一阶上的小分母会造成发散.为了提高收敛速度,KAM 的证明采用了类似于求方程根的牛顿切线法,该方法收敛速度极高.牛顿切线法求代数方程近似根的误差分析表明,如果初始的误差为 δ,则在做 n 次迭代后的误差阶数为 δ^M,其中 $M=2^n$,这说明牛顿法具有极快的指数级收敛速度,远快于幂律的收敛速度 δ^n.这种快速收敛方法用于 KAM 环面的逼近,可以使得每次近似出现的小分母产生的发散完全可以被展开的分子的更快收敛所抵消,最后不仅能做出无限多阶展开,而且能证明整个程序的收敛性.对这一技巧有兴趣的读者可参看文献[29].

(6) KAM 定理自科尔莫戈罗夫在 1954 年国际数学家大会提出大多数不变环面在扰动下仍然存在开始,经过一大批科学家的努力,至今已经有了多种不同形式,例如经典形式[16,17]、等能形式[18-20] 和参数形式[40] 等.需要指出的是,KAM 定理解决了一部分的问题,同时也向人们提出了更多问题,这激发人们更加深入地去研究近可积哈密顿系统[41-44].随着 KAM 理论的发展,上述定理的条件已逐步放松.首先,对定理中包括非扰和扰动哈密顿函数在内的函数解析性条件(1)(光滑性)要求降低了.莫泽指出,如果把牛顿法和纳什的思想结合起来就能用充分高阶的可微性来代替解析性的要求,这个想法被称为莫泽-纳什技巧.最初的证明需要 333 阶可微,后来只需到 4 阶可微即可[40].其次,非退化条件也被减弱,即 KAM 定理可在更弱的条件下成立.

KAM 定理揭示了可积哈密顿系统规则运动对微扰的稳定性,给出了无理环面得以保存的充分条件.对二自由度的规则运动,KAM 定理指出,对于近可积哈密顿系统,即使存在非可积微扰,规则运动区域仍会有一个非零的测度.在二自由度系统中 KAM 曲线与圆同胚,是一条闭曲线,曲线内部的点经过映射后必然仍位于曲线内部.KAM 曲线包围的点的这种稳定性称为 KAM 稳定性.但另一方面,KAM 定理没有给出近可积系统 KAM 环面随微扰增加的破坏过程.当微扰不大时,近可积系统即使有混沌运动,也只是局域地发生在相空间的区域内.随着扰动的增大,越来越多的 KAM 环面被破坏.当扰动足够大时,所有的环面都会被破坏,最后一个被破坏的 KAM 环面是离有理数"最远"的"最无理"的 KAM 环面,即比值为黄金分割数

$$\omega_1/\omega_2 = (\sqrt{5}-1)/2$$

的环面,这会在本章后面以实例叙及.

§1.6　庞加莱–伯克霍夫定理与混沌运动

1.6.1　有理环面与庞加莱–伯克霍夫定理

根据前面的摄动理论分析,未扰哈密顿系统中的有理(共振)环面在不可积哈密顿扰动下都会出现零分母问题,因而在任意小的扰动下都将被破坏.这些被破坏的环面为不可积哈密顿系统发生混沌运动埋下了"种子".这里以两个自由度近可积哈密顿系统为例来讨论未扰哈密顿系统运动轨线的拓扑结构在受到不可积哈密顿扰动后发生的变化.

(1) 庞加莱截面与庞加莱映射.

首先简要介绍一下庞加莱截面(Poincaré surface of section)的概念,它是研究连续时间系统动力学的一种有效的降维简化方法,对分析高维系统动力学尤其方便.截面方法的基本思想是不对系统在相空间的演化轨道进行连续跟踪,而是采用守株待兔的方法,取系统相空间中的一个低于相空间维数的"面",当系统的轨道穿过这个面时就记录轨迹与面交点的位置.轨道不断与该面相交就会留下大量的交点,于是研究连续轨道的动力学就化为研究截面上落点的动力学和落点分布情况.如图 1.7 所示,以三维相空间中的动力学系统 $x(t)=(x_1(t),x_2(t),x_3(t))$ 为例,如取 $x_3=0$ 作为庞加莱截面,则可以得到截面上落点 $(x_1(n),x_2(n))$ 的分布,其中 n 为落点编号,也是离散化的时间.如果系统运动轨道 $x(t)$ 是周期的,在截面上将只有有限个分立的点.如果运动是二维准周期的,则截面上点的分布是一条封闭曲线,这就是我们在庞加莱截面上所看到的图 1.6 的轮胎形环面.如果系统的运动轨道是混沌的,则可以在截面上看到无穷多的杂乱分布的点.

庞加莱截面不仅直观,而且在后面研究哈密顿系统的混沌动力学时也是一种行之有效的方法.除了可以观察和研究落点分布之外,庞加莱截面更重要之处在于将连续时间动力学离散化,即将原有的连续时间动力学系统化为离散的动力学系统,相应描述连续时间动力学的微分方程化为离散的映射,称为庞加莱映射.下面我们就应用庞加莱映射来对不可积哈密顿系统的环面破坏及混沌行为的出现进行讨论.

(2) 莫泽挠映射.

考虑一个二自由度近可积哈密顿系统,其哈密顿函数为

$$H = H_0(I_1,I_2) + \varepsilon H_1(\theta_1,\theta_2,I_1,I_2), \tag{1.6.1}$$

在未扰可积哈密顿系统发生共振时,存在对应于

$$\mu = \omega_1/\omega_2 = m/n, \quad m,n \text{ 为整数} \tag{1.6.2}$$

的周期轨道.由(1.6.2)式的整数比值可知,周期运动轨道在庞加莱截面的落点为

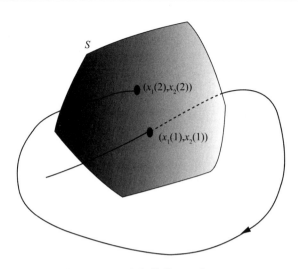

图 1.7   庞加莱截面示意图

一条连续时间轨道在每次穿过相空间的低维面时记录下轨迹与面交点的位置,大量这样的交点将连续轨道动力学研究化为截面上落点的动力学和分布研究

n 个离散点. 我们可以通过研究庞加莱映射的周期 n 不动点在微扰下的命运来考察未扰系统满足 $m:n$ 共振的轨道对微扰的响应.

下面我们对二维保面积的庞加莱映射——莫泽挠映射(Moser twist map)来讨论[20,29]:

$$\left.\begin{array}{l} r_{i+1} = r_i, \\ \theta_{i+1} = \theta_i + 2\pi a(r_i), \end{array}\right\} \equiv T_0\begin{bmatrix} r_i \\ \theta_i \end{bmatrix}, \tag{1.6.3}$$

其中

$$a(r) = \omega_1/\omega_2$$

为两频率的比值,即转数. 挠映射的转数与半径 r 有关. 对于未受扰的挠映射 (1.6.3),周期轨道为一系列孤立点,且位于轨道回路上的点都有相同的周期,准周期轨道则在圆上处处稠密. 若 $a(r_0) = m/n$ 为有理数,则 (r_0, θ_0) 为 T_0^n 的不动点,这是因为

$$T_0^n\begin{bmatrix} r_0 \\ \theta_0 \end{bmatrix} = \begin{bmatrix} r_0 \\ \theta_0 + 2\pi m \end{bmatrix}. \tag{1.6.4}$$

加入扰动 εH_1 后,二自由度系统的庞加莱截面映射可以利用正则变换得到,它由生成函数

$$S = r_{i+1}\theta_i + 2\pi\beta(r_{i+1}) + \varepsilon G(r_{i+1}, \theta_i) \tag{1.6.5}$$

给出,(1.6.3)式的映射变为

$$\begin{bmatrix} r_{i+1} \\ \theta_{i+1} \end{bmatrix} \equiv T_{\varepsilon} \begin{bmatrix} r_i \\ \theta_i \end{bmatrix} = \begin{bmatrix} r_i + \varepsilon f(r_{i+1}, \theta_i) \\ \theta_i + 2\pi a(r_{i+1}) + \varepsilon g(r_{i+1}, \theta_i) \end{bmatrix}, \tag{1.6.6}$$

其中

$$a = \mathrm{d}\beta/\mathrm{d}r_{i+1}, \quad f = -\partial G/\partial \theta_i, \quad g = \partial G/\partial r_{i+1}, \tag{1.6.7}$$

f, g 是两个非线性函数,依赖于 εH_1, T_{ε} 是保面积操作. 在许多人们感兴趣的二维映射中, f 与 r 无关,且 $g = 0$,于是(1.6.6)式可简化为径向挠映射的形式:

$$\begin{aligned} r_{i+1} &= r_i + \varepsilon f(\theta_i), \\ \theta_{i+1} &= \theta_i + 2\pi a(r_{i+1}). \end{aligned} \tag{1.6.8}$$

取

$$f(\theta_i) = \sin \theta_i, \quad a(r_{i+1}) = r_{i+1}/2\pi,$$

则上述挠映射就是切里科夫(B. V. Chirikov, 1928—2008)标准映射(standard map)[45]

$$\begin{aligned} r_{i+1} &= r_i + \varepsilon \sin \theta_i, \\ \theta_{i+1} &= \theta_i + r_{i+1}. \end{aligned} \tag{1.6.9}$$

我们将在后面对该映射进行详细讨论.

(3) 庞加莱-伯克霍夫不动点定理.

下面考虑受扰映射 T_{ε}^n 的不动点及附近的情况. 首先来考察未受扰莫泽映射 T_0^n 的行为. 如图 1.8(a) 所示,映射 T_0^n 只使相点沿切向幅角转动,对径向 r 不产生影响. 假设 $a(r_i)$ 是 r_i 的增函数,并假设未受扰映射 T_0^n 对应 $a = m/n$ 的不变映射圆为 C,其两边有两个半径分别为 r_+ 和 r_- 的不变映射圆 C^+ 和 C^-. 在 C^+ 上 $r_+ > r$ 并有 $a > m/n$,而在 C^- 上有 $r_- < r$ 和 $a < m/n$. 在 T_0^n 操作后,C 本身由于其上的点都是 T_0^n 的不动点,经过 n 次操作后又回到出发点. C^+ 上的点由于半径略大于 C 且每次转过的角度略大于 m/n,因此 n 次操作后会多出一个角度 $2\pi(an-m)$,所以相比 C 的不动点,C^+ 上的点会逆时针旋转. 类似可知,C^- 上所有点会顺时针旋转.

考虑有扰动后的挠映射 T_{ε}^n,只要扰动足够小,上述 C^+, C^- 的旋转行为会保持,即 C^+ 的反时针和 C^- 的顺时针运动没有本质变化. 但由于受扰映射 T_{ε}^n 还会对径向产生作用,因此共振环面(即不动点环)会产生扭曲变形. 因为挠映射的保体积性质,共振环在一个方向压缩,同时又会在另一个方向膨胀,如会出现如图 1.8(b) 中 r_{ε} 所示的椭圆结构,作为对比,图中虚线表示未受扰时的共振圆环. 图 1.8(c) 给出了 r_{ε} 曲线及其映射 $T_{\varepsilon}^n(r_{\varepsilon})$ 的示意图,r_{ε} 在扰动下发生扭曲,而迭代前后的椭圆包围的面积不变. 图中一个突出的特点是操作前后的环不重叠,说明扰动后原来共振环 r_{ε} 上的点并不都是 T_{ε}^n 的不动点,只有 r_{ε} 与 $T_{\varepsilon}^n(r_{\varepsilon})$ 的交点才是不动点. 两环有偶数个交点,它们都是受微扰后映射的不动点. 这偶数个交点 n 次迭代后仍回到原先的位置,因此它们是映射的固定点.这些点被称作庞加莱-伯克霍夫(G. D. Birkhoff,1884—1944)不动点.

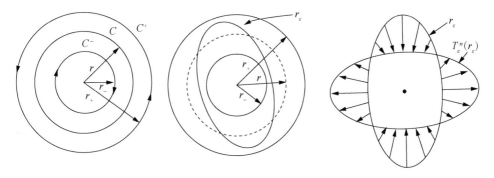

图 1.8 莫泽挠映射操作

(a) 未受扰不动点 $a=m/n$ 的不变映射圆为 C,其附近有两个半径分别为 r_+ 和 r_- 的不变映射圆 C^+ 和 C^-;(b) 受扰后的不变映射圆发生变形,虚线代表未受扰的圆;(c) 受扰后的不变圆与其像的交点为不动点,箭头代表不变圆映射时的变形方向.

图 1.9 给出了不动点附近的动力学行为.可以看到,不动点中一半是椭圆不动点,另一半是双曲不动点.在椭圆不动点附近,r_ε 共振环附近的点在 T_ε^n 作用下,内环 C^- 顺时针旋转,外环 C^+ 按逆时针旋转,加上由于径向作用而产生的环的变形,所有这些因素共同作用使得椭圆不动点附近可以形成如图 1.9 所示的封闭环,这说明椭圆不动点是稳定的.类似分析可知,双曲不动点附近会形成鞍点型的行为,即不动点附近的点在迭代中会沿一个方向远离不动点(不稳定方向)而沿另一方向趋向不动点(稳定方向),因此不动点是不稳定的.庞加莱和美国数学家伯克霍夫先后提出并证明了如下的定理[46—48]:

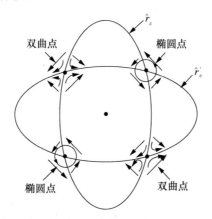

双曲点　椭圆点

椭圆点　双曲点

图 1.9 受扰挠映射下产生的椭圆不动点与双曲不动点及其附近的动力学行为

椭圆和双曲两类不动点成对出现,交替排列

庞加莱-伯克霍夫不动点定理：对于受扰的扭映射 T_ε^n，在闭曲线上存在着未扰可积系统不动点个数 n 的偶数倍 $2kn(k=1,2,\cdots)$ 个不动点，这些不动点交替地为稳定的椭圆不动点与不稳定的双曲不动点.

(4) 椭圆不动点与非线性共振.

下面进一步考察椭圆不动点附近的行为. 椭圆不动点在其邻域被一系列旋转环面所包围. 由上面的分析可知，$\mu\neq m/n$ 的点会围绕椭圆不动点形成闭合的环面，在双曲不动点邻域的点则会在逐次迭代后沿其不稳定方向远离该类不动点. 在椭圆不动点周围新生成的环面有一些是无理环面或接近无理的有理环面，它们可以在一定区域满足 KAM 定理的要求而稳定存在. 新环面中的一些有理环面不满足 KAM 定理，按照庞加莱-伯克霍夫定理，这些环面上在挠映射作用下又会在更高 ε 阶层次上产生新的椭圆和双曲不动点. 这样的过程在不同尺度下都会发生. 因此在更小的尺度上，椭圆不动点邻域的闭圈又可依次按照上面图 1.8 和图 1.9 所示的 KAM 定理与庞加莱-伯克霍夫定理分解成小的环面. 这种机制就导致了如图 1.10 所示的哈密顿系统在相空间不同尺度上环面分布的自相似嵌套结构.

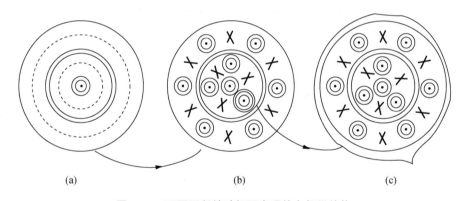

(a)　　　　　　　　　(b)　　　　　　　　　(c)

图 1.10　环面不断被破坏而出现的自相似结构

从(a)到(b)为环面破裂的过程，(c)为将(b)的相空间部分区域放大的结构. (a)中的实线表示 KAM 环面，虚线表示不稳定的有理环面；(b)和(c)中的实点代表椭圆不动点，它们被新产生的环面所包围，×代表有理环面破裂产生的双曲不动点

从物理学的角度来看，有理环面的破坏实际上就是源于系统中各个运动模式之间的共振现象——非线性共振. 在后面的讨论中将得知，非线性共振将进一步导致哈密顿系统中的混沌运动. 非线性共振的效应在 1967 年海森堡(W. K. Heisenberg,1901—1976)对质子加速器中不稳定性的分析中已经给出预测. 他指出，非线性共振会导致非线性系统长期行为的不可预测性[49]. 他在文章中写道：

"这不单是一个使天文学家感兴趣的结果，它可能具有十分重要的实际应用. 我只需提一下大约 15 年前建造 CERN(欧洲核子研究中心，European Organization for Nuclear Research,缩写来自其法语名)质子同步加速器时曾经使我们感到为难的力学问题.对巨大的 CERN 加速器来说,质子绕加速器回转时能否稳定在预定轨道上是一个至关重要的问题.我们无疑能选择适当的条件,使质子在回转轨道附近的微小振动是稳定的.然而,只要管道中哪怕有一点缺陷,质子绕加速器的回转频率与质子在回转轨道附近的振荡频率之比便可能成为有理数,这将导致两种运动模式之间的共振,同时也带来类似于天体力学问题中的困难.

"一旦出现共振,质子轨道的振荡幅度就会增大.振幅增大到一定程度后,微扰论便不能适用,这时我们必须考虑非线性效应.事实上,非线性效应使振荡频率随振幅改变而改变,所以共振也就随即停止.因此,在运动越过共振区分界线之前,非线性项始终是一种使运动保持稳定的因素.

"这就是我们当时的希望.当数值计算完成后,计算结果显示粒子确实能绕轨道运转 10^4 圈以上,这表明非线性项的稳定作用相当有效.先是振幅增加,然后频率移动使系统脱离共振,最后振幅又减小,如此不断地反复.然而,问题在于粒子在运转了上万圈之后仍有可能逃出预定轨道.你会惊奇地发现,一个非线性系统在经历长时间的稳定运行之后最终仍然是不稳定的.我认为,这是非线性系统的一种特有现象.说得简单一点,非线性问题具有某种不可预测性,我们完全不知道经过长时间之后它的解会是什么样子.我认为这可能是非线性问题的一个普遍特点."

1.6.2 同宿轨道、异宿轨道与混沌运动

前面所述的庞加莱-伯克霍夫定理给出在有理环面被破坏后所产生的在相空间的复杂运动结构及动力学自相似行为,所有讨论都围绕椭圆不动点展开.下面再讨论双曲点及分界线附近的行为.设受扰映射 T_ε^n 有 kn 个双曲不动点,在不动点的邻域把 T_ε^n 线性化,我们可得到两个本征值及相应的本征方向 S 与 U.与本征方向 S 对应的本征值绝对值小于 1,为稳定方向;与本征方向 U 对应的本征值绝对值大于 1,为不稳定方向.对 S 上邻近双曲点的相点做 $(T_\varepsilon^n)^{-l}$ 映射可得稳定流形 S,对 U 做 $(T_\varepsilon^n)^l$ 映射可得不稳定流形 U.在 $l \to \infty$ 时流形 S 的点经 $(T_\varepsilon^n)^l$ 的作用,流形 U 上点经 $(T_\varepsilon^n)^{-l}$ 的作用,都会趋向双曲不动点.简单地说,在双曲不动点处的这两条稳定流形 S 与两条不稳定流形 U 中,流形 S 上的点按指数律逐渐趋向不动点,而流形 U 上的点则按指数律离开不动点.这两个流形就是通过双曲点的两条分界线 (separatrix).

对于可积哈密顿系统,从图 1.11(a) 的同一个双曲不动点 A 出发的稳定流形 S 与不稳定流形 U 可以光滑地连成同宿轨道,从图 1.11(b) 的不同双曲点 A 和 B 出发的稳定流形 S 与不稳定流形 U 也可形成光滑的异宿轨道.在近可积情况,来自同一双曲点 A 的流形 S 与 U 可能会在 A 以外的地方产生横截相交,称为同宿相交

(homoclinic intersection),该交点称为同宿点(homoclinic point),如图 1.11(a)的
1 点所示;从不同双曲不动点 A 和 B 出发的流形 S 与 U 也可能发生横截相交,称
为异宿相交(heteroclinic intersection),交点称为异宿点(heteroclinic point),如图
1.11(b)的 1 点所示.如果 S 和 U 两条流形发生横截相交,数学上已经证明,它们
必在无限多个点发生相交,这些点都是同宿点(或异宿点).需要注意的是,在图
1.11 中的 A 和 B 点均为渐近相交的点,是双曲不动点,而其他横截相交产生的同
宿点或异宿点都不是不动点.

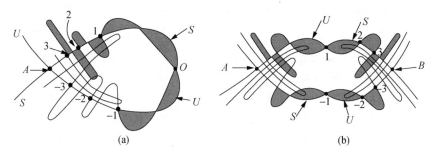

图 1.11   同宿相交与异宿相交

(a) 同宿相交示意图,A 为同宿性双曲不动点;(b) 异宿相交示意图,A、B 为异宿性双曲不动点.图中其他
交点均为横截相交的同宿点[(a)]或异宿点[(b)]

下面来看同宿点或异宿点的分布.稳定流形 S 和 U 无穷多次相交产生的同宿
点(或异宿点)沿流形的分布并不均匀,相邻同宿点(或异宿点)在远离双曲不动点
的区域比较少,在接近不动点的区域会随着趋向不动点而越来越多.图 1.11(a)和
(b)分别给出了具有一个双曲点的同宿轨道和具有两个双曲点的异宿轨道相交产
生的同宿或异宿点的情况,其中阴影区表示相交的相邻包围区域面积的情况.设同
宿点(或异宿点)x 相继的像为 $x_1,x_2,\cdots$,在图 1.11(a)中标记为 1,2,$\cdots$.在相邻同
宿点(或异宿点)之间,因为其一面积是另一面积的像,又由于哈密顿系统相流的保
体积性,流形 S 与 U 在相邻的相交中所包围的面积必然相等,称为麦克斯韦等面
积法则.等面积法则决定了图 1.11 中的阴影区域都具有相等面积,即这些阴影区
面积具有不变性.

面积不变性会对双曲点附近的动力学行为产生重要影响.我们以图 1.11(a)的
同宿相交为例来进一步说明在双曲不动点附近区域动力学不稳定性的产生机制.
该机制对异宿相交的情况分析同样有效.从图 1.11(a)可以看到,由于相邻同宿点
之间的距离随着趋向不动点而越来越小,又由于面积不变性,在不动点 A 附近不
稳定流形 U 绕稳定流形 S(或稳定流形 S 围绕不稳定流形 U)的波动会越来越大.

图 1.11 中双曲不动点附近的大幅波动行为只是与同宿点相联系的分界线附
近动力学复杂性的一部分.由于分界线本质上是无穷长周期 $n\to\infty$,因此图 1.10 的
嵌套行为的存在使得在分界线的邻域必然还存在无限多高周期的高次共振.在每

一个高次共振区,也存在交错的椭圆点与双曲点,并有联系双曲点的分界线,这些分界线的稳定和不稳定流形相交,并与一次共振的分界线轨道在异宿点相交.这些轨道在双曲点与分界线邻域是稠密的.所以,轨道在同宿点与异宿点附近的相交改变了轨道的拓扑性质.如果可积系统的扰动足够小,则上述的复杂动力学行为会发生在相邻 KAM 曲线之间的区域内.在双曲不动点邻域,同宿点或异宿点越来越密,流形 S 与 U 交织形成的回线越来越窄长,分布也越来越紊乱,在这些区域系统的运动就会十分复杂,变成混沌运动.

双曲不动点邻域的混沌区被各个 KAM 环面(曲线)分隔开,成为混沌层(chaotic layer)或随机层(stochastic layer).混沌层通常很薄,此时的混沌称为局部混沌(local chaos).随着系统不可积性强度的增大,越来越多的 KAM 环面被破坏,混沌层会越来越厚,最后被分隔开的混沌区会连成一片,此时系统的混沌运动称为全局混沌(global chaos).未被破坏的 KAM 环面所在的区域反而会成为在混沌海中存在的一个个规则的孤岛(islands).

将上面所有分析结果加以总结,并将其定性地画在一张图上,我们就可以大致了解不可积哈密顿系统在相空间中的动力学行为,如图 1.12 所示.在系统的相空间中存在足够远离共振条件的 KAM 环面,这些环面在小扰动下可以稳定存在,而所有有理环面可以在任意小的扰动下被破坏,从而产生数目相同的双曲不动点和椭圆不动点.两种不动点附近的稳定流形与鞍点的不稳定流形同宿(或异宿)相交在图中可以清楚地看到.还可以看到在双曲不动点附近不稳定流形的大幅振荡,对应于系统在该区域的混沌运动.随着扰动的增加,混沌区域不断扩大,系统会在相空间更大的区域里表现出混沌运动,以至原来将不同混沌区分割开来的 KAM 环面也会被破坏,形成全局混沌.在整体混沌海中仍然会残留一些未被破坏的 KAM

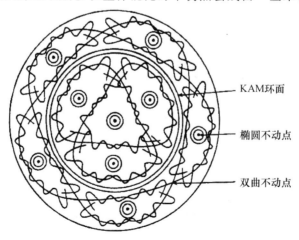

图 1.12　相空间不动点及其轨道混沌运动示意图

环面岛,更大的扰动会使得这些规则运动岛所占的区域越来越小,甚至会完全消失,此时在绝大部分相空间区域内,一条混沌轨道可以流经离任意相点无穷近的邻域.此时统计物理以之为基础的遍历性条件就得以建立(第 2 章详述).

　　下面以埃农(M. Hénon,1931—2013)-海尔斯(C. Heiles,1939—)振子为例,说明上述随不可积性增加从规则运动过渡到混沌运动的过程.该模型由法国数学家和天文学家埃农及美国天体物理学家海尔斯在研究星体在平面上围绕星系的非线性运动时提出[50].该系统的哈密顿函数为

$$H(\boldsymbol{p},\boldsymbol{q}) = \frac{1}{2}(p_1^2 + p_2^2) + U(q_1, q_2), \tag{1.6.10}$$

其中势能函数

$$U(q_1, q_2) = \frac{1}{2}(q_1^2 + q_2^2) + q_1^2 q_2 - \frac{1}{3}q_2^3.$$

图 1.13 给出了动能为零时不同能量的等势线 $U(q_1, q_2) = E$. 系统动能为零时势能的值就是系统的总能量 E. 可以看到随着能量 E 的增加,等势线由内向外,在 $E = 1/6$ 时系统能量到达了临界值 $E = 1/6$. 继续增加能量,运动轨迹将会从三个鞍点处逃逸.

$$(q_1, q_2) = (0, 1), \quad \left(\pm\frac{\sqrt{3}}{2}, -\frac{1}{2}\right)$$

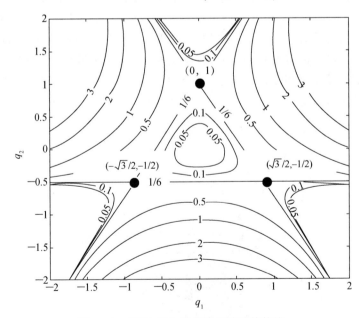

图 1.13　埃农-海尔斯振子系统的等势线

图中线上的数字为势能的值 E(即动能为零时系统的总能量),从内向外能量增大.最外面的三角形线为临界逃逸能量线 $E = 1/6$,三角形的三个顶点(圆点)为鞍点. 当 $E > 1/6$ 时,运动轨道会从三个顶点附近逃到无穷远

为观察埃农-海尔斯系统从规则运动到混沌运动的变化情况,可将系统的总能量作为控制参量. 这是因为当系统总能量很小时,运动为小幅振荡,(q_1, q_2)很小,势能函数中简谐部分起主导作用,相比之下非简谐项可以忽略,系统接近于可积. 随着总能量的增加,振荡幅度变大,势能中的非简谐部分影响变大,甚至起着主要作用,系统可积性就会被破坏.

埃农与海尔斯[50]计算了该系统的庞加莱截面. 这里庞加莱截面(q_2, p_2)的取法是每次运动轨道以$p_1 \geqslant 0$穿过$q_1 = 0$的面时记录下(q_2, p_2)的值. 图1.14给出了系统在不同总能量情况下的(q_2, p_2)截面落点分布. 在图1.14(a)中,当$E \leqslant 1/12$时系统基本上可积,可以看到落点分布比较规则. 落点形成的连续光滑曲线对应于无理环面,连续时间轨道为准周期运动轨道;离散的点对应于有理环面,图中封闭曲线包围的孤立不动点为周期运动轨道. 当$H = 1/8$时,在图1.14(b)中一些光滑曲线仍然被保留,对应于满足KAM定理条件的KAM环面,但许多在图(a)中存在的环面已经破裂. 图(a)中的有理环面由于庞加莱-伯克霍夫定理而破坏,出现由残存KAM环面包围的小岛组成的岛链. 同时,在截面上的很大区域内出现随机散布

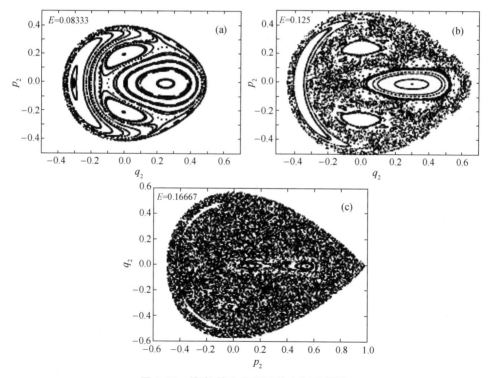

图1.14 埃农-海尔斯振子的庞加莱截面

(a) $H = 1/12$;(b) $H = 1/8$;(c) $H = 1/6$. 随能量的增大,KAM环面逐步被破坏,而混沌区逐步增大

的点,对应于整体混沌运动,这些随机散点由同一轨线产生.当总能量增加到 $H=$ 1/6 时,在图 1.14(c) 中除了少量小岛外,几乎所有光滑 KAM 曲线都消失,由单个轨线产生的随机散点充满了绝大部分等能量面.

1.6.3　KAM 环面的破坏及整体混沌区的形成

考虑如下的一维受周期冲击力的转子哈密顿系统(kicked rotator):

$$H(I,\theta,t) = P^2/2 + K\cos\theta\sum_n\delta(t-nT), \qquad (1.6.11)$$

其正则方程为

$$\dot{P} = K\sin\theta\sum\delta(t-nT),$$
$$\dot{\theta} = P. \qquad (1.6.12)$$

由于外部周期驱动,该哈密顿系统能量不守恒,所以运动不在等能面上进行.由于冲击力在 $t=T,2T,\cdots,nT$ 的离散时间上实施,我们可以在冲击前后对上述正则方程进行时间积分.利用 δ 函数的性质,可以很容易由(1.6.12)式通过对时间积分建立从上一次冲击到下一次冲击所引起的状态变化的映射动力学为

$$P_{n+1} = P_n + K\sin\theta_{n+1},$$
$$\theta_{n+1} = \theta_n + P_n \bmod 2\pi. \qquad (1.6.13)$$

式中 (P_n,θ_n) 是 $t=n$ 时刻刚受 δ 冲击后的动量和角度值,而角变量 θ_n 以 2π 为周期.(1.6.13)式就是前面(1.6.9)式给出的所谓切里科夫标准映射[45].它是挠映射(1.6.8)式的一种特殊情形,是研究哈密顿系统混沌运动学最重要而最简单的例子之一.这是一个二维映射,可以验证其雅可比行列式为 1,因此是保面积映射.对它进行研究,可以更加深入理解前面所讨论的理论结果.另外,映射的数值计算快速高效,研究可以做到十分深入和细致.

当 $K=0$ 时,映射(1.6.13)成为线性映射,代表标准映射在不受冲击下的完全可积形式,此时 $P_n=P$ 不随时间变化,成为系统的运动积分,而 θ_n 在常数 P 的环面上运动,每次迭代增加一常数 $\Delta\theta=P$.很显然,当 $P/2\pi$ 为无理数时,运动为准周期,而 $P/2\pi$ 为有理数时则为周期运动(冲击力驱动周期与自由运动周期之比决定有理与无理环面).

当 $K\neq0$ 时,转子系统受到外力冲击,原有的可积性被破坏.外力作用会使周期轨道破裂变为周期岛链,而未被破坏的 KAM 环面则把相空间分隔成不变区域,如图 1.15(a)所示.如果把周期岛链局部放大,如图 1.15(b)和(c),可以看到庞加莱-伯克霍夫定理所预言的自相似结构,即每一个岛屿经过放大又可以看到更多的小的岛链.实际上,从这些图中我们已经可以看到在岛链与 KAM 环面之间被破坏 KAM 环面形成的局域混沌区域.

随着 K 的增加,周期冲击所带来的标准映射非线性项的影响越来越大,系统

逐渐离开近可积区域,非线性会导致越来越多的 KAM 环面被破坏,而混沌运动的覆盖区域越来越大,且单条混沌轨道所覆盖的面积也越来越大.图 1.16 给出了不同 K 情况下相空间运动状态的分布情况.

从图 1.15 和图 1.16 我们可以看到几种典型的特点:(1)当 K 较小时,相空间会存在很多 KAM 环面区域,KAM 环面把不同初态的运动限制在局部区域,而不同区域的运动互相独立.(2)无微扰($K=0$)有理环面在微扰作用下被破坏,根据庞加莱-伯克霍夫定理形成各级的共振岛链,而这些周期岛链被上下的 KAM 限制在带状区域内.(3)随着 K 的增加,越来越多的 KAM 环面被破坏,越来越多的岛链结构和共振带被破坏,混沌的覆盖区域以及每条混沌轨道运动的范围越来越增大.

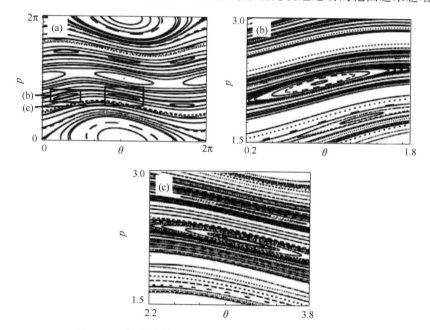

图 1.15 标准映射(1.6.13)的 KAM 环面和岛链分布图

(a) $K=0.5$ 时方程(1.6.13)的 KAM 环面和周期岛链整体分布图;(b) 放大(a)中的标记为(b)的岛链的环面和岛屿结构;(c) 放大(a)中标记为(c)的岛链的结构图

不同 KAM 环面在微扰作用下生存的能力不同.有的环面在很小的 K 就被破坏,但有的环面在很大的 K 时还存在.只要有一条 KAM 环面存在,标准映射的整个相空间就会被分隔成互不连通的不变区域.一个很有意义的问题是什么时候系统的整个相空间会从不连通变为连通.

由于相空间的不连通性是由 KAM 环面限制所导致,因此上面问题隐含的一个更有趣问题是哪一条 KAM 轨道最稳定,即是否存在最后一个被破坏的 KAM 环面.很显然,这个最稳定环面的破坏所需的 K 值决定了使系统运动从局域混沌

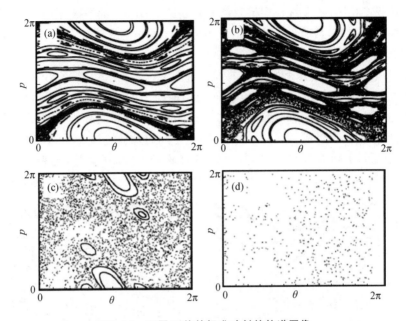

图 1.16　不同 K 值的标准映射的轨道图像

(a) $K=0.8$；(b) $K=1.0$；(c) $K=2.5$；(d) $K=6.0$. 随着 K 的增大，越来越多的 KAM 环面被破坏，混沌轨道则占据越来越大的相空间区域

进入全局混沌的突变过程.

从理论上讲，最稳定的 KAM 轨道应是离有理数最远的、最无理的轨道，这是 KAM 理论给我们的启发. 在标准映射中，KAM 环面轨道的性质由转数

$$R = \lim_{m \to \infty} \frac{1}{2\pi m} \sum_{n=1}^{m} P_n \qquad (1.6.14)$$

来确定，当 R 为无理数时对应于 KAM 环面. 对应 R 最无理数值的 KAM 环面应是最后被破坏的环面. 数学上，任何一无理数 R 都可以用有理数的极限系列去逼近，其中一种典型的逼近方法是用如下整数的无穷连分数来表示无理数：

$$R = a_1 + \cfrac{1}{a_2 + \cfrac{1}{a_3 + \cfrac{1}{a_4 + \cdots}}}, \qquad (1.6.15)$$

这里 a_i 都是整数. 我们可以将这一连分数简记为

$$R = [a_1, a_2, \cdots, a_n, \cdots]. \qquad (1.6.16)$$

(1.6.15)式的连分式在任一阶数中断都会给出一个有理数，而无理数需要一个无穷的整数连分式来逼近. 在连分数某个有限的第 n 个位置上对(1.6.15)式进行截断，即让从 n 之后的整数 a_i 等于零，$(a_1, a_2, \cdots, a_n, 0, 0, \cdots)$，我们可得到该无理数不同的有理数近似. 当 $n \to \infty$ 时，截断的有理序列就趋于该无理数. 被截的有理数序列收敛性越快,对应的无理数就越接近于有理数,而截断的有理数序列向无理极限收敛最慢的连分式可以被合理地认为是离有理数最远而最无理的数.很显然,收敛性最慢的无理数应该是如下的最小整数 a_i 序列

$$R_g = [1,1,\cdots,1,\cdots] = 1 + \cfrac{1}{1+\cfrac{1}{1+\cfrac{1}{1+\cdots}}} = \frac{\sqrt{5}-1}{2}, \qquad (1.6.17)$$

该转数正是黄金分割数(golden mean).我们期待对应于黄金分割转数的 KAM 环面将被最后破坏.这一期待被图 1.17 的数值计算清楚地验证.这一环面被破坏的临界 K 值是

$$K_g \approx 0.97. \qquad (1.6.18)$$

而这一环面正是该映射中最后一个被破坏的环面,这一环面破坏的临界值在理论上可通过逼近方式来得到,此处不再详述.

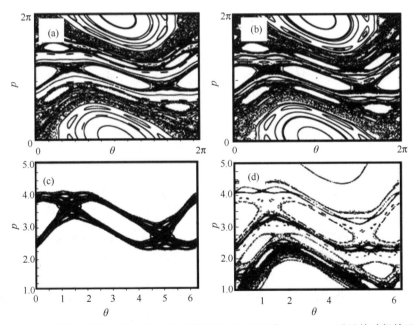

图 1.17 标准映射旋转数为黄金分割数的 KAM 环面在 $K_g \approx 0.97$ 附近的破坏情况

(a) $K=0.96$,(b) $K=1.0$,(c) $K=0.96$ 时的黄金分割数存在的 KAM 环面放大图;(d) $K=1$ 时黄金分割 KAM 环面破坏后的局部放大

这里需要强调,$K>K_g$ 并不说明系统在全相空间都做混沌运动,K_g 是混沌区域产生整体连通性质的阈值.因此,即使 $K>K_g$,在最后一个 KAM 整体环面被破坏后,仍然会存在大量小的次级环面形成局域岛,阻止全局混沌的进入.也就是说,如果系统初值落到这些岛中,系统运动仍然会局域在这些岛上,如图 1.18 所示.

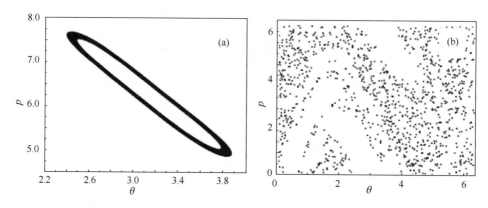

图 1.18　$K=4$ 时从不同初值出发标准映射的两条运动轨迹

（a）初值在某个岛内时的运动轨迹；（b）初值在整体混沌区内的运动轨迹

在图 1.17 和图 1.18 中,我们通过对 P 的取模操作 mod2π 把动量限制在$(0,2\pi)$范围内,这一操作并不影响相角 θ 运动的描述,但对原始的(1.6.11)哈密顿系统来说,动量 P 和动量 $P+2\pi K$ 却具有完全不同的能量值,对应于完全不同的物理情况,所以运动限制在 $P\in(0,2\pi)$ 的局域内与无限制的进入 $P\in(-\infty,+\infty)$ 的区域实际上代表了在外力下能量受限与能量向系统注入朝无穷大发展和积累的两种完全不同的运动形式.这两种运动形式的分界点恰好在临界值强度 $K_g\approx0.97$ 处.在阈值 K_g 以下,混沌运动能量局域在一定值以内波动,能量不会发散,如图 1.19(a)所示;而一旦冲击强度 K 超过了临界强度 K_g,混沌运动就会破坏最后一个

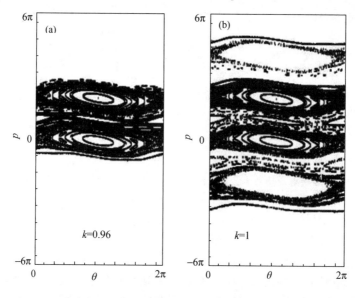

图 1.19　(1.6.13)式中在不同非线性冲击力 K 下的受限(a)和不受限(b)的运动形式

KAM 环面,系统会进入新的运动模式,此时系统能量在周期冲击下会无限增加,如图 1.19(b)所示.因此,KAM 环面的破坏与否对运动的局域性有着关键意义.

1.6.4 高维哈密顿系统中的阿诺德扩散

前面重点研究了两个自由度哈密顿系统的动力学与混沌问题.相比之下,人们对三自由度或更高自由度系统的研究远不如二自由度系统那么充分.两个以上自由度的哈密顿系统与两个自由度的系统在不可积与混沌的机制方面类似,但也有一些重要的不同之处.多自由度系统具有二自由度系统所没有的一些性质,其中一种重要性质称为阿诺德扩散,该机制是由阿诺德于 1964 年提出的一种高维哈密顿系统运动不稳定性的机制[51,52].下面通过对二自由度系统和多自由度系统的相空间结构分析对比来说明阿诺德扩散的基本机理.

对两个自由度哈密顿系统,在二维作用变量平面 $\boldsymbol{J} = (J_1, J_2)$ 上,假设未扰哈密顿系统的等能量面是椭圆

$$H_0 = J_1^2 + (aJ_2)^2, \tag{1.6.19}$$

利用正则方程可以得到 $\omega_{1,2} = \partial H_0 / \partial J_{1,2}$,共振条件为存在一对非零整数 (k_1, k_2),使得 $k_1\omega_1 + k_2\omega_2 = 0$.因此系统的共振面(线)为

$$k_1 J_1 + k_2 a^2 J_2 = 0. \tag{1.6.20}$$

这是一族交于原点的直线,各共振面与等能量面只交于一点,因此每个共振态仅与 $\boldsymbol{J}$ 空间的一个点相对应.且由于 KAM 环面的限制,各共振态之间互不相通,所有混沌运动都局限于各级 KAM 环面之间,只有在较大不可积扰动下才能从混沌层变成混沌海.

一个一般的 N 自由度的可积系统 $H_0 = H_0(\boldsymbol{J})$ 的运动限制在 $2N$ 维相空间的 N 维环面上:

$$\boldsymbol{J}(t) = \boldsymbol{J}_0, \quad \boldsymbol{\theta}(t) = \boldsymbol{\omega}(\boldsymbol{J})t + \boldsymbol{\theta}_0, \tag{1.6.21}$$

其中

$$\boldsymbol{\omega}(\boldsymbol{J}) = \partial H_0 / \partial \boldsymbol{J}. \tag{1.6.22}$$

如果上述系统受到扰动,则它将在等能面

$$H = H_0(\boldsymbol{J}) + \varepsilon H_1(\boldsymbol{J}, \boldsymbol{\theta}) = E \tag{1.6.23}$$

与共振面

$$\boldsymbol{m} \cdot \boldsymbol{\omega}(\boldsymbol{J}) = 0 \tag{1.6.24}$$

的交集及其邻域发生混沌运动.等能面和共振面都是 $(2N-1)$ 维的,二者的交集是 $2(N-1)$ 维的.对近可积系统,存在 N 维的 KAM 环面.当 $N=2$ 时,$N=2$ 维的 KAM 环面在 $2N-1=3$ 维的等能"体"中能够包围或孤立出 $2(N-1)=2$ 维的共振面及其邻域形成的共振区,这些共振区是 3 维的,如图 1.20(a)所示.但是,一个 $N=3$ 自由度系统的情形则完全不同,其等能面与共振面的交集是 $2(N-1)=4$ 维

的,而 KAM 环面是 $N=3$ 维的. 在等能面的 $2N-1=5$ 维空间中,一个 3 维 KAM 环面不可能包围或孤立 $4+1=5$ 维的共振区. 类似的结论存在于所有 $N>3$ 的高维哈密顿系统中. 因此,在 $N \geqslant 3$ 自由度的系统中,KAM 环面不能限制混沌运动的扩散,即 KAM 环面不能将等能量面分割成闭域的集合. 图 1.20(b)给出了高维情况下的示意图. 此时,各共振面与等能量面的交线可联结成复杂的网,布满整个等能量面,自网上一点开始,随机的运动可以很慢的速度到达该能量面上每个有限的区域,这个网称为阿诺德网(Arnold web). 哈密顿系统的动力学轨迹在阿诺德网上的扩散性运动称为阿诺德扩散,这是三个与三个以上自由度近可积哈密顿系统中在任意小的微扰作用下可以发生在各混沌层间的扩散基本机理.

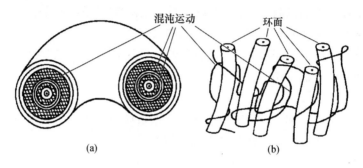

图 1.20   不同维数哈密顿系统运动的区别

(a) 二维哈密顿系统的运动,相空间运动可以被环面分割为不同的互不连通的区域;(b) $N>2$ 维相空间的混沌运动由于阿诺德扩散机制连为一体

　　下面以三自由度可积哈密顿系统为例来做进一步的说明. 在三维作用量空间中,假设系统的等能量面是一个球面:

$$H_0 = (J_1^2 + J_2^2 + J_3^2)/2, \qquad (1.6.25)$$

系统的共振面为

$$k_1 J_1 + k_2 J_2 + k_3 J_3 = 0, \qquad (1.6.26)$$

这是一族通过原点的平面. 等能量面与各共振面的交线是一些球面上的大圆弧,球面上的任意两个大圆弧也会相交,如图 1.21 所示,这一点与二自由度系统孤立的共振点完全不同. 当 (k_1, k_2, k_3) 取各种整数时,共振面与等能面的交集在球面上形成了一个处处稠密且互相连接的网络. 当系统运动至共振面之间的交点处时,轨道完全可以不再沿原来的共振面与等能量面的交线运动,而是可能随机地转入另一个共振面与等能面的交线(如图 1.21 中的粗波纹线所示),产生共振面之间的跃迁. 由于系统存在无穷多的共振面,因此共振面与等能量面的交线及其共振面之间的交点皆为无穷多个,这将导致系统运动可到达等能量面上的任一有限区域. 因此,多自由度(>2)哈密顿系统在拓扑结构上为运动在各种共振态之间的切换提供了机制,也为多自由度动力学系统等能面上的遍历性提供了物理基础.

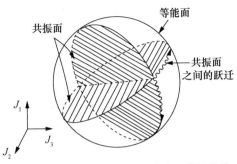

图 1.21　三自由度哈密顿系统的阿诺德扩散

进一步看,系统可积性的破坏可以提供不同共振态之间的跃迁机制.当可积哈密顿系统变成近可积哈密顿系统时,各共振面会变成具有一定"厚度"的混沌层,这样运动轨迹就可以绕过 KAM 环面而扩散到其他区域,出现阿诺德扩散.阿诺德扩散使得各个混沌层连成阿诺德网,混沌区会连成一片.因此,与两个自由度哈密顿系统相比,在三个与三个以上自由度哈密顿系统中,一个很小的不可积扰动就会经由阿诺德扩散而导致全局混沌.

需要指出的是,阿诺德扩散自 1964 年提出后就是一种猜测,人们通过大量的数值计算确实看到了多自由度系统的这种动力学不稳定机制,但数学上的证明一直是一个具有挑战性的课题[53].自提出后至今的近 50 年来,此问题吸引了许多数学、物理、天文和力学领域科学家的研究兴趣,包括一般性的证明和扩散的一些具体例证和物理数学特征的分析(例如对扩散速率的估计及其与一些物理上的过程的关系等)[54,55].关于数学证明,人们希望能够对于两个半自由度和三自由度的情况给出证明,近几年已有一些振奋人心的结果[56−59],但离最终完全解决问题还有很长的路要走.

§1.7　走向混沌——从蝴蝶效应谈起

1.7.1　误差的故事——偶遇的混沌发现

前面我们从力学的基本理论开始,并在哈密顿力学框架下讨论了可积性破坏后哈密顿系统的复杂动力学行为,特别是系统如何产生混沌运动.与混沌理论相关的若干概念和行为的研究早在 19 世纪末就已具端倪,开始于庞加莱在天体力学中对三体问题的研究.庞加莱在研究三体问题时发现一种"特殊"轨道,这种轨道从不自相交,但会以复杂的方式无数次与以往轨道任意小的邻域相交.庞加莱研究的是哈密顿系统,而这种似乎病态的行为在后来的很多实验中也被频频观察到,但早期都被看作是在"陈列室中展示的怪物"(gallery of monsters).后来计算技术的发展使实验数学成为可能,才使庞加莱等先驱者具有深邃洞察力的思想被人们广泛接受.这种确定性的随机行为不仅在哈密顿系统中存在,而且在大量耗散系统中都可观察到.

　　计算机技术的发展导致了一次偶遇的发现,这就是洛伦茨(E. N. Lorenz,1917—2008)(见图 1.22(a))在小数点背后"看到"混沌现象的故事[60—62].这要从早期的天气预报开始说起.20 世纪中期,气象学家中盛行采用线性计算的方法进行天气预报,但也有气象学派认为模拟流体动力学方程可以更准确地预测天气.当时在麻省理工学院工作的气象学家洛伦茨购买了他的第一台计算机 Royal Mc Bee LGP-30,并决定用它来比较两种算法.流体方程用 12 个变量的常微分方程描述.洛伦茨在比较中寻找非周期解,期待这类解对线性方法有更大挑战.他的确验证了线性方法在这种非周期情况下预报不成功.

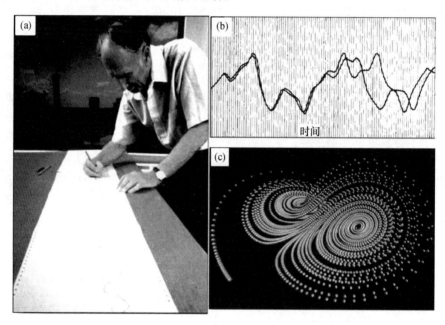

图 1.22　洛伦茨进行的气象演化的数值计算和洛伦茨吸引子

(a) 洛伦茨在研究前后两次的时间序列;(b) 洛伦茨两次计算的原始数据随时间的初始吻合与后来偏离,初始值指数在计算精度末位产生偏差;(c) 三变量洛伦茨方程画出的洛伦茨吸引子轨道图.(引自文献[61,62])

　　但值得庆幸的是故事并未就此结束.对非周期运动的好奇心促使洛伦茨对此进行了更深入的研究.一次为了更详细地观察发生的现象,他停下机器,打印下计算数据又重新开机以重复一段已有的计算过程.其间他离开了一个小时左右去喝咖啡,再回到机房时,计算机已算出了两个月的气象结果,而新的计算结果与原有结果相比已面目全非.图 1.22(b)就是他发现这一敏感性现象的原始数据.仔细检查后洛伦茨发现新旧数据的离异不是在某一时刻突然发生的.在初始阶段二者吻合很好,后来在计算精度末位产生偏差,而以后可见的偏差大约以每四个气象日增大一倍的方式发散,直至第二个月中两类数据变得毫无关联.这个现象告诉他是两次计算舍去的尾数不同而造成偏差又被持续放大导致了问题.于是洛伦茨发现了模型中存在运动轨道对初始条件的敏感性行为,而这正是混沌的精髓所在.

在洛伦茨的工作前后已有一批后来成为混沌研究先驱的学者发现了类似的现象,但都或被看做计算失误摒弃,或被看做偶发现象而忽视,而洛伦茨则在 1960 年东京会议上报告了他的初值敏感性结果并继续对此深入研究.他将系统简化为仅含三个变量的非线性常微分方程,在 1963 年发表了《确定性非周期流》一文[63],文中得到了如图 1.22(c)的后来被无数次重现的混沌轨道.洛伦茨模型是耗散系统,具有相空间体积收缩的特点,不同轨道会演化到相空间中确定的集合,并再不离开所处集合,这些集合被称为系统的吸引子.图 1.22(c)正是这样的混沌吸引子(chaotic attractor),被称为洛伦茨吸引子,而产生这一混沌吸引子的著名的三变量洛伦茨方程,是研究耗散系统混沌行为最典型的代表.

1963 年洛伦茨的论文发表后 12 年内鲜有人问津,其间总共只有 20 次引用.直到 1975 年李天岩和约克(J. A. Yorke)的论文《周期三意味着混沌》[64]发表后,混沌才成为真正的热门领域.2008 年洛伦茨去世,*Science* 杂志专门撰写了纪念洛伦茨的文章[65].

系统运动对初值变化的敏感性是确定性混沌最根本的性质.这种初值敏感行为也会发生于非混沌系统,但那都发生在测度为零的不稳定集合(不稳定点、不稳定周期轨道等)无限小的近邻区域.混沌系统的根本不同之处是这种敏感性发生于非零测度的混沌吸引域的任何位置上,甚至发生在测度为 1 的整个相空间内.混沌动力学是确定性的,其轨道在短期内可以预言,但混沌轨道的初始敏感性及无处不在的微小扰动使混沌轨道的长期行为变得随机和不可预言,与掷骰子没有任何差别.洛伦茨敏锐意识到如果大气表现出其模型的行为,气象的长期预报就是不可能的.

1972 年,洛伦茨发表了题为《预见性——巴西的蝴蝶扇动翅膀会引发德克萨斯的龙卷风吗?》(*Predictability: Does the flap of a butterfly's wings in Brazil set off a tornado in Texas?*)的演讲,用蝴蝶与龙卷风的关系隐喻的一个看似不起眼的微小扰动引发混沌系统长期趋势重大变化的现象,称为蝴蝶效应(butterfly effect)[66].图 1.22(c)洛伦茨吸引子形似蝴蝶的双环结构也是这个蝴蝶故事的形象来源.

类似蝴蝶效应的描述在古今中外都已有很多表述,例如《礼记·经解》中的

《易》篇说:"君子慎始,差若毫厘,谬以千里."欧洲从 14 世纪至今一直流传着一首诗:"钉子缺,蹄铁卸;蹄铁卸,战马蹶;战马蹶,骑士绝;骑士绝,战事折;战事折,国家灭."(英文是:"*For want of a nail , the shoe , was lost. For want of a shoe , the horse , was lost. For want of a horse , the rider , was lost. For want of a rider , the message , was lost. For want of a message , the battle was lost. For want of a battle , the kingdom was lost. And all for the want of a horseshoe nail.*")一个国家的存亡甚至会取决于一颗小小的钉子和蹄铁.蝴蝶效应说明一个小的偏离可能导致实质完全不同的结果,它形象地描述了混沌轨道对初始条件的敏感依赖性(指数发散).无论是哈密顿保守系统还是耗散系统,混沌运动都反映了确定性系统(系统运动由牛顿方程或其他确定性方程给出,且无噪声)的内在随机性.

1.7.2　动力学系统的轨道稳定性与线性稳定性分析

研究混沌行为最基本的出发点是动力学系统.动力学系统可以通过引入 N 维的状态矢量

$$\boldsymbol{x}(t) = \{x_i(t), i = 1, 2, \cdots, N\}$$

及其相应的时间演化来描述.以 N 维矢量 $\boldsymbol{x}(t)$ 为坐标轴就构成了描述动力学系统的相空间.动力学系统的时间演化由状态变量的时间微分方程

$$\frac{\mathrm{d}\boldsymbol{x}}{\mathrm{d}t} = \boldsymbol{f}(\boldsymbol{x}(t), t) \tag{1.7.1}$$

给出,其中

$$\boldsymbol{f}(\boldsymbol{x}, t) = (f_1, f_2, \cdots, f_N)$$

是关于 $\{x_i(t)\}$ 和 t 的非线性函数矢量.如果时间变量 t 是不连续的,则系统的演化由映射给出

$$\boldsymbol{x}(t+1) = \boldsymbol{f}(\boldsymbol{x}(t), t), \tag{1.7.2}$$

这里 t 取整数.

如果非线性函数 $\boldsymbol{f}$ 不显含时间变量,即

$$\dot{x}_i = f_i(x_1, \cdots, x_N), \quad i = 1, 2, \cdots, N, \tag{1.7.3}$$

则动力学系统称为自治系统,否则称为非自治系统.在很多情况下,非自治系统可以通过引入新变量的方法变为自治系统,这会使得系统的相空间维数增加.但是一些非自治系统例如时间延迟系统等无法通过这种方式变为有限变量的自治系统,这样的动力学系统称为无穷维系统.

动力学系统依据相空间体积随时间是否变化可分为保守系统和耗散系统.在前面关于哈密顿系统(保守系统)动力学的讨论表明,保守系统存在周期、准周期和混沌运动,它们在相空间形成交错的复杂结构,轨道行为依赖于初始条件.这是由保守系统的相体积守恒造成的.耗散系统则不同,其 N 维相空间的体积随时间会

收缩到一些低维的空间集上,称为吸引子,数学上称为不变集(invariant set),它在 N 维相空间中的体积为零.吸引子的存在使得系统从不同初始条件在长时间之后会落在同样的状态上.一个耗散系统在给定参数情况下可以有多个吸引子,相空间中长时间后落到同一个吸引子上的所有出发点的集合称为该吸引子的吸引域(basin of attraction).耗散系统的吸引子可以是不随时间变化的,称为定态解或不动点,也可以是随时间变化的.随时间周期变化的吸引子称为极限环.若吸引子是随时间准周期变化,即存在两个或两个以上相互不公度的周期,则吸引子为环面.除了这些规则的吸引子之外,耗散系统也会出现混沌运动,它也是一种吸引子,在吸引子上的运动随时间不规则变化,称为混沌吸引子.

随机性密切联系着动力学系统的轨道稳定性.给定运动方程(1.7.1)的一个解 $\boldsymbol{x}_0(t)$,我们可以讨论它的稳定性.解的稳定性研究可以进行全局的分析,例如李雅普诺夫函数(Lyapunov function)方法就试图对动力学系统构造或找到一个类似于力学中的势能函数来描述全局动力学行为.但这种方法对于非线性系统通常很困难,甚至在很多动力学系统中并不存在这样的势函数.如果只关心动力学系统轨道的局域稳定性,则可以用线性稳定性分析(linear stability analysis)的方法.该方法的优点是简单实用,另外它也可以为我们下面引入李雅普诺夫指数(Lyapunov exponents)做好铺垫.

线性稳定性分析的基本思想是考虑在被分析的轨道上加一个微扰,然后计算微扰的线性化方程的演化.设有参考解 $\boldsymbol{x}_0(t)$,考虑加一个微扰 $\delta\boldsymbol{x}(t)$,

$$\boldsymbol{x}(t) = \boldsymbol{x}_0(t) + \delta\boldsymbol{x}(t), \tag{1.7.4}$$

将其代入(1.7.1)式中并将方程对 $\delta\boldsymbol{x}(t)$ 线性化.线性化有两种方法,一种是将方程在 $\boldsymbol{x}_0(t)$ 附近以 $\delta\boldsymbol{x}(t)$ 做泰勒展开并只取其线性项,另外一种是对方程(1.7.1)做变分.这样均可以得到扰动满足的线性方程为

$$\frac{\partial\delta\boldsymbol{x}}{\partial t} = \boldsymbol{A}\delta\boldsymbol{x}, \tag{1.7.5}$$

其中 $\boldsymbol{A}$ 是在 $\boldsymbol{x}_0(t)$ 处 $\boldsymbol{f}$ 函数导数的 $N \times N$ 雅可比矩阵

$$\boldsymbol{A} = \begin{bmatrix} a_{11} & a_{12} & \cdots & a_{1N} \\ a_{21} & a_{22} & \cdots & a_{2N} \\ \vdots & \vdots & \vdots & \vdots \\ a_{N1} & a_{N2} & \cdots & a_{NN} \end{bmatrix}, \tag{1.7.6}$$

矩阵元为

$$a_{ij} = \partial f_i / \partial x_j \mid_{\boldsymbol{x}=\boldsymbol{x}_0}. \tag{1.7.7}$$

当 $\boldsymbol{x}_0(t)$ 为不动点即满足 $\mathrm{d}\boldsymbol{x}/\mathrm{d}t = 0$ 时,$\boldsymbol{A}$ 为常数矩阵,方程(1.7.5)的非零解可以用雅可比矩阵本征值满足的久期方程来讨论,

$$\det(\boldsymbol{A} - \lambda \boldsymbol{I}) = \begin{vmatrix} a_{11} - \lambda & a_{12} & \cdots & a_{1N} \\ a_{21} & a_{22} - \lambda & \cdots & a_{2N} \\ \vdots & \vdots & \vdots & \vdots \\ a_{N1} & a_{N2} & \cdots & a_{NN} - \lambda \end{vmatrix} = 0. \tag{1.7.8}$$

这是一个关于本征值 λ 的一元 N 次方程:

$$a_0 \lambda^N + a_1 \lambda^{N-1} + \cdots + a_{N-1} \lambda + a_N = 0. \tag{1.7.9}$$

如果所有本征值 λ 的实部为负,

$$\mathrm{Re}(\lambda_i) < 0, \quad i = 1, 2, \cdots, N, \tag{1.7.10}$$

则 $\boldsymbol{x}_0$ 解是线性稳定的,微扰 $\delta \boldsymbol{x}(t)$ 长时间的演化指数衰减到零. 如有任意一个或多个本征值实部为正,则 $\boldsymbol{x}_0$ 解不稳定,相点会在微小扰动下沿这些不稳定本征方向离开不动点.

线性稳定性分析的严格理论针对无穷小的 $\delta \boldsymbol{x}(t)$. 当 $\delta \boldsymbol{x}(t)$ 有限大时,就涉及解的非线性稳定性问题. 如果从 $\boldsymbol{x}_0(t)$ 解足够近的地方出发的解 $\boldsymbol{x}(t)$ 随时间演化总是保持与 $\boldsymbol{x}_0(t)$ 的距离在某一邻域,即存在 $\varepsilon > 0$,使得

$$\| \boldsymbol{x}(t) - \boldsymbol{x}_0(t) \| \leqslant \varepsilon,$$

我们就说解 $\boldsymbol{x}_0(t)$ 是李雅普诺夫稳定的(Lyapunov stable). 这样的稳定解并不要求 $\boldsymbol{x}_0(t)$ 必须是一个吸引子,如哈密顿系统的椭圆不动点就是这种意义下的稳定点. 如果长时间后 $\boldsymbol{x}(t) \to \boldsymbol{x}_0(t)$,则称 $\boldsymbol{x}_0(t)$ 是渐近稳定的(asymptotically stable), $\boldsymbol{x}_0(t)$ 就是一个吸引子.

下面以最简单的二维动力学系统的不动点及其稳定性为例来演示线性稳定性分析过程,并以此讨论不动点的类型及其稳定性. 设方程的一般形式为

$$\frac{\mathrm{d}x_1}{\mathrm{d}t} = f_1(x_1, x_2),$$
$$\frac{\mathrm{d}x_2}{\mathrm{d}t} = f_2(x_1, x_2), \tag{1.7.11}$$

令 $\mathrm{d}x_{1,2}/\mathrm{d}t = 0$,解联立方程 $f_{1,2}(x_1, x_2) = 0$ 可得到不动点解(定态解)(x_1^0, x_2^0). 在定态解中加入微扰

$$(x_1, x_2) = (x_1^0 + \delta x_1, x_2^0 + \delta x_2),$$

代入动力学方程(1.7.11)并线性化,可以得到

$$\frac{\mathrm{d}}{\mathrm{d}t} \begin{bmatrix} \delta x_1 \\ \delta x_2 \end{bmatrix} = \boldsymbol{A} \begin{bmatrix} \delta x_1 \\ \delta x_2 \end{bmatrix}. \tag{1.7.12}$$

这里的 2×2 雅可比矩阵 $\boldsymbol{A}$ 为

$$a_{ij} = \partial f_i / \partial x_j \big|_{(x_1^0, x_2^0)}, \quad i, j = 1, 2, \tag{1.7.13}$$

其本征值为

$$\lambda_{1,2} = \frac{1}{2} \big[T \pm \sqrt{T^2 - 4\Delta} \big], \tag{1.7.14}$$

即 λ_1, λ_2 为特征方程

$$\lambda^2 - T\lambda + \Delta = 0$$

的两个根,这里

$$T = \mathrm{Tr}(\boldsymbol{A}) = a_{11} + a_{22}, \tag{1.7.15a}$$

$$\Delta = \det(\boldsymbol{A}) = a_{11}a_{22} - a_{21}a_{12}. \tag{1.7.15b}$$

方程(1.7.12)的通解为

$$\begin{bmatrix} \delta x_1 \\ \delta x_2 \end{bmatrix} = \begin{bmatrix} c_1 \exp(\lambda_1 t) + c_2 \exp(\lambda_2 t) \\ c_3 \exp(\lambda_1 t) + c_4 \exp(\lambda_2 t) \end{bmatrix}. \tag{1.7.16}$$

当 $T^2 - 4\Delta \geqslant 0$ 时,λ_1, λ_2 为一对实数解.在这种情况下(1.7.11)的不动点 (x_1^0, x_2^0) 有三类:

(1) 当 $\lambda_1 < 0, \lambda_2 < 0$ 时,(x_1^0, x_2^0) 附近所有方向都局域稳定,不动点称为稳定结点(stable node),如图 1.23(a)所示.

(2) 当 $\lambda_1 > 0, \lambda_2 > 0$ 时,(x_1^0, x_2^0) 称为不稳定结点(unstable node),如图 1.23(b)所示.

(3) 当 $\lambda_1 < 0, \lambda_2 > 0$ 或 $\lambda_1 > 0, \lambda_2 < 0$ 时,不动点附近有一个不稳定方向,(x_1^0, x_2^0) 称为鞍点(saddle point),如图 1.23(c)所示.

当 $T^2 - 4\Delta < 0$ 时,λ_1, λ_2 为一对共轭复根,此时不动点可以有三类:

(1) 当 $T = 2\mathrm{Re}(\lambda_{1,2}) < 0$ 时,(x_1^0, x_2^0) 称为稳定焦点(stable focus),如图 1.23(d).

(2) 当 $T > 0$ 时,(x_1^0, x_2^0) 称为不稳定焦点(unstable focus)(图 1.23(e)).

(3) 当 $T = 0$ 时,(x_1^0, x_2^0) 称为中心点(center).这时(1.7.11)定态解的稳定性要由非线性项来决定,而线性化方程(1.7.12)的解则如图 1.23(f)所示.

图 1.24 给出了在 T-Δ 平面上的不动点分布总结图,显示出不同情况下不动点的类型,其中抛物线为临界线 $T^2 = 4\Delta$.

在高维情况下,线性稳定性分析仍然适用,我们可以根据特征值方程(1.7.9)来确定所有根的分布情况.当且仅当所有本征值的实部均为负时,不动点解才是稳定的,只要有一个本征值的实部为正,定态解就失稳.如果最大本征值实部为零,定态解的稳定性就需要进一步计算微扰展开的非线性项来判定.当系统的相空间维数 $N \geqslant 3$ 时,由于本征值的数目更多,本征值的组合形式也更多,对应于不动点的类型会更复杂些.例如,对于 $N = 3$ 维动力学系统,不动点的类型除了上面的简单类型之外,还有鞍结点、(不)稳定焦结点等.

如果只涉及不动点的稳定性,数学上有被广泛应用的劳斯-赫尔维茨判据

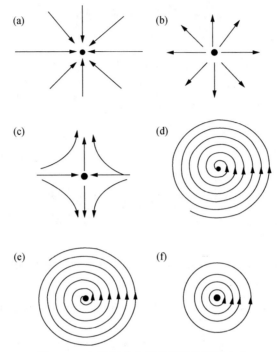

图 1. 23　各种不动点及其附近的流型走向

（a）稳定结点；（b）不稳定结点；（c）鞍点；（d）稳定焦点；（e）不稳定焦点；（f）中心点

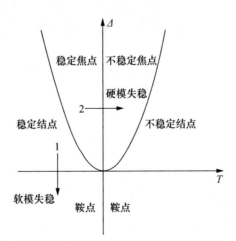

图 1. 24　二维自治系统在参数平面不同区域的不动点类型、分布及分岔

（Routh-Hurwitz stability criterion，RH），又称为代数稳定性判据（algebraic sta-
bility criterion）. 它由英国数学家劳斯（E. J. Routh，1831—1907）于 1875 年[67] 和
德国数学家赫尔维茨（A. Hurwitz，1859—1919）于 1895 年[68] 先后发展起来. 利用

RH 稳定性判据,我们能够很方便地判定一个多项式方程中是否存在位于特征根复平面右半部的正根,而不必求解方程.

对于方程(1.7.9),令 $a_0 = 1$,可以得到

$$\lambda^N + a_1 \lambda^{N-1} + \cdots + a_{N-1} \lambda + a_N = 0.$$

考虑左边的多项式,记为

$$P(\lambda) = \lambda^N + a_1 \lambda^{N-1} + \cdots + a_{N-1} \lambda + a_N. \tag{1.7.17}$$

对于上述所有系数 a_i 均为实数的多项式,构造如下一系列赫尔维茨矩阵:

$$\boldsymbol{H}_1 = \begin{bmatrix} a_1 \end{bmatrix},$$

$$\boldsymbol{H}_2 = \begin{bmatrix} a_1 & 1 \\ a_3 & a_2 \end{bmatrix},$$

$$\boldsymbol{H}_3 = \begin{bmatrix} a_1 & 1 & 0 \\ a_3 & a_2 & a_1 \\ a_5 & a_4 & a_3 \end{bmatrix},$$

$$\cdots\cdots$$

$$\boldsymbol{H}_N = \begin{bmatrix} a_1 & 1 & 0 & 0 & \cdots & 0 \\ a_3 & a_2 & a_1 & 1 & \cdots & 0 \\ a_5 & a_4 & a_3 & a_2 & \cdots & 0 \\ \vdots & \vdots & \vdots & \ddots & \vdots & \vdots \\ 0 & 0 & 0 & 0 & \cdots & a_N \end{bmatrix}. \tag{1.7.18}$$

在上面构造中,赫尔维茨矩阵的每一行 a_i 下标为降序,每次降 1,无 a_i 对应则标记为 0;每一列 a_i 下标为升序,每次升 2,无 a_i 对应也标记为 0. RH 判据指出,当且仅当上面所有赫尔维茨矩阵的行列式为正,即

$$\det \boldsymbol{H}_i > 0, \quad i = 1, 2, \cdots, N \tag{1.7.19}$$

时,多项式 $P(\lambda)$ 所有的根为负或具有负的实部.

对于 $N = 2$ 的情形,上述判据简化为

$$\det \boldsymbol{H}_1 = a_1 > 0,$$

$$\det \boldsymbol{H}_2 = \begin{bmatrix} a_1 & 1 \\ 0 & a_2 \end{bmatrix} = a_1 a_2 > 0, \tag{1.7.20}$$

此即 $a_1 > 0$, $a_2 > 0$. 这与前面分析 $N = 2$ 情况的稳定要求一致.

系统含时解的线性稳定性分析没有原则上的困难,但由于雅可比矩阵是含时解的函数,因此无法直接求得本征值的解析解. 对于时间周期解的稳定性分析,人们提出了弗洛奎特(G. Floquet,1847—1920)理论进行系统分析,这里不再进一步探讨,读者可以参考奈菲(A. H. Nayfeh)的《摄动方法》一书[69].

1.7.3　动力学失稳与分岔

非线性系统可以具有不同的长时解. 设动力学系统有一组控制参量 $\{\mu_i\}$ 作为各种系数出现于非线性函数 $f(x)$ 中. 随着参数变化, 不同解的稳定性就会不同, 有的解会由稳定变为不稳定, 有的解会由不稳定变稳定, 有的解则会随参数变化出现或消失. 我们将动力学系统在系统参数变化时发生的解的产生与消失及其稳定性变化称为分岔, 发生分岔的参数值称为分岔点或临界点(critical point). 分岔时解的类型、数目、性质等都可能会发生变化. 分岔也意味着系统相空间的拓扑性质发生突变, 意味着系统的结构稳定性(structural stability)发生变化.

以双变量自治系统(1.7.11)为例, 让我们重新审视一下图 1.24. 在图中我们标注了两个箭头, 它们代表两种不同的失稳方式, 即系统从稳定到不稳定定态的转变点. 一种失稳方式称为软模失稳(soft-mode instability), 对应于图 1.24 中左边向下的箭头, 它穿过 $\Delta=0$, 在此处不动点从稳定节点变成鞍点. 软模失稳后系统通常会以新的稳定不动点解代替失稳的不动点解. 另外一种失稳方式如图 1.24 中右边朝右的箭头所示, 该箭头穿过 $T=0$, 它是系统由稳定焦点解变为不稳定焦点的临界点, 称为硬模失稳(hard-mode instability), 此时本征值的虚部就变得很重要, 它代表一种时间振荡模式. 一旦系统发生硬模失稳, 原有随时间衰减的时间振荡模就会长大并最终成为稳定的时间振荡解, 称为极限环. 从定态解到含时解的转变意味着解的结构发生突变.

不动点解失稳发生的分岔可以用分岔图表示. 在解和参数的共同平面上, 我们可以把控制参数作为横轴, 解的值为纵轴, 解与控制参数之间会满足一定函数关系, 在平面上就是一条曲线. 如果在一定参数范围内曲线上对应的解稳定(利用线性稳定性分析可以判断), 则解用实线表示, 不稳定的解就用虚线表示, 这样就给出系统的分岔图.

对于单控制参量情形, 主要有以下几种代表性分岔类型:

(1) 鞍-结分岔(saddle-node bifurcation).

描述这一类分岔的特征方程是

$$\dot{x} = \mu - x^2. \qquad (1.7.21)$$

系统的临界点是 $\mu_c=0$. 当 $\mu<\mu_c$ 时, 系统无实数定态解; 当 $\mu>\mu_c$ 时, 系统有两个实数定态解 $x_0=\pm\sqrt{\mu}$, 其中 $x_0=\sqrt{\mu}$ 稳定, $x_0=-\sqrt{\mu}$ 不稳定, 分岔图如图 1.25(a)所示. 该分岔也称为切分岔(tangent bifurcation).

(2) 跨临界分岔(transcritical bifurcation).

描述这一类分岔的特征方程是

$$\dot{x} = \mu x - x^2, \qquad (1.7.22)$$

该方程分岔的临界点也为 $\mu_c=0$. 方程有 $x_0=0$ 和 $x_0=\mu$ 两个解,当 $\mu<\mu_c$ 时,$x_0=0$ 解稳定,而 $x_0=\mu$ 不稳定. 当 $\mu>\mu_c$ 时,$x_0=\mu$ 解稳定,而 $x_0=0$ 失稳. 临界点两边都有两支解,但其稳定性在临界点发生交换. 分岔图如图 1.25(b)所示.

（3）叉型分岔(pitch-fork bifurcation).

原来的单解当参量改变时失稳,出现两支新解. 典型的动力学为

$$\dot{x}=\mu x-gx^3, \tag{1.7.23}$$

当 $g>0$ 时,该方程分岔的临界点为 $\mu_c=0$. 当 $\mu<\mu_c$ 时,方程有一支解 $x_0=0$,而且该解稳定;当 $\mu>\mu_c$ 时,方程有三支解,其中一支是原来的解 $x_0=0$,但此解在 $\mu>\mu_c$ 范围内不稳定,另外还有两支解 $x_0=\pm\sqrt{\mu}$,这两支解都在此范围稳定. 分岔图如图 1.25(c)所示.

以上几种类型都是不动点解之间的转变,这样的分岔称为静态分岔. 所有的静态分岔的讨论都可以用势函数的方法来加以分析,因为由

$$\dot{x}=f(x)=-\partial V(x)/\partial x \tag{1.7.24}$$

可以得出势函数 $V(x)$,势函数曲线出现局域极小值的地方就对应于系统的稳定定态解,极大值的地方就是不稳定定态解. 通过画出 $V(x)$ 曲线就可以看到随参数变化势函数拓扑行为的变化.

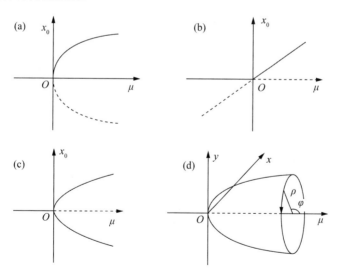

图 1.25　几种常见的分岔

（a）鞍结分岔；（b）跨临界分岔；（c）叉式分岔；（d）霍普夫分岔

（4）霍普夫分岔(Hopf bifurcation).

系统的稳定焦点解变为不稳定焦点的临界点处发生硬模失稳,原有随时间衰减的时间振荡模就会长大并最终成为极限环. 因此与(1),(2),(3)的静态分岔不

同，系统会在原来的不动点解失稳后自发出现随时间振荡解，即出现不需要周期外力驱动的自持续振荡(self-sustained oscillation). 出现极限环解的动力学系统至少应是二维自治的非线性系统. 考虑系统

$$\dot{x} = -y + \mu x - (x^2 + y^2)x,$$
$$\dot{y} = x + \mu y - (x^2 + y^2)y. \tag{1.7.25}$$

这个方程可以引入坐标变换，将变量(x, y)变为极坐标变量(ρ, φ)，即引入

$$x = \rho \cos\varphi, \quad y = \rho \sin\varphi, \tag{1.7.26}$$

则方程(1.7.25)化为

$$\dot{\rho} = \mu\rho - \rho^3,$$
$$\dot{\varphi} = 1. \tag{1.7.27}$$

通过(1.7.27)式的化简可以看到，系统在相空间中径向运动和法向运动是可分离的，其中相位角 φ 随时间以单位角速度单调增加，径向 ρ 的方程形式上则与(1.7.23)式当 $g = 1$ 的情形完全相同. 考虑到 $\rho \geqslant 0$，因此当参数 μ 增加时，径向的"不动点"解在 $\mu_c = 0$ 处经历了从 $\rho = 0$ 到 $\rho = \sqrt{\mu}$ 的分岔，即 $\mu < \mu_c$ 时稳定的焦点 $(x, y) = (0, 0)$ 在 $\mu > \mu_c$ 时失稳，代之以新的稳定解. 考虑到相位的变化，系统在 $\mu > \mu_c$ 时的新解为半径为 $\rho = \sqrt{\mu}$ 的振荡解 $x = \rho \cos t$，$y = \rho \sin t$，且是线性稳定的，对其做扰动可以观察到系统从解的邻域出发最终都会稳定在该振荡解上，如图 1.26 所示. 这种分岔先后被许多科学家，特别是庞加莱、霍普夫(E. Hopf, 1902—1983)和安德洛诺夫(A. Andronov, 1901—1952)三位数学和力学家深入研究和提出过，故称为庞加莱-安德洛诺夫-霍普夫分岔，又经常简称为霍普夫分岔，如图 1.25(d)所示.

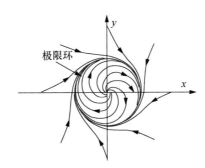

图 1.26　二维相空间中稳定的极限环示意图

稳定的极限环是耗散系统的含时吸引子，是系统相空间的孤立闭合轨道(isolated closed orbit). 孤立，意味着它邻近的轨道不会封闭，而是会趋向于极限环解. 要出现这样吸引性的含时解，动力学方程的非线性项是必不可少的，所以极限环振荡是非线性系统的内禀现象. 极限环是非线性系统最简单的时间振荡解，它可以出

现于二维自治系统本身就是非平庸的事情,因此极限环解在非线性动力学研究中具有独特的地位.非线性研究的早期有大量关于极限环振荡的研究成果,如力学中的杜芬(G. Duffing,1861—1944)振子、电子学中描述真空管放大器振荡的范德坡(B. van der Pol,1889—1959)振子、非平衡化学反应的布鲁塞尔振子(Brusselator)和俄勒冈振子(Oregonator)等[3].

极限环可以是稳定的或吸引的,但也可能不稳定,文献中经常将不稳定的解称为排斥子(repellor).根据极限环在其相空间邻域的特征,可以将极限环分为稳定吸引的、不稳定排斥的和半稳定的,如图1.27(a)—(c)所示.随系统参数变化,极限环的稳定性会发生变化.(1.7.25)式对应的极限环分岔是超临界的(supercritical),即分岔出来的解与原来稳定的解处于分岔点两侧.系统的极限环分岔也可以是亚临界的(subcritical),即分岔出来的极限环解与原来稳定的解在分岔点的同一侧.由亚临界霍普夫分岔形成的极限环总是不稳定的.读者可以将方程(1.7.25)改为方程

$$\dot{x} = -y + \mu x + (x^2 + y^2)x,$$
$$\dot{y} = x + \mu y + (x^2 + y^2)y, \tag{1.7.28}$$

并研究其亚临界分岔和解的稳定性行为,这里不再详细讨论.

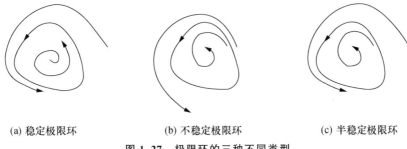

(a) 稳定极限环　　　　　(b) 不稳定极限环　　　　　(c) 半稳定极限环

图 1.27　极限环的三种不同类型

一般系统的分岔常常是上述几个基本类型的结合,对同一参量值系统可能会有多个不同解共存的情形发生,这种多稳性会造成参量改变时系统分岔的滞后现象(hysteresis).对高维动力学系统来说,系统的分岔行为会更复杂.

动力学系统解的分岔随参数变化经常会出现一系列分岔,称为逐次分岔(successive bifurcations).当逐次分岔由单一一种类型构成时,分岔会形成级联(cascade)现象.特别地,极限环作为典型的时间振荡解,其拓扑性质变化可以通过典型的级联分岔出现.例如,极限环的级联超临界分岔就会形成所谓的倍周期分岔(period-doubling bifurcation),即系统仍然为极限环解,但极限环在相空间绕两周后封闭,在下一级则绕四周后封闭等等,产生周期加倍行为.如果极限环发生级联霍普夫分岔,则会在原有的周期振荡基础上,诞生新的与原有频率非公度(incommensurate)的频率,即两个频率比值为无理数,这就是准周期运动,原来的封闭环变成环面,准周期可以通过级联分岔从低维环面变为高维环面. 这些不同类型的级联分岔常常可以构成不同的从规则运动通向混沌运动的道路(routes to chaos),其中倍周期分岔到混沌和周期-准周期-多频准周期到混沌属其中最常见的道路之列. 这些都是非线性动力学研究的重要课题,但限于主题,此处不再展开,读者可以参考奥特(E. Ott,1941—)关于混沌动力学方面的专著[3].

1.7.4　洛伦茨方程与混沌

对于二维自治微分动力学非线性系统来说,其吸引子或者是不动点,或者是极限环,不会出现无规则运动. 当相空间维数大于 2 时,系统随时间演化的轨道就不仅仅是上述几种类型,其中一种流被称为混沌流(chaotic flow),其时间演化行为具有初值敏感性和长时间行为的随机性.

美国科学家洛伦茨在研究大气湍流的行为时使用了如下三变量微分方程(洛伦茨方程)[63]:

$$\begin{bmatrix} \dot{x} \\ \dot{y} \\ \dot{z} \end{bmatrix} = \begin{bmatrix} f_1(x,y,z) \\ f_2(x,y,z) \\ f_3(x,y,z) \end{bmatrix} = \begin{bmatrix} \sigma(y-x) \\ -xz+rx-y \\ xy-bz \end{bmatrix}. \tag{1.7.29}$$

洛伦茨方程在研究混沌动力学的历史上具有里程碑意义,该方程在讨论很多问题,如封闭容器中瑞利-伯纳德热对流、大气对流不稳定性、激光动力学等时都先后被导出过[3]. 对于热对流和大气对流问题,式中的变量 x 对应于对流的翻动速率,y 正比于上层和下层流体之间的温差,z 描述垂直方向的温度梯度. 方程的三个参数中 σ 为无量纲普朗特数(L. Prandtl,1875—1953),b 为反映速度阻尼的常数,r 为相对雷诺数.

当 $\sigma > 0$,$b > 0$ 时,计算系统相空间的相体积随时间的变化

$$\frac{\mathrm{d}V}{\mathrm{d}t} = \int_V \mathrm{d}x\mathrm{d}y\mathrm{d}z \left(\frac{\partial f_1}{\partial x} + \frac{\partial f_2}{\partial y} + \frac{\partial f_3}{\partial z} \right) = -(\sigma+1+b)V < 0, \tag{1.7.30}$$

可得

$$V(t) = V(0)\exp[-(\sigma+1+b)t], \tag{1.7.31}$$

所以系统的相体积以指数速度收缩,说明洛伦茨系统是耗散系统,其吸引子维数小于 3.

下面从解的稳定性分析与分岔分析的角度来讨论洛伦茨系统的混沌动力学行为. 为分析方便,讨论中固定两个参数 $\sigma=10$,$b=8/3$,通过调节参量 r 来探讨系统解的分岔行为. 首先,通过 $\dot{x}=\dot{y}=\dot{z}=0$,可以确定系统存在三个不动点解:一个是原点解 O,

$$(x, y, z) = (0, 0, 0), \tag{1.7.32}$$

此解在大气动力学研究中对应于无温差、无对流的静止流体状态. 另外, 方程 (1.7.29) 还有一对对称的不动点解 $C_{1.2}$,

$$(x_{1.2}, y_{1.2}, z_{1.2}) = (\pm \sqrt{b(r-1)}, \pm \sqrt{b(r-1)}, r-1). \tag{1.7.33}$$

这一对解在 $r < r_1 = 1$ 时不存在, 在 $r > 1$ 后开始出现, 对应于温度不均匀而流体中存在热传导的状态, 但此时流体处于静止定态, 无热对流. 随系统参数的变化, 无对流解可能会失稳而导致系统的对流和混沌运动.

我们先分析原点解 O 的稳定性. 按照线性稳定性分析方法, 得到扰动的线性化方程为

$$\begin{bmatrix} \delta \dot{x} \\ \delta \dot{y} \\ \delta \dot{z} \end{bmatrix} = \begin{bmatrix} -\sigma & \sigma & 0 \\ r & -1 & 0 \\ 0 & 0 & -b \end{bmatrix} \begin{bmatrix} \delta x \\ \delta y \\ \delta z \end{bmatrix}, \tag{1.7.34}$$

雅可比矩阵的本征值满足久期方程

$$\begin{vmatrix} -(\sigma + \lambda) & \sigma & 0 \\ r & -(1 + \lambda) & 0 \\ 0 & 0 & -(b + \lambda) \end{vmatrix} = 0, \tag{1.7.35}$$

即

$$(\lambda + b)[\lambda^2 + (\sigma + 1)\lambda + \sigma(1 - r)] = 0,$$

求解得

$$\lambda_{1.2} = \frac{1}{2}[-(\sigma + 1) \pm \sqrt{(\sigma - 1)^2 + 4\sigma r}], \tag{1.7.36}$$

$$\lambda_3 = -b. \tag{1.7.37}$$

当 $0 < r < r_1 = 1$ 时, 所有的根都小于 0, O 是稳定结点, 是方程的唯一吸引子, 所有的相轨线都被吸引到坐标原点 O (图 1.28(a)). 当 $r > r_1$ 时, 本征值中 $\lambda_1 > 0$, O 解变为不稳定鞍结点, 同时出现另外两个新解 $C_{1.2}$. 下面分析新解的稳定性. 在解 $C_{1.2}$ 附近线性化, 可以得到

$$\begin{bmatrix} \delta \dot{x} \\ \delta \dot{y} \\ \delta \dot{z} \end{bmatrix} = \begin{bmatrix} -\sigma & \sigma & 0 \\ 1 & -1 & \pm \sqrt{b(r-1)} \\ \pm \sqrt{b(r-1)} & \pm \sqrt{b(r-1)} & -b \end{bmatrix} \begin{bmatrix} \delta x \\ \delta y \\ \delta z \end{bmatrix}. \tag{1.7.38}$$

雅可比矩阵的本征值满足的方程为

$$\lambda^3 + (\sigma + b + 1)\lambda^2 + b(\sigma + 1)\lambda + 2\sigma b(r - 1) = 0. \tag{1.7.39}$$

该三次方程的具体解形式较为复杂, 用 RH 判据可以更加方便地判别 $C_{1.2}$ 的稳定性. 根据 (1.7.18) 式, 可以得到 RH 判据的赫尔维茨矩阵行列式为

$$\det \boldsymbol{H}_1 = \sigma + b + 1 > 0, \tag{1.7.40a}$$

$$\det \boldsymbol{H}_2 = \begin{vmatrix} \sigma+b+1 & 1 \\ 2b\sigma(r-1) & b(r+\sigma) \end{vmatrix} = b(r+\sigma)(\sigma+b+1) - 2b\sigma(r-1),$$

$$(1.7.40\mathrm{b})$$

$$\det \boldsymbol{H}_3 = \begin{vmatrix} \sigma+b+1 & 1 & 0 \\ 2b\sigma(r-1) & b(r+\sigma) & \sigma(b+1) \\ 0 & 0 & 2b\sigma(r-1) \end{vmatrix} = 2b\sigma(r-1)\det \boldsymbol{H}_2.$$

$$(1.7.40\mathrm{c})$$

当 $\det \boldsymbol{H}_i > 0$ $(i=1,2,3)$ 时, $C_{1,2}$ 解是稳定的. 从上面可以看到 $\det \boldsymbol{H}_3$ 正比于 $\det \boldsymbol{H}_2$, 而 $\det \boldsymbol{H}_1 > 0$, 因此 $\det \boldsymbol{H}_2 = 0$ 是 $C_{1,2}$ 解稳定性的临界点, 由此可以解出参数 r 的临界值为

$$r_{\mathrm{h}} = \frac{\sigma(\sigma+b+3)}{\sigma-b-1}. \tag{1.7.41}$$

对于 $\sigma=10, b=8/3$ 的情况, 可以求出 $r_{\mathrm{h}}=470/19 \approx 24.74$. 因此当 $r > r_{\mathrm{h}}$ 时, $C_{1,2}$ 解失稳.

RH 判据只能给出不动点从稳定到失稳的参数条件, 而不能给出在稳定区域的动力学行为细节. 进一步的分析可借助于具体求解方程 (1.7.39) 来进行. 以 $\sigma=10, b=8/3$ 情形为例, 已有的计算表明, 在 $r_1 < r < r_{\mathrm{h}}$ 时, 方程 (1.7.39) 有一个负的实根 λ_1 和另外两个根 $\lambda_{2,3}$. $\lambda_{2,3}$ 在 $r_1 < r < r_{\mathrm{e}} \approx 1.3456$ 时也为负的实根, 在此范围内 $C_{1,2}$ 为稳定的结点 (图 1.28(b)), 因此发生在 $r=r_1$ 处的从 O 解到 $C_{1,2}$ 解的分岔为叉式分岔. 此时原来的 O 解失稳, 吸引子被两支对称的稳定 $C_{1,2}$ 分支所替代. 而当 $r_{\mathrm{e}} < r < r_{\mathrm{g}} \approx 13.9656$ 时, 两个负实根 $\lambda_{2,3}$ 变为一对共轭复根, 实部仍保持为负. 此时 $C_{1,2}$ 仍然局域稳定, 但由稳定结点变为稳定的焦结点 (图 1.28(c)). 随着 r 的继续增加, 两个焦结点虽然保持稳定, 但它们各自的吸引域不断扩大, 吸引域的边界逐渐靠近, 并在 $r=r_{\mathrm{g}}$ 时边界靠近到一起, 即图 1.28(c) 的两个螺旋线的外径接触并合并到一起, 该外径由 O 点出发的不稳定流形可以绕过 $C_{1,2}$ 后又回到 O 点, 使 O 点变成了同宿点 (图 1.28(d)). 同宿点的出现使得 $C_{1,2}$ 两边的吸引域不再有边界, 原来的两片吸引域合并成为一个整体. $r=r_{\mathrm{g}}$ 时系统出现引起相空间全局性质发生变化的分岔称为全局分岔 (图 1.28(d)). 在参数区域 $r_{\mathrm{g}} < r < r_{\mathrm{h}}$, 当 r 比 r_{g} 大很多但仍然小于 r_{h} 时, 全局分岔导致的由 O 出发的不稳定轨线可以在 $C_{1,2}$ 两边产生长时间来回跳跃的暂态, 此暂态随着 r 的增加而变得越来越长, 如图 1.28(e) 所示. 这种往复跳跃行为也大大增加了不稳定性, 使得运动轨道在 $r < r_{\mathrm{h}}$ 时出现暂态的不规则性, 形成带有随机性的暂态混沌 (transient chaos). 如图 1.29(a) 上图所示, 暂态混沌在开始的一段时间里表现出的混沌性与 r 很大情况下的混沌行为非常相似, 不同的是这种混沌振荡只是暂时的, 长时间后会收敛到两个焦结点之一. 这种状况会持续到 $r=r_{\mathrm{h}}$. 当 $r=r_{\mathrm{h}}$ 时, 本征值方程 (1.7.39) 中的二次方和一次方系数之积等

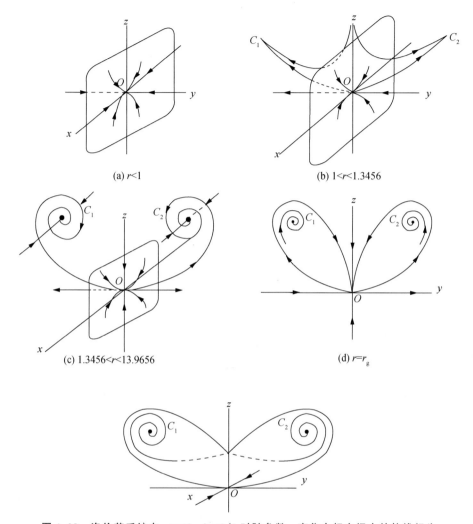

图 1.28　洛伦茨系统在 $\sigma=10$, $b=8/3$ 时随参数 r 变化在相空间中的轨线行为

（a）稳定结点 O；（b）O 点失稳，C_1, C_2 为新的稳定结点；（c）C_1, C_2 变为稳定的焦结点；（d）C_1, C_2 仍为稳定的焦结点，但吸引域相接，O 成为同宿点；（e）C_1, C_2 仍为稳定焦结点，但吸引域合二为一，运动出现暂态混沌

于常数，共轭复根 $\lambda_{2,3}$ 成为纯虚根

$$\lambda_{2,3} = \pm \mathrm{i} \sqrt{\frac{2\sigma(\sigma+1)}{\sigma-b-1}}, \tag{1.7.42}$$

两个不动点 $C_{1,2}$ 由原来的稳定焦结点变为中心点，其邻域中的相轨线是椭圆．当 $r > r_h$ 时，共轭复根的实部由零变为正值，$C_{1,2}$ 就成为不稳定焦点．系统发生亚临界 Hopf 分岔．分岔的亚临界性导致了在 $r < r_h$ 时出现长时间的暂态运动，在 r_h 附近

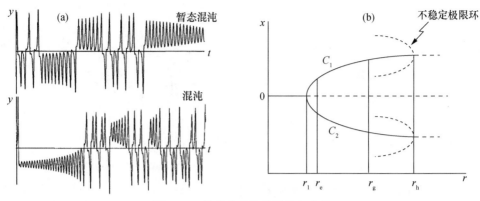

图 1.29　洛伦茨系统的混沌与分岔

（a）暂态混沌与持续混沌的 y 变量时间序列. （b）洛伦茨方程在固定 $\sigma=10, b=8/3$ 时随 r 变化的分岔行为. 在 $0<r<1$ 时有唯一稳定不动点吸引子，$O(0,0,0)$，在 $r_1=1<r<r_e\approx1.3456$ 时 O 失稳，出现稳定结点 $C_{1,2}$，当 $r_e<r<r_g\approx13.9656$ 时，$C_{1,2}$ 为稳定焦结点；当 $r_g<r<r_h$ 时，$C_{1,2}$ 仍然为稳定焦结点，但出现暂态混沌，当 $r>r_h$ 时，$C_{1,2}$ 失稳，系统进入全局混沌运动.

出现暂态混沌，直至 $r>r_h$ 时暂态混沌成为自持续的混沌运动. $r>r_h$ 时，洛伦茨系统在相空间中不再具有稳定不动点或极限环，运动轨道无处可落脚，只能在 $C_{1,2}$ 之间的不稳定不动点附近来回无规则地跳跃，如图 1.29（a）的下图所示，混沌运动形成的吸引子为奇异吸引子（strange attractor）（见前面的洛伦茨吸引子图 1.22（c））. 图 1.29（b）根据上述分析给出了随 r 变化的分岔图. 奇异吸引子的发现和研究在混沌运动的研究中是一个重大发展，这里也不再深入，有兴趣的读者可参看 [3,32] 等大量相关文献.

1.7.5　李雅普诺夫指数

洛伦茨方程动力学表现出来的混沌性反映了确定性系统的内在随机性，这种随机性来自于动力学系统的轨道不稳定性. 要具体考察一个系统的运动是否是混沌的，需要引入描述轨道整体不稳定程度的特征量，这就是李雅普诺夫指数或简称李指数. 李指数是描述混沌动力学运动轨道初值敏感性的最主要特征量.

通过 1.7.2 节的线性稳定性分析可以看到，在不稳定不动点附近，动力学系统的轨道具有失之毫厘，差之千里的特征. 但这一特点只在相空间的这些个别点附近出现，在整个轨道的演化中并不存在初值敏感特点. 而当系统处于混沌运动状态时，这种初值敏感的行为存在于整个轨道运行中，从而给系统动力学带来极为复杂的行为.

对于动力学系统 $\dot{\boldsymbol{x}}=\boldsymbol{f}(\boldsymbol{x})$，设两轨道 $\boldsymbol{x}_1(t), \boldsymbol{x}_2(t)$ 初始相邻，

$$|\Delta\boldsymbol{x}_0|=|\boldsymbol{x}_2(t=0)-\boldsymbol{x}_1(t=0)|\ll 1, \tag{1.7.43}$$

在 $t > 0$ 时,轨道间距离通常具有指数变化行为

$$| \Delta \boldsymbol{x}(t) | \propto | \Delta \boldsymbol{x}_0 | \, e^{\lambda t}. \tag{1.7.44}$$

在相空间的一定点集内,λ 值与轨道的初值和差值 $\Delta \boldsymbol{x}_0$ 无关,则 λ 就是系统在相应的相空间区域内运动轨道的最大李指数.如果 $\lambda > 0$,则运动具有正的最大李指数,对应运动轨道具有指数型的初值敏感性,即系统进行混沌运动.最大李指数的定义为

$$\lambda = \lim_{t \to \infty} \lim_{|\Delta \boldsymbol{x}_0| \to 0} \frac{1}{t} \ln \frac{|\Delta \boldsymbol{x}(t)|}{|\Delta \boldsymbol{x}_0|}. \tag{1.7.45}$$

在实际数值计算中,由于系统运动相空间的有限性,$|\Delta \boldsymbol{x}(t)|$ 会随时间 t 的增大而达到饱和.因此,我们可以采用以下的重整化系综平均方法来计算最大李指数,即利用多个短时间计算的系综平均来得到最大指数.

给定初始 $\Delta \boldsymbol{x}_0 = \boldsymbol{x}_2(t=0) - \boldsymbol{x}_1(t=0)$,令 $|\Delta \boldsymbol{x}_0| \ll 1$,我们让系统按照运动方程演化 Δt 时间,$\Delta t \ll 1$,然后来计算 $\Delta \boldsymbol{x}(\Delta t)$,可以计算出在此短时间内的指数为

$$\lambda(1) = \frac{1}{\Delta t} \ln \frac{|\Delta \boldsymbol{x}(\Delta t)|}{|\Delta \boldsymbol{x}_0|}. \tag{1.7.46}$$

然后,如图 1.30 所示,在不改变 $\Delta \boldsymbol{x}(\Delta t)$ 方向的条件下将其模重置为初始 $\Delta \boldsymbol{x}_0$ 的大小,即以 $\boldsymbol{x}_1(t)$ 为参考轨道,保持 $\boldsymbol{x}_1(t)$ 演化不变,而将 $\boldsymbol{x}_2(t)$ 在 Δt 时刻的状态重置为

$$\boldsymbol{x}_2'(\Delta t) = \boldsymbol{x}_1(\Delta t) + |\Delta \boldsymbol{x}_0| \frac{\Delta \boldsymbol{x}(\Delta t)}{|\Delta \boldsymbol{x}(\Delta t)|}, \tag{1.7.47}$$

并以此作为 $\boldsymbol{x}_2(t)$ 新的初始条件再向前演化 Δt 时间,用(1.7.46)式计算得到 $\lambda(2)$,同时对 $\boldsymbol{x}_2(t)$ 在 $2\Delta t$ 时刻的状态按上述方法重置.多次重复,我们可以得到一系列短时指数 $\lambda(1), \lambda(2), \cdots, \lambda(n), \cdots$.系统的最大李指数可以用这些短时指数的平均值来得到:

$$\lambda = \lim_{\substack{M \to \infty \\ \Delta t \to 0}} \frac{1}{M} \sum_{n=1}^{M} \lambda(n). \tag{1.7.48}$$

系统的最大李指数特征对说明混沌运动的初值敏感特性具有最重要的意义,但 N 维相空间的动力学系统在 N 个不同方向上会有不同的膨胀和收缩程度,因此需要用 N 个类似的李指数来全面刻画运动轨道的特征.这 N 个李指数的集合叫做动力学系统的李指数谱.虽然最大李指数以外的其他指数并不都与典型轨道的初值敏感性直接关联,但在考察动力学系统的整体性质与计算一系列重要的特征量时,这些指数也会起到重要作用.

为叙述方便,下面用时间离散的映射 $\boldsymbol{x}_{n+1} = \boldsymbol{F}(\boldsymbol{x}_n)$ 来说明李指数谱的计算方法.在 $|\Delta \boldsymbol{x}| \to 0$ 时,我们可直接对映射进行变分,在其切空间中计算:

$$\Delta \boldsymbol{x}_{n+1} = \boldsymbol{B}(\boldsymbol{x}_n) \Delta \boldsymbol{x}_n = \boldsymbol{B}(\boldsymbol{x}_n) \cdot \boldsymbol{B}(\boldsymbol{x}_{n+1}) \Delta \boldsymbol{x}_{n-1}$$

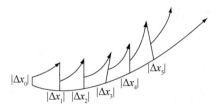

图 1.30　在不断重整化初始轨道距离操作下, 相邻轨道距离的迭代情况

将 Δx_i 代入 (1.7.47) 和 (1.7.48) 式可以计算系统的李指数

$$= \prod_{i=0}^{n} \boldsymbol{B}(\boldsymbol{x}_i)\Delta\boldsymbol{x}_0 = \boldsymbol{\beta}_n(\boldsymbol{x}_0)\Delta\boldsymbol{x}_0, \tag{1.7.49}$$

其中

$$\boldsymbol{B}(\boldsymbol{x}_n) = \partial\boldsymbol{F}(\boldsymbol{x}_n)/\partial\boldsymbol{x}_n \tag{1.7.50}$$

为沿轨道的雅可比矩阵, 而 $\boldsymbol{\beta}_n(\boldsymbol{x}_0)$ 是沿轨道运行的前 n 个 $\boldsymbol{B}(\boldsymbol{x}_i)$ 乘积,

$$\boldsymbol{\beta}_n(\boldsymbol{x}_0) = \prod_{i=1}^{n} \boldsymbol{B}(\boldsymbol{x}_i). \tag{1.7.51}$$

这样

$$\lim_{n\to\infty}(\Delta\boldsymbol{x}_{n+1}/\Delta\boldsymbol{x}_0)^2 = \lim_{n\to\infty}\boldsymbol{u}_0^{\dagger}\boldsymbol{H}_n\boldsymbol{u}_0 = \boldsymbol{u}_0^{\dagger}\boldsymbol{H}\boldsymbol{u}_0, \tag{1.7.52}$$

其中

$$\boldsymbol{H}_n = \boldsymbol{\beta}_n(\boldsymbol{x}_0)\cdot\boldsymbol{\beta}_n^{\dagger}(\boldsymbol{x}_0), \quad \boldsymbol{H} = \lim_{n\to\infty}\boldsymbol{H}_n, \tag{1.7.53}$$

这里 $\boldsymbol{u}_0$ 为 $\Delta\boldsymbol{x}_0$ 方向上的单位向量, $\boldsymbol{u}_0^{\dagger}$ 与 $\boldsymbol{\beta}_n^{\dagger}(\boldsymbol{x}_0)$ 分别为 N 维空间的 $\boldsymbol{u}_0$ 和 $\boldsymbol{\beta}_n(\boldsymbol{x}_0)$ 的共轭向量和共轭矩阵. 由于 $\boldsymbol{H}_n$ 为正定的厄米矩阵, 有非负的实本征值 $|\mu_i|^{2n}$ (μ_i 为 $\boldsymbol{\beta}_n(\boldsymbol{x}_0)$ 的第 i 个本征值), $i=1,2,\cdots,N$, 它们分别对应 N 个互相正交的本征矢 $u_i^{(n)}$, $i=1,2,\cdots,N$. 在 $n\to\infty$ 的极限下系统的李指数谱为

$$\lambda_i = \ln|\mu_i| = \lim_{n\to\infty}\frac{1}{2n}\boldsymbol{u}_i^{(n)\dagger}(\ln\boldsymbol{H}_n)\boldsymbol{u}_i^{(n)} = \boldsymbol{u}_i^{\dagger}(\ln\boldsymbol{H})\boldsymbol{u}_i, \tag{1.7.54}$$

这里 $\boldsymbol{u}_i = \lim\limits_{n\to\infty}\boldsymbol{u}_i^{(n)}$. 将这些指数按照从大到小的顺序排列:

$$\lambda_1 \geqslant \lambda_2 \geqslant \lambda_3 \geqslant \cdots \geqslant \lambda_N, \quad i = 1,2,\cdots,N. \tag{1.7.55}$$

从上述指数谱的定义可以看出, 前面计算中对于任取初值差 $\Delta\boldsymbol{x}_0$, 我们总能够得到最大指数 $\lambda=\lambda_1$. 实际上, 我们可以将任意初始 $\Delta\boldsymbol{x}_0$ 用正交矢 $\boldsymbol{u}_i$ 分解为

$$\Delta\boldsymbol{x}_0 = \sum_{i=1}^{N} C_i\boldsymbol{u}_i, \tag{1.7.56}$$

其中 C_1 一般不为零, 于是有

$$\lambda = \lim_{n\to\infty}\frac{1}{2n}\Delta\boldsymbol{x}_0^{\dagger}\ln\boldsymbol{H}_n\Delta\boldsymbol{x}_0 = \lim_{n\to\infty}\frac{1}{2n}\left[\ln\left(\sum_{i=1}^{N}|C_i|^2|\mu_i|^{2n}\right)\right]$$

$$= \lim_{n\to\infty}\frac{1}{2n}\ln(|C_1|^2|\mu_1|^{2n}) = \ln|\mu_1| = \lambda_1. \tag{1.7.57}$$

对于自治的连续时间动力学系统,当 $\lambda_1 > 0$ 时,系统轨道具有指数型的初值敏感性,而对应的运动为混沌运动.李指数对于不同的轨道解有不同的特征:

(1) 对一维微分动力学系统,其吸引子只能是不动点,从吸引子邻域的任意初始状态出发的演化都要趋于各自不动点吸引子,李指数 $\lambda \leqslant 0$. 如果不存在不动点或不动点不稳定,即不存在吸引子,$\lambda \geqslant 0$,这时系统运动趋于无穷.单变量自治系统不可能有时间变化的振荡解.

(2) 当动力学系统的相空间是二维时,如果系统存在不动点解,我们在线性稳定性分析部分已对其进行详尽分析,线性稳定性分析中雅可比矩阵的本征值即给出了不动点吸引子的李指数.与一维情形不同,二维非线性系统可以存在含时的极限环吸引子解,其最大李指数为零.

(3) 对于三维及更高维自治系统,除了不动点解和极限环解外,我们还可以发现准周期解和混沌解.准周期解仍然对应于规则运动,最大李指数为零.在三维及以上的维数下,混沌解可能自持续地存在,运动具有对初值和扰动的指数敏感性,最大李指数大于零,另外至少有一个为零的李指数对应于混沌轨道的切向运动.

要全面了解系统的动力学行为细节及其变化,仅仅利用最大李指数来刻画各种动力学解是不够的,因此就需要考察系统的李指数谱.李指数谱决定了系统在相空间不同子空间方向的轨道的动力学性质,李指数 λ_i 的正负和大小表征切空间中沿第 i 个本征方向系统两条相邻轨线长时间平均发散($\lambda_i > 0$)或收缩($\lambda_i < 0$)的快慢程度.

动力学系统的行为如果是混沌运动,则其李指数谱中至少有一个大于零的李指数.混沌运动的李指数谱中可能有不止一个李指数大于零,人们将多于一个正李指数的混沌行为称为超混沌(hyperchaos)运动.上述不同动力学吸引子的结果可以总结为表 1.1:

表 1.1 不同吸引子与李指数谱分布特征

李指数谱$\{\lambda_i\}$的符号	吸引子的类型
$(-,-,-,-,\cdots)$	不动点
$(0,-,-,-,\cdots)$	极限环
$(0,0,-,-,\cdots)$	两频准周期(二维环面)
$(0,0,0,-,\cdots)$	三频准周期(三维环面)
$(+,0,-,-,\cdots)$	混沌吸引子
$(+,+,\cdots,0,-,\cdots)$	超混沌吸引子

以上关于李指数的计算及用李指数刻画系统动力学特别是混沌运动的分析不仅适用于耗散系统,也同样适用于前面讨论的哈密顿系统.同时,保守系统与耗散系统也可以通过李指数谱的特征加以区分.设动力学系统 $\dot{x} = f(x)$ 在 N 维相空间

中的相邻两条轨道 $x_{1,2}(t)$ 之间的差为 $\delta x(t) = x_2(t) - x_1(t)$，距离为 $\varepsilon(t) = \|\delta x(t)\|$. 如果在 $t=0$ 时 $\delta x(0)$ 分布在以 ε 为半径的一个 N 维球面，随着时间演化，由于 $\delta x(t)$ 在各本征方向上的拉伸或压缩不一样，此球面将演化为 N 维的超椭球面. 李指数谱的各个 λ_i 分别决定了该超椭球体相应的半长轴大小，例如最大李指数 λ_1 决定椭球体在 t 时刻后最大半长轴的长度 $\varepsilon e^{\lambda_1 t}$，$\lambda_1 + \lambda_2$ 决定了最大和第二大长轴所构成的椭圆的面积. 以此类推，前面 M 个长轴所构成的超椭球的体积由 $\sum_{i=1}^{M} \lambda_i$ 决定，而 $M=N$ 时这个和决定了整个 N 维超球体体积收缩的快慢. 对任何一个稳定系统，当

$$\sum_{i=1}^{N} \lambda_i < 0 \qquad (1.7.58a)$$

时，动力学系统为耗散系统，而

$$\sum_{i=1}^{N} \lambda_i = 0 \qquad (1.7.58b)$$

对应于保守系统. 这说明耗散系统总要收缩到一个平庸的或奇异吸引子上，而保守系统相体积则保持不变. 不仅如此，哈密顿系统李指数谱中各个指数之间还满足对称性[32]

$$\lambda_i = -\lambda_{2N-i+1}. \qquad (1.7.59a)$$

给定系统能量，哈密顿系统的运动在等能面上进行，系统共有 $2N-1$ 个指数，这些指数必有一个为零，其他指数则满足关系(1.7.59a)，因此指数谱为对称排列

$$-\lambda_{N-1} \leqslant \cdots \leqslant -\lambda_1 \leqslant 0 \leqslant \lambda_1 \leqslant \cdots \leqslant \lambda_{N-1}. \qquad (1.7.59b)$$

§1.8　分形几何与奇异吸引子

前面我们讨论了混沌运动的动力学行为，重点分析其运动轨道的不稳定性和初值敏感性的理论刻画，并引入李指数来定量描述相邻轨道指数发散的程度. 另一方面，混沌运动的这种动力学行为会影响其运动轨道的各种特性，特别是影响混沌运动长时间轨道在相空间的几何结构与性质. 混沌吸引子的分形(fractal)特征的分析建立了动力学时间行为的研究与吸引子的相空间拓扑特征的研究之间的沟通桥梁，分形几何作为数学中的一个新分支在非线性动力学中成为了具有强大生命力的研究领域.

1.8.1　分形几何发展历史简介

大自然中存在各种各样的形状，大到绵延的群山，变幻不定、千奇百怪的云朵，纵横交错的河道，小到各种各样美丽的花朵、生物体内的血管脉络和神经网络等都

难以用传统的欧氏几何来刻画. 人类在生活、建筑、文学和宗教等诸多领域也融入了分形的思想萌芽. 图 1.31(a) 是 13 世纪中期的一幅名为《神计测宇宙》的画, 它描绘了神按照几何学设计这个世界. 画中神所创作出的那幅画酷似后来芒德布罗提出的被称为芒德布罗集的著名分形结构(可对照后面的图 1.41). 在建筑方面, 哥特式建筑曾是中世纪教堂建筑设计的一个重要风格, 它讲究某种造型在不同尺度下的重复再现. 图 1.31(b) 和 (c) 就给出了典型的教堂建筑外观和内部的哥特式风格.

图 1.31 欧洲中世纪时期与分形有关的画作与哥特式建筑

(a) 13 世纪中期名为《神计测宇宙》(1250 年绘制)的画; (b) 米兰大教堂外观的哥特式建筑风格; (c) 教堂内部的哥特式建筑风格

人们对于分形的兴趣虽然来自于自然, 但真正的研究却始于数学. 分形理论从最初的数学理论研究到后来发展成为一种非线性理论方法并能够应用到实际问题中, 经历了十分漫长的过程. 早在 17 世纪, 数学家莱布尼茨(G. Leibniz, 1646—1716)就曾经思考过递归(recursion)行为的自相似问题. 递归意为函数或操作的自我调用. 现实中有大量这样的例子, 例如"从前有座山, 山上有座庙, 庙里有个老和尚在给小和尚讲故事: '从前有座山, 山上有座庙, 庙里有个老和尚在给小和尚讲故事: ……'"实际上也是一种递归的故事叙述. 莱布尼兹还曾使用过分数指数(fractional exponents)一词[70], 但当时的几何学无法给予解释. 历史上不少数学家将这一类问题称为"数学上的怪物", 这在很大程度上阻碍了分形理论的发展. 魏尔斯特拉斯在 1872 年构造了一种具有处处连续而处处不可微特性的函数, 这种函数曲线现在已被认为是一种分形[71]. 1883 年, 德国数学家、集合论的创始人康托(G. F. L. P. Cantor, 1845—1918)构造了著名的康托集(Cantor set)[72], 它是一条直线的子集结构, 具有不寻常的分形特性. 随后的几十年里, 这些"数学上的怪物"渐渐引起人们的关注, 相关研究也多了起来[73,74], 如 1890 年皮亚诺(G. Peano, 1858—

1932)构造了一种能够填充平面的皮亚诺曲线,1904 年瑞典数学家科赫(N. F. H. von Koch,1870—1924)提出了科赫曲线,1915 年谢尔平斯基(W. Sierpiński, 1882—1969)提出了谢尔平斯基地毯等. 1918 年,数学家法图(P. J. L. Fatou, 1878—1929)[75]和朱利亚(G. M. Julia,1893—1978)[76]各自独立描述了复平面上的迭代函数所具有的分形行为,发展了吸引子和排斥子的思想. 豪斯道夫(F. Hausdorff,1868—1942)1919 年将维数的定义进行了推广使其可以包含非整数,这对以后分形概念的发展具有重要意义[77]. 1938 年,莱维(P. P. Lévy,1886—1971)通过描述莱维 C 曲线提出了自相似曲线的思想. 早期的分形研究者绘制这些分形图时都是较为粗糙的手工绘制,无法展现分形图形生动、细致与美的一面.

从 20 世纪 60—70 年代开始,随着计算机技术的发展,分形几何的图像化和可视化成为分形几何发展的重要推手. 分形几何数学理论则以芒德布罗(B. B. Mandelbrot,1924—2010)的研究为代表的一批奠基性工作掀起了分形研究的热潮[78]. 与相变临界现象、材料物质、混沌动力学等密切结合,分形几何在物理学家手中也成为研究的重要武器. 这些因素都使得分形几何迅速发展,并得到高度关注. 芒德布罗 1967 年发表于美国 *science* 杂志上的《英国的海岸线有多长?统计自相似性与分数维数》的论文,是他的分形思想萌芽的重要标志[79]. 1973 年,在法兰西学院讲课期间,他提出了分形几何学的整体思想,并认为分维是可用于研究许多物理现象的有力工具. 分形(fractal)一词则在 1975 年由芒德布罗首创,它来自于描述碎石的拉丁文 fractus,而之前他一直用英文单词 fractional 来表述分形思想. 通过取拉丁词之头、英文之尾,fractal 成为广为接受的专有名词.

分形几何与传统几何相比有以下特点:从整体上看,分形几何图形是处处不规则的,在不同尺度上图形的规则性又是相似的. 自然界中的海岸线和山川形状从近距离观察其局部形状又和整体形态相似. 佛教中有诗句"一沙见世界,一花窥天堂. 手心握无限,须臾纳永恒". 佛教的这种自相似世界观经莱布尼兹在西方传播,引出了英国著名诗人威廉·布莱克的译文:"*To see a world in a grain of sand. And a heaven in a wild flower. Hold infinity in the palm of your hand. And eternity in an hour.*"在物体或数学集合几何性质描述中,物体维数是最重要的性质之一. 长期以来物理上人们对整数维数有很直观和清楚的认识,例如,点和有限个点的集合为 0 维,线和有限长度线的集合为 1 维,而面和有限大小面的集合为 2 维. 楚辞的《卜居》中说"夫尺有所短,寸有所长",就是说世间的事物都有它自己的特征尺度,需要用适当的尺去测量. 特征长度、特征时间等等特征尺度是我们对这个世界认识的重要概念,这样的概念在整数维数下都是适用的,但对于本节讨论的分形结构来说,特征尺度的概念失效[80].

1.8.2　点集的几何描述与维数

要讨论分形几何,首先涉及维数的定义问题. 对于一些数学集合来讲,人们早已注意到一些与传统认识不同的集合,如无穷多个点,无穷长度的线等,上小节中对维数的直观概念没给这类集合的维数以确切的定义.一百多年来,人们提出一系列维数推广的方案对上述集合进行定义,其中最有代表性的是豪斯道夫维数.对于在 D 维空间中的一个集合 E,一种典型的对点集进行测量的方法是覆盖法,即可以用若干互不重叠的一定大小的 D 维圆"球"或方"盒子"来覆盖集合 E 的所有元素,每个球都可以覆盖集合 E 的部分元素,并且可以用 N 个球覆盖集合 E 的全部元素.设 d_k 为这些球的最大径矩,可以计算如下 $M_D(E)$ 的值,

$$M_D(E) \equiv \lim_{\varepsilon \to 0} \inf_{d_k < \varepsilon} \sum_{k=1}^{N} d_k^D. \tag{1.8.1}$$

当 $\varepsilon \to 0$ 时,$M_D(E)$ 随着 D 的改变可取值为零或 ∞,而从零转变为 ∞ 的 D 为唯一.这个 D 定义为豪斯道夫维数 D_H.

后来科尔莫戈罗夫同样以覆盖为基础提出了容量(box counting)维数的概念.容量维数对(1.8.1)式稍作变化,将大小不等和不同的 D 维空间覆盖球变为完全相同大小的 D 维空间边长为 ε 的覆盖方块,这样(1.8.1)式变为

$$M_D(E) \equiv \lim_{\varepsilon \to 0} N(\varepsilon)\varepsilon^D, \tag{1.8.2}$$

其中 $N(\varepsilon)$ 为全部覆盖集合 E 需用的边长为 ε 的方块数.$M_D(E)$ 随 D 的改变从 0 变为 ∞ 时,(1.8.2)式给出

$$D_b = -\lim_{\varepsilon \to 0}[\ln N(\varepsilon)]/\ln \varepsilon. \tag{1.8.3}$$

通常 $D_b = D_H$.更一般情况下 $D_b \geqslant D_H$,但也存在 $D_b > D_H$ 的特殊情况[3].

在上述豪斯道夫维数和容量维数的定义中,我们只计及所有覆盖有集合 E 元素的小球或小方块,而不考虑不同块中所覆盖元素的多少.对混沌集合而言,上面定义也就意味着只记录混沌轨道访问的覆盖块,而没有区分轨道对不同覆盖块访问的频次.对于混沌的时间轨道而言,访问频次是不可忽略的重要因素.如果计及访问频次的权重,可采用如下的信息维数

$$D_1 = \lim_{\varepsilon \to 0} I(\varepsilon)/\ln \varepsilon, \tag{1.8.4}$$

其中 $I(\varepsilon)$ 是在 ε 覆盖中包含的信息量,定义为

$$I(\varepsilon) = -\sum_{i=1}^{N(q)} P_i(\varepsilon)\ln P_i(\varepsilon), \tag{1.8.5}$$

这里 $P_i(\varepsilon)$ 是集合落点到第 i 个块上的概率.当不同 i 的概率 $P_i(\varepsilon)$ 取相同值,即

$$P_i(\varepsilon) = P(\varepsilon) = [N(\varepsilon)]^{-1} \tag{1.8.6}$$

时,(1.8.4)的信息维数 D_1 就回到(1.8.3)的容量维数 D_b,否则 $D_1 < D_b$.这一关系与测度熵小于等于拓扑熵的关系十分类似.下面先举几个简单的纯数学构造的分形实例来理解分形几何特征及进行维数计算.

(1)康托集.

康托集是分析几何学中最简单的分数维数点集.一种产生康托集合的方法是

把一确定长度的线段(例如长度为 1)中间去 $1/n$,两边各留$(n-1)/2n$;然后把留下的两个分段再分别去掉该分段长度的 $1/n$,再留各分段左右两边的$(n-1)/2n$;然后再对留下的 4 个分段进行同样操作,如此等等.图 1.32 演示了 $n=3$ 时的三分康托集合的构造过程.

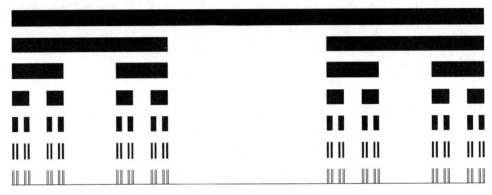

图 1.32　三分康托集的生成过程

每次将原有线段(这里的线段为形象显示,具有一定的宽度)三等分,去掉中间的 $1/3$,留下两边的 $1/3$ 线段,这种过程重复进行,可以得到越来越多的小线段,最终得到长度为零的无穷多个离散点的点集

对于图 1.32 的康托集,当操作次数 $m\to\infty$ 时,集合在一维空间的线段总长度以 $(2/3)^m$ 速率趋于零,而其分段的数目则以 2^m 的速率趋于无穷大.所以它们的维数计算就成为非平庸的问题.

如果我们以 $\varepsilon=3^{-m}$ 的块来覆盖康托集合,必有 $N(\varepsilon)=2^m$ 的块上覆盖有集合的元素,则它的容量维数

$$D_b = -\ln N(\varepsilon)/\ln\varepsilon = \ln 2/\ln 3 \approx 0.631,$$

的确具有分数维数.由于对任意 $\varepsilon=3^{-m}$ 的分块,每块含集合元素均匀,即满足(1.8.6)式,则有

$$D_I = D_b = \ln 2/\ln 3.$$

在一般的 $1/n$ 截法($n>2$)的操作中,利用上述方法可以得到残留点集的维数为

$$D_I = D_b = \ln(n-1)/\ln(n).$$

(2) 科赫曲线.

科赫曲线由科赫在 1904 年发表的论文《从初等几何构造的一条没有切线的连续曲线》中提出.如图 1.33(a)所示,从一条直线段出发,先去掉中间 $1/3$,然后将其用三角形的"岛"代替,下一步再将得到的 4 段线段按照同样方式操作,形成不断向更小尺度层次延伸的一条连续曲线,其长度以 $4/3$ 的倍数不断增加并趋向于无穷.图 1.33(b)给出的是一种像雪花一样的封闭科赫曲线,被称为科赫雪花,它是由三条科赫曲线围成的等边三角形.不难用(1.8.3)和(1.8.4)式的定义计算科赫曲线的维数,可以得到

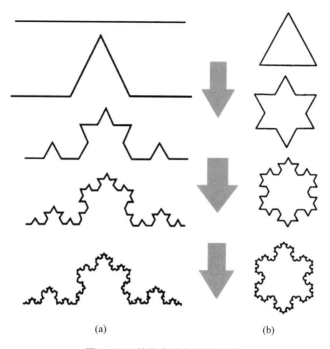

图 1.33 科赫曲线与科赫雪花

(a)科赫曲线的生成过程(从上往下),每次将原有线段三等分,去掉中间一段,代之以等边三角形的另外两条边;(b)科赫雪花的生成过程(从上往下),规则同科赫曲线

$$D_1 = D_b = \ln 4/\ln 3 \approx 1.26.$$

(3)谢尔平斯基地毯.

将上述康托集合的讨论推广到二维平面图形,可以构造如图 1.34 所示的谢尔平斯基三角形[(a)]和正方形[(b)]地毯结构.以三角形地毯结构的生成为例,在边长为 1 的等边三角形中以每边中点连线割去一个倒等边三角形,留下上一下二的 3 个小等边三角形,然后对留下的 3 个等边三角形进行同样操作,再对 9 个,27 个,…,3^m 个等边三角形进行逐级操作,当 $m\to\infty$ 时留下的集合为谢尔平斯基分形地毯.显然在操作次数 $m\to\infty$ 时,集合剩余面积以 $(3/4)^m$ 速率趋于零.如果以边长为 $\varepsilon=(1/2)^{-m}$ 的等边三角形覆盖留下集合,会有 $N(\varepsilon)=3^m$ 块含有集合的点,而且不同块占有集合元素的概率相等,则有

$$D_1 = D_b = \ln 3/\ln 2 \approx 1.585.$$

类似的计算可以得到如图 1.34(b)的正方形谢尔平斯基地毯的维数为

$$D_1 = D_b = \ln 8/\ln 3 \approx 1.8928.$$

将谢尔平斯基二维地毯的生成方法应用于三维空间内就可以得到门格海绵(Menger sponge).一个单位长度边长的正方体,可以看作是 27 个 1/3 边长的小正

图 1.34　谢尔平斯基地毯分形图的生成过程

(a) 三角形地毯. 在等边三角形中以每边中点连线割去一个倒等边三角形,留下 3 个小等边三角形,然后对留下的 3 个等边三角形进行同样操作.(b) 正方形地毯. 将正方形 3×3 等分,去掉中间的正方形,然后对留下的 8 个正方形进行同样操作.(c) 门格海绵. 将立方体 3×3×3 等分,去掉对应于每个面中间的立方体和正中间的立方体,然后对留下的立方体进行同样操作

方体组成的. 挖去每个表面中间的小正方体以及正中央的一个小正方体,得到剩余的 20 个 1/3 长度边长的小正方体;再对每个小正方体进行同样的挖空操作,得到剩余的 400 个具有 1/9 长度边长的更小正方体;以此操作无限进行下去,最终得到一个千疮百孔的结构,称为门格海绵,如图 1.34(c)所示. 显然它也具有无穷层次的自相似结构. 计算不难得到门格海绵的维数为

$$D_1 = D_b = \ln 20 / \ln 3 \approx 2.7268.$$

1.8.3　自然界和数学物理动力学模型中的分形

自然界和物理系统、数学模型中有形形色色的分形结构. 本节将列举其中一些典型例子,我们将看到一些非常简单的数学规律会产生出极为复杂而漂亮的分形结构. 前面从数学上构造的例子中无穷层次且简单规则的操作形成了人为和理想的自相似结构. 在实际自然界中虽然没有这么严格规则的自相似结构,但是这种自相似特性在自然界中普遍存在. 不同的是,自然界中的对象更多是具有统计意义上的自相似性、无规自相似或者有界标度范围内的自相似性.

（1）分形海岸线.

地球上的岛屿通常都具有复杂和会随着潮涨潮落变化的海岸线. 海岸线由于

海水长年的冲刷和陆地自身的运动,形成了大大小小的海湾和海岬,弯弯曲曲极不规则.排除潮汐涨落的因素,即使是海岸线本身的复杂形状就已经给人们测量和公布各国海岸线长度带来了困难和差异.这是因为海岸线的长度没有一个公认的准确测量方法,不同的测量间隔(测量海岸线长度时最小的两点直线距离)导致不同的测量结果.测量间隔越小(意味着测量越详细),海岸线长度越长.

图 1.35 给出的是用不同尺子测量英格兰岛的海岸线图.将图(a)圆圈中的每一小部分放大都会发现海岸线呈现与大尺度下相似的结构和细节.用不同的标尺来丈量海岸线长度就会得到不同的结果.使用大标尺丈量就意味着会忽略小尺度的海岸细节,将弯曲复杂的细节简单地以直尺来替代.例如,如果以公里为单位的尺子来丈量海岸线得到的长度一定小于用一个人的步长来测量海岸线得到的长度,而换成蜗牛爬行的话,经过的海岸线必然会比人步量的长度长得多,换成细菌的话,它爬过的路线则会长于以上的所有长度……可以预期,当度量的尺子长度趋于零时,我们测得的海岸线长度不会是趋于一确定值,而可能趋于无穷!这说明,长度不是海岸线最好的定量特征,为了描述海岸线的特点,需要寻找另外的参量.

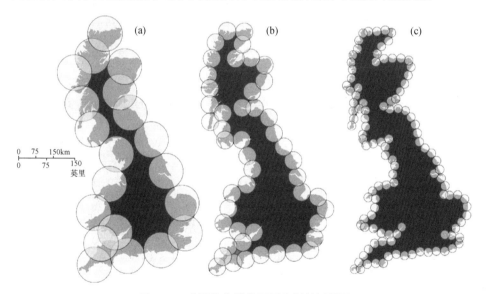

图 1.35 英国的海岸线不同比例的测量图

由(a)到(c)依次为用更小的尺子测量

海岸线长度问题是英国数学家理查德森(L. F. Richardson,1881—1953)在研究两个具有共同边境线的邻国发生战争的概率与边境线长度之间的关系这个非常有趣的问题时注意到的[81].为了解一些国家锯齿形海岸线的长度,他翻阅了西班牙、葡萄牙、比利时与荷兰的百科全书,发现书上在估计同一个国家的海岸线长度时竟然有百分之二十的误差.理查德森认为这种误差是因为他们使用不同长度的

量尺所导致的. 他同时发现海岸线长度 L 与测量尺度 r 之间满足关系

$$L(r) \propto r^{\alpha}, \tag{1.8.7}$$

其中 α 依赖于具体的海岸线. (1.8.7)式所揭示的结果也被称为理查德森效应. 理查德森发现对同一海岸线中不同的区段常常得到不同的 α, 但在他看来 α 并不具有什么特别的意义. 1967 年, 芒德布罗却独具慧眼地发现 1961 年理查德森得出的长度经验公式(1.8.7)中的 α 具有特别的意义, 可以作为描述海岸线特征的普适性参量, 并将 $1+\alpha=D$ 解释为"分形维数"(文中称为"量规维数", 那时候"分形"一词尚未提出)[79]. 这一问题的研究成为芒德布罗思想的转折点, 分形概念从这里萌芽生长, 使他最终把一个世纪以来被传统数学视为病态和怪物的那些诸如康托集、科赫曲线等数学对象统一到了一个崭新的分形几何学体系中.

(2) 魏尔斯特拉斯曲线与布朗运动.

从一维光滑曲线出发, 也可以构造出具有分形结构的处处不可微曲线. 从一条正弦曲线开始, 在其上面叠加一条周期更短、幅度更小的正弦曲线, 如此不断叠加下去, 直至无穷. 虽然每一条正弦都是光滑的连续曲线, 无穷多条正弦曲线叠加的结果却可能出现不连续或不可微, 例如方形波或锯齿波. 我们还可得到处处连续却处处不可微的曲线. 一个典型的例子就是所谓的魏尔斯特拉斯函数

$$W(x) = \sum_{n=0}^{\infty} \lambda^{(s-2)n} \sin(\lambda^n x), \quad 1 < s < 2, \lambda > 1. \tag{1.8.8}$$

该函数的一个典型几何曲线如图 1.36(a)所示, 将其任一部分局部放大都可以看到与全局相同的函数点点都连续而不可微的性质.

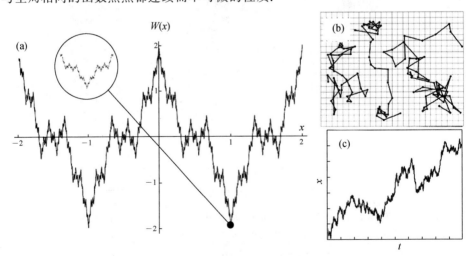

图 1.36 魏尔斯特拉斯曲线与布朗运动

(a) 魏尔斯特拉斯函数曲线, 圆圈〇内为局部放大图, 可以看到曲线处处连续但处处不可导; (b) 佩林研究花粉颗粒在水中的布朗运动轨迹; (c) 随机布朗运动 $x(t)$ 的时间变化曲线, 可以看到曲线也是处处连续但处处不可导

有趣的是,像魏尔斯特拉斯函数这种曾被称为病态的函数并不是没有实际意义的数学游戏.物理上做布朗运动的粒子的轨迹就是这种函数.如果在显微镜下观察落入液体中的一粒花粉,我们会看到它不间断地做无规运动.历史上人们曾多次观察到并记录过类似的这种无规运动.1827 年,植物学家布朗(R. Brown,1773—1858)第一次观察到这种运动时,曾以为是见到了生命的活动形态,而实际上这是花粉在大量液体分子的无规碰撞(约 10^{15} 次/秒)下表现的行为[82].图 1.36(b)给出的是 1909 年佩林(J. B. Perrin,1870—1942)在测量布朗运动时记录布朗粒子的轨迹[83],可以看到轨迹由各种尺寸的折线连成.只要有足够高的分辨力,就可以发现看上去是直线段的部分,其实由大量更小尺度的折线连成.图 1.36(c)给出了空间位置一个分量的时间演化行为,可以看到一条处处连续但看来又处处无导数的曲线,这与魏尔斯特拉斯函数所展现的行为非常一致.

(3) 埃农映射的混沌与分形吸引子.

非线性动力学的模型可以很容易地产生出丰富的吸引子分形结构,其中一个典型的例子是埃农映射[3],

$$x_{n+1} = y_n + 1 - ax_n^2,$$
$$y_{n+1} = bx_n. \tag{1.8.9}$$

当 $a=1.4,b=0.3$ 时,系统(1.8.9)从初始条件出发长时间后趋于图 1.37(a)的吸引子,系统的最大李指数为正.图 1.37(b)—(d)给出了(a)中的局部各级放大,可以看到该吸引子上轨道的落点集合具有自相似行为,吸引子为分形结构,可

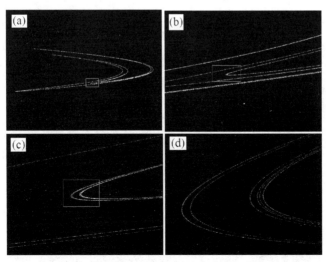

图 1.37　埃农吸引子结构

(a) 吸引子的一倍结构图;(b) (a)中小方块的 8 倍放大图;(c) (b)中小方块的 8 倍放大图;(d) (c)中小方块的 8 倍放大图

以计算出在此参数下埃农吸引子的维数大约为 1.26.

(4) 牛顿迭代法计算复代数方程解的吸引域.

线性代数方程可以解析求解,但绝大多数非线性代数方程的解不能写成解析函数的显式,我们可以借助计算机从一个尝试解出发利用牛顿迭代法趋向其精确解. 设有代数方程

$$f(z) = 0, \tag{1.8.10}$$

牛顿迭代法是利用迭代映射

$$z_{n+1} = z_n - f(z_n)/f'(z_n) \tag{1.8.11}$$

来代替对方程 (1.8.10) 的直接求解. 如果代数方程有多个解,我们可以从解的附近取初值 z_0 开始,利用 (1.8.11) 式反复迭代就可以逼近精确解. 每一个解都会有一个吸引域,从相应的吸引域出发利用 (1.8.11) 式就会逼近相应的解. 我们直观的想象是只要取在各个解附近的尝试解,就一定会迭代到离尝试点"最近"的精确解.

然而当牛顿法操作应用于复代数方程,即方程 (1.8.10) 变量 z 为复数时,得到的解的吸引域会出现意料之外的复杂结构. 首先我们利用牛顿法来计算复方程 $z^2 = 1$ 的根的吸引域. 图 1.38 给出在复平面上用牛顿切线法计算 $z^2 = 1$ 解出的尝试点分布情况. 从红色区域的初始点出发的牛顿法迭代都趋于 $z = 1$ 的解,我们称其为 $z = 1$ 的解的吸引域,而蓝色区域为 $z = -1$ 解的吸引域. 两区域分别在包含 $z = \pm 1$ 的规则连通区内,并且红绿两区域的分界线光滑,这与人们直观期望的结果相符.

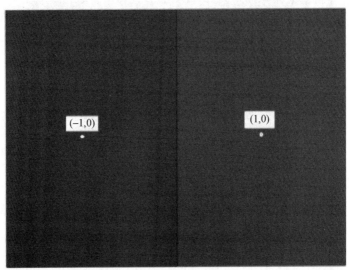

图 1.38   用牛顿法求 $z^2 = 1$ 方程的根的吸引域

方程有两个根 $z = \pm 1 + 0i$,蓝色和红色区域为两个根的吸引域. 可以看到两个根的吸引域是规则的、以光滑边界分开的

现在利用牛顿法来计算方程

$$z^3 = 1$$

的根的吸引域,这时方程有三个解

$$z_1 = 1, \quad z_2 = -1/2 + \mathrm{i}\sqrt{3/2}, \quad z_3 = -1/2 - \mathrm{i}\sqrt{3/2}.$$

如图 1.39(a)所示,图中三种不同颜色分别代表牛顿迭代趋于 z_1,z_2 和 z_3 解的吸引域.从图可以看出此时不同吸引域之间的边界已变得非常复杂,每一个根的吸引域不再局限于该根的周围,而是沿规则边界延伸扩展到另外根的吸引域附近,你中有我、我中有你,呈现出典型的分形边界结构.牛顿法计算复方程

$$z^4 = 1$$

的根的吸引域边界如图图 1.39(b)所示,它表现出与图 1.39(a)类似的分形边界性质.图 1.39(c)和(d)分别给出了方程

$$(z^2 - (1+3\mathrm{i})^2)(z^2 - (5+\mathrm{i})^2)(z^2 - (3-2\mathrm{i})^2) = 0,$$
$$(z^2 + 4z + 1)(z^2 + 4)(z - 2) = 0$$

的根吸引域,可以看到边界呈现更为复杂的分形结构.

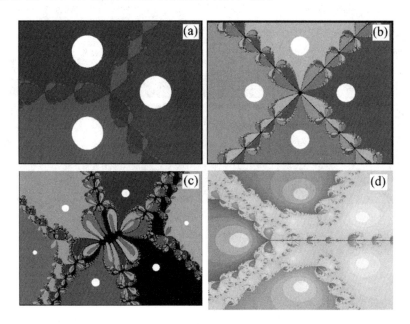

图 1.39　不同复方程牛顿法求解根的吸引域

(a) $z^3 = 1$;(b) $z^4 = 1$;(c) $(z^2 - (1+3\mathrm{i})^2)(z^2 - (5+\mathrm{i})^2)(z^2 - (3-2\mathrm{i})^2) = 0$;(d) $(z^2 + 4z + 1)(z^2 + 4)(z - 2) = 0$.图中的白点分别代表不同的解,包围它们的同一颜色区域代表其吸引域,同种颜色代表同一个根的吸引域.可以看到在各区域边界上不同吸引域你中有我、我中有你,呈现出典型的分形边界结构

（5）朱利亚集与芒德布罗集.

在形形色色的分形结构中,芒德布罗展示的分形以其构造方式的简单、分形结构的复杂和精美成为最为人们知晓的分形画册中的代表作. 我们可以将人们熟知的逻辑斯谛（Logistic）映射 $x_{n+1} = -x_n^2 + c$ 推广到复空间,定义复数逻辑斯谛映射

$$z_{n+1} = z_n^2 + C, \tag{1.8.12}$$

其中 C 也是复数. 实空间的逻辑斯谛映射已经表现出了非常复杂的动力学行为,而复空间的映射内容就更是远为丰富,其中人们对分形集合朱利亚集（Julia set）和芒德布罗集（Mandelbrot set）的研究最为深入.

朱利亚集定义为给定一个复数 C 值时(1.8.12)式的映射,测度为 1 的 z_n 变量在 $n \geqslant 1$ 以后在复平面上表现出不稳定（迭代点趋向无穷远发散）性质排除不稳定点集合后留下的测试为零的不变集合. 图 1.40 给出了不同 C 值时的若干朱利亚集.

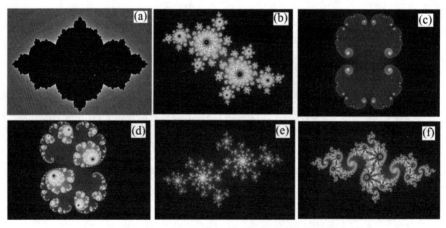

图 1.40　不同 C 值的朱利亚集

(a) $C = 1 - R_g$,其中 R_g 为(1.6.17)式给出的黄金分割数；(b) $C = -0.4 + 0.6i$；(c) $C = 0.285 + 0i$；(d) $C = 0.285 + 0.01i$；(e) $C = -0.70176 - 0.3842i$；(f) $C = -0.8 + 0.156i$

芒德布罗集则是对不同的 C 下从 $z_0 = 0$ 出发对(1.8.12)式进行迭代,如果在 $n \rightarrow \infty$ 时 z_n 发散即 $|z_n| \rightarrow \infty$,则对应的 C 不在集合内,z_n 不会发散对应的复数包含在 C 集合中,这时 C 的集合就组成芒德布罗集. 图 1.41 给出了复数芒德布罗集在不同标尺上观测到的几何图形,可以看到自相似结构对应的不同尺度下结构的再现特征.

图 1.40 和 1.41 的集合结构的复杂性和分形图案极其多样且非常精美,这些特点使它们成为芒德布罗展示"分形之美"的典型作品[78].

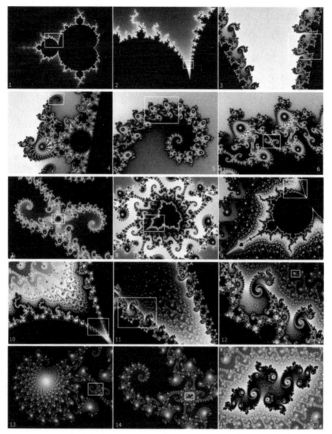

图 1.41 复数芒德布罗集在不同标尺上观测到的几何图形

每下一张图是上一张的局部放大

1.8.4 实际问题中的分形

（1）多重分形.

前面给出数学构造的分形都具有自相似结构,而在它们的自相似变换中仅有一种相似变换标度.而一般的分形中,标度变换具有多种不同的尺度,这类分形叫做多重分形(multifractals).自然界和数学模型中产生的分形绝大多数具有多种相似标度关系,即它们是多重分形.多重分形的维数用 D_q 表示,其定义为

$$D_q = (1-q)^{-1} \lim_{\varepsilon \to 0} [\ln I(q,\varepsilon)]/[\ln(1/\varepsilon)], \tag{1.8.13}$$

$$I(q,\varepsilon) = \sum_{i=1}^{N(\varepsilon)} \mu_i^q, \tag{1.8.14}$$

其中 μ_i 是集合在第 i 个 ε 块上的测度.如果集合是由吸引子的混沌轨道构成,那么一般来说不同 q 的 D_q 是不同的. D_q 随 q 增大而减小或者不变.

如果 $q_1 < q_2$, 则有 $D_{q_1} \leqslant D_{q_2}$. 很显然当 $q = 0$ 和 1 时, D_q 分别是容量和信息维数, 即 $D_0 = D_b$, $D_1 = D_1$. 值得指出的是, 当分形仅有单一变换标度时, D_q 与 q 无关, 容量维度 D_0 唯一地确定整个 D_q 的值, 即对所有 q, $D_q = D_0 = D_b$.

下面我们以不均匀分割的康托集合为例来计算多重分形维数 D_q. 现在将图 1.32 的康托集修改为图 1.42 的不对称集合. 在第一次分割中, $[0,1]$ 区域中的 $(\alpha, 1-\beta)$ 区段被除去, 留下的集合点有 P_1 的概率均匀落到 $[0, \alpha]$ 区段, 而有 P_2 的概率落到 $[1-\beta, 1]$ 区段. 这种分割方式在第二次分割中分别施加到第一次分割余留的两个区段中. 然后第三次, 第四次……分割重复这样的操作. 当操作次数 $m \to \infty$ 时, 集合总长度以 $(\alpha+\beta)^m$ 速率趋于零,

$$0 < \alpha + \beta < 1, \quad P_1 + P_2 = 1. \tag{1.8.15}$$

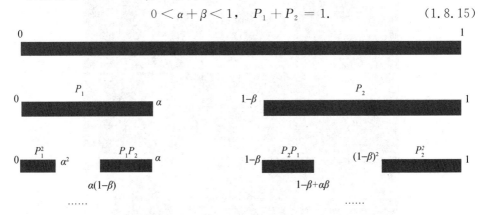

图 1.42   不对称的康托集

现在我们要对图 1.42 的集合通过 (5.10) 式计算 D_q 的值. 由于图 1.42 中存在两种不同的标度尺度 α, β 与不均匀测度分布 P_1, P_2, 对 $D_0 = D_b$ 和 $D_1 = D_1$ 的计算就远不如前面对均匀康托集的计算那么简单, 但图 1.42 康托集合的 D_q 值仍可解析求出.

令 $I_\alpha(\varepsilon)$, $I_\beta(\varepsilon)$ 分别为 $[0, \alpha]$ 和 $[1-\beta, 1]$ 两区段中 (1.8.14) 的求和 (或积分) 值对总 $I(\varepsilon)$ 的贡献, 则有

$$I(\varepsilon) = I_\alpha(\varepsilon) + I_\beta(\varepsilon). \tag{1.8.16}$$

又由于自相似性

$$I_\alpha(\varepsilon) = P_1^q I(\varepsilon/\alpha), \quad I_\beta(\varepsilon) = P_2^q I(\varepsilon/\beta), \tag{1.8.17}$$

由 (1.8.13) 式,

$$I(\varepsilon) \propto \varepsilon^{(q-1)D_q}. \tag{1.8.18}$$

将 (1.8.16) 和 (1.8.17) 式代入 (1.8.18) 式, 可以得到

$$\varepsilon^{(q-1)D_q} = P_1^q (\varepsilon/\alpha)^{(q-1)D_q} + P_2^q (\varepsilon/\beta)^{(q-1)D_q}, \tag{1.8.19}$$

由此可得

$$P_1^q \, \alpha^{(1-q)D_q} + P_2^q \, \beta^{(1-q)D_q} = 1. \tag{1.8.20}$$

由于 P_1, P_2, α, β 已知,给定 q 可以解出超越方程中 D_q 的值.

对 D_q 物理意义一般的理解是当 $q \gg 1(q \ll 1)$ 时 D_q 测量了大概率(小概率)ε 块的维数. 图 1.43 给出了取不同 P_1, P_2, α 和 β 时 D_q 随 q 的变化曲线,验证了 (1.8.13)式 $D_q - q$ 的单调变化关系. 特别是,当图 1.43(c)中当分形的变换取单一尺度时,多重分形的特点消失,D_q 不再随 q 变化,回到图 1.32 的单重分形的行为.

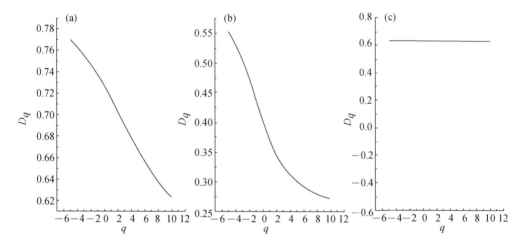

图 1.43 不同参数时 D_q 随 q 的变化曲线

(a) $P_1 = 1/4, P_2 = 3/4, \alpha = 1/5, \beta = 3/5$; (b) $P_1 = 2/5, P_2 = 3/5, \alpha = 1/4, \beta = 3/8$; (c) $P_1 = 1/2, P_2 = 1/2, \alpha = 1/3, \beta = 1/3$

(2) 胖分形.

在上面所述的例子中,分形在所在相空间中的相体积均为零(如一维的康托集的总长度为零,二维的谢尔平斯基地毯的总面积为零)这些分形又被称为瘦分形 (thin fractal). 在实际问题中,还有一类分形在它所存在的相空间中具有非零相体积,这种分形叫做胖分形(fat fractal).

胖分形具有以下两个特点:首先它具有分形的特点,即在分形集合上任一点的任意小的相体积邻域都存在非集合的点,所以这一集合是处处有"空洞"的,同时尽管在相空间中许多集合的点并非稠密分布,但集合的维数与它镶嵌的相空间维数则是相同. 所以胖分形的豪斯道夫维数等维数与镶嵌相空间一样具有整数维,它的奇异性和分形特点表现在它与非集合点的边界的性质上,这类问题不在此进一步讨论.

典型的胖分形有很多,在非线性动力学系统中,如映射系统混沌区中混沌运动对应的参数集合、二自由度弱不可积哈密顿系统的 KAM 环面集合等. 实际上,许多保守系统中的分形集合都是胖分形. 对于耗散系统而言,下面我们通过分析会看到,所有耗散系统在变量空间的点集形成的分形集合都是瘦分形.

1.8.5　斯梅尔马蹄映射与混沌

对李指数谱特征的讨论和分析使我们不仅可以对一个动力学系统的运动是否混沌加以准确判别,更重要的是通过分析,我们对动力学系统轨道的不稳定性和确定性随机运动的本质有了更为深入的理解. 混沌运动的李指数谱意味着动力学系统在相空间中的运动既有正李指数所对应的本征方向的拉伸,又有负李指数所对应的本征方向的收缩,随机性正是运动过程中不断受到这两类机制共同作用的结果. 这些知识将对理解动力学系统的统计物理基本问题带来极大帮助.

一个很重要的问题是,在混沌运动的拉伸与收缩两种机制的共同作用下,非线性系统混沌轨道最终在相空间形成的吸引子具有什么样的拓扑结构? 数学家斯梅尔(S. Smale,1930—)于 1967 年提出了一种抽象的二维马蹄映射(horseshoe map)来揭示混沌运动及形成吸引子产生的机制[84],如图 1.44 所示. 对一个面积为 1×1 的正方形 S(当然可以是更一般的形状,用正方形仅为说明的简单)进行如下操作,记作 $M(S)$:首先将其在 x 方向压缩到 $1/\alpha(\alpha > 2)$ 宽度,在 y 方向拉伸 α 倍的长度,然后将该长方形弯成马蹄形,留下两竖条在原正方形 S 中,未放进正方形区域面积为 $1 - 2/\alpha$ 的条形部分舍弃. 由于每迭代一次面积都会减小,因此该映射为耗散动力学系统. 当 $M(S)$ 操作多次进行下去时,在 $M^{(n)}(S)$ 映射下 1×1 的 S 中剩下的面积为 $(2/\alpha)^n$. 在 $\alpha > 2$ 时,在无穷多次操作 $n \to \infty$ 后,留在 S 区域中的点集占据的面积 $(2/\alpha)^n \to 0$. 我们将无穷多次操作后仍然留在 S 中的点集称为不变集(吸引子). 该不变集合记为 Λ,显然集合的测度是零,但不是空集. 一个重要的问题是哪些点会留在不变吸引子集 Λ 中? 它们在相空间如何分布?

将一次 $M(S)$ 映射后形成的如图 1.44 上半部所示的两个竖条标记为 V_0 和 V_1. 考虑马蹄映射的逆映射 $M^{-1}(S)$,如图 1.44 下半部所示. 经过一次操作后在 S 区域中余下两个横条,记为 H_0 和 H_1. 一次正逆操作后留在 S 中的点为横条和竖条点集的交集,即

$$(H_0 \bigcup H_1) \bigcap (V_0 \bigcup V_1), \qquad (1.8.21)$$

如图 1.45(a)所示,为 $2^2 = 4$ 个面积为 $(1/\alpha)^2$ 的小方块. 进一步考虑正逆两次操作 $M^{(2)}(S)$ 和 $M^{(-2)}(S)$,前者在 S 中余下 $H_{00}, H_{01}, H_{10}, H_{11}$,后者在 S 中余下 V_{00}, V_{01}, V_{10}, V_{11},操作后留在 S 中的点集应为

$$(H_{00} \bigcup H_{01} \bigcup H_{10} \bigcup H_{11}) \bigcap (V_{00} \bigcup V_{01} \bigcup V_{10} \bigcup V_{11}), \quad (1.8.22)$$

如图 1.45(b)所示,为 $2^4 = 16$ 个面积为 $(1/\alpha)^4$ 的小方块. 对比图 1.45(a),它们显然是在原有四个小方块基础上的自相似操作. 可以推测,n 步正逆操作后可以得到 2^{2n} 个小方块,而它们的面积每次迭代以 $(1/\alpha)^2$ 的速度减小. 在无穷多次操作,即 $n \to \infty$ 时,就可以得到马蹄映射的不变点集. 它是一个典型的二维康托集. 马蹄映射

是典型的耗散映射,其吸引子的不变点集是典型的分形结构,称为奇异吸引子. 人们已经发现大量的耗散系统混沌吸引子都具有分形结构. 因此,马蹄映射为混沌吸引子的这种分形拓扑特性揭示了动力学上的机制.

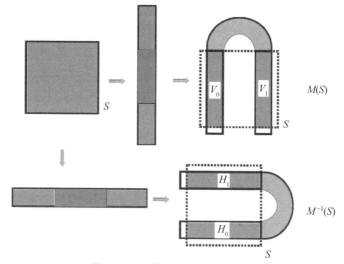

图 1.44 斯梅尔马蹄映射示意图

上面为正映射,下面为逆映射. 一次变换后只剩下绿色区域

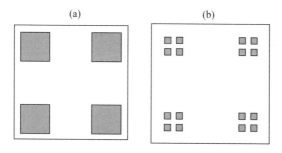

图 1.45 斯梅尔马蹄映射正逆映射的不变集

(a) 一次映射的不变集;(b) 两次映射的不变集

斯梅尔马蹄映射除了包含普通线性变换的拉伸与收缩之外,还特别包含了产生马蹄形的表征非线性折叠的过程,这就使得映射的不变点集能形成具有自相似结构的奇异吸引子,因而马蹄映射代表了典型耗散系统的混沌运动. 在数学上,马蹄映射的重要之处在于它是一个系统是否具有混沌性的重要标志,只要证明该系统的动力学中存在马蹄映射就可以证实系统动力学的混沌性,因此构造马蹄映射或证明其存在是理论上研究非线性系统混沌运动的一种重要分析手段. 例如,哈密顿系统中同宿或异宿轨道的相交行为就可以通过构建斯梅尔马蹄映射对其相关的混沌运动进行深入的分析,对此读者可以参考古根海姆(J. Gukenheimer)和霍尔

姆斯(P. Holmes)等的专著[85].

1.8.6 混沌奇异吸引子分形维数与李指数

混沌运动最主要的动力学特点是初值敏感性,这使初始相邻的运动轨道距离随时间指数发散.这一特点使相空间中流块在某些方向上具有拉伸的性质.另一方面,耗散系统的混沌运动轨道被限制在有限区域,相空间流块在运动中体积收缩,这种运动的庞加莱回归性要求上述拉伸行为必然与轨道折叠相结合.发散与回归导致的拉伸与折叠使混沌运动的轨道一般具有分数维数和多重分形几何结构.

在线性动力学系统中,各种运动模式可以独立地激发,被激发出的模式数目决定了相空间的维数.在非线性系统中,各种运动模式互相耦合,特别对于耗散系统,其动力学的长时间行为发生于维数低于相空间维数的吸引子上.此时具有正和零李指数的方向,都起到支撑吸引子的作用,而负李指数对应的收缩方向在抵消膨胀方向的作用后,会对吸引子的维数贡献一个小于 1 的分数部分.设前 M 个李指数之和为正数,而前 $M+1$ 个李指数之和为负,则据此可以定义一个度量相空间维度的量

$$D_{\mathrm{L}} = M + \frac{1}{|\lambda_{M+1}|} \sum_{j=1}^{M} \lambda_j, \tag{1.8.23}$$

称为李雅普诺夫维数(Lyapunov dimension).卡普兰(J. L. Kaplan)和约克(J. A. Yorke)曾经猜测[86]李雅普诺夫维数等于相空间吸引子的几何维数.该猜测迄今为止没有得到明确的证明,但许多常见混沌系统的数值实验数据都支持这个猜测.(1.8.23)式的合理性可以通过相体积在运动中的演化特征来说明.考虑 N 维空间的任一 M 维的超曲面面积 $V(t)$. M 维超曲面面积的变化率由系统的李雅普诺夫指数谱决定,

$$V(t) \propto \mathrm{e}^{St}, \quad S = \sum_{i=1}^{M} \lambda_i. \tag{1.8.24}$$

因为 $S>0$, M 维面积随时间指数增加,所以必有 $D_{\mathrm{L}} \geqslant M$.另一方面,在 $M+1$ 维超曲面上,任意超曲面面积必随时间的增加以 $\mathrm{e}^{(S+\lambda_{M+1})t}$ 的速度指数减少,

$$S + \lambda_{M+1} < 0, \tag{1.8.25}$$

所以混沌吸引子维数一定小于 $M+1$ 维,即

$$D_{\mathrm{L}} < M+1. \tag{1.8.26}$$

从相空间的任一有限相体积出发,如果以边长为 $\mathrm{e}^{\lambda_{M+1}t}$ 的小方块覆盖运动轨道区域内的相体积,应有

$$N(t) \propto (\mathrm{e}^{-\lambda_{M+1}t})^M \mathrm{e}^{St} = \mathrm{e}^{(-M\lambda_{M+1}+S)t} \tag{1.8.27}$$

个小方块含有混沌吸引子集合的元素,则有

$$D_L = \frac{\ln e^{(-M|\lambda_{M+1}|+S)t}}{-\ln e^{\lambda_{M+1}t}} = M + \frac{S}{|\lambda_{M+1}|}. \tag{1.8.28}$$

上述直观(数学上不严格)的讨论似乎预言 $D_L = D_0$,有进一步讨论预言在典型混沌轨道条件下 $D_L = D_1$. 总之,到目前为止还没有 D_L 与 D_q 之间关系的严格证明,但在许多已知的典型的混沌吸引子中人们都发现 $D_L = D_1$.

对混沌哈密顿系统而言,由于受相体积在运动中守恒的限制,混沌轨道具有整数的 D_0 维数,但类似的拉伸与折叠过程在哈密顿混沌中同样存在,这些保守系统的多重分形维数 D_q 同样具有非平庸性质. 当然也存在与上面描述行为不同的特点. 例如存在非分形的混沌集合,如一维不可逆混沌映射 $D_0 = 1$,一维分段线性混沌满映射 $\rho(x) = 1/A$(A 为满映射区间尺寸),$D_q = D_0 = 1$. 动力学系统中也存在非混沌的奇异吸引子,如在一定参数条件下准周期驱动的非线性微分方程组具有分数维数.

上面由李指数定义的李雅普诺夫维数不能反映多重分形的多种维数性质. 前面的 D_q 是定义在混沌吸引子的自然测度 μ_i 基础之上的. 如果建立了李指数与 μ_i 之间的关系,就可以由李指数来分析多重分形性质. 另一方面,混沌吸引子中稠密地分布着无穷多的不稳定周期轨道,虽然这些周期轨道在实验中不能观察,但由于混沌运动会无穷多次无穷近地接近这些不稳定轨道,这些周期轨道的动力学性质会对混沌吸引子的性质起决定作用. 以不可逆的双曲二维映射 $\boldsymbol{x}_{n+1} = M(\boldsymbol{x}_n)$ 的混沌吸引子为例,在混沌吸引子上的自然测度可以表达为吸引子中无穷多不稳定周期轨道的贡献. 设 S 为混沌吸引子中的任一区域,则其自然测度为

$$\mu(S) = \lim_{n\to\infty} \sum_{x_{in}\in S} \frac{1}{\lambda_1(x_{in}, n)}, \tag{1.8.29}$$

式中 $\boldsymbol{x}_{in}$ 为在 S 区域内所有的 M^n(即 n 次 M 迭代)的不动点(即映射 M 的 n 周期点与 in 周期点,其中 in 为整数 n 的 i 倍),上述求和需要对所有的这些不动点进行,而 $\lambda_1(x_{in}, n)$ 是 M^n 的不动点的雅可比矩阵的最大本征值.

(1.8.29)式可以由图 1.46 的二维示意图直接形象地导出,假设图 1.46(a)中的方框正是 S 区域中的一个含有某个 M^n 不稳定不动点的小区块 C,水平和垂直方向分别为不动点的稳定和不稳定流型方向. 假设初始在 $\boldsymbol{x}_0$ 的点经过 $n(n\geqslant 1)$ 次映射后到达 C 区域内的另一点 $\boldsymbol{x}_n$. 图(b)表示在一个 n 步的变换中 ab 在稳定方向上收缩为 $a'b'$,而 cd 沿不稳定方向膨胀到 $c'd'$. 这样图(c)中 $efgh$ 矩形内的点在 n 次迭代后映射为矩形 $e'f'g'h'$,在 $efgh$ 和 $e'f'g'h'$ 的重叠小矩阵中必存在一个 M^n 的不稳定不动点 $\boldsymbol{x}_i$,而 C 区域内的其他点 n 次映射后全部从该区域逃逸. 由图(d)可见 C 区域的点经过 n 次迭代后回到 C 区域的概率为 $e^{-\lambda_1(x_{in},n)}$. 又因为各态历经理论(可见第 2 章),这一概率正是 C 区域本身在混沌吸引子中所占的测度. 如果考虑到 S 中所有 M^n 的不稳定不动点 $\boldsymbol{x}_{in}$,$i=1,2,\cdots$ 的贡献,则可导出(1.8.29)式.

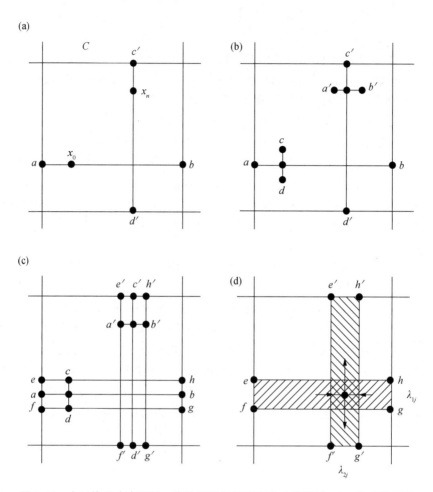

图 1.46 小区块 C 中在经过 n 次迭代后仍然回到 C 中的区域 $efgh$ 构建示意图

(a) 方框 C 为 S 区域中的一个小区块,含有 M^n 的不稳定不动点,水平和垂直方向分别为不动点的稳定和不稳定流型方向.(b) 在 n 步变换中 (ab) 在稳定方向上收缩为 $a'b'$,而 cd 沿不稳定方向膨胀到 $c'd'$.(c) $efgh$ 矩形内的点在 n 次迭代后映射为矩形 $e'f'g'h'$,在 $efgh$ 和 $e'f'g'h'$ 的重叠小矩形中必存在一个 M^n 的不稳定不动点 x_j,而 C 区域内的其他点 n 次映射后全部从该区域逃逸.(d)中 $\lambda_{1j} \equiv \lambda_1(x_j, n)$, $\lambda_{2j} \equiv \lambda_2(x_j, n)$,这里 x_j 为图中所示的不动点.(改编自文献[3])

(1.8.29)式是一个非常强的论断,它使混沌吸引子中与自然测度联系的所有统计行为(包括多重分形维数 D_q)唯一由被其镶嵌的不稳定周期轨道的最大正李指数来确定.(1.8.29)式有一系列非平庸的推论,例如恒等关系

$$\lim_{n \to \infty} \sum_i \lambda_1^{-1}(x_{i_n}, n) = 1, \qquad (1.8.30)$$

其中取和遍及整个混沌吸引子.混沌吸引子的李指数则可表示为

$$\lambda_{1,2} = \lim_{n\to\infty} \frac{1}{n} \sum_i \lambda_1^{-1}(\boldsymbol{x}_{in}, n) \ln\lambda_{1,2}(\boldsymbol{x}_{in}, n), \tag{1.8.31}$$

其中取和遍及整个混沌吸引子.注意(1.8.31)式中左边的 $\lambda_{1,2}$ 是混沌吸引子的李指数谱,而右边的 $\lambda_{1,2}(\boldsymbol{x}_{in}, n)$ 是 M^n 不动点的李指数谱.将(1.8.29)式代入(1.8.13)和(1.8.14)式可以算出混沌吸引子的多重分形维数 D_q.

本章对非线性系统的混沌动力学及其结构进行了简单介绍.混沌理论的研究具有重要的意义,其中之一是它缩小了确定论和随机论之间的鸿沟,即完全确定性的系统会由于初值敏感性的混沌特点而导致长时间行为的随机性,这为动力系统的统计描述提供了理论基础.因此,对具有随机性的动力系统有必要引入概率描述,而统计力学的思想和方法也将自然地进入动力学系统的框架和分析之中.这些内容我们将在以下章节进行专门讨论.

第2章　从动力学到平衡态统计物理

§2.1　统计物理基本问题研究概述与历史回顾

时间是人们最司空见惯却又最不易说清楚的东西.时间具有两面性——周期性与方向性.一方面,我们所见的世界有各种周而复始的现象,例如昼夜更替、月圆月亏、花开花落,而生物体的很多活动如心跳、呼吸等也以特定的时间周期或节律往复发生着.另一方面,时间之箭又朝着一个方向飞逝,就如生物的生老病死,这反映着宏观世界过程的不可逆性.不可逆性的起源是统计力学中最古老和最有趣的问题之一.统计力学的研究对象是由大量单元组成的热力学系统,热力学过程的不可逆性是热力学的根本特点,由热力学第二定律给出.热力学第二定律及其熵的表述形式自产生之日起就是物理史上争论最多的问题之一.究其原因,根本之处是如何理解微观系统可逆性和宏观现象不可逆性之间的矛盾[87].

在微观世界里,分子的运动服从牛顿方程,这是个关于时间 t 的二阶微分方程,该方程对时间反演不变,说明每个分子的运动都是可逆的,因为总可以找到一个逆过程把原来分子运动正过程的一切痕迹抹去.具体的做法是,让分子的速度反向,由于在保守力作用下牛顿方程具有时间反演不变性,分子的逆过程必然是正过程沿相反方向的重复,可把正过程的效果抵消.非平衡条件下的昂萨格(L. Onsager,1903—1976)倒易关系就是这种微观可逆性的体现.微观过程是一个严格可逆的世界,在经典牛顿力学的框架下,根据刘维尔定理,构成宏观系统的大量粒子运动的概率分布方程也是可逆的.

然而在由微观过程构成的宏观世界中,不可逆现象却随处可见,比如热量从高温物体自发地向低温物体的热传导现象,粒子从高浓度区运动到低浓度区的扩散现象等等.热力学第二定律正是对这种不可逆现象的总结表述.尽管到目前为止它得到了宏观世界中几乎所有现象的证实,但由于它始终是一个唯象的热力学定律,人们还是力求从微观过程出发,建立一个从微观可逆性过渡到宏观不可逆性的桥梁,然而这种努力的结果并不理想.

19世纪,统计物理学的奠基人之一玻尔兹曼(L. E. Boltzmann)(图2.1(a))推导出了稀薄气体单体约化概率分布随时间演化的方程,该方程至今仍然是统计物理中最重要的方程之一[88].在此基础上玻尔兹曼定义了单粒子熵

$$H(t) = \int f(\boldsymbol{r}, \boldsymbol{v}, t) \ln f(\boldsymbol{r}, \boldsymbol{v}, t) \mathrm{d}\boldsymbol{r}\mathrm{d}\boldsymbol{v}, \tag{2.1.1}$$

其中 $f(\boldsymbol{r}, \boldsymbol{v}, t)$ 为单粒子在位置和速度空间的分布函数. 他推导出 H 熵随时间的演化的单调性, 即著名的 H 定理(图 2.1(b)):

$$\partial H(t)/\partial t \leqslant 0, \tag{2.1.2}$$

解释了气体系统热力学过程的不可逆性. 注意 H 熵与热力学熵 S 差一个负号, 因此该结果与孤立系统热力学熵增加的结论完全一致. 尽管玻尔兹曼方程本身很成功, 但在导出时做了分子混沌性的假设, 而这个假设并不能由力学定律得到. 为了将玻尔兹曼的方法置于严格的理论基础上, 许多物理学家和数学家做了很多尝试, 提出了各种各样的理论[11], 例如粗粒化理论、非幺正变换理论, 以及修改基本的动力学方程等. 遍历性(或各态历经)理论正是在这样的背景下提出来的, 其主要思想是借助于相空间动力学流的类型来解释自然界中观察到的宏观热力学不可逆性的起源.

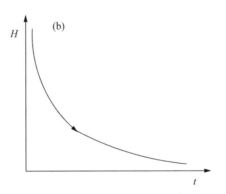

图 2.1 玻尔兹曼与 H 定理

(a) 玻尔兹曼, 奥地利物理学家、哲学家, 统计物理学的重要奠基人之一; (b) H 定理中的 $H(t)$ 函数单调下降的演化

遍历理论的重要性在于在动力学和统计之间搭建了从微观到宏观的重要桥梁. 尽管关于此问题的重要性少数物理学家至今尚有争议, 但其意义和已经取得的重要成果在混沌动力学研究开展的几十年以后已不言自明. 在此之前, 遍历性问题主要是数学家们讨论的课题. 西奈(Y. G. Sinai)[89]曾强调过遍历理论研究的价值. 遍历理论是数学的一个分支, 它研究了动力学系统的统计特性, 连接了动力学和统计这两个不同的概念. 到目前为止, 通过物理学家和数学家的深入探索, 关于统计物理基础的问题已有了一部分清楚的答案, 遍历性理论不再仅仅是数学家们的研究对象, 也为物理学家理解热力学系统中的许多问题提供了新的启示. 例如遍历性破缺就是相变理论中对称性破缺概念的推广, 它可以解释更多的相变

行为[90,91].

在进行遍历理论的讨论之前,我们有必要回顾遍历理论及相关领域的发展历史.玻尔兹曼于 1887 在其论文中首次提出了遍历性(ergodicity)一词[88],该词由两个希腊词缀"erg"和"odos"组成,其中"erg"指能量,而"odos"的意思是轨迹(trajectory).遍历性假说是玻尔兹曼为了从动力学上解释 H 定理及力求解决微观可逆性与宏观不可逆之间的矛盾而提出的,其原始含义是指系统在相空间的一条运动轨迹可以遍及等能面上几乎所有状态,即在足够长的时间内到达离等能面上与任意相点任意接近的状态.

玻尔兹曼是奥地利物理学家,哲学家,1844 年 2 月 20 日生于维也纳,1906 年 9 月 5 日卒于意大利杜伊诺.他 1863 年进入维也纳大学,于 1866 年获博士学位,后在维也纳的物理研究所任助理教授.此后历任拉茨、维也纳、慕尼黑和莱比锡等大学的教授.玻尔兹曼对统计物理学的发展做出了奠基性的贡献.他推广了麦克斯韦的分子运动理论,得到含分子势能的麦克斯韦-玻尔兹曼分布定律.1872 年,他从更广和更深的非平衡态分子动力学方程(后被命名为玻尔兹曼方程)出发,得到了 H 定理,奠定了经典分子动力论的基础.玻尔兹曼引进了一个常量 $k_B = 1.38 \times 10^{-23}$ J/K(后被称为玻尔兹曼常数),并得出了热力学熵的统计关系式

$$S = k_B \ln W. \tag{2.1.3}$$

这一关系后来被命名为玻尔兹曼关系.该关系革命性地用微观的概率状态数 W 来阐明宏观不可逆性、熵及热力学第二定律的统计意义.他还从热力学原理导出了实验中得到的斯特藩(J. Stefan,1835—1893)-玻尔兹曼黑体辐射公式 $u = \sigma T^4$(u 为辐射密度,T 为绝对温度,σ 为一普适常数).他大力支持与宣传麦克斯韦的电磁理论,并测定介质的折射率和相对介电常量与磁导率的关系,证实了麦克斯韦的预言.作为一位坚决的唯物论者,玻尔兹曼深信分子与原子的存在,并反对以奥斯特瓦尔德(F. W. Ostwald,1853—1916)为首的否认原子存在的唯能论者.玻尔兹曼所著的《气体理论讲义》是统计力学经典名著.

玻尔兹曼在证明 H 定理后提出了遍历性假设,但他的天才性想法并未立即得到接受,并因此在当时受到一批科学家的诘难.一些有关他的传记中认为"玻尔兹曼沉浸在与这些不同见解的斗争中,一定程度上损害了他的生理和心理健康"[92].1906 年 9 月 5 日,玻尔兹曼在意大利美丽的海滨小城杜伊诺与家人度假时自杀.而在他去世之后不久,原子论得到了支持,爱因斯坦关于布朗运动的理论和佩林关于布朗运动的实验对此进行了证实,玻尔兹曼工作的价值才真正得到了高度认可.玻尔兹曼去世后葬于奥地利维也纳的中央公墓,其墓碑上刻着他的著名公式(2.1.3)(图 2.2(a)).为纪念玻尔兹曼的重要贡献,国际纯粹与应用物理联合会(IUPAP)将统计物理学的最高奖命名为玻尔兹曼奖,每三年一次在国际统计物理大会

(STATPHYS)期间颁发给为统计物理学做出杰出贡献的科学家(图 2.2(b)). 一批对统计物理基本问题做出了重大贡献的科学家,如西奈(1986)、儒勒(D. Ruelle)(1986)、勒博威茨(J. L. Lebowitz)(1992)、奥德(B. Alder)(2001)、科恩(E. G. D. Cohen)(2004)、加拉沃蒂(G. Gallavotti)(2007)等都获得过玻尔兹曼奖.

图 2.2 玻尔兹曼的墓碑与玻尔兹曼奖奖章

(a) 玻尔兹曼位于维也纳中央公墓的墓碑,上刻他的著名公式 $S=k\log W$;(b) IUPAP 设立的统计物理学最高奖——玻尔兹曼奖奖牌

关于玻尔兹曼提出的 H 定理、热力学第二定律的微观诠释以及熵增加原理,在历史上曾有过许多激烈的论战.这些论战的本质是力学的确定性和可逆性与统计力学的统计性和随机性、热力学的不可逆性之间矛盾的具体体现,也是 19 世纪下半叶人们哲学观处于转变时期的具体体现.当然,这些论战不都是针对玻尔兹曼的,但都与热力学第二定律密切相关,而且在玻尔兹曼"第一次"给出从微观角度诠释宏观热力学过程不可逆性的 H 定理及其遍历性假设之后,这方面的辩论达到了前所未有的高潮,以至于玻尔兹曼一直有一种孤军奋战的感觉[92].我们下面主要介绍三个从不同角度对宏观不可逆性提出的佯谬(paradox).之所以称为佯谬,是因为这些观点均先后被证明是错误的,但对于澄清相关理论的深刻内涵却起到了重要作用.

2.1.1 麦克斯韦妖

麦克斯韦(J. C. Maxwell, 1831—1879)是英国物理学家、数学家,经典电动力学的创始人,统计物理学的奠基人之一.他 1831 年 6 月 13 日生于英国爱丁堡,1847—1850 年于爱丁堡大学学习,1850—1854 年在剑桥三一学院攻读数学,1856—1860 年担任阿伯丁郡的马里查尔学院教授,1860—1865 年在伦敦英皇学院执教,并从事气体运动理论的研究,1860 年成为英国皇家学会院士,1871 年任剑桥大学教授,创建并领导了英国第一个专门的物理实验室——卡文迪许实验室.麦克斯韦的主要贡献是建立了麦克斯韦方程组,创立了经典电动力学,并且预言了电磁波的存在,提出了光的电磁说.麦克斯韦是电磁学理论的集大成者.他出生于电磁学理论奠基人法拉第(M. Faraday,1791—1867)提出电磁感应定理的 1831 年,后来又与法拉第结成忘年之交,共同构筑了电磁学理论的科学体系.

针对热力学第二定律,麦克斯韦于 1871 年在《热理论》一书的末章《热力学第二定律的限制》中设计了一个假想的存在物,被后人称为麦克斯韦妖(Maxwell's demon)[93,94].麦克斯韦妖有极高的智能,它可以追踪每个分子的行踪,并能辨别出它们各自的速度,然后加以操控.如图 2.3 所示,假想将一个温度为 T 的容器分成 A 和 B 两部分,并在两部分的分界面上开一个小洞,有一个"妖"把守着洞门,它的任务是让速度超过某个值的分子由 A 通过小洞到 B,并将低速的分子挡住.这样的妖把门会导致的结果是,容器 B 中速度大的分子会越来越多,而容器 A 中速度大的分子越来越少,因此,最终容器 B 的温度将升高,容器 A 的温度将降低.这个过程不需要消耗功,只是通过妖的工作使得原来温度相同的容器变成温度不同的两部分,于是我们总可以用一部热机在 A,B 间工作对外做功.这个过程中包括 A 和 B 中全部气体在内的总熵必减小.

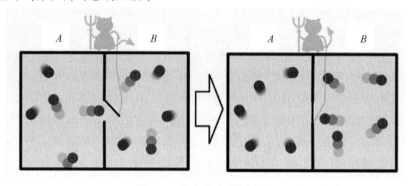

图 2.3   麦克斯韦妖示意图

将一个温度为 T 的容器分成 A 和 B 两部分,并在两部分的分界面上开一个小洞,有一个"妖"把守着洞门,它的任务是让速度超过某个值的分子由 A 通过小洞到 B,并将低速的分子挡住,从而使得容器 B 中速度大的分子越来越多,容器 A 中速度大的分子越来越少

热力学先驱开尔文(W. Thomson, 1st Baron Kelvin,1824—1907)在阐述热力学第二定律时,也曾经指出动物体并不像一架热机一样工作[93].对于麦克斯韦妖,他评论说:"妖的含义,根据麦克斯韦对这个词的用法,是一个有理智的存在物,它具有自由意志和非常灵敏的触觉,以及感知的机构,使他能去观察和影响物质的各个分子……麦克斯韦妖与真实动物之间的不同,只在于它是极小的和极其灵敏的." 他认为,这种"妖"是具有原子尺度、有智力的生命体,而有生命的物质就不再

是孤立封闭系统. 20 世纪初, 波兰统计物理学家斯莫拉考夫斯基 (M. Smoluchowski, 1872—1917) 进一步论证了麦克斯韦妖, 认为它要发挥作用就必须能不断地从分子获得信息, 和分子系统发生联系, 这样整个热力学系统就不再是孤立封闭系统. 这时气体的熵减小并不违背熵增加原理, 因为它的熵局部减小是以麦克斯韦妖本身的熵增加为代价的[93]. 1932 年, 物理学家齐拉德 (L. Szilárd, 1898—1964) 分析了有智力的存在物[94,95], 认为类似于麦克斯韦妖的装置在实际中并不罕见, 化学上的半透膜就是这种能选择分子使其定向穿过的"分子筛", 但是任何导致熵减小的行为都必须紧随在一个获得信息的操作之后, 而这种操作往往产生大量的熵.

1951 年, 法国物理学家布里渊 (L. Brillouin, 1889—1969) 进一步从数学上证明[96], 任何一个有智力的存在物, 不论其尺度大小如何, 在它使体系的熵减小一点之前, 必须先使体系的熵增加. 麦克斯韦妖必须先获得信息, 并根据获得的有关分子的信息才能实施控制动作. 信息就是负熵. 这意味着为了获得分子的有关信息而做出选择, 必须以总系统更大的熵增加为代价. 计算表明, 这种熵增加值大于麦克斯韦妖使系统熵减小的值. 因此, 即使考虑到麦克斯韦妖可能使热力学系熵减小的作用, 系统总的熵还是增加的, 并不违反热力学第二定律.

另一方面, 麦克斯韦妖提出了一个十分深刻的问题, 即从无序向有序的演化, 它涉及物理学、化学、生物学、社会学中的有序组织问题. 控制论创始人维纳 (N. Wiener, 1894—1964) 说, 如果简单地否定麦克斯韦妖, "我们可能要失去一个难得的机会来学习关于熵和它在物理、化学和生物学上可能的系统的知识". 对于开放系统和有序结构的形成, 热力学第二定律需要加以发展, 这一点由布鲁塞尔学派取得了突破[97]. 事实上, 麦克斯韦妖就是耗散结构的最早雏形之一, 近年来有关耗散结构理论、系统生物学、量子计算等领域的大量研究成果为麦克斯韦妖在非平衡态下的有序做出了新的注解, 为我们更加深入理解热力学第二定律提供了新的素材.

2.1.2 洛施密特可逆性佯谬

洛施密特 (J. J. Loschmidt, 1821—1895) 是玻尔兹曼的同事和朋友. 他是一位坚定的原子论者, 并不怀疑热的分子运动理论, 但并不赞同玻尔兹曼的 H 定理和遍历性假设, 并于 1876 年提出了可逆性佯谬. 这是一个基于将多粒子系统看作确定性的力学系统而提出的反驳. 洛施密特认为, 一个体系是由许多分子组成的, 它们的运动当然应该满足微观力学运动方程. 设想在某一时刻将体系中所有分子的速度反向, 根据牛顿定律, 每个分子都应按原路沿相反的方向回到初态, 这类似于图 2.4 中运动员们在某一时刻反向奔跑. 由于体系的微观运动状态决定于体系中所包含的所有分子的微观状态, 因此体系也必然回复到原来的微观状态, 体系的熵应该不只是增加,而会在反演中减小到初始的熵. 因此,不存在从宏观上不能自发回到原来状态的不可逆过程,即不存在自发过程的方向性. 这就是洛施密特可逆性佯谬(Loschmidt's reversibility paradox)[98].

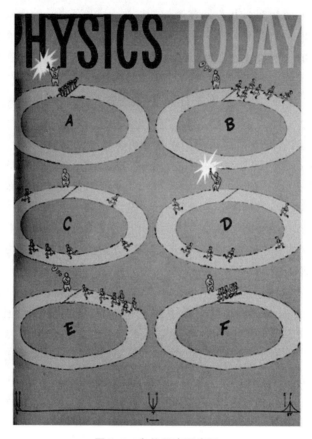

图 2.4　自旋回声示意图

1953 年 11 月出版的美国 *Physics Today* 第六卷 11 期的杂志封面上关于自旋回声(spin echo)的有趣的示意图,亦可说明可逆性佯谬:若干参加比赛的运动员在初始时刻发令枪响时从状态 *A* 出发,经过 *B* 和 *C* 后,在 *D* 时第二声枪响集体反向奔跑,最后同时回到起跑点

玻尔兹曼认为洛施密特提的问题很值得思考. 实际上,玻尔兹曼最初的确是想把热力学第二定律建立在纯粹力学的基础之上. 洛施密特的质疑使得玻尔兹曼明确了 H 定理(热力学第二定律)不是纯粹力学规律的结果,而是多粒子系统的统计行为. 玻尔兹曼认为,洛施密特可逆性佯谬对热力学第二定律的非议只以动力学理论为基础,而不是以统计(动理学)规律为基础. 实际上,H 定理是统计性质的定理,它的结论只说明在统计意义下 H 熵减小的概率最大,并不意味着 H 熵增加是绝对不可能事件. 体系的 H 熵有可能自发增加,但发生的概率极小,在热力学极限下

则小到完全可以忽略. 因此, 从统计意义上来看, 宏观不可逆性与微观可逆性二者之间并不矛盾. 微观可逆性建立在动力学规律的基础上, 它的前提是必然性, 各种微观态以确定的方式出现. 而宏观不可逆性是建立在统计理论的基础上, 其前提是概率性, 各种状态都以一定的概率出现, 是不完全确定的. 玻尔兹曼的解释是一种试图架起微观可逆性和宏观不可逆之间桥梁的尝试, 但该解释将原因归结为统计规律与力学规律的差别, 而并未实质触及为什么支配宏观体系的是统计规律而非纯粹的力学规律这一基本问题. 玻尔兹曼进一步提出了遍历性概念, 也因此与其他科学家展开了多番论战. 真正对此问题的清晰认识则是在他提出遍历性概念之后由一系列科学家在动力学系统理论、遍历性理论和非线性动力学的基础上建立起来的.

2.1.3 策梅洛回归性佯谬

庞加莱在 1890 年证明了关于微观运动的回归性定理: 一个处于有限空间内的保守力学系统, 在足够长的时间后将回复到初始运动状态附近的任意小的邻域. 策梅洛 (E. Zermelo, 1871—1953) 根据庞加莱回归定理指出, 一个多粒子系统在足够长的时间之后, H 熵必将回复初值, 因而 H 熵不可能单向减少, 这就意味着在孤立体系中不可逆过程的出现、H 熵减少原理等等都只是暂时现象. 策梅洛认为, 从长远看一切过程都是可逆的, 根本不存在自发过程的方向性, 也不存在热力学第二定律, 这就是策梅洛回归性佯谬 (Zermelo's recurrence paradox)[99,100].

玻尔兹曼仍然通过强调 H 定理的统计性质来回应这一回归佯谬. 他认为, 对于大量粒子的系统, 力学上的庞加莱回归现象的确可以发生, 但回归时间将会非常长, 以至于远远超出平常的观测时间, 因此系统运动回到到原来状态的概率非常小, 而对于热力学极限下的热力学系统, 粒子数 $N \gg 1$, 庞加莱回归实际上不可能在这样的系统中观察到. 另外, 在很长的时间内没有一个系统可以是完全孤立的, 它总是不断地受到环境随机的作用, 几乎任何极微小的干扰都会决定性地破坏 H 熵增大的过程. 作为鲜明对比的是: 玻尔兹曼所证明的 H 熵减少的演化方向则是非常鲁棒的过程, 不会被小的干扰改变, 因而是一种普遍可观察的规律. 因此我们不能用庞加莱回归定理来否定玻尔兹曼方程与 H 定理.

自 20 世纪 50 年代计算机技术发展后, 人们利用数值计算手段对于洛施密特的可逆性佯谬及其策梅洛回归性佯谬进行了进一步研究和更为深入的理解. 比利曼斯 (A. Bellemans) 和奥班 (J. Orban) 对二维周期性方形区域中硬球运动的统计行为进行了数值研究[101]. 初始时刻, 硬球处于方盒中规则方格的顶点, 初速度的绝对值都相同但方向随机. 随着时间的推移, 硬球之间及与器壁的碰撞, 将会使得硬球系统趋向建立麦克斯韦速度分布. 系统的整体演化行为可以通过计算玻尔兹曼

熵 $H(t)$ 来进行观察. 按照 H 定理, $H(t)$ 会随时间单调减小. 计算发现, 对 $N=100$ 个硬球的系统, $H(t)$ 随时间很快减小, 经过约 200 次碰撞后, $H(t)$ 达到稳定的极小值, 并在极小值附近做小幅涨落. 进一步, 在第二次与第三次计算时, 采用洛施密特可逆性佯谬的方案, 分别在系统发生 50 次碰撞与 100 次碰撞后将所有粒子的速度反向. 计算发现, 在反向后新的初始条件下, 系统沿着原来的轨道往回运动, 相应地 $H(t)$ 会随时间增加, 直至回到原来的初始位置后, 系统的 $H(t)$ 在几乎回到初始的值后重新单调减小. 而将 100 次碰撞后反转导致的 $H(t)$ 增加效应与 50 次的情况相比, 可以发现 100 次碰撞的 $H(t)$ 值更加难以恢复到初始值(见图 2.5(a)).

奥班等人的模拟结果表明, H 定理并不是绝对不能违反, 只有从随机的初始条件出发, 才会得到符合 H 定理的结果. 当某个时刻速度突然反转方向时, 在分子的微观状态中保留了出发时初始条件的完全记忆, 具有高度的相关性. 以此作初始条件继续模拟, H 函数值是会增加的. 但经过足够的弛豫时间后, 体系的行为仍然会恢复到遵从 H 定理的情况.

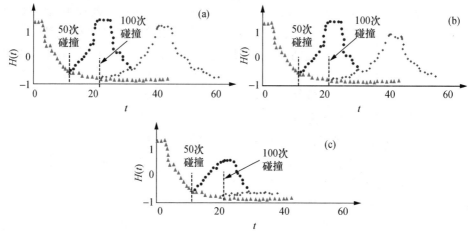

图 2.5 二维方形区域 $N=100$ 个硬球的 H 熵函数在经过一定时间后硬球运动反转情况下随时间的演化

从图(a)到(b)和(c), 数值实验在硬球运动反转时的实验误差由小变大, 随机误差分别为 10^{-8}, 10^{-5}, 10^{-2}. 可以看到随着误差的增加, 系统的 H 熵增加变得越来越困难

这个计算机实验表明, 具有随机初条件的稀薄系统如果自动演化发展, 会遵从玻尔兹曼的 H 定理, 但是如果以速度反演规定作为特殊初始条件, 它就会包含有大量动理学的信息, 因而在一段时间中会出现 $H(t)$ 随时间增加这样似乎反动理学的行为. 这两种初条件的巨大差别可以通过计算误差反映出来. 在速度反向实验中极小的误差会使系统几乎完全回到初态, 而稍大的误差就会使反动理学的行为受到很大抑制, 使系统不能完全回到初态(见图 2.5(b)及(c)). 100 次或更多次碰撞

之后速度反转中存在的误差导致 $H(t)$ 增加变得非常困难,不再可能完全回到初始时刻的值.

最近几十年来非线性动力学和混沌理论的发展为我们认识统计与动力学之间的关系提供了重要思路. 人们认识到,热力学系统的统计性并非来自外来因素,而恰恰是来自系统自身的动力学不稳定性. 实际上,在后面我们会讨论到,硬球系统就是一个强混沌系统,它的动力学状态具有对初始条件的指数敏感依赖性,即极小的误差就会导致系统演化很快偏离原来的轨道,使得初始信息很快被遗忘(图 2.6). 在实际中我们要同时反转统计物理和热力学尺度的 10^{23} 个粒子的速度而不产生误差几乎是不可能的. 而只要存在极小的外界干扰或误差,这种指数不稳定性(exponential instability)就导致"蝴蝶效应",使出现长时间反动理学行为的概率趋于零. 所以,在宏观系统中,在动理学时间和空间尺度下,H 定理总是成立的.

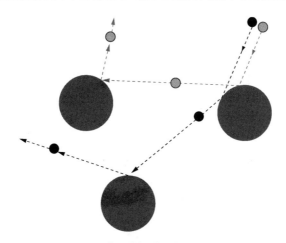

图 2.6 硬球系统轨道的指数不稳定性

两个开始状态很接近的小球会在球面碰撞后很快分离

从上面的回顾可以看到,统计物理、遍历理论与非线性系统的动力学之间有密不可分的联系. 历史上研究非线性和混沌动力学的动机之一就是试图对统计力学的微观基础有一个深刻理解,即对动力学系统的统计特征有进一步的理解[102]. 非线性动力学,特别是混沌动力学的发展,对上述问题做了较为可信的说明. 哈密顿系统的 KAM 理论令人信服地解释了牛顿力学留下的这个"尾巴",即对于通常的哈密顿系统,存在着一系列稳定环面,当系统所受到的扰动增加时,环面会依次共振而破裂,当扰动足够大时,所有的环面都将破裂,系统进入完全无规状态. 系统的粒子数越多,这种扰动大小的要求就越低,在热力学系统的粒子数情况下,趋于零的扰动作用就足以破坏所有的 KAM 环面. 这样的认识既解释了太阳系各天体的稳定性,又说明了大自由度系统为什么往往只存在一个能量积分不变量的现象.

§2.2 遍 历 理 论

遍历理论对动力学系统的随机性做了较为系统的阐述,架起了从动力学向统计过渡的桥梁[89,102]. 传统统计物理研究的是极大自由度的系统(约 10^{23} 量级),而混沌动力学通常是考虑少体系统的问题. 因此,人们自然会问:统计物理的概念是否只适用于大自由度的系统,在少体系统满足一定条件时,该系统是否也会显现出某些统计性质,甚至表现出热力学第二定律? 研究已表明,动力学系统的全局性混沌是系统统计成立的根本要素. 在此意义上,系统的无限大自由度已不是决定性的因素,人们可以建立少自由度系统的统计力学及热力学,从简单与可透彻分析的系统出发,从根本上阐明动力学与统计力学之间的关系. 本节将对遍历理论的基本内容加以系统阐述.

2.2.1 动力学不变测度

考虑一个 N 自由度哈密顿系统,并假设每个粒子具有单位质量. 系统的哈密顿量可以写为

$$H(\boldsymbol{p},\boldsymbol{q}) = \sum_{i=1}^{N} \frac{p_i^2}{2} + V(q_1, q_2, \cdots, q_N), \qquad (2.2.1)$$

其中 $V(\boldsymbol{q})$ 为系统的势能, $\boldsymbol{p} = (p_1, \cdots, p_N)$, $\boldsymbol{q} = (q_1, \cdots, q_N)$ 分别为系统的动量和位形坐标. 如果以系统所有的动量和位形矢量 $(q_1, \cdots, q_N, p_1, \cdots, p_N)$ 为坐标轴构建起相空间,则称为 Γ 空间. 相空间的每一个代表点对应于系统的一个可能状态. 给定相空间中一点 $\boldsymbol{x}^0 = (q_1^0, \cdots, q_N^0, p_1^0, \cdots, p_N^0)$,随时间推移,该点将在 Γ 空间中遵循正则方程

$$\dot{q}_i = \partial H / \partial p_i, \quad \dot{p}_i = -\partial H / \partial q_i \qquad (2.2.2)$$

的运动形成一条轨迹,其中 $i = 1, \cdots, N$. 在上述变量记号中我们引入了

$$x_i = q_i, \quad x_{N+i} = p_i. \qquad (2.2.3)$$

另外,若我们采用表述

$$X_i = \partial H / \partial p_i, \quad X_{N+i} = -\partial H / \partial q_i, \qquad (2.2.4)$$

上述正则方程就可以统一采用如下的 $2N$ 个动力学系统方程描述:

$$\frac{\mathrm{d}x_i}{\mathrm{d}t} = X_i(x_1, \cdots, x_{2N}), \quad i = 1, 2, \cdots, 2N. \qquad (2.2.5)$$

显然矢量场 $\boldsymbol{X}$ 满足散度为零的条件

$$\sum_{i=1}^{2N} \frac{\partial X_i}{\partial x_i} = \sum_{i=1}^{N} \left(\frac{\partial^2 H}{\partial p_i \partial q_i} - \frac{\partial^2 H}{\partial q_i \partial p_i} \right) = 0. \qquad (2.2.6)$$

方程(2.2.2)写成的一阶微分方程组形式为下面关于测度问题的讨论带来便

利[103]. 初始 $t=t_0$ 时,系统的初态为 x_i^0,方程(2.2.5)的解可形式地写为

$$x_i(t) = f_i(t; x_1^{(0)}, \cdots, x_{2N}^{(0)}). \qquad (2.2.7)$$

考虑大量初始点(不同的 $\boldsymbol{y}$ 值)

$$(y_1, y_2, \cdots, y_{2N}) = (x_1^0, x_2^0, \cdots, x_{2N}^0)$$

构成的集合 A_0,显然

$$x_i = f_i(t; y_1, y_2, \cdots, y_{2N}).$$

记 t 时刻的点集为 A_t,定义 A_t 的测度为

$$\mu(A_t) = \int_{A_t} \mathrm{d}x_1 \cdots \mathrm{d}x_{2N} = \int_{A_0} \det(\boldsymbol{J}) \mathrm{d}y_1 \cdots \mathrm{d}y_{2N}, \qquad (2.2.8)$$

其中 $\det(\boldsymbol{J})$ 为对应于从 $\boldsymbol{y}$ 到 $\boldsymbol{x}$ 的坐标变换 $x_i = f_i(t; y_1, y_2, \cdots, y_{2N})$ 的雅可比矩阵 $\boldsymbol{J}$ 的行列式值

$$\det\boldsymbol{J} = \left| \frac{\partial(x_1, \cdots, x_{2N})}{\partial(y_1, \cdots, y_{2N})} \right|. \qquad (2.2.9)$$

点集 A_t 测度 $\mu(A_t)$ 的时间演化为

$$\frac{\mathrm{d}\mu(A_t)}{\mathrm{d}t} = \int_{A_0} \frac{\partial \det\boldsymbol{J}}{\partial t} \mathrm{d}y_1 \cdots \mathrm{d}y_{2N}, \qquad (2.2.10)$$

其中

$$\frac{\partial \det\boldsymbol{J}}{\partial t} = \sum_{i=1}^{2N} \left| \frac{\partial(x_1, \cdots, \partial x_i/\partial t, \cdots, x_{2N})}{\partial(y_1, \cdots, y_{2N})} \right| = \sum_{i=1}^{2N} \left| \frac{\partial(x_1, \cdots, X_i, \cdots, x_{2N})}{\partial(y_1, \cdots, y_{2N})} \right|$$

$$= \sum_{i=1}^{2N} \sum_{r=1}^{2N} \frac{\partial X_i}{\partial x_r} \left| \frac{\partial(x_1, \cdots, x_r, \cdots, x_{2N})}{\partial(y_1, \cdots, y_{2N})} \right|$$

$$= \sum_{i=1}^{2N} \frac{\partial X_i}{\partial x_i} \det\boldsymbol{J} = \det\boldsymbol{J} \cdot \sum_{i=1}^{2N} \frac{\partial X_i}{\partial x_i} = 0. \qquad (2.2.11)$$

(2.2.11)式中的最后一个等号源自(2.2.6)式. 最后我们有

$$\frac{\mathrm{d}\mu(A_t)}{\mathrm{d}t} = 0. \qquad (2.2.12)$$

$\mu(A_t)$ 计算的是点集 A_t 的相体积,因此又称为刘维尔测度. 上述结果表明刘维尔测度 $\mu(A_t)$ 在哈密顿动力学演化下是一个不变量. 点集 A_t 在相空间的分布可以随时间演化而变形,但其测度或相体积是守恒的. 这种情形如同不可压缩流体在相空间中的流动[104].

利用吉布斯(J. W. Gibbs,1839—1903)系综理论,可引入代表点密度 $\rho(\boldsymbol{p}, \boldsymbol{q}, t)$,定义为

$$\mathrm{d}N = \rho(\boldsymbol{p}, \boldsymbol{q}, t) \mathrm{d}\boldsymbol{p}\mathrm{d}\boldsymbol{q}. \qquad (2.2.13)$$

由(2.2.12)式,容易得到

$$\mathrm{d}\rho(\boldsymbol{p}, \boldsymbol{q}, t)/\mathrm{d}t = 0. \qquad (2.2.14)$$

将全微分写成偏微分,

$$\frac{\mathrm{d}\rho(\boldsymbol{p},\boldsymbol{q},t)}{\mathrm{d}t} = \frac{\partial\rho}{\partial t} + \sum_{i=1}^{N}\left(\frac{\partial\rho}{\partial p_i}\dot{p}_i + \frac{\partial\rho}{\partial q_i}\dot{q}_i\right), \qquad (2.2.15)$$

利用正则方程(2.2.2),可以得到

$$\frac{\mathrm{d}\rho(\boldsymbol{p},\boldsymbol{q},t)}{\mathrm{d}t} = \frac{\partial\rho}{\partial t} + \sum_{i=1}^{N}\left(\frac{\partial\rho}{\partial p_i}\frac{\partial H}{\partial q_i} - \frac{\partial\rho}{\partial q_i}\frac{\partial H}{\partial p_i}\right) = 0, \qquad (2.2.16)$$

或者可写成刘维尔方程

$$\frac{\partial\rho}{\partial t} + \{\rho, H\} = 0. \qquad (2.2.17)$$

这里 $\{\rho, H\}$ 为(1.3.1)式定义的泊松括号运算,

$$\{\rho, H\} = -\sum_{i=1}^{N}\left(\frac{\partial H}{\partial q_i}\frac{\partial\rho}{\partial p_i} - \frac{\partial H}{\partial p_i}\frac{\partial\rho}{\partial q_i}\right). \qquad (2.2.18)$$

(2.2.14)与(2.2.17)式分别称为刘维尔方程的拉格朗日与欧拉(L. Euler,1707—1783)表述,(2.2.14)式也称为刘维尔-庞加莱定理.刘维尔-庞加莱定理数学上是全微分的表述,它给出了概率密度随动力学流的时间变化规律.随流的时间导数为零,说明概率密度在相空间的演化具有不可压缩流体的特征,即局域密度不随时间改变.不同于(2.2.14)式全微分"随流观察"的概念,刘维尔方程(2.2.17)的偏微分是"相空间固定点观察"概念,它给出了相空间任一固定点处概率密度随时间变化的规律[105—107].

刘维尔-庞加莱定理的一个直接结果就是,对于任意 ρ 的函数 $f(\rho)$,随流积分

$$\int_{\Gamma} f(\rho)\mathrm{d}p_1\cdots\mathrm{d}p_N\mathrm{d}q_1\cdots\mathrm{d}q_N$$

不随时间变化.进一步,任何通过系统哈密顿 $H(\boldsymbol{p},\boldsymbol{q})$ 演化而且仅依赖于变量 $\boldsymbol{p},\boldsymbol{q}$ 的密度分布函数

$$\rho_{\mathrm{eq}}(\boldsymbol{p},\boldsymbol{q}) = f(H(\boldsymbol{p},\boldsymbol{q})) \qquad (2.2.19)$$

都不随时间变化.这种定态分布称为平衡态密度分布,以相应分布密度函数描述的系综称为平衡态系综.

上面给出的是在 Γ 空间中的不变测度.对于一个孤立系统,其代表点的哈密顿动力学是在等能,即 $H(\boldsymbol{x}) \equiv H(\boldsymbol{p},\boldsymbol{q}) = E$ 的超曲面 $\Sigma_E \subset \Gamma$ 上进行的,因此需要在等能面上建立不变测度.

这里先引入一个有用的积分公式.对于定义于 $\mathbf{R}^n$ 一个有界子集 M_s 的规则可测函数 $f(\boldsymbol{x})$ 及 $\psi(\boldsymbol{x})$,定义 $\mathrm{d}\mu(\boldsymbol{x})$ 为 M_s 的一个体元,并定义函数为常数,即

$$\psi(\boldsymbol{x}) = s \quad (s \text{ 为一常数})$$

时的集合为

$$\Sigma_s = \{\boldsymbol{x} = (\boldsymbol{x}_1,\cdots,\boldsymbol{x}_n) \in \mathbf{R}^n \mid \psi(\boldsymbol{x}) = s\}, \qquad (2.2.20)$$

则有

$$\frac{\mathrm{d}}{\mathrm{d}s}\int_{M_s} f(\boldsymbol{x})\mathrm{d}\mu(\boldsymbol{x}) = \int_{\psi(x)=s} f(\boldsymbol{x}) \frac{\mathrm{d}\sigma}{\|\nabla\psi(\boldsymbol{x})\|}, \tag{2.2.21}$$

其中 $\mathrm{d}\sigma$ 为满足条件（2.2.21）集合的一个面元.（2.2.21）式被称为斯托克斯（Stokes）定理. 在由 $\boldsymbol{x}=(x_1,\cdots,x_n)$ 构成的相空间中, 斯托克斯定理意味着一个函数 $f(\boldsymbol{x})$ 在等值面 $\psi(\boldsymbol{x})=s$ 上的面积分和等值面 $\psi(\boldsymbol{x})=s$ 包围的体积 M_s 的体积分之间可以相互转化, 公式中

$$\|\nabla\psi(\boldsymbol{x})\| = \sqrt{\sum_{i=1}^{n}(\partial\psi/\partial x_i)^2}. \tag{2.2.22}$$

现在考虑等能面 $H(\boldsymbol{x})\equiv H(\boldsymbol{p},\boldsymbol{q})=E$ 上的任一可测点集 $A\subset\Sigma_E$, 并定义处于等能面 Σ_E 与 $\Sigma_{E+\Delta E}$ 之间包含点集 A 的体元 $\gamma\subset\Gamma$. 利用刘维尔定理可知, 相体积

$$\int_\gamma \mathrm{d}x_1\cdots\mathrm{d}x_{2N} = \int_{E<H(x)<E+\Delta E} K(\boldsymbol{x})\mathrm{d}x_1\cdots\mathrm{d}x_{2N} \tag{2.2.23}$$

守恒. 这里 $K(\boldsymbol{x})$ 为一函数, 它满足当 $\boldsymbol{x}\in\gamma$ 时, $K(\boldsymbol{x})=1$, 否则 $K(\boldsymbol{x})=0$. 显然 $(\Delta E)^{-1}\int_\gamma \mathrm{d}x_1\cdots\mathrm{d}x_{2N}$ 对于任意大小的 ΔE 都是 Γ 空间的不变刘维尔测度. 当 $\Delta E\to 0$ 时, 利用（2.2.21）式, 我们有

$$\lim_{\Delta E\to 0}\frac{1}{\Delta E}\int_{E<H(x)<E+\Delta E} K(\boldsymbol{x})\mathrm{d}x_1\cdots\mathrm{d}x_{2N} = \int_{\Sigma_E} K(\boldsymbol{x}) \frac{\mathrm{d}\sigma}{\|\nabla H\|} = \int_A \frac{\mathrm{d}\sigma}{\|\nabla H\|}, \tag{2.2.24}$$

因此等能面 Σ_E 上面 A 的不变测度为

$$\mu_E(A) = \int_A \frac{\mathrm{d}\sigma}{\|\nabla H\|}. \tag{2.2.25}$$

定义能量为 E 处单位能量间隔的相体积

$$\Omega(E) = \int_{\Sigma_E} \frac{\mathrm{d}\sigma}{\|\nabla H\|}, \tag{2.2.26}$$

则

$$\Omega(E) = \mathrm{d}M_E/\mathrm{d}E, \tag{2.2.27}$$

其中

$$M_E = \int_{H(x)\leqslant E} \mathrm{d}x_1\cdots\mathrm{d}x_{2N} \tag{2.2.28}$$

为能量 $H\leqslant E$ 的 Γ 空间的相体积. 这样, Σ_E 中的任意函数 $f(\boldsymbol{y})(y\in\Sigma_E)$ 在 Σ_E 上的平均可表示为

$$\langle f\rangle_\Gamma = \frac{1}{\Omega(E)}\int_{\Sigma_E} f(\boldsymbol{y}) \frac{\mathrm{d}\sigma}{\|\nabla H\|}. \tag{2.2.29}$$

这就是力学量在相空间平衡系综的平均.

统计思想和方法的基本出发点是系统的随机性. 不同系统的不同宏观热力学

性质起源于系统内部随机性的差异.通过研究动力学系统,遍历理论可根据随机性由弱到强排列为回归性、遍历性、混合性、K 流和阿诺索夫(D. V. Anosov,1936—2014)性等类.下面我们逐一进行介绍.

2.2.2　庞加莱回归性

1890 年,庞加莱提出了回归定理.该定理可表述为:一个具有有限相空间体积 Γ 的动力学系统若从其中一点出发,经过有限时间之后必然会回到起点的任意小邻域 $\Delta\Gamma$.动力学系统具有的这种性质称为回归性.1919 年,卡拉西奥多里(C. Caratheodory,1873—1950)对此定理给出了严格证明.下面我们利用反证法对上述定理进行证明[108].

设相空间中 A 为出发点的邻域,B 为 A 中永远回不到出发点的所有点的集合,因此 $B \subset A$.如果点集 B 的相体积不为零,$\Gamma(B) \neq 0$,则让点集 B 中所有相点向前演化(由正则方程给出)t_1 时间:$T(t_1)B = B_1$,可以得到新的点集 B_1,该点集与 A 的交集应该为空集 $\varnothing$,即 $A \bigcap B_1 = \varnothing$,否则就会有部分点产生回归,不满足 B 当中的点永远不回归的要求.继续向前演化 t_1 时间,我们得到 $T(2t_1)B = B_2$,由于 B_1 来自于 $T(t_1)B$,$B \subset A$,而 $A \bigcap B_2 = \varnothing$,当然新的点集 B_2 中不应包含 B_1 中的点,即 $B_1 \bigcap B_2 = \varnothing$.类似的操作和判断可以逐步进行下去,我们得到一系列互不相交并与 A 不相交的点集 $B_1,B_2,\cdots$.根据刘维尔定理,点集在演化过程中满足相体积守恒,即

$$\Gamma(B) = \Gamma(B_1) = \Gamma(B_2) = \cdots. \tag{2.2.30}$$

无穷多次操作后,我们得到无穷多个相体积相等的点集 B_i.由于给定能量,系统总的相体积有限,因此

$$\Gamma(B) \cdot \infty = 有限值.$$

满足这样要求的点集的相体积只可能为零,即

$$\Gamma(B) = 0.$$

于是庞加莱回归定理得以证明.

对于一个哈密顿系统来说,其相空间中的周期和准周期轨道都可以满足回归性质,因此回归性从随机性角度而言是最弱的.对于规则运动的系统,回归环是非随机的.而对于我们后面将会讨论的强随机系统,回归环的形状和回归时间长短都是随机的,平均回归时间可以用回归概率来描述.斯莫拉考夫斯基(M. Smoluchowski,1872—1917)曾给出平均回归时间的表达式[108]:

$$\tau = \left(\sum_{k=1}^{\infty} kt_0 P_k(kt_0) \right) \Big/ \left(\sum_{k=1}^{\infty} P_k(kt_0) \right), \tag{2.2.31}$$

其中 t_0 为系统的特征时间,$P_k(kt_0)$ 为系统在 $t = kt_0$ 时回到起始 $t = 0$ 区域 A 的概率.

根据上述庞加莱回归定理,从某相点出发的轨道经过一个有限回归时间 τ 后会在其邻域与之擦肩而过.对于宏观多粒子体系来说,同样可以在其动力学相空间定义回归时间,只要给定相点的邻域体积,系统的粒子数越多,需要花费的平均回归时间就越长.这也印证了玻尔兹曼对于洛施密特回归性佯谬的答复.

对于具有离散量子态的量子体系,有类似的量子庞加莱回归定理[102].给定一个量子体系,对于任意给定的 $\varepsilon > 0$,总存在一个时间 T_0,使得当 $T > T_0$ 时,

$$|| \psi(T) \rangle - | \psi(0) \rangle | < \varepsilon, \qquad (2.2.32)$$

其中 $| \psi(t) \rangle$ 为系统在 t 时刻的波函数态矢量,$| \cdot |$ 为定义于波函数本征矢构成的希尔伯特空间中的模.

该结论的证明很简单.对于一个量子系统,其量子态的演化满足

$$| \psi(t) \rangle = \sum_{n=0}^{\infty} c_n \exp(-\mathrm{i}E_n t) | \phi_n \rangle, \qquad (2.2.33)$$

这里令普朗克常数 $\hbar = 1$,E_n 为能量本征值,$| \phi_n \rangle$ 为相应的本征态. T 时刻与初始时刻态矢量的差可以写为

$$|| \psi(t) \rangle - | \psi(0) \rangle |^2 = 2 \sum_{n=0}^{\infty} | c_n |^2 [1 - \cos(E_n T)]. \qquad (2.2.34)$$

对任意小的 $\delta > 0$ 都存在一个足够大的 N,适当和足够大的 T 和一组整数 $k_n, n = 1, 2, \cdots, N$,使

$$\sum_{n=N+1}^{\infty} | c_n |^2 < \delta^2 / 4, \qquad (2.2.35)$$

$$| E_n T - 2\pi k_n | < \delta / \sqrt{N}, \qquad (2.2.36)$$

$$1 - \cos(E_n T) < \delta^2 / 2N, \qquad (2.2.37)$$

由此得

$$\sum_{n=0}^{\infty} | c_n |^2 [1 - \cos(E_n T)]$$

$$= \sum_{n=0}^{N} | c_n |^2 [1 - \cos(E_n T)] + \sum_{n=N+1}^{\infty} | c_n |^2 [1 - \cos(E_n T)]$$

$$< \delta^2. \qquad (2.2.38)$$

这说明量子系统状态矢量总可以无限多次回到初始状态的任意小邻域,满足量子回归性.

2.2.3 遍历性

动力学的回归性是一般动力学系统都具有的特征,因而就随机性而言是很弱的.例如,哈密顿系统中的周期运动轨道仅仅是在相空间局部的规则运动,这样的

运动是完全回归性的,但是规则运动没有任何随机性可言,更谈不上统计特征. 为了进一步讨论轨道的随机性,需要提出各种随机性更强的动力学特征,其中最简单而又首要的问题就是系统运动的遍历性,即系统从相空间 Γ 中任何一点出发(排除测度为零的特殊点)长时间后演化是否可以遍及相空间 Γ 上几乎所有区域. 如果满足,则称系统在 Γ 上是遍历或各态历经的.

历史上,玻尔兹曼为了把统计力学完全建立在力学的基础上,提出了如下的遍历性假设[105]:对于孤立的多粒子保守力学体系,只要时间足够长,体系从任一初态出发的时间演化都将经过等能量面上的一切微观状态,即该体系的相点可以沿着在相空间中一条轨迹遍及等能面上所有相点. 但是,对于高维相空间,数学上可以证明,一条相轨迹不可能覆盖整个能量曲面. 后来,埃伦费斯特(P. Enrenfest, 1880—1933)把遍历性假设修正为准遍历性假设(quasi-ergodic hypothesis)[105],即一个力学体系在足够长时间的运动中,其代表点可以无限接近等能面上的任意代表点. 伯克霍夫则建立了判断系统是否满足各态历经的判据,称为遍历性原理[108].

对于定义于相空间 Γ 的动力学系统 $x(t)$,我们关心与该系统动力学相关的任一函数 $f(x)$ 的平均值计算. 对函数的平均可以有两种计算方式,一种是在系统相空间中跟踪系统的动力学轨道演化进行平均,称为时间平均:

$$\overline{[f(x)]}_T = \frac{1}{T}\int_t^{t+T} f(x(t'))\mathrm{d}t'. \tag{2.2.39}$$

另一种是对于函数 $f(x)$ 在相空间的平均,也称为系综平均:

$$\langle f(x)\rangle_S = \int_\Gamma f(x)\mathrm{d}\Gamma. \tag{2.2.40}$$

如果长时间极限下上述两种平均相等,即

$$\langle f(x)\rangle_t \equiv \lim_{T\to\infty}\overline{[f(x)]}_T = \langle f(x)\rangle_S, \tag{2.2.41}$$

则称系统 $x(t)$ 在 Γ 上是遍历的.

系统动力学的遍历性隐含着一层含义:系统的相空间 Γ 不能够分解成多个动力学不变子空间 Γ_i,

$$\Gamma \neq \Gamma_1 \bigcup \Gamma_2 \bigcup \cdots \bigcup \Gamma_n, \tag{2.2.42}$$

不变子空间满足

$$T\Gamma_i = \Gamma_i, \quad i = 1,2, \tag{2.2.43}$$

其中 T 为时间平移操作算符. 否则,一旦相空间可以分解为多个动力学不变子空间,那么从其中一个子空间的运动将只会限制在该子空间中而不能遍及其他区域,使得运动不能在整个相空间达到遍历.

有关遍历性的一个最简单例子就是图 2.7(a)所示的粒子在二维环面上的自由运动. 若粒子运动的两个频率 ω_1, ω_2 之间不可约(非公度),粒子运动就可跑遍整个环面,但当两个频率比值为有理数时,粒子会做周期运动而不能遍历整个环面. 下面利用遍历性的定义来对这个简单运动的遍历性进行证明[11].

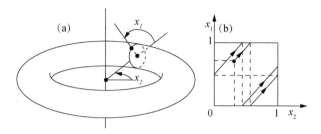

图 2.7 系统在二维环面上做准周期运动的示意图

(a) 粒子在二维环面上的运动;(b) 可以将环面上的运动展开成在二维平面上的匀速直线运动

考虑粒子在二维环面上的运动,垂直于表面剖面和沿着轮胎方向都是圆,设各自一圈的角度均为 1,则可以将环面展开在 1×1 的二维平面 $\boldsymbol{x} = (x_1, x_2)$ 上(图 2.7(b)).设两个频率比值为 α,则两个方向的角速度可重新标度为 $\dot{x}_1 = \alpha$,$\dot{x}_2 = 1$,此时运动可以写为

$$x_1 = x_{10} + \alpha t, \quad x_2 = x_{20} + t \bmod(1). \tag{2.2.44}$$

要证明运动的遍历性,就需要证明(2.2.41)式,即证明对于任意函数 $f(\boldsymbol{x})$,系统的相空间平均(系综平均)等于时间平均(轨道平均).由于相空间变量 $\boldsymbol{x} = (x_1, x_2)$ 的周期性,我们可以将函数 $f(\boldsymbol{x})$ 按照傅里叶级数展开,

$$f(x_1, x_2) = \sum_{m=-\infty}^{\infty} \sum_{n=-\infty}^{\infty} A_{m,n} \mathrm{e}^{2\pi \mathrm{i}(mx_1 + nx_2)}. \tag{2.2.45}$$

我们首先来计算函数 $f(\boldsymbol{x})$ 的时间平均.将(2.2.45)式代入(2.2.39)式,可以得到

$$\langle f \rangle_T = \lim_{T \to \infty} \frac{1}{T} \int_{t_0}^{t_0+T} \mathrm{d}t \sum_{m=-\infty}^{\infty} \sum_{n=-\infty}^{\infty} A_{m,n} \mathrm{e}^{2\pi \mathrm{i}[m(x_{10}+t)+n(x_{20}+\alpha t)]}$$

$$= A_{0,0} + \lim_{T \to \infty} \frac{1}{T} \sum_{\substack{m=-\infty \\ m \neq 0}}^{\infty} \sum_{\substack{n=-\infty \\ n \neq 0}}^{\infty} A_{m,n} \mathrm{e}^{2\pi \mathrm{i}[m(x_{10}+t_0)+n(x_{20}+\alpha t_0)]}$$

$$\cdot \left[\frac{\mathrm{e}^{2\pi \mathrm{i}(m+n)T} - 1}{2\pi \mathrm{i}(m+\alpha n)} \right]. \tag{2.2.46}$$

上式将 $(m, n) = (0,0)$ 项与其他非零项分开了.很显然,当 α 为有理数时,必有一对整数 m, n 满足 $m + \alpha n = 0$,即(2.2.46)式的第二个等号右边求和中必有一项分母为 0,导致该项出现发散.而当 α 是无理数时,(2.2.46)的求和中所有项都不会出现发散,在 $T \to \infty$ 时右式的求和中每一项都趋于 0,因此,对于无理数 α 可以得到

$$\langle f \rangle_T = A_{0,0}. \tag{2.2.47}$$

函数 $f(\boldsymbol{x})$ 的系综平均很容易计算.将(2.2.45)式的级数展开式代入(2.2.40)式,

由于变量的周期性,除了 $A_{0,0}$ 项外其他 (m,n) 非零的项积分都等于 0,因此只会留下 $A_{0,0}$ 项,即

$$\langle f \rangle_{\mathrm{S}} = \int_0^1 \int_0^1 \mathrm{d}x_1 \mathrm{d}x_2 f(x_1, x_2) = A_{0,0}. \tag{2.2.48}$$

由(2.2.47)和(2.2.48)式可知,只有当 α 为无理数时,两种平均相等,系统的运动是遍历的.进一步,可以将该结论推广到多个非公度频率情形下的运动中,可以得到第 1 章讨论的平均定理(1.4.23)式,证明过程可依照(2.2.44)~(2.2.48)式的方法.

需要说明的是,尽管图 2.7 在非公度频率情况下运动是遍历的,它却并不具有随机性.设想一个初始的"波包"从相空间的某一点出发,由于动力学的非随机性,在任何时刻这个波包都不会随机地弥散,波包将在演化过程中保持原有规则分布的形状.这意味着如果将该过程反演,系统将完全回到初始状态.因此,仅满足遍历特点的系统不具备统计意义上的不可逆性.动力学系统要满足统计上的不可逆,其演化过程需要有一定的不稳定因素或遗忘机制.下面将提到的"混合"机制就是其中之一.

在量子力学框架下,一个量子力学系统只有当其能量本征值都非简并,或者说不存在另外的可与 H 对易的可观测量情况下才可能是遍历性的.而如果不同能量本征值之比为无理数,则遍历性条件得以完全满足.

2.2.4 混合性

遍历性给出了力学系统与统计性相关的第一步,它要求一个具有统计性的动力学系统至少应在演化过程中遍历约束条件(如等能、等总动量等条件)许可的所有可能状态,以保证沿轨道的长时间平均与对相空间所有微观状态的系综平均相等.然而,力学体系的单纯遍历性只能保证力学量计算两种平均的等价性,而不能给出系统大量代表点演化时的各种特征行为,如不可逆性.系统的不可逆性意味着在统计意义上存在信息记忆的丧失机制.要讨论这种遗忘机制,就需要利用时间关联函数来阐述.

对于一个动力学系统 $x(t)$ 的任意两个可积函数 $f(x)$ 和 $g(x)$,它们之间的时间关联函数可以定义为

$$c(f,g;T) = \langle f(x(t))g(x(t+T)) \rangle - \langle f(x(t)) \rangle \langle g(x(t)) \rangle, \tag{2.2.49}$$

其中 $\langle \cdot \rangle$ 为系统的系综平均.这里需要注意系综的取法是在系统的力学相空间取大量代表点作为系综的单元,之后系综随时间的演化就是从所有这些代表点出发按力学规律的演化.对时间离散的动力学系统,关联函数则变为

$$c(f,g;T) = \langle f(x_i)g(x_{i+T}) \rangle - \langle f(x_i) \rangle \langle g(x_i) \rangle. \tag{2.2.50}$$

如果关联函数随时间 T 增加而减小,且在长时间后衰减为零,即

$$\lim_{T \to \infty} c(f, g; T) = 0, \tag{2.2.51}$$

那么我们称这个动力学系统的流 $x(t)$ 是混合的(mixing).

混合性保证了一个力学函数的平均值在 $t \to \infty$ 极限下趋于定值.以哈密顿系统 $H(x) \equiv H(p, q) = E$ 为例,令函数 $g(x) = \rho(x, t)$ 为非定态概率密度,则物理量 $f(x)$ 的平均值为

$$\langle f \rangle(t) = \int_{H=E} f(x) \rho(x, t) \mathrm{d}\sigma, \tag{2.2.52}$$

其中 $\mathrm{d}\sigma$ 为等能面的面元.如果在长时间后 $\rho(x, t)$ 趋于定态分布,微正则系综下的定态分布为等概率分布 $\rho_{\mathrm{e}} = [\Sigma(E)]^{-1}$,其中 $\Sigma(E)$ 为哈密顿系统在等能面上的微观状态数,则 $\langle f \rangle(t)$ 趋于物理量 $f(x)$ 在定态上的平均值,即

$$\lim_{t \to \infty} \langle f \rangle(t) = \int_{H=E} f(x) \rho_{\mathrm{e}}(x) \mathrm{d}\sigma = \left[\int_{H=E} f(x) \mathrm{d}\sigma \right] \Big/ \Sigma(E). \tag{2.2.53}$$

关联函数在长时间后逐渐趋于零,意味着系统对初始状态记忆的消失.正是这种对初始记忆的遗忘机制,使混合系统的流表现出不可逆性质.一个具有各态历经流的系统,如果不是从某一个平衡态出发,并不必然达到平衡态.要演化到平衡态,至少要附加混合性质.

这里有一点必须要强调,由混合性给出的趋于定态的效果是"粗粒(coarse-grained)"而不是"细粒(fine-grained)"意义上的.混合流会把任意初始概率分布在相空间内展开,概率密度随着流的运动,在一个移动相点所处流块中的邻域内是不变的(刘维尔定理),而在一个固定相点的有限邻域进行平均则是变化的.这一点和水与咖啡混合时的行为有些相似,如图 2.8 所示[11].

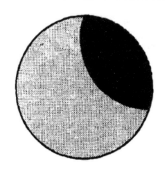

图 2.8 混合性示意图

初始处于空间局域的黑色部分随时间推移会逐渐散开,在长时间之后会均匀地分布到灰色区域的各个地方

一个典型的例子是面包师变换(Baker's transformation 或 Baker's map),我们可以用它来说明混合性统计行为.考虑一个在二维相空间 $x = (x_1, x_2)$ 中单位面积

的保体积映射. 定义由 0 和 1 构成的无穷序列 $S=(\cdots, S_{-2}, S_{-1}, S_0, S_1, S_2, \cdots)$,其中 $S_k=0$ 或 $1, k=0, \pm1, \pm2, \cdots$. 每一个 S 序列对应于相空间中的一个相点 $\boldsymbol{x}=(x_1, x_2)$,

$$x_1 = \sum_{k=0}^{-\infty} S_k 2^{k-1}, \quad x_2 = \sum_{k=1}^{\infty} S_k 2^{-k}. \tag{2.2.54}$$

很容易发现有 $0 \leqslant x_1 \leqslant 1$, $0 \leqslant x_2 \leqslant 1$,即由上述定义的所有相点都落在单位面积的正方形区域中. 反过来,任意在 $\boldsymbol{x}=(x_1, x_2)$ 上定义的点也都可用上述定义的 S 序列无穷地逼近.

进一步,对 S 序列引入伯努利移位操作(Bernoulli shift)

$$US_k = S_{k+1}, \tag{2.2.55}$$

即该移位操作将 S 序列中的每一个元素向右移动了一位. 现将 U 作用于相点 $\boldsymbol{x}=(x_1, x_2)$,可以得到相空间 (x_1, x_2) 中的离散演化方程,即面包师变换

$$U(x_1, x_2) = \begin{cases} (2x_1, x_2/2), & x_1 \in [0, 1/2), \\ (2x_1 - 1, (x_2+1)/2), & x_1 \in [1/2, 1]. \end{cases} \tag{2.2.56}$$

在 $\boldsymbol{x}=(x_1, x_2)$ 平面上 U 的操作是将平面在垂直方向一分为二,然后如图 2.9 中那样把两个分区水平地重折安置. 以后的每次 U 操作重复这一过程. 很容易证明该变换的雅可比矩阵行列式等于 1,这说明面包师变换是保体积的. 系统动力学是可逆的,逆变换为

$$U^{-1}(x_1, x_2) = \begin{cases} (x_1/2, 2x_2), & x_1 \in [0, 1/2), \\ ((x_1+1)/2, 2x_2-1), & x_1 \in [1/2, 1]. \end{cases} \tag{2.2.57}$$

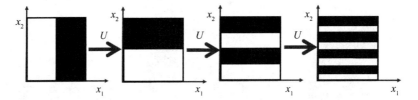

图 2.9　面包师变换

类似于我国兰州拉面的抻法,变换操作在 x_1 方向拉伸,然后将超出原区域部分在 x_2 方向上进行折叠

现在考察大量代表点的演化. 设 $\rho_0(x_1, x_2)$ 为代表点的初始密度,并假设密度函数是连续平滑的. 概率密度 $\rho_n(x_1, x_2)$ 随时间 n 的演化为

$$\rho_n(\boldsymbol{x}_1, \boldsymbol{x}_2) = U^n \rho_0(\boldsymbol{x}_1, \boldsymbol{x}_2) = \rho_0(U^{-n}\boldsymbol{x}_1, U^{-n}\boldsymbol{x}_2). \tag{2.2.58}$$

根据面包师变换,可以得到从 n 时刻到 $n+1$ 时刻概率密度的递推式:

$$\rho_{n+1}(x_1, x_2) = \begin{cases} \rho_n(x_1/2, 2x_2), & x_1 \in [0, 1/2), \\ \rho_n((x_1+1)/2, 2x_2-1), & x_2 \in [1/2, 1]. \end{cases} \tag{2.2.59}$$

密度分布随时间的演化是可逆的,但我们可以从图 2.9 中看到,面包师变换的操作在 x_1 方向拉伸,在 x_2 方向上折叠,这一操作赋予了动力学的随机性机制,该机制导致了距离相近的两个代表点会在 U 操作下距离越来越远.由于面包师变换的保守性,这种效应会同时在 x_1 和 x_2 方向表现出来.为考察这种机制产生的影响,不失一般性,我们可以分析 x_1 方向的约化分布

$$\phi_n(x_1) = \int_0^1 \rho_n(x_1, x_2) \mathrm{d}x_2 \qquad (2.2.60)$$

的演化.对方程(2.2.59)两边积分可以得到约化分布的递推关系:

$$\phi_{n+1}(x_1) = \frac{1}{2}\phi_n\left(\frac{x_1}{2}\right) + \frac{1}{2}\phi_n\left(\frac{x_1}{2} + \frac{1}{2}\right), \qquad (2.2.61)$$

约化分布是对概率密度函数 $\rho(x_1, x_2)$ 的粗粒化.对上式从初始分布不断迭代下去,我们有

$$\phi_n(x_1) = \frac{1}{2^n}\sum_{k=0}^{2^n-1}\phi_0\left(\frac{x_1}{2^n} + \frac{k}{2^n}\right). \qquad (2.2.62)$$

引入变量 $y = k2^{-n}$,若初始约化分布连续光滑,则很显然在长时极限下 $y \to 0$,(2.2.62)式求和中相邻两个 y 的间隔足够小,(2.2.62)式的求和就可以用积分来代替,因此

$$\lim_{n\to\infty}\phi_n(x_1) = \lim_{n\to\infty}\int_0^{1-1/2^n}\phi_0\left(\frac{x_1}{2^n} + y\right)\mathrm{d}y = \int_0^1\phi_0(y)\mathrm{d}y = 1. \qquad (2.2.63)$$

上式说明在长时间后约化分布 $\phi(x_1)$ 与 x_1 无关,即虽然"细粒"分布函数 $\rho(x_1, x_2)$ 在长时间演化后保持或 0 或 1 的值而不趋于均匀分布,但其"粗粒"的约化分布 $\phi(x_1)$ 却在任意初始分布 $\phi_0(x_1)$ 情况下均趋向于均匀分布.这说明在粗粒化意义下,面包师变换的演化显示出不可逆性,系统趋于平衡态.

在混合性的定义中要求关联函数随时间趋于零,但没有对其趋于零的方式提出具体要求.实际上,关联函数趋于零的速度(即初始信息丧失的速度)对于不同的混合系统而言是不同的,有的可能是较慢的幂律,有的可能是快速的指数衰减规律,更多的则是更为复杂的规律.幂律衰减被称为长时尾行为,它在许多系统中都可以观察到(例如后面会提到的硬球系统以及许多其他哈密顿系统).

一个混合系统必然是各态历经的,而反过来,各态历经的系统并不一定是混合的[89].图 2.10(a)和(b)显示了二者的差别.一个具有混合性质的"相液滴"的运动是非常复杂的.根据刘维尔定理,在运动中相体积要守恒,那么这个"液滴"内的相体积该如何历经整个等能面相空间将取决于组成"液滴"的各部分延展变薄的机制.如果系统是各态历经但不具有混合性,在系统某代表点邻近区域的代表点的轨道遍历等能面的各个相区域时,原邻域内的代表点在运动中仍然可能保持相邻的状态,如图 2.10(a)所示.而与之不同的是,一个既各态历经又混合的系统,在同样

区域的代表点在遍历等能面各相区域时,原邻域内的代表点在运动中不再保持相邻状态,随着运动时间增大,这些代表点会"无孔不入"地进入等能面上的所有具有有限测度的相区域中.

我们还可从关联函数的谱密度区分混合与不混合的各态历经轨道.定义关联谱密度 $R(\omega)$ 为

$$R(\omega) = \int_{-\infty}^{+\infty} R(t)\mathrm{e}^{\mathrm{i}\omega t}\,\mathrm{d}t. \tag{2.2.64}$$

从关联函数的谱密度 $R(\omega)$ 来看,一个遍历但不混合的系统具有分立的谱,

$$R(\omega) = \sum_k \omega_k \delta(\omega - \omega_k), \tag{2.2.65}$$

而满足混合性的系统的谱则是连续的[108].

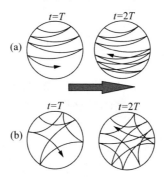

图 2.10　遍历性(a)和混合性(b)的差别示意图

2.2.5　科尔莫戈罗夫系统

遍历性从系综平均与时间平均相等的角度给出了一个系统动力学的统计性质.时间平均意味着沿一条动力学轨道的平均,但其与系综平均相等的深层机制还没有说明.混合性虽然用关联函数衰减的性质说明了相空间流块的混合性质,但也没有给出其动力学机制.我们在前面看到面包师变换的特点,它直观地给出了混合性质应来源于动力学特征.该系统变换的拉伸和折叠特征预示着系统轨道的不稳定性和长时间落点的随机性,这种随机性为统计性提供内在的依据.下面将会看到,系统动力学的随机性既可以定义在整体结构上,也可以定义于轨道上.

以下我们来分析保守系统在相空间的演化特征,以此来引入科尔莫戈罗夫-西奈熵 (Kolmogorov-Sinai entropy,简称 KS 熵)[97].首先由玻尔兹曼关系(2.1.3)引进热力学熵,其中 W 为宏观态对应的微观态数.取相空间的一个小体元 $\Delta\Gamma$,并令每个相格具有单位相体积,则微观态数为 $W = \Delta\Gamma$.取自然单位 $k_{\mathrm{B}} = 1$,有

$$S = \ln\Delta\Gamma. \tag{2.2.66}$$

根据刘维尔定理,保守系统的相体积在运动中守恒,因此按照(2.2.66)式,S

为绝热不变量.但另一方面,对于一个哈密顿系统来说,由于相空间中的运动可以是高度复杂甚至是"混沌"的,因此尽管 $\Delta\Gamma$ 的总体积不变,但其形状会变得非常复杂,可以呈现出包含大量孔洞的海绵形状,从而渗透进大得多的相体积范围内,如图 2.11 所示.如果我们从粗粒化角度以有限大小的精度对其相体积进行测量,对系统测量得到的"相体积"就会由于将大量孔洞计入而变大.利用局域指数不稳定性的概念,将粗粒化测量的"相体积"写为随时间指数增加形式,

$$\overline{\Delta\Gamma(t)} = \Delta\Gamma_0 e^{ht}, \qquad (2.2.67)$$

这里 $\Delta\Gamma_0$ 为系统的初始相体积,h 为膨胀指数.这样看起来系统的"状态数"也相应增加,相对应的粗粒化"熵"则为

$$\bar{S} = \ln\overline{\Delta\Gamma(t)} = ht + \ln\Delta\Gamma_0. \qquad (2.2.68)$$

设 ε 为粗粒化精度(测量精度).由于 $\Delta\Gamma_0 < \varepsilon$ 的相体积无法区分.因此可以设 $\Delta\Gamma_0 = \varepsilon$,这样

$$\bar{S} \equiv ht + \ln\varepsilon. \qquad (2.2.69)$$

用(2.2.69)式可定义体系的 KS 熵为[108]

$$h = \lim_{\varepsilon\to\infty}\lim_{t\to\infty}\frac{1}{t}\ln\overline{\Delta\Gamma(t)} = \lim_{\varepsilon\to 0}\lim_{t\to\infty}\frac{1}{t}(ht + \ln\varepsilon). \qquad (2.2.70)$$

注意上面取极限的顺序不可调换.这样 h 就是系统的一个测度不变量,即是不依赖于粗粒化方式的物理量.

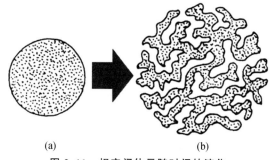

(a)   (b)

图 2.11　相空间体元随时间的演化

初始规则的相体元随时间演化其形状会变得非常复杂,可呈现出包含大量孔洞的海绵形状,导致粗粒化的相体积增大

上述讨论表明,如果只能以一种固定精度来区分相空间的轨道,那么在该精度下,随着轨道向前演化,由于混沌轨道附近的指数不稳定性,原来在精度以下无法区分的轨道随时间演化就会被指数放大而区分离开.这意味着原先在精度以下没有的信息会由于混沌运动而产生出来,即所谓的"混沌创造信息"[109].另一方面,正是因为存在这种信息产生,给定任意有限小的测量精度,在足够长时间的演化后,

系统的轨道和信息就不能被有限精度的测量所预言,系统长时间演化的状态就成为完全随机的结果,这就是混沌运动的基本特征.(2.2.70)式引入的 KS 熵正是描述了混沌轨道随时间演化信息的产生率,在 $t \to \infty$,$\varepsilon \to 0$ 的极限下 KS 熵收敛到有限值,反映了这种信息平均产生率是一个拓扑不变量.下面给出基于信息论的 KS 熵的严格定义[99].

我们首先来定义信息熵.根据香农(C. E. Shannon,1916—2001)的表述,设某一个实验有 r 种可能,每一种可能的概率为 p_1, p_2, p_3,$\cdots$,p_r,描述度量这种不确定度的一个量,即香农熵定义为

$$H_S = \sum_{i=1}^{r} p_i \ln(1/p_i). \tag{2.2.71}$$

可以看出,若 $p_1 = 1$, $p_2 = p_3 = \cdots = p_r = 0$,利用洛必达法则可以算出 $H_S = 0$,为不确定度最小.而当 $p_1 = p_2 = p_3 = \cdots = p_r = 1/r$ 时,$H_S = \ln r$,此时不确定度最大.一般情况下,$0 < H_S < \ln r$.

对于一个动力学系统,若可以定义一个概率不变测度(例如自然测度),则关于该测度的熵可以通过以下方式来定义.为简单起见,我们考虑时间离散的映射动力学,设映射为 $\boldsymbol{x}_{n+1} = M(\boldsymbol{x}_n)$.假设 W 是在映射 M 下概率测度所遍历的一个有界区域,数学上,将有界区域 W 划分为 r 个互不相交的子区域的操作称为一个分划(partition)

$$W = W_1 \bigcup W_2 \bigcup \cdots \bigcup W_r. \tag{2.2.72}$$

对于该分划,我们可以定义一个熵函数

$$H(\{W_i\}) = \sum_{i=1}^{r} \mu(W_i) \ln[1/\mu(W_i)], \quad i = 1, 2, \cdots, r, \tag{2.2.73}$$

其中 $\mu(W_i)$ 为对应于分划中第 i 个区域 W_i 中映射落点的概率测度.以下构造一系列的分划 $\{W_i^{(n)}\}$,其中二级分划 $\{W_{i_1,i_2}^{(2)}\}$ 为原有分划 $\{W_{i_1}\}$ 与其逆映射作用下得到的点集分划 $M^{-1}(W_{i_2})$ 的交集,

$$W_{i_1,i_2}^{(2)} = W_{i_1} \bigcap M^{-1}(W_{i_2}), \quad i_1, i_2 = 1, 2, \cdots, r. \tag{2.2.74a}$$

根据(2.2.74a)式可知,二级分划 $\{W_{i_1,i_2}^{(2)}\}$ 共有 r^2 个子区域.类似地可以定义 3 级等分划为

$$W_{i_1,i_2,i_3}^{(3)} = W_{i_1} \bigcap M^{-1}(W_{i_2}) \bigcap M^{-2}(W_{i_3}), \tag{2.2.74b}$$

$$\vdots$$

$$W_{i_1,i_2,\cdots,i_n}^{(n)} = W_{i_1} \bigcap M^{-1}(W_{i_2}) \bigcap \cdots \bigcap M^{-(n-1)}(W_{i_n}), \tag{2.2.74c}$$

其中 $i_1, i_2, \cdots, i_n = 1, 2, \cdots, r$,第 n 级分划产生出 r^n 个子区域.对于每一级分划同样都可以依照(2.2.71)式和(2.2.73)式的方式定义相应的熵函数 $H(\{W_{i_1,i_2,\cdots,i_n}^{(n)}\})$ 为

$$H(\{W_{i_1,i_2,\cdots,i_n}^{(n)}\}) = \sum_{i_1,i_2,\cdots,i_n=1}^{r} \mu(W_{i_1,i_2,\cdots,i_n}^{(n)}) \ln[1/\mu(W_{i_1,i_2,\cdots,i_n}^{(n)})], \quad (2.2.75)$$

其中求和对所有指标 $i_1,i_2,\cdots,i_n$ 进行. 在刻画上述分划操作时可以引入熵函数随 n 变化的速率

$$h(\mu, \{W_{i_1,i_2,\cdots,i_n,\cdots}\}) = \lim_{n\to\infty} \frac{1}{n} H(\{W_{i_1,i_2,\cdots,i_n}^{(n)}\}). \quad (2.2.76)$$

上述的变化速率 h 依赖于初始分划 $\{W_{i_1,i_2,\cdots,i_n,\cdots}\}$,KS 熵则定义为所有各种可能的初始分划对应的变化速率 h 中的极大值,即

$$h(\mu) = \sup h(\mu, \{W_{i_1,i_2,\cdots,i_n,\cdots}\}). \quad (2.2.77)$$

由定义可以看出,KS 熵给出了系统在相空间进行粗粒化时不稳定性的一种描述. 按照上述方法定义的 h 对于不同的动力学系统而言可能小于零,也可能大于零. 当一个动力学系统的 KS 熵满足 $h>0$ 时,该系统称为科尔莫戈罗夫系统,简称 K 系统或 K 流.

实际上,满足 K 流性质的系统就是第 1 章中所讨论的混沌系统. 虽然第 1 章中李指数是对于运动轨道的不稳定性来定义的,而这里 KS 熵反映的是相空间整体的分划不稳定性,但由于它们都反映系统的不稳定性,二者之间必然存在一定的关系. 对哈密顿系统来说,佩辛(Ya. G. Piesin)于 1976 年提出了如下定理[110]:

佩辛定理: 设 N 维哈密顿系统的李指数谱为

$$\lambda_1 > \lambda_2 > \cdots > \lambda_N.$$

令 $\{\lambda_i(\boldsymbol{x})\}$ 为从相空间等能面上 $\boldsymbol{x}\to\boldsymbol{x}+\mathrm{d}\boldsymbol{x}$ 处出发的轨道的李指数,如果在系统的等能面 $H(\boldsymbol{x})=E$ 上引入李指数的点密度

$$\rho(\boldsymbol{x}) = \sum_{i=1}^{N-1} \lambda_i(\boldsymbol{x}), \quad (2.2.78)$$

则系统的 KS 熵为

$$h(E) = \left(\int_{\Gamma_E} \rho(\boldsymbol{x})\mathrm{d}\boldsymbol{x}\right)\Big/\left(\int_{\Gamma_E} \mathrm{d}\boldsymbol{x}\right), \quad (2.2.79)$$

式中 Γ_E 为整个等能面.

对于最简单的 $N=2$ 情况, $\rho(\boldsymbol{x})=\lambda_1(\boldsymbol{x})$,如果二维哈密顿系统满足或接近各态历经,则有 $h\approx\lambda_1$,此时系统的 KS 熵就等于系统的最大李指数.

2.2.6 阿诺索夫系统

K 系统只要求相空间中整体有正的 KS 熵,而对系统相空间不同部分的具体运动特点没有涉及. 这样的系统允许其相空间中存在非混沌的区域,我们将在下一章对此进行详细研究. 下面介绍一种在相空间全局都呈现指数不稳定性的系统,称

为双曲动力学系统(hyperbolic dynamic system)或阿诺索夫系统,它比一般的 K 系统随机性更强[111,112]. 为简便起见,我们以二维映射系统为例,在相空间 Γ 中的动力学由下面映射给出:

$$\boldsymbol{x}_{n+1} = T\boldsymbol{x}_n. \tag{2.2.80}$$

考虑映射(2.2.80)的切空间. 对(2.2.80)式进行变分,可以得到

$$\delta\boldsymbol{x}_{n+1} = \boldsymbol{M}\delta\boldsymbol{x}_n, \tag{2.2.81}$$

这里

$$M_{ij} = \partial\boldsymbol{x}_i/\partial\boldsymbol{x}_j \tag{2.2.82}$$

为雅可比矩阵. 给定相空间中的任意一个点 $\boldsymbol{x}_0$,雅可比矩阵 $\boldsymbol{M}$ 给出了线性化映射 (2.2.81)的一组线性关系,$\delta\boldsymbol{x}$ 为切空间的矢量. 定义矢量 $\delta\boldsymbol{x}$ 的模 $|\delta\boldsymbol{x}|$,如果

$$K = \frac{|\delta\boldsymbol{x}_{n+1}|^2}{|\delta\boldsymbol{x}_n|^2} = \frac{|\boldsymbol{M}\delta\boldsymbol{x}_n|^2}{|\delta\boldsymbol{x}_{n+1}|^2} > 1, \tag{2.2.83}$$

则称矢量 $\delta\boldsymbol{x}$ 是拉伸的. 反之,若 $K<1$,则称矢量 $\delta\boldsymbol{x}$ 是收缩的. 由所有拉伸矢量构成的空间记为 Γ^+,由所有收缩矢量构成的空间记为 Γ^-. 如果以下的条件都满足:

(a) 收缩矢量非零子空间 Γ^- 与拉伸矢量非零子空间 Γ^+ 构成系统整个容许的相空间,即

$$\Gamma = \Gamma^+ + \Gamma^-, \tag{2.2.84}$$

(b) 收缩或拉伸 $\delta\boldsymbol{x}$ 在 T 映射下保持不变,即

$$T\Gamma^\pm = \Gamma^\pm, \tag{2.2.85}$$

则称此系统为阿诺索夫系统.

上述对阿诺索夫系统的定义从数学上有两层含义:一方面,条件(a)说明了给定相空间中的任意一个点 $\boldsymbol{x}_0$ 都是双曲点,即每一个点都由稳定流形和不稳定流形构成,没有中心流形;另一方面,条件(b)则说明了系统相空间中所有双曲点的拉伸和收缩子流各自形构成不变子空间,即系统的切空间 M 是稳定流形子空间 E^s 和不稳定流形子空间 E^u 的直和,

$$M = E^s \oplus E^u.$$

由于阿诺索夫系统相空间任意一点都是双曲点,其动力学行为无疑具有非常强的随机性. 因为系统在相空间的任何一点都是局域不稳定的,这将导致一条轨道随时间的随机演化.

满足阿诺索夫条件的系统有不少,其中典型的是一个单位质量粒子在闭合二维负高斯曲率表面上沿测地线的运动. 另外一个熟知的例子是阿诺德猫变换 (Arnold's cat map),又称阿诺索夫映射:

$$\begin{cases} x_{n+1} = x_n + y_n, & \mathrm{mod}\ 1, \\ y_{n+1} = x_n + 2y_n, & \mathrm{mod}\ 1. \end{cases} \tag{2.2.86}$$

如图 2.12 所示,(2.2.86)的映射取模 1 意味着这是一个在二维环面$(0,1)\times(0,1)$上的映射.由于变换矩阵

$$T = \begin{bmatrix} 1 & 1 \\ 1 & 2 \end{bmatrix} \tag{2.2.87}$$

的行列式

$$\det T = 1, \tag{2.2.88}$$

因而该映射是保面积(相体积)的.由于映射(2.2.86)是线性映射,因此其切空间矢量映射的雅可比矩阵

$$M = T,$$

且相空间的任意一点都具有完全相同的雅可比矩阵.该矩阵的两个本征值为

$$\lambda_1 = (3+\sqrt{5})/2, \quad \lambda_2 = \lambda_1^{-1} < 1, \tag{2.2.89}$$

所以 $T^n(n=1,2,3,\cdots)$ 的所有不动点都是双曲点,故阿诺德猫变换系统是阿诺索夫系统.注意,阿诺索夫系统满足所有前面提到过的动力学特征,如回归、遍历、混合、K 流等.顺便在这里指出,在(2.2.54)式到(2.2.59)式中讨论的面包师变换也是一个阿诺索夫系统,具有强混沌性.阿诺索夫系统的双曲点构成不变集,该不变点集可以是吸引子,也可以是非吸引性的,如上述的阿诺德猫变换就是非吸引性的不变集.

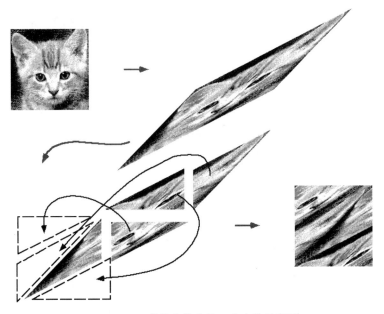

图 2.12　阿诺德变换中的一步变换示意图

一步变换过程可分解为两个子步骤,首先沿对角线方向拉伸,然后将超出原正方形相空间区域的部分按照子图箭头的示意折叠回去,就得到一个已经无法辨认出是猫头的图像

2.2.7　弹子系统与遍历性

数学家们在研究动力学系统遍历性理论中最青睐的一类动力学系统莫过于所谓的弹子系统(billiards),类似于体育运动中的台球.研究弹子系统的优越性在于只需改变边界的形状就能得到各种不同的经典动力学系统模型,并且只从几何角度考虑就能找到周期轨道,因此研究问题时只需考虑各种不同的边界,为分析问题带来很大的方便.弹子系统考虑一个 d 维的区域,里面有一个点粒子以常数速率(这里假设为单位速率)运动,在没有与边界相碰撞时为自由运动,与边界碰撞时则发生完全弹性碰撞(即在边界遵守镜面反射规律)[108].

一个弹子系统就是动力学系统在相空间中的流,其哈密顿量可以写为

$$H = \boldsymbol{p}^2/2m + V(\boldsymbol{q}). \tag{2.2.90}$$

上式中势能为

$$V(\boldsymbol{q}) = \begin{cases} 0, & \boldsymbol{q} \in Q \backslash \partial Q, \\ \infty, & \boldsymbol{q} \in \partial Q, \end{cases} \tag{2.2.91}$$

其中 Q 为弹子系统位形空间区域,∂Q 为其边界.图 2.13 给出了一些常见的弹子系统,可以看到,这些弹子系统具有不同特征的反射表面.根据边界的不同发散特征,弹子系统可以分为几类,下面逐一分析.

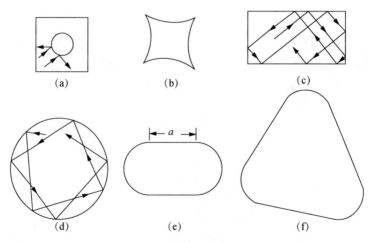

图 2.13　几类典型的弹子系统

(a) 为西奈模型,(b) 为凸反射边界弹子系统,(a)—(b) 均为混沌系统;(c)—(f) 为非发散的反射边界弹子系统,其中(c),(d) 为可积系统,(e),(f) 为混沌系统

第一类弹子系统称为发散型弹子动力学系统(dispersive billiards),其边界反射具有有指数发散的特点.这类系统中最具代表性的例子之一是西奈弹子系统[113],如图 2.13(a)所示,中间有一个圆形反射体.圆形具有凸表面,构成了指数

发散的机制,两条相邻轨道在凸表面发生反射后会迅速分开.图 2.13(b)的弹子系统也具有这种凸表面特征,因此轨道运动也具有指数发散的特点.目前对一些简单凸反射边界的弹子系统,人们在数学上已证明都具有 K 流性质,都属于强混沌动力学系统.虽然对任意凸反射边界弹子系统的 K 流性质在数学上还没有一般性证明,但迄今为止的数值模拟结果均表明了其 K 流强混沌特性.

作为具有强烈物理背景的硬球气体系统,数学家西奈对其遍历性特征进行了深入研究,发现硬球系统在数学上可以变换为具有凸反射边界的弹子系统.进一步,他提出了一个定理:

西奈定理:刚性容器内 $N>1$ 个硬球的气体是 K 系统.

西奈本人对如图 2.13(a)所示的 $N=2$ 个硬球系统(一个固定、另一个运动)的遍历性给出了严格证明,之后又对 $N=2$ 个都可以运动的硬球系统的遍历性进行了证明.克拉莫里(A. Krámli).希曼依(N. Simányi)和萨斯(D. Szasz)等人对 $N=3$ 情况的西奈定理进行了严格证明. N 大于 3 的情况迄今为止没有严格证明[114—118].

西奈定理可以从物理上直观理解.苏联天才理论物理学家克里洛夫(N. S. Krylov,1917—1947)(图 2.14(a))首先注意到并分析了球面反射的指数不稳定性[119].如图 2.14(b)所示,在一个空间里分布着若干固定不动的大硬球,称为散射体.假设初始时刻有一黑一白两个在位形空间位置非常接近的小硬球,它们初始速度大小相等,方向相同,两个小球向前飞行,在遇到大的固定散射体时与散射体发生弹性碰撞.虽然二者碰撞前非常接近,但由于散射体的凸球面,碰撞后黑球和白球迅速分开,分别飞向不同方向,之后二者之间就几乎没有关联了.克里洛夫将其

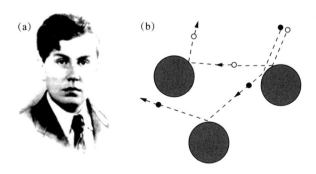

图 2.14　克里洛夫与指数不稳定性

(a)克里洛夫,苏联天才理论物理学家,但不幸英年早逝.他关于指数不稳定性的工作非常深入,其成果在他去世后由西奈等人在 1950 年整理并以俄文出版,1979 年译成题为"Works on the Foundations of Statistical Physics"的英语专著,由普林斯顿大学出版社出版.(b)指数不稳定性示意图.相邻的黑白两球经过与圆形散射体散射两次以后运动状态几乎不再关联

称为指数不稳定性. 这种机制在早期没有被认真分析过, 它是混沌运动的决定因素.

第二类系统称为非发散弹子系统(non-dispersive billiards), 这类系统的反射表面是凹的或平的, 没有凸的反射表面. 虽然非凸反射表面的弹子系统从局部来看并不具有指数发散特征, 但运动的整体行为仍然可能具有指数不稳定性, 因此比较复杂. 图 2.13(c) 是矩形弹子, 可以证明它的动力学是非混沌的. 对于一般的多边形弹子系统, 数学家也已经证明了它的动力学是非混沌的, 但有可能是遍历和混合的, 具体取决于多边形的内角. 研究表明, 内角如果是 π 的无理数倍数, 则系统动力学就具有混合性. 另外, 如果多边形具有大于 π/2 的内角, 则其动力学也具有混合性质, 这类系统甚至会表现出 K 流性质. 多边形弹子系统的遍历性质研究迄今为止仍存在诸多争议[120,121].

具有凹反射表面的典型例子是图 2.13(d) 所示的圆形弹子, 该系统数学上已经被证明是可积系统, 不具有混沌运动. 但是, 如图 2.13(e) 所示的系统被称为布尼莫维奇(L. Bunimovich)体育场弹子(stadium billiard)[122,123], 该模型与西奈弹子一样是数学、物理上研究非常多的典型的弹子系统, 其特点是具有部分凹的边界和部分平的边界. 布尼莫维奇已经证明了它是强混沌的, 具有遍历性、混合性、K 流等性质. 布尼莫维奇弹子系统可以由圆形弹子系统拉开而形成, 拉开的结果是在两个半圆之间出现平直边界. 令平直边界长度为 a, 当 $a=0$ 时, 圆形弹子是可积的, 而一旦 $a\neq0$ 系统运动就变为混沌运动. 图 2.13(f) 所示的是将三角形三个角切掉换成圆形边界的弹子系统, 其行为类似于布尼莫维奇弹子系统.

值得注意的是, 上述满足 K 流性质的系统在相空间都不是处处双曲的, 因为它们都存在周期轨道, 因此不满足阿诺索夫双曲性. 由于非处处双曲的特点, 这些系统趋向遍历(平衡态)的非平衡过程都会减慢, 表现出长时尾行为.

§2.3　少体系统的统计与热力学

所谓少体系统, 就是自由度少到系统的个体数和微观状态数远没有达到热力学极限要求的动力学系统. 少体系统及其各态历经问题在近几十年不断吸引着人们的注意力, 一个重要研究动机就是探索热力学与统计物理的微观基础. 传统统计力学是在热力学极限(无限大自由度)下的理论. 对低维哈密顿混沌的研究揭示了少自由度动力学系统的统计特征, 反映了统计概念的深层次动力学根源. 实际上, 只要少体系统满足各态历经性, 我们就可以建立起平衡态热力学与统计, 并且也可以研究系统的非平衡性特征. 这表明, 遍历性保证了平衡态热力学和统计力学的适用性, 而大自由度并非保证统计行为的本质条件.

从动力学的观点来看,前面对少体系统遍历性质的研究很有意义.通常我们无法从动力学角度处理一个大自由度系统,这不利于我们深刻理解统计的微观机制.而对于少体系统来说,一方面可以比较全面地把握动力学方面的信息,另一方面则可以对这些动力学信息进行统计处理,进而得到感兴趣的热力学和统计特性.在这个意义上,可以说是抓住了动力学系统中的统计本源.例如,微正则分布及相关的温度、熵、自由能等统计性质在很长一段时间内被认为只有在包含大量微观子系统的宏观系统内才能被定义,而现在如果低维动力学系统存在遍历性,我们也可以对所有这些统计的物理量进行定义和研究.

研究少体动力学系统统计性质的一个重要意义在于它在动力学与统计物理之间架起了一座桥梁[102].在少体系统中,系统哈密顿量的形式较为简单,一些与哈密顿量有关的统计性质可以解析地计算出来.例如,对一些较为简单的情况,可以通过各态历经假设计算粒子的概率分布密度,对动力学系统进行详尽的数值模拟计算,并从解析计算和数值模拟两方面来对少体系统的熵、热力学第二定律、相变理论等进行比较性研究.另一方面,当对少体系本身的动力学及统计性质有较为清楚的了解之后,我们又可以通过增加粒子数来进一步理解和分析多体系统的性质,作为研究更为复杂的实际系统的出发点,理解热力学极限下统计物理和热力学的动力学根源.

应该强调的是,虽然遍历性保证了对少体系统建立平衡态热力学和统计力学的可行性,但因为少体系统远没有达到热力学极限,所以很多时候要重新考察热力学量在少体系统中的定义和意义,有时甚至要重新考虑一些热力学规律的适用性,即各种违背热力学定律的可能性与可测的概率(在热力学极限下,这一概率为零).

本节主要集中于遍历性条件下统计性质理论的建立,并对一些简单系统的平衡态和非平衡行为进行研究.关于哈密顿系统动力学与混沌的研究、大自由度甚至热力学极限下动力学与统计的关系、相变与拓扑结构的关系,我们将在本章最后两节做专门的讨论.关于少自由度系统的非平衡热力学问题,特别是近年来的研究进展,将在第3章进行详细的分析.

2.3.1　能均分定理与温度

考虑一个具有广义坐标 $\boldsymbol{q}=(q_1,q_2,\cdots,q_N)$ 和广义动量 $\boldsymbol{p}=(p_1,p_2,\cdots,p_N)$ 的哈密顿系统.我们用 $\boldsymbol{y}=(y_1,y_2,\cdots,y_k)$ 来表示约束系统的所有外部参量.哈密顿系统在 $2N$ 维相空间运动满足的正则方程为

$$\dot{p}_i=-\frac{\partial H(\boldsymbol{p},\boldsymbol{q},\boldsymbol{y})}{\partial q_i},\quad \dot{q}_i=\frac{\partial H(\boldsymbol{p},\boldsymbol{q},\boldsymbol{y})}{\partial p_i},\quad i=1,2,\cdots,N. \quad (2.3.1)$$

如果外部参量 $\boldsymbol{y}$ 固定,则系统的运动轨道局限于等能面 $H(\boldsymbol{p},\boldsymbol{q},\boldsymbol{y})=E$ 上.如果系统在等能面上是各态历经的,且相应相体积 $\Gamma(E,\boldsymbol{y})$ 有限大小,我们就可以参照

热力学与统计物理引入的热力学量来定义在这类哈密顿系统中相应的量.

首先来定义温度. 对于给定粒子数 N 的少体系统, 在系统总能量 E 和外参量 $\boldsymbol{y}$ 固定的情况下, 系统微观态数正比于系统在相空间中的相体积, 因此我们下面用相体积 $\Gamma(N, E, \boldsymbol{y})$ 来代表系统的微观态数. 考虑一个孤立系统 $A^{(0)}$, 它由微弱相互作用的两个系统 A_1 和 A_2 构成, $\Gamma_1(N_1, E_1, \boldsymbol{y}_1)$ 和 $\Gamma_2(N_2, E_2, \boldsymbol{y}_2)$ 是它们各自的微观态数. 复合系统的微观态数为

$$\Gamma^{(0)}(E_1, E_2) = \Gamma_1(E_1)\Gamma_2(E_2). \qquad (2.3.2)$$

设 A_1 和 A_2 热接触时只有能量交换, 粒子数和体积均不发生变化, 且总能量守恒,

$$E^{(0)} = E_1 + E_2, \qquad (2.3.3)$$

则 $A^{(0)}$ 的微观态数为

$$\Gamma^{(0)}(E_1, E^{(0)} - E_1) = \Gamma_1(E_1)\Gamma_2(E^{(0)} - E_1). \qquad (2.3.4)$$

由等概率原理, 在平衡态时孤立系统各种可能的微观态出现的概率都相等. 假设当 $E_1 = \bar{E}_1$ 时, $\Gamma^{(0)}(E_1, E^{(0)} - \bar{E}_1)$ 具有极大值, 这意味着 A_1 具有能量 $\bar{E}_1$, A_2 具有能量 $\bar{E}_2 = E^{(0)} - \bar{E}_1$ 是一种概率最大的能量分配, 可以认为 $\bar{E}_1$ 和 $\bar{E}_2$ 就是 A_1 和 A_2 在达到热平衡时分别具有的内能. $\Gamma^{(0)}$ 的极大应满足条件

$$\partial\Gamma^{(0)}/\partial E_1 = 0. \qquad (2.3.5)$$

将 (2.3.4) 式代入该式, 得

$$\frac{\partial\Gamma_1(E_1)}{\partial E_1}\Gamma_2(E_2) + \Gamma_1(E_1)\frac{\partial\Gamma_2(E_2)}{\partial E_2}\frac{\partial E_2}{\partial E_1} = 0. \qquad (2.3.6)$$

上式除以 $\Gamma_1(E_1)\Gamma_2(E_2)$, 并注意到 $\partial E_2/\partial E_1 = -1$, 有

$$\left(\frac{\partial\ln\Gamma_1(E_1)}{\partial E_1}\right)_{N_1, \boldsymbol{y}_1} = \left(\frac{\partial\ln\Gamma_2(E_2)}{\partial E_2}\right)_{N_2, \boldsymbol{y}_2}. \qquad (2.3.7)$$

这表明, 当子系统 A_1 和 A_2 达到热平衡时, 两者的 $[\partial\ln\Gamma(N, E, \boldsymbol{y})/\partial E]_{N, \boldsymbol{y}}$ 必然相等. 引入

$$\beta = \left(\frac{\partial\ln\Gamma(N, E, \boldsymbol{y})}{\partial E}\right)_{N, \boldsymbol{y}}, \qquad (2.3.8)$$

则热平衡条件可表为 $\beta_1 = \beta_2$. 在热力学中, 这就是热力学第零定律. 在传统热力学中, 两个系统达到热平衡的条件利用热力学关系可以写为

$$\left(\frac{\partial S_1}{\partial E_1}\right)_{N_1, \boldsymbol{y}_1} = \left(\frac{\partial S_2}{\partial E_2}\right)_{N_2, \boldsymbol{y}_2}, \qquad (2.3.9)$$

其中 S_i 为 i 系统的熵, 而 E_i 为 i 系统的内能, 而温度则由达到平衡的量 $\partial S/\partial E$ 定义,

$$\left(\frac{\partial S}{\partial E}\right)_{N, \boldsymbol{y}} = \frac{1}{T}. \qquad (2.3.10)$$

比较 (2.3.10) 和 (2.3.8) 式可知, β 应与 $1/T$ 成正比, 令两者之比为 $1/k$, 则有

$$\beta = 1/kT. \tag{2.3.11}$$

令 $k=1$,并利用玻尔兹曼关系

$$S = k\ln\Gamma,$$

则温度可以写成

$$T = \frac{1}{\partial\ln\Gamma/\partial E} = \frac{\Gamma(E,\boldsymbol{y})}{\partial\Gamma(E,\boldsymbol{y})/\partial E}, \tag{2.3.12}$$

其中 $\Gamma(E,\boldsymbol{y})$ 是 $H\leqslant E$ 的相体积,而 $\partial\Gamma(E,\boldsymbol{y})/\partial E$ 为在等能面 $H=E$ 处单位能量的相体积.

另一方面,我们也可直接利用经典统计物理的能量均分定理得到(2.3.12)式.该定理指出[11,105—107],在处于温度为 T 的热平衡的经典系统中,一个粒子能量 ε 的表达式中每一独立平方项的平均值等于 $k_BT/2$.下面将看到,对于任一个满足各态历经的哈密顿系统,可证明广义能量均分定理仍然成立[124,125,126].

考虑哈密顿系统 $H(\boldsymbol{p},\boldsymbol{q}) = H(\boldsymbol{x}) = E$,这里采用了(2.2.1)节的记号 $\boldsymbol{x} = (\boldsymbol{p},\boldsymbol{q})$,再考虑总能量 H 局限于 E 及 $E+\Delta E$ 之间薄层的相空间.设给定能量 E 及其范围 ΔE 的相空间区域为 Γ,若系统满足各态历经,则系统每一个微观态在相空间区域出现的概率均等.求 $x_i\partial H/\partial x_j$ 的系综平均

$$\left\langle x_i\frac{\partial H}{\partial x_j}\right\rangle = \lim_{\Delta E\to 0}\frac{1}{\Sigma}\int_{E<H<E+\Delta E}x_i\frac{\partial H}{\partial x_j}\mathrm{d}\Gamma = \lim_{\Delta E\to 0}\frac{\Delta E}{\Sigma}\frac{\partial}{\partial E}\int_{H<E}x_i\frac{\partial H}{\partial x_j}\mathrm{d}\Gamma$$

$$= \lim_{\Delta E\to 0}\frac{\Delta E}{\Sigma}\frac{\partial}{\partial E}\int_{H<E}x_i\frac{\partial(H-E)}{\partial x_j}\mathrm{d}\Gamma, \tag{2.3.13}$$

其中 Σ 为等能面上厚度为 ΔE 的相体积.(2.3.13)式的最后一个等式中加入了不影响积分结果的常数能量 E.利用分部积分计算上述积分,有

$$\int_{H<E}x_i\frac{\partial(H-E)}{\partial x_j}\mathrm{d}\Gamma = \int_{H<E}\frac{\partial[x_i(H-E)]}{\partial x_j}\mathrm{d}\Gamma - \int_{H<E}\delta_{ij}(H-E)\mathrm{d}\Gamma$$

$$= \int_{\Sigma_E}(H-E)\mathrm{d}\sigma - \int_{H<E}\delta_{ij}(H-E)\mathrm{d}\Gamma$$

$$= \int_{H<E}\delta_{ij}(E-H)\mathrm{d}\Gamma, \tag{2.3.14}$$

上式第一行右边第一项为散度的体积分,根据斯托克斯定理(2.2.21),该积分可以化为 $H=E$ 超曲面上 $H-E$ 的面积分,因此该项等于零.将该结果代入(2.3.13)式,可得

$$\left\langle x_i\frac{\partial H}{\partial x_j}\right\rangle = \delta_{ij}\lim_{\Delta E\to 0}\frac{\Delta E}{\Sigma}\frac{\partial}{\partial E}\int_{H<E}(E-H)\mathrm{d}\Gamma = \lim_{\Delta E\to 0}\delta_{ij}\Gamma/\Sigma. \tag{2.3.15}$$

将 $\boldsymbol{x}$ 坐标还原为 $(\boldsymbol{q},\boldsymbol{p})$,则有

$$\left\langle p_i\frac{\partial H}{\partial p_i}\right\rangle = \left\langle q_i\frac{\partial H}{\partial q_i}\right\rangle = \lim_{\Delta E\to 0}\Gamma/\Sigma, \quad i=1,2,\cdots,N. \tag{2.3.16}$$

利用

$$\lim_{\Delta E \to 0} \Sigma(E) = \frac{\partial \Gamma(E, \boldsymbol{y})}{\partial E} \tag{2.3.17}$$

以及(2.3.12)式,我们有

$$\left\langle p_i \frac{\partial H}{\partial p_i} \right\rangle = \left\langle q_i \frac{\partial H}{\partial q_i} \right\rangle = \frac{\Gamma(E, \boldsymbol{y})}{\Gamma(E, \boldsymbol{y})/\partial E} = T. \tag{2.3.18}$$

(2.3.18)式的结果就是(2.3.12)式,它在统计物理中被定义为绝对温度.广义能量均分定理也得到了证明.

2.3.2 热力学关系

下面进一步考虑外参量变化对系统过程产生的影响.类似于热力学过程的讨论,首先考虑所谓准静态过程的研究,这就要求外参量的改变足够缓慢,使得系统每一步都达到平衡态.如果允许外参量 $\boldsymbol{y}$ 发生缓慢、绝热的变化,系统的能量也会随之变化.赫兹-春日(Hertz-Kasuge)定理[127,128]指出,在 E, $\boldsymbol{y}$ 发生变化时,系统的相体积 $\Gamma(E, \boldsymbol{y})$ 是一个绝热不变量,而且系统的任一绝热不变量都是关于 $\Gamma(E, \boldsymbol{y})$ 的函数.

对这样的一个有限维哈密顿系统,我们可以在以下两个前提下引入熵的定义:(a) 熵是一个绝热不变量;(b) 能量守恒方程成立,即

$$\mathrm{d}E = \mathrm{d}A + T\mathrm{d}S, \tag{2.3.19}$$

其中 A 是在外部参量变化时外力所做的功.对于哈密顿系统,外力所做的功为

$$\mathrm{d}A = \left\langle \frac{\partial H}{\partial t} \right\rangle \mathrm{d}t = \sum_i \left\langle \frac{\partial H}{\partial y_i} \right\rangle \mathrm{d}y_i, \tag{2.3.20}$$

这里 H 不显含时间 t,因此 H 随时间的变化是由于 y_i 随 t 的变化引起的.(2.3.20)式中的平均值可以由系综平均求得,用函数 $\Gamma(E, \boldsymbol{y})$ 来表示,由能量的定义有

$$\left\langle \frac{\partial H}{\partial y_i} \right\rangle = \frac{\partial E}{\partial y_i}. \tag{2.3.21}$$

注意,这里 H 是含微观变量 $\boldsymbol{p}$, $\boldsymbol{q}$ 的哈密顿量,E 为系统的宏观内能.又由恒等式

$$\frac{\partial E}{\partial y_i} \frac{\partial y_i}{\partial \Gamma} \frac{\partial \Gamma}{\partial E} = -1, \tag{2.3.22}$$

可以得到

$$\frac{\partial E}{\partial y_i} = -\frac{\partial \Gamma}{\partial y_i} \frac{1}{(\partial \Gamma/\partial E)}. \tag{2.3.23}$$

代入(2.3.20)式,可得功的表达式

$$\mathrm{d}A = -\sum_i \frac{1}{\partial \Gamma(E, \boldsymbol{y})/\partial E} \frac{\partial \Gamma(E, \boldsymbol{y})}{\partial y_i} \mathrm{d}y_i, \tag{2.3.24}$$

则(2.3.19)式变为

$$dE = -\sum_i \frac{1}{\partial \Gamma/\partial E} \frac{\partial \Gamma}{\partial y_i} dy_i + T dS. \tag{2.3.25}$$

将(2.3.18)式代入上式,可以得到

$$dS = \frac{1}{\Gamma}\left(\frac{\partial \Gamma}{\partial E} dE + \sum_i \frac{\partial \Gamma}{\partial y_i} dy_i\right) = \frac{d\Gamma}{\Gamma}. \tag{2.3.26}$$

在(2.3.19)式成立的前提下,(2.3.26)式最终定义了熵

$$S(E, \boldsymbol{y}) = \ln\Gamma(E, \boldsymbol{y}) + 常数. \tag{2.3.27}$$

由温度表达式(2.3.18)和熵的表达式(2.3.27),很容易得出熵和温度之间的关系式为

$$\frac{1}{T} = \frac{\partial S(E, \boldsymbol{y})}{\partial E}. \tag{2.3.28}$$

由(2.3.24)式,相应于参数 y_i 的广义压强 P_i 可以表达为

$$P_i = \frac{1}{\partial \Gamma/\partial E} \frac{\partial \Gamma}{\partial y_i}. \tag{2.3.29}$$

用类似的方法可以由相应的对应关系推导出其他热力学函数,如自由能等的表达式.整个上述讨论的过程对哈密顿系统动力学的要求就是满足遍历性.我们看到,在一个少自由度哈密顿系统满足遍历性的条件下,系统所有热力学量都可以给出确切定义,并有确切的解析公式来计算.这些定义和计算与系统自由度的大小无关.这样,我们就将热力学的概念及其讨论扩展到了少自由度系统.

下面就平衡态、非平衡态等热力学与传统统计力学的概念与少体系统的关系做一讨论.一个孤立系统的热力学平衡态是指描述系统状态的参量在系统各个部分均有相同的数值且不随时间变化的状态.系统从非平衡态过渡到平衡态的弛豫时间是由系统的具体性质和弛豫机制决定的.一旦孤立系统达到平衡态,描述系统状态的宏观参量不再随时间变化,但是从微观角度来看,组成系统的微观粒子仍在进行复杂的运动,只是这种微观的复杂运动不再导致宏观物理量随时间变化.而当系统处于非平衡态时,系统内部微观粒子呈现某种宏观有序的运动,达到平衡态后,系统内的微观粒子不显现任何这类有序运动.热力学平衡态通常只需要用一组很少的独立的状态参量确定,这一点十分不同于非平衡过程.

需要注意的是,虽然上面在满足遍历性的前提下对哈密顿系统定义的各种量和等式都是具有大量粒子数的热力学系统中众所周知的概念,但用到少体系统的讨论在概念上则有巨大差别.例如,我们不能对少体系统谈论某一时刻处于平衡态或非平衡态的概念.

孤立系统的统计平衡态是指各个微观态有相等概率的态.热力学平衡态在统计意义上是对应微观态数最多(对经典系统来说是对应 Γ 空间的相体积最大)的一

种宏观态,即最概然的宏观态.系统处于统计平衡态时,并不是全部时间都处于热力学平衡态,只是处在热力学平衡态的概率最大,出现的时间最长.其他热力学非平衡态也对应一定数量的微观态,有一定的热力学概率,只是比热力学平衡态的概率小,且对热力学平衡态偏离越大的微观态,其出现的概率就越小.对于大量粒子组成的热力学系统来说,对热力学平衡态的大偏离概率小到可以忽略不计.而对于少体系统,涨落则会很大,这里如何区分宏观量与微观量就成为一个重要问题,目前人们主要采取了两种平均手段来定义宏观量,一是长时平均,一是系综平均.对于描述"平衡态"的少体系统,两种求平均的方法是等价的,因为遍历理论保证了长时间平均与平衡系综平均的等价性.但在描述"非平衡态"弛豫过程时,长时间平均手段就不再成立,因为任何长时间平均值表现的都是平衡态的行为,而系综平均则是定义少体系统非平衡态以及研究少体系统从"非平衡态"向平衡态弛豫的不可逆过程的有效方法.这里就有了非平衡系综的概念及相关计算.

　　上面讨论的只是少体系统统计和热力学的部分内容,主要围绕平衡态进行研究.更多的实际问题常常涉及非平衡过程,我们将在下一章对此进行专门的讨论.另一问题是动力学系统指数(如李指数、KS 熵等)与平衡态相变的关系,近年来的研究已取得了若干突破性进展,人们发现了相变与系统非线性动力学特征量之间的关系,该问题将在本章最后两节讨论.

§2.4　硬球系统的统计力学

　　少体动力学系统的统计物理计算中有实际意义而又可精确解析求解的例子少而又少,对这类实例的分析非常有意义,它可以令人信服地显示动力学系统在哈密顿力学层面上的性质能够带来统计力学的预言,并对预言进行直接的验证.硬球系统就是这样一个非常古老但物理上极重要的模型.它实际上对应于数学上具有复杂边界的弹子系统,但不同的是要考虑球本身的有限体积.数学上对硬球系统遍历性的证明已有一些严格结果,如西奈证明了二球系统的遍历性[113],克拉莫里等在20 世纪 90 年代证明了三球系统的遍历性,但对于 N 个球的遍历情况则迄今尚未证明[114−118].本节将用微正则理论分布与数值模拟相对照的方式来讨论 N 个硬球系统的遍历情况,并对其趋向平衡态的演化问题进行研究.

　　考虑由 N 个限制在给定边界 ∂Q(最简单的如尺度为 L 的二维或三维的盒子)内的半径为 r 的硬球,硬球可以在 $Q \in R^d (d \geqslant 2)$ 区域中运动,硬球之间以及硬球与边界 ∂Q 之间是完全弹性相互作用.系统的哈密顿量可以写为

$$H = \begin{cases} \sum_i p_i^2/2m_i, & r \in Q, \\ \infty, & r \in \partial Q, \end{cases} \tag{2.4.1}$$

其中对二维位形空间有 $p_i^2 = p_{ix}^2 + p_{iy}^2$，而三维空间则为 $p_i^2 = p_{ix}^2 + p_{iy}^2 + p_{iz}^2$.

硬球的弹性相互作用及其边界的镜面反射，使得在模拟计算系统的动力学过程时可以忽略硬球自由飞行的时间而只考虑离散的碰撞过程，这使得数值计算可以避开微分方程时间离散化带来的大计算量和误差. 每一步我们只需要计算硬球两两碰撞及硬球与边界碰撞所需的自由飞行时间，然后取最短时间作为下一次真正发生碰撞的时间，没有发生碰撞的硬球按照此时间均匀自由飞行，碰撞的硬球采用弹性碰撞规则. 如果发生球壁碰撞，假设为第 i 个硬球，则遵守弹性反射规则 $p_{i\alpha} \rightarrow -p_{i\alpha}$，这里 α 代表垂直于器壁的方向. 如果硬球之间发生碰撞，例如第 i 个球与第 j 个球之间发生碰撞，根据动能和动量守恒定律，可以很容易求出碰撞之后两球的速度为

$$v_i^c = v_i + \frac{2m_j}{m_i + m_j}(v_j - v_i) \cdot \frac{r}{|r|^2}r,$$

$$v_j^c = v_j - \frac{2m_i}{m_i + m_j}(v_j - v_i) \cdot \frac{r}{|r|^2}r, \qquad (2.4.2)$$

其中 $r = r_j - r_i$，r_i，r_j 表示第 i 和第 j 个硬球的质心位置，v_i 和 v_i^c 表示第 i 个球碰撞前后的速度. 需要注意的是，硬球系统由于硬球与器壁的碰撞而破坏了系统的总动量、总角动量等的守恒性，这大大减少了系统的运动积分数目，使得系统表现出总能量面上大范围的遍历性.

硬球系统的哈密顿量不显含位置变量，故其速度空间和位形空间之间没有关联. 在我们计算由 $H = E$ 所确定的超曲面相体积 $\Gamma(E)$ 时，可以对两个空间单独积分，即

$$\Gamma(E) = \Gamma_p(E) \cdot \Gamma_q(E). \qquad (2.4.3)$$

当考虑系统运动在相空间的分布时，可以分别考虑其在动量空间和位形空间的分布.

根据玻尔兹曼的基本假设，在孤立系统处于统计平衡时，系统所有的微观态出现的概率是相等的. 这一基本假设等价于各态历经条件. 如果少体系统满足各态历经条件，微正则分布自然满足，事实上这正是我们在上一节所有推演的基础. 由于动量空间和位形空间是独立的，下面将分别用动量与位形空间的约化分布来探讨硬球系统的遍历性. 一方面，可以在遍历性成立的假设下通过理论计算得到概率分布函数，另一方面，又可以通过模拟硬球系统作为一个力学系统的碰撞过程来对速度或空间位置等进行统计，得到数值的分布函数，再将二者进行对比. 如果二者相符，就说明硬球气体系统遍历假设是可信的[129—132].

2.4.1 动量空间的遍历性

单粒子动量分布函数可以通过微正则系综来求出. 以二维位形空间的硬球气体为例来做一计算. 如果系统满足遍历性，则系统热力学概率应正比于相体积，

$$\Delta W \propto \Delta p_{1x} \Delta p_{1y} \Delta x_1 \Delta y_1 \cdots \Delta p_{Nx} \Delta p_{Ny} \Delta x_N \Delta y_N = \Delta \Gamma, \qquad (2.4.4)$$

这里 ΔW 是系统在相空间运动轨道进入到 $E \to E + \Delta E$ 的相体元 $\Delta \Gamma$ 的概率. 在等能面上取 $\Delta E \to 0$ 的极限, 对 N 粒子系统的所有位形坐标 $x_1, y_1, \cdots, x_N, y_N$ 和 $N-1$ 个粒子的动量坐标 $p_{ix}, p_{iy}(i = 2, 3, \cdots, N)$ 进行积分, 就可以得到单粒子动量概率分布函数

$$\rho_2(p_{1x}, p_{1y}) \mathrm{d}p_{1x} \mathrm{d}p_{1y} = C \lim_{\Delta E \to 0} \left(\iiint_{\substack{2mE - p_1^2 < \sum\limits_{i=2}^{N} p_i^2 \\ < 2mE + \Delta E - p_1^2}} \prod_{i=1}^{N} \mathrm{d}x_i \mathrm{d}y_i \prod_{i=2}^{N} p_{ix} p_{iy} \right) \mathrm{d}p_{1x} \mathrm{d}p_{1y},$$

$$(2.4.5)$$

其中 C 为归一化常数. 在积分时, 因为位形坐标和动量坐标部分是分离的, 所以位形积分对动量部分没有贡献. 注意到 $N-1$ 个粒子的动量积分是在广义球面

$$\sum_{i=2}^{N} p_i^2 = (2mE - p_1^2)$$

上进行的. 对于二维硬球系统, $p_i^2 = p_{ix}^2 + p_{iy}^2$, 利用 n 维球 $\sum\limits_{i=1}^{n} X_i^2 = R^2$ 表面积积分公式

$$S_n(R) = \iiint_{\sum\limits_{i=1}^{n} X_i^2 = R^2} \mathrm{d}X_1 \mathrm{d}X_2 \cdots \mathrm{d}X_n = \frac{2\pi^{n/2}}{(n/2 - 1)!} R^{n-1}, \qquad (2.4.6)$$

又考虑二维情形的积分 (2.4.5), $n = 2(N-1)$, $R = \sqrt{2mE - p_1^2}$, 可得到单粒子约化分布

$$\rho_2(p_{1x}, p_{1y}) = C\Gamma_q \frac{2\pi^{N-1}}{(N-2)!} (2mE - p_{1x}^2 - p_{1y}^2)^{N-2}, \qquad (2.4.7a)$$

其中 Γ_q 为位形空间的积分. 省略上式中的粒子数下标, 并取单位质量 $m = 1$, N 个球遍历时的单粒子动量大小的分布函数是

$$\rho_2(p) = C_2 p (2E - p^2)^{N-2}, \qquad (2.4.7b)$$

$$C_2 = 2(N-1) / (2E)^{N-1}. \qquad (2.4.7c)$$

这里 $p = |\boldsymbol{p}|$, C_2 为归一化常数. 图 2.15 给出了二维位形空间中运动的硬球系统在不同球数 N 时的理论和数值统计分布情况的对比, 可以看到微正则分布的理论结果与数值统计曲线符合得非常好, 说明 N 球系统在 $N \geqslant 2$ 时都是遍历的.

三维粒子的动量分布行为也可以精确求解, 计算方法与二维完全类似, 这里不再重复计算过程. 三维情况下 N 个球遍历时的单粒子动量大小的分布函数为

$$\rho_3(p) = C_3 p^2 (2E - p^2)^{\frac{3N-5}{2}}, \qquad (2.4.8a)$$

$$C_3 = (3N-1) / [(2E)^{(3N-2)/2} I_{3N-4}], \qquad (2.4.8b)$$

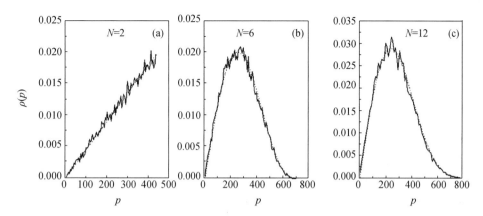

图 2.15 二维硬球系统在单粒子动量空间中的数值分布与理论分布的比较

(a) $N=2$；(b) $N=6$；(c) $N=12$. 虚线是微正则分布理论预言的(2.4.7)式,实线代表数值计算结果. 数值计算碰撞次数为 $n_c=5\times10^5$.(改编自文献[129])

其中

$$I_i = \frac{i-1}{i}I_{i-2} = \begin{cases} \dfrac{i-1}{i}\dfrac{i-3}{i-2}\cdots\dfrac{4}{5}\dfrac{2}{3} & (\text{奇数 } i), \\[2mm] \dfrac{i-1}{i}\dfrac{i-3}{i-2}\cdots\dfrac{3}{4}\dfrac{1}{2}\dfrac{\pi}{2} & (\text{偶数 } i), \end{cases} \tag{2.4.8c}$$

$I_1=1$, $I_0=\pi/2$. 图 2.16 给出了三维位形空间中运动的硬球系统对不同球数的理论和数值统计分布的情况,同样可以清楚地看到微正则分布的理论预言与数值实验结果符合得非常好. 西奈等人指出, N 球系统不仅在等能面上是遍历的,而且它

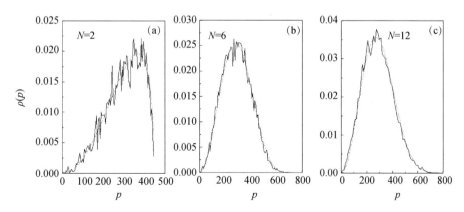

图 2.16 三维硬球系统在单粒子动量空间中的数值分布与理论分布的比较

(a) $N=2$；(b) $N=6$；(c) $N=12$. 虚线是微正则分布理论预言的(2.4.8)式,实线代表数值计算结果. 数值计算碰撞次数为 $n_c=5\times10^5$.(改编自文献[129])

们是混合的,甚至是 K 系统[113],而球面的散射特性为该系统提供了动力学轨道指数不稳定性的缘由.

2.4.2 位形空间的遍历性

硬球系统位形空间的概率分布也是一个很有意义的问题.如果硬球气体的粒子是点粒子,空间尺寸为零,则粒子之间不存在碰撞($r \to 0$,球球碰撞时间趋于无穷),此时粒子在相空间的分布由 2.2.7 节的单粒子弹子系统的讨论结果而定.在硬球具有有限半径 r 的条件下,即使给定了一定的自由空间,每一个硬球也会由于其有限尺寸及其他硬球和边界的存在而使得它出现在空间不同位置的概率具有不均匀的特点.在二维盒子里有 N 个具有相同半径 r 的硬球时位形空间相体积为

$$\Gamma_q = \prod_{i=1}^{N} \iint \mathrm{d}x_i \mathrm{d}y_i. \tag{2.4.9}$$

为了得到 Γ_q 的解析表达式,我们需要考虑由边界和硬球大小所产生的所有可能的空间限制条件,包括

$$|x_i| \leqslant L/2 - r, \quad |y_i| \leqslant L/2 - r, \quad |z_i| \leqslant L/2 - r,$$
$$\text{和} \quad |\mathbf{r}_i - \mathbf{r}_j| \geqslant 2r. \tag{2.4.10}$$

这些条件的物理含义在上面都已经提及,这构成了 $N(N+2d-1)/2$ 个限制条件.随着盒子中的硬球数量 N 增加,限制条件的个数快速增加,因此一般情况下 Γ_q 的解析表达式很难解出.但对于二维 $N=2$ 个硬球的系统,可以给出解析解 Γ_q 并进一步得到单粒子的位形空间分布函数 $\rho(x,y)$.为此,可以首先固定其中一个硬球的位置,然后从几何上考虑另外一个硬球所有可能容许到达的位形空间区域.利用微正则系综,可以发现位形概率分布满足

$$\rho(x,y) \propto \iint \mathrm{d}x' \mathrm{d}y', \tag{2.4.11}$$

其中(x', y')表示另外一个硬球的质心位置.考虑一边长为 L 的正方形容器,通过简单的几何分析可以发现,存在一个临界硬球半径 $r_c = L/6$.当 $r < r_c$ 时,在满足$|x_i| \leqslant L/2 - 3r$ 和 $|y_i| \leqslant L/2 - 3r$ 的区域,另外一个硬球可以到达的体积将包围(x,y),该体积是不变的.这种不变性将会导致位形分布函数 $\rho(x,y)$ 出现均匀分布的平台.当 $r = r_c$ 时,该平台消失.当 $r \leqslant r_c$ 时的几何分析比较简单,可以得到如下的单粒子位形分布函数:

当$|x| \leqslant L/2 - 3r$,$|y| < L/2 - 3r$ 时,

$$\rho(x,y) = (L-2r)^2 - 4\pi r^2, \tag{2.4.12}$$

当$|x| > L/2 - 3r$,$|y| < L/2 - 3r$ 或 $|x| < L/2 - 3r$,$|y| > L/2 - 3r$ 时,

$$\rho(x,y) = (L-2r)^2 - 4r^2(\pi - \theta) - 2r^2 \sin 2\theta, \tag{2.4.13}$$

其中 θ 角当$|x| > L/2 - 3r$,$|y| < L/2 - 3r$ 时定义为 $\cos\theta = (L/2 - r - |x|)/2r$,当

$|x|>L/2-3r$，$|y|>L/2-3r$ 时则为 $\cos\theta=(L/2-r-|y|)/2r$. 当 $|x|>L/2-3r$，$|y|>L/2-3r$ 时，

$$\rho(x,y)=(L-2r)^2-2r^2(3\pi/2-\alpha-\beta)$$
$$-r^2(\sin 2\alpha+\sin 2\beta+4\cos\alpha\cos\beta), \quad (2.4.14)$$

其中 α 和 β 定义为

$$\cos\alpha=(L/2-r-|x|)/2r, \quad (2.4.15a)$$
$$\cos\beta=(L/2-r-|y|)/2r. \quad (2.4.15b)$$

需要注意的是，上述的分布函数尚未归一化. 当 $r>r_c$ 时，我们需要考虑更多的几何情形，此时 $\rho(x,y)$ 的计算将会很繁琐，但也可以解析求出. 这时可以对硬球位置的不同分布进行分析，思想与 $r\leqslant r_c$ 的情况相同，这里不再写出具体表达式，感兴趣的读者可参考文献[102, 132]. 另一方面，可以通过数值计算得到单变量的约化分布 $\rho(x)$. 图 2.17(a)~(d) 给出了单粒子单变量约化分布

$$\rho(x)=\int\rho(x,y)\mathrm{d}y$$

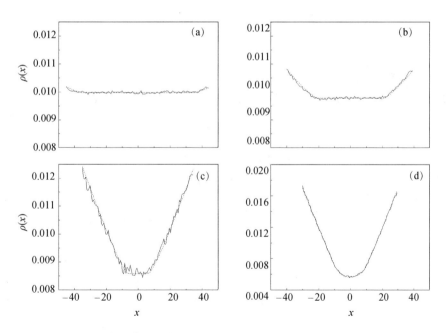

图 2.17　二维硬球系统在边长为 $L=100$ 的空间中由微正则系综预言的概率分布函数与数值分布的比较

虚线为理论曲线，实线为数值模拟结果. $N=2$. (a) $r=5$，(b) $r=10$，(c) $r=15$，(d) $r=20$. 数值统计的碰撞次数为 $n_c=5\times10^5$. 可看到数值分布与理论结果相符，表明硬球系统在位形空间具有遍历性. (改编自文献[129])

的理论和数值统计分布曲线. 可以看到在长时间后理论和数值符合得非常好,说明硬球系统可以在位形空间也达到很好的遍历性. 对于小半径 r, 分布函数存在一个很长的平台. 当 $r \to 0$ 时, 限制条件 $|r_i - r_j| \geqslant 2r$(导致曲线边缘上翘部分)就可以消除, $\rho(x) \to$ 常数. 当 r 增加时, 分布函数平台的宽度减小. 当 $r = r_c$ 时, 平台完全消失. 当硬球半径 r 很大时, 两个球大到只能在容器的角落处运动, 因此可以看到分布函数 $\rho(x, y)$ 在原点处出现最小值, 在角落处出现大概率分布. 这一点在数值模拟统计的结果中得到了很好的验证.

2.4.3 玻尔兹曼熵与长时尾

在上面的讨论中可以看到,只要 $N \geqslant 2$, 硬球气体在动力学上就满足遍历性和混合性,我们也可期望硬球系统从任意初始条件出发都可以到达前面所计算的平衡态分布,并可计算各种相关的统计量. 为了考察从不同的初始条件向平衡态分布的弛豫过程,引入玻尔兹曼熵

$$H_p(n_c) = \int \rho_{n_c}(p) \ln \rho_{n_c}(p) \mathrm{d}p \qquad (2.4.16)$$

来描述系统的演化,其中 n_c 为系统内发生的碰撞次数,包括球球碰撞和球壁碰撞, $\rho_{n_c}(p)$ 代表 n_c 次碰撞后的约化概率分布函数. 值得强调的是,(2.4.16)式对少体系统玻尔兹曼熵的计算与传统多粒子系统玻尔兹曼熵 H_0 十分不同. 在传统计算中,分布函数是针对给定时刻的单粒子分布进行的,而对(2.4.16)式的少体系统, $\rho_{n_c}(p)$ 是从 $n_c = 0$ 到 n_c 的所有状态的统计计算结果,因为对于任何给定的 n_c, 少体系统的单粒子分布总是处于非平衡态. 由于碰撞数目正比于系统的平均自由飞行时间,我们可以用碰撞次数 n_c 代表时间,也可以直接用实际计算的物理时间 t 来进行讨论.(2.4.16)式采用的随时间演化的玻尔兹曼熵与传统的玻尔兹曼熵定义另一个不同之处在于,后者是在单粒子的相空间中定义的,而(2.4.16)式则是在单粒子动量空间来定义的. 同样地,我们也可以定义单粒子位形空间的熵函数,它们也可以很好地反映系统趋于平衡态的过程. 注意在少体系统中玻尔兹曼的分子混沌假设不成立,

$$\rho_{n_c}(p_1, p_2) \neq \rho_{n_c}(p_1) \rho_{n_c}(p_2), \qquad (2.4.17)$$

并且只有当 $n_c \to \infty$ 时, $H_p(n_c) \to H_0$, 这里 H_0 为平衡态的玻尔兹曼熵. 在图 2.18(a)中,我们可以看到 $H_p(n_c)$ 的演化随时间单调下降,这种单调性即使在没有玻尔兹曼混沌假设和有限硬球体积情况下仍然成立. 另外,从图中也可以看到,熵在开始阶段下降很快,表明系统可以在很短时间内到达近平衡状态. 经过短时间的弛豫过程后,熵迅速趋近于平衡态的值,说明系统会到达准遍历状态. 之后熵会缓慢但越来越精确地趋于平衡态的值 H_0, 显示系统需要花费很长时间来达到完全的平衡态,运动轨迹在长时间极限下覆盖等能面的速率会变得很慢.

硬球的半径 r(或容器的体积)虽然不会影响系统在动量空间的平衡态分布,但

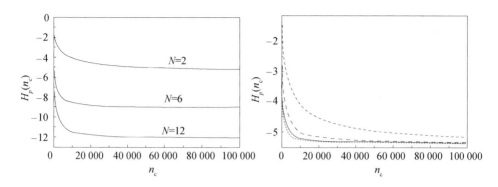

图 2.18　二维空间硬球系统的玻尔兹曼熵的演化情况

（a）$r=5$，不同粒子数 $N=2,6,12$（从上到下）；（b）$N=2$，不同半径 $r=1,5,10,20$（从上到下）.（改编自文献[129]）

会影响系统的非平衡弛豫过程. r 越大，系统趋于平衡态的速度越快. 以二维 2 个硬球系统为例，取容器的长度为 $L=100$. 对前 10 000 次碰撞进行分析. 对 $r=5$ 的情况，可以得到球壁碰撞次数与球球碰撞的比值为 9070/930；而当 $r=10$ 时，该比值降至 8318/1682；当 $r=20$ 时，比值为 6966/3034. 这表明随着 r 的增加，球球碰撞的比例迅速增加. 球球碰撞是产生强烈不稳定性使相邻轨道发散的碰撞行为，因此球球碰撞的比例越大，趋向平衡的速度应越快. 图 2.18(b) 中给出了二维空间内 $N=2$ 个硬球系统在不同硬球半径情况下熵 $H_p(n_c)$ 随时间的演化行为. 可以看到动量空间的混合速率随着 r 的增加而增加. 然而，对于任何 N 和 r，长时尾的慢演化行为仍然都可以看到. 定义玻尔兹曼熵的弛豫时间为

$$\tau = \tau\{\delta(t) = \mid H(t) - H_0 \mid \leqslant \varepsilon\}, \qquad (2.4.18)$$

这里 ε 为一小量. 研究表明，r 越小，粒子数越少，长时尾呈现的时间区间会越长. 弛豫时间随半径增加以幂律 $\tau \propto r^{-1.5}$ 减小. 进一步，可以用熵与平衡态的熵差来描述这个演化过程：

$$\delta_p(n_c) = \mid H_p(n_c) - H_{p0} \mid. \qquad (2.4.19)$$

图 2.19(a)、(b) 给出的是二维和三维情况时不同球数情况下 $\delta_p(n_c)$ 演化的双对数图，可以看到，在长时间后熵的演化的确出现所谓"长时尾"[25]，即熵的演化满足幂律

$$\delta_p(n_c) \propto n_c^{-1}. \qquad (2.4.20)$$

图 2.20 给出用位形空间单粒子分布函数定义的玻尔兹曼熵

$$H_x(n_c) = \int \rho_{n_c}(x,y)\ln\rho_{n_c}(x,y)\mathrm{d}x\mathrm{d}y \qquad (2.4.21a)$$

随时间趋向平衡态的演化行为，其中图 2.20(a) 给出位形空间的熵演化过程，图 2.20(b) 是相应的熵差

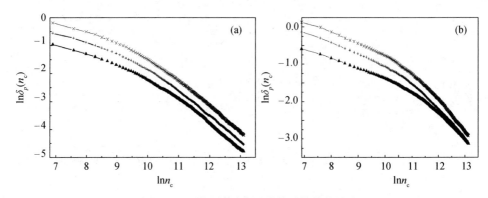

图 2.19　二维硬球玻尔兹曼熵差的演化行为

（a）空间二维硬球系统的玻尔兹曼熵差随时间（碰撞次数）的演化情况，$N=2,6,12$。（b）空间三维硬球系统的玻尔兹曼熵差的演化情况，$N=2,6,12$。在所有例子中均可看到 δ 与 n_c 之间的幂律的长时尾。（改编自文献[129]）

$$\delta_x(n_c) = \mid H_x(n_c) - H_{x0}\mid \tag{2.4.21b}$$

的演化，其中 H_{x0} 为 $H_x(n_c)$ 在长时间极限下平衡态的值。在长时间后，仍然可以看出 $\delta_x(n_c)$ 很好地满足幂律关系

$$\delta_x(n_c) \propto n_c^{-1}. \tag{2.4.22}$$

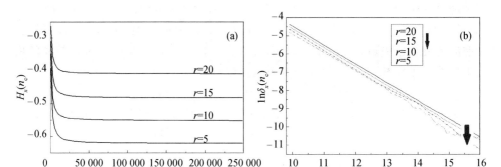

图 2.20　二维硬球位形玻尔兹曼熵的演化行为

（a）二维空间中 $N=2$ 硬球位形分布定义的玻尔兹曼熵（2.4.21a）式的演化过程；（b）二维空间的位形玻尔兹曼熵差（2.4.21b）式的演化过程。后者在大的 $\ln n_c$ 下表现出明显的幂律长时尾行为。（改编自文献[129]）

　　幂律行为是复杂体系中的一种普遍行为，它代表系统内部存在的动力学复杂性，反映着系统内部的某种标度不变性。例如在相变点，人们就会发现系统的关联函数在时间和空间都会表现出幂律关系。(2.4.20)式和(2.4.22)式演化的长时尾则是又一种动力学上幂律的重要体现。人们曾在不同系统中利用不同方法对幂律

长时尾行为进行过深入研究[11,133,134]. 对于像 K 系统这样动力学随机性非常强的系统,其动力学表现出指数不稳定性,似乎初始信息会随着时间而指数衰减. 但是,对趋于平衡态的系统来说,玻尔兹曼所给出的关联函数指数衰减的图像并不完全正确. 玻尔兹曼方程只能描述短时过程. 阿尔德(B. Alder)和文莱特(T. E. Wainwright)[135]利用计算机模拟计算了硬球气体(K 系统)的速度自关联函数,发现关联函数的指数衰减只是在一段时间内起主导作用,而在长时间后其衰减是以幂律方式实现的,被称为长时尾行为. 很多研究者基于流体力学和多体碰撞理论等推导出了这种长时尾行为[11,133]. 目前对该行为的理论解释也有很多,主要有模耦合理论(将在第 4 章讨论)和布朗运动理论等,但多数都是基于各种近似方法,无法深刻揭示长时尾的本质机制和根源.

维瓦尔第(F. Vivaldi)等人[136]研究了体育场弹子模型,利用理论分析和数值模拟计算的方法对长时尾的起源进行了分析. 体育场弹子系统是一个典型强混沌的 K 系统. 混沌运动可以看成是在由大量不稳定周期轨道构建成的骨架结构中运行,而混沌轨道则可以看成是在这些不稳定周期轨道之间的随机跃迁,可用布朗运动理论来刻画. 他们的研究发现,长时尾与混沌轨道中那些不稳定周期轨道的长片段密切相关. 这一点在他们的数值结果中也得到了验证. 另外,非平衡反常输运过程(第 4 章介绍)也与这种不稳定周期轨道产生的长时尾机制有紧密联系. 长时尾行为也在很多其他的系统,如低维哈密顿系统、原子的混沌散射、保守映射等中观察到. 这些研究都发现,长时尾与 KAM 环面附近的不稳定运动有关,当运动轨迹抵达环面区附近时,就会被"吸引"在环面附近逗留很长时间. 即使很多混沌性很强的系统几乎没有稳定的 KAM 环面,这些不稳定的环面残存部分也会产生吸引效应. 这种在 KAM 环面附近的行为被称为粘连效应(stickness effect)[34,38].

玻尔兹曼熵的演化与关联函数演化一样也会表现出长时尾行为. 硬球系统是很强的混沌系统,不存在稳定的 KAM 环面,但内部仍然存在大量的不稳定规则运动片段. 这个长时尾实际上也是由于粘连效应而引起的. 硬球长时间的混沌运动会包含大量短程规则运动片段,这些片段使得熵的演化变慢,原来的指数规律被幂率所代替. 硬球的规则运动主要来自于球球碰撞之外的粒子自由运动和粒子与边界弹性的碰撞运动. 如果 n_c 只计入球球碰撞数,这种长时尾行为就会被大为减弱. 图 2.21 给出与图 2.18 完全同样的数值模拟,但对所有上述规则运动做了不同处理. 图中 B 簇曲线显示,在去掉上述规则运动后在大 $\ln n_c$ 下玻尔兹曼熵的演化远远快于包含所有规则和混沌时间段的演化行为. 图 2.21 的对比显示,利用可直接数值计算的少体系统的分析,人们可以对多体复杂系统中一系列似乎难以理解的典型行为取得深刻的认识.

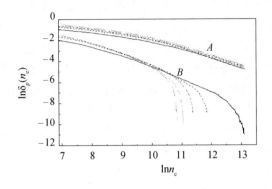

图 2.21　二维空间中 $N=2$ 个硬球系统玻尔兹曼熵差的演化情况

其中 A 组曲线对应于图 2.18(b)的不同半径 $r=1,5,10,20$(从上到下)正常 n_c 记数情况,表现出明显的幂律长时尾行为,而 B 为相应参数下去掉球与边界碰撞的规则运动片段后的 n_c 记数情况.显然 B 组衰减得比 A 组快得多,而且不再显现长时尾行为.(改编自文献[129])

2.4.4　一维空间 N 粒子系统的遍历性

二维和三维硬球运动只有在极简单的情况下(如二维空间的两硬球系统)才能求得位形空间分布的解析解.一个非平庸而对任意多粒子系统均能具有遍历行为且可求出精确统计力学解的系统是一维空间中多弹球动力学系统.考虑 N 个硬球在一维位形空间上的运动,设粒子的质量分别为 $m_i, i=1,2,\cdots,N$,运动范围限制在 $[0, L]$.硬球与硬球之间的碰撞是完全弹性的,在未发生碰撞的时候,硬球做匀速直线运动.硬球之间不能互相穿透,且系统总能量守恒.

对于一维系统,粒子大小只影响粒子实际运动范围,而对碰撞行为和状态分布没有实质影响,故可忽略粒子大小,只考虑带质量的点粒子.研究表明[137,138],在 $N \geqslant 3$ 时,只要粒子质量不等,这类系统都在等能面上各态历经,并且在全空间具有混合特性,但无论 N 取多大,m_i 取何值,该系统的最大李指数总为零,所以系统是非混沌的.这是一个典型的各态历经、混合而又非 K 流的系统.

(1) 单粒子动量分布.

对 N 粒子系统,令 $\boldsymbol{p}_i \to \sqrt{m_i}\boldsymbol{p}_i$,则在重新标度后能量可表示为 $E=\Sigma_i \boldsymbol{p}_i^2/2$.下面考虑单粒子在动量空间的概率分布.在系统满足遍历性的情况下,理论计算单粒子动量分布的方法与(2.4.2)节二维和三维硬球的过程类似,对其他 $N-1$ 个球的变量积分即可得到,以下不再重复详细过程.需要注意的是,一维硬球系统采取固定边界条件和周期边界条件的结果并不相同,因为固定边界条件下硬球除了相互之间的碰撞之外,还有边界的两个球与边界的碰撞反弹,其动量方向逆转,故系统总能量守恒,但总动量不守恒,而周期边界条件时没有边界处的反弹,故系统的总能量和总动量都守恒. 利用积分约化得到单粒子分布时需要在守恒的约束条件下进行, 两种边界条件的守恒量不同导致了单粒子分布的不同.

下面先看固定边界条件下系统达到各态历经时单粒子动量空间分布[139]. 对于 $N=2$ 的情形, 在满足遍历性情况下, 可很容易算出

$$\rho(p_1) = 1/(2\pi \sqrt{2E_0 - p_1^2}). \qquad (2.4.23a)$$

由于二粒子系统在动量空间并不能达到各态历经, 所以该分布实际上是不能实现的. 对一般的 N 粒子系统, 单粒子平衡态概率分布可按照 2.4.1 节的计算方法, 并应用球表面积积分得到:

$$\rho_N(p_i) = \frac{S_{N-1}(\sqrt{2E_0 - p_i^2})}{S_N(\sqrt{2E_0})} \cdot \sqrt{\frac{2E_0}{2E_0 - p_i^2}}, \qquad (2.4.23b)$$

其中 $S_n(R)$ 表示半径为 R 的 n 维球面表面积, 由 (2.4.6) 式给出. 将 $S_n(R)$ 表达式代入上式, 得

$$\rho_N(p_i) = C_N (2E_0 - p_i^2)^{(N-3)/2}, \qquad (2.4.24a)$$

其中

$$C_N = (\sqrt{2E_0})^{2-N} \pi^{-1/2} (N/2 - 1)!/(N/2 - 3/2)!. \qquad (2.4.24b)$$

图 2.22 给出了粒子数 $N=3,4,10$ 的系统中单粒子在动量空间的概率分布函

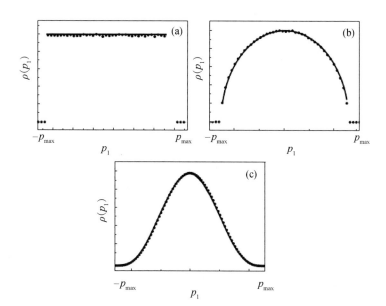

图 2.22 $N(\geqslant 3)$ 粒子系统中粒子 1 在动量空间的概率分布曲线

所有粒子都有相同的约化单粒子动量分布函数. 图中实线为理论曲线 (2.4.24) 式, 散点为数值模拟结果.
(a) $N=3$, (b) $N=4$, (c) $N=10$. (改编自文献[139])

数,其中实线为理论结果,圆圈为数值模拟结果,可以明显看出理论与数值结果符合得很好.这很好地验证了在 $N \geqslant 3$ 时具有非全同质量一维空间中的 N 质点系统在动量空间中各态历经.只要质量不全同,在 $N \geqslant 3$ 时所有质量粒子都会实现相同的概率分布,这些分布在重新标度下与质点质量大小本身无关.

在周期边界条件下,系统的约束条件除能量守恒以外,由于硬球不再有与边界的碰撞反弹,因此系统还需要满足动量守恒,此时从 N 粒子的动量空间分布约化至单粒子空间时的约化积分需要同时考虑在等能和等动量面上进行.这样的系统必须达到 $N \geqslant 4$ 的粒子数时才会有各态历经行为,这是因为在周期边界条件下,一维硬球系统的总能量和总动量守恒,系统的自由变量为 $N-2$ 个,粒子数 $N=3$ 时由于只有一个自由变量,系统动力学在动量空间上不可能达到混合,$N \geqslant 4$ 时相应的单粒子动量空间概率密度分布函数形式变为

$$\rho_N(p_i) \propto (2E_0 - p_i^2)^{(N-4)/2}, \quad i = 1, 2, \cdots, N. \tag{2.4.25}$$

(2) 单粒子位形分布.

以下再讨论一维运动的 N 粒子位形空间的概率分布函数.在位形空间中,只要初始能量不为零,N 粒子系统便是各态历经的.由等概率原理,我们假定系统粒子运动空间的大小就是系统所对应某粒子出现在某位置邻域的概率,等于它出现在该位置时所对应相空间的位形空间部分的体积与系统相空间的位形空间部分总体积之比.对二粒子系统,粒子排序不变.粒子1出现在 x 位置时,它所对应的系统微观态个数就等于粒子2自由运动空间大小 $L-x$.粒子1可以运动的范围是 $(0, L)$,则系统所对应的位形空间总体积为

$$\int_0^L (L-x)\mathrm{d}x = L^2/2,$$

故粒子1出现在 x 位置的概率密度为

$$\rho_1(x) = 2(L-x)/L^2, \tag{2.4.26a}$$

粒子2出现在 x 位置的概率密度为

$$\rho_2(x) = 2x/L^2. \tag{2.4.26b}$$

但可以理论证明,并也被数值计算研究验证,二粒子系统在位形空间不满足遍历性.

在固定边界条件下,对 N 粒子系统,类似计算可以得到第 i 个粒子出现在位置 x 的概率密度为

$$\rho_i(x) = NC_{N-1}^{i-1}(L-x)^{N-i}x^{i-1}/L^N, \tag{2.4.27}$$

其中

$$C_N^i = N!/[(N-i)!i!].$$

可见,虽然不同粒子有相同的约化动量分布函数,却有不同的空间分布函数.很容易验证,(2.4.27)式的概率密度分布函数是归一化的,即

$$\int_0^L \rho_i(x)\,\mathrm{d}x = 1,$$

而粒子密度为

$$n(x) = \sum_{i=1}^N \rho_i(x) \equiv N/L.$$

可以看到,一维粒子位形概率分布刚好是一个二项式分布,该分布与质量无关,无论取怎样的粒子之间质量比,这些粒子在位形空间的概率分布形式都是相同的.图 2.23 给出了 $N=4$ 时固定边界条件下四个粒子的位形分布.图中(2.4.27)的解析结果完全被数值实验证实.

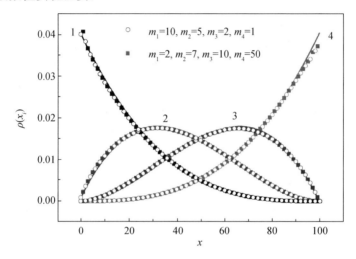

图 2.23　固定边界条件下,4 粒子系统各粒子在一维位形空间($L=100$)中的概率分布

实线为微正则系综理论结果(2.4.27)式,不同数字标注的曲线为相应标号粒子的分布曲线,圆圈和方块分别为两组不同质量组合的数值计算结果,相应粒子的分布与标号的理论实线有很好的吻合.(改编自文献[139])

周期边界条件下坐标空间的概率分布计算要比在固定边界条件下计算困难得多.爱克兰德(G. J. Ackland)给出了位形空间中概率分布的数值结果,但未能给出解析结果,没有数值与理论的比较,无法验证系统在位形空间的遍历性[137,138].李海红等[139]解析推导出了该系统达到遍历时在位形空间的概率密度分布.由于计算比较复杂,得到的公式比较繁杂,此处只给出 $N=3$ 时粒子 3 的分布函数解析表达式(图 2.24)

$$\rho(x_3) = A \begin{cases} x_3 + m_3 x_3/M_2, & x_3 \in (S_1, S_2), \\ [m_1(L-x_3) - m_3 x_3]/m_2 + m_3 x_3/M_2, & x_3 \in (S_2, S_3), \\ 0, & x_3 \in (S_3, L), \end{cases} \quad (2.4.28a)$$

其中 A 为归一化系数,L 为位形空间长度,m_i 为第 i 个粒子的质量,另外

$$M_i = \sum_{j=1}^{i} m_j, \quad i = 1, 2, \cdots, N-1, \tag{2.4.28b}$$

$$S_1 = 0, \quad S_{i+1} = S_i + m_i L / M, \quad i = 1, 2, \cdots, N-1. \tag{2.4.28c}$$

下面讨论一下上述两种不同边界条件下系统位形分布的区别与联系. 在周期边界条件下, 如果在 N 粒子系统中有一个粒子质量为无穷大, 则该系统退化为固定边界情况下的 $N-1$ 粒子系统. 例如假定粒子 N 的质量为无穷大, 初始位于 $x=0$, 则其他 $N-1$ 个粒子可以在整个 $(0, L)$ 之间移动, 而粒子 N 静止于 $x=0$ 处, 相当于固定边界时 $x=0$ 和 $x=L$ 的两个边界. 此时, 其他 $N-1$ 个粒子的位形分布就退化为固定边界条件的结果. 需要强调, 周期边界条件下由于动量守恒的约束, 在有限质量情况下粒子位形空间的概率分布与粒子质量有关. 当其中一个质点质量为无穷大时, 在退化的固定边界条件系统中概率分布对质量的依赖性就会消失. 产生这种结果的力学机制首先是一个粒子的无穷大质量使得其余 $N-1$ 个粒子不再受总动量守恒的约束, 其次是由于空间位置不出现在哈密顿量的表达式中, 位形空间等概率分布假设及粒子的不可穿透性要求都与质量无关, 而这两个要求是计算位形空间概率分布的全部条件. 这就造成了图 2.24 周期边界条件下的分布与图 2.23 固定边界条件的分布有很大不同.

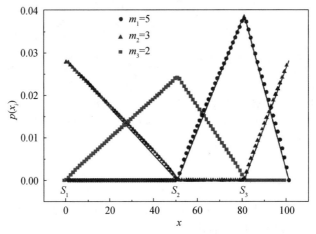

图 2.24　在 $L=100$ 的具有周期边界条件的一维空间中 $N=3$ 个粒子系统中各粒子在位形空间的概率分布

实线为微正则系综的统计分布, 点线为数值计算结果, 二者很好地吻合. (改编自文献[139])

§2.5　哈密顿系统动力学的微分几何理论

前面除了遍历理论的一般性讨论之外, 重点分析了低维哈密顿系统的动力学,并建立了动力学与统计力学的联系. 传统统计物理学研究的都是 $N \gg 1$ 的热力学系统, 这样极大自由度的系统要通过力学的方式进行讨论会非常困难, 但在大自由度 $N \gg 1$ 下建立统计行为与动力学的联系又是一件非常重要的事情. 近年来以科恩、卡瑟蒂(L. Casetti)和佩蒂尼(M. Pettini)为代表的意大利学派成功地利用微分几何理论研究了多自由度哈密顿系统的动力学行为, 并将系统的动力学行为及其微分几何拓扑行为与系统的统计行为联系起来[103,140], 这是本节将要讨论的内容.

考虑如下形式的限制在有限空间的 N 自由度哈密顿系统

$$H = \frac{1}{2}\sum_{i=1}^{N} \boldsymbol{p}_i^2 + V(\boldsymbol{q}_1, \cdots, \boldsymbol{q}_N). \tag{2.5.1}$$

这里强调的是研究对象为大自由度系统, 研究的目的是利用系统相空间轨迹的几何与拓扑特性建立大系统的动力学与统计特征的联系. 下面将会看到, 只要系统的位形空间能够赋予适当的测度(measure), 相空间的动力学轨迹就可以看成是位形空间中的测地线(geodesics). 实际上, 从莫泽理论看来, 相空间的所有关键拓扑信息都记录在系统哈密顿量的势能函数 $V(\boldsymbol{q}_1, \cdots, \boldsymbol{q}_N)$ 中.

粗略来说, 轨道的稳定性意味着在相空间的轨迹束在随时间推移的过程中不会出现大的分散. 换句话说, 对初始条件的小扰动在系统的未来演化中只会对原轨道产生小的偏离. 前面利用同宿和异宿相交以及李雅普诺夫特征指数等概念解释了哈密顿系统的混沌动力学行为, 并采用辛几何的思想来对哈密顿系统进行几何化. 本节将采取黎曼几何的框架来进行讨论, 黎曼流形的优点在于可对流形上任意两点的距离进行定义和度量. 下面我们讨论哈密顿系统的几何化, 并将几何化与动力学进行对应, 从而对稳定性和混沌等动力学概念在微分几何框架下进行诠释.

哈密顿量表达式中动能部分为速度(或动量)二次型的系统称为自然(natural)哈密顿系统. 自然系统的运动轨迹可看作是恰当黎曼流形的测地线, 可由变分原理得到. 按照哈密顿原理(1.2.4)式, 哈密顿系统的自然运动是作用量泛函

$$S = \int_{t_1}^{t_2} L(\boldsymbol{q}, \dot{\boldsymbol{q}}, t)\mathrm{d}t \tag{2.5.2}$$

的极值对应的运动, 这里 $L(\boldsymbol{q}, \dot{\boldsymbol{q}}, t)$ 是系统的拉格朗日量.

对应于黎曼流形, 其测地线为长度泛函

$$l = \int \mathrm{d}s \tag{2.5.3a}$$

的极值, 这里

$$\mathrm{d}s^2 \equiv g_{ij}\mathrm{d}q^i \mathrm{d}q^j, \quad i, j = 1, 2, \cdots, N. \tag{2.5.3b}$$

注意(2.5.3b)式右边的上下双指标重复出现代表求和, 以下所有类似公式的表述除非特别说明均采用微分几何的这种求和约定. 从上面对运动的两种不同描述方

式可以看到,一旦两种表述(2.5.2)和(2.5.3)可以建立对应,则长度泛函与作用量泛函就会建立联系,通过选择适当的度规(metric),我们就可以将物理的运动轨迹与几何的测地线对应起来.有了这种对应,原来在相空间运动轨迹的时间推移问题研究就可以用几何空间中的流形来加以刻画.微分几何也就可以成为研究哈密顿动力学性质的有力武器.关于微分几何的基础知识和概念,可见附录 A.

下面讨论动力学的几何化.需要指出的是,利用黎曼几何对动力学进行表述的方式并不唯一[141],我们可以通过选择不同的空间和度规来进行多种表述,其中用得比较多的是雅可比度规、艾森哈特(Eisenhart)度规或更一般的芬斯勒(Finsler)几何度规[142,143].

2.5.1 雅可比度规与艾森哈特度规

考虑定义于黎曼流形(M,a)上的自治并自然的哈密顿系统

$$L = T - V = \frac{1}{2}a_{ij}\dot{q}^i\dot{q}^j - V(q),\tag{2.5.4}$$

系统的哈密顿量

$$H = T + V$$

为系统的一个运动积分(守恒量),因此哈密顿原理可用莫佩尔蒂(P. L. M. de Maupertuis,1698—1759)原理来表述[29].给定位形空间 M 中的一条运动曲线 $\gamma(t)$,系统沿曲线 $\gamma(t)$ 的作用量泛函(2.5.2)式可写为

$$S = \int_{\gamma(t)} p_i \mathrm{d}q^i = \int_{\gamma(t)} \frac{\partial L}{\partial \dot{q}^i}\dot{q}^i \mathrm{d}t.\tag{2.5.5}$$

由欧拉定理[103],

$$2T = \dot{q}^i \frac{\partial L}{\partial \dot{q}^i},\tag{2.5.6}$$

则哈密顿原理(1.2.4)式可表述为莫佩尔蒂原理

$$\delta S = \delta \int 2T\mathrm{d}t = 0.\tag{2.5.7}$$

由该原理给出的轨迹可在定义适当的度规后成为黎曼流形.为简单起见,考虑哈密顿量形式为(2.5.1)的系统,即动能二次型的矩阵是对角矩阵,且有单位质量 $m=1$,即 $a_{ij}=\delta_{ij}$.若记

$$g_{ij} = 2[E - V(\boldsymbol{q})]\delta_{ij},\tag{2.5.8}$$

则莫佩尔蒂原理(2.5.7)可写为

$$\delta \int 2T\mathrm{d}t = \delta \int \sqrt{g_{ij}\dot{q}^i\dot{q}^j}\mathrm{d}t = \delta \int \mathrm{d}s = 0.\tag{2.5.9}$$

利用该变分原理可以得到系统的测地线方程,因此(2.5.9)式表明,若采用上述 g_{ij} 张量定义的度规,自然运动轨迹就是在位形空间中的测地线.对应于(2.5.8)给出

的张量,该度规即雅可比度规,其弧长微分元为

$$ds^2 \equiv g_{ij} dq^i dq^j = 2\left[E - V(\boldsymbol{q})\right] \frac{dq^i}{dt} \frac{dq^j}{dt} dt^2 = 4\left[E - V(\boldsymbol{q})\right]^2 dt^2. \quad (2.5.10)$$

在广义坐标的坐标系中,由(2.5.9)式的莫佩尔蒂变分原理可得测地线方程为

$$\frac{D\dot{\gamma}}{ds} \equiv \frac{d^2 q^i}{ds^2} + \Gamma^i_{jk} \frac{dq^j}{ds} \frac{dq^k}{ds} = 0, \quad (2.5.11)$$

其中 D/ds 是沿曲线 $\gamma(s)$ 的协变微商(covariant derivative),对于一个一般矢量 $\boldsymbol{u}$,协变微商定义为

$$Du^i/dt = du^i/dt + \Gamma^i_{jk} (dq^j/dt) u^k. \quad (2.5.12a)$$

$\dot{\gamma} = dq/ds$ 为测地线的速度矢量.(2.5.11)及(2.5.12a)式中的 Γ^i_{jk} 为克利斯朵夫(Christoffel)联络(或克利斯朵夫符号):

$$\Gamma^i_{jk} = \frac{1}{2} g^{im} (\partial_j g_{km} + \partial_k g_{mj} - \partial_m g_{jk}), \quad (2.5.12b)$$

其中 $\partial_i = \partial/\partial x^i$. 利用克氏符的定义(2.5.12b)式,测地线方程(2.5.11)可以直接写出为

$$\frac{d^2 q^i}{ds^2} + \frac{1}{2(E - V(\boldsymbol{q}))} \left[2 \frac{\partial(E - V(\boldsymbol{q}))}{\partial q_j} \frac{dq^j}{ds} \frac{dq^i}{ds} - g^{ij} \frac{\partial(E - V(\boldsymbol{q}))}{\partial q_j} g_{km} \frac{dq^k}{ds} \frac{dq^m}{ds} \right] = 0.$$
$$(2.5.13)$$

将雅可比度规定义(2.5.10)式代入(2.5.13)式,可以得到牛顿方程

$$\frac{d^2 q^i}{dt^2} = -\frac{\partial V}{\partial q_i}. \quad (2.5.14)$$

上述的雅可比度规定义在位形空间 M. 如果将时间也包括在内,并考虑流形的测地线与动力学的自然轨迹相对应,则可以讨论位形+时间的空间,相应的坐标变为 $(q^0, q^1, \cdots, q^N, q^{N+1})$,其中 $q^0 = t$. 这样就可以定义艾森哈特度规

$$ds^2 \equiv (g_E)_{\mu\nu} dq^\mu dq^\nu = a_{ij} dq^i dq^j - 2V(\boldsymbol{q})(dq^0)^2 + 2dq^0 dq^{N+1}, \quad (2.5.15)$$

其中 $(g_E)_{\mu\nu}$ 为艾森哈特度规张量,$\mu, \nu = 0, 1, \cdots, N+1$,$i, j = 1, 2, \cdots, N$,$ds^2 = c_1^2 dt^2$. 多出的一维方程可以求出为

$$q^{N+1} = c_1^2 t/2 + c_2^2 - \int_0^t L d\tau, \quad (2.5.16)$$

其中 c_1,c_2 为实数常数. 物理量 q^{N+1} 由艾森哈特定理确定[144],该定理给出了哈密顿系统自然运动轨迹与引入的艾森哈特度规下测地线之间的关系,通过引入第 $N+1$ 个分量 q^{N+1} 来保证自然轨迹与艾森哈特度规空间流形测地线之间的对应性. 由于常数 c_1 是任意的,通常取 $c_1^2 = 1$,由此得到艾森哈特度规张量为

$$g_{\mathrm{E}} = \begin{bmatrix} -2V(\boldsymbol{q}) & 0 & \cdots & 0 & 1 \\ 0 & a_{11} & \cdots & a_{1N} & 0 \\ \vdots & \vdots & \vdots & \vdots & \vdots \\ 0 & a_{N1} & \cdots & a_{NN} & 0 \\ 1 & 0 & \cdots & 0 & 0 \end{bmatrix}, \tag{2.5.17}$$

其中 a_{ij} 为动能矩阵元. 对于 $a_{ij} = \delta_{ij}$ 的情形, 在艾森哈特度规下, 克氏符只有如下非零元:

$$\Gamma_{00}^{i} = -\Gamma_{0i}^{N+1} = \partial_i V, \tag{2.5.18}$$

于是测地线方程为

$$\frac{\mathrm{d}^2 q^0}{\mathrm{d}s^2} = 0,$$

$$\frac{\mathrm{d}^2 q^i}{\mathrm{d}s^2} + \Gamma_{00}^{i} \frac{\mathrm{d}q^0}{\mathrm{d}s} \frac{\mathrm{d}q^0}{\mathrm{d}s} = 0, \quad i = 1, 2, \cdots, N, \tag{2.5.19}$$

$$\frac{\mathrm{d}^2 q^{N+1}}{\mathrm{d}s^2} + \Gamma_{0i}^{N+1} \frac{\mathrm{d}q^0}{\mathrm{d}s} \frac{\mathrm{d}q^i}{\mathrm{d}s} = 0.$$

由于 $\mathrm{d}s = \mathrm{d}t$, 有

$$\frac{\mathrm{d}^2 q^0}{\mathrm{d}t^2} = 0, \tag{2.5.20a}$$

$$\frac{\mathrm{d}^2 q^i}{\mathrm{d}t^2} = -\frac{\partial V}{\partial q_i}, \tag{2.5.20b}$$

$$\frac{\mathrm{d}^2 q^{N+1}}{\mathrm{d}t^2} = -\frac{\mathrm{d}L}{\mathrm{d}t}. \tag{2.5.20c}$$

(2.5.20a)式给出 $q^0 = t$, (2.5.20b)式即为牛顿方程, 而(2.5.20c)式则是多出那一维的变量方程, 即(2.5.16)式的微分形式, 它的引入保证了自然轨迹与艾森哈特度规空间流形测地线之间的对应性, 保证了系统的拉格朗日量 L 为一个运动积分.

2.5.2 曲率与稳定性

动力学几何化的主要目的在于分析动力学的特征, 建立动力学特征与微分几何特征之间的联系. 动力学性质中非常重要的一个概念就是运动轨道的稳定性, 下面首先来讨论在微分几何中轨道稳定性的表现.

研究动力学稳定性的直接分析方法是对系统加上扰动, 研究扰动随时间的演化, 这就要求我们要在线性切空间跟随参考轨道来观察扰动的演化. 对于牛顿动力学, 设受扰轨道为

$$\widetilde{q}^{i}(t) = q^{i}(t) + \xi^{i}(t), \tag{2.5.21}$$

将其代入牛顿方程(2.5.14), 并只保留扰动 ξ 的一阶项, 我们得到切空间线性化动

力学方程

$$\ddot{\xi}^i = -\left(\frac{\partial^2 V(\boldsymbol{q})}{\partial q^i \partial q^j}\right)_{q^i = q^i(t)} \xi_j. \tag{2.5.22}$$

此方程给出扰动的演化. 将(2.5.22)式与牛顿方程(2.5.14)式一起求解(从牛顿方程可以得到参考轨道的时间演化), 就可以考察轨道的动力学稳定性. 由于扰动方程(2.5.22)是线性化方程, 扰动 ξ 的演化就是指数型的, 随时间的指数增长则意味着轨道是线性不稳定的.

下面将上述的动力学分析翻译成微分几何语言. 受扰的测地线可写为

$$\widetilde{q}^i(s) = q^i(s) + J^i(s). \tag{2.5.23}$$

将其代入测地线方程(2.5.11), 得到扰动满足的方程

$$\frac{\mathrm{D}^2 J^i}{\mathrm{d}s^2} + R^i_{jkl}\frac{\mathrm{d}q^j}{\mathrm{d}s}J^k\frac{\mathrm{d}q^l}{\mathrm{d}s} = 0, \tag{2.5.24}$$

其中 R^i_{jkl} 为黎曼曲率张量的分量

$$R^i_{jkl} = \frac{\partial \Gamma^i_{jl}}{\partial x^k} - \frac{\partial \Gamma^i_{kl}}{\partial x^j} + \Gamma^r_{jl}\Gamma^i_{kr} - \Gamma^r_{kl}\Gamma^i_{jr}. \tag{2.5.25}$$

方程(2.5.24)即为雅可比方程(亦称为雅可比-列维-西维塔方程[140], 历史上意大利数学家列维-西维塔(T. Levi-Civita, 1873—1941)首先研究了该方程). 在讨论中, 人们通常采用雅可比场 $\boldsymbol{J}$ 与测地线速度矢量的正交条件 $\langle \boldsymbol{J}, \dot{\boldsymbol{\gamma}} \rangle = 0$, 其中 $\langle \cdot \rangle$ 代表由度规引入的张量的标积. 在黎曼几何度规 $\boldsymbol{g}$ 下, 任意两个矢量 $\boldsymbol{u}$ 和 $\boldsymbol{v}$ 的标积定义为

$$\langle \boldsymbol{u}, \boldsymbol{v} \rangle = \boldsymbol{g}(\boldsymbol{u}, \boldsymbol{v}) = g_{ij}u^i v^j. \tag{2.5.26}$$

雅可比方程(2.5.24)中的力学流形曲率张量在不同度规下有不同的表达式, 下面给出雅可比度规和艾森哈特度规下的表达式. 对于自然哈密顿系统, 动能矩阵是对角化的, 此时雅可比度规下的表达式可以大大简化. 定义对称张量为 $\boldsymbol{C}^{[145]}$

$$C_{ij} = \frac{N-2}{4(E-V)^2}\left[2(E-V)\partial_i\partial_j V + 3\partial_i V\partial_j V - \frac{1}{2}\delta_{ij}\mid \nabla V\mid^2\right], \tag{2.5.27}$$

利用(2.5.25)式, 并结合(2.5.27)和(2.5.12b)式, 黎曼曲率(2.5.25)式可表示为

$$R_{ijkm} = \frac{1}{N-2}[C_{jk}\delta_{im} - C_{jm}\delta_{ik} + C_{im}\delta_{jk} - C_{ik}\delta_{jm}]. \tag{2.5.28}$$

进一步缩并四阶张量的第一和第三指标, 即对上下重复双指标代表和, 定义

$$R_{ij} = R^k_{ikj},$$

可以得到二阶里奇(G. Ricci-Curbastro, 1853—1925)张量

$$R_{ij} = \frac{N-2}{4(E-V)^2}[2(E-V)\partial_i\partial_j V + 3\partial_i V\partial_j V$$

$$+ \frac{\delta_{ij}}{4(E-V)^2} \left[2(E-V)\Delta V - (N-4) \mid \nabla V \mid^2 \right]. \qquad (2.5.29)$$

进一步将所有指标缩并,即将(2.5.28)式的指标也缩并,则可得到雅可比度规下的标量曲率

$$R = R_i^i = \frac{(N-1)\left[2(E-V)\Delta V - (N-6) \mid \nabla V \mid^2\right]}{4(E-V)^2}. \qquad (2.5.30)$$

相比于雅可比度规,艾森哈特度规的曲率表达更加简单.利用(2.5.18),(2.5.26)和(2.5.28)式,四阶张量 R 的非零元为

$$R_{0i0j} = \partial_i \partial_j V, \qquad (2.5.31)$$

因此里奇曲率只有一个非零元

$$R_{00} = \Delta V, \qquad (2.5.32)$$

而标量曲率

$$R = 0. \qquad (2.5.33)$$

方程(2.5.24)给我们一个重要的信息是,雅可比场的演化,亦即测地线的稳定性完全取决于流形的曲率(黎曼曲率张量).如果度规是从物理体系得到的,例如前面的雅可比或艾森哈特度规,则该方程可以将轨迹稳定性与流形曲率联系起来.因此,雅可比方程(2.5.24)是描述几何流形稳定性的线性化方程,它实际上建立了动力学稳定性的几何稳定性描述,将原有的动力学稳定性分析转化为几何流形在拓扑空间中的稳定性分析.辅以适当的假设,我们就可以利用微分几何方法对高维哈密顿系统动力学特征进行讨论.

2.5.3　雅可比方程与稳定性分析

高维哈密顿系统的动力学通常表现为混沌运动,但基于动力学计算与混沌相关的特征量有很大的困难.另一方面,对于高维系统复杂的混沌运动,微分几何理论对其诠释不仅在概念上可以给出深刻的理解,更重要的是,该理论可以对哈密顿系统的混沌性进行定量的计算.我们将通过下面的讨论表明,从雅可比方程出发可以得到有效的稳定性方程,并可利用该方程在热力学极限下进一步解析估算出系统的最大李雅普诺夫指数(以下简称李指数),得到的指数与很多实际系统指数的数值模拟结果都符合得很好[146—149].

前面已经得到了雅可比方程,该方程包含了测地线流线性稳定性的全部信息,由曲率张量 R 给出.但是,即使考虑到各种对称因素可以减少的非独立元,曲率张量的独立分量个数仍然是 $O(N^4)$ 量级.因此,做到完全对雅可比方程求解几乎是不可能的.对于一些特殊情形,例如对于各向同性流形,

$$R_{ijkl} = K(g_{ik}g_{jl} - g_{il}g_{jk}), \qquad (2.5.34a)$$

式中的 K 为黎曼曲率.将其代入(2.5.24)式,可以得到约化的简单形式[140]

$$\mathrm{D}^2 J^i / \mathrm{d}s^2 + K J^i = 0. \tag{2.5.34b}$$

选择测地线坐标系,即沿测地线运动的正交归一坐标系,此时协变导数就成为普通导数,$\mathrm{D}/\mathrm{d}s = \mathrm{d}/\mathrm{d}s$. 对于初始条件 $J(0)=0$ 与 $\mathrm{d}J(0)/\mathrm{d}s = w(0)$,上述方程的解为

$$J(s) = \begin{cases} (w(s)/\sqrt{K})\sin(\sqrt{K}s), & \text{当 } K > 0 \text{ 时,} \\ s w(s), & \text{当 } K = 0 \text{ 时,} \\ (w(s)/\sqrt{-K})\sinh(\sqrt{-K}s), & \text{当 } K < 0 \text{ 时,} \end{cases} \tag{2.5.35}$$

其中 $w(s)$ 为初始时 $\mathrm{d}J(0)/\mathrm{d}s$ 对应的函数. 上式表明,当曲率 $K > 0$ 时,测地线流的主项为 s 的周期函数,振荡有界,如图 2.25(a)所示. 而当曲率 $K < 0$ 时,第三式的右边为双曲正弦函数,测地线流的主项为 $\mathrm{e}^{\sqrt{-K}s}$,因此测地线流当 $K < 0$ 时不稳定,相应的不稳定指数为 $\sqrt{-K}$,如图 2.25(b)所示.

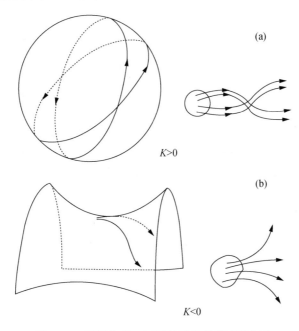

图 2.25 不同曲率 K 下测地线流的稳定性行为

(a) 在正的常数曲率流形上,任意两条相邻测地线之间的距离是振荡且有界的,图中给出的是二维球面的情形,其测地线为大圆;(b) 在负常数曲率流形上,任意两条相邻测地线之间的距离指数发散,图中给出的是二维鞍点的情形.(改编自文献[103])

对于非各向同性的情况,只要最大曲率为负,测地线就不稳定,只是这种情况下一方面方程难以求解,另一方面,曲率可能也不再是常数. 以下用 $K(s)$ 表示沿测地线 s 的曲率函数,而用 $k(s)$ 表示单自由度曲率函数,另外,用 K_R, k_R 表示里奇度规下的里奇曲率. 在选择测地线坐标系情况下,可以建立依赖 s 的曲率标量雅可比方程

$$d^2 J/ds^2 + K(s)J = 0, \tag{2.5.36}$$

其中 $K(s)=R(s)/2$. 由于曲率 K 不再是常数,方程(2.5.36)成为参数化方程. 测地线失稳有两种可能性[103,140]:一是 $K(s)$ 虽然与 s 有关,但仍然保持为负;另外一种情况,$K(s)$ 虽然不一定保持为负,甚至对某些 s 为正,但 $K(s)$ 的涨落有可能会引起测地线流形的失稳. 后者是一种新的机制,称为参数不稳定性(parametric instability),它并不要求 $K(s)$ 总是为负,而涨落不仅成为重要的失稳机制,而且对定量计算也会产生贡献.

参数不稳定性机制在参数化时间微分方程中也存在,方程中参数是时间的函数. 我们可以用类似于研究时间参数不稳定性的方法来研究测地线流形的参数不稳定性. 将 $K(s)$ 做如下傅里叶展开:

$$K(s) = K_0 + \sum_{n=1}^{\infty} [a_n \cos(n\omega s) + b_n \sin(n\omega s)], \tag{2.5.37}$$

其中 $\omega=2\pi/L$,L 为测地线的长度. 平均频率 $(K_0)^{1/2}$ 可以与上式展开部分的某些项产生共振,从而导致方程解的指数发散. 利用含时参数微分方程理论[69](例如马蒂厄理论(É. L. Mathieu,1835—1890),法国数学家),可以对测地线的参数不稳定性进行讨论,找出稳定区与不稳定区[103].

下面我们集中讨论高维(大自由度)哈密顿系统的混沌动力学,在这种情况下可以建立李指数与曲率涨落之间的关系. 实际上,更为重要的是,在适当的近似下可以得到类似于雅可比方程(2.5.36)的有效稳定性方程,在此基础上可以给出最大李指数的解析表达式. 很显然,无论是对高维哈密顿系统直接计算还是利用微分几何理论来严格计算李指数都是非常困难的,为此需要引入一定的假设来做一定的简化. 考虑到高维哈密顿系统较强的混沌性等特征,我们可以在尽可能保留曲率张量对动力学本质影响信息的前提下对雅可比方程(2.5.36)进行一定的约化描述. 为此,人们提出了如下几个假设[148,149]:

(1) 测地线的混沌性,假设典型测地线的演化是混沌的. 该假设是下面几个假设的基础.

(2) 流形的准各向同性,假设流形是准各向同性的. 该假设意味着流形可以近似看做具有常数曲率而仅是局部发生变形扭曲. 因此,我们可以摆脱雅可比方程(2.5.34)对于整个黎曼曲率张量的依赖性,用一个有效黎曼曲率 $K(s)$ 来代替,从而使得雅可比方程对角化.

(3) 有效曲率的涨落性,假设在测地线的演化中,有效曲率可用随机过程描述,在热力学极限 $N\to\infty$ 下可近似用高斯随机过程描述. 该假设使得有效黎曼曲率 $K(s)$ 可用统计方法来计算,从而摆脱了它对测地线演化动力学细节的依赖性. 该假设与假设(1)的混沌性密切相关.

(4) 有效黎曼曲率 $K(s)$ 的统计性质与里奇曲率相同. 这可给出有效曲率的具体计算方案.

上述假设为解析计算提供了便利,它们的合理性则需要在具体系统研究和计算过程中加以检验. 利用上述假设构建测地线的雅可比方程及其简化的过程比较繁琐,读者可参看文献[148]和[150]. 下面略去详细的计算过程,直接给出有效雅可比方程

$$\mathrm{d}^2 J^i / \mathrm{d}s^2 + K(s) J^i = 0. \tag{2.5.38}$$

假设 $K(s)$ 满足随机过程,分布函数为 $P(K)$,且满足上述的假设(4),即与里奇曲率 K_R 满足同样的统计性质 $P(K_R)$,则分布函数满足

$$P(K) = P(K_R). \tag{2.5.39}$$

考虑头两阶矩,对于单自由度曲率,有

$$\langle k(s) \rangle_S \approx \frac{1}{N-1} \langle K_R(s) \rangle_S \equiv \langle k_R(s) \rangle_S, \tag{2.5.40}$$

$$\langle [k(s) - \bar{k}]^2 \rangle_S \approx \frac{1}{N-1} \langle [K_R(s) - \langle K_R \rangle_S]^2 \rangle_S \equiv \langle \delta^2 k_R \rangle_S, \tag{2.5.41}$$

其中 $\langle \cdot \rangle_S$ 表示沿测地线 $\gamma(s)$ 的轨道平均. 通常里奇曲率的分布(2.5.39)不是高斯型的,即关于里奇曲率的统计信息不能简单地只考察其平均和方差. 但只要系统的自由度足够大,$N \gg 1$,利用中心极限定理,高斯分布就是较好的近似,此时有效曲率可近似用其平均和围绕平均的高斯型涨落的贡献来代替[148],

$$k(s) \approx \langle k_R(s) \rangle_S + \langle \delta^2 k_R \rangle_S^{1/2} \eta(s), \tag{2.5.42}$$

其中 $\eta(s)$ 是一个刻画具有零平均和单位方差随机过程的随机量. 对于测地线为自然哈密顿系统运动的情形,如果系统满足遍历性,则可以选择微正则系综作为测度,以系综平均来代替(2.5.42)中的轨道平均,由此得到

$$k(s) \approx \langle k_R(s) \rangle_\mu + \langle \delta^2 k_R \rangle_\mu^{1/2} \eta(s), \tag{2.5.43}$$

最后可以得到任意雅可比场分量 ψ 满足的方程:

$$\frac{\mathrm{d}^2 \psi}{\mathrm{d}s^2} + \langle k_R \rangle_\mu \psi + \langle \delta^2 k_R \rangle_\mu^{1/2} \eta(s) \psi = 0. \tag{2.5.44}$$

由于(2.5.44)式中的系数需用微正则系综平均来计算,因此它们与系统的能量(能量密度)有关. 这两个系数联系着有关稳定性的全局特征及其该有效流形的几何结构特征,因此有可能利用这两个系数来研究当系统能量变化时系统的流形特征以及全局动力学特征. (2.5.44)式的第三项是随机过程项,方程的系数仍然与测地线流形有关. 这样方程(2.5.44)仍然可以写为

$$\mathrm{d}^2 \psi / \mathrm{d}s^2 + k(s) \psi = 0, \tag{2.5.45}$$

其中 $k(s)$ 为高斯随机过程. 该式在上述假设下成立,为一标量方程,且不依赖于度规的选择,因此可作为下节将进行的计算的基础.

§2.6　哈密顿系统的李指数与平衡态相变

2.6.1　李指数的微分几何表达式

只要选择合适的度规,上述雅可比方程就可以用来计算李指数.下面选择艾森哈特度规,且假设动能矩阵是对角化的,即 $a_{ij} = \delta_{ij}$,因为在很多实际系统中,动能矩阵本身就是对角化的,对于非对角的动能矩阵,由于动能项二次型特征,因此总是可将其对角化的.可以证明,上述雅可比方程等价于切向动力学方程(即扰动的演化方程)(2.5.23).

给定雅可比方程

$$\frac{\mathrm{D}^2 J^i}{\mathrm{d}s^2} + R^i_{jkl}\frac{\mathrm{d}q^j}{\mathrm{d}s}J^k\frac{\mathrm{d}q^l}{\mathrm{d}s} = 0, \tag{2.6.1}$$

当采用艾森哈特度规时,可以得到

$$\frac{\mathrm{D}^2 J^0}{\mathrm{d}s^2} + R^0_{i0j}\frac{\mathrm{d}q^i}{\mathrm{d}s}J^0\frac{\mathrm{d}q^j}{\mathrm{d}s} + R^0_{0ij}\frac{\mathrm{d}q^0}{\mathrm{d}s}J^i\frac{\mathrm{d}q^j}{\mathrm{d}s} = 0, \tag{2.6.2a}$$

$$\frac{\mathrm{D}^2 J^i}{\mathrm{d}s^2} + R^i_{0j0}\left(\frac{\mathrm{d}q^0}{\mathrm{d}s}\right)^2 J^j + R^i_{00j}\frac{\mathrm{d}q^0}{\mathrm{d}s}J^0\frac{\mathrm{d}q^j}{\mathrm{d}s} + R^i_{j00}\frac{\mathrm{d}q^j}{\mathrm{d}s}J^0\frac{\mathrm{d}q^0}{\mathrm{d}s} = 0, \quad 1 \leqslant j \leqslant N, \tag{2.6.2b}$$

$$\frac{\mathrm{D}^2 J^{N+1}}{\mathrm{d}s^2} + R^{N+1}_{i0j}\frac{\mathrm{d}q^i}{\mathrm{d}s}J^0\frac{\mathrm{d}q^j}{\mathrm{d}s} + R^{N+1}_{ij0}\frac{\mathrm{d}q^i}{\mathrm{d}s}J^j\frac{\mathrm{d}q^0}{\mathrm{d}s} = 0. \tag{2.6.2c}$$

由于 $\mathrm{D}J^0/\mathrm{d}s = \mathrm{d}J^0/\mathrm{d}s$ 且 $R^0_{ijk} = 0$,(2.6.2a)中左边第二、三项都为零,因此有

$$\mathrm{d}^2 J^0/\mathrm{d}s^2 = 0, \tag{2.6.3}$$

即曲率分量 J^0 不产生加速效应,不妨可设 $\mathrm{d}J^0/\mathrm{d}s|_{s=0} = J^0(0) = 0$.根据微分几何协变微商的定义(2.5.12a),有

$$\frac{\mathrm{D}J^i}{\mathrm{d}s} = \frac{\mathrm{d}J^i}{\mathrm{d}s} + \Gamma^i_{0k}\frac{\mathrm{d}q^0}{\mathrm{d}s}J^k. \tag{2.6.4}$$

又利用(2.6.4)和(2.5.19)式中的 $\mathrm{d}^2q^0/\mathrm{d}s^2 = 0$,(2.6.2b)式中的第一项可以化为

$$\frac{\mathrm{D}^2 J^i}{\mathrm{d}s^2} = \frac{\mathrm{d}^2 J^i}{\mathrm{d}s^2}. \tag{2.6.5}$$

由于 $g_{N+1,N+1} = 0$,分量 J^{N+1} 满足的(2.6.2c)式不会对 J 的模的计算产生贡献,因此在以下讨论中不进一步考虑.将(2.6.5)式代入(2.6.2a)式,并利用艾森哈特度规下四阶张量的表达式(2.5.31),可以得到(2.6.2a)式在位形空间的表达式为

$$\frac{\mathrm{d}^2 J^i}{\mathrm{d}s^2} + \frac{\partial^2 V}{\partial q_i \partial q_k}\left(\frac{\mathrm{d}q^0}{\mathrm{d}s}\right)^2 J_k = 0, \quad 0 < j \leqslant N. \tag{2.6.6}$$

沿着物理测地线满足 $\mathrm{d}s^2 = (\mathrm{d}q^0)2 = \mathrm{d}t^2$.用变量 $\xi = J$,并将 s 换为时间 t,则(2.6.6)

式化为

$$\frac{\mathrm{d}^2 \xi^i}{\mathrm{d}t^2} + \frac{\partial^2 V(q)}{\partial q_i \partial q_k} \xi_k = 0. \tag{2.6.7}$$

此式就是线性稳定性分析所得到的切空间动力学方程(2.5.22),这说明雅可比方程(2.6.1)式描写的流形稳定性对应于切空间矢量动力学方程的稳定性. 上述讨论明确了测地线流不稳定性的几何描述与经典动力学不稳定性描述之间的关系[148]. 需要说明的是,这种对应并不取决于所选的艾森哈特度规,利用其他度规也可以得到同样的结果[151,152].

如果对方程(2.6.6)进一步进行指标缩并,又由于里奇张量的单元中只有 $R_{00} = \Delta V$ 不等于零,沿测地线对应于里奇曲率的动力学可观察量只依赖于位形坐标而不依赖于速度,即

$$K_{\mathrm{R}}(q) = \Delta V. \tag{2.6.8}$$

对(2.6.6)式指标缩并的同时用物理时间 t 变量代替弧长 s,则任意雅可比场分量 ψ 的标量雅可比方程为

$$\frac{\mathrm{d}^2 \psi}{\mathrm{d}t^2} + k(t)\psi = 0. \tag{2.6.9}$$

下面在(2.6.9)式的基础上,利用上一节提出的几条假设对单自由度曲率 $k(t)$ 赋予的统计性质进行进一步的讨论. 首先,对照(2.5.40)和(2.5.41)式, $k(t)$ 的平均值和方差为里奇曲率(2.6.8)式的微正则系综平均和方差,即

$$k_0 \equiv \langle k_{\mathrm{R}} \rangle_\mu = \frac{1}{N} \langle \Delta V \rangle_\mu, \tag{2.6.10a}$$

$$\sigma_k^2 \equiv \langle \delta^2 k_{\mathrm{R}} \rangle_\mu = \frac{1}{N} \big[\langle (\Delta V)^2 \rangle_\mu - \langle \Delta V \rangle_\mu^2 \big]. \tag{2.6.10b}$$

其次,虽然不直接将 $k(t)$ 与测地线具体的动力学行为联系,但其弛豫时间尺度仍然是很重要的量. $k(t)$ 的时间关联函数 $\Gamma_k(t_1, t_2)$ 是描述随机过程统计特征的一个重要的物理量,

$$\Gamma_k(t_1, t_2) = \langle k(t_1)k(t_2) \rangle - \langle k(t_1) \rangle \langle k(t_2) \rangle. \tag{2.6.11}$$

为了得到特征关联时间尺度, $k(t)$ 随机过程最简单的选择是平稳随机过程,其合理性将在后面具体计算中得到验证. 平稳性要求随机过程中的时间关联函数只是时间差的函数. 进一步,可以假设具有关联

$$\Gamma_k(t_1, t_2) = \Gamma_k(|t_1 - t_2|) = \Gamma_k(\Delta t) = \tau \sigma_k^2 \delta(\Delta t), \tag{2.6.12}$$

其中 τ 为与测地线稳定性有关的特征时间尺度. 佩蒂尼等人对该时间尺度进行了估算[148],特征时间尺度与系统的以下两个时间尺度密切相关[153,154]:

(1)沿测地线经过两个相邻共轭点之间平均所需的时间,记为 τ_1. 共轭点是指在位形空间中雅可比矢量场 $\boldsymbol{J}$ 等于零的点[153],这些点类似于动力学系统相空间中

的鞍点或其他不稳定不动点,是不稳定的.测地线在这些共轭点之外的区域是稳定的,但由于不稳定共轭点的存在,相邻的测地线在靠近共轭点时会迅速分开.这种行为表明了位形几何空间中流形的拓扑不稳定性,它正是动力学系统在原相空间中不稳定不动点(如双曲点)引发的轨道指数敏感依赖性的体现.对于一个高维哈密顿系统来说,其位形空间中会存在大量的共轭点,这些共轭点之间的空间距离尺度 d_1 就提供了一个相对应的特征时间尺度 τ_1.如果测地线曲率是有界的,设其上界为 H,则相邻共轭点间的距离 $d_1 > \pi/(2\sqrt{H})$[153].曲率的上界可粗略地表述为基本曲率 k_0 与涨落 σ_k 之和,即 $H \approx k_0 + \sigma_k$,因此

$$\tau_0 \approx \pi/(2\sqrt{k_0 + \sigma_k}). \tag{2.6.13}$$

(2) 与局域曲率涨落有关的时间尺度 τ_2.局域曲率涨落越大,则该时间尺度就越短.佩蒂尼等人对其估算的结果为[153]

$$\tau_2 \approx k_0^{1/2}/\sigma_k. \tag{2.6.14}$$

根据上面的两个时间尺度,佩蒂尼等人使用了内插法将特征关联时间粗略估计为[153]

$$\tau^{-1} \approx \tau_1^{-1} + \tau_2^{-1}. \tag{2.6.15}$$

需要指出的是,该内插估算的方法是比较粗糙的,应考虑根据几种不同时间尺度来进行更准确的计算.但迄今为止,这方面的工作还不多,有待于进一步探讨.

有了上述讨论基础,就可以计算系统的最大李指数.考虑一个 $2N$ 维哈密顿系统 $H(q,p)$,这里 $(q,p) = (q_1, \cdots, q_N, p_1, \cdots, p_N)$,我们可以基于切空间的矢量演化来计算最大李指数.考虑系统在相空间演化的轨道 $(q(t), p(t))$ 附近的扰动,扰动后的轨道为

$$(q(t) + \xi(t), p(t) + \dot{\xi}(t)),$$

则切空间矢量为

$$(\xi, \dot{\xi}) = (\xi_1, \xi_2, \cdots, \xi_N, \dot{\xi}_1, \dot{\xi}_2, \cdots, \dot{\xi}_N), \tag{2.6.16}$$

其演化方程可对正则方程(1.2.25)做变分得到.系统的最大李指数为

$$\lambda = \lim_{t \to \infty} \frac{1}{t} \ln\left(\frac{d(t)}{d(0)}\right), \tag{2.6.17}$$

这里

$$d(t) = \sqrt{\xi_1^2(t) + \xi_2^2(t) + \cdots + \xi_N^2(t) + \dot{\xi}_1^2(t) + \dot{\xi}_2^2(t) + \cdots + \dot{\xi}_N^2(t)}, \tag{2.6.18}$$

因此

$$\lambda = \lim_{t \to \infty} \frac{1}{2t} \ln\left(\frac{\xi_1^2(t) + \xi_2^2(t) + \cdots + \xi_N^2(t) + \dot{\xi}_1^2(t) + \dot{\xi}_2^2(t) + \cdots + \dot{\xi}_N^2(t)}{\xi_1^2(0) + \xi_2^2(0) + \cdots + \xi_N^2(0) + \dot{\xi}_1^2(0) + \dot{\xi}_2^2(0) + \cdots + \dot{\xi}_N^2(0)}\right). \tag{2.6.19}$$

对于这里讨论的方程,可以给定初始雅可比矢量场 $\boldsymbol{J}$ 的分量 $\psi(0)$,$\dot{\psi}(0)$,测地线按照(2.6.9)式演化,则最大李指数为

$$\lambda = \lim_{t \to \infty} \frac{1}{2t} \ln\left(\frac{\psi^2(t) + \dot{\psi}^2(t)}{\psi^2(0) + \dot{\psi}^2(0)} \right). \tag{2.6.20}$$

由于 $k(t)$ 作为随机过程来处理,因此方程(2.6.9)是随机演化的,上述的指数计算就需要进行系综平均,于是可以得到

$$\lambda = \lim_{t \to \infty} \frac{1}{2t} \ln\left(\frac{\langle \psi^2(t) \rangle + \langle \dot{\psi}^2(t) \rangle}{\langle \psi^2(0) \rangle + \langle \dot{\psi}^2(0) \rangle} \right). \tag{2.6.21}$$

$\psi,\dot{\psi}$ 的所有二阶矩包括 $\langle \psi^2 \rangle$,$\langle \psi\dot{\psi} \rangle$,$\langle \dot{\psi}^2 \rangle$,它们的演化遵守范坎彭(N. van Kampen,1921—2013)发展方程[155]

$$\frac{\mathrm{d}}{\mathrm{d}t}\begin{bmatrix} \langle \psi^2 \rangle \\ \langle \dot{\psi}^2 \rangle \\ \langle \psi\dot{\psi} \rangle \end{bmatrix} = \begin{bmatrix} 0 & 0 & 2 \\ \tau\sigma_k^2 & 0 & -2k_0 \\ -k_0 & 1 & 0 \end{bmatrix}\begin{bmatrix} \langle \psi^2 \rangle \\ \langle \dot{\psi}^2 \rangle \\ \langle \psi\dot{\psi} \rangle \end{bmatrix}. \tag{2.6.22}$$

该方程可直接通过将右边矩阵对角化来求解.$\langle \psi^2 \rangle + \langle \dot{\psi}^2 \rangle$ 的演化为

$$\langle \psi^2(t) \rangle + \langle \dot{\psi}^2(t) \rangle = [\langle \psi^2(0) \rangle + \langle \dot{\psi}^2(0) \rangle]\mathrm{e}^{\alpha t}, \tag{2.6.23}$$

其中 α 为范坎彭方程(2.6.22)右边矩阵的唯一实本征值.对该本征值进行计算,可得到

$$\alpha = \Lambda - 4k_0/(3\Lambda), \tag{2.6.24}$$

其中

$$\Lambda = \left[\sigma_k^2\tau + \sqrt{(4k_0/3)^3 + \sigma_k^4\tau^2} \right]^{1/3}. \tag{2.6.25}$$

对比李指数的表达式,则有

$$\lambda(k_0,\sigma_k,\tau) = \frac{\alpha}{2} = \frac{1}{2}\left(\Lambda - \frac{4k_0}{3\Lambda} \right). \tag{2.6.26}$$

上述表达式中的量 k_0,σ_k 都在(2.6.10)式中给出,可以通过统计平均计算出来,加上前面(2.6.13)~(2.6.15)中已经估算的关联时间 τ,(2.6.26)式给出了计算最大李指数的近似解析估计式.可以看到,(2.6.26)式的最大李指数与流形的拓扑性质,如流形曲率、涨落及其稳定性相关的特征时间尺度紧密联系.这种计算的合理性来自于哈密顿系统运动轨迹的时间稳定性(李指数)与拓扑流形的结构稳定性(曲率及其涨落)之间的对应.与原有李指数的动力学计算方法相比,在流形几何空间与拓扑相关的量都可以通过统计的方法解析计算,为哈密顿系统的动力学,特别是混沌性质的深层理解提供了理论依据.进一步,在热力学极限下,微分几何拓扑特征的分析将系统的微观动力学性质与宏观的统计和热力学行为联系起来,从而可以从微观动力学角度来认识系统的热力学性质与相变机制.

　　(2.6.10)式中给出的 k_0, σ_k 是由微正则系综进行统计平均的结果,在热力学极限 $N \to \infty$ 下,统计平均也可以用正则系综来计算[104,105]. 自然哈密顿系统的正则系综的位形配分函数为

$$Z(\beta) = \int \mathrm{d}\boldsymbol{q} \, \mathrm{e}^{-\beta V(\boldsymbol{q})}, \tag{2.6.27}$$

其中

$$\mathrm{d}\boldsymbol{q} = \prod_{i=1}^{N} \mathrm{d}q_i.$$

给定一个可观测量 $f(\boldsymbol{q})$,其正则平均可写为

$$\langle f \rangle_{\mathrm{can}}(\beta) = \left[Z(\beta) \right]^{-1} \int \mathrm{d}\boldsymbol{q} f(\boldsymbol{q}) \mathrm{e}^{-\beta V(\boldsymbol{q})}. \tag{2.6.28}$$

在热力学极限下,可观测量 $f(\boldsymbol{q})$ 的微正则平均 $\langle f \rangle_\mu(\beta)$ 和正则平均 $\langle f \rangle_{\mathrm{can}}(\beta)$ 会得到相同的结果,

$$\langle f \rangle_\mu(\beta) = \langle f \rangle_{\mathrm{can}}(\beta), \tag{2.6.29a}$$

平均值为温度 $\beta = 1/k_\mathrm{B}T$ 的函数. 能量密度 $\varepsilon = E/N$ 在正则系综下为

$$\varepsilon(\beta) = \frac{1}{2\beta} - \frac{1}{N} \frac{\partial}{\partial \beta} [\ln Z(\beta)]. \tag{2.6.29b}$$

由此式,温度 $\beta = 1/k_\mathrm{B}T$ 也可通过逆变换表述为能量密度 ε 的函数 $\beta(\varepsilon)$. 利用 (2.6.29a) 和 (2.6.29b) 式,我们就可以得到 f 函数的正则平均作为能量密度 ε 的函数 $\langle f \rangle_\mu(\varepsilon)$.

　　值得指出的是,对于系统有限的自由度 N,利用正则系综和微正则系综得到的平均会略微不同. 微正则系综的结果(2.6.29)式与正则系综结果之间的差大约是[156]

$$\langle f \rangle_\mu(\beta) - \langle f \rangle_{\mathrm{can}}(\beta) \sim O(1/N) \tag{2.6.30}$$

的量级. 当然,只要 $N \gg 1$,微正则和正则系综两种不同计算结果的差异就不会太大,可以不予考虑. 在下面的实际计算中,理论计算用正则系综平均方便一些,而对具体系统数值计算时微正则系综则更为方便.

　　与计算物理量的平均值不同,在较大然而有限 N 情况下计算物理量的涨落时,两种不同系综计算的涨落存在明显的差异,不能忽略. 这种差异满足勒博维茨-珀库斯-维莱特(Lebowitz-Percus-Verlet)关系[156]

$$\langle \delta^2 f \rangle_\mu(\varepsilon) = \langle \delta^2 f \rangle_{\mathrm{can}}(\beta) - \frac{\beta^2}{c_V} \left[\frac{\partial \langle f \rangle_{\mathrm{can}}(\beta)}{\partial \beta} \right]^2, \tag{2.6.31}$$

其中

$$c_V = -\frac{\beta^2}{N} \frac{\partial \langle H \rangle_{\mathrm{can}}}{\partial \beta}, \tag{2.6.32}$$

$\langle H \rangle_{\mathrm{can}}$ 为系统能量在温度为 $1/\beta$ 时的正则系综平均值. 注意到(2.6.10b)式的曲率

涨落项是用微正则系综表达的,它可以由(2.6.31)式得到.

我们可以将上述最大李指数的计算方法做一归纳:最大李指数由表达式(2.6.26)给出,其中(2.6.10a)式的曲率微正则系综平均 k_0 可由计算正则平均的结果(2.6.28)式得到,而计算涨落 σ_k 的(2.6.10b)式微正则系综结果需要在计算正则平均涨落的基础上加上修正项(2.6.31)式,最后特征时间 τ 的计算由(2.6.13)~(2.6.15)式完成.

2.6.2 几个计算最大李指数的实例

下面我们选几个典型可解析计算的模型作为演示计算李指数理论的范例. 一是耦合非线性振子链 FPU 模型,二是一维耦合转子链 XY 模型. 这些模型都具有自然哈密顿系统的标准形式,并且其势能部分为近邻相互作用

$$V = \sum_{i=1}^{N} v(q_i - q_{i-1}), \qquad (2.6.33)$$

其中对于 FPU-β 模型,

$$v(x) = \frac{1}{2}x^2 + \frac{u}{4}x^4 \quad (u > 0), \qquad (2.6.34)$$

而对于一维 XY 模型,

$$v(x) = -J\cos x. \qquad (2.6.35)$$

里奇曲率可以由(2.6.8)式解析计算为

$$K_R(q) = \sum_{i=1}^{N} \partial^2 v(q_i - q_{i-1})/\partial q_i^2. \qquad (2.6.36)$$

(1) FPU-β 模型.

对于 FPU 模型,里奇曲率具体化为

$$K_R(q) = 2N + 6u\sum_{i=1}^{N}(q_{i+1} - q_i)^2. \qquad (2.6.37)$$

可以看到 K_R 总大于 0. 计算其正则系综平均(2.6.10)式,热力学极限下单自由度平均曲率为

$$\langle k_R \rangle_{can}(\theta) = 2 + \frac{3}{\theta}\frac{D_{-3/2}(\theta)}{D_{-1/2}(\theta)}, \qquad (2.6.38a)$$

其中 D_ν 为抛物型柱面函数,$\theta \propto \beta = 1/k_B T$. 利用(2.6.29)式,可得到能量密度为

$$\varepsilon(\theta) = \frac{1}{8\sigma}\left[\frac{3}{\theta^2} + \frac{1}{\theta}\frac{D_{-3/2}(\theta)}{D_{-1/2}(\theta)}\right]. \qquad (2.6.38b)$$

从(2.6.38b)中求出 $\theta(\varepsilon)$,代入(2.6.38a)式,可以得到平均曲率作为能量密度的函数[148]

$$k_0(\varepsilon) = \langle k_R \rangle_{can}(\varepsilon). \qquad (2.6.38c)$$

另外,利用正则系综计算(2.6.10)式的曲率涨落平均值并代入(2.6.38b)式,可得

$$\varepsilon(\theta) = \frac{9}{\theta^2}\left\{2 - 2\theta\frac{D_{-3/2}(\theta)}{D_{-1/2}(\theta)} - \left[\frac{D_{-3/2}(\theta)}{D_{-1/2}(\theta)}\right]^2\right\}. \tag{2.6.39}$$

利用(2.6.31),(2.6.32)及(2.6.39)式,可得到涨落的微正则系综平均为[148,157]

$$\langle\delta^2 k_R\rangle_\mu(\varepsilon) = \langle\delta^2 k_R\rangle_{\mathrm{can}}(\beta) - \frac{\beta^2}{c_V(\theta)}\left[\frac{\partial\langle k_R\rangle_{\mathrm{can}}(\theta)}{\partial\beta}\right]^2, \tag{2.6.40}$$

其中

$$\frac{\partial\langle k_R\rangle(\theta)}{\partial\beta} = \frac{3}{8\mu\theta^3}\frac{\theta D_{-3/2}^2(\theta) + 2(\theta^2 - 1)D_{-1/2}(\theta)D_{-3/2}(\theta) - 2\theta D_{-1/2}^2(\theta)}{D_{-1/2}^2(\theta)}, \tag{2.6.41a}$$

$$\begin{aligned}c_V(\theta) = \frac{3}{16D_{-1/2}^2(\theta)}\{&(12 + 2\theta^2)D_{-1/2}^2(\theta) + 2\theta D_{-1/2}(\theta)D_{-3/2}(\theta)\\ &- \theta^2 D_{-3/2}(\theta)[2\theta D_{-1/2}(\theta) + D_{-3/2}(\theta)]\}.\end{aligned} \tag{2.6.41b}$$

结合(2.6.38b)和(2.6.36)式,可得曲率涨落和能量密度的关系

$$\sigma_k^2(\varepsilon) = \langle\delta^2 k_R\rangle_\mu(\varepsilon). \tag{2.6.42}$$

图 2.26 给出了艾森哈特度规下计算的平均里奇曲率 k_0 和曲率涨落 σ_k 与能量密度 ε 的关系[147],其中实线为前面(2.6.38)式和(2.6.40)~(2.6.42)式给出的解析结果(热力学极限下),圆点(粒子数 $N=128$)和方块($N=512$)为对 FPU-β 模型的哈密顿动力学进行数值计算的结果,即通过数值求解 N 个非简谐耦合振子正则方程的轨道演化,然后根据定义数值计算相应的平均曲率及其涨落. 可以看到利用微分几何理论计算的曲率和涨落与数值模拟结果符合得非常好,这说明理论给出

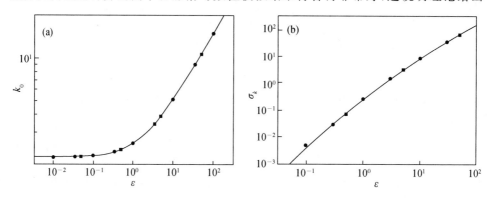

图 2.26 FPU-β 模型艾森哈特度规下计算的平均里奇曲率 k_0 和
曲率涨落 σ_k 与能量密度 ε 关系的计算结果

势能(2.6.34)中非简谐项系数为 $u=0.1$. (a) 平均里奇曲率 k_0 与能量密度的关系,实线为解析结果,圆点($N=128$)和方块($N=512$)为数值计算结果. (b) 里奇曲率涨落与能量密度的关系,实线为解析结果,圆点($N=128$)和方块($N=512$)为数值计算结果. (改编自文献[147])

的估算是准确的,也说明在公式(2.6.10)及其具体表达式(2.6.38)和(2.6.40)的推导中所做的几个前提假设是合理的. $N=128$ 时的数值结果已经与热力学极限下的结果有极好的一致性.

图 2.27(a)进一步给出了最大李指数 λ 随能量密度 ε 的变化.可以看到,由(2.6.26)式给出的解析理论在所示的整个 ε 区段都非常好地预言了最大李指数的值.图 2.27(a)中在 $\varepsilon \sim 1$ 的两边李指数表现出不同的行为.在低能量密度 $\varepsilon \ll 1$ 时有

$$\lambda(\varepsilon) \propto \varepsilon^2. \tag{2.6.43}$$

实际上,以往研究已经发现,对于 FPU-β 模型,当 $\varepsilon < \varepsilon_c \approx 0.1/u$ 时系统运动为弱混沌运动[158,159].在此区域,李指数很小,系统表现出对初始条件的长时记忆.当能量密度增大越过 ε_c 后,系统过渡到强混沌运动.

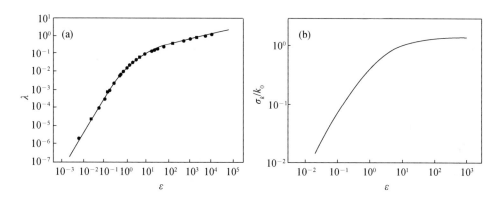

图 2.27 FPU-β 模型最大李指数和涨落与曲率比值随能量的变化行为

$u=0.1$.(a)最大李指数 λ 随能量密度 ε 的变化;可以看到理论线(实线)与数值结果很好符合.方块和圆点的含义与图 2.26 相同.(b)涨落与曲率平均比值 σ_k/k_0 随能量密度的变化,曲率涨落随着能量密度增加而增加,表明测地线在空间变得越来越不稳定.(改编自文献[147])

产生这种转变的机制可以用本节的微分几何思想来理解.李指数与位形空间的拓扑动力学密切相关,动力学的转变也必然联系着位形空间拓扑特征的变化.从解析推导的最大李指数表达式(2.6.25)和(2.6.26)可以看出,曲率涨落 σ_k 对指数 λ 有着重要影响,当 σ_k 增加时会引起指数 λ 的增加,其影响取决于它与平均曲率的比值.图 2.27(b)给出了涨落与曲率平均比值 σ_k/k_0 随能量密度 ε 的变化.当 $\varepsilon \to 0$ 时, $\sigma_k \ll k_0$,流形的曲率基本为常数,涨落很小,说明测地线流主要在空间的稳定区域,这对应于弱混沌运动.曲率涨落随着能量密度的增加而增加,表明测地线在空间变得越来越不稳定;当 ε 超过阈值时, σ_k/k_0 逐渐趋于饱和,表明在高能量区域(强混沌),流形曲率涨落与平均曲率已处于同一量级.

(2) 一维 XY 模型.

将(2.6.35)式代入(2.6.36)式,可以得到一维 XY 模型的里奇曲率表达式为

$$K_R(q) = 2J \sum_{i=1}^{N} \cos(q_{i+1} - q_i). \tag{2.6.44}$$

系统势能与里奇曲率之间很显然满足关系

$$V(q) = JN - K_R(q)/2. \tag{2.6.45}$$

由(2.6.10)式可以得到单自由度平均曲率

$$\langle k_R \rangle_\mu(\beta) = 2J I_0(\beta J)/I_1(\beta J), \tag{2.6.46a}$$

其中 I_ν 为第一类 ν 阶修正贝塞尔函数

$$I_\nu(x) = \sum_{k=0}^{\infty} \frac{(x/2)^{\nu+2k}}{\Gamma(k+1)\Gamma(\nu+k+1)}.$$

利用(2.6.29)式,可得到能量密度为

$$\varepsilon(\beta) = 1/(2\beta) + J[1 - I_1(\beta J)/I_0(\beta J)]. \tag{2.6.46b}$$

再利用(2.6.46)的(a),(b)两式,可得平均曲率作为能量密度的函数[148]

$$k_0(\varepsilon) = \langle k_R \rangle_{\text{can}}(\varepsilon). \tag{2.6.46c}$$

利用正则系综计算(2.6.10)式的曲率涨落平均为

$$\langle \delta^2 k_R \rangle(\beta) = \frac{4J}{\beta} \frac{\beta J I_0^2(\beta J) - I_0(\beta J)I_1(\beta J) - \beta J I_1^2(\beta J)}{I_0^2(\beta J)[1 + 2(\beta J)^2] - 2\beta J I_0(\beta J)I_1(\beta J) - 2[\beta J I_1(\beta J)]^2}. \tag{2.6.47a}$$

再结合(2.6.46b)和(2.6.47a)式,可得曲率涨落和能量密度的关系

$$\sigma_k^2(\varepsilon) = \langle \delta^2 k_R \rangle_\mu(\varepsilon). \tag{2.6.47b}$$

利用上述的结果,可以由(2.6.26)式解析计算出 XY 模型的最大李指数 $\lambda(\varepsilon)$. 图 2.28(a)给出了平均曲率随着能量密度变化的理论解析曲线与数值模拟计算的结果,图 2.28(b)则是曲率涨落的变化关系. 可以看到理论与模拟结果仍然符合得很好,说明几何理论对哈密顿系统测地线几何特征的预测是很准确的. 图 2.29(a)给出的是最大李指数随能量密度变化的解析曲线和数值模拟计算结果. 可以看到在总的趋势上,特别是在低能和高能情况,理论线与模拟线还是符合得很好.

另外从图 2.29(a)可以看到,在低能量密度时,系统处于弱混沌状态,其几何特征与 FPU 模型类似. 但在高能区域,李指数随能量增加而下降,系统的混沌性也会变弱[160]. 与此同时,从图 2.28 可以看到,当 $\varepsilon \to \infty$ 时 $k_0(\varepsilon)$ 趋于零,曲率涨落却一直比较大. 这些行为与之前 FPU 的结果有较大的差别. 在高能区域产生这种差别的主要原因是,XY 模型沿测地线的曲率 $K(s)$ 可以取负值. 从(2.6.44)式可以看出,当相角差 $x = q_{i+1} - q_i$ 处于 $(\pi/2, 3\pi/2)$ 时,有 $K(s) < 0$,出现负曲率的概率 $P_{K<0}(\beta)$ 很容易通过一定温度 β 下的正则分布算出,为

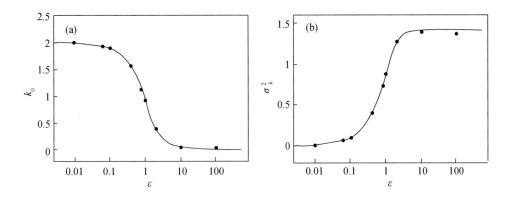

图 2.28 耦合转子 XY 模型的数值计算和理论结果对照

(a) 艾森哈特度规下单自由度平均里奇曲率 k_0 与能量密度 ε 的关系,实线为(2.6.46)式解析计算的曲线.(b) 里奇曲率涨落与能量密度的关系,实线为(2.6.47)式的解析曲线.这里 $J=1$.图(a),(b)中的圆点为模型转子数 $N=150$ 时对势能为(2.6.35)式的 XY 哈密顿系统运动直接进行数值模拟的结果,理论与数值计算有极好的吻合.(取自文献[148])

$$P_{K<0}(\beta) = \frac{\int_{V<0} \exp(-\beta V(x))\,\mathrm{d}x}{\int \exp(-\beta V(x))\,\mathrm{d}x} = \frac{\int_{\pi/2}^{3\pi/2} \exp(\beta J \cos(x))\,\mathrm{d}x}{\int_0^{2\pi} \exp(\beta J \cos(x))\,\mathrm{d}x}. \quad (2.6.48)$$

在不同能量下的这一概率 $P_{K<0}(\varepsilon)$ 可通过(2.6.46b)式的能量密度 ε 与温度 β 之间的关系来转换.图 2.29(b)中给出了 $P_{K<0}(\varepsilon)$ 随 ε 的变化关系.可以看到,在强混沌区域概率从一个小值迅速增大,在高能弱混沌区域达到饱和,$P_{K<0}(\varepsilon) \approx 1/2^{[148]}$.

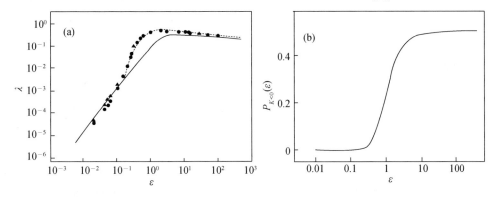

图 2.29 一维 XY 模型的最大李指数及其负曲率的概率 $P_{K<0}(\varepsilon)$ 与能量密度 ε 的变化关系

(a) 最大李指数对能量密度关系曲线,$J=1$.实线为按照(2.6.46)和(2.6.47)计算的最大李指数(2.6.26)的解析曲线,圆点 ●,方块 ■,三角点 ▲ 分别是转子数为 $N=150,1000$ 和 1500 的数值计算结果,虚线为拟合线.可以看到低能和高能实线与数值结果较为符合,而在中等能量密度时有较大偏离.(b) 一维 XY 模型出现负曲率的概率.概率从一个小值在 $\varepsilon \sim 1$ 附近迅速增大达到饱和.(取自文献[148])

XY 模型的混沌运动从微分几何角度来看有两个来源：一个是直接导致相邻测地线发散的负曲率，由大范围的负 K 值产生；另一个则是通过曲率涨落产生的参数不稳定性导致发散效应，对应于大的曲率涨落 σ. 只要负曲率占的比例很小，增强参数不稳定性会引起和加强混沌，而在高能区，如图 2.29(b) 对应于 $\varepsilon > 1$ 的区域所示，$P_{K<0}(\varepsilon) \to 1/2$，负曲率与正曲率的比例已经基本相当，此时负曲率涨落导致的参数不稳定性对混沌的加强趋势与正曲率导致的对混沌性的抑制趋势产生了相互抵消效应，系统整体的混沌性就会减弱.

2.6.3　位形空间的拓扑几何与相变

前面几节讨论了哈密顿系统特别是大自由度系统的混沌动力学与位形空间几何结构之间的关系，这样的研究使得我们能将大自由度相互作用粒子组成的经典系统的动力学不稳定性与位形空间的曲率统计特征特别是平均曲率和曲率涨落关联起来.

大自由度哈密顿系统会表现出宏观行为，这些宏观特征可以利用统计力学的方法加以研究. 在众多的宏观现象中，一个引人注目的行为就是当系统的外参量，例如温度、能量等变化到某个临界值时，系统的宏观热力学量会发生不同层次的不连续突变，但这时系统的微观动力学及相互作用却并未有特别不同. 这种现象称为相变. 相变行为在统计力学上已受到长久和广泛的研究，数学上可解释为热力学量在热力学极限下的奇异性. 这种相变的奇异性来自于位形空间平衡态概率分布

$$\rho_{\text{can}}(q_1, q_2, \cdots, q_N) = Z^{-1} \exp[-\beta V(q_1, q_2, \cdots, q_N)] \tag{2.6.49}$$

在热力学极限下的奇异性. 这里 $\beta = 1/k_B T$，V 为势能，配分函数为

$$Z = \int \exp[-\beta V(q_1, q_2, \cdots, q_N)] \mathrm{d}q_1 \mathrm{d}q_2, \cdots, \mathrm{d}q_N. \tag{2.6.50}$$

配分函数在热力学极限下的奇异性首先由克莱默斯（H. A. Kramers，1894—1952）于 1938 年在莱顿（Leiden）举办的统计力学会议上提出，杨振宁和李政道在 1952 年给出了基于巨正则系综[161]、1978 年儒勒给出了基于正则系综[162]的严格数学结果. 相变的统计力学理论是统计力学发展历程中最成功的理论之一，特别是连续相变的重整化群理论[163—166]. 在这里我们看到的是一枚硬币的两面，这枚硬币就是大自由度哈密顿系统，它的一面是热力学与统计力学，另一面则是动力学. 动力学表现出遍历、混合和混沌特征，是联系动力学与统计非常重要的基础. 由此联想到相变，很自然地产生两个问题：(1) 当系统产生相变时，其动力学行为特别是李指数是否会有特别的表现？(2) 当系统产生相变时，其位形空间流形几何特征有何变化？如(1)、(2)有肯定回答，则(3)动力学与流形几何的变化有何关联？本节将对此进行简单的讨论. 需要说明的是，以下讨论的结果是初步的，在理论分析和数值研究的普适性行为及分类方面都还有很大的研究空间. 尽管如此，这些结果仍然会

给我们有益的启示.

研究发生相变的系统的动力学与几何特征,就要选择一些可以出现相变的典型哈密顿系统. 前面研究的一维系统如 FPU 和 XY 模型等多数不能出现相变行为. 比较早对相变行为研究的是巴图拉(Butera)和卡拉瓦蒂(Caravati)关于二维 XY 模型的工作[167]. 该模型的势能为

$$V = 1 - \sum_{\langle i,j \rangle} \cos(\varphi_i - \varphi_j), \qquad (2.6.51)$$

其中 φ 为相角,i 和 j 代表二维方形晶格,下标 $\langle i,j \rangle$ 表示式中的求和对最近邻格点的相互作用项进行. 该模型存在一个临界温度 T_c,在温度降到该临界值以下时会发生从无序相到准有序相的转变,称为贝雷钦斯基-考斯特里兹-索利斯(Berezinskij-Kosterlitz-Thouless,BKT)相变[168]. 图 2.30(a)给出了二维 XY 模型的最大李指数随温度变化的情况[169],计算的是几种不同尺寸二维格子的情况,可以看到在临界温度附近最大李指数确实表现出转折性的变化. 图 2.30(b)计算的三维晶格的结果也表现出类似变化特征[169].

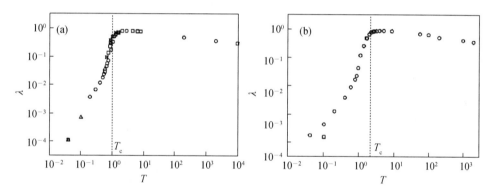

图 2.30 XY 模型中最大李指数与温度变化及临界行为关系的研究

T_c 是该系统的二阶相变点.(a)二维 XY 模型在粒子数 $N = 10 \times 10$(圆形○),$N = 50 \times 50$(三角形△),$N = 100 \times 100$(星形☆)时最大李指数随温度的变化情况. 可以看到在临界温度附近最大李指数一阶导数的突变行为以及李指数对不同尺寸系统的一致性行为.(b)与(a)相似,只是研究对象为三维 XY 晶格:$N = 10 \times 10 \times 10$(圆形○),$N = 15 \times 15 \times 15$(方形□). 可以看到类似二维的变化,即李指数一阶导数的突变与相变点的一致性.(改编自文献[169])

原则上对所有出现相变的模型都可以从动力学角度来研究发生相变前后的系统动力学特征. 另一个典型的系统是 ϕ^4 模型,系统的势能为

$$V = (J/2) \sum_{\langle i,j \rangle} (\phi_i - \phi_j)^2 + \sum_i (-r^2 \phi_i^2 / 2 + u \phi_i^4 / 4!), \qquad (2.6.52)$$

其中 ϕ 为格点上的标量,系数 $r^2 > 0$,$u > 0$. 只要格点维数 $d > 1$,该模型系统就会在一个有限温度 T_c 处发生相变,该相变与 d 维伊辛(E. Ising, 1900—1998)模型属于同一普适类,可以用重整化群的方法进行讨论.

　　上面的 ϕ^4 模型可推广至 O(n) 对称的情形,称为矢量 ϕ^4 模型,此时变量为 n 维矢量 $\phi_i = (\phi_i^1, \cdots, \phi_i^n)$,该体系的势能项表为

$$V = (J/2) \sum_{\langle i,j \rangle} \sum_{\alpha} (\phi_i^\alpha - \phi_j^\beta)^2 + \sum_i \left\{ -r^2 \sum_\alpha (\phi_i^\alpha)^2 / 2 + u \sum_\alpha \left[(\phi_i^\alpha)^2 \right]^2 / 4! \right\},$$

$$(2.6.53)$$

该系统的哈密顿量具有关于 O(n) 不变的对称性.图 2.31(a) 给出了一维 ϕ^4 模型在各种粒子数下李指数随能量密度变化的情况[170,171].低能量下的虚线是对指数的幂律 ε^2 拟合,可以看到在临界点两边李指数呈现不同行为,而在临界点处李指数行为发生非常明显的突变转折.图 2.31(b) 画出了二维 ϕ^4 模型的李指数随温度变化的情况,同样可以看到在 $T/T_c \approx 1$ 时会出现显示相变行为的一阶导数的突变特征.

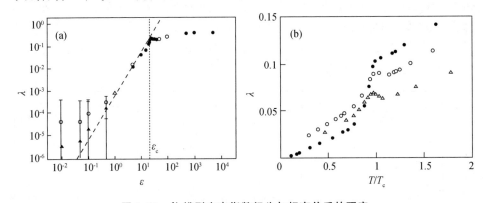

图 2.31　ϕ^4 模型中李指数行为与相变关系的研究

(a) 一维 ϕ^4 模型在粒子数 $N = 10 \times 10$(实圆点●), $N = 20 \times 20$(空圆点○), $N = 30 \times 30$(实三角形▲)和 $N = 50 \times 50$(空三角形△)时李指数随能量密度变化的行为,虚线为幂律 ε^2 拟合,在相变点的能量处, λ-ε 的一阶导数有明显的不连续变化. (b) 二维 ϕ^4 模型李指数随温度变化,可以看到 λ-ε 曲线的一阶导数在 $T/T_c \approx 1$ 附近也出现突变行为.(改编自文献[170,171])

　　从上述不同模型李指数在相变临界点的行为可以看出,李指数行为对相变的发生呈现高度的敏感性,它随温度变化也显示出类似其他物理量的突变特征.但是, $\lambda(T)$ 的具体行为则与模型高度相关,即不同模型可能会表现出完全不同的 $\lambda(T)$ 形态.即使对于同一模型,在不同控制参数下的 $\lambda(T)$ 形状也会非常不同.例如在 ϕ^4 模型中,在临界点 T_c 附近 $\lambda(T)$ 可以是 T 的单调增加函数,也可以在临界温度 T_c 处呈现极大值,其形态与 r^2 与 u 的取值有关.

　　上面 λ 对相变的敏感性在德拉格(C. Dellago)和珀什(H. A. Posch)对固液相变的分析中也有所体现.他们研究了二维硬球、洛伦兹气体模型、兰纳-琼斯(Lennard-Jones)流体及其三维硬球[172—175].研究结果显示,在相变过程中 $\lambda(T)$ 在 T_c 处都有突变行为,但 $\lambda(T)$ 的形状与模型密切相关.

　　对 $\lambda(T)$ 上述变化的理论解释至今仍然是一个难题,主要原因是它们与模型密

切相关,在相变点附近的行为表现各异,还未见普适行为,其变化与对称破缺之间也没有非常强的关联.由此可见,$\lambda(T)$虽然在相变发生时表现出敏感性,但由于没有共性,因此可能不是探测对称性破缺相变的理想动力学量.

前面讨论了哈密顿力学系统混沌运动的几何根源,李雅普诺夫特征指数密切联系着位形空间里奇曲率的涨落 σ_k,因而有必要研究在相变附近曲率涨落是否会表现出一些特征性的行为.

前面已经讨论了艾森哈特度规下的里奇曲率,其单自由度平均涨落定义为

$$\sigma_k = \sqrt{[\langle K_{\mathrm{R}}^2 \rangle - \langle K_{\mathrm{R}} \rangle^2]/N}. \qquad (2.6.54)$$

对于 XY 模型,由(2.6.8)式我们有

$$K_{\mathrm{R}} = 2(N-V) = 2\sum_{\langle i,j \rangle} \cos(\phi_i - \phi_j). \qquad (2.6.55)$$

对于一般 $O(n)$ 对称的 ϕ^4 模型,也可以计算出里奇曲率为[170,171]

$$K_{\mathrm{R}} = \sum_{\alpha=1}^{n} \sum_{i=1}^{N} \partial^2 V / \partial(\phi_i^\alpha)^2$$

$$= nN(2Jd - r^2) + \lambda(n+2)\sum_{\alpha=1}^{n}\sum_{i=1}^{N}(\phi_i^\alpha)^2. \qquad (2.6.56)$$

图 2.32(a)和(b)分别给出了二维和三维 XY 模型系统的里奇曲率涨落随温度变化的曲线[169],在图 2.33(a)和(b)中给出了二维和三维 $O(n)$ 对称 ϕ^4 模型的曲率涨落随温度的变化行为[170,171].可以看到,这些不同模型在发生对称性破缺时,曲率涨落都出现突变行为.尽管突变方式与模型密切相关,观察曲率涨落在相变点的变化可以得到更为普适的结果,这比李指数更能准确地反映相变发生时拓扑行为的变化.

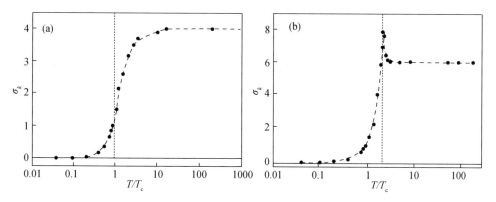

图 2.32　XY 模型里奇曲率涨落随温度的变化情况

(a) 二维 XY 模型,粒子数 $N = 40 \times 40$.(b) 三维 XY 模型,$N = 10 \times 10 \times 10$.在相变点附近曲率会发生很大的变化,但二维和三维的情况不相同,说明相变形式与模型密切相关.(改编自文献[169])

从几何拓扑的里奇曲率涨落在相变点的突变行为反过来也可以更好地理解动

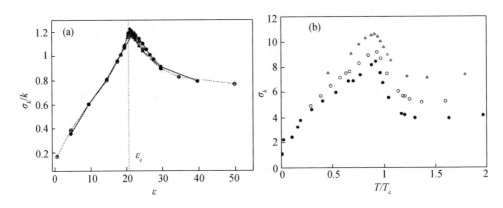

图 2.33　ϕ^4 模型的曲率涨落随温度的变化情况

（a）二维 $O(n)$ 对称 ϕ^4 模型的情况,实圆形●:$N=10\times10$,空圆形○:20×20,三角形△:50×50;（b）三维 $O(n)$ 对称 ϕ^4 模型的情况,$N=8\times8\times8$.实圆形●:$O(1)$,空圆形○:$O(2)$,三角形△:$O(4)$.可以看到二维和三维模型均出现曲率涨落的尖点突变行为.(改编自文献[170,171])

力学李指数的相变敏感性.正如前面所讨论的,混沌运动可以用位形空间的几何特征来描述,特别是,李指数与里奇曲率及其涨落有密切关系.从上面讨论也看到,尽管二者有关系,但曲率涨落是比李指数更好的反映相变的拓扑量.这其中的一个重要原因是通过里奇曲率计算李指数的一些假设在相变点附近不再成立,例如准各向同性和局域涨落假设在相变点附近可能不再适用.李指数的解析计算要求曲率涨落不能太大(只能是局部涨落,类似于小噪声),而在相变点可以看到曲率涨落却会出现突变行为,即在相变发生时出现大的涨落,所有这些因素导致李指数理论的计算在相变点附近的定量结果存在较大的误差.

　　对于上述曲率涨落在相变点处的奇异表现,可以从单纯的位形空间几何分析得到更为深入的理解.利用抽象几何的模型和理论可以发现,黎曼流形曲率涨落的奇异性与流形本身的拓扑转变相关.这里的拓扑转变是指流形所在的曲面会随系统参数的变化而连续发生扭曲变形,直至到达某一临界参数,在临界点两边,流形所在的拓扑面相互之间不满足微分同胚.

　　图 2.34 给出了两种不同拓扑转变类型的定性示意图.一个二维表面可以由一条函数曲线绕一个垂直轴水平旋转一周而得到,在表面上每一点的坐标点为

$$(x(u,v),y(u,v),z(u,v)) = (a(u)\cos v, a(u)\sin v, b(u)). \quad (2.6.57)$$

图 2.34(a)的表面函数为

$$F_\varepsilon = (f_\varepsilon(u)\cos v, f_\varepsilon(u)\sin v, u), \quad (2.6.58a)$$

图 2.34(b)的表面函数则为

$$G_\varepsilon = (u\cos v, u\sin v, f_\varepsilon(u)). \quad (2.6.58b)$$

在两个函数(2.6.58a)和(2.6.58b)中,

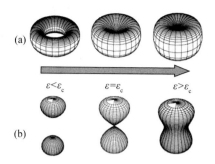

图 2.34　拓扑转变的抽象二维面几何模型，以此来说明相变点两边位形空间拓扑变化

可以看到随着参数 ε 的变化，两种不同拓扑呈现不同的转变。(a) 第一类拓扑转变，在临界点之前为与二维环面 T^2 微分同胚的拓扑结构，在临界点之后为与球面 S^2 微分同胚的结构。(b) 第二类拓扑转变，在临界点之前为与双球面微分同胚的拓扑结构，在临界点之后为与单球面 S^2 微分同胚的结构。(改编自文献[123])

$$f_\varepsilon(u) = \pm\sqrt{\varepsilon + u^2 - u^4}, \quad \varepsilon \in [-1/4, +\infty).$$

可以看到，随着参数 ε 的变化，图 2.34(a) 和图 2.34(b) 的拓扑性质均在某一临界点 ε_c 处发生拓扑突变。对于这些曲面上的流形，高斯曲率为

$$K = \frac{a'(a''b' - b''a')}{a(b'^2 + a'^2)}, \tag{2.6.59}$$

其中 a,b 为 (2.6.57) 式中的函数，$a' = \mathrm{d}a/\mathrm{d}u$，$a'' = \mathrm{d}^2a/\mathrm{d}u^2$。曲率 K 的涨落定义为

$$\sigma_K^2 = \langle K^2 \rangle - \langle K \rangle^2 = \left(\frac{\int_M K^2 \mathrm{d}S}{\int_M \mathrm{d}S}\right) - \left(\frac{\int_M K \mathrm{d}S}{\int_M \mathrm{d}S}\right)^2, \tag{2.6.60}$$

其中 M 为曲面，$\mathrm{d}S$ 为面元。图 2.35(a) 和 (b) 给出了第一类拓扑和第二类拓扑转变

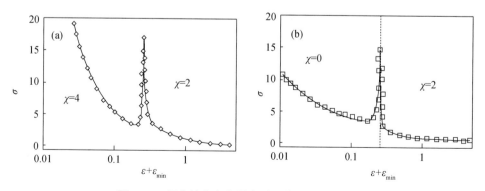

图 2.35　拓扑转变在临界点附近的曲率涨落关系

(a) 图 2.34(a) 的第一类拓扑；(b) 图 2.34(b) 的第二类拓扑。可看到曲率涨落在临界点处的奇异性。(改编自文献[170])

在临界点附近的曲率涨落(2.6.60)式与参数的关系,可以看到曲率涨落在临界点处的奇异性,它与图 2.33 数值计算相变时曲率突变行为的结果属于同一类.这说明,统计相变的发生确实密切联系着系统位形空间几何拓扑的转变.对此,卡亚尼(L. Caiani)、卡瑟蒂、克莱门蒂(C. Clementi)和佩蒂尼等提出了如下假设[169,176,177]:

CCCP 拓扑假设(1997):热力学系统相变行为来源于其位形空间的拓扑性质转变.

CCCP 假设的有效性已在 XY 模型、一维和二维 ϕ^4 模型等体系得到了很好的验证[169,176,177].自然的哈密顿系统在正则系综下的配分函数可以写为

$$Z_N(\beta) = \int \mathrm{d}\boldsymbol{p}\,\mathrm{d}\boldsymbol{q}\,\mathrm{e}^{-\beta H(\boldsymbol{q},\boldsymbol{p})} = (\pi/\beta)^{N/2} \int \mathrm{d}\boldsymbol{q}\,\mathrm{e}^{-\beta V(\boldsymbol{q})}$$

$$= (\pi/\beta)^{N/2} \int_0^\infty \mathrm{d}u\,\mathrm{e}^{-\beta u} \int_{\Sigma_u} \mathrm{d}\sigma / \parallel \nabla V \parallel , \qquad (2.6.61)$$

其中

$$\boldsymbol{p} = (p_1, p_2, \cdots, p_N), \quad \boldsymbol{q} = (q_1, q_2, \cdots, q_N),$$

$$\mathrm{d}\boldsymbol{p} = \prod_{i=1}^N \mathrm{d}p_i, \quad \mathrm{d}\boldsymbol{q} = \prod_{i=1}^N \mathrm{d}q_i,$$

Σ_u 为位形空间的等势能 $V(\boldsymbol{q}) = u$ 超曲面,$\mathrm{d}\sigma$ 是在超曲面上的测度.上式表明最关键的统计信息包含在正则位形配分函数

$$Z_N^C = \int \mathrm{d}\boldsymbol{q}\,\mathrm{e}^{-\beta V(\boldsymbol{q})} \qquad (2.6.62)$$

中.(2.6.61)的最后一式将位形配分函数写成几何积分 $\int_{\Sigma_u} \mathrm{d}\sigma / \parallel \nabla V \parallel$ 的无穷求和,该式将几何拓扑与热力学和相变给出了更为深刻的联系.

需要指出的是,目前为止物理上的相变都被发现与几何上的拓扑转变相关,但反过来并不是所有的相空间拓扑转变都必然会引起物理上的相变,因此二者之间更为清晰的联系还有待进一步的研究[103,140].

第 3 章　少体系统的非平衡涨落理论与自由能关系

统计物理学的最大成功之处在于从微观上阐述了大自由度系统的宏观热力学现象及各种宏观行为的转变.在热力学极限下,处于平衡态的系统可以由玻尔兹曼-吉布斯平衡分布很好地描述.通过引进合理的统计假设及考虑系统的各种作用,统计物理可以利用系综运算处理微观层次的复杂性,从而在宏观层次上理解热力学的一般规律.如今统计物理的思想方法和研究成果已被用于大量的不同领域.只要系统有大的自由度或者随机因素,统计物理就有发挥作用的空间.

关于统计与动力学的关系以及统计力学理论适用性的争论,几百年来一直没有停止过.我们在第 2 章对平衡态统计物理的基本问题进行了比较详细的研究,并分析了系统宏观层面的统计热力学与微观层面的动力学遍历性和内在随机性的关联.研究表明,只要系统的微观动力学在相空间足够混沌,就可以对其建立起统计力学.该推断的重要之处在于,这一理论同样适用于多自由度和少自由度系统.

长久以来,统计物理学研究有两大基本问题,一是统计性,即随机性的动力学根源,二是热力学过程不可逆性的根源[102].对于前者,遍历理论的研究已取得了系统深入的成果.第二个基本问题则关系到非平衡演化问题,自玻尔兹曼建立稀薄气体的输运方程及证明 H 定理起,这一问题就一直是统计物理学家关注的理论课题[87].从最早玻尔兹曼的 H 定理[88],到麦克斯韦妖,再到后来费米-帕斯塔-乌拉姆振子实验[9]以至非线性系统混沌动力学[11,108]的讨论,都反映出非平衡统计物理基本问题的重要性.

虽然热力学系统平衡态的微观动力学与统计之间的关系已基本清楚,但人们对非平衡态的理解,无论从宏观层面还是微观层面上都还远未清楚.处理平衡态统计有系综理论和动力学的遍历性理论,但对于非平衡态的热力学系统,至今尚未建立系统的、关于其动力学基础的理论.导致这一现状的因素众多,而系统的非线性与复杂性产生的非平衡过程多样性是建立普遍性基础理论的重要困难之一.

然而在过去的半个多世纪里,非平衡统计力学和不可逆过程热力学理论研究和框架构建取得了许多令人振奋的进展[97,178−180].非平衡现象的研究领域已经从近平衡态扩展到了远离平衡态的系统,非平衡相变、耗散结构理论等一系列成果掀起了人们对非平衡系统研究的热潮,对各种非平衡现象及其内在本质普遍规律的细致深入研究已经成为了当前理论物理和其他交叉学科的重要前沿课题.

　　纳米尺度下的低维与少体系统非平衡行为在近二十年成为研究的热点[181—183].在纳米尺度下,一些效应变得非常重要.首先,在很小的尺度下,量子效应变得显著,电子与其他具有典型量子效应的准粒子参与到热力学过程中,从而导致了复杂的热力学行为.其次,在很小的尺度下,非线性效应就显得非常重要,少体系统非线性动力学的各种特性会在整体和宏观层面表现出来.还有,系统的界面和表面效应在小尺度下也会变得很重要,大尺度下可以忽略的边界条件此时会显著影响甚至主导系统的非平衡热力学性能.另外非常重要的因素是,小系统对涨落的响应会很敏感,这时各种不同的涨落在很多情况下不再是简单的扰动,它会与非线性相互作用而产生非平庸的效果,并可能对系统演化过程起到决定性作用.因此,对纳米尺度下的非平衡行为进行研究需要理论与实验的结合、量子理论与经典理论的结合、统计物理与非线性动力学的结合、传统热力学与随机理论等相关学科的结合(如图 3.1 所示),以发现和深入揭示在小尺度下非平庸的新奇热力学与统计涨落行为.

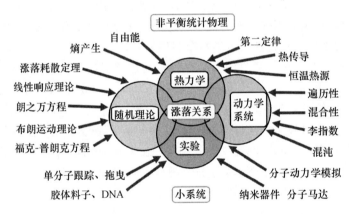

**图 3.1　小尺度下小系统行为研究与非平衡统计物理研究
所涉及的学科领域及其交叉问题示意图**

　　随着计算机模拟的广泛应用和纳米尺度实验技术的出现,人们有条件深入研究处于非平衡态下的纳米尺度小系统的动力学行为细节,并发现了一系列被称为涨落定理(fluctuation theorems)的系统在非平衡条件下的行为关系[181].本章将集中介绍小系统的非平衡涨落效应.该方面的研究在近二十年中取得了长足的进步,并对纳米尺度下系统非平衡行为的研究产生了实质性推动.这一系列突破来自于几个与小系统非平衡涨落有关的定理的发现和建立.

　　1995 年,加拉沃蒂与科恩研究了满足阿诺索夫性的动力学足够混沌的系统,其非平衡定态分布可以用动力学表述的西奈-儒勒-伯温(Sinai-Ruelle-Bowen,SRB)不变分布来刻画.在混沌性假设下,他们提出了基于动力学层面的涨落定理[184,185]. 该定理指出, 在非平衡定态下, 系统沿相空间中单一轨道在给定时段内具有正熵产生率的概率与负熵产生率的概率之间的比值是熵产生和时间的指数函数, 该指数函数随时间以正比于熵产生的速率增长, 显示出代表正和逆过程的概率在时间上的不对称性, 从微观上显示出热力学第二定律的时间方向性. 实际上, 伊万斯(D. J. Evans)与瑟尔斯(D. J. Searles)在 1994 年就提出了瞬时涨落定理[186], 描述了一个系统从给定的初始状态出发, 在任意时间内大量微观演化状态系综平均过程的熵产生为 A 的概率 $P(A)$ 与熵产生为 $-A$ 的概率 $P(-A)$ 之间的关系. 该定理与加拉沃蒂-科恩涨落定理的数学表述有类似之处, 但它是从统计系综的角度对正逆过程的不对称性进行了阐述, 刻画的是对大量微观动力学轨迹的系综平均.

　　真正在热力学层面对一般非平衡过程建立热力学量之间等式关系的是加津斯基(C. Jarzynski)于 1997 年提出的自由能等式[187,188], 即给定一个外参量的变化过程, 系统就会经历一个热力学过程, 只要系统初始为平衡态, 则在该过程中系统自由能的变化可以被表述为演化过程中外参量对系统做功的系综平均, 而该自由能等式所对应的系统演化过程可以是一个非平衡过程. 由于此前几乎所有的非平衡, 特别是远离平衡过程的热力学关系都只能用不等式来表示, 因此加津斯基自由能等式的提出引起了人们对少体系统非平衡过程热力学与统计关系的广泛关注, 传统的非平衡热力学重新在实验, 尤其是纳米尺度的实验中找到了用武之地. 1998 年, 克鲁克斯(G. E. Crooks)为证明加津斯基等式[189,190], 研究了系统在外参量下演化时做功的概率 $P_F(+W)$ 与 $P_R(-W)$ 之间的关系, 其中 $P_F(+W)$ 为正向对系统做功为 W 的概率, $P_R(-W)$ 为时间反转的反向做功为 $-W$ 的概率. 他发现二者之比满足涨落关系, 该关系在系统远离平衡态的过程中同样适用.

　　上述一系列不同形式的涨落定理的提出及其诠释是对一个多世纪以前玻尔兹曼与洛施密特、策梅洛等人就统计物理基本问题和不可逆性起源问题公开论战的延续. 人们从动力学到热力学的不同层面以小系统为研究对象取得了更为深刻的理论结果, 为 100 多年来关于时间方向性、演化不可逆性的论战从动力学角度提供了更为清晰的回答. 另一方面, 由于小尺度和小系统热力学本身就是近年来技术发展与应用研究的重要基础问题, 因此这些理论研究成果跨越了少体系统的平衡态和非平衡统计物理与应用之间的鸿沟, 一方面实验研究为理论提供了重要的实例验证, 理论结果反过来又为小系统热力学及其实验测量提供了依据和方法. 本章将主要对上述几个重要进展进行比较详细的讨论. 2000 年后仍然有大量的研究工作和进展, 有兴趣的读者可以参阅相关的研究综述和专著[181,182,191−194]. 下面我们首先从近平衡态系统的非平衡性质谈起.

§3.1　近平衡态热力学简介

3.1.1　昂萨格倒易关系与线性响应理论

由于非平衡系统在实际系统中占绝大多数,因此对非平衡态的研究是统计物理一个不可回避的重要课题.人们已经发现了自然界中各种各样的宏观热力学现象,如物质扩散、热传导、热辐射输运、弛豫、开放系统中的各种能量耗散过程等,而这些表面不同的行为本质上都源于系统的非平衡性.

在一定的非平衡条件下,人们可通过空间局域平衡(local equilibrium)假设来定义一组与平衡态相同的宏观热力学参量,这些宏观量通常与时间和空间位置有关,非平衡行为就表现为宏观热力学量的空间非均匀性及其随时间的变化.

人们对非平衡现象的理解和认识最初源于热力学第二定律和玻尔兹曼 H 定理,即当一个孤立系统处于非平衡状态时,系统的熵或 H 函数的负值总是随时间增加,这表明偏离平衡态的系统有自发趋向于平衡态的倾向.此时,如果给系统施加持续的"外力",使它不能回复到平衡态,那么系统对所加外力就会产生某种响应,其结果是系统中出现某种持续不断的"流"(flux).这种"力"(force)产生"流"的现象称为输运现象.

在输运现象中,某一种性质的流往往是由某一种性质的力所引起.在近平衡态下,实验表明,如果系统偏离平衡的程度比较弱,则系统中由此而产生的流和力的大小成比例,比例系数刻画了物质本身的一种宏观性质,称为输运系数.例如,当导体两端存在电势差时,在导体中就形成了电流,电流的大小正比于电势差,

$$\boldsymbol{I} = -\,\varepsilon\,\nabla U. \tag{3.1.1}$$

此即欧姆定律(G. S. Ohm,1789—1854),其中 ε 为导体的电导率.如果系统中物质在各处密度分布不均匀,物质将由密度高的区域输运到密度低的区域,系统中形成了物质扩散流,流的大小正比于浓度梯度,

$$\boldsymbol{q} = -\,D\,\nabla n. \tag{3.1.2}$$

上式称为斐克定律(A. E. Fick, 1829—1901),其中 D 是扩散系数.

在(3.1.1)和(3.1.2)式中,电势梯度 ∇U 和浓度梯度 ∇n 为产生不可逆过程的力,而电流 $\boldsymbol{I}$ 和物质扩散流 $\boldsymbol{q}$ 则为由力产生的流.在一般情况下,某一种性质的流也可以由多种不同性质的力共同引起.研究发现,流和力之间的一般关系可表达为

$$J_i = \sum_{j=1} K_{ij} X_j, \tag{3.1.3}$$

这里 X_j 为力,J_i 为流,其关联系数 K_{ij} 为输运系数或唯象系数,它们构成一个矩阵.在 K 矩阵中,对角矩阵元称为自唯象系数,非对角矩阵元称为相互唯象系数,

它们反映了不可逆过程之间的相干或交叉效应.

一种力 X_j 和另外一种流 $J_i(i \neq j)$ 可能会具有完全不同的性质和空间特性. 一个典型的例子就是非平衡化学反应所对应的流(反应速率)与其所对应的力(亲和势)都是标量,而热流和扩散的物质流及其所对应的力,即温度梯度和浓度梯度都是与空间方向有关的矢量. 一个非常有意思的问题是,一种张量特性的流与另一种具有不同张量特性的力之间是否会存在耦合? 也就是说一种张量特性的力能否导致一种与其具有不同张量特性的流? 该问题由皮埃尔·居里(P. Curie,1859—1906)于 1894 年提出的对称性原理所回答[97,195]. 该原理指出,对于各向同性介质,宏观原因总比其产生的效应具有较少的对称元素,即热力学力不能比与之耦合的热力学流有更强的对称特性. 因此,一种不可逆过程的流不一定和所有的不可逆过程的力有关,空间对称性对唯象系数提出的限制决定了在各向同性介质中不同对称特性的流和力之间不存在耦合.

1931 年,昂萨格发现线性不可逆过程的唯象系数满足对称条件

$$K_{ij} = K_{ji}, \tag{3.1.4}$$

即唯象系数矩阵是对称矩阵,这表明非平衡交叉现象之间存在对称性.(3.1.4)式称为昂萨格倒易关系(Onsager's reciprocal relation)[196,197]. 该关系是微观运动方程的时间反演不变性在宏观尺度上的反映,它把表面上似乎无关的不同输运过程互相联系起来,这就使得以前在实验上为测量系统全部输运系数而必须做的实验数目大大减少. 昂萨格因此获得 1968 年诺贝尔奖.

系统输运过程中流和力之间的关系可以用线性响应理论(linear response theory)与涨落耗散定理(fluctuation-dissipation theorem)来描述. 线性响应理论表明,系统对近平衡态下小扰动做出的响应与扰动之间成线性关系,力和流之间的关系矩阵随时间变化为

$$J_i(t) = \sum_{j=1}^{n} \int k_{ij}(t,t') X_j(t') \mathrm{d}t', \tag{3.1.5}$$

其中 $k_{ij}(t,t')$ 为响应函数矩阵,它可以通过平衡态系综分布来计算.

对于初始处于平衡态

$$\rho_0 = Z^{-1} \mathrm{e}^{-\beta H_0}$$

的热力学系统(其中 Z 为系统配分函数,$\beta = 1/k_B T$)如果受到扰动 H_t',系统的哈密顿量可以写为

$$H = H_0 + H_t'. \tag{3.1.6}$$

一个哈密顿系统相空间中相点密度 $\rho(t)$ 的演化遵守刘维尔方程(2.2.14)或(2.2.17).引入刘维尔算符

$$L = \mathrm{i}\{H, \quad \}, \tag{3.1.7}$$

则刘维尔方程可写为

$$\mathrm{i}\,\frac{\partial \rho(t)}{\partial t} = L\rho(t). \qquad (3.1.8)$$

可以证明,刘维尔算符为厄米算符,$L = L^{\dagger}$. 方程(3.1.8)的形式解为

$$\rho(t) = \mathrm{e}^{-\mathrm{i}Lt}\rho(0). \qquad (3.1.9)$$

对于(3.1.6)式的哈密顿量,刘维尔方程(3.1.8)可以写为扰动的形式,

$$\mathrm{i}\,\frac{\partial \rho}{\partial t} = L_0\rho + L'_t\rho, \qquad (3.1.10)$$

这里

$$L_0 = \mathrm{i}\{H_0,\quad\}, \quad L'_t = \mathrm{i}\{H'_t,\quad\}. \qquad (3.1.11)$$

考虑 H'_t 对密度函数产生小扰动,

$$\rho = \rho_0 + \rho', \quad \rho'/\rho_0 \ll 1, \qquad (3.1.12)$$

将其代入(3.1.10)式并取一级近似,得

$$\frac{\partial \rho'}{\partial t} = -\mathrm{i}L'_t\rho_0 - \mathrm{i}L_0\rho'. \qquad (3.1.13)$$

求解(3.1.13)式,可以得到

$$\rho(t) = \rho_0 + \rho' = \rho_0 + \int_{-\infty}^{t}\mathrm{e}^{-\mathrm{i}L_0(t-t')}\{H'_{t'},\rho_0\}\,\mathrm{d}t'. \qquad (3.1.14)$$

定义

$$\langle A \rangle = \int \rho(t)A(\Gamma)\,\mathrm{d}\Gamma$$

为力学量 A 的统计平均,$\langle A \rangle_0 = \int \rho_0 A(\Gamma)\,\mathrm{d}\Gamma$ 为 A 对平衡态分布的平均,则相应力学量 A 对扰动的响应为

$$\langle A \rangle = \langle A \rangle_0 + \iint_{-\infty}^{t} A\mathrm{e}^{-\mathrm{i}L_0(t-t')}\{H'_{t'},\rho_0\}\,\mathrm{d}t'\mathrm{d}\Gamma. \qquad (3.1.15)$$

定义 $A(t) = \mathrm{e}^{\mathrm{i}L_0 t}A = A\mathrm{e}^{-\mathrm{i}L_0 t}$,有

$$A\mathrm{e}^{-\mathrm{i}L_0(t-t')} = A(t-t').$$

将其代入(3.1.15)式并利用分部积分,有

$$\langle A \rangle = \langle A \rangle_0 + \int_{-\infty}^{t}\langle\{A(t-t'),H'_t\}\rangle_0\,\mathrm{d}t'. \qquad (3.1.16)$$

这就是力学量的线性响应表达式. 该表达式表明,在近平衡条件下对扰动响应的非平衡输运行为可以通过力学量对平衡态的系综统计平均来计算. 如果扰动部分可以写为微观变量 $\Gamma = (\boldsymbol{q},\boldsymbol{p})$ 与时间变量 t 可分离的形式

$$H'_t = \sum_{j=1}^{n} A_j(\Gamma)F_j(t), \qquad (3.1.17)$$

这里力学量 A_j 是相空间 Γ 的函数,$F_j(t)$ 为外场,则可由(3.1.16)和(3.1.17)式得

到久保亮五(R. Kubo,1920—1995)于 1957 年得到的线性响应第一表达式[198]

$$\langle A_i \rangle = \langle A_i \rangle_0 + \sum \int_{-\infty}^{t} \langle \{A_i(t-t'),A_j\} \rangle_0 F_j(t') dt'$$

$$= \langle A_i \rangle_0 + \sum \int_{-\infty}^{t} \langle \{A_i(t),A_j(t')\} \rangle_0 F_j(t') dt'. \tag{3.1.18}$$

上面导出过程用到了关联函数的时间平移不变性

$$\langle A_i(t)A_j(t') \rangle_0 = \langle A_i(t-t')A_j \rangle_0. \tag{3.1.19}$$

格林(M. S. Green,1922—1979)于 1954 年也得到过类似(3.1.18)式的关系,因此(3.1.18)式也通常被称为格林-久保公式(Green-Kubo formula).该式给出了在外力 $F_j(t)$ 作用下系统的非平衡响应规律,由此可进一步计算非平衡过程的输运系数.

力学量 A 的演化满足海森堡运动方程[11]

$$\dot{A} = i\{H_0,A\}, \tag{3.1.20}$$

因此

$$\{A,\rho_0\} = i\beta\rho_0\dot{A}. \tag{3.1.21}$$

利用(3.1.14)和(3.1.21)式得

$$\rho(t) = \rho_0 \left[1 - \beta \int_{-\infty}^{t} e^{-iL_0(t-t')} \dot{H}'_{t'} dt' \right]. \tag{3.1.22}$$

以此计算力学量 A 的统计平均,可得久保亮五线性响应第二表达式[198]

$$\langle A_i \rangle = \langle A_i \rangle_0 - \beta \sum_j \int_{-\infty}^{t} \langle A_i(t)\dot{A}_j(t') \rangle_0 F_j(t') dt'. \tag{3.1.23}$$

通过线性响应理论(3.1.18)和(3.1.23)式,我们可以利用平衡态平均来计算出(3.1.5)式的响应矩阵,

$$k_{ij}(t-t') = \theta(t-t')\langle \{A_i(t),A_j(t')\} \rangle_0$$

$$= -\theta(t-t')\beta\langle A_i(t)\dot{A}_j(t') \rangle_0, \tag{3.1.24}$$

其中 $\theta(t-t')$ 为阶跃函数,

$$\theta(t-t') = \begin{cases} 0, & t < t', \\ 1, & t \geq t'. \end{cases}$$

因果关系保证 t' 时刻的力只会影响它以后的系统状态.由于在(3.1.24)式中所有非平衡过程响应量的计算都可以由平衡态统计分布下的驱动响应行为来决定,这使得近平衡态的所有线性输运理论具有与平衡态理论相同的普适领域.

3.1.2 涨落耗散定理

系统的非平衡态输运特性和相对平衡态时的涨落(及回归)特性之间存在联系,这一联系由卡伦(H. B. Callen,1919—1993)和沃顿(T. A. Welton)在 1951

年提出的涨落耗散理论给出[199]，描述了系统状态参量的关联或涨落与不可逆过程的能量耗散之间的关系. 对(3.1.5)式做傅里叶变换，右边利用卷积定理很容易得到

$$\boldsymbol{J}(\omega) = \boldsymbol{K}(\omega)\boldsymbol{X}(\omega), \tag{3.1.25}$$

其中

$$\boldsymbol{J}(\omega) = \int_{-\infty}^{+\infty} \boldsymbol{J}(t)\mathrm{e}^{\mathrm{i}\omega t}\,\mathrm{d}t, \tag{3.1.26a}$$

$$\boldsymbol{K}(\omega) = \int_{-\infty}^{+\infty} \boldsymbol{K}(t)\mathrm{e}^{\mathrm{i}\omega t}\,\mathrm{d}t, \tag{3.1.26b}$$

$$\boldsymbol{X}(\omega) = \int_{-\infty}^{+\infty} \boldsymbol{X}(t)\mathrm{e}^{\mathrm{i}\omega t}\,\mathrm{d}t. \tag{3.1.26c}$$

(3.1.25)式说明，在线性响应下，一个给定频率的外力只能激发同频的响应. $\boldsymbol{K}(\omega)$ 通常也被称为动力学磁化率(dynamic susceptibility)，是一个复矩阵，可写成实部和虚部形式

$$\boldsymbol{K}(\omega) = \boldsymbol{K}_1(\omega) + \mathrm{i}\boldsymbol{K}_2(\omega). \tag{3.1.27}$$

将 $\boldsymbol{K}(\omega)$ 解析延拓到复平面 $\boldsymbol{K}(z)$，其中 $z = \omega + \mathrm{i}\varepsilon$，则(3.1.26b)变为

$$\boldsymbol{K}(z) = \int_0^\infty \boldsymbol{K}(t)\mathrm{e}^{\mathrm{i}zt}\,\mathrm{d}t. \tag{3.1.28}$$

若 $\boldsymbol{K}(\omega)$ 是解析函数(非奇异)，则解析延拓的 $\boldsymbol{K}(z)$ 也非奇异. 若 $\varepsilon > 0$，则我们可将 ω 解析延拓到复平面的上半平面. 当 $\varepsilon = \mathrm{Im}\,z \to +\infty$ 时，(3.1.28)式中的指数因子 $\mathrm{e}^{\mathrm{i}zt} \sim \mathrm{e}^{-st} \to 0$，因此在图 3.2 的 C' 回路上 $\boldsymbol{K}(z) \to 0$，说明在复平面上半平面积分 (3.1.28)收敛. 利用该收敛性，可以考虑沿实轴的积分

$$\int \frac{\boldsymbol{K}(z)}{z-\omega}\,\mathrm{d}z \to \oint \frac{\boldsymbol{K}(z)}{z-\omega}\,\mathrm{d}z, \tag{3.1.29}$$

并将其延拓至复平面的上半平面. 上述积分可沿图 3.2 中的 C' 回路进行，其中 $z = \omega$ 为(3.1.29)式的奇点，并设沿实轴绕过奇点上半平面小半圆的半径为 r. 由于回路中不包含奇点，因此总积分等于 0，即

$$\oint_{C'} \frac{\boldsymbol{K}(z)\mathrm{d}z}{z-\omega} = \int_{-\infty}^{\omega-r} \frac{\boldsymbol{K}(z)\mathrm{d}z}{z-\omega} + \int_{\omega+r}^{\infty} \frac{\boldsymbol{K}(z)\mathrm{d}z}{z-\omega} + \int_{C''} \frac{\boldsymbol{K}(z)\mathrm{d}z}{z-\omega} = 0. \tag{3.1.30}$$

沿小半圆 C'' 的积分可以在其附近利用极坐标写为

$$\int_{C''} \frac{\boldsymbol{K}(z)\mathrm{d}z}{z-\omega} = \int_{\pi}^{0} \mathrm{i}r\mathrm{e}^{\mathrm{i}\phi} \frac{\boldsymbol{K}(\omega+r\mathrm{e}^{\mathrm{i}\phi})}{\omega+r\mathrm{e}^{\mathrm{i}\phi}-\omega}\,\mathrm{d}\phi = \mathrm{i}\int_{\pi}^{0} \boldsymbol{K}(\omega+r\mathrm{e}^{\mathrm{i}\phi})\,\mathrm{d}\phi. \tag{3.1.31}$$

当 $r \to 0$ 时，有

$$\int_{C''} \frac{\boldsymbol{K}(z)\mathrm{d}z}{z-\omega} = \mathrm{i}\boldsymbol{K}(\omega)\int_{\pi}^{0}\mathrm{d}\phi = -\mathrm{i}\pi\boldsymbol{K}(\omega). \tag{3.1.32}$$

引入沿实轴的主值积分(principal integral)

$$P\int_{-\infty}^{\infty}\frac{\boldsymbol{K}(z)\mathrm{d}z}{z-\omega}=\lim_{r\to0}\left[\int_{-\infty}^{\omega-r}\frac{\boldsymbol{K}(z)\mathrm{d}z}{z-\omega}+\int_{\omega+r}^{\infty}\frac{\boldsymbol{K}(z)\mathrm{d}z}{z-\omega}\right],\qquad(3.1.33)$$

再利用(3.1.30),(3.1.32)和(3.1.33)式,可以得到克莱默斯-克罗尼关系(Kramers-Kronig relation)[200,201]

$$\boldsymbol{K}(\omega)=\frac{1}{\mathrm{i}\pi}P\int_{-\infty}^{+\infty}\frac{\boldsymbol{K}(z)}{z-\omega}\mathrm{d}z.\qquad(3.1.34)$$

将(3.1.27)式代入上式,并将实部和虚部分开,可以发现(3.1.34)式实质上是给出了响应矩阵$\boldsymbol{K}(\omega)$的实部与虚部之间的关系

$$\boldsymbol{K}_1(\omega)=\frac{1}{\pi}P\int_{-\infty}^{+\infty}\frac{\boldsymbol{K}_2(z)}{z-\omega}\mathrm{d}z,\qquad(3.1.35\mathrm{a})$$

$$\boldsymbol{K}_2(\omega)=-\frac{1}{\pi}P\int_{-\infty}^{+\infty}\frac{\boldsymbol{K}_1(z)}{z-\omega}\mathrm{d}z.\qquad(3.1.35\mathrm{b})$$

该关系是系统因果律(causality)的直接体现[202],说明只需要得到实部或虚部其一的信息,就可以得到复数另一部分的信息,进而可以得到整个响应矩阵.

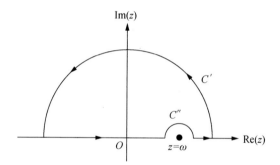

图 3.2 响应矩阵解析延拓到复平面的积分回路

其中 $z=\omega$ 为被积函数的奇点,沿实轴的积分在奇点上方以半径为 r 的小半圆绕过

在外力作用下,我们可以分析系统力学量关联与其涨落之间的关系.对于分段常数的外力

$$\boldsymbol{X}(t)=\begin{cases}\boldsymbol{x}_0,&t\leqslant0,\\0,&t>0,\end{cases}\qquad(3.1.36)$$

由(3.1.25)和(3.1.35)式可以计算得出系统对外力的响应.在 $t\leqslant0$ 时为

$$\boldsymbol{J}(t)=\boldsymbol{K}(\omega=0)\boldsymbol{x}_0,\qquad(3.1.37)$$

在 $t>0$ 时

$$\boldsymbol{J}(t)=\frac{1}{\mathrm{i}\pi}P\int_{-\infty}^{+\infty}\mathrm{d}\omega\frac{\boldsymbol{x}_0\boldsymbol{K}(\omega)}{\omega}\cos(\omega t),\qquad(3.1.38)$$

其中 P 为主值积分.注意到在 $t>0$ 时外力撤去后,非平衡流将随时间弛豫到零.称 $\boldsymbol{M}$ 为线性回归矩阵(regression matrix),非平衡流以指数形式衰减到零(平衡态),

$$\boldsymbol{J}(t) = \mathrm{e}^{-\boldsymbol{M}t}\boldsymbol{J}(0) = \mathrm{e}^{-\boldsymbol{M}t}\boldsymbol{K}(\omega = 0)\boldsymbol{x}_0, \tag{3.1.39}$$

利用(3.1.38)式与(3.1.39)式比较,由于 $\boldsymbol{x}_0$ 为常力,可以得到

$$\mathrm{e}^{-\boldsymbol{M}t}\boldsymbol{K}(\omega = 0) = \frac{1}{\mathrm{i}\pi}P\int_{-\infty}^{+\infty}\mathrm{d}\omega\frac{\boldsymbol{K}(\omega)}{\omega}\cos(\omega t). \tag{3.1.40}$$

设系统的非平衡过程存在 n 种不同的非平衡流,将其写为流矢量 $\boldsymbol{J}(t) = \{J_i(t)\}$, $i = 1, 2, \cdots, n$. 定义非平衡流的关联函数矩阵为

$$C_{ij}(t) = \langle J_i(t)J_j(0)\rangle_0, \tag{3.1.41}$$

其中下标"0"表示基于平衡态分布的平均. 上述关联函数定义为 J_i 和 J_j 分量基于其联合分布的平均,

$$\boldsymbol{C}(t) = \langle\boldsymbol{J}(t)\boldsymbol{J}^{\mathrm{T}}(0)\rangle_0 = \int\mathrm{d}\boldsymbol{J}\mathrm{d}\boldsymbol{J}^{\mathrm{T}}\boldsymbol{J}(t)\boldsymbol{J}^{\mathrm{T}}f(\boldsymbol{J}(t),\boldsymbol{J}^{\mathrm{T}}(0)). \tag{3.1.42}$$

利用联合概率与条件概率的关系,可以得到

$$\boldsymbol{C}(t) = \int\mathrm{d}\boldsymbol{J}\mathrm{d}\boldsymbol{J}^{\mathrm{T}}\boldsymbol{J}(t)\boldsymbol{J}^{\mathrm{T}}f(\boldsymbol{J}(t))P(\boldsymbol{J}\mid\boldsymbol{J}^{\mathrm{T}},t=0), \tag{3.1.43}$$

其中 $\boldsymbol{J}^{\mathrm{T}}$ 可写为条件平均,

$$\boldsymbol{C}(t) = \int\mathrm{d}\boldsymbol{J}\boldsymbol{J}f(\boldsymbol{J})\langle\boldsymbol{J}(t)\rangle_{\boldsymbol{J}}^{\mathrm{T}}. \tag{3.1.44}$$

利用(3.1.39)式,进一步可以得到

$$\boldsymbol{C}(t) = \int\mathrm{d}\boldsymbol{J}\boldsymbol{J}\boldsymbol{J}^{\mathrm{T}}\mathrm{e}^{-\boldsymbol{M}^{\mathrm{T}}t}f(\boldsymbol{J}) = \langle\boldsymbol{J}\boldsymbol{J}^{\mathrm{T}}\rangle\mathrm{e}^{-\boldsymbol{M}^{\mathrm{T}}t}. \tag{3.1.45}$$

利用关联矩的爱因斯坦关系

$$\langle\boldsymbol{J}\boldsymbol{J}^{\mathrm{T}}\rangle = k_{\mathrm{B}}\boldsymbol{g}^{-1}, \tag{3.1.46}$$

其中 $\boldsymbol{g}$ 矩阵为

$$g_{ij} = \partial^2 S/\partial J_i\partial J_j, \tag{3.1.47}$$

S 为系统的熵,可得

$$\boldsymbol{C}(t) = k_{\mathrm{B}}\boldsymbol{g}^{-1}\mathrm{e}^{-\boldsymbol{M}^{\mathrm{T}}t} = k_{\mathrm{B}}\mathrm{e}^{-\boldsymbol{M}t}\boldsymbol{g}^{-1}. \tag{3.1.48}$$

因此

$$\boldsymbol{C}(t) = k_{\mathrm{B}}\mathrm{e}^{-\boldsymbol{M}t}K_{ij}(\omega = 0). \tag{3.1.49}$$

结合(3.1.40)式,可以得到关联函数矩阵 $\boldsymbol{C}(t) = \{C_{ij}(t)\}$ 与响应矩阵 $\boldsymbol{K}(t)$ 满足关系

$$\boldsymbol{C}(t) = \frac{k_{\mathrm{B}}}{\mathrm{i}\pi}P\int_{-\infty}^{+\infty}\mathrm{d}\omega\cos(\omega t)\frac{\boldsymbol{K}(\omega)}{\omega}. \tag{3.1.50}$$

流的关联函数反映了系统的涨落,而响应矩阵反映了系统由于非平衡力而导致的非平衡流动(耗散过程),因此(3.1.50)式将关联函数矩阵和响应矩阵联系起来. 对时间关联函数做傅里叶变换

$$\boldsymbol{C}(\omega) = \int_{-\infty}^{+\infty}\boldsymbol{C}(t)\mathrm{e}^{\mathrm{i}\omega t}\mathrm{d}t,$$

则(3.1.50)式还可以写成非常简洁的形式:

$$\frac{2\omega}{k_{\mathrm{B}}\mathrm{i}}\boldsymbol{C}(\omega) = \boldsymbol{K}^{\dagger}(\omega) - \boldsymbol{K}(\omega), \tag{3.1.51}$$

其中 $\boldsymbol{K}^{\dagger}(\omega)$ 为响应矩阵 $\boldsymbol{K}(\omega)$ 的厄米共轭. 上式还可以写成

$$\boldsymbol{K}_2(\omega) = \frac{\omega}{k_{\mathrm{B}}}\boldsymbol{C}(\omega), \tag{3.1.52}$$

此处 $\boldsymbol{K}_2(\omega)$ 表示复响应矩阵 $\boldsymbol{K}(\omega)$ 中反映耗散性质的虚部,而 $\boldsymbol{C}(\omega)$ 为涨落在 ω 频率处的分量. (3.1.50)~(3.1.52)式都称为涨落耗散定理[198],只是表达形式不同.

下面来看非平衡涨落的谱密度与关联函数之间的关系. 考虑非平衡流 $\boldsymbol{J}(t) = \{J_i(t)\}$,我们可以把它们作为时间序列在一个时间窗口 T 内来分析,即

$$\boldsymbol{J}(t,T) = \{J_i(t,T)\} = \begin{cases} \boldsymbol{J}(t), & |t| \leqslant T, \\ 0, & |t| > T. \end{cases} \tag{3.1.53}$$

其傅里叶变换为

$$\boldsymbol{J}(\omega,T) = \int_{-\infty}^{\infty} \mathrm{d}t\boldsymbol{J}(t,T)\mathrm{e}^{\mathrm{i}\omega t}, \tag{3.1.54a}$$

其功率谱矩阵为

$$\boldsymbol{S}(\omega) = \lim_{T\to\infty}\frac{1}{2T}\boldsymbol{J}(\omega,T)\boldsymbol{J}^{\dagger}(\omega,T). \tag{3.1.54b}$$

代入 $\boldsymbol{J}(\omega,T)$ 和 $\boldsymbol{J}^{\dagger}(\omega,T)$ 的计算积分,得到

$$\begin{aligned}\boldsymbol{S}(\omega) &= \lim_{T\to\infty}\frac{1}{2T}\int_{-\infty}^{\infty}\mathrm{d}t\boldsymbol{J}(t,T)\mathrm{e}^{-\mathrm{i}\omega t}\int_{-\infty}^{\infty}\mathrm{d}t'\boldsymbol{J}^{\dagger}(t',T)\mathrm{e}^{\mathrm{i}\omega t}\\ &= \lim_{T\to\infty}\frac{1}{2T}\int_{-\infty}^{+\infty}\mathrm{d}\tau\mathrm{e}^{\mathrm{i}\omega\tau}\int_{-\infty}^{+\infty}\mathrm{d}t\boldsymbol{J}(t,T)\boldsymbol{J}^{\dagger}(t+\tau,T)\\ &= \int_{-\infty}^{\infty}\mathrm{d}\tau\mathrm{e}^{\mathrm{i}\omega\tau}\lim_{T\to\infty}\frac{1}{2T}\int_{-T}^{T-\tau}\boldsymbol{J}(t)\boldsymbol{J}^{\dagger}(t+\tau)\mathrm{d}t. \end{aligned} \tag{3.1.55}$$

对于满足遍历性的非平衡过程,时间平均的积分等于系综平均,因此

$$\begin{aligned}\boldsymbol{S}(\omega) &= \int_{-\infty}^{+\infty}\mathrm{d}\tau\mathrm{e}^{\mathrm{i}\omega\tau}\lim_{T\to\infty}\int_{-T}^{T}\frac{\boldsymbol{J}(t)\boldsymbol{J}^{\dagger}(t+\tau)}{2T}\mathrm{d}t\\ &= \int_{-\infty}^{+\infty}\mathrm{d}\tau\mathrm{e}^{\mathrm{i}\omega\tau}\langle\boldsymbol{J}(t)\boldsymbol{J}^{\dagger}(t+\tau)\rangle\\ &= \int_{-\infty}^{+\infty}\mathrm{d}\tau\mathrm{e}^{\mathrm{i}\omega\tau}\boldsymbol{C}(\tau)\\ &= \boldsymbol{C}(\omega). \end{aligned} \tag{3.1.56}$$

这就是维纳-辛钦定理(Wiener-Khinchin theorem)[203,204],它将非平衡过程的关联函数谱与功率谱联系起来,为实验上研究涨落(关联)效应提供了极大便利. 注意到(3.1.52)式,我们还可以得到涨落耗散定理的又一种表述

$$S(\omega) = \frac{k_B}{\omega} K_2(\omega). \tag{3.1.57}$$

线性响应理论与涨落耗散定理开辟了一条新的计算系统非平衡输运系数的统计力学途径.

3.1.3　非平衡弛豫与最小熵产生原理

对处于非平衡态的热力学系统来说,向平衡态的弛豫过程是一个重要的基本问题.在空间局域平衡(local equilibrium)假设下,系统的熵密度函数 $s(r, t)$ 在位形空间点点可定义并随时间变化.熵密度函数 $s(r, t)$ 满足连续性方程

$$\frac{\partial s}{\partial t} = -\nabla \cdot j_s + \sigma_s, \tag{3.1.58}$$

其中 j_s 为熵流,$\nabla \cdot j_s$ 为其空间散度.σ_s 为熵产生(entropy production).若系统处于非平衡态,则 $\sigma_s \neq 0$,它来自系统的非平衡性.熵产生可写成上述力和流的表达形式

$$\sigma_s = \sum_{i=1} X_i J_i. \tag{3.1.59}$$

若系统处于平衡态附近的非平衡区域,由于力和流之间的线性关系(3.1.3)式,我们可以将(3.1.59)式进一步写成

$$\sigma_s = \sum_{ij} K_{ij} X_i X_j. \tag{3.1.60}$$

普利高津(I. Prigogine,1917—2003)等根据热力学第二定律和昂萨格倒易原理证明了在线性非平衡区非平衡定态的存在,并证明了在稳定非平衡定态,熵产生一定取极小值,有

$$\sigma_s \geqslant 0, \quad d\sigma_s / dt \leqslant 0. \tag{3.1.61}$$

可以看到,熵产生起着势函数的作用,这就是最小熵产生原理(minimum entropy-production principle)[97].该原理指出了非平衡过程的演化方向,孤立或其他不受不可逆力限制的系统(如与单一热源接触的开放系统)向熵最大而熵产生率为零的平衡态弛豫,而受外部不可逆力限制的非平衡系统则向熵产生率最小(非零)的非平衡定态演化.

非平衡系统的弛豫过程是一个复杂的问题.基于玻尔兹曼方程,波戈留波夫(N. N. Bogolyubov,1909—1992)于1946年将热力学系统随时间的演化从时间尺度上分为三个阶段[205]:第一阶段称为力学尺度(dynamical scale),系统的分布函数随时间会有急剧变化,系统需要由多粒子的分布函数来描述.一旦系统的分布函数出现"同步"化,多粒子分布函数体现为单粒子分布函数的泛函,则用单粒子分布即可描述系统的行为,系统就进入所谓动理学尺度(kinetic scale)的第二阶段.在长时间之后,系统进入第三阶段,称为流体力学尺度(hydrodynamic scale),这时系统

的行为用分布函数有限阶的矩即可很好地描述. 祖巴列夫(D. N. Zubarev,1917—1992)在波戈留波夫标度理论的基础上对于流体力学标度提出了局部守恒律基础上的非平衡统计算符,在该标度阶段非平衡统计算符的理论基础与适用性与平衡态类似[206]. 范霍夫(L. Van Hove,1924—1990)则于 1955 年提出了系统趋于平衡态来自于系统本身的性质,系统只要对初始态做粗粒化即可获得趋向平衡态的结果[207]. 普利高津学派等引入投影算符方法建立了广义主方程,并提出了耗散条件,即系统趋于平衡满足的条件等等[208—210]. 所有这些在本书中将不再深入讨论,有兴趣的读者可参考上述文献.

§ 3.2 非平衡统计物理基本问题

3.2.1 非平衡系统的确定性描述——恒温动力学系统

我们已经在第 2 章研究了少自由度系统的平衡态统计物理基本问题. 在平衡态统计物理研究中,遍历理论从微观角度将动力学的随机性由弱到强分为庞加莱回归、遍历性、混合性、K 系统、阿诺索夫系统等,这些不同统计性质可能在不同的随机性层面满足. 实际上少自由度系统在任何给定时刻都会处于某种非平衡状态下,且在演化中会经历一系列非平衡过程. 由于系统的有限性,这样的非平衡过程用传统非平衡统计理论来描述就会涉及类似于平衡态统计的基本问题,即动力学与统计之间的关系问题,我们不妨称之为非平衡态统计物理基本问题. 与平衡态统计物理不同,非平衡态统计问题的微观动力学基础还远远没有建立. 要介绍后面的一系列涨落定理,需要先对非平衡统计物理基本问题进行讨论,要建立非平衡热力学系统的动力学描述,对非平衡系统的确定性描述是第一步[185,191,192].

考虑封闭在体积 V 中的 N 个相互作用粒子组成的系统. 系统的微观态由 Γ 空间中的态矢量来描述:
$$(q_1,\cdots,q_N,p_1,\cdots,p_N) \equiv (q,p) \equiv x,$$
其中 q_i,p_i 代表粒子 i 的位置与动量. 系统的内能可以写为
$$H(x) = \sum_{i=1}^{N} \frac{p_i^2}{2m} + U(q), \tag{3.2.1}$$
其中 $U(q)$ 为粒子相互作用势能. 当系统与热源接触处于热平衡态时,系统的平衡态概率分布可由正则分布
$$\rho_0 = Z^{-1} e^{-\beta H}$$
给出.

空间封闭系统的能量改变取决于外界对系统的控制. 外界对封闭系统的影响

可以通过传热或做功的方式来进行. 一个系统如果与外界绝热, 则与外界没有热交换, $\dot{Q}=0$. 系统通过做功的方式与外界产生能量交换有两种情形. 一种情形是可以通过外界的控制参量 $\lambda(t)$ 来影响或改变系统内能势能, 即势能 $U(\boldsymbol{q})$ 是控制参量 $\lambda(t)$ 的函数. 在这种情况下, (3.2.1) 式可写为

$$H(\boldsymbol{x},t) = \sum_{i=1}^{N} \frac{\boldsymbol{p}_i^2}{2m} + U(\boldsymbol{q},\lambda(t)). \tag{3.2.2}$$

这种外界对系统做功的方式由于改变了系统内能, 因而也就改变了系统的平衡态. 另外还存在一种情形, 即外界虽然对系统做功, 但并不会改变系统的热平衡态, 将这种外力记为 $\boldsymbol{F}_e$, 称之为耗散外场. 如果 $\dot{\lambda}(t)\neq 0$ 而 $\boldsymbol{F}_e=0$, 则初始为非平衡态的系统仍然会弛豫到平衡态. 但若 $\boldsymbol{F}_e\neq 0$, 则系统不会回到平衡态. 同时考虑这两种外界影响的情形, 在绝热条件 $\dot{Q}=0$ 下系统中粒子的微观运动方程为

$$\dot{\boldsymbol{q}} = \frac{\partial H(\boldsymbol{x},t)}{\partial \boldsymbol{p}} + \boldsymbol{C}(\boldsymbol{x})\boldsymbol{F}_e(t), \tag{3.2.3a}$$

$$\dot{\boldsymbol{p}} = -\frac{\partial H(\boldsymbol{x},t)}{\partial \boldsymbol{q}} + \boldsymbol{D}(\boldsymbol{x})\boldsymbol{F}_e(t), \tag{3.2.3b}$$

其中 $\boldsymbol{C}(\boldsymbol{x})$ 和 $\boldsymbol{D}(\boldsymbol{x})$ 分别为广义坐标和广义动量方程中与耗散外场 $\boldsymbol{F}_e(t)$ 的耦合矩阵. 在绝热情况下, 系统内能的变化率就等于外界对系统做功的变化率, $\dot{H}=\dot{W}$. 从 (3.2.3) 式可以看出, 式中右边的第一项为哈密顿力学系统的正则方程 (1.2.25), 第二项则反映了由外场 $\boldsymbol{F}_e(t)$ 所带来的效应, 它会破坏原有正则方程的能量守恒, 带来系统的耗散演化. 利用 (3.2.2) 式, 可以得到功的演化, 即系统能量的变化,

$$\begin{aligned}
\dot{W} = \dot{H}(\boldsymbol{x},t) &= \frac{\partial H}{\partial \boldsymbol{q}} \cdot \dot{\boldsymbol{q}} + \frac{\partial H}{\partial \boldsymbol{p}} \cdot \dot{\boldsymbol{p}} + \frac{\partial H}{\partial t} \\
&= \frac{\partial H}{\partial \boldsymbol{q}} \cdot \dot{\boldsymbol{q}} + \frac{\partial H}{\partial \boldsymbol{p}} \cdot \dot{\boldsymbol{p}} + \frac{\partial H}{\partial \lambda}\dot{\lambda}.
\end{aligned} \tag{3.2.4}$$

利用 (3.2.3) 式, 可以进一步得到

$$\dot{W} = \dot{\lambda} \frac{\partial U(\boldsymbol{q},\lambda(t))}{\partial \lambda} - V\boldsymbol{J}(\boldsymbol{x}) \cdot \boldsymbol{F}_e(t), \tag{3.2.5}$$

其中 V 为系统的体积, $\boldsymbol{J}(\boldsymbol{x})$ 为由外场 $\boldsymbol{F}_e(t)$ 所引起的非平衡耗散流, 定义为

$$V\boldsymbol{J} \cdot \boldsymbol{F}_e \equiv -\left(\frac{\partial H}{\partial \boldsymbol{q}} \cdot \boldsymbol{C}\boldsymbol{F}_e + \frac{\partial H}{\partial \boldsymbol{p}} \cdot \boldsymbol{D}\boldsymbol{F}_e \right). \tag{3.2.6}$$

可以清楚看到, (3.2.5) 式已将上述两种做功的机制都包含在内, 右边第一项给出了系统控制参量改变带来的功, 第二项则给出外场所引起的非平衡耗散功. 注意, (3.2.5) 式中体积 V 只是作为系统的宏观变量出现, 外场 $\boldsymbol{F}_e(t)$ 所引发的非平衡行为是通过微观变量 $\boldsymbol{x}$, 即耦合矩阵 $\boldsymbol{C}(\boldsymbol{x})$ 和 $\boldsymbol{D}(\boldsymbol{x})$ 来体现的.

如果系统不满足绝热条件,则除了做功之外,系统还会与外界产生热量交换.为了仍然从微观动力学来描述系统的演化,需要用确定性热源来描述外界与系统的热作用,这样热源与系统作用的大系统整体可以用确定性数学方程来描述.人们提出过各种类型的确定性热源模型,如高斯型(等动能,isokinetic)热源[211],诺泽-胡佛(Nose-Hoover,NH)热源[212—214]等.如果考虑一个系统与高斯型(等动能)热源接触,则描述系统的确定性方程(3.2.3)变为

$$\dot{\boldsymbol{q}} = \frac{\partial H(\boldsymbol{x},t)}{\partial \boldsymbol{p}} + \boldsymbol{C}(\boldsymbol{x})\boldsymbol{F}_{\mathrm{e}}(t), \tag{3.2.7a}$$

$$\dot{\boldsymbol{p}} = -\frac{\partial H(\boldsymbol{x},t)}{\partial \boldsymbol{q}} + \boldsymbol{D}(\boldsymbol{x})\boldsymbol{F}_{\mathrm{e}}(t) - \alpha(\boldsymbol{x})\boldsymbol{S}\boldsymbol{p}. \tag{3.2.7b}$$

(3.2.7b)式右边加上的一项 $-\alpha \boldsymbol{S}\boldsymbol{p}$ 描述了系统与热源交换(吸收或释放)的热,这里 α 为一个恒温乘子(thermostat multiplier),它对不同的确定性热源具有不同的表达形式.$\boldsymbol{S}$ 为一个对角矩阵,用来描述系统中与热源直接作用的部分,与热源接触的对角分量 $S_{ii}=1$,否则为 $S_{ii}=0$,同时 $S_{ij}=0, i \neq j$.$\boldsymbol{S}$ 矩阵的迹等于系统中与热源接触的粒子数 $\mathrm{Tr}(\boldsymbol{S})=N_{\mathrm{W}}$,这些与热源直接接触的粒子就形成了系统与热源之间的界面[181,191].一个系统可以只有一小部分粒子与热源接触,例如固体或液滴只通过最外层的粒子与热源接触而产生热交换,也可能是整个系统与热源均匀接触,例如气体中的所有粒子都会运动到热源附近与其产生热交换.近些年人们非常关注的很多小系统,例如马达蛋白以及大量的纳米尺度系统都属于前者,(3.2.7)式可以很方便地用于描述这类小系统的热力学问题.

对于由(3.2.7)式描述的系统,热力学第一定律——能量守恒定律仍然成立,即

$$\mathrm{d}Q = \mathrm{d}H - \mathrm{d}W, \tag{3.2.8a}$$

这里对热量和功的变化小量写成 đ 以区别于典型微分 d,这是因为它们都是过程量,与具体热力学过程有关.将上式写成时间的微分形式为

$$\dot{Q} = \dot{H} - \dot{W}, \tag{3.2.8b}$$

其中 $\dot{W}$ 可用绝热情况的表达式(3.2.5),而对于(3.2.7)式的热源描述,$\dot{Q}$ 则可具体化为

$$\dot{Q} = -\alpha \frac{\partial H}{\partial \boldsymbol{p}} \cdot \boldsymbol{S}\boldsymbol{p}, \tag{3.2.9}$$

可以看到,由于 $\boldsymbol{S}$ 矩阵对角元只对接触热源的粒子非零,因此热量交换只发生于系统与热源之间的界面处.

由(3.2.7)式所描述的系统通常称为恒温动力学系统(thermostated dynamical systems)[181],该系统建立了对处于非平衡态的少自由度系统的确定性动力学描述.下面将在此基础上讨论非平衡条件下动力学与统计之间的关系.

3.2.2　西奈–儒勒–伯温(SRB)分布与混沌假设

一个需要面对的事实是,不能简单地认为平衡态情况下满足遍历性质的系统在非平衡态下也一定会满足遍历性条件.(3.2.7)式所建立的与热源接触的系统的耗散确定性动力学描述与平衡态下不含热源的系统动力学描述明显会不同.例如,它是否满足平均定理(1.4.23)式或遍历性质(2.2.41)式,使得我们可以利用系综平均来代替时间平均? 它的动力学是否足够随机以至于系统可以演化到非平衡的定态? 是否可以建立类似于平衡态的不变概率分布? 进一步,非平衡态统计面临的更大挑战是对热力学第二定律阐述的不可逆性进行微观层次的理解和刻画.为了使得基本问题的讨论可行,用少体系统作为对象来进行研究可以方便且深刻地揭示非平衡统计的微观内涵.

为了使问题的讨论更方便和具有一般性,可以选择更便于分析的时间离散动力学系统,其讨论结果也可以应用于例如(3.2.7)式描述的时间连续系统[185].定义系统 $2N$ 维相空间 Γ 中的 $2N_G$ 维不变子空间点集为 $G \subset \Gamma$,在不变集上的动力学由映射 $M: G \to G$ 来描述,

$$x_{n+1} = M(x_n). \tag{3.2.10}$$

该映射可以定义为在相空间 Γ 中一个连续时间系统的庞加莱映射或其他离散方式,该动力学系统记作 (G, M).

类似于平衡态的讨论,我们也可以对所研究的系统进行系综统计.考虑 Γ 空间中从初始刘维尔测度

$$\mu_{\mathrm{L}} = C\delta[H(\boldsymbol{q}, \boldsymbol{p}) - E]\mathrm{d}\boldsymbol{q}\mathrm{d}\boldsymbol{p} \tag{3.2.11}$$

的微正则系综分布随机初始条件出发的大量代表点的时间演化行为,其中 C 为常数.从相空间初始分布在一个小区域的相点出发,如果没有耗散,刘维尔定理确定相体积守恒,由(3.2.11)定义的刘维尔测度为一不变分布.但如果系统因前面所讨论各种因素而产生耗散,则系统相体积会在长时间后收缩到更小的集合 G 上,在 G 上动力学演化是否具有不变分布对非平衡问题的研究很重要.以下对系统动力学的讨论均在 $2N_G$ 维不变空间 G 上进行.

乌伦贝克(G. E. Uhlenbeck,1900—1988)和福特于 1963 年对热力学系统平衡态时的第零定律给予了统计意义表述[215]:一个初始处于非平衡态的大量粒子组成的封闭保守力学系统会随时间趋于平衡态,所有的宏观量也趋于定值.这意味着时间平均所得到的物理量值可以用能量面上的概率分布来计算.儒勒于 1980 年提出了非平衡态下的第零定律,将平衡态的情况推广到非平衡定态[216,217].

儒勒原理(亦称为**广义第零定律**):对于一个动力学系统 (G, M),给定任意定义于相空间 G 中 x 点的光滑观察量函数 $F(x)$,其时间平均对于沿所有以刘维尔不

变分布(3.2.11)式初始点出发的轨道都存在,且存在函数 μ 使得长时间极限下有

$$\lim_{T\to\infty}\frac{1}{T}\sum_{n=0}^{T-1}F(M_n(\boldsymbol{x})) = \int_G \mu(\mathrm{d}\boldsymbol{x}')F(\boldsymbol{x}'), \qquad (3.2.12)$$

则 μ 为相空间 G 中的不变统计分布.

注意这里的分布写为 $\mu(\mathrm{d}\boldsymbol{x})$ 而非 $\mu(\boldsymbol{x})\mathrm{d}\boldsymbol{x}$ 是因为该统计分布可能不是 $\boldsymbol{x}$ 的光滑函数,这与耗散系统长时间后的不变点集可能是分形结构密切相关.注意到哈密顿系统的相空间是 Γ,而动力学系统 (G,M) 的相空间是 G,二者并不等同.特别是当 (G,M) 是耗散系统时,即使从 Γ 空间所有点出发,长时间后轨道落点的不变集 G 也为维数小于 Γ 维数的吸引子,该吸引子在 Γ 空间中刘维尔意义上的测度为零,即如果记刘维尔测度为 μ_L 的话,则有

$$\int \mu_\mathrm{L}\mathrm{d}\Gamma = 0. \qquad (3.2.13)$$

而广义第零定律的重要之处在于告诉我们虽然没有刘维尔测度 μ_L,但非平衡定态下系统仍然可以存在统计分布,这个分布就是下面即将谈到的西奈-儒勒-伯温(SRB)不变分布 μ_SRB.对于该分布,令(3.2.12)式中的观察量函数 $F=1$,我们立刻得到

$$\int_G \mu(\mathrm{d}\boldsymbol{x}') = \lim_{T\to\infty}\frac{1}{T}\sum_{n=0}^{T-1}F(M_n(\boldsymbol{x})) = 1, \qquad (3.2.14)$$

说明的确存在不变分布.

要满足(3.2.12)式,非平衡动力学系统需要像平衡态的动力学系统那样满足一定的遍历特征,即动力学轨道能够在长时间遍及相空间 G.加拉沃蒂与科恩对非平衡定态提出了如下假设[185]:

混沌假设(chaotic hypothesis):一个处于定态的可逆系统在计算其宏观特性时可将其视为传递的(transitive)阿诺索夫系统,满足这种动力学特征的系统可以用在动力学相空间的系综平均来代替时间平均.

阿诺索夫系统的传递性(transitivity)是指系统动力学相空间中任意给定一点 $\boldsymbol{x}(t)$ 都由稳定与不稳定两个不变子流形 W_x^s 和 W_x^u 构成(图 3.3),即

$$M:W_x^\mathrm{s}\to W_x^\mathrm{s}, \quad M:W_x^\mathrm{u}\to W_x^\mathrm{u}. \qquad (3.2.15)$$

两个子流形连续地依赖于 $\boldsymbol{x}$,且在相空间 G 稠密[218].在不稳定流形上的发散速率为正,而在稳定流形上的收缩速率为负,且不存在零李指数.这样的点为双曲点.

阿诺索夫性统计分布对于一般耗散系统是否都适用并未得到严格的数学证明.但加拉沃蒂与科恩指出,该假设对于实际研究中的许多系统可近似满足,这一点在对大量不同系统的数值研究中得到了验证[181-183].通过已经进行的大量数值研究进行总结,可得出非平衡态系统中与动力学和统计行为关联的以下几个重要

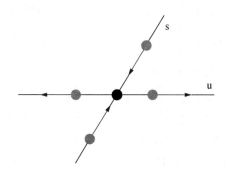

图 3.3　阿诺索夫系统与双曲不动点

其中中间的黑色点为双曲点,u 代表不稳定流形,s 代表稳定流形

特征,其中一些特征在理论上已经得到证明:

(1) 耗散性(dissipation).

考察一个动力学系统(G,M)从初始的一个相体元

$$\delta \Gamma(0) = \prod_{i=1}^{2N} \mathrm{d}x^i$$

出发相体积的变化

$$\delta \Gamma(n) \sim \delta \Gamma(0) \prod_{i=1}^{n} \det(\boldsymbol{J}), \qquad (3.2.16)$$

其中 $\boldsymbol{J}$ 为映射 $\boldsymbol{M}$ 算符的雅可比矩阵,矩阵元为 $J_{ij} = (DM)_{ij}$. 若矩阵 $\boldsymbol{J}$ 的行列式 $|\det \boldsymbol{J}| < 1$,则相体积随时间收缩,动力学系统为耗散系统. 对连续时间系统而言,引入单自由度收缩速率 σ,并设 $2N_G$ 为相空间 G 维数,若一个耗散动力学系统的收缩速率 $\sigma > 0$,则

$$\delta \Gamma(t) \sim \delta \Gamma(0) \mathrm{e}^{-N_G \sigma t}, \qquad (3.2.17)$$

说明系统的相体积会在沿轨道演化过程中以 $N_G \sigma$ 的速率收缩,长时间后落到一个低维的吸引子上. 这里的收缩速率 σ 也反映了系统熵变化的速率,称为熵产生率(entropy production rate).

(2) 可逆性(reversibility).

对于一个动力学系统(G,M),存在一个时间反演变换

$$I: x_n \rightarrow x_{-n}, \qquad (3.2.18)$$

如果 x_n 是系统的解,则 Ix_{-n} 也是系统的解. 显然 $I^2 x = x$. 对于连续时间系统 (3.2.7),它也满足可逆. 考虑从初始时刻到 t 时刻的演化,如果 $x(t') \equiv (q(t'), p(t'))$ 是方程(3.2.7)的解,则做相对 t 时刻的时间反演

$$I: x(t') \rightarrow x^*(t') \equiv (q(t-t'), -p(t-t')),$$

即 $x^*(t')$ 必然也为方程的解. 要满足可逆性,方程中对系统做功的项(包括对势场

调控的参量 $\lambda(t)$ 和外力 $\boldsymbol{F}_{\mathrm{e}}(t)$ 就需要满足一定的时间对偶性以保证方程(3.2.7)时间反演变换不变,因而有

$$U(\boldsymbol{q},\lambda(t')) = U(\boldsymbol{q},\lambda(t-t')), \tag{3.2.19a}$$

$$\boldsymbol{C}(\boldsymbol{x})\boldsymbol{F}_{\mathrm{e}}(t') = -\boldsymbol{C}(\boldsymbol{x}^*)\boldsymbol{F}_{\mathrm{e}}(t-t'), \tag{3.2.19b}$$

$$\boldsymbol{D}(\boldsymbol{x})\boldsymbol{F}_{\mathrm{e}}(t') = \boldsymbol{D}(\boldsymbol{x}^*)\boldsymbol{F}_{\mathrm{e}}(t-t'). \tag{3.2.19c}$$

(3) 混沌性(chaoticity).

混沌性假设成立,动力学系统(G,M)为一个可传递的阿诺索夫系统.

(4) 动力学李雅普诺夫指数的成对性(pairing).

将 $2N_G$ 维动力学系统吸引子的李雅普诺夫指数(简称李指数)谱记为$\{h_i\}$,$i=1,2,\cdots,2N_G$,这些指数中有一半为非负,一半为负. 如果将其分别排序为

$$0 \leqslant h_1^+ \leqslant h_2^+ \leqslant \cdots \leqslant h_{N_G}^+,$$

$$0 > h_1^- \geqslant h_2^- \geqslant \cdots \geqslant h_{N_G}^-,$$

则

$$h_i^+ + h_i^- = \frac{1}{N_G}\sum_{j=1}^{2N_G} h_j \equiv -\sigma, \quad i=1,2,\cdots,N_G, \tag{3.2.20a}$$

称为李指数的成对性[219,220]. 如果考虑到哈密顿系统李指数谱的对称性(1.7.58b)和(1.7.59a)式,(3.2.20a)式可以理解为当系统出现耗散时,李指数谱会出现整体的平移,哈密顿系统时正负成对的关系

$$h_i^+ + h_i^- = 0 \tag{3.2.20b}$$

整体出现$-\sigma$的平移.

(3.2.20a)式的每一对正负指数之和都联系着系统吸引子的收缩速率和熵产生率,这说明了系统的动力学与热力学之间的联系. 上述结论已在一些典型的模型系统中得到了验证,其中(3.2.20a)式的结果是推测,尚无严格证明. 需要指出的是,(3.2.20a)的结果是比较强的结论,一个较(3.2.20a)式弱的结果是不等式

$$-\sigma \leqslant h_i^+ + h_i^- \leqslant 0, \quad i=1,2,\cdots,N_G. \tag{3.2.20c}$$

该结论对更多的动力学系统成立,称为弱成对性.

(5) 李指数谱分布的平滑性(smoothness).

当系统的维数足够大时,李指数谱$\{h_i\}$就成为指标 i 的光滑函数[221].

(6) 李雅普诺夫维数(Lyapunov dimension).

动力学系统的李雅普诺夫指数谱与吸引子的维数有着密切的联系,由此可以用李指数谱来定义李雅普诺夫维数[222],该结果已由第 1 章的卡普兰-约克猜测(1.8.23)式给出.

有了上述混沌性假设,西奈证明了这样的系统具有在吸引子上的唯一测度分

布 μ,并可以利用该分布计算处于非平衡定态下系统的宏观量.该分布也被儒勒和伯温提出过,故称为西奈-儒勒-伯温(SRB)不变分布 μ_{SRB}.

3.2.3 SRB 不变分布的拓扑描述

混沌假设中的阿诺索夫传递性对系统动力学的拓扑性质提出了要求,即相空间充满双曲性质的点,由稠密分布的稳定流形和不稳定流形骨架构成整个相空间吸引子.我们可以从另外一个不同角度用不稳定流形来对 SRB 分布进行拓扑描述,这种描述可以导致一种对遍历性假设新的诠释,并把平衡态和非平衡态统计统一起来[185].

设 O 为系统 $2N_G$ 维相空间吸引子 G 上的一个不动点,它是一个 N_G 维稳定流形 W_O^s 和一个 N_G 维不稳定流形 W_O^u 的交点.O 也满足时间反演不变,即存在一个反演变换使得

$$IO = O.$$

加拉沃蒂等的观点认为[185],由于 W_O^u 在吸引子 G 上是稠密充满的,因此从本质上来说可以将吸引子 G 看成是由不动点 O 的 N_G 维光滑不稳定流形 W_O^u 构成.这一点可以从第 1 章斯梅尔马蹄映射行为的分析得到启发.一条混沌轨迹会由于沿不稳定流形产生的拉伸效应而无穷接近相空间动力学可及的任何区域,同时由于稳定流形的收缩性质而在相空间的有限区域反复发生无穷多次折叠,最终形成吸引子 G.从这一点来看,不稳定流形在形成整个吸引子骨架的过程中扮演着重要角色.虽然从维数来说不稳定流形只是相空间维数 $2N_G$ 的一半,但由于 W_O^u 的不稳定拓扑性质,它在长时间后可以无穷逼近并覆盖整个吸引子集 G.

在统计层面,我们更多地对观测量的平均信息感兴趣,动力学细节方面除了可以用 W_O^u 来逼近 G 之外并不重要.就计算物理量平均值来说,完全可以用不稳定流形来代替整个吸引子 A.这样,所有有关事件平均所需的信息都包含于不稳定流形 W_O^u 中,而(3.2.12)式中统计分布的平均就可以用沿 W_O^u 的积分来进行计算.沿 W_O^u 进行计算的过程中,吸引子点集 G 是否具有分形结构显得不重要,因为分形的形成主要来自于稳定流形 W_O^s 折叠的耗散效应.这样在沿不稳定流形做平均的过程中可以将 W_O^u 看成是在平直的无折叠无穷表面上.

将加拉沃蒂上述的观点加以总结可以看到,不稳定流形的两个重要特点值得注意:一是它在长时间后可以无穷逼近并覆盖系统的动力学吸引子集 G,二是在平均意义上可将其看成在平直的无折叠无穷表面上的流形,忽略其由于稳定流形影响而产生的折叠效应.不稳定流形的这种行为无论在保守还是耗散动力学系统中都有相似的特征,只是在保守系统中不稳定流形的集合不在相空间稠密,而在刘维尔相空间中会留下大量的"孔洞",而对耗散系统而言,这一流形集合则在吸引子上

稠密.利用不稳定流形的特征来处理系统的动力学统计行为,可以将处于平衡态和非平衡态的系统描述统一在不稳定流形的框架之下.以上只是定性地介绍了加拉沃蒂的理论,对该理论更严格的数学证明,读者可参考文献[185].以下我们应用这一理论来从动力学不稳定流形的拓扑出发讨论平衡与非平衡系统的统计力学计算方法.

设 U 为吸引子点集 G 中一个很小的 $2N_G$ 维球,其中心是不动点 O.下面从 U 中均匀分布的初态出发沿轨道来计算观测量 F 的时间平均.对于离散动力学系统 (3.2.10),U 中所有相点的轨道演化为 M^nU.令 Δ 为不稳定流形与点集 U 的交集,

$$\Delta = W_O^u \bigcap U,$$

我们就可以将 $n \gg 1$ 时的 $M^n\Delta$ 作为吸引子不变集 G 的有限时间近似.

不稳定流形 W_O^u 是不变子流形,具有时间变换不变性

$$MW_O^u = W_O^u. \tag{3.2.21}$$

令 $\mathrm{d}\boldsymbol{x}$ 为 W_O^u 上的一个面元,在 M 作用下面元的演化为

$$\mathrm{d}\boldsymbol{x}_{n+1} = \boldsymbol{J}\mathrm{d}\boldsymbol{x}_n, \tag{3.2.22}$$

其中

$$\boldsymbol{J} = (\partial M/\partial \boldsymbol{x})_{W_O^u}$$

为雅可比矩阵,其行列式的绝对值为

$$\Lambda_u(\boldsymbol{x}) = |\det(\boldsymbol{J})|. \tag{3.2.23}$$

在不稳定流形上给定初始分布 $\rho_0(\boldsymbol{x})$,由点数守恒可得

$$\rho(\boldsymbol{x}_{n+1})\mathrm{d}\boldsymbol{x}_{n+1} = \rho(\boldsymbol{x}_n)\mathrm{d}\boldsymbol{x}_n,$$

因此

$$\begin{aligned}\rho(\boldsymbol{x}_{n+1}) &= \rho(\boldsymbol{x}_n)\mathrm{d}\boldsymbol{x}_n/\mathrm{d}\boldsymbol{x}_{n+1}\\ &= \rho(\boldsymbol{x}_n)\Lambda_u^{-1}(\boldsymbol{x}_n) = \rho(M^{-1}\boldsymbol{x}_{n+1})\Lambda_u^{-1}(M^{-1}\boldsymbol{x}_{n+1}).\end{aligned} \tag{3.2.24}$$

当 $n \to \infty$ 时,若 U 中的初始态为均匀分布 $\rho_0(\boldsymbol{x}) = C$,则有

$$\begin{aligned}\rho_n(\boldsymbol{x})\mathrm{d}\boldsymbol{x} &= C\Lambda_u^{-1}(M^{-n}\boldsymbol{x})\Lambda_u^{-1}(M^{-(n-1)}\boldsymbol{x})\cdots\Lambda_u^{-1}(M^{-1}\boldsymbol{x})\mathrm{d}\boldsymbol{x}\\ &\to C\prod_{j=-\infty}^{-1}\Lambda_u^{-1}(M^j\boldsymbol{x})\mathrm{d}\boldsymbol{x}.\end{aligned} \tag{3.2.25}$$

此式在 $n \to \infty$ 时给出了 SRB 分布的近似表达式,可用来计算观测量的平均值

$$\int_{\bigcap M^n\Delta}\rho_n(\boldsymbol{x})F(\boldsymbol{x})\mathrm{d}\boldsymbol{x}.$$

加拉沃蒂等证明了在 $n \to \infty$ 时该极限值的存在性[185].由 (3.2.25) 式可以看出,由于沿不稳定流形的拉伸性 $\Lambda_u > 1$,因此 $n \to \infty$ 时 $\rho_n(\boldsymbol{x}) \to 0$.因而 SRB 分布实际上考察的不是 $\rho(\boldsymbol{x})$ 本身,而是空间不同点的概率之比 $\rho(\boldsymbol{x})/\rho(\boldsymbol{x}')$,它是一个有限值.考虑 U 中两个不同点 $\boldsymbol{x},\boldsymbol{x}'$ 的面元 $\mathrm{d}\boldsymbol{x},\mathrm{d}\boldsymbol{x}'$,

$$\frac{\mathrm{d}\boldsymbol{x}}{\mathrm{d}\boldsymbol{x}'} = \frac{|M^{-n}(M^n\mathrm{d}\boldsymbol{x})|}{|M^{-n}(M^n\mathrm{d}\boldsymbol{x}')|} = \left(\prod_{j=0}^{n-1}\frac{\Lambda_u^{-1}(M^j\boldsymbol{x})}{\Lambda_u^{-1}(M^j\boldsymbol{x}')}\right)\frac{|M^n\mathrm{d}\boldsymbol{x}|}{|M^n\mathrm{d}\boldsymbol{x}'|}. \tag{3.2.26}$$

由于在长时极限下运动趋于吸引子,因此

$$\lim_{n\to\infty}\frac{|M^n\mathrm{d}\boldsymbol{x}|}{|M^n\mathrm{d}\boldsymbol{x}'|} = 1. \tag{3.2.27}$$

结合(3.2.25)和(3.2.26)式,可以看出

$$\frac{\rho_n(\boldsymbol{x})\mathrm{d}\boldsymbol{x}}{\rho_n(\boldsymbol{x}')\mathrm{d}\boldsymbol{x}'} = \prod_{j=-\infty}^{+\infty}\frac{\Lambda_u^{-1}(M^j\boldsymbol{x})}{\Lambda_u^{-1}(M^j\boldsymbol{x}')}. \tag{3.2.28}$$

上式说明,SRB 分布 μ 可以表示为权重形式

$$C\prod_{j=-\infty}^{+\infty}\Lambda_u^{-1}(M^j\boldsymbol{x}) = C\exp\left[-\sum_{j=-\infty}^{+\infty}h(M^j\boldsymbol{x})\right]. \tag{3.2.29}$$

(3.2.29)式的分布权重类似于统计物理中正则系综的 e 指数权重,其中函数

$$h(\boldsymbol{x}) = \ln(\Lambda_u(\boldsymbol{x})) \tag{3.2.30}$$

类似于正则系综分布的能量函数.

　　为进一步讨论 SRB 不变分布,西奈提出了马尔可夫配分(Markov partition)的概念和理论[223—225].这里的配分就是将系统的大量微观状态按照一定的方式分配到小单元中,每一个单元都包含很多微观态.对于动力学系统,可以在相空间以一定的方式(例如在粒子系统的相空间中,可先将相空间按不同能量层进行划分,然后再在每一个能量薄层中进一步划分)将相空间分为很多元胞,每一个元胞通常采用广义的"平行四边形"(图 3.4),它的"边"分别平行于系统的稳定流形 W_O^s 和不稳定流形 W_O^u,元胞的尺寸要足够小到可与流形 $W_O^{s,u}$ 的最小曲率半径相当以保证可以用尽可能小的平直元胞实现对相空间的覆盖.以这样的方式我们可以得到相空间的一组配分

$$\varepsilon = (E_1,\cdots,E_N), \tag{3.2.31a}$$

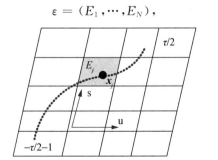

图 3.4　SRB 分布

在时间 τ 内穿过中心在 $\boldsymbol{x}_j$ 的马尔可夫配分元胞 E_j 的轨迹片段.每一个元胞通常采用广义的"平行四边形",它的"边"分别平行于系统的稳定流形和不稳定流形,元胞的尺寸在实际中取得足够小,与流形的最小曲率半径相当

其中包含 N 个平行四边形 E_j，它们之间由平行于不稳定流形的不稳定边界

$$\partial_u \varepsilon = \bigcup_j \partial_u E_j \tag{3.2.31b}$$

和平行于稳定流形的稳定边界

$$\partial_s \varepsilon = \bigcup_j \partial_s E_j \tag{3.2.31c}$$

分开，其中 $\partial_u E_j$ 和 $\partial_s E_j$ 为第 j 个元胞的两条边界.

如果一组配分 $(3.2.31)$ 映射作用下的边界仍在原边界上，即

$$M \partial_{s,u} \varepsilon \subset \partial_{s,u} \varepsilon, \tag{3.2.32}$$

则说明该配分具有不变性. 我们将这样的称为马尔可夫配分. 一个系统若存在马尔可夫配分，则说明系统存在一组不变分布. 这类似于平衡态下的统计配分函数

$$Z = \sum_j \mathrm{e}^{-\beta h_j} w_j,$$

其中 w_j 为第 j 个能级 h_j 所对应的微观态数. 可以看到，对这样的一组配分 $\{w_j\}$，对应于不变的权重因子 $\{\mathrm{e}^{-\beta h_j}\}$. 对于可逆的动力学系统而言，稳定流形与不稳定流形互为对方的时间反演流形，即

$$W_x^s = I W_x^u, \quad W_x^u = I W_x^s, \tag{3.2.33}$$

而马尔可夫配分在时间反演操作下具有不变性

$$I \varepsilon = \varepsilon. \tag{3.2.34}$$

西奈证明了如下定理：

西奈第一定理: 每一个可传递的阿诺索夫系统都具有一个马尔可夫配分[225].

该定理为 SRB 不变分布奠定了理论基础. 考虑一个马尔可夫配分 ε 在映射 M 从时间 $-T$ 到 T 内作用下的交集生成的配分

$$\varepsilon_T = \bigcap_{-T}^T M^{-j} \varepsilon. \tag{3.2.35}$$

可以证明该配分仍然为马尔可夫配分，并满足时间反演不变性. ε_T 类似于斯梅尔马蹄在 T 次操作后的不变集，实质上是考虑了初始的点集配分 ε 经过时间 T 演化后的概率分布 (图 3.4). 西奈给出了 ε_T 配分元胞 E_j 被访问的概率权重因子为

$$\overline{\Lambda}_{u,\tau}^{-1}(\boldsymbol{x}_j) = \prod_{k=-\tau/2}^{\tau/2-1} \Lambda_u^{-1}(M^k \boldsymbol{x}_j) = \exp\left[-\sum_{k=-\tau/2}^{\tau/2-1} \ln(\Lambda_u(M^k \boldsymbol{x}_j))\right], \tag{3.2.36}$$

其中 $\boldsymbol{x}_j$ 为元胞的中心点，时间 $\tau \leqslant 2T$. 在 $T \to \infty$ 情况下，上述的概率就趋近于 SRB 分布. 对于该问题，西奈进一步证明了如下结论[225]：

西奈第二定理: 如果动力学系统 (G, M) 是可传递的阿诺索夫系统，则 SRB 分布 μ_{SRB} 存在，与平衡态系统满足遍历性类似，该不变分布的存在使系统宏观可观测量的时间平均可以用相空间平均 (或系综平均) 来计算：

$$\langle F \rangle \equiv \lim_{T \to \infty} \frac{1}{T} \int_0^T F[\boldsymbol{x}(t)] \mathrm{d}t = \int_G \mu_{\mathrm{SRB}} F(\boldsymbol{x}) \mathrm{d}\boldsymbol{x}. \tag{3.2.37}$$

函数的平均进一步可写为

$$\lim_{T \to \infty} \frac{1}{T} \int_0^T F[\boldsymbol{x}(t)] \mathrm{d}t = \int_G \mu_{\mathrm{SRB}} F(\boldsymbol{x}) \mathrm{d}\boldsymbol{x}$$

$$= \lim_{\tau \to \infty} \lim_{E_j \to 0} \frac{\sum_j F(\boldsymbol{x}_j) \overline{\Lambda}_{u,\tau}^{-1}(\boldsymbol{x}_j)}{\sum_j \overline{\Lambda}_{u,\tau}^{-1}(\boldsymbol{x}_j)}, \tag{3.2.38}$$

这里取极限的顺序首先要取极限 $E_j \to 0$,然后取长时间极限 $\tau \to \infty$.

很显然,SRB 不变分布描述的是一般定态下系统的动力学概率分布.它与平衡态相关的遍历假设或先验等概率假设不同,但二者有一定的联系,后者可视为前者的特殊情形(平衡态可视为非平衡定态的特殊情形).在平衡态,SRB 分布就约化为吉布斯微正则系综分布.

§3.3   基于微观动力学的涨落定理

3.3.1   加拉沃蒂–科恩涨落定理

混沌假设可看成是平衡态统计的遍历性假设向非平衡定态系统的推广[226].在平衡态下,混沌假设意味着遍历假设和微正则分布(但为更强的要求).混沌假设更有意义之处是它还可应用于非平衡定态而导出后续结果,这些结果密切联系着非平衡热力学过程的不可逆性[227—231].对于足够混沌并存在 SRB 不变分布的动力学系统,加拉沃蒂与科恩提出了微观涨落定理,该定理从动力学的稳定性角度阐述了可逆系统在演化方向上的不对称性[184,185].

考虑动力学系统 (G, M) 沿相空间上单一轨道的运动.如前所述,考察其在吸引子上的演化可以在不稳定流形上进行.由于运动的混沌性,系统的信息熵随时间是增加的,设单位时间的熵产生率为

$$\Sigma = N_G \sigma(\boldsymbol{x})_\tau = \frac{N_G}{\tau} \sum_{k=-\tau/2}^{\tau/2-1} \sigma(M^k \boldsymbol{x}) \equiv N_G \sigma a_\tau(\boldsymbol{x}), \tag{3.3.1}$$

其中 $2N_G$ 为吸引子 A 所在相空间 G 的维数.上式将熵产生率写成 σ 与 $a_\tau(\boldsymbol{x})$ 的乘积形式,其中 σ 为熵产生率沿轨道运动按照(3.2.37)式计算的平均值.由于沿轨道运动时的熵产生率是随运动点 $\boldsymbol{x}$ 变化的,因此 $a_\tau(\boldsymbol{x})$ 代表了随时间演化涨落的量.我们可以不关心熵产生率随 $\boldsymbol{x}$ 变化的具体函数关系而只是讨论其统计行为.定义 $a_\tau(\boldsymbol{x})$ 的分布为

$$p(a_\tau \in (a, a + \mathrm{d}a)) \equiv p(a) \mathrm{d}a. \tag{3.3.2}$$

对于一个可逆的动力学系统,我们关心的是当对系统做轨道时间反演 I 时,沿逆轨迹的熵产生,即 $a_\tau(I\boldsymbol{x})$ 的统计行为与正向轨迹的 $a_\tau(\boldsymbol{x})$ 的统计行为之间的关系.如

果动力学系统 (G, M) 是可逆的,设其中一条轨道 $x \in A$,其时间反演变换 $Ix \in IA$. 利用恒等式

$$M^{-\tau}(M^{\tau}x) = x, \quad M^{-\tau}(IM^{\tau}x) = Ix, \tag{3.3.3}$$

可以得到

$$a_{\tau}(x) = -a_{\tau}(Ix), \tag{3.3.4}$$

这说明轨道反演的熵产生与正向轨迹的熵产生反号. 因此,一个重要问题是 $a_{\tau} = a$ 的概率与对应的时间反演逆轨迹取 $a_{\tau} = -a$ 的概率之间的关系. 显然,如果

$$p(a) = p(-a),$$

则说明系统在正逆方向是对称的,具有相同的稳定性. 如果

$$p(a) \neq p(-a),$$

则反映出轨迹的稳定性对时间反演是不对称的,具有某方向的偏向性,系统自发演化时更容易选择具有更大概率的方向.

$a_{\tau}(x) = \pm a$ 的概率比值可由西奈第二定理 (3.2.38) 式给出:

$$\frac{p_{\tau}(a)}{p_{\tau}(-a)} = \frac{\displaystyle\sum_{j, a_{\tau}(x_j) = a} \bar{\Lambda}_{\mathrm{u},\tau}^{-1}(x_j)}{\displaystyle\sum_{j, a_{\tau}(x_j) = -a} \bar{\Lambda}_{\mathrm{u},\tau}^{-1}(x_j)}, \tag{3.3.5}$$

其中 $\bar{\Lambda}_{\mathrm{u},\tau}(x)$ 就是 M^{τ} 映射雅可比行列式的绝对值. 由于动力学可逆性,利用恒等式 (3.3.3) 及 (3.2.33),可以得到

$$\bar{\Lambda}_{\mathrm{u},\tau}(Ix) = \bar{\Lambda}_{\mathrm{s},\tau}^{-1}(x), \tag{3.3.6}$$

说明稳定流形与不稳定流形反演变换的雅可比互为倒数. 将 (3.3.6) 式代入 (3.3.5) 式,可得

$$\frac{p_{\tau}(a)}{p_{\tau}(-a)} = \frac{\displaystyle\sum_{j, a_{\tau}(x_j) = a} \bar{\Lambda}_{\mathrm{u},\tau}^{-1}(x_j)}{\displaystyle\sum_{j, a_{\tau}(x_j) = a} \bar{\Lambda}_{\mathrm{s},\tau}(x_j)} = \sum_{j, a_{\tau}(x_j) = a} \bar{\Lambda}_{\mathrm{u},\tau}^{-1}(x_j) \bar{\Lambda}_{\mathrm{s},\tau}^{-1}(x_j). \tag{3.3.7}$$

上式的第二个等号是因为分子和分母求和是对相同的一组马尔可夫配分来进行的,而每一个对应指标 j (即元胞 E_j 或其中心点 x_j) 的分子 $\bar{\Lambda}_{\mathrm{u},\tau}^{-1}(x_j)$ 和分母 $\bar{\Lambda}_{\mathrm{s},\tau}(x_j)$ 比值都相同,

$$\frac{\bar{\Lambda}_{\mathrm{u},\tau}^{-1}(x_j)}{\bar{\Lambda}_{\mathrm{s},\tau}(x_j)} = \bar{\Lambda}_{\mathrm{u},\tau}^{-1}(x_j) \bar{\Lambda}_{\mathrm{s},\tau}^{-1}(x_j) = \exp(N_G \sigma \tau a). \tag{3.3.8}$$

由于雅可比绝对值 $\bar{\Lambda}_{\mathrm{u},\tau}(x_j)$ 和 $\bar{\Lambda}_{\mathrm{s},\tau}(x_j)$ 分别对应于不稳定流形和稳定流形方向的拉伸和收缩,也是马尔可夫配分的每一个元胞 (平行四边形) "边" 的伸缩,因此二者乘积反映的恰是一个元胞相体积的变化,它在一段时间 τ 内的变化就与 $\langle\sigma\rangle_+$ 密切相关. 由于 $a_{\tau}(x_j) = a$,因此有 (3.3.8) 式. 将其代入 (3.3.7),可以得到在一段时间 τ

内具有正熵产生率的概率 $p_\tau(a)$ 与负熵产生概率 $p_\tau(-a)$ 之间有关系：

$$\frac{p_\tau(a)}{p_\tau(-a)} = \exp(N_G \sigma \tau a). \qquad (3.3.9)$$

(3.3.9)式给出了在动力学层面的涨落定理，称为加拉沃蒂-科恩涨落定理. 可以看到，当 $a>0$ 时，由于 $\sigma \geqslant 0$，因此

$$p_\tau(a)/p_\tau(-a) \geqslant 1.$$

如果 $\sigma=0$，则说明动力学系统的正负李指数谱完全对称，这是孤立系统保守性的特征. 这样的无耗散动力学系统不仅表现出可逆性，而且正向和逆向的稳定性也是对称的，此时

$$p_\tau(a) = p_\tau(-a),$$

这样的系统是处于平衡态的系统，而不是非平衡定态. 只有当 $\sigma>0$ 时，动力学系统是耗散的，其动力学演化会最终收缩到吸引子上，系统最终会到达非平衡的定态. 由(3.3.9)式可以得到 $p_\tau(a)>p_\tau(-a)$，说明耗散动力学系统动力学发生正向演化的概率要大于逆向反演的概率，系统的过程在微观动力学层面已经表现出统计意义上的不可逆性和演化的方向性，这恰恰是热力学第二定律在微观层面上的表现.

3.3.2　伊万斯-瑟尔斯涨落定理

1993 年，科恩、伊万斯和莫里斯(Morriss)在数值模拟流体流动的剪切应力时，发现其涨落在有限时间内会违背热力学第二定律[232]. 随后在 1994 年，伊万斯与瑟尔斯从理论上研究了耗散动力学系统的状态系综演化正过程与逆过程的熵产生概率之间的关系，并提出了涨落定理[186]. 下面对此定理进行讨论和推导.

考虑由方程(3.2.7)描述的系统. 设初始 $t=0$ 时系统从 $\boldsymbol{x}(0)=(\boldsymbol{q}(0),\ \boldsymbol{p}(0))$ 出发，轨迹在 t 时刻终止于 $\boldsymbol{x}(t)=(\boldsymbol{q}(t),\ \boldsymbol{p}(t))$. 以 $\mathrm{d}\Gamma_t$ 表示 t' 时刻在 $\boldsymbol{x}(t')$ 附近的小体元，在小体元中所有代表点都按照方程(3.2.7)演化. 小体元的体积变化率为

$$\frac{\mathrm{d}\Gamma_t}{\mathrm{d}\Gamma_0} = \left| \frac{\mathrm{d}\boldsymbol{x}(t)}{\mathrm{d}\boldsymbol{x}(0)} \right| = \exp\left(\int_0^t \Lambda(\boldsymbol{x}(t'))\mathrm{d}t' \right). \qquad (3.3.10)$$

(3.3.10)右边为沿轨道的积分，$\mathrm{d}\boldsymbol{x}(t)/\mathrm{d}\boldsymbol{x}(0)$ 为由初始时刻到 t 时刻的雅可比变换矩阵，$|\cdot|$ 为其行列式. $\Lambda(\boldsymbol{x}(t'))$ 称为相空间收缩因子，可写为

$$\Lambda(\boldsymbol{x}(t')) \equiv \frac{\partial}{\partial \boldsymbol{x}(t')} \cdot \dot{\boldsymbol{x}}(t') = \left(\frac{\partial}{\partial \boldsymbol{q}} \cdot \dot{\boldsymbol{q}} + \frac{\partial}{\partial \boldsymbol{p}} \cdot \dot{\boldsymbol{p}} \right)_t. \qquad (3.3.11)$$

(3.3.10)和(3.3.11)式给出了相空间小体元体积的演化. 对于绝热系统，根据刘维尔定理，相体积随时间不变，相空间收缩因子 $\Lambda=0$. 利用方程(3.2.3)可以得到，外场 $\boldsymbol{F}_\mathrm{e}(t)$ 与耦合张量 $\boldsymbol{C}$ 和 $\boldsymbol{D}$ 不管系统是否与热源接触都满足

$$\frac{\partial}{\partial \boldsymbol{q}} \cdot \boldsymbol{C}\boldsymbol{F}_\mathrm{e} + \frac{\partial}{\partial \boldsymbol{p}} \cdot \boldsymbol{D}\boldsymbol{F}_\mathrm{e} = 0. \qquad (3.3.12)$$

(3.3.12)式称为系统相空间的绝热不可压缩性条件.一旦该条件不满足,系统与热源接触就会产生热交换并受到外力 $F_e(t)$ 的驱动.系统要达到非平衡定态,其相空间就会随时间演化而不断收缩,最终会从初始的有限相体元收缩为低维(可能具有分形结构的)吸引子.通过选择合适的热源,如高斯型热源或诺泽-胡佛热源,相空间收缩因子可以直接正比于与热源热交换的速率

$$\dot{Q}(\boldsymbol{x}) = k_B T \Lambda(\boldsymbol{x}), \tag{3.3.13}$$

其中 k_B 为玻尔兹曼因子,T 为温度.由于此时系统熵的变化速率

$$\dot{S} \propto \dot{Q}/T = k_B \Lambda(\boldsymbol{x}),$$

收缩速率因子 $\Lambda(\boldsymbol{x})$ 就是系统统计热力学的熵产生率.

现在考虑相空间的概率测度随时间的变化.由于给定小体元中的点数在演化过程中守恒,因此

$$dP(d\Gamma_t, t) = dP(d\Gamma_0, 0). \tag{3.3.14}$$

将点集的概率测度写成概率密度形式

$$dP(d\Gamma_t, t) = f(\boldsymbol{x}(t), t) d\Gamma_t, \tag{3.3.15}$$

利用(3.3.10)与(3.3.15)式,可得到概率密度的演化为

$$f(\boldsymbol{x}(t), t) = f(\boldsymbol{x}(0), 0) \exp\left(-\int_0^t \Lambda(\boldsymbol{x}(t')) dt'\right). \tag{3.3.16}$$

设初始处于相体元 $\delta\Gamma_0$ 的大量相点随时间演化在 t 时刻的相体积为 $\delta\Gamma_t$,如图 3.5 上方的流管所示.如果系统的动力学方程(3.2.7)是可逆的,则系统运动的每

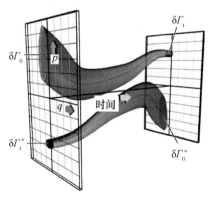

图 3.5　恒温动力学系统从初始相体积为 $\delta\Gamma_0$ 的体元出发的相点随时间演化的确定性轨迹到时间 t 的演化情况(上方的流管所示)

如果系统可逆,则运动的每一条轨道都存在一条时间可逆的共轭轨道满足同样方程,组成一组完全共轭于上方轨迹组成的反轨迹流管,下方为对应的时间反向演化轨迹流管.注意在反演中有 $I: \boldsymbol{x}(t') \to \boldsymbol{x}^*(t') \equiv (\boldsymbol{q}(t-t'), -\boldsymbol{p}(t-t'))$.(改编自文献[193])

一条轨道都存在一条时间可逆的共轭轨道(anti-trajectory)同样满足方程(3.2.7)，因而有一组完全共轭于图 3.5 上方的共轭轨迹组成的流管 $\delta\Gamma_t^* \to \delta\Gamma_0^*$，如图 3.5 下方所示. 系统如果宏观可逆，则(3.3.16)式成立，写成逆轨道的形式有

$$dP(d\Gamma_t^*, 0) = dP(d\Gamma_0, 0). \tag{3.3.17}$$

这是宏观过程可逆(macroscopically reversible)的条件. 利用分布函数可以写为

$$\frac{f(\boldsymbol{x}(0), 0)}{f(\boldsymbol{x}^*(t), 0)} \left| \frac{d\Gamma_0}{d\Gamma_t^*} \right| = 1. \tag{3.3.18}$$

由于 $d\Gamma_t^* = d\Gamma_t$，结合(3.3.18)式可以得到宏观过程可逆的条件为

$$\ln\left(\frac{f(\boldsymbol{x}(0), 0)}{f(\boldsymbol{x}^*(t), 0)} \right) - \int_0^t \Lambda(\boldsymbol{x}(t')) dt' = 0. \tag{3.3.19}$$

注意到(3.3.19)式的宏观可逆条件与相体积守恒有关，一旦(3.3.19)式不成立，则虽然系统微观动力学仍然可逆(microscopically reversible)，但相体积不再守恒，系统会表现出宏观不可逆性(macroscopically irreversible)，即大量代表点在相空间的演化不遵守宏观可逆条件(3.3.19)式. 为了度量不可逆的程度，可以定义耗散函数(dissipation function)

$$\begin{aligned}
\Omega_t(\Gamma_0) &= \ln\left(\frac{dP(d\Gamma_0, 0)}{dP(d\Gamma_t^*, 0)} \right) \\
&= \frac{1}{t}\left[\ln\left(\frac{f(\boldsymbol{x}(0), 0)}{f(\boldsymbol{x}^*(t), 0)} \right) - \int_0^t \Lambda(\boldsymbol{x}(t')) dt' \right].
\end{aligned} \tag{3.3.20}$$

耗散函数反映了单位时间内系统的耗散程度，也称为耗散率. 由于微观动力学的可逆性，逆轨迹的耗散函数 $\Omega_t(\Gamma_t^*)$ 与正轨迹的耗散函数之间互为反号，

$$\Omega_t(\Gamma_t^*) = -\Omega_t(\Gamma_0). \tag{3.3.21}$$

需指出的是，耗散函数的符号指出了一个系统在宏观上不可逆过程进行的方向，即系统宏观过程会朝着耗散大于零的方向进行. 如果一个系统沿着相空间任意一点开始的轨迹都满足

$$\Omega_t = 0,$$

则其逆轨迹 $\Omega_t(\Gamma_t^*) = 0$，这说明系统处于平衡态，此时观察到其正轨迹和逆轨迹的概率是相等的. 如果对一条轨道来说 $\Omega_t > 0$，则系统沿此轨道会落到吸引子上，其相应的逆轨道由于动力学的不稳定性就相对难以观察到. 如果对相空间进行平均得到系综平均意义下的平均耗散函数 $\langle\Omega_t\rangle > 0$，则系统在宏观上的过程进行方向就是向前的. 因此

$$\langle\Omega_t\rangle \neq 0 \tag{3.3.22}$$

就是宏观不可逆性的条件.

下面考虑在 t 时间内从初始相体元 Γ_0 出发的耗散函数 Ω_t 处于 $\Omega_0 \to \Omega_0 + d\Omega$ 之间的轨迹，其概率为

$$P(\Omega_t = \Omega_0) = \int d\Gamma_0 \delta[\Omega_t(\Gamma_0) - \Omega_0] f(\Gamma_0, 0), \qquad (3.3.23)$$

相应的共轭概率为

$$P(\Omega_t = -\Omega_0) = \int d\Gamma_t^* \delta[\Omega_t(\Gamma_t^*) + \Omega_0] f(\Gamma_t^*, 0). \qquad (3.3.24)$$

又利用(3.3.20)和(3.3.21)式,(3.3.24)式可化为

$$P(\Omega_t = -\Omega_0) = \int d\Gamma_t^* \delta[\Omega_t(\Gamma_0) - \Omega_0]$$
$$\times f(\Gamma_0, 0) \exp\left[-\Omega_t(\Gamma_0)t - \int_0^t \Lambda(\boldsymbol{x}(t'))dt'\right]. \quad (3.3.25)$$

利用(3.3.10)式,可以得到

$$P(\Omega_t = -\Omega_0) = \int d\Gamma_0 \exp\left(\int_0^t \Lambda(\boldsymbol{x}(t'))dt'\right)\delta[\Omega_t(\Gamma_0) - \Omega_0]$$
$$\times f(\Gamma_0, 0) \exp\left[-\Omega_t(\Gamma_0)t - \int_0^t \Lambda(\boldsymbol{x}(t'))dt'\right], \quad (3.3.26)$$

因此

$$P(\Omega_t = -\Omega_0) = \exp(-\Omega_0 t)\int d\Gamma_0 \delta[\Omega_t(\Gamma_0) - \Omega_0] f(\Gamma_t^*, 0)$$
$$= \exp(-\Omega_0 t)P(\Omega_t = \Omega_0). \qquad (3.3.27)$$

这样我们就得到如下的伊万斯-瑟尔斯暂态涨落定理(transient fluctuation theorem)

$$\frac{P(\Omega_t = \Omega_0)}{P(\Omega_t = -\Omega_0)} = \exp(\Omega_0 t). \qquad (3.3.28)$$

这一表达式给出了在热力学第二定律支配下熵的流动在时间方向上不对称性的数学表述,也是对第 2 章中洛施密特佯谬直接的数学解释[191].注意(3.3.28)式给出的是大量轨迹系综演化熵产生的概率关系,而加拉沃蒂-科恩涨落定理(3.3.9)式给出的则是非平衡定态下单一轨迹产生不同熵的概率结果,二者相似但不相同.

暂态涨落定理的讨论中,时间平均是从 $t'=0$ 的初始分布 $f(\Gamma_0, 0)$ 开始到某个任意给定的时刻 t. 实际上对时间的平均可以任意长. 如果时间远远长于系统的某个弛豫时间 $t \gg \tau_R$,系统就会弛豫到非平衡定态,则暂态涨落定理就可化为定态涨落定理:

$$\lim_{t/\tau_R \to \infty} \frac{1}{t}\ln\left[\frac{P(\bar{\Omega}_t = \Omega_0)}{P(\bar{\Omega}_t = -\Omega_0)}\right] = \Omega_0, \qquad (3.3.29)$$

其中 $\bar{\Omega}_t$ 代表定态的平均,该平均要求系统有唯一的非平衡定态.只要系统满足混沌假设,这一条件满足,则时间平均与初始条件无关并可用系综平均来代替.

如果将上述的熵产生率 Ω_0 换为熵产生 $\omega = \Omega_0 t$,则涨落定理同样成立,形式化为

$$P(\omega)/P(-\omega) = \mathrm{e}^{\omega}. \tag{3.3.30}$$

求 $\mathrm{e}^{-\omega}$ 的平均,并利用(3.3.30)式,可得

$$\langle \mathrm{e}^{-\omega} \rangle = \int P(\omega)\mathrm{e}^{-\omega}\mathrm{d}\omega = \int P(-\omega)\mathrm{d}\omega = 1. \tag{3.3.31}$$

这也是涨落定理的一种常用表述形式[190]. 实际上,加拉沃蒂-科恩涨落定理(3.3.9)也可以导出类似结果,读者可以自行验证.

§3.4　加津斯基自由能等式

3.4.1　加津斯基自由能关系

自由能是描述热力学系统宏观性质的重要热力学量,人们已经利用它来对热力学系统的平衡态性质、相变、近平衡动力学及其他一些特征进行了成功的研究. 在热力学中,自由能主要体现在其变化上,在绝热过程中自由能的变化联系着系统对外界所做的功,在准静态过程中这个功最大,即为最大功原理[11,105]

$$\Delta F = W, \tag{3.4.1}$$

其中

$$\Delta F = F_2 - F_1$$

为系统末态与初态的自由能变化,W 为系统对外界所做的功.

下面以理想气体系统的绝热压缩(膨胀)过程为例. 在时间 τ 内活塞位置从 λ_1 变化到 λ_2,如图 3.6 所示. 在此过程中,系统与外界无热量交换(绝热). 当推动活塞时,气体体积发生改变,外力对气体做功. 当活塞推动无限缓慢时,此过程为准静态过程,即过程中系统总是处在平衡态,此时系统自由能的增加就等于外界对气体做的功,即(3.4.1)式.

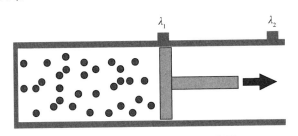

图 3.6　气体绝热膨胀过程示意图

在时间 τ 内活塞位置从 λ_1 绝热地移动到 λ_2 位置,气体体积发生变化,对外做功,自由能降低

(3.4.1)式的最大功关系是一个等式,但通常一个热力学过程是不可逆的,此时一般有

$$W \geqslant \Delta F. \tag{3.4.2}$$

要保证等号成立,需要这个热力学过程是宏观参量改变足够慢的准静态过程,以保证在整个过程中系统始终处在热力学平衡态.在许多实际应用中,人们正是利用这一等式,通过在热力学过程中测定外界所做的功来确定系统不同状态下自由能的值.但在很多情况下,热力学过程都不是处于准静态或不处于平衡态,(3.4.2)式中只有不等号适用,这时就不再能利用测定热力学过程中的做功来确定热力学系统的自由能.

在非准静态情况下,最大功原理不成立,自由能的变化无法直接由测量做功来得到,这说明一般情况下功是过程量,做功的大小与过程(路径)有关.自由能是热力学特性函数,是态函数,其变化则只与初末态有关,与中间过程无关.至此,二者之间似乎不再有直接关系了.这里假设系统有一个可控的外参量 λ,在 $[0, \tau]$ 这段时间内以 $\lambda(t)$ 的改变方式让控制参量 λ 从初始的 λ_1 变为 λ_2.在这段时间内系统的初态处于温度为 T 的热力学平衡态,对中间状态则只要求在改变控制参量的过程中系统保持与温度为 T 的热源热接触.这样,系统每次都从宏观的热平衡态出发.由于同一宏观态可以对应大量的微观态,因此不同的实验过程会从温度 T 下平衡态系综的不同起始微观态(在相空间中的相点)出发,因而经历的中间过程与到达的末态微观态必然也不同,而在不同的路径过程中对系统做的功 W 也不相同.

1997 年,加津斯基证明,即使在非平衡的热力学过程中系统的自由能变化仍然可以通过测量做功来计算,只是需要对多次测量的功进行平均来得到.具体地,加津斯基自由能关系可表述为[187,188,193]

$$\langle \mathrm{e}^{-\beta W} \rangle = \mathrm{e}^{-\beta \Delta F}, \tag{3.4.3}$$

其中 $\beta = 1/k_B T$,$\langle \cdot \rangle$ 代表系综平均,W 为每一次热力学过程对系统做的功.需要注意,(3.4.3)式左边功的指数函数系综平均需要对大量相同热力学过程来进行,唯一的要求是系统从正则的平衡态初态出发,而对末态没有要求,而右边对初态和末态都有自由能函数的定义,末态也要求是与初态相同温度的平衡态.因此,(3.4.3)式不能简单看成完全是热力学过程的结果,等式左边为每一次从初态到末态热力学过程中对系统所做功的指数函数的系综平均,右边则等于初末态参数(温度 β,外参量 λ)相同情况下系统平衡态的自由能差的指数函数,一般不是系统真实的热力学过程.

加津斯基等式的重要之处在于热力学过程在演化过程中可以是非平衡态,不再要求准静态过程,当然对每一具体过程一般也不再有 $\Delta F = W$.尽管如此,我们仍成功地在自由能改变 ΔF 与功 W 之间建立了等式关系,而为此付出的代价是需要用外界对系统在这段时间内做的功进行大量系综平均.

加津斯基等式不同于加拉沃蒂-科恩涨落定理和伊万斯-瑟尔斯暂态涨落定

理,它给出了热力学层面的表述,该表述同样也可应用于小系统与非平衡过程.后面我们将从不同角度给出其证明.在确定性的哈密顿系统中,加津斯基自由能等式可以通过刘维尔定理来证明,在随机动力学中,可以由后面介绍的克鲁克斯涨落关系来证明.

由于加津斯基自由能等式即使在做功为 $k_B T$ 量级时也适用,这意味着它可以在小尺度、小系统的实验中进行验证.随着纳米尺度实验技术的发展,一系列单分子尺度的实验验证了(3.4.3)式的自由能关系,对此将在下面各节中讨论.加津斯基自由能等式提供了测量系统热力学过程,特别是小系统热力学过程中自由能及其变化的基本方法.

需要指出的是,早在 1977 年,布赫科夫(G. N. Bochkov)和库佐夫列夫(Y. E. Kuzovlev)就研究了系统在外加扰动作用并绝热情况下的热力学过程[234—237].由于在此过程中 $\Delta F = 0$,他们得到系综平均

$$\langle e^{-\beta W} \rangle = 1. \tag{3.4.4}$$

而这正是加津斯基自由能等式(3.4.3)的特殊情形.

3.4.2　加津斯基自由能等式基于哈密顿动力学的证明

加津斯基自由能等式的证明原则上既要考虑系统本身的性质,还要考虑系统与热源相互作用.下面从尽可能简单的绝热过程开始对等式加以证明,然后扩展至系统与热源相互作用的情况,最后我们会对更一般的情况进行讨论.

(1) 绝热过程.

对于最简单情况的绝热过程,即在系统与外界没有热交换时,系统的微观行为完全由确定性哈密顿动力学来描述.由于系统与热源绝热,因此在 $t' \rightarrow t' + \mathrm{d}t'$ 时间内的绝热过程外界对系统做的功就等于系统能量的改变,即

$$\delta W = \delta H = \frac{\partial H}{\partial \lambda}\mathrm{d}\lambda = \frac{\partial H}{\partial \lambda}\frac{\mathrm{d}\lambda}{\mathrm{d}t'}\mathrm{d}t'. \tag{3.4.5a}$$

于是在 $[0,t]$ 间隔内外界对系统做的功为

$$W(t) = \int_0^t \delta H = \int_0^t \frac{\partial H}{\partial \lambda}\frac{\mathrm{d}\lambda}{\mathrm{d}t'}\mathrm{d}t'. \tag{3.4.5b}$$

假设初始时系统处于平衡态,满足温度为 T 的平衡态分布,则在相空间 Γ 中的初始分布为

$$f_{\lambda_1}(\Gamma,0) = \frac{1}{Z_{\lambda_1}}e^{-\beta E(\Gamma,\lambda_1)}, \tag{3.4.6}$$

这里的 $\beta = 1/k_B T$,配分函数为

$$Z_\lambda = \int \mathrm{d}\Gamma e^{-\beta E(\Gamma,\lambda)}. \tag{3.4.7}$$

从微观来看,系统从平衡态出发的热力学过程实际是从初始符合平衡态分布 $f_{\lambda_1}(\Gamma,0)$ 的相空间大量代表点组成的系综出发的演化过程. 对于一个绝热系统,从每一个初始点出发的轨迹演化都遵循哈密顿系统的正则方程(1.3.7),大量代表点则遵守刘维尔方程(2.2.17),

$$\partial f_{\lambda}(\Gamma,t)/\partial t + \{f_{\lambda}(\Gamma,t),H\} = 0. \qquad (3.4.8)$$

每一条演化轨迹是确定性的,沿轨迹可以定义一个(3.4.5)式的功函数 $W(\Gamma,t)$,因此积分是路径的函数,沿每一条轨迹积分的结果一般都是不同的,即每一个微观过程对系统所做的功不一样. 在 $[0,\tau]$ 时间内对系统所做功的函数 $e^{-\beta W}$ 值应该等于所有沿这些路径积分的功函数的系综平均,即

$$\langle e^{-\beta W} \rangle = \int d\Gamma f_{\lambda_1}(\Gamma,\tau) e^{-\beta W(\Gamma,\tau)}, \qquad (3.4.9)$$

其中 $W(\Gamma,\tau)$ 由(3.4.5b)给出. 由于系统绝热,初始能量 $E(\Gamma,\lambda_1)$ 与做功 W 之和即为系统末态能量 $E(\Gamma,\lambda_2)$,

$$E(\Gamma,\lambda_2) = E(\Gamma,\lambda_1) + W(\Gamma,\tau),$$

因此对系统做的功为

$$W(\Gamma,\tau) = E(\Gamma,\lambda_2) - E(\Gamma,\lambda_1). \qquad (3.4.10)$$

由刘维尔定理(2.2.17)式,有

$$f_{\lambda}(\Gamma,t) = f_{\lambda_1}(\Gamma,0) = \frac{1}{Z_{\lambda}} e^{-\beta E(\Gamma,\lambda_1)}. \qquad (3.4.11)$$

将其代入(3.4.9)式,并由(3.4.10)式,可得

$$\langle e^{-\beta W} \rangle = \int d\Gamma f_{\lambda_1}(\Gamma,0) e^{-\beta W(\Gamma,\tau)} = \frac{1}{Z_{\lambda_1}} \int d\Gamma e^{-\beta[W(\Gamma,\tau)+E(\Gamma,\lambda_1)]}$$

$$= \frac{1}{Z_{\lambda_1}} \int d\Gamma e^{-\beta E(\Gamma,\lambda_2)} = \frac{Z_{\lambda_2}}{Z_{\lambda_1}}. \qquad (3.4.12)$$

系统的自由能可表示为

$$F_{\lambda} = -\beta^{-1} \ln Z_{\lambda}. \qquad (3.4.13)$$

将其代入(3.4.12)式,可得

$$\langle e^{-\beta W} \rangle = e^{-\beta F_{\lambda_2}} / e^{-\beta F_{\lambda_1}} = e^{-\beta \Delta F}, \qquad (3.4.14)$$

其中 $\Delta F = F_{\lambda_2} - F_{\lambda_1}$ 为从初态到末态系统自由能的改变. (3.4.14)式即加津斯基自由能等式.

(2) 弱耦合恒温过程.

上述证明基于绝热过程,忽略了系统和热源之间的热交换. 一般情况下只要系统与环境接触就存在热交换. 如果说初态的平衡态可以通过一定方式来制备出来,末态则是从初态出发通过改变外参量达到的结果,而末态的温度是由热源的温度来确定的. 现考虑系统与恒温热源接触,并考虑系统与热源之间的作用. 将系统和

热源二者考虑为一个整体,则总系统可看成是一个大的孤立哈密顿系统,总系统的哈密顿量为

$$H_\lambda^{\mathrm{T}}(\Gamma, \Gamma') = H_\lambda(\Gamma) + H'(\Gamma') + h(\Gamma, \Gamma'), \qquad (3.4.15)$$

其中 $H_\lambda^{\mathrm{T}}, H_\lambda, H'(\Gamma')$ 分别为总系统、系统和热源的哈密顿量,h 为系统与热源的相互作用能量.在 $[0, \tau]$ 时间内外参量 $\lambda(t)$ 经历从 λ_1 到 λ_2 的变化过程,其间系统内能的变化为

$$H_{\lambda_2}(\Gamma_\tau) - H_{\lambda_1}(\Gamma_0) = \int_0^\tau \mathrm{d}t \dot{\lambda} \frac{\partial H_{\lambda(t)}(\Gamma_t)}{\partial \lambda} + \int_0^\tau \mathrm{d}t \dot{\Gamma} \frac{\partial H_{\lambda(t)}(\Gamma_t)}{\partial \Gamma}. \quad (3.4.16)$$

可以看到系统内能的变化一方面来自于由(3.4.5b)给出的右边第一项对系统做的机械功 W,另一方面来自于第二项给出的系统吸收的热 Q.因此,(3.4.16)式实际上是热力学第一定律(2.3.19)式的具体体现.(3.4.16)式也给出了微观意义上功和传热的表达式,即

$$W(\tau) \equiv \int_0^\tau \mathrm{d}t \dot{\lambda} \frac{\partial H_{\lambda(t)}(\Gamma_t)}{\partial \lambda}, \qquad (3.4.17)$$

$$Q(\tau) \equiv \int_0^\tau \mathrm{d}t \dot{\Gamma} \frac{\partial H_{\lambda(t)}(\Gamma_t)}{\partial \Gamma}. \qquad (3.4.18)$$

由于总系统为孤立系统,在经历一次过程时总系统的内能变化为

$$\begin{aligned} H_{\lambda_2}^{\mathrm{T}}(\Gamma_\tau, \Gamma_\tau') - H_{\lambda_1}^{\mathrm{T}}(\Gamma_0, \Gamma_0') &= \int_0^\tau \mathrm{d}t \frac{\mathrm{d}}{\mathrm{d}t} H_{\lambda(t)}^{\mathrm{T}}(\Gamma_t, \Gamma_t') \\ &= \int_0^\tau \mathrm{d}t \dot{\lambda} \frac{\partial H_{\lambda(t)}^{\mathrm{T}}(\Gamma_t, \Gamma_t')}{\partial \lambda} \\ &= \int_0^\tau \mathrm{d}t \dot{\lambda} \frac{\partial H_{\lambda(t)}(\Gamma_t)}{\partial \lambda}. \qquad (3.4.19) \end{aligned}$$

这说明在过程中没有热交换,因此外力 $\lambda(t)$ 对系统做的功就等于总系统能量的变化,

$$W = H_{\lambda_2}^{\mathrm{T}} - H_{\lambda_1}^{\mathrm{T}} = H_{\lambda_2} - H_{\lambda_1}. \qquad (3.4.20)$$

考虑系统与热源之间耦合足够弱的情况.设总系统的配分函数为 Z_λ^{T},只要热源足够大,且系统与热源的相互作用相比系统本身又足够小,则有

$$H' \gg H_\lambda \gg h,$$

这时就有

$$Z_\lambda^{\mathrm{T}} \approx Z_\lambda Z'. \qquad (3.4.21)$$

考虑总系统相空间的大量相点初始条件为正则分布形式 $\mathrm{e}^{-\beta H_\lambda^{\mathrm{T}}}$,这些相点的系综随时间演化仍然遵守刘维尔方程,外参量 $\lambda(t)$ 由初值 λ_1 变化到末值 λ_2.注意到这里的外参量实际只是子系统的控制参量,所以(3.4.21)式中的热源部分配分函数 Z' 与 $\lambda(t)$ 无关.利用与前面孤立系统完全一样的讨论,只需要将原来子系统的量换为

总系统的,即可以得到

$$\langle \mathrm{e}^{-\beta W} \rangle = Z_{\lambda_2}^{\mathrm{T}} / Z_{\lambda_1}^{\mathrm{T}}. \tag{3.4.22}$$

利用(3.4.21)和(3.4.13)式,可以得到

$$\langle \mathrm{e}^{-\beta W} \rangle = Z_{\lambda_2} / Z_{\lambda_1} = \mathrm{e}^{-\beta \Delta F}. \tag{3.4.23}$$

这是在系统与恒温热源有弱耦合时的自由能等式,弱耦合为系统在末态温度保持在热源温度 $\beta = 1/k_{\mathrm{B}} T$ 提供了弛豫的机制.

(3) 强耦合恒温过程.

当系统与热源的耦合项 h 比较大时,上面的弱相互作用处理方式不再成立.但由于可以将系统和热源看成一个整体的孤立系统,因此完全可以采用前面绝热过程中基于哈密顿系统的证明,(3.4.22)式仍然严格成立[233].对于有限大小的相互作用 h,所研究的系统平衡态分布仍然可以写为玻尔兹曼-吉布斯正则形式[238,239]

$$f_{\lambda}^{\mathrm{eff}}(\Gamma) = \frac{1}{Z_{\lambda}^{\mathrm{eff}}} \mathrm{e}^{-\beta E_{\mathrm{eff}}(\Gamma, \lambda)}, \tag{3.4.24}$$

但不同于(3.4.6)式,这里的系统能量为有效能量,

$$E_{\mathrm{eff}}(\Gamma, \lambda) \neq E(\Gamma, \lambda),$$

它是在考虑系统与热源有限相互作用部分的贡献之后的有效能量,

$$E_{\mathrm{eff}}(\Gamma, \lambda) = E(\Gamma, \lambda) - \beta^{-1} \ln \left(\frac{\int \mathrm{d}\Gamma' \mathrm{e}^{-\beta[H'(\Gamma') + h(\Gamma, \Gamma')]}}{\int \mathrm{d}\Gamma' \mathrm{e}^{-\beta[H'(\Gamma')]}} \right), \tag{3.4.25}$$

称为平均力势(potential of mean force)[239],相应的配分函数为

$$Z_{\lambda}^{\mathrm{eff}} = \int \mathrm{e}^{-\beta E_{\mathrm{eff}}(\Gamma, \lambda)} \mathrm{d}\Gamma. \tag{3.4.26}$$

这样可以得到

$$Z_{\lambda}^{\mathrm{T}} = Z_{\lambda}^{\mathrm{eff}} \int \mathrm{d}\Gamma' \mathrm{e}^{-\beta[H'(\Gamma')]}. \tag{3.4.27}$$

对比(3.4.21)式的形式,由(3.4.27)式,仍然可以得到

$$Z_{\lambda_2}^{\mathrm{T}} / Z_{\lambda_1}^{\mathrm{T}} = Z_{\lambda_2}^{\mathrm{eff}} / Z_{\lambda_1}^{\mathrm{eff}}.$$

进而利用(3.4.13)式配分函数与自由能的关系可以得到加津斯基自由能等式(3.4.3).关于有效能量(3.4.25)式的详细证明和讨论,读者可参考文献[239].

(4) 关于初态与末态的讨论.

上面分别对系统与外界绝热的情况、弱系统与热源相互作用和一般情况的加津斯基自由能等式进行了讨论与证明.绝热过程的证明是加津斯基在 1997 年提出自由能等式时给出的,随后他给出了弱相互作用情况下的证明.科恩等人对加津斯基 1997 年等式的证明提出了几个方面的质疑[240],主要涉及平衡态初态的制备、系统与热源弱相互作用近似、末态的非平衡性等问题.由于热源与系统相互作用的问

题已在上面的证明中讨论,这里主要讨论一下有关初态和末态的问题.

关于初态对于平衡态的制备,加津斯基提出了一个方案,即可以将系统和热源同时置于一个更大的超环境(super-environment)中来得到[233].末态的平衡与非平衡性则是一个较有争议的问题.科恩等认为[240],当系统经历一个非平衡过程在 $t=\tau$ 结束时,系统未必会达到平衡态.如果在 $[0,\tau]$ 这段时间内通过改变外参量 λ 对系统做功,在 $t>\tau$ 之后的时间内 λ 不变,即不再有做功过程,但由于系统未达到平衡态,因此在弛豫到平衡态的时间里系统必然与热源存在热交换,而这部分热在加津斯基的讨论中并未加以考虑.该问题涉及加津斯基自由能等式中是否有与该弛豫过程相关的热量交换项.对此,加津斯基通过进一步讨论表明[233],不管末态是否处于平衡态,(3.4.3)式的关系都始终成立,热交换项并不出现在该式中.也就是说,对于(3.4.3)式,我们不应简单地理解为它是热力学过程本身所满足的关系,等式中功函数的系综平均部分的确是对热力学过程本身平均的结果,与热力学过程有关,但自由能变化的指数函数部分则是系统给定外参量 λ 和温度 β 下平衡态的结果.

3.4.3　加津斯基自由能等式的应用与误差估计

由于加津斯基自由能等式克服了对系统过程准静态的要求而且仍保持了 ΔF 与 W 之间的某种等式关系,因而在实际系统和各种实验中可用它通过测量功来计算自由能变化.由于绝大多数实际过程都是非平衡过程,这一方法就显得很有价值.在等式中,做功以指数的形式出现在因子 $e^{-\beta W}$ 中,这一因子只有在 $W\sim k_{\mathrm{B}}T$ 量级时才有实际意义.如宏观系统中有 $W\gg k_{\mathrm{B}}T$,则 $e^{-\beta W}\to 0$,准确测量就变得十分困难,计算误差难以控制.当系统足够小而过程中做功的大小 W 可与 $k_{\mathrm{B}}T$ 相比拟时,(3.4.13)式对自由能的计算才有效,而小系统的做功与涨落水平完全可比拟.因此加津斯基关系对小系统的统计热力学应用有特别重要的意义.

在传统实验中,可逆过程的实现是非常重要的,它是探测实验系统热力学行为的重要途径.在可逆过程中,人们可以利用大量已有的与热和功相关的热力学基本等式与热力学关系来对系统热力学性质进行测量和研究.另一方面,不可逆过程却是实验中难以避免而又广泛存在的.不可逆过程可以不要求系统每一步都处于平衡态(准静态过程),甚至这样的非平衡过程可以短时间内快速发生.因此,充分利用不可逆过程来进行测量就为加津斯基等式提供了发挥其作用的天地.

最近纳米技术与微观操控技术的发展使得人们可对小系统进行操控,如铁磁体中的磁畴通常小于 300 nm,生物分子尺寸大致是 2~100 nm,玻璃态系统的类固态团簇大约在若干个纳米的量级.在这么小的系统尺寸下,涨落就变得很重要,因此加津斯基等式也可在纳米尺度的实验下进行预测与验证,并发挥重要作用.

哈默(G. Hummer)与萨博(A. Szabo)首先注意到了加津斯基等式的生物学

意义,并考虑在非平衡条件下的单分子实验中如何得到分子系统的自由能信息[241].之后不久,布斯特曼特(C. Bustamante)等人利用通过力学手段对 RNA 分子链拉伸的方法检验了加津斯基自由能等式[242].该实验考虑了可逆和不可逆的情形以及 RNA 折叠(folding)与非折叠的不同构型.有关实验的结果很快形成了一股研究的热潮,一系列有关加津斯基等式及其相关涨落关系的实验验证与应用工作出现[243−250].下面简单介绍布斯特曼特等人的实验设计及其结果.

在布斯特曼特等人的 RNA 拉伸实验中[242],一个 RNA 分子链两端分别附着在两个珠子上,如图 3.7 所示.对 RNA 分子链拉伸是通过控制两端的珠子来实现的.上面的珠子称为捕获珠(trap bead),被两束方向相反的激光形成的光阱固定,通过改变从两束激光光阱出来的光动量可以确定连接于两颗珠子的 RNA 分子链上的力.下面的珠子称为传动珠或驱动珠(actuator bead),其位置由一个压电传动装置(piezoelectric actuator)控制,当装置移动时,传动珠就会拉伸 RNA 链.上面的捕获珠与下面的传动珠之间的位置给出了 RNA 的长度.图 3.7 的右图给出了 RNA 分子链部分的放大图,珠子的直径大约为 3×10^3 nm,远大于 RNA 近 20 nm 的尺度.实验在温度 $T = 298 \sim 301$ K 的环境中进行.

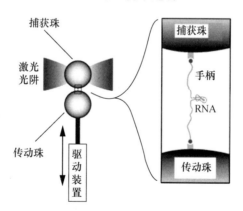

图 3.7 RNA 分子拉伸实验装置示意图

一个 RNA 分子链两端附着在可以控制的捕获珠和传动珠上,捕获珠被光阱固定,通过改变光的动量可确定作用于 RNA 分子上的力,传动珠会带动拉伸 RNA.右图为左图的方块区域 RNA 分子部分的放大图.(改编自文献[242])

布斯特曼特等人对 RNA 的可逆与不可逆折叠与再折叠(refolding)过程进行了详尽的研究[242].图 3.8(a)给出了一种 P5abcRNA 在以不同循环转换速率情形下的力与拉伸长度的关系曲线,图中 U 表示去折叠过程,R 表示重折叠过程,可以看到在低速率(2∼5 pN/s)时两个过程呈现出较好的可逆性,如图中左边曲线所示.在高速率时,如图中右边的 U 和 R 曲线明显分开,说明折叠和去折叠过程在高速率下不可逆.图 3.8(b)给出了两组不同速率下 RNA 分子非折叠的力与拉伸长度关系曲线.这两组线都是很多条的叠加,可以看到高速率非折叠情况下不同不可逆过程的差别.

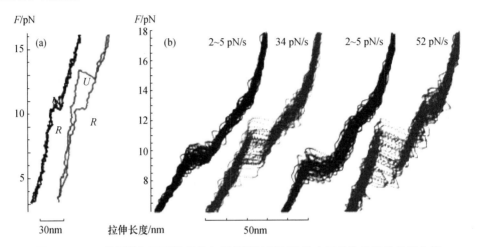

图 3.8　RNA 的可逆与不可逆折叠与再折叠过程实验的力与拉伸长度的关系曲线

(a) P5abcRNA 分子在以不同循环转换速率情形下的力与拉伸长度的关系曲线.U 表示去折叠的拉伸过程,R 表示再折叠过程.在低速率(2~5 pN/s)时两个过程呈现出可逆性(左边曲线),而在高速率时则表现出了明显的不可逆状况(右边对应于 U 和 R 两条不重合的曲线).(b) 给出了两组不同速率(左边两个小图是 2~5 pN/s 与 34 pN/s,右边两个小图是 2~5 pN/s 与 52 pN/s)RNA 分子去折叠的力与拉伸长度关系曲线.可以看到在高速率情况下折叠与再折叠过程为不可逆过程.(改编自文献[242])

在上述大量实验结果的基础上,一个很重要的工作是验证加津斯基等式的正确性,并对折叠与再折叠过程的自由能变化做精确估计,它与过程中的做功有密切联系.功定义为外力与在其方向上产生的位移的乘积.在实验中,外力对 P5abcRNA 做的功可以很方便地由图 3.8 的力-拉伸长度曲线下方的面积求得,即

$$w_i(L,r) = \int_0^L F_i(l,r)\mathrm{d}l, \tag{3.4.28}$$

这里 i 表示其中的第 i 条曲线,0~L 表示 P5abcRNA 拉伸的长度范围,r 为循环转换的速率,$F_i(l,r)$ 和 $w_i(l,r)$ 分别为第 i 次实验在转换速率 r 下拉伸到长度为 l 时的力和所做的功.实验中通常会在同样外界条件下进行多次实验得到 N 条曲线,如图 3.8(b)的很多簇比较靠近的曲线所示.对 N 条曲线能够得到 N 个 $w_i(l,r)$ 值,可以对它们进行统计处理.一种统计方法是求 $w(l,r)$ 的分布 $P(w)$,另外一种方式是对 N 次测量的功计算其平均功

$$\langle W \rangle_N = \frac{1}{N}\sum_i w_i(L,r). \tag{3.4.29}$$

这一实验的目标是利用测量得到的实验过程中功的数据结果来对系统自由能

变化 ΔF 给出精确的估算. 利用功的测量结果, 我们可以采取以下三种方式来加以估算与比较:

(1) 最大功原理. 该原理指出, 准静态热力学过程情况下, 系统自由能的变化 ΔF 等于外力对系统做的功, 将此标记为 W_A. 实验中如果能保证 DNA 的拉伸过程足够接近准静态, 即系统过程每一步都近似保持在平衡态, 则 W_A 就是平均功, 即

$$W_A \approx \langle W \rangle_N. \qquad (3.4.30a)$$

一旦过程偏离平衡态, 则有 $\Delta F < W_A$. 在这种情况下, 如果实验中仍然用 (3.4.30a) 式求平均功的测量方式, 则会对自由能变化给出过高的估计[163]. 在实际中, 准静态过程对实验的要求很高, 尤其是小系统很容易受到涨落的影响, 使得在热力学过程中维持在平衡态并不是容易的事, 因此基于最大功原理来估算自由能变化会导致偏大的结果.

(2) 涨落耗散定理. 考虑到非平衡情况下 (3.4.30a) 式会对自由能给出过高的估算, 卡伦和沃顿根据涨落耗散理论提出[199], 自由能变化的估算应在 (3.4.30a) 式平均功的基础上扣除由于非平衡涨落所高出的部分. 功的涨落可以基于对多次测量功得到的统计分布 $P(w)$ 来计算方差

$$\sigma = \sqrt{\langle w^2 \rangle_N - \langle w \rangle_N^2}.$$

扣除这部分涨落后的功为涨落耗散功 (dissipation-fluctuation work)

$$W_{FD} = \langle W \rangle_N - \beta \sigma^2 / 2, \qquad (3.4.30b)$$

ΔF 可以用 (3.4.30b) 式来加以估算. 这种估算考虑到了非平衡涨落的修正, 因而比 (3.4.30a) 式更接近 ΔF 的真实值. 但由于涨落耗散定理是非平衡线性区的结果, 因此 (3.4.30b) 式的结果对于远平衡的情形仍然会较大偏离 ΔF 的真实值.

(3) 加津斯基自由能等式. 加津斯基等式 (3.4.3) 给出了功与自由能变化的关系. 该等式不是自由能与功之间的简单相等, 而是一种指数关系. 为此对于同样的一组做功的测量数据, 可以定义加津斯基功 (Jarzynski-equality work) 为

$$W_{JE} = -\beta^{-1} \ln \langle e^{-\beta W} \rangle_N, \qquad (3.4.30c)$$

其中

$$\langle e^{-\beta W} \rangle_N = \frac{1}{N} \sum_i e^{-\beta w_i(L,r)}.$$

可以看到, 加津斯基功是通过计算功的指数函数平均来定义的. 加津斯基等式对任意中间热力学过程都成立, 因此 (3.4.30c) 式有可能会在实验过程精度要求更低的情况下给出比最大功和涨落耗散功估算更为精确的估算结果.

在讨论实验结果和对上述三种估算结果加以比较之前, 我们先引入一个耗散功 W^{diss}, 它定义为对系统做的功与系统自由能的变化之差,

$$W^{diss} = W - \Delta F. \qquad (3.4.31)$$

对上述三种估算方法得到的不同的功 W, 耗散功可定义为上述 W 与相应的可逆过程得到的

$$W_{\mathrm{A,rev}} = \Delta F$$

之差,

$$W^{\mathrm{diss}} = W - W_{\mathrm{A,rev}}. \qquad (3.4.32\mathrm{a})$$

平均耗散功为相应的系综平均

$$\langle W^{\mathrm{diss}} \rangle = \langle W - W_{\mathrm{A,rev}} \rangle. \qquad (3.4.32\mathrm{b})$$

通过计算平均耗散功可以比较上述三种方法估算 ΔF 的准确度. 平均耗散功对(1),(2),(3)方法分别记为

$$\langle W_{\mathrm{A}}^{\mathrm{diss}} \rangle = \langle W_{\mathrm{A}} - W_{\mathrm{A,rev}} \rangle,$$

$$\langle W_{\mathrm{FD}}^{\mathrm{diss}} \rangle = \langle W_{\mathrm{FD}} - W_{\mathrm{A,rev}} \rangle,$$

$$\langle W_{\mathrm{JE}}^{\mathrm{diss}} \rangle = \langle W_{\mathrm{JE}} - W_{\mathrm{A,rev}} \rangle.$$

图 3.9 给出了可逆和不可逆两种情形下三种耗散功 $\langle W^{\mathrm{diss}} \rangle$ 与拉伸长度 l 之间的关系曲线. 对 P5abcRNA 的折叠-去折叠过程如果可逆(对照图 3.8(a)的水平线),则从图 3.9(a)可以看到,三种计算耗散功情况的曲线在拉伸的 0～30 nm 范围

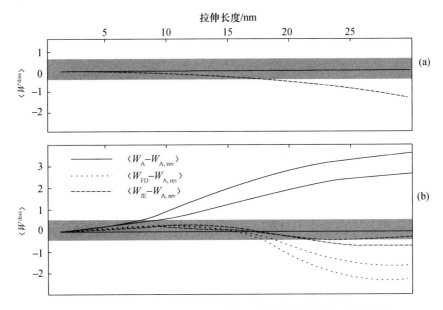

图 3.9　P5abcRNA 拉伸实验过程中的耗散功与拉伸长度之间的关系

图中实线、点线和虚线分别代表利用最大功原理、涨落耗散定理和加津斯基等式计算得到的平均耗散功. 阴影区域代表实验的误差范围 $\pm k_{\mathrm{B}}T/2$. (a) 近似可逆过程(实验中用很低的转换速率 $r=2\sim 5\mathrm{pN/s}$ 实现)的耗散功曲线,其中 W_{FD} 与 W_{JE} 曲线几乎重合在一起无法分辨,水平线为 0 基准线. (b) 在两种不同较快转换速率 $r=34\mathrm{pN/s}$(上面的点线),$52\mathrm{pN/s}$(下面的点线)下实现的不可逆拉伸过程的耗散功曲线. (改编自文献[242])

内都基本保持在$\langle W^{\text{diss}} \rangle = 0$ 的 $\pm k_{\mathrm{B}} T/2$ 误差范围内(P5abcRNA 在热环境下的基本涨落范围,用阴影区域标记). 当转换速率 $r = 34pN/s$, $52pN/s$ 时,P5abcRNA 的折叠-去折叠过程就无法维持平衡态,因而是不可逆过程. 图 3.9(b)给出了上述两种转换速率下的三种耗散功与拉伸长度的关系,很明显最大功原理给出的$\langle W_{\mathrm{A}}^{\text{diss}} \rangle$(实线)只在很短的拉伸范围内基本为零,拉伸范围增大时会给出高于真实自由能变化的估计值,且转换速率越大偏离越大. 涨落耗散定理给出的$\langle W_{\mathrm{FD}}^{\text{diss}} \rangle$(点线)只在$0 < l < 18$ nm 范围内基本为零,对自由能的估算很好,而在大于 18 nm 时低估了ΔF. 相比之下,利用加津斯基等式给出的估算$\langle W_{\mathrm{JE}}^{\text{diss}} \rangle$(虚线)则在 $0 \sim 30$ nm 的整个拉伸区间都保持在误差范围内.

通过对上述几种不同的利用功测量计算自由能的方案比较可以发现,加津斯基自由能等式可以给出更为准确的结果,而且在实验中更加方便可行.

3.4.4 加津斯基自由能等式与热力学第二定律

绝热系统的热力学过程应满足热力学第二定律,即自由能变化与外界对系统做功之间满足关系 $W \geqslant \Delta F$,其中等号成立的条件是热力学过程的准静态,而对非准静态过程,不等式成立. 加津斯基等式(3.4.3)的重要之处在于无论对准静态还是非准静态(非平衡)过程,该式均成立. 一个基本问题是,在非平衡过程中,这一等量关系与热力学第二定律的不等式是否一致?

系统的涨落 δ 与系统本身自由度 N 有关,$\delta \sim O(N^{-1/2})$. 对大自由度($N \gg 1$)系统而言,其涨落是很小的,加津斯基等式的系综平均对于说明大系统的热力学第二定律 $W \geqslant \Delta F$ 并不必须,因为几乎每个单个热力学过程都满足该定律. 当系统的粒子数 N 很小时,大涨落需要采用大量的系综平均才可以消除,小系统的单次微观过程中热力学第二定律完全可能被破坏,而系综平均会将这些偏离第二定律事件的效应消除. 所以对小系统而言,热力学第二定律只在统计系综的意义下成立. 我们在本章第 7 节对少体硬球系统非平衡过程的研究中还将涉及这种涨落所产生的后果.

回到加津斯基自由能等式与热力学第二定律关系的讨论. 利用詹森不等式(J. Jensen, 1859—1925),可以很容易证明二者的一致性. 首先介绍一下詹森不等式. 给定一个在其定义域上连续的实函数 $f(x)$,如果对定义域上的任意两点 x_1, x_2 都有

$$f((x_1 + x_2)/2) \leqslant (f(x_1) + f(x_2))/2, \tag{3.4.33a}$$

则 $f(x)$ 为凹函数;如果

$$f((x_1 + x_2)/2) \geqslant (f(x_1) + f(x_2))/2, \tag{3.4.33b}$$

则 $f(x)$ 为凸函数. 很容易证明,(3.4.33)式可以推广到多个点的情形,即一个凹函

数满足

$$f\left(\frac{x_1 + x_2 + \cdots + x_n}{n}\right) \leqslant \frac{1}{n}\left[f(x_1) + f(x_2) + \cdots + f(x_n)\right],$$

其中 $x_1, x_1, \cdots, x_n$ 为函数定义域内的任意 n 个点. 该式两边的求和除以总数可看成是相应量的算术平均,因此该式可写为

$$\langle f(x)\rangle \geqslant f(\langle x\rangle). \tag{3.4.34a}$$

若 $f(x)$ 是凸函数,则有

$$f\left(\frac{x_1 + x_2 + \cdots + x_n}{n}\right) \geqslant \frac{1}{n}\left[f(x_1) + f(x_2) + \cdots + f(x_n)\right],$$

即

$$\langle f(x)\rangle \leqslant f(\langle x\rangle). \tag{3.4.34b}$$

根据上面定义可知,指数函数 e^x 为凹函数,利用詹森不等式(3.4.34a)可以得到

$$\langle \mathrm{e}^x\rangle \geqslant \mathrm{e}^{\langle x\rangle}.$$

因此

$$\langle \mathrm{e}^{-\beta W}\rangle \geqslant \mathrm{e}^{-\beta\langle W\rangle}. \tag{3.4.35}$$

结合加津斯基自由能等式(3.4.3),可证

$$\Delta F \leqslant \langle W\rangle. \tag{3.4.36}$$

该关系很像绝热过程的热力学第二定律,即最大功原理(3.4.2)式的 $\Delta F \leqslant W$,但二者之间并不相同. (3.4.36)式的右边功的部分采用了系综平均,而(3.4.2)式中没有. (3.4.36)式只在系综平均的情况下成立,这说明在某些情况下可能会出现 $W < \Delta F$ 的微观过程,这种情况显然从宏观上违背了(3.4.2)式,即热力学第二定律. 我们可以估计系统做功小于 ΔF 的概率[244,251]. 引入 $\xi > 0$,

$$W = \Delta F - \xi.$$

ξ 可以度量系统热力学过程偏离第二定律的程度,偏离的概率可以估计为

$$P(W < \Delta F - \xi) \equiv \int_{-\infty}^{\Delta F - \xi} \mathrm{d}W \rho(W) \leqslant \int_{-\infty}^{\Delta F - \xi} \mathrm{d}W \rho(W) \mathrm{e}^{(\Delta F - \xi - W)/k_\mathrm{B}T}$$

$$\leqslant \mathrm{e}^{(\Delta F - \xi)/k_\mathrm{B}T} \int_{-\infty}^{+\infty} \mathrm{d}W \rho(W) \mathrm{e}^{-W/k_\mathrm{B}T} = \mathrm{e}^{-\xi/k_\mathrm{B}T}. \tag{3.4.37}$$

这里 $\rho(W)$ 为功的概率分布,第一个不等号是因为积分中指数函数 $\mathrm{e}^{(\Delta F - \xi - W)/k_\mathrm{B}T} \geqslant 1$,第二个不等号是由于将积分范围扩大至 $(-\infty, +\infty)$. 由(3.4.37)式可知,热力学第二定律被破坏的概率处于 $\mathrm{e}^{-\xi/k_\mathrm{B}T}$ 量级,它随着偏离程度 ξ 的增加而指数降低. (3.4.36)和(3.4.37)式具有多重意义:首先,(3.4.37)式给出了系统尺度与热力学第二定律偏离概率之间的关系;其次,对于大系统在外参数变化下的热力学过程,做功 W 的涨落的确趋于 0,

$$\langle W\rangle = W,$$

(3.4.36)式就是热力学第二定律;最后,对于小系统,由于存在大涨落,热力学第二定律(3.4.2)式在一些具体的微观态过程中会有更大概率被违背,这时热力学第二定律只有系综统计的意义下,即在(3.4.36)式的大量微观过程系综平均意义下才成立,而加津斯基等式(3.4.3)和(3.4.36)的不等式成立.

3.4.5 量子加津斯基自由能等式

2003年,穆克麦尔(S. Mukamel)将加津斯基等式推广到量子系统[252],利用绝热表象,发现加津斯基等式仍然成立.考虑一个由哈密顿量 $H(t)$ 描述的量子系统,系统与外力通过参量 $\lambda(t)$ 耦合,其中 $\lambda(t)$ 从初始的 $\lambda=0$ 变到 t 时刻的 $\lambda=1$.系统初始处于温度为 T 的平衡态,本征能级为 $\varepsilon_n(t)$,对应的本征态为 $|\varphi_n(t)\rangle$.在给定 λ 值下,系统的正则配分函数为

$$Z_\lambda = \sum_n \mathrm{e}^{-\beta\varepsilon_n(t)} \equiv \mathrm{e}^{-\beta F_\lambda}, \qquad (3.4.38)$$

这里温度 $\beta=1/k_\mathrm{B}T$,F_λ 为系统的自由能.在绝热表象下,可以将系统的密度矩阵展开为

$$\rho(t) = \sum_{nm} \rho_{nm}(t) \, | \, \varphi_n(t)\rangle\langle\varphi_m(t) \, |, \qquad (3.4.39)$$

其中系数 $\rho_{nm}(t)$ 满足量子刘维尔方程

$$\dot{\rho}_{kl}(t) = -\mathrm{i}\omega_{kl}(t)\rho_{kl}(t) - \sum_{mn} S_{kl,mn}(t)\rho_{mn}(t), \qquad (3.4.40)$$

这里

$$\omega_{kl}(t) = \varepsilon_k(t) - \varepsilon_l(t), \qquad (3.4.41)$$

$$S_{kl,mn}(t) = \langle\varphi_k(t) \, | \, \dot{\varphi}_m(t)\rangle\delta_{ln} + \langle\dot{\varphi}_n(t) \, | \, \varphi_l(t)\rangle\delta_{km}. \qquad (3.4.42)$$

在方程(3.4.40)中,右边的第一项为系统与外界无相互作用项,经典情况下对应于孤立哈密顿系统的刘维尔方程.第二项(含张量 $\boldsymbol{S}$ 的项)保留了系统与热源在量子情况下的相互作用.对于给定的过程 $\lambda(t)$,可以利用方程(3.4.40)的解来计算系统初态为 $|\varphi_n(0)\rangle$ 时在 t 时刻处于状态 $|\varphi_m(t)\rangle$ 的条件概率 $K_{mn}(t)$,

$$\rho_{mm}(t) = K_{mn}(t)\rho_{nn}(0). \qquad (3.4.43)$$

条件概率 $K_{mn}(t)$ 满足归一化条件

$$\sum_m K_{mn}(t) = 1. \qquad (3.4.44)$$

另外,如果对所有初态取和,也有

$$\sum_n K_{mn}(t) = 1. \qquad (3.4.45)$$

(3.4.45)的求和式很重要,它是推导量子加津斯基等式的关键.该式不像归一化的求和那么直接,我们首先对此做简单说明.绝热定理指出[253],当外参量随时间的变

化足够慢时,系统不存在量子态间的非绝热跃迁,即 $K_{nn}(t) = \delta_{nn}$,由此可知 $\sum_n K_{nn}(t) = 1$. 如果外参量 λ 随时间的变化率足够快,则会发生非绝热跃迁,原本征态 $|\varphi_m(t)\rangle$ 不再是含时薛定谔方程的本征解. 但是,利用(3.4.42)式,对张量 S 指标缩并求和,并利用正交性可得

$$\sum_n S_{kl,nn}(t) = \frac{\mathrm{d}}{\mathrm{d}t}\langle \varphi_k(t) \mid \varphi_l(t) \rangle = 0. \tag{3.4.46}$$

在绝热的粒子数空间可令 $\rho_{nn}(t) = \delta_{nn}$,则分布

$$\rho(t) = \sum_n \mid \varphi_n(t)\rangle\langle\varphi_n(t) \mid \tag{3.4.47}$$

仍然满足刘维尔方程,因而 $\sum_n K_{nn}(t) = 1$ 仍然成立.

下面来计算 $\mathrm{e}^{-\beta W}$ 的系综平均,其中 W 为外界从初始到 t 时刻对系统所做的功. 如果系统初态处于 $|\varphi_n(t)\rangle$,而 t 时刻处于末态 $|\varphi_m(t)\rangle$,则外力对系统所做的功等于系统能量的改变,

$$W = \varepsilon_m(t) - \varepsilon_n(0), \tag{3.4.48}$$

对 $\mathrm{e}^{-\beta W}$ 做系综平均,有

$$\langle \mathrm{e}^{-\beta W} \rangle = \frac{1}{Z_0} \sum_{mn} \mathrm{e}^{-\beta\varepsilon_n(0)} K_{mn}(t) \mathrm{e}^{-\beta[\varepsilon_m(t)-\varepsilon_n(0)]}, \tag{3.4.49}$$

于是

$$\langle \mathrm{e}^{-\beta W} \rangle = \frac{1}{Z_0} \sum_{mn} K_{mn}(t) \mathrm{e}^{-\beta\varepsilon_m(t)}. \tag{3.4.50}$$

则有

$$\langle \mathrm{e}^{-\beta W} \rangle = Z_1/Z_0, \tag{3.4.51}$$

其中 Z_1 为末态 $\lambda = 1$ 的配分函数. 利用

$$\Delta F = F_1 - F_0 \equiv \beta^{-1}\ln(Z_1/Z_0), \tag{3.4.52}$$

很容易得到量子情况下的加津斯基自由能等式:

$$\langle \mathrm{e}^{-\beta W} \rangle = \mathrm{e}^{-\beta\Delta F}. \tag{3.4.53}$$

最近,量子情况下的加津斯基自由能等式在因禁冷离子实验中得到了验证[254]. 除了上述基于经典[187]和量子哈密顿系统[252]情形之外,人们还基于主方程[188]等对(3.4.53)式进行了证明,并将加津斯基关系的有效性推广至量子开放系统[255-260]、具有反馈控制[261]和有时间反演对称破缺[262]的系统等其他情形. 克鲁克斯对于一般的耗散动力学过程提出了另外一个涨落关系,并利用该关系对加津斯基自由能等式给出了一般性的证明[189,190],这将在下一节进行详细讨论.

§3.5　克鲁克斯涨落关系

加拉沃蒂-科恩涨落关系和伊万斯-瑟尔斯暂态涨落关系阐述的都是基于微观

动力学演化的正逆轨道熵产生概率之间的关系,而加津斯基自由能等式给出的又是在宏观热力学层面的结果.克鲁克斯在 1998 年基于半动力学半随机过程分析研究了系统热力学在正逆过程外界对系统做功的概率分布之间的关系,得到了一个新的涨落关系式,称为克鲁克斯涨落关系(Crooks fluctuation relation)[189,190]:

$$\frac{P_{\mathrm{F}}(+W)}{P_{\mathrm{R}}(-W)} = \mathrm{e}^{\beta(W-\Delta F)}, \tag{3.5.1}$$

这里 $\beta=1/k_{\mathrm{B}}T$ 为处于平衡态系统的温度,ΔF 为初态 $t=0$ 到末态 t 系统自由能的变化,$P_{\mathrm{F}}(+W)$ 为系统从平衡态出发,外参量按 $\lambda(t)$ 变化时向前过程对系统做的功为 $+W$ 的概率,而 $P_{\mathrm{R}}(-W)$ 则为对应的 $\lambda(-t)$ 逆过程对系统做功为 $-W$ 的概率.该关系式一方面通过热力学量(例如功和自由能等)的统计性质来体现热力学过程的不可逆性,另一方面可以直接证明完全热力学层面的一些涨落关系,如加津斯基自由能等式.可以看到,向前做正功的概率与逆向做负功的概率之比与功的大小和始末态自由能的差值相关.当 $W>\Delta F$ 时,$P_{\mathrm{F}}(+W)>P_{\mathrm{R}}(-W)$;反之,如果 $W<\Delta F$,则有 $P_{\mathrm{F}}(+W)<P_{\mathrm{R}}(-W)$.

本节任务有两个,一是证明克鲁克斯涨落关系(3.5.1)式,二是在其基础上证明加津斯基等式.

3.5.1 克鲁克斯涨落关系

考虑一个与恒温热源有热接触的系统,并用(3.2.7)式的确定性动力学来描述热力学过程中系统微观状态的时间演化.这样的系统具有可逆性,即将其做时间反演变换,方程保持不变.设系综中大量系统的代表点初始处于统计平衡态,从这些初态出发,由方程(3.2.7)可给出大量向前演化的轨道.每一条向前的轨道都有与其对应的时间反演逆轨道.沿每一条轨道都可以按照(3.4.5)式来计算外参量对系统所做的功.如果系统沿一条向前轨道所做的功为 $+W$,则沿与其共轭的逆轨道必然为 $-W$.由于大量不同轨道的初态是不同微观态,相应的微观过程中所做的功也会不同,因此可以考虑正逆过程功的概率分布 $P_{\mathrm{F}}(+W)$ 和 $P_{\mathrm{R}}(-W)$.

克鲁克斯涨落关系的证明过程中,有几点是非常关键的.首先,将热力学过程用确定性动力学来考虑,且微观动力学是可逆的[191,192],微观动力学中正逆过程的对称性使得热力学正过程的每一步都有与其对应的逆过程,动力学系统的细致平衡假设成立[263,264].其次,对于确定性动力学,利用混沌假设[185],如果热源足够大的话,动力学的高度混沌性可以使我们将热力学过程近似看作是高度随机的马尔可夫过程[265].正因如此,我们称以下的证明方法为半动力学半随机的.下面就充分利用这些重要条件来对涨落关系做出证明.

考虑在时间段 $[0,\tau]$ 内的向前热力学过程,外参量 $\lambda(t)$ 的变化可写为一个序列

$\{\lambda_0, \lambda_1, \cdots, \lambda_\tau\}$. 如果 $\lambda(t)$ 是时间连续变化的, 只要在时间段 $[0, \tau]$ 内将其分为足够多小段, 每一段里的 λ 近似认为不变, 可将 (3.2.7) 式的连续动力学过程离散化. 考虑系统从处于平衡态的一个微观态 i_0 出发, 经历一系列中间态到终态的微观态 i_τ, 则连接始末态之间的过程路径可写作

$$i_0 \xrightarrow{\lambda_1} i_1 \xrightarrow{\lambda_2} i_2 \xrightarrow{\lambda_3} \cdots \xrightarrow{\lambda_\tau} i_\tau. \tag{3.5.2a}$$

由于确定性动力学的可逆性, 对应于该向前过程的逆向过程路径为

$$i_0 \xleftarrow{\lambda_1} i_1 \xleftarrow{\lambda_2} i_2 \xleftarrow{\lambda_3} \cdots \xleftarrow{\lambda_\tau} i_\tau. \tag{3.5.2b}$$

在混沌假设下, 在上述路径中的过程可看作是马尔可夫过程, 从初(末)态到末(初)态跃迁的转移概率应满足马尔可夫链的基本性质, 即

$$P(i_0 \xrightarrow{\lambda_1} i_1 \xrightarrow{\lambda_2} i_2 \xrightarrow{\lambda_3} \cdots \xrightarrow{\lambda_\tau} i_\tau)$$
$$= P(i_0 \xrightarrow{\lambda_1} i_1) P(i_1 \xrightarrow{\lambda_2} i_2) \cdots P(i_{\tau-1} \xrightarrow{\lambda_\tau} i_\tau), \tag{3.5.3a}$$

$$P(i_0 \xleftarrow{\lambda_1} i_1 \xleftarrow{\lambda_2} i_2 \xleftarrow{\lambda_3} \cdots \xleftarrow{\lambda_\tau} i_\tau)$$
$$= P(i_0 \xleftarrow{\lambda_1} i_1) P(i_1 \xleftarrow{\lambda_2} i_2) \cdots P(i_{\tau-1} \xleftarrow{\lambda_\tau} i_\tau). \tag{3.5.3b}$$

对于上述相邻两态的正逆转移概率, 在 λ 不变的条件下, 系统满足细致平衡条件, 即

$$\mathrm{e}^{-\beta E(i, \lambda)} P(i \xrightarrow{\lambda} j) = \mathrm{e}^{-\beta E(j, \lambda)} P(i \xleftarrow{\lambda} j), \tag{3.5.4a}$$

于是

$$\frac{P(i \xrightarrow{\lambda} j)}{P(i \xleftarrow{\lambda} j)} = \frac{\mathrm{e}^{-\beta E(j, \lambda)}}{\mathrm{e}^{-\beta E(i, \lambda)}} = \mathrm{e}^{-\beta q_\lambda}. \tag{3.5.4b}$$

上式的第二个等号是因为如果外参量 λ 不变, 则外界对系统不做功, 那么

$$q_\lambda = E(j, \lambda) - E(i, \lambda) \tag{3.5.5}$$

就是从 i 态到 j 变化时热源向系统传递的热量. 利用过程的马尔可夫性与细致平衡得到的上述关系, 我们可以计算在 i_0 与 i_τ 间变化过程的转移概率

$$\frac{P(i_0 \xrightarrow{\lambda_1} i_1 \xrightarrow{\lambda_2} \cdots \xrightarrow{\lambda_\tau} i_\tau)}{P(i_0 \xleftarrow{\lambda_1} i_1 \xleftarrow{\lambda_2} \cdots \xleftarrow{\lambda_\tau} i_\tau)} = \mathrm{e}^{-\beta q_1} \cdot \mathrm{e}^{-\beta q_2} \cdots \mathrm{e}^{-\beta q_\tau} = \mathrm{e}^{-\beta Q}, \tag{3.5.6}$$

其中

$$Q = q_1 + q_2 + \cdots + q_\tau \tag{3.5.7}$$

是系统在整个过程中从热源 β 所吸收的总热量.

　　上面得到的结果是从初始微观态到末微观态之间一组正逆微观过程所满足的关系. 要考虑初始宏观平衡态与末宏观平衡态之间的正逆热力学过程, 需要对

上述大量微观过程进行计算并取系综平均. 定义由初始宏观平衡态 A 到末宏观态 B 的跃迁概率为 $P(A \to B)$, 逆过程的转移概率为 $P(A \leftarrow B)$, 二者分别可以写为

$$P(A \to B) = \rho_{\text{eq}}(i_0, \lambda_0) P(i_0 \xrightarrow{\lambda_1} i_1 \xrightarrow{\lambda_2} i_2 \xrightarrow{\lambda_3} \cdots \xrightarrow{\lambda_\tau} i_\tau), \quad (3.5.8a)$$

$$P(A \leftarrow B) = \rho_{\text{eq}}(i_\tau, \lambda_\tau) P(i_0 \xleftarrow{\lambda_1} i_1 \xleftarrow{\lambda_2} i_2 \xleftarrow{\lambda_3} \cdots \xleftarrow{\lambda_\tau} i_\tau). \quad (3.5.8b)$$

对于初末态可分别用正则分布

$$\rho_{\text{eq}}^A = \frac{1}{Z(\lambda_0, \beta)} e^{-\beta E_A} \quad (3.5.9a)$$

和

$$\rho_{\text{eq}}^B = \frac{1}{Z(\lambda_\tau, \beta)} e^{-\beta E_B}, \quad (3.5.9b)$$

利用 (3.5.6) 式, $P(A \leftrightarrow B)$ 之间的比值为

$$\frac{P(A \to B)}{P(A \leftarrow B)} = \frac{Z(\lambda_\tau, \beta)}{Z(\lambda_0, \beta)} e^{\beta(E_B - E_A)} e^{-\beta Q}. \quad (3.5.10)$$

将

$$Z = e^{-\beta F} \quad (3.5.11)$$

代入 (3.5.10) 式, 可得

$$\frac{P(A \to B)}{P(A \leftarrow B)} = e^{-\beta(F_B - F_A)} \cdot e^{\beta(E_B - E_A)} \cdot e^{-\beta Q} = e^{-\beta \Delta F} e^{\beta W}. \quad (3.5.12)$$

上式中用到了能量守恒

$$E_B = E_A + W + Q.$$

既然动力学过程是可逆的, 直观上似乎应当有 $P(A \to B) = P(A \leftarrow B)$. 然而 (3.5.12) 式给出了宏观不可逆的结论. 由于对大量系统进行系综平均后必有热力学第二定律 $W \geqslant \Delta F$, 则必有

$$P(A \to B) > P(A \leftarrow B).$$

对于初末态温度相等的情况, 只需考虑做功而不用考虑热量传递, 因而我们可以将 $P(A \to B)$ 记为 $P_{\text{F}}(+W)$, 由于微观动力学的可逆性, 对应的逆过程转移概率对应的功必为 $-W$, 因此 $P(A \leftarrow B)$ 可记为 $P_{\text{R}}(-W)$. 这样由 (3.5.12) 式, 可得

$$P_{\text{F}}(+W) / P_{\text{R}}(-W) = e^{\beta(W - \Delta F)},$$

即克鲁克斯涨落关系 (3.5.1) 式.

3.5.2 从克鲁克斯涨落关系到加津斯基等式

克鲁克斯涨落关系的提出最初是为了在随机动力学框架下证明加津斯基等式, 后来克鲁克斯将其进一步发展成更为一般的等式. 利用该关系可以立即推导出

加津斯基等式.计算 $\mathrm{e}^{-\beta W}$ 的平均

$$\langle \mathrm{e}^{-\beta W} \rangle \equiv \int \mathrm{d}A \int \mathrm{d}B P(A \to B) \mathrm{e}^{-\beta W}, \tag{3.5.13}$$

利用(3.5.12)式,这一平均也可写为

$$\langle \mathrm{e}^{-\beta W} \rangle = \int \mathrm{d}A \int \mathrm{d}B P(A \leftarrow B) \mathrm{e}^{-\beta \Delta F}. \tag{3.5.14}$$

上式中的 $\mathrm{e}^{-\beta \Delta F}$ 项与积分无关.利用归一化条件

$$\int \mathrm{d}A \int \mathrm{d}B P(A \leftarrow B) = 1, \tag{3.5.15}$$

就可以得到加津斯基自由能等式:

$$\langle \mathrm{e}^{-\beta W} \rangle = \mathrm{e}^{-\beta \Delta F}.$$

克鲁克斯涨落关系通过宏观做功的概率之比来体现,既从形式上承接了前面的加拉沃蒂-科恩涨落关系和伊万斯-瑟尔斯涨落关系,但同时该等式又与加津斯基自由能等式密切相关,因此该涨落关系得到了大量的讨论,大部分的后续研究工作在讨论涨落关系的同时还讨论自由能等式[181,182].另外,科学家们在实验验证和应用克鲁克斯涨落关系来探讨实验中功的涨落关系方面进行了很多努力.最近,荷兰和法国实验小组利用小颗粒气体中的非对称转子在实验上验证了克鲁克斯涨落关系和加津斯基自由能等式[266].2004 年以来,人们也对量子情况下的涨落关系和自由能等式进行了大量的研究[267—277].有关量子涨落关系的研究成果和研究现状可参考最近的综述[278,279].

3.5.3　热交换涨落关系

从克鲁克斯涨落关系到加津斯基自由能等式,人们讨论的都是与做功相关的涨落关系和等式.这主要是因为多数的讨论是恒温或绝热过程,外参量的改变只会产生做功.实际上,传热的影响同样是一个重要的课题,特别是系统与热源保持接触或温度可变的情况下,传热的影响不可回避.在上述讨论中加津斯基自由能等式最初的哈密顿动力学证明只考虑了绝热的情况,即使考虑热源与系统的接触,也在计算过程中忽略了二者的相互作用.加津斯基后来也考虑了系统与热源的强相互作用,但引入了有效势,忽略了在有限时间的热力学过程中系统处于非平衡情况下的热传递动态过程.之后加津斯基等[280]研究了两个系统 A 和 B,它们初始与不同温度 T_A, T_B 的热源保持接触,然后让两个系统接触一段时间 τ 后再分开.在接触期间,由于系统 A 和 B 具有不同温度,它们之间会产生热交换.这样的过程可以重复多次.设 Q 为这段时间内从 A 传到 B 的热量,则 $P_\tau(Q)$ 代表传热的统计分布.可以证明如下关系

$$\frac{P_\tau(+Q)}{P_\tau(-Q)} = \mathrm{e}^{\Delta\beta Q},$$ 　　　　(3.5.16)

其中

$$\Delta\beta = T_B^{-1} - T_A^{-1}.$$

此关系称为热交换涨落关系(exchange fluctuation relation),反映的是不同温度系统之间在传热过程表现出的涨落关系.从此式可以看出,一旦两个系统的温度相等,则 $\Delta\beta=0$,由(3.5.16)可得

$$P_\tau(Q) = P_\tau(-Q),$$

说明两个温度相同的系统在一段时间里从 A 传到 B 的热量和从 B 传到 A 的热量具有同样的概率.如果 $T_A > T_B$,则 $\Delta\beta > 0$,热从高温传递到低温,$Q > 0$,此时

$$P_\tau(Q) > P_\tau(-Q),$$

说明热量从高温系统流到低温系统的概率大于低温流到高温的概率,体现了系综平均意义下的热力学第二定律.热交换涨落关系在经典系统和量子系统中都得到了证明并有进一步研究[280—282].

　　另一方面,当热源温度随时间变化时,单一系统可与热源不断产生热量交换[283—286].这个热量交换会伴随着外参量变化而对系统做功同时出现,对这类更一般的热力学过程加津斯基自由能等式就需要做出进一步的修正.这是我们下面将会讨论的内容.

§3.6　变温热力学过程自由能关系

　　一个系统与多个不同温度的热源接触并同时发生做功行为的过程是非平衡热力学最普遍和重要的过程之一.当热源温度发生改变时,系统与外界的热交换对自由能关系的影响是一个重要的研究课题.本节将对该问题集中讨论,并给出在变温情况下的自由能等式,可从式中清楚地看到热量的传递效应.我们将首先从理论上推导出该关系式,然后用数值方法进行验证.

3.6.1　变温过程的自由能关系

　　现在考虑与温度可变热源接触时非平衡过程的自由能关系.当温度变化时,系统经历的热力学过程涉及外参量 $\lambda(t)$ 的变化和温度 $\beta = 1/k_B T$ 的变化.为简单起见,先考虑如图 3.10 所示的简化方案.在该方案中,外参量 λ 从初始 λ_0 开始,在时间 $[0,\tau]$ 内经历了 $\lambda(t)$ 的改变,末值为 λ_τ.对于接触的热源,考虑系统在开始的 $[0,t_a]$ 时间内保持温度 β_1 不变,在 $[t_a,t_b]$ 时间内改用温度为 β_2 的热源,在 $[t_b,\tau]$ 的最后一段时间里系统重新恢复与热源 β_1 接触.当 $\beta_1 \neq \beta_2$ 时,上述过程就

有一段变温过程,而当 $\beta_1 = \beta_2$ 时,则回到之前加津斯基自由能等式的讨论方案.现在考虑 $\beta_1 \neq \beta_2$ 时的等式的推导,以下是基于克鲁克斯方法的变温过程讨论.

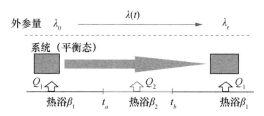

图 3.10　变温热力学过程示意图

系统先与温度为 β_1 的热源接触,在中间一段时间里换成与温度为 β_2 的热源接触,然后恢复与 β_1 接触.与此同时,外参量 λ 从初始 λ_0 开始按照 $\lambda(t)$ 变化到 λ_τ

考虑一个微观正过程与其相应的逆过程.在 $[0,\tau]$ 时间内,$\lambda(t)$ 的变化可写成序列

$$\lambda(t) = \{\lambda_0, \lambda_1, \cdots, \lambda_a, \cdots, \lambda_b, \cdots, \lambda_\tau\}. \tag{3.6.1}$$

注意到在 $[t_a, t_b]$ 期间热源温度由 β_1 变为 β_2,因此可以将上述序列演化中很短的每一步(如 $\lambda_1 \to \lambda_2$)分成两个步骤:第一步,温度不变,外参量 λ 发生一次变化;第二步,外参量 λ 保持不变,系统与热源之间产生热交换.由于将 $\lambda(t)$ 的变化分成了很多子步骤,每一步的时间都很短,因此将做功与传热分成两个清晰的不同步骤来分别处理的分步方案是合理的,只要上述分步的时间间隔足够小,这种离散化处理的过程将与实际过程完全一致.

对于从初态 i_0 到末态 i_τ 的一个微观过程(路径),其正过程可写为

$$i_0 \xrightarrow{\lambda_1,\beta_1} i_1 \xrightarrow{\lambda_2,\beta_1} i_2 \cdots i_{a-1} \xrightarrow{\lambda_a,\beta_2} i_a \cdots i_{b-1} \xrightarrow{\lambda_b,\beta_2} i_b \cdots i_{\tau-1} \xrightarrow{\lambda_\tau,\beta_1} i_\tau, \tag{3.6.2a}$$

相应的逆路径可写为

$$i_0 \xleftarrow{\lambda_1,\beta_1} i_1 \xleftarrow{\lambda_2,\beta_1} i_2 \cdots i_{a-1} \xleftarrow{\lambda_a,\beta_2} i_a \cdots i_{b-1} \xleftarrow{\lambda_b,\beta_2} i_b \cdots i_{\tau-1} \xleftarrow{\lambda_\tau,\beta_1} i_\tau, \tag{3.6.2b}$$

取初末态均为温度为 β_1 的平衡态.下面将采用与克鲁克斯涨落定理证明类似子过程马尔可夫假设与细致平衡假设.热源的马尔可夫性意味着热源与系统之间接触的作用只依赖于当前状态,而与系统历史无关.当热源足够大,其弛豫时间尺度远远小于系统运动时间尺度时,该假设就适用.利用该假设,从初态 i_0 到末态 i_τ 一条路径的转移概率

$$P(i_0 \cdots \longrightarrow i_\tau) = P(i_0 \xrightarrow{\lambda_1,\beta_1} i_1 \cdots i_{a-1} \xrightarrow{\lambda_a,\beta_2} i_a \cdots i_{b-1} \xrightarrow{\lambda_b,\beta_2} i_b \cdots i_{\tau-1} \xrightarrow{\lambda_\tau,\beta_1} i_\tau).$$
$$\tag{3.6.3}$$

就可简化为

$$P(i_0 \cdots \longrightarrow i_\tau) = P(i_0 \xrightarrow{\lambda_1,\beta_1} i_1) P(i_1 \xrightarrow{\lambda_2,\beta_1} i_2) \cdots P(i_{a-1} \xrightarrow{\lambda_a,\beta_2} i_a) \cdots$$

$$P(i_{b-1} \xrightarrow{\lambda_b, \beta_2} i_b) \cdots P(i_{\tau-1} \xrightarrow{\lambda_\tau, \beta_1} i_\tau). \tag{3.6.4}$$

马尔可夫性对于逆过程仍然适用,只需将此式的正步骤换为逆步骤即可. 在时间间隔很短时,系统与热源进行热交换过程也应满足细致平衡,则在 λ 固定(不做功)时相邻两态 i,j 之间的跃迁概率之比应满足

$$\frac{P(i \xrightarrow{\lambda, \beta} j)}{P(i \xleftarrow{\lambda, \beta} j)} = \frac{e^{-\beta E(j, \lambda)}}{e^{-\beta E(i, \lambda)}} = e^{-\beta q_\lambda}, \tag{3.6.5}$$

其中

$$q_\lambda = E(j, \lambda) - E(i, \lambda) \tag{3.6.6}$$

给出了在跃迁过程中系统从热源 β 吸收的热量.

利用上述两个假设结果,可得到对于一个微观路径过程正逆过程的转移概率比

$$\frac{P(i_0 \cdots \longrightarrow i_\tau)}{P(i_0 \longleftarrow \cdots i_\tau)} = \frac{P(i_0 \xrightarrow{\lambda_1, \beta_1} i_1) P(i_1 \xrightarrow{\lambda_2, \beta_1} i_2) \cdots P(i_{a-1} \xrightarrow{\lambda_a, \beta_2} i_a) \cdots P(i_{\tau-1} \xrightarrow{\lambda_\tau, \beta_1} i_\tau)}{P(i_0 \xleftarrow{\lambda_1, \beta_1} i_1) P(i_1 \xleftarrow{\lambda_2, \beta_1} i_2) \cdots P(i_{a-1} \xleftarrow{\lambda_a, \beta_2} i_a) \cdots P(i_{\tau-1} \xleftarrow{\lambda_\tau, \beta_1} i_\tau)}$$

$$= e^{-\beta_1 q_1} \cdot e^{-\beta_1 q_2} \cdots e^{-\beta_2 q_a} \cdots e^{-\beta_2 q_b} \cdots e^{-\beta_1 q_\tau}$$

$$= e^{-\beta_1 Q_1} \cdot e_2^{-\beta_2 Q}, \tag{3.6.7}$$

其中

$$Q_1 = \sum_{i=1}^{a-1} q_i + \sum_{i=b+1}^{\tau} q_i, \tag{3.6.8a}$$

$$Q_2 = \sum_{i=a}^{b} q_i \tag{3.6.8b}$$

分别为系统在正过程中从热源 β_1 与 β_2 吸收的热量.

下面考虑初末态为平衡态时的上述宏观热力学过程,宏观态热力学是对大量上述的微观路径进行系综统计平均的结果. 定义从初始平衡态 $A(i_0, \lambda_0)$ 到末态平衡态 $B(i_\tau, \lambda_\tau)$ 的跃迁概率为 $P(A \to B)$,相应逆过程的跃迁概率为 $P(A \leftarrow B)$,宏观的跃迁概率写为

$$P(A \to B) = \rho_{eq}(i_0, \lambda_0) P(i_0 \cdots \longrightarrow i_\tau), \tag{3.6.9a}$$

$$P(A \leftarrow B) = \rho_{eq}(i_\tau, \lambda_\tau) P(i_0 \longleftarrow \cdots i_\tau), \tag{3.6.9b}$$

并考虑平衡态分布 $\rho_{eq} = Z^{-1} e^{-\beta E}$,因此二者之比为

$$\frac{P(A \to B)}{P(A \leftarrow B)} = \frac{\rho_{eq}(i_0, \lambda_0)}{\rho_{eq}(i_\tau, \lambda_\tau)} \cdot \frac{P(i_0 \cdots \longrightarrow i_\tau)}{P(i_0 \longleftarrow \cdots i_\tau)}$$

$$= \frac{Z(\lambda_\tau, \beta_1)}{Z(\lambda_0, \beta_1)} e^{\beta_1 (E_B - E_A)} e^{-\beta_1 Q_1} e^{-\beta_2 Q_2}$$

$$= e^{-\beta_1 \Delta F} e^{\beta_1 W} e^{(\beta_1 - \beta_2) Q_2}. \tag{3.6.10}$$

在(3.6.10)式推导中用到了自由能与配分函数的关系

$$F = -\beta^{-1} \ln Z \qquad (3.6.11)$$

以及能量守恒性质

$$E_B = E_A + W + Q_1 + Q_2. \qquad (3.6.12)$$

对于正过程 $A \to B$，若有功和热（$+W, +Q_2$），则对相应的逆过程 $A \leftarrow B$ 有 $(-W, -Q_2)$，我们可据此将上式写为广义的克鲁克斯涨落关系：

$$\frac{P_{\mathrm{F}}(+W, +Q_2)}{P_{\mathrm{R}}(-W, -Q_2)} = e^{-\beta_1 \Delta F} e^{\beta_1 W} e^{(\beta_1 - \beta_2) Q_2}. \qquad (3.6.13)$$

该式为变温情况下的克鲁克斯涨落关系[287,288]。

对(3.6.10)式进行系综平均计算，可得

$$
\begin{aligned}
\langle e^{-\beta_1 W} e^{-(\beta_1 - \beta_2) Q_2} \rangle &\equiv \int \mathrm{d}A \int \mathrm{d}B P(A \to B) e^{-\beta_1 W} e^{-(\beta_1 - \beta_2) Q_2} \\
&= \int \mathrm{d}A \int \mathrm{d}B P(A \leftarrow B) e^{-\beta_1 \Delta F} \\
&= e^{-\beta_1 \Delta F}.
\end{aligned}
\qquad (3.6.14)
$$

上式第二步采用了广义克鲁克斯涨落定理(3.6.13)，最后一步是将常数项 $e^{-\beta_1 \Delta F}$ 移至积分之外，再用归一化关系得到. 这样，我们就得到在变温情况下的自由能等式

$$\langle e^{-\beta_1 W} e^{-(\beta_1 - \beta_2) Q_2} \rangle = e^{-\beta_1 \Delta F}. \qquad (3.6.15)$$

从上式可以看到：

(1) 变温过程中由于温度发生变化，左边的系综平均包含了吸热的项. 这一项在等温过程 $\beta_1 = \beta_2$ 时会自动消失，此时自由能等式就回到加津斯基的结果.

(2) 在加津斯基等式中，由于系综平均包含指数项 $e^{-\beta W}$，当 $W < \beta^{-1}$ 时，该项会引入相空间中的小概率态，称为稀有事件（rare events）[289,290]，这些小事件在实际过程中很难取样到. 但当功 W 足够负时，$e^{-\beta W}$ 会变得很大，一旦取样到这样的稀有态，则会使系综平均产生很大的涨落. 如果考虑加入变温机制，就会在过程中引入热量交换，系综平均中就会引入吸热项，该项有可能作为对稀有事件出现大涨落的平衡项使得系综平均收敛更快，从而自由能变化 ΔF 的计算会更准确. 因此，变温自由能等式还有可能减小系综平均误差[287]，提高平均效率.

实际上，变温非平衡过程自由能等式是宏观平衡态过程自由能定理的最大功原理在非平衡微观过程中的表现. 我们仍然将詹森不等式(3.4.34)用于自由能等式(3.6.15)，有

$$e^{-\beta_1 \Delta F} = \langle e^{-\beta_1 W} e^{-(\beta_1 - \beta_2) Q_2} \rangle \geqslant e^{-\beta_1 \left\langle W + \frac{(\beta_1 - \beta_2)}{\beta_1} Q_2 \right\rangle}, \qquad (3.6.16)$$

由此可得到

$$\left\langle W + \left(1 - \frac{T_1}{T_2}\right)Q_2 \right\rangle \geqslant \Delta F. \tag{3.6.17}$$

由于

$$\Delta F = \Delta E - T_1 \Delta S, \tag{3.6.18a}$$

其中

$$\Delta E = \langle W + Q_1 + Q_2 \rangle, \tag{3.6.18b}$$

可以得到

$$\left\langle \frac{Q_1}{T_1} \right\rangle + \left\langle \frac{Q_2}{T_2} \right\rangle \leqslant \Delta S. \tag{3.6.19}$$

上式正是热力学第二定律的表述. 对于大系统, 由于涨落极小, 左边的系综平均并不重要. 然而对小系统, 涨落因素非常重要, (3.6.19)式的不等号只在系综平均意义下才成立. 对于单独一次动力学过程, 可以有很大概率出现(3.6.19)式在没有系综平均时不成立的情况. (3.6.19)式说明小系统的热力学过程会出现违背热力学第二定律的现象, 这与之前关于加津斯基自由能理论的讨论一致.

3.6.2 变温自由能等式的数值验证

下面利用一维谐振子系综的热力学过程来进行数值计算, 进而验证上面得到的变温自由能等式.

一维谐振子的无量纲化哈密顿量可写作

$$H(x,p) = \frac{1}{2}p^2 + \frac{1}{2}\lambda x^2, \tag{3.6.20}$$

其中 λ 作为系统的控制参量. 当振子与热源接触时, 可写出其朗之万方程

$$\begin{aligned} \dot{x} &= p, \\ \dot{p} &= -\lambda x - \gamma p + g_w(t), \end{aligned} \tag{3.6.21}$$

其中 γ 为阻尼系数, $g_w(t)$ 描述热源的作用. 对热源的描述有很多不同的方法, 如诺泽-胡佛热源[212-214], 随机噪声热源等. 这里我们采用后一种, 并使用高斯型的白噪声作为热源的作用项:

$$\langle g_w(t) \rangle = 0, \quad \langle g_w(t) g_w(t') \rangle = 2D\delta(t - t'), \tag{3.6.22}$$

其中 D 为噪声强度, 它描述热源的温度, 由涨落耗散关系有 $\beta = 1/k_B T = \gamma/D$. 高斯白噪声热源的优点是它为马尔可夫型的热源, 满足之前克鲁克斯推导中的假设.

数值研究需要在模拟热力学过程中计算一些热力学量, 其中对系统做的功为

$$W(\tau) = \int_0^\tau \frac{\partial H}{\partial \lambda} \frac{d\lambda}{dt} dt, \tag{3.6.23}$$

传热可由能量守恒得到

$$Q(\tau) = H(\tau) - H(0) - W(\tau). \tag{3.6.24}$$

在数值模拟中,$\lambda(t)$ 的变化一方面要足够快,使系统保持在非平衡状态,另一方面要使传热的影响只在足够长时间(大于系统的弛豫时间 $1/\gamma$ 后)才比较明显,以满足(3.6.23)和(3.6.24)式的条件. 为同时满足这两条要求,我们选择如图 3.11(a) 所示的 $\lambda(t)$ 的周期变化方式.

图 3.11(b) 和 (c) 给出了利用谐振子系统做模拟的结果,数值计算了温度自由能等式(3.6.16)左边的系综平均项 $\langle e^{-\beta_1 W} e^{-(\beta_1 - \beta_2)Q_2} \rangle$. 要计算该项,需要取大量的初始态,根据上面的朗之万方程与变温、变外参量的方案计算相应的微观热力学路径,然后根据(3.6.23)和(3.6.24)式计算每一条路径过程中外界对系统所做的功 W 和系统从热源吸收的热量 Q,并对此进行系综平均. 在实际计算中,我们取 $\lambda(t)$ 变化多个周期(从 1 到 1000 或更多),以此来检验传热 Q 的影响. 直观的分析可以知道,随着周期数的增加,热量项的影响会变大,这有可能带来系综平均大的误差,但实际计算发现误差并不太大,相比于系综的平均样本数 $N \sim 10^6$,误差在 $1/N^{1/2} \sim 10^{-3}$ 量级的合理范围. 作为对照,在图 3.11(b) 和 (c) 中也画出了自由能关系右边 $e^{-\beta \Delta F}$ 项的值(这可以从理论计算). 可以看到数值结果与理论线符合得很好,这就验证了前面理论推导结果的正确性.

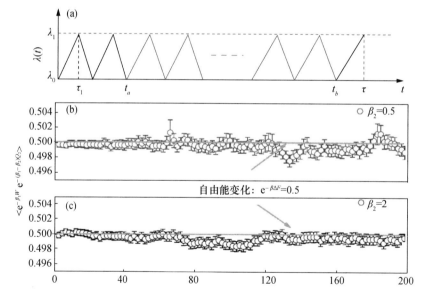

图 3.11 与变温热源接触的一维谐振子系统在外参量 λ 变化时的自由能关系

(a) 系统外参量 $\lambda(t)$ 的周期变化模式. (b),(c) 不同热源温度下的数值计算结果,初始热源温度为 $\beta_1 = 1$,中间热源温度分别为 $\beta_2 = 0.5$(b) 和 2(c). 图中的圆圈(○)代表变温自由能等式中系综平均项 $\langle e^{-\beta_2 W} e^{-(\beta_1 - \beta_2)Q_2} \rangle$ 随时间的变化,实线给出的是理论值,即自由能关系右边的 $e^{-\beta \Delta F}$ 项. 其他参数取值为 $\lambda_0 = 1$,$\lambda_1 = 4$,$\tau_1 = 0.1$,$\gamma = 0.03$,$t_a = 1.0$,$t_b = 10.0$. (改编自文献[287])

变温的自由能等式给应用带来了可能性. 人们用加津斯基等式来测量小系统非平衡过程的自由能变化时, 需要取大量微观过程来对 $e^{-\beta W}$ 做系综平均, 做功大小以及功的正负会直接影响到系综平均的实际效果. 如果系综平均过程中有大的负功事件发生, 则 $e^{-\beta W}$ 项会很大, 系综平均就会产生很大涨落, 这会给利用加津斯基等式计算自由能带来大的误差. 引起这样大涨落的虽然是小概率稀有事件, 但却无法避免. 如果引入变温效应, 新自由能等式(3.6.16)的系综平均中就会多出 $e^{-(\beta_1-\beta_2)Q_2}$ 项, 该项使得我们有可能通过调节第二热源的温度 β_2 来适当平衡掉稀有事件带来的系综平均大涨落[288].

为检验上述猜测, 下面采用 $\lambda(t)$ 在更大范围变化的方法, 这时环境对系统做的功就远大于 $1/\beta$. 可以预期, 测量数据与等式关系会有较大误差. 实际计算中取 $\lambda_1 = 16$. 为使误差效应观察得更清楚, 令 $\lambda(t)$ 做周期变化, 每个周期回到初始值 λ_0, 这样每个周期自由能的变化为 0, (3.6.15)式左边对系综平均的值就为 1. 图 3.12 给出了不同第二热源温度情况下利用变温自由能等式系综平均来计算自由能变化

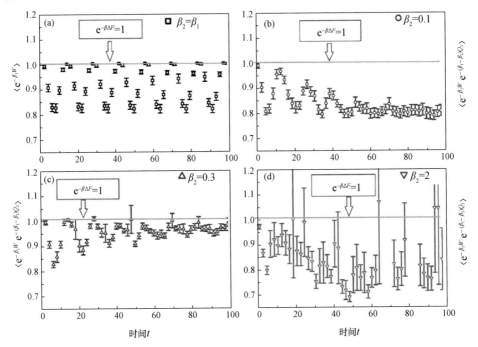

图 3.12　在不同第二热源温度 β_2 情况下利用变温自由能等式的系综平均计算自由能变化 $\langle e^{-\beta_2 W} e^{-(\beta_1-\beta_2)Q_2} \rangle$ 的时间演化

第一热源 $\beta_1 = 1.0$. 实线给出的是 $e^{-\beta\Delta F}$ 的值. (a) 作为对比可以看到, 在恒温情况下系综平均 $\langle e^{-\beta_2 W} \rangle$ 的演化与 $e^{-\beta\Delta F}$ 的值具有较大偏离. (b) 第二热源温度 $\beta_2 = 0.1$; (c) $\beta_2 = 0.3$; (d) $\beta_2 = 2$. 可以看到, 在中间温度 $\beta_2 = 0.3$ 时, (c)给出了自由能测定的相比其他情况结果最好. (改编自文献[287])

的时间演化.为便于对比,图 3.12(a)中给出了恒温下系综平均 $\langle e^{-\beta W} \rangle$ 的演化,这时 (3.6.15)式即加津斯基等式.可以看到在 $\lambda(t)$ 变化很大时,系综平均会在真实值附近产生大振荡.当 $\beta_2 = 0.1$ 和 $\beta_2 = 2$ 时,对太小和太大的 β_2,系综平均都与真实值仍有较大偏差和涨落,这样利用系综平均来确定自由能变化的统计运算效果很不理想(图 3.12(b),(d)).然而当考虑在中间温度 $\beta_2 = 0.3$ 时,图 3.12(c)则显示系综平均收敛到一个与真实值很接近的值.这说明取合适的第二热源温度确实可以更准确有效地测定自由能变化.合适的变温策略可以使测量效果更好的原因来自于变温自由能等式中的传热项 $e^{-(\beta_1 - \beta_2)Q_2}$ 可以平衡在无传热的单纯做功时所造成的涨落大偏离.更为详细的机制还需要进一步的验证,此处不再展开叙述.

3.6.3 任意变温情况下的自由能等式

上面讨论的变温自由能关系可以推广到任意变温的情形.考虑更复杂的由很多中间温度热源 β_3,β_4,$\cdots$,β_n 接触的热力学过程.这样的温度变化构成一般的温度变化方案 $\beta(t)$.利用之前克鲁克斯讨论的思路,计算从初态 A 到末态 B 的转移概率之比,在 n 个热源温度变化下可改写为

$$\frac{P(A \to B)}{P(A \leftarrow B)} = \frac{Z(\lambda_\tau, \beta_n)}{Z(\lambda_0, \beta_0)} e^{\beta_n E_B - \beta_1 E_A} \cdot \prod_{i=1}^{n} e^{-\beta_i q_i}, \tag{3.6.25a}$$

其中 q_i 是由第 β_i 热源传递给系统的热量.将上式右边的连乘改写为

$$\prod_{i=1}^{n} e^{-\beta_i q_i} = e^{-\sum_{i=1}^{n} \beta_i q_i}, \tag{3.6.25b}$$

可将上式右边指数上的求和改写为

$$-\sum_{i=1}^{n} \beta_i q_i = \sum_{i=1}^{n-1} (\beta_{i+1} - \beta_i) \cdot \left(\sum_{j=1}^{i} q_j \right) - \sum_{i=1}^{n} \beta_n q_i. \tag{3.6.26}$$

(3.6.26)式很容易通过将右边第一项二重求和打开合并证明.将(3.6.26)式带入 (3.6.25)式,并考虑当温度 $\beta(t)$ 的离散化步长足够小时可做连续化

$$\beta_{i+1} - \beta_i \approx d\beta_{i+1}, \tag{3.6.27}$$

另外,考虑从开始到 t 时刻系统吸收的总热量

$$Q(t) = \sum_{j=1}^{t} q_i = q_1 + q_2 + \cdots + q_t, \tag{3.6.28}$$

由能量守恒可知

$$E_B = E_A + W + Q(t), \tag{3.6.29}$$

将其代入(3.6.25)式再考虑(3.6.26)式,得

$$\frac{P(A \to B)}{P(A \leftarrow B)} = e^{-(\beta_n F_n - \beta_1 F_1)} e^{(\beta_n - \beta_1) E_A} e^{\beta_1 W} e^{\int_0^\tau d\beta(t) Q(t)}. \tag{3.6.30}$$

利用类似(3.6.14)的推导方法,可以得到一般 $\beta(t)$ 变化时的自由能等式[287,288]

$$\langle e^{-(\beta_n - \beta_1) E_0} e^{-\beta_n W} e^{-\int_0^\tau dt \dot{\beta} Q(t)} \rangle = e^{-(\beta_n F_n - \beta_1 F_1)}, \tag{3.6.31}$$

其中 E_0 为系综平均时每一个微观过程初态的能量, F_n 与 F_1 为末态与初态的自由能. 该式给出了在更一般分布的热源作用下的自由能关系. 很显然, 当系统保持外参量 $\lambda(t)$ 不变时, 外界对系统做功 $W=0$, 上式给出纯热交换情况下的结果

$$\langle e^{-(\beta_n - \beta_1) E_0} e^{-\int_0^\tau dt \dot{\beta} Q(t)} \rangle = e^{-(\beta_n F_n - \beta_1 F_1)}. \tag{3.6.32}$$

该结果与诺泽和胡佛得到的关系一致[212-214]. 当温度不变时, 上式则退化到加津斯基等式(3.4.3). 当温度采取 $\beta_1 \to \beta_2 \to \beta_1$ 方案时, 关系式退化到之前的变温自由能等式(3.6.15).

在实验中, 初始能量 E_0 较难测量. 一个可行的方案是让末态的温度与初始态的温度相等, $\beta_n = \beta_1$, 则上述自由能等式简化为

$$\langle e^{-\beta_1 W} e^{-\int_0^\tau dt \dot{\beta} Q(t)} \rangle = e^{-\beta_1 \Delta F}. \tag{3.6.33}$$

利用该式可以在任意变化 $\beta(t)$ 但保持初末态温度相等的情况下来测量系统在热力学过程中的自由能变化.

3.6.4 非马尔可夫过程下的自由能关系

在前面的讨论中, 我们在证明克鲁克斯涨落关系、与单一和多个热源接触系统的加津斯基自由能等式与变温情况的自由能等式时, 都用到了两个非常关键的假设: 一是细致平衡假设, 该假设离平衡态不太远的情况下有效, 对于远离平衡态的情况下该假设是否仍然成立还是一个不清楚的问题, 值得进一步研究[288]. 另一个很重要的假设就是热源的马尔可夫性, 即系统与之接触的热量传递是瞬时的, 没有记忆效应. 实际上, 马尔可夫假设只是实际情况的理想化. 只有当热源的弛豫时间尺度远小于系统演化的时间尺度时, 该假设才可以给出好的近似结果[11,102,206,208,209]. 例如, 在布朗运动问题的研究中, 如果布朗粒子的质量远大于浸于其中的液体分子的质量, 则流体分子相互作用的时间尺度远远小于布朗粒子的弛豫时间尺度, 此时的布朗运动可以不考虑随机力的记忆效应, 用马尔可夫过程来描述. 但是, 在很多情况下, 系统与热源相互作用具有记忆效应, 马尔可夫假设有可能不成立. 另一方面, 近年来对热源的动力学行为也有很多研究, 非理想热源经常会扮演着重要角色[291-293]. 对于小系统来说, 非马尔可夫性会给非平衡过程带来新的因素. 前几节讨论的马尔可夫假设下的自由能等式等定理在非马尔可夫情况下能否成立是一个需要认真研究的问题.

一般来说, 非马尔可夫效应带来的时间记忆主要是影响弛豫过程. 对于加津斯基自由能等式, 由于在整个热力学过程中温度保持恒定, 初始态的制备阶段是影响过程的关键因素. 从下面的讨论我们将会看到, 对初始态制备的记忆效应在等温过程时对加津斯基等式不会产生很大影响. 敖平理论推导了非马尔可夫过程的自由

能关系和涨落关系式[294].但如果热力学过程中热源温度随时间变化,非马尔可夫效应则有可能会在变温过程中产生很大影响.初步数值研究结果表明,自由能关系在长时间后仍然成立,而弛豫过程则表现出对自由能关系的偏离.迄今为止,关于暂态和弛豫过程的研究还很欠缺,理论对此尚未有严格证明.以下我们通过典型和简单的例子对非马尔可夫性质的影响进行数值计算和讨论.

下面来研究类似(3.6.21)式的热源中的谐振子布朗运动[288].考虑一个单位质量的粒子在简谐势场中的布朗运动,满足如下的广义朗之万方程

$$\ddot{x}(t) = -\int_0^t \mathrm{d}t' \gamma(t-t')\dot{x}(t') - \mathrm{d}V(x)/\mathrm{d}x + G(t), \qquad (3.6.34)$$

其中

$$V(x) = \lambda(t)x^2/2 \qquad (3.6.35)$$

为简谐势场,$\lambda(t)$为可控的外参量.与(3.6.21)式的不同之处是现在方程(3.6.34)的速度阻尼项带有时间记忆,反映布朗运动的非马尔可夫性[295-297].我们可在热力学过程中通过改变 λ 来做功,设其按照 $\lambda(t)$ 的方式在$[0,\tau]$时间内由 λ_0 变到 λ_τ. $G(t)$描述的是热源对布朗粒子的作用,也具有记忆效应,假设其满足高斯型色噪声性质,

$$\langle G(t) \rangle = 0, \quad \langle G(t)G(t') \rangle = D\tau_c^{-1}\mathrm{e}^{-|t-t'|/\tau_c}, \qquad (3.6.36)$$

其中 τ_c 为噪声关联时间.朗之万方程的阻尼项中 $\gamma(t)$ 是与时间有关的摩擦系数,其时间记忆也反映出非马尔可夫效应.根据涨落耗散定理[179],$\gamma(t)$ 与噪声之间满足

$$\langle G(t)G(t') \rangle = k_B T\gamma(t-t'), \qquad (3.6.37a)$$

$$\gamma(t-t') = \frac{D}{k_B T\tau_c}\mathrm{e}^{-|t-t'|/\tau_c}. \qquad (3.6.37b)$$

上述高斯型色噪声可用引入辅助变量的动力学及白噪声作用来等效地处理[298,299],即

$$\dot{x}(t) = p(t), \quad \dot{p}(t) = -\lambda x(t) + y(t), \qquad (3.6.38)$$

其中 y 为辅助变量,

$$y(t) = -\int_0^t \mathrm{d}t' \gamma(t-t')p(t') + G(t). \qquad (3.6.39)$$

利用(3.6.37a)式,并利用记忆阻尼 $\gamma(t)$ 的表达式(3.6.37b),$y(t)$ 的演化方程可以写为

$$\dot{y}(t) = -\frac{1}{\tau_c}y(t) - \frac{\beta D}{\tau_c}p(t) + \frac{\sqrt{2D}}{\tau_c}\Gamma(t), \qquad (3.6.40)$$

其中,Γ 为高斯白噪声,满足$\langle \Gamma(t) \rangle = 0$,$\langle \Gamma(t)\Gamma(t') \rangle = \delta(t-t')$.因此记忆阻尼 $\gamma(t)$ 的非马尔可夫性和行为已经体现在(3.6.38)式中.

实际模拟中,非马尔可夫时间尺度由关联时间 τ_c 描述.$\lambda(t)$ 仍然用周期调制方式(如图 3.13 所示):

$$\lambda(t) = \begin{cases} \lambda_0 + (\lambda_\tau - \lambda_0)\left(\dfrac{t}{\tau_1} - 2n\right), & 2n \leqslant \dfrac{t}{\tau_1} \leqslant 2n+1, \\ \lambda_\tau - (\lambda_\tau - \lambda_0)\left(\dfrac{t}{\tau_1} - 2n+1\right), & (2n-1) \leqslant \dfrac{t}{\tau_1} \leqslant 2n, \end{cases} \tag{3.6.41}$$

其中 τ_1 为半周期.在此热力学过程中功和热的计算方法同前.

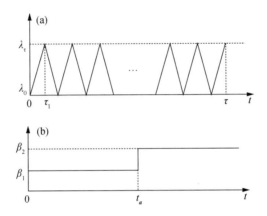

图 3.13 谐振子系统的非马尔可夫过程方案

(a) 外参量 $\lambda(t)$ 的变化方案,用周期调制方式.(b) 温度 $\beta = 1/k_{\mathrm{B}}T$ 的变化方案,热源的温度变化方式采用两段式.在 $0 \leqslant t \leqslant t_a$ 时,$\beta = \beta_1$;当 $t > t_a$ 时,$\beta = \beta_2$.(改编自文献[287,288])

在图 3.14(a) 中,我们给出了在非马尔可夫热源作用下在不同 τ_c 时变温自由能等式的检验结果.系统先与 β_1 接触,在 $t > t_1 = 10$ 后与热源 β_2 接触,需要计算系综平均 $\langle \mathrm{e}^{-\beta_1 W} \mathrm{e}^{-(\beta_1-\beta_2)Q_2} \rangle$,并与 $\mathrm{e}^{-\beta_1 \Delta F} = \sqrt{\lambda_0/\lambda_\tau} \approx 0.707$ 做对比.很显然,当 τ_c 很小时,非马尔可夫效应不明显,如图中方块曲线,系综平均的结果与 $\mathrm{e}^{-\beta_1 \Delta F}$ 几乎完全符合,表明此时变温自由能等式仍很好成立.当 τ_c 增大时,特别是如图中 $\tau_c = 3$ 对应的三角形点所示曲线在 $t_a = 10$ 发生变温时出现很大的偏离,然后以振荡的方式缓慢趋近于 $\mathrm{e}^{-\beta_1 \Delta F}$,这说明变温情况下非马尔可夫效应非常明显,系统要花比关联时间 τ_c 长得多的时间才能恢复变温自由能等式.

需要指出的是,产生偏离变温自由能等式的本质因素实际上并非热源变温,而是热源作用的非马尔可夫性质,只是在图 3.14(a) 中由于变温操作使得这种效应表现出来.这一点也可以通过对恒温情况下 JE 的检验加以对比看到.图 3.14(b) 给出了与等温过程加津斯基等式的检验结果.系统与恒温 β_1 接触,计算系综平均 $\langle \mathrm{e}^{-\beta W} \rangle$,并与 $\mathrm{e}^{-\beta \Delta F} \approx 0.707$ 比较.在图(a)中我们让系统之前与热源有充分长时间的接触以使得系统可以弛豫到平衡态,以此作为初始态,这样可以看到 $t_a = 10$ 之前与自由能等式的很好符合.在图(b)中我们取消这一操作,而是让系统在同样温度的平衡态情况下与热源直接接触,从而可以保留下弛豫过程.此时我们可以看到,虽然系统处于与热源温度相等的平衡态,但由于非马尔可夫记忆效应,系统会出现类似于图(a)中由于变温而产生的对自由能等式的偏离过程.这种偏离需要一段时间才能消除.当非马尔可夫更强即关联时间 τ_c 更长时,如图(b)中 $\tau_c=3$ 对应的曲线所示,系综平均在短时间内对等式的偏差更大,且会以振荡衰减的形式经过更长时间才能恢复等式关系.

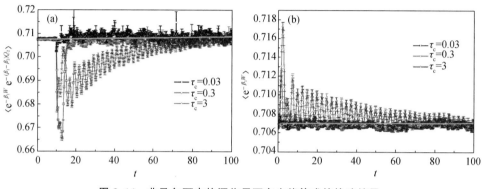

图 3.14　非马尔可夫热源作用下自由能等式的检验结果

$\beta_1=1,\beta_2=2,\lambda_0=1,\lambda_\tau=2.\lambda(t)$ 变化的半周期 $\tau_1=0.1$.变温时间点 $t_a=10$,总时间 $\tau=100$.非马尔可夫热源的关联时间分别取 $\tau_c=0.03(\square),0.3(\bigcirc)$ 和 $3(\triangle)$.(a) 为作变温自由能等式检验,计算系综平均 $\langle e^{-\beta_1 W}e^{-(\beta_1-\beta_2)Q_2}\rangle$,并与 $e^{-\beta_1\Delta F}\approx0.707$ 做对比.(b) 加津斯基等式检验,计算系综平均 $\langle e^{-\beta_1 W}\rangle$,并与 $e^{-\beta_1\Delta F}\approx0.707$ 做对比.可以看到非常明显的非马尔可夫效应,导致原等式在短时间过程中不再成立.只有当过程时间足够长并远大于关联时间 τ_c 时,曲线才回归原自由能等式的结果.(改编自文献[288])

在图 3.15(a) 中,我们给出了初始处于温度为 $T=\beta^{-1}$ 的平衡态的系统与同温度非马尔可夫热源接触后的平均内能变化行为.在与热源接触后,系统的平均能量 $\langle E\rangle$ 在开始时明显随时间变化,图上三条曲线分别对应于 $\tau_c=0.03,0.3$ 和 3 的情况.可以看到,初始时 $\langle E\rangle=\beta^{-1}=0.5$,等于同温度热平衡态的值.但在以后的时间里,由于记忆效应,系统能量 $\langle E\rangle$ 并未恒等于该值,而是出现了偏离,然后系统再随时间弛豫回到该平衡态值.τ_c 越大,非马尔可夫效应越明显,偏离平衡态越大,弛豫时间也越长.对于这种非马尔可夫热源引起的非平衡过程,我们进一步分拆不同时刻 t 来细致地观察的能量分布演化情况.图 3.15(b) 给出了 $t=0$(初始)与 $t=2$ 时系统能量的统计分布 $P(E)$,可以发现,虽然 $t\neq0$ 时系统不再处于平衡态,但在每时每刻系统的能量统计分布仍然表现为平衡态分布的形式

$$P(E)\propto e^{-\beta_e E},\qquad(3.6.42)$$

只是不同时刻的系统的有效温度 β_e 不同.因此,图 3.15(a) 中给出的 $\langle E\rangle$ 的变化实际上是非马尔可夫热源导致的有效温度 $T_e=\beta_e^{-1}$ 的变化.

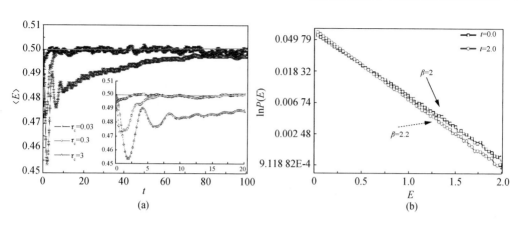

图 3.15 非马尔可夫热源作用下系统能量的演化及分布

(a) 初始处于温度为 $\beta=2$ 的平衡态的系统与同温度非马尔可夫热源接触后系统平均能量 $\langle E \rangle$ 随时间的变化, 参量 $\lambda=2$, 三条曲线分别对应于 $\tau_c=0.03(\square)$, $0.3(\bigcirc)$ 和 $3(\triangle)$, 小图为 $t\leqslant 20$ 的前面一小段的放大图. (b) $t=0(\square)$ 与 $t=2(\bigcirc)$ 时系统能量的统计分布 $P(E)$.(改编自文献[288])

§3.7 少体硬球系统的不可逆过程与涨落

在第 2 章中,我们利用硬球系统研究了与统计物理基本问题密切相关的内容,特别是遍历性和 H 定理[102,114,129−132].硬球系统在平衡态统计物理基本问题的研究中起着非常重要的作用.它在模型上比较简单,但又是典型的物理系统.本节将利用少体硬球系统来检验热力学第二定律问题.对少体硬球系统非平衡过程的研究显示,少体系统在热力学过程中会产生涨落,偏离第二定律,但通过系综平均就可以消除偏离效应[300].

另外,利用一维硬球气体系统,本节还对绝热活塞(adiabatic piston)的不可逆过程进行了详细研究,利用数值模拟和系综平均的方法研究了绝热活塞从非平衡态趋向平衡态的演化,揭示了系统首先向力学平衡再到全局平衡的弛豫过程,计算了平衡态下各种物理量的行为.本节还在牛顿方程基础上通过引入导致活塞运动涨落的随机力建立了唯象的随机动力学方程,以此很好地解释了活塞运动趋向平衡的整个过程.

3.7.1 少体硬球系统的绝热压缩与热力学第二定律

考虑 N 个相同的可分辨的质量为 m、半径为 r 的经典硬球,它们被置于二维或三维的长方形盒子里,硬球之间以及硬球与器壁之间都是完全弹性相互作用.系统的哈密顿量为

$$H = \sum_{i=1}^{N} p_i^2/2m, \tag{3.7.1}$$

其中二维有 $p_i^2 = p_{ix}^2 + p_{iy}^2$，三维有 $p_i^2 = p_{ix}^2 + p_{iy}^2 + p_{iz}^2$. 大量在容器里运动的硬球就构成物理上研究的硬球气体,这里我们来考虑 $N \geqslant 2$ 的少体硬球系统. 在分析硬球系统的不可逆过程之前,我们首先来计算 N 硬球系统的熵,这将为后面讨论做好准备. 系统的熵可用玻尔兹曼关系来计算:

$$S = k_B \ln\Gamma. \tag{3.7.2}$$

这里设 $k_B = 1$，Γ 为总能量为 E，半径为 r，在体积 $L_1 \times L_2$ 的容器中运动的 N 个硬球系统的相体积,正比于系统的微观态数,

$$\Gamma(E, N, r, L_1, L_2) = \iiint_{H \leqslant E} \prod_{i=1}^{N} \mathrm{d}p_i \mathrm{d}q_i. \tag{3.7.3}$$

相体积的动量部分比较容易求出,而位形部分较难以得到解析解. 对于二维容器中 $N=2$ 个硬球的系统,参照第 2 章中二维 $N=2$ 个硬球的位形分布函数的计算,可以得到系统熵的解析表达式

$$S_2(2) = 2\ln E + \ln\big[(L_1 - 2r)^2(L_2 - 2r)^2 - 4\pi r^2(L_1 - 2r)(L_2 - 2r)$$
$$+ \frac{4}{3}(2r)^3(L_1 + L_2 - 4r) + (\pi - 11/3)(2r)^4\big] + 常数, \tag{3.7.4}$$

其中 E 为系统的能量，L_1 和 L_2 分别为二维长方形盒子的两条边长. 对于其他情形(二维 $N \geqslant 3$ 或三维 $N \geqslant 2$ 个硬球的系统),熵的表达式理论上虽然可以写出来,但很繁琐. 然而由于硬球系统的遍历性,我们可以对任意 N 硬球系统熵的一般解析形式加以推断. 例如,对于二维情况,

$$S_N(2) = N\ln E + \ln f(L_1, L_2, r) + S_N^0(2), \tag{3.7.5}$$

其中 $S_N^0(2)$ 为常数. (3.7.5)式右边第一项来自于动量部分,完全可以解析计算,结果见 2.4.1 节的讨论. 第二项是位形空间积分的贡献,一般难以写成简洁表达式,先用一个函数 f 来表示. (3.7.5)式写成能量的表达式为

$$E = Af^{1/N} e^{S_N(2)/N}. \tag{3.7.6}$$

类似地,对三维情况可以得到

$$S_N(3) = \frac{3}{2}N\ln E + \ln g(N, r, L_1, L_2, L_3) + S_N^0(3), \tag{3.7.7}$$

$$E = Bg^{2/3N} e^{2S_N(3)/3N}, \tag{3.7.8}$$

其中 $S_N^0(3)$ 为一常数. f 和 g 在给定硬球数目 N 的情况下是只与系统的几何尺寸(包括球半径 r，容器尺寸 L)有关的函数,而与系统的能量无关. 理解这一点对于下面的工作很有意义,因为(3.7.5)和(3.7.6)式不必像 $N=2$ 的情形解析地写出繁琐的表达式(3.7.4),而是可直接用更为简洁的方法来确定.

下面讨论非平衡过程.首先讨论在不加热源的情况下固定长方形盒子边界 L_2,并通过移动右边界来改变另一个方向边界的长度 L_1,即

$$L_1(t) = L_{10} - 2ut, \quad L_2(t) = L_{20},\qquad(3.7.9)$$

其中 u 为右边界的移动速度,这样就可以实现气体的压缩或膨胀来完成非平衡过程.硬球与右边界发生碰撞后的速度可以写为

$$\bar{v}_\parallel = v_\parallel, \quad \bar{v}_\perp = -v_\perp - 2u,\qquad(3.7.10)$$

下角标 $\parallel$ 和 $\perp$ 分别表示速度中与移动壁平行和垂直的分量.当推动边界,即 $u>0$ 时,系统的总能量会逐渐增加,反之能量会逐渐减小.当活动边界移动速度 $u\to0$ 时,系统的过程是宏观准静态(可逆、平衡)绝热过程,系统在该过程中的熵 S 是绝热不变量.此时我们可以考察在此绝热过程中系统能量 E 随 L_1 的变化情况,在 (3.7.6)和(3.7.8)式中,$S=$ 常数下的 E-L_1 关系给出硬球系统的等熵线.

首先在图 3.16(a)中给出了 $N=2$ 的硬球系统在接近准静态($u=0.05\ll1$)压缩过程中在三个不同初始熵值 $S_{1\sim3}$ 情况下的等熵线 E-L_1.这里硬球半径取 $r=10$. 图中的方块(■)、圆圈(○)与三角形(▲)分别为 $S_{1\sim3}$ 情况下等熵线的数值模拟绝热压缩过程的结果,实线给出的是由(3.7.4)和(3.7.6)式确定的理论曲线,可以看到二者符合得很好.

对于 $N>2$ 的多粒子系统情况,熵的解析式无法完整给出,但我们可以半解析地给出等熵线.由于此时难以给出系统的熵表达式中关于系统位形空间部分的函数 f 和 g,因此需要一条初始的准静态线标记.以 $N=20$ 个硬球的情形为例.首先取 u 很小(如 $u=0.01$),可以数值得到系统的一条近似的准静态等熵线.由于熵的绝对值并不重要,可取此时的熵 $S=0$.在此基础上可以取不同的初始能量,并利用(3.7.5),(3.7.6)式的第一项确定同一 L_1 位置的熵值,再进行准静态过程,通过各个等熵线确定任意给定(E,L_1)下的系统熵值.E-L_1 等熵线的形状完全由(3.7.5)($N=2$)和(3.7.7)($N=3$)式所确定.在不同等熵线之间,对于任意给定 L_1,具有复杂形式的与 r 有关的位形部分的熵贡献完全由不同等熵线对应的熵常数的差值来确定,即只要准静态地测出任意一条等熵线 S_0,相空间任意一点的熵 $S(E,L_1)$ 可以解析求出,

$$S(E,L_1) = \frac{d}{2}N\ln E - \frac{d}{2}N\ln E_0(S_0,L_1),$$

其中 d 是位形空间维数,L_1 为唯一的移动边长.$E_0(S_0,L_1)$ 由 $S_0(E,L_1)=0$ 的已知曲线求得.有关 d,N,r,L_1 的所有复杂关系均包含在所测的 S_0 曲线之中.图 3.16(b)给出了 $N=20$ 时这种计算的一个实例.首先定义 $E=10^5$,$L_1=100$ 的初始熵 $S_0=0$,并利用准静态压缩计算其等熵线,然后在 $L_1=100$ 时根据(3.7.5)式

解析计算 $E_1 = 1.2 \times 10^5$ 和 $E_2 = 1.5 \times 10^5$ 的熵 S_1 和 S_2,最后 S_1 和 S_2 的等熵线可以由 S_0 等熵线结合(3.7.6)式解析给出,故称半解析方法,其理论结果用圆圈与三角形表示. 数值模拟 S_1 和 S_2 的等熵线在图中用实线表示,理论和数值结果很好地符合.

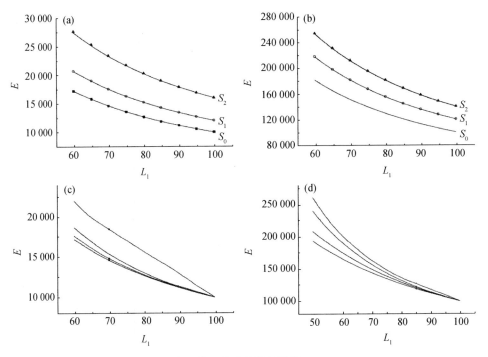

图 3.16　硬球系统压缩过程的等熵线 E-L_1,$L_2 = 100$

(a) $N = 2$ 个硬球系统在准静态($u = 0.05 \ll 1$)压缩过程在三个不同熵值 $S_0 = 1 \times 10^4$,$S_1 = S_0 + 0.4463$,$S_2 = S_0 + 0.9400$ 情况下的等熵线 E-L_1,$r = 10$,实线为各条理论的等熵线,而方块(■)、圆圈(○)与三角形(▲)分别为不同熵值情况下的数值模拟绝热压缩过程结果. (b) $N = 20$,$r = 5$,$S_0 = 1 \times 10^5$,$S_1 = S_0 + 3.6464$,$S_2 = S_0 + 6.7294$. 这时不存在等熵线的解析解. 采用文中介绍的半解析方法,从数值计算的 S_0 等熵线出发,结合(3.7.6)的解析公式,可以理论预言熵 S_1 和 S_2 的等熵线,如三角形(▲)和圆圈(○)线所示,也可完全数值计算 S_1 和 S_2 的等熵线,二者很好地符合. (c) 自下而上为边界移动速度 $u = 0.05$,2,10 和 50 的 E-L_1 压缩曲线,$N = 2$,$r = 10$. (d) $N = 20$,$r = 5$,自下而上压缩速度 $u = 0.1$,1,5,20. 所有过程初始都从平衡态出发,每条曲线都是 10^5 不同初始条件系综平均的结果. 所有 $u > 0$ 的曲线都在绝热等熵线之上,大 u 过程曲线在小 u 曲线之上,非平衡过程不可逆性越强,熵产生率越大. (改编自文献[300])

对于有限压缩速度 u,压缩过程不再可逆. 定义在热力学过程中的能量变化为 $\Delta E = E(t) - E(t_0)$. 根据热力学第二定律,不可逆过程的能量增加 ΔE_i 应高于准静态情形 ΔE_0,即对于同样的体积变化 $\Delta L = L(t) - L_0$,有 $\Delta E_i > \Delta E_0$. 图 3.16(c) 自下而上给出了 $N = 2$,$r = 10$ 时不同边界移动速度 $u = 0.05$,2,10 和 50 的 E-L_1 曲线. 图 3.16(d) 则自下而上给出了 $N = 20$,$r = 5$,压缩速度为 $u = 0.1$,1,5,20 时的

各条 E-L_1 曲线. 所有过程初始都从平衡态出发, 每条曲线都是 10^5 不同初始条件系综平均的结果. 可以看到, 所有 $u>0$ 的曲线都在绝热等熵线之上. 另外大 u 的过程曲线总在小 u 曲线之上. 这表明, 非平衡过程的熵产生必然为正, 过程不可逆性越强, 熵产生率越大. 这些结果与热力学第二定律完全一致.

上面的不可逆过程模拟都利用了系综平均来使得曲线更加平滑. 对于少样本数的系综, 大的涨落就变得不可避免. 对涨落的细致研究对于理解少体系统热力学第二定律机制有重要意义.

图 3.17 讨论了二维二体硬球系统在不同压缩速度 u 时压缩和膨胀的结果, 计算了在此过程中末态与初态的熵差 (熵变) ΔS 与压缩速度 u 的关系. 图 3.17(a) 给出了 5 个不同样本数平均的结果, 从图中可以看到在小样本数时, 测量的 S-u 关系有很大的涨落, 甚至在不少地方出现违背热力学第二定律的情况, 如不可逆过程熵差为负值 $\Delta S<0$[(a)] 和大速度 u 情况下熵差 ΔS 小于小速度 u 情况下的熵变

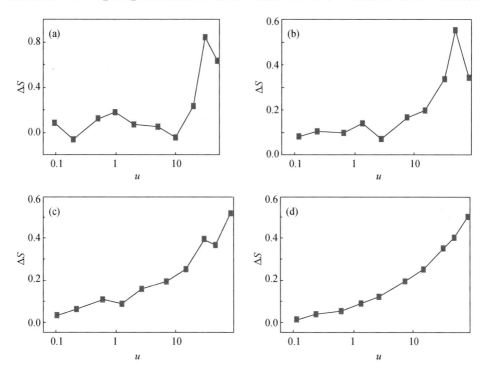

图 3.17 二维 $N=2$ 粒子系统在不同压缩速度 u 情况下从 L_1+2r 压缩到 $L_1/2+2r$ 的熵变 ΔS 与压缩速度 u 的关系

$L_2=100$, $r=10$. (a) 系综样本数为 5, (b) 系综样本数为 50, (c) 系综样本数为 500, (d) 系综样本数为 2000. 随着样本数的增加系综, 违背热力学第二定律的概率越来越低, 波动幅度也越来越小. (改编自文献[300])

[(a),(b),(c)]等等.在增加系综平均的样本数后,涨落会明显降低,偏离第二定律的事件会大大减少,如图 3.17(b)的 50 次平均和图 3.17(c)的 500 次平均所示.在 2000 个系综样本平均下的结果[图(d)]就不再显示出任何违背热力学第二定律的情况.

通过增加系统的粒子数也可以有效降低涨落.图 3.18(a)~(c)计算了 $N=20$,$r=5$[(a),(b)]和 $N=500$,$r=1.6$[(c)]情况下的熵变.图(a)用了 5 个系综样本,可以看到仍有偏离第二定律的事件发生,但比图 3.17(a)的偏离要小得多.当采用 20 个系综样本时,对于 $N=20$ 粒子的计算已不再看到违背第二定律的事件,如图 (b)所示.对于足够多粒子的情况,如图 3.18(c)所示的 $N=500$,单一样本就已经可以很好地满足第二定律.

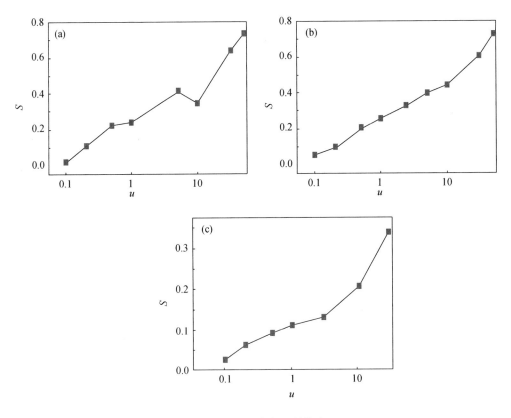

图 3.18　不同参数下的熵变

（a),(b) $N=20$,$r=5$,(c) $N=500$,$r=1.6$.(a) 5 个系综样本;(b) 20 个系综样本;(c) 只有单一样本过程的计算结果.增加系综中用以平均的样本数和增加系统粒子数都可以有效降低涨落和减小违背热力学第二定律的事件行为.(改编自文献[300])

综上所述,少体系统不可逆过程的研究表明,热力学第二定律对于混沌遍历的少体硬球系统的不可逆过程是成立的.该有效性与系统的粒子数无关.对于少粒子组成的系统,必须利用系综平均来消除涨落和诠释热力学第二定律.通过增加系统的粒子数,可以大大减小涨落.在热力学极限 $N \to \infty$ 下,涨落可被完全忽略,这时热力学第二定律有效性可以被任何单一的热力学过程遵循.这一分析建立了动力学与统计物理的联系,说明了少体与多体系统热力学第二定律的含义[89,102,112,196,197].

3.7.2 少体硬球系统绝热活塞过程的非平衡振荡

对绝热活塞(adiabatic piston)不可逆过程的研究是一个具有长久历史与丰富内涵的课题,也是一个长期引起广泛争议的问题[301-314],在统计物理和不可逆问题研究中具有极强的示教价值.如图 3.19 所示,封闭气体被活塞分成两部分,活塞可在水平方向自由无摩擦地移动.活塞作为整体可以通过与两边气体分子碰撞来传递能量,但构成活塞的分子本身不通过热运动来传递能量,所以这样的活塞被称作绝热活塞.开始将活塞固定在某个位置,使两边气体分别处于具有不同温度和压强的热力学平衡态,松开活塞,使其自由移动,可以观察活塞及两边气体温度与压强的非平衡演化行为.我们感兴趣于系统的一系列热力学问题,例如,系统会不会达到一个温度和压强处处相同的热力学平衡态? 如能,那么系统在不可逆过程中如何通过绝热活塞来传递能量,实现从非平衡态趋向平衡态的演化?

美国著名物理学家费曼(R. Feynman,1918—1988)对此问题进行了探讨[311].他认为,宏观压强的不同会使活塞出现宏观运动,一定弛豫时间后系统会达到力学平衡状态 $P_1 = P_r$,然而此时左右两边温度会不相等.在没有持续稳定压力的情况下,由于非平衡涨落引起粒子对活塞碰撞的不均匀性,活塞轻微的晃动会导致能量发生传递,从而最终达到同时具有力学平衡和热平衡的全局平衡态.

费曼的解释涉及绝热活塞系统不可逆运动中出现的概念性问题,对此必须做一分析.设活塞两边是同种且同样多粒子数的理想气体,$n_1 = n_r$.若两边到达力学平衡态 $P_1 = P_r$ 时 $T_1 < T_r$,则必然有 $V_1 < V_r$.现在分析在力学平衡 $P_1 = P_r$ 条件下活塞的运动.由于绝热活塞是孤立系统,按热力学第二定律随时间应单调趋于平衡态,又由于活塞左右两边粒子数相等 $n_1 = n_r$,系统的平衡态应同时满足热平衡 $T_1 = T_r$ 以及力学平衡 $P_1 = P_r$ 及 $V_1 = V_r$,因此活塞应该从左向右运动,直到达到平衡态.直觉告诉我们,当活塞从左到右运动时,活塞会受到左边气体推动做功,而同时压缩右边气体做功,这时能量应从左边到右边传输,而这会导致左边已经低的温度更加降低,而右边已经高的温度更升高.在实际测量中,人们的确观察到了当活塞自左向右运动,但在趋向 $V_1 = V_r$ 时能量却自右向左传输,即活塞系统同时趋向位置和速度的平衡.这一能量反常传输过程违背了人们的直觉,但导致了合理的结

果,即活塞向平衡位置单调移动,同时能量则由高温到低温不可逆传输,最终达到平衡态.

图 3.19　绝热活塞示意图

$T_{1,r}, P_{1,r}, n_{1,r}, V_{1,r}$ 为活塞两边封闭气体的温度、压强、粒子数和体积

　　绝热活塞这种反常的能量传输过程难以直接用牛顿力学定律和热力学第二定律解释,至今,它仍旧是非平衡态热力学中引起热烈讨论的概念和基础性问题.以后几十年的研究证实了费曼的直觉和物理图像:宏观的活塞在微观分子碰撞下做非平衡涨落,而正是这种 $k_{\mathrm{B}}T$ 能量量级的涨落行为成为绝热活塞反常能量传输的根本原因.

　　在近几十年中,绝热活塞问题仍然得到持续的关注和研究.里伯(E. H. Lieb)在第 20 届统计物理大会(1998)上指出绝热活塞问题是一个"在统计力学中我热切希望能解决的问题之一"[308].卡伦指出[314],"可移动的绝热活塞为我们提供了唯一一个难以捉摸的问题".格鲁博(Ch. Gruber)等采用简化的气体宏观模型,通过热力学第一和第二定律建立起演化方程,发现系统最终的平衡态依赖于气体是否具有黏滞性,只有仔细求解时间演化方程才能确定系统的终态.但是他们求解的最终结果是两边终态温度不等,$T_1(t \to \infty) \neq T_r(t \to \infty)$[305—307,311].克鲁斯格纳尼(B. Crosignani)等运用气体动力学理论建立了类似方程,但忽略了涨落效应,也得到类似的结论 $T_1(t \to \infty) \neq T_r(t \to \infty)$[312,313].问题的焦点集中于活塞因受到两边气体粒子随机力而产生的随机运动能否导致系统最终演化到一个真正的平衡态.

　　通过热力学与统计物理基本理论来研究系统微观演化动力学过程所导致的宏观运动,并最终达到热力学平衡态的过程是一件有意义但悬而未决的工作.我们可以对简单的一维少体动力学模型,利用数值模拟和系综平均来研究活塞从释放到力学平衡再到全局平衡的过程及其平衡态下各种物理量的行为,并在牛顿方程基础上引入导致活塞运动涨落的随机力,通过涨落耗散定理来建立唯象的随机动力学方程以解释活塞趋向平衡的整个过程[315].

　　研究所采用的少体绝热活塞模型,一方面动力学结构上要尽可能简单,另一方面又要具有绝热活塞系统的基本特点.据此构造如下的动力学模型,其中绝热活塞具有宏观质量 M:通过活塞传递能量的过程由质量为 M 的活塞整体与两边分子碰撞来实现,系统不能通过活塞中分子热运动来传递能量.活塞两侧各有 N 个质量为 m 的微观粒子,$m \ll M$,粒子和活塞可在一维空间 $[0, L]$ 无摩擦地运动.粒子、活塞及其边界之间不能互相穿透,粒子间、粒子与活塞以及粒子与边界之间的碰撞是完全弹性的.

　　系统的哈密顿量表示为

$$H = \sum_{i=1}^{N} \frac{p_{il}^2}{2m} + \sum_{j=1}^{N} \frac{p_{jr}^2}{2m} + \frac{p^2}{2M}, \tag{3.7.11}$$

其中 $p_{il}(p_{jr})$ 和 p 分别是左(右)边第 $i(j)$ 个粒子和活塞的动量. 该哈密顿系统不可积,但并非混沌,因为可计算其最大李雅普诺夫指数为零. 数值模拟表明该系统在等能面上是遍历而且混合的. 系统中一些参量可以通过重新标度而成为无量纲量. 在以下讨论中,我们将固定一些参量,设 $M=500$, $m=1$, $L=100$, $E_p(0)=0$, $E=E_l(0)+E_r(0)=7200$. $E_p(0)$, $E_l(0)$($E_r(0)$) 分别是初始时刻活塞能量和在活塞左(右)侧所有粒子的总能量,E 是整个系统的总能量.

根据第 2 章中对少体系统热力学量的定义(2.3.12)式,可以写出系统的温度和压强为

$$T = \frac{\Gamma(E, \mathbf{y})}{\partial \Gamma(E, \mathbf{y})/\partial E}, \tag{3.7.12}$$

$$P_i = \frac{1}{\partial \Gamma/\partial E} \frac{\partial \Gamma}{\partial y_i}. \tag{3.7.13}$$

一维固定边界条件下,长度为 x,粒子数为 N,总能量为 E 时系统对应等能面内的相体积为

$$\Gamma(x, E) \propto x^N (2E)^{N/2},$$

由此可得到系统的温度和压强分别为 $T=2E/N$, $P=2E/x$.

将活塞初始位置放在一个使系统力学平衡和热平衡均不满足的状态,例如可取 $x_p(0)=70$, $E_l(0)=3200$, $E_r(0)=4000$. 取 $N=4$,即左右两边各有 4 个硬球. 图 3.20(a)和(b)给出了不同时间尺度时活塞位置随时间的变化. 可以看到在短时间尺度内[图 3.20(a)],活塞呈现一定频率的振荡运动,振幅和相位均有小幅的随机涨落;在长时间尺度[图 3.20(b)]内,活塞的运动呈现出大幅的涨落和很强的随机性. 图 3.20(c),(d)显示了活塞两侧的压强差 $\Delta P=P_l-P_r$ 短时间和长时间内的演化. 在图 3.20(d)中,压强差的大幅涨落表明了活塞两侧的能量最终也不能达到一个稳定的平衡. 显然,在图 3.20 表现的过程中,我们既没有看到任何从非平衡态向平衡态演化的趋势,也没有看到定向的反常能量传输,甚至从中无法定义非平衡态和状态偏离平衡态的程度. 少体系统的大幅涨落和极强的随机性掩盖了任何宏观演化的倾向性行为.

3.7.3 绝热活塞向平衡态演化的不可逆过程

为了研究少体系统从非平衡态向平衡态演化的弛豫过程,首先要解决的问题是如何定义少体系统的非平衡态. 在实际过程中,任何一个少体系统的状态其实都是非平衡的,少体系统的平衡态是根据系统运动在等能面上各态历经的性质,即通过长时平均来定义的. 由于长时平均的结果只适用于平衡态,不适合非

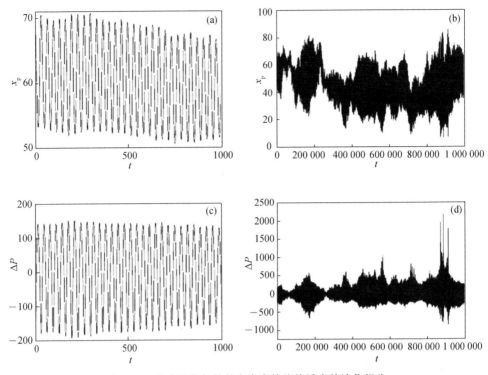

图 3.20　从非平衡初始状态出发的绝热活塞的演化行为

（a）活塞位置 x_p 随时间的短时间演化,可以看到振荡行为;（b）活塞位置 x_p 随时间的长时间演化,可以看到很强的随机涨落;（c）活塞两侧的压强差 ΔP 随时间的短时间演化,可以看到振荡行为;（d）活塞两侧的压强差 ΔP 随时间的长时间演化,可以看到随机涨落行为.硬球数 $N=4$.（改编自文献[315]）

平衡态,因此为了定义某个时刻的平衡与非平衡态,必须用系综平均.在进行系综平均时需要采用大量具有相同宏观性质而不同微观性质的系统,这样就需要恰当区分少体系统中的宏观变量和微观变量.可将一些通过系综平均统计意义上的慢变量,如 $E_{1,r}$,$\langle v_p \rangle$,$\langle x_p \rangle$ 看作宏观变量,而把单次微观动力学过程的所有变量如活塞的位置、速度和每个粒子的位置和速度等快变量都视为微观变量.系综平均就是在初始宏观变量相同而微观变量随机选取的大量系统中进行的.宏观变量对系统的统计平均值则是我们用来定义非平衡态和描述从非平衡态向平衡态演化的热力学变量.

　　在图 3.21 中,我们做了同图 3.20 同样的工作,但对相同的宏观初始条件下 1000 个不同微观过程进行平均.这种系综平均结果显现出与单次演化完全不同的行为,此处非平衡态有了明确的定义,而从非平衡态向平衡态弛豫的不可逆过程得到了清楚的显现,同时绝热活塞系统特有的反常能量传输现象在此处可以清楚地观察到.图 3.21 显示出三个明显不同的演化阶段.

　　第一阶段(图 3.21(a)):在初始非常短的时间尺度内,活塞的运动是一个很有规则的周期振荡,振荡周期和振幅同初始时刻的压强差和活塞与粒子之间的质量比相关.这种相干运动是由于初始非平衡宏观变量存在相干性引起的.

　　第二阶段(图 3.21(b)—(c)):在大约 10 倍于(a)的时间尺度之内,活塞的相干振荡慢慢衰减.这种衰减主要是各个系统由于初始微观变量不同而导致的活塞振荡行为在位相上的失配所致,而不代替系统微观动力学过程振荡振幅本身的衰减(对比图 3.20(b)).在第二阶段的末期,热力学量$\langle x_{\mathrm{p}}(t)\rangle$的相干振荡振幅衰减到接近于零,活塞两侧也达到力学平衡 $P_{\mathrm{l}}=P_{\mathrm{r}}$(注意此时$\langle x_{\mathrm{l}}\rangle\neq\langle x_{\mathrm{r}}\rangle$).由此可看到活塞两边达到力学平衡然而未达到热平衡的非平衡准定态现象.

　　第三阶段(图 3.21(d)):系统从完成力学平衡而未达到热平衡与空间平衡的情况下经过更长一段时间的演化逐渐达到全局平衡态,其间始终维持力学平衡的条件(见图 3.21(d)小插图).同时可以清楚观察到活塞在第三阶段中会朝着$\langle x_{\mathrm{p}}(t)\rangle=L/2$方向的单调向左移动,这正是前面所预期的结果.

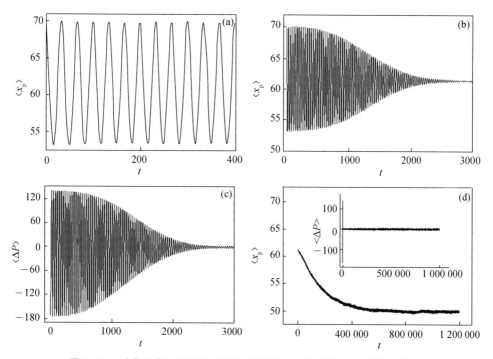

图 3.21　活塞位置及活塞左右两边压强差的系综平均值随时间的演化

从(a)到(d)给出的不同时间长度内压强关系及活塞运动的变化行为,可以看到向平衡态弛豫过程的不同阶段.系综平均是对 1000 个具有相同宏观态的不同微观样本态进行的,在此条件下随机地取不同的粒子位置、速度为不同微观态.(a)初始振荡过程;(b),(c)趋向力学平衡;(d)长时间后趋向热平衡及整体热力学平衡.(改编自文献[315])

我们进一步数值计算了活塞两边总能量及活塞能量的系综平均在上述几个阶段的变化,如图 3.22 所示. 在第一、二两个阶段,$\langle E_{\mathrm{l,r}} \rangle$ 和 $\langle E_{\mathrm{p}} \rangle$ 的变化和活塞位置的变化类似,通过衰减振荡弛豫到各自的力学平衡态位置. 到第二阶段,系统达到力学平衡,但左右两边的能量不等,表明活塞两边并未达到热平衡. 在第三阶段,当活塞平均位置 $\langle x_{\mathrm{p}}(t) \rangle$ 向左做不可逆单向运动时,左边能量却逐渐减少,右边能量则不断增加,表明能量是自左向右传输的. 最终当 $\langle x_{\mathrm{p}}(t) \rangle$ 达到平衡位置 $L/2$ 时,两边的能量也变得相等. 因此,我们通过上述简单少体模型再现了大量粒子组成的传统热力学绝热活塞系统的反常能量传输现象. 同时,在长时间极限 $t \to \infty$ 下,系统也会达到平衡态能量均分定理的能量分配要求,这一点在数值模拟中得到了充分的验证. 在图 3.22(b)中,活塞最终获得的能量系综平均值大约为 $\langle E_{\mathrm{p}} \rangle \approx E/(2N+1) = 800$,而活塞两边的能量最终为 $\langle E_{\mathrm{l}} \rangle \approx \langle E_{\mathrm{r}} \rangle \approx NE/(2N+1) = 3200$.

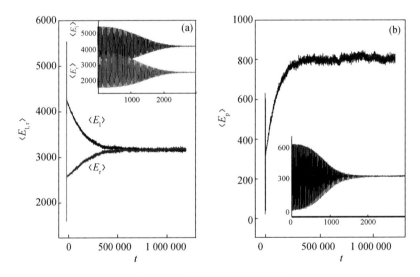

图 3.22　活塞过程的能量演化

活塞两侧子系统的总能量 E_{l} 和 E_{r} 以及活塞能量 E_{p} 的系综平均值随时间的演化,最终达到包括活塞在内的每个粒子的能量均分 $\langle E_i \rangle \approx \langle E_{\mathrm{p}} \rangle = 800$,$i = 1, 2, \cdots, 8$. (改编自文献[315])

3.7.4　绝热活塞系统的随机动力学方程理论

上面通过对绝热活塞系统直接的数值模拟展示了单个少体绝热活塞系统的微观动力学行为以及通过系综平均表现出来的非平衡热力学行为. 由于这里讨论的一维绝热活塞是不可积哈密顿系统,解析计算系统微观运动轨道是不可能的,但我们有可能在一定的近似与合理的假设下解析计算如图 3.21 和图 3.22 所示的宏观量系综平均行为轨迹. 首先,基于粒子和活塞上的能量均分假设,由于 $M \gg m$,活塞

变量 x_p 和 v_p 的变化远远慢于微观变量粒子的位置 x_i 和速度 v_i 的变化. 因此, 可以假定活塞变量发生变化的弛豫时间尺度远大于活塞两侧粒子之间的能量交换时间尺度, 两边粒子系统可以各自达到长时平均意义上的能量均分(尽管大的活塞和左右粒子系统之间初始阶段未达到整体能量均分). 这一假定可被数值实验验证. 在此假定下, 宏观变量 x_p, v_p 和 $E_{l,r}$ 的演化始终在这种局域能量均分的前提下进行, 这时它们所遵从的方程可以解析得到:

$$\dot{v}_p = \frac{1}{M}(\bar{P}_l - \bar{P}_r),\qquad\qquad (3.7.14a)$$

$$\dot{E}_l = -\bar{P}_l \cdot v_p, \qquad \dot{E}_r = \bar{P}_r \cdot v_p,\qquad\qquad (3.7.14b)$$

$$\bar{P}_l = \frac{2E_l}{x_p}, \qquad \bar{P}_r = \frac{2E_r}{L - x_p}.\qquad\qquad (3.7.14c)$$

在相同初始条件 $(x_p(0), v_p(0), E_{l,r}(0))$ 下, 图 3.23 给出了上述解析结果(实线)与数值模拟系综平均(圆圈)时活塞位置的演化对比, 可以看到两者在这一小时间尺度内高度吻合. 这验证了在绝热活塞运动中活塞两边粒子各自能量均分近似的有效性. 这样图 3.21 中观察到的系综平均的周期运动、振荡的特征频率, 以及振幅大小等纯粹数值测量的结果, 在简单的宏观变量的方程(3.7.14)中得到了清楚的理解和解析预言.

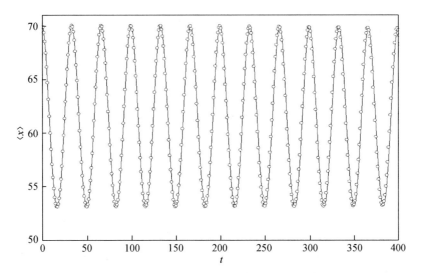

图 3.23 活塞演化在第一阶段(3.7.14)式的理论结果(实线)与系综平均的数值模拟结果(圆圈)的比较

二者在图 3.21 的第一阶段高度一致.(改编自文献[315])

尽管(3.7.14)式可以在第一阶段重现数值模拟系综平均的热力学量演化过

程,但是它描述的是一个没有衰减的周期振荡,因而无法解释第二阶段活塞振荡的衰减以及第三阶段向平衡态的弛豫过程,当然也无法解释该阶段出现的反常能量传输现象.究其原因,是因为在(3.7.14)式中忽略了一个非常重要的因素,即两边压强不可避免的涨落.由于 $M \gg m$,我们可以将其考虑成最简单的白噪声性质的涨落,

$$\langle \Gamma_{1,r}(t) \rangle = 0,$$
$$\langle \Gamma_{1,r}(t)\Gamma_{1,r}(t') \rangle = 2\alpha D_{1,r}\delta(t-t'), \quad (3.7.15)$$
$$\langle \Gamma_{1}(t)\Gamma_{r}(t') \rangle = 0,$$

其中涨落强度 $D_{1,r}$ 假定与压强 $P_{1,r}$ 成正比,

$$D_1 = E_1/x_p, \quad D_r = E_r/(L-x_p). \quad (3.7.16)$$

根据涨落耗散定理,

$$\alpha D_{1,r}/\beta_{1,r} = kT_{1,r}/M = 2E_{1,r}/NM, \quad (3.7.17)$$

涨落必然在(3.7.14a)式中引起一个耗散项.设耗散正比于运动速度,即 $-\beta_{1,r} \cdot v_p$. 这样可以得到由噪声驱动的活塞运动耗散动力学方程为

$$\dot{v}_p = (\bar{P}_1 - \bar{P}_r)/M - (\beta_1+\beta_r) \cdot v_p + \Gamma_1 + \Gamma_r. \quad (3.7.18)$$

考虑到牛顿第三定律和平衡态活塞与粒子之间的能量均分定理要求,(3.7.14b)式的能量方程中也应添加

$$-\alpha MD_{1,r} - M\Gamma_{1,r} \cdot v_p + M\beta_{1,r} \cdot v_p^2, \quad (3.7.19)$$

其中后两项是牛顿第三定律的要求,第一项是局域平衡态能量均分的要求.这样可以得到新的绝热活塞运动方程为

$$\dot{v}_p = \frac{1}{M}\left(\frac{2E_1}{x_p} - \frac{2E_r}{L-x_p}\right) - \left(\frac{\alpha NM}{2x_p} + \frac{\alpha NM}{2(L-x_p)}\right) \cdot v_p + \Gamma_1 + \Gamma_r, \quad (3.7.20a)$$

$$\dot{E}_1 = -\frac{2E_1}{x_p} \cdot v_p - \alpha M\frac{E_1}{x_p} - M\Gamma_1 \cdot v_p + \frac{\alpha NM}{2x_p}^2 \cdot v_p^2, \quad (3.7.20b)$$

$$\dot{E}_r = +\frac{2E_r}{L-x_p} \cdot v_p - \alpha M\frac{E_r}{L-x_p} - M\Gamma_r \cdot v_p + \frac{\alpha NM}{2(L-x_p)}^2 \cdot v_p^2. \quad (3.7.20c)$$

另外,考虑到能量守恒定律,需要给上述变量加上能量约束条件

$$E = E_p + E_1 + E_r.$$

在(3.7.19)式中除了参量 α 外,所有控制变量都是已知的. α 的值与系统其他参数及初始条件有关.不可积绝热少体活塞系统的所有复杂性就都归结于单一的待定参数 α,可以通过与数值模拟结果比较和拟合来确定参数 α.在给定参数下,所有宏观物理量之间的联系,以及不同因素在少体绝热活塞系综不可逆演化中起的作用可完全通过(3.7.20)式来理解.

图 3.24 给出了方程(3.7.20)的演化(实线),并与对模型直接数值模拟的结果

（圆圈○）比较，$\alpha=1.55\times10^{-6}$. 这里理论计算用了 1000 个不同噪声序列 $\Gamma_{1,r}$ 驱动的方程数值解的系综平均. 可以看到两个不同方法给出的计算结果不仅定性一致，而且定量也相当吻合. 由此可见，仅通过调节参数 α 就使得随机理论得到的方程 (3.7.20) 给出的结果完全重现了系统从非平衡态到部分平衡态（力学平衡态）最终到全局平衡态（力学平衡、热平衡、活塞空间位置平衡）的整个演化过程. 这种一致性涵盖了从第一阶段的周期振荡到第二阶段的衰减振荡，直至在第三阶段中由于反常能量传输导致系统向全局平衡态的演化过程. (3.7.20) 式的成功一方面揭示了局域能量均分假设 (3.7.14) 式的正确性，另一方面用简单的随机动力学系统直接给出了在第三阶段能量从低温部分向高温部分的传输，这令人信服地证明了涨落是少体绝热活塞系统向平衡态不可逆演化及能量反常传输的根本原因. 当时间趋于无穷时，(3.7.20) 式最终满足能量均分，即 $\langle E_1(t\to\infty)\rangle=\langle E_r(t\to\infty)\rangle\to 3\,200$，$\langle E_p(t\to\infty)\rangle\to800$. 上述少体绝热活塞系统的演化特征及随机动力学方程适用于任意有限的活塞质量 $M\gg1$ 和粒子数目 N.

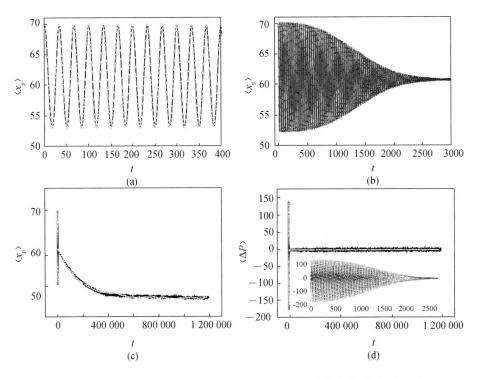

图 3.24　由动力学方程(3.7.20)给出的活塞位置及动量演化(实线)结果与
数值模拟(3.7.11)式的结果(圆圈)的比较

方程(3.7.20)中唯一待定量取 $\alpha=1.55\times10^{-6}$. (改编自文献[315])

　　综上所述,本节研究了大质量绝热活塞的不可积的混合少体系统,这个系统随时间的长时间演化是随机运动,并且不显现任何由非平衡态向平衡态演化的倾向.在采用了对初态微正则系综平均的方法后,可以观察到系综给出的热力学变量从一个具有特征频率的相干周期振荡,到振幅递减的衰减振荡,最终经过长时间的反常能量传输而达到平衡位置,并在平衡位置上保持小幅的涨落.这是一个从非平衡态向部分平衡态(力学平衡),最终到全局平衡态(力学平衡,热平衡)的演化过程.以上所有的这些有意义的现象都可以在局域能量均分假设和热力学涨落的假设基础上,通过由噪声驱动的宏观方程(3.7.20)来解释并重现.

　　长久以来,非平衡系统的弛豫过程一直被定义在具有大量子系统(粒子)的热力学宏观系统范围内,人们的研究工作也都局限于此,对这类单一系统的研究就是讨论其平衡与非平衡态行为.尽管少体系统的平衡态性质已被广泛研究,但对少体系统的非平衡态研究则要少得多,事实上单个系统无论演化时间长短永远是“非平衡”的(见图3.20).在平衡态相关讨论中,少体与多体并没有本质差别.只要系统满足等能面遍历性条件,传统大量粒子系统热力学所需的框架,对少体系统而言可以用长时间轨道平均来建立.然而在非平衡态下,少体与多体系统则有本质差别,长时间平均的手段在描述少体“非平衡”态时不再适用,这样大量粒子的热力学系统非平衡态演化的描述对少体系统而言就必须建立在系综平均(而不能采用系统的长时间轨道平均)框架内.在本章,我们通过合理的定义区分宏观变量与微观变量,采用对大量具有相同宏观初始变量而不同微观变量的系统进行系综平均的方法来定义和测量少体系统的非平衡态热力学变量以及描述非平衡态向平衡态演化的不可逆行为.这样的方法既可以讨论由大量粒子组成的单个热力学系统的平衡态与非平衡态、可逆与不可逆过程,也可以讨论由很少粒子组成的满足遍历性的力学系统.特别对后者既可以通过单个系统的长时间的轨道平均研究其平衡态性质及可逆过程,还可以通过大量相同动力学和不同初始条件的力学系统构成的系综,用系综平均的方法来讨论其非平衡态行为及不可逆过程.这里系综平均与长时间轨道平均对平衡态而言是等价的,而对非平衡态则不再等价.

第 4 章　非线性系统的热传导与动力学

§4.1　非线性系统热传导引论

4.1.1　前言

热传导是自然界中最基本、最普遍的物理现象之一.热传导问题的研究是非平衡热力学系统输运理论与线性响应理论的一个重要组成部分,在早期主要采用唯象理论,人们得到了在线性响应下热流与温度梯度关系的傅里叶定律.统计物理学的发展使得傅里叶定律的微观机制引起了人们的广泛兴趣.基于经典和量子的微观动力学,利用统计物理方法导出热传导基本定律成为非常重要的课题.然而,由于传统热力学系统的巨大微观自由度及粒子之间作用的非线性,对这一问题统计物理的解析研究较困难,宏观热传导的微观动力学机制一直缺乏深入的探究.

近年来,热传导的微观动力学机制研究非常关注所谓的正常热导率(thermal conductivity)问题.人们通过对三维导热材料的大量实验研究发现,热导率是反映材料热性质的一个重要物理量,通常只与材料本身的性质有关,而与材料的尺寸无关,这被认为是正常热传导的行为.但研究发现,低维体系的热导率不仅与材料性质有关,而且还可能是系统尺寸的函数.这种反常的热导率现象引起了人们的极大兴趣,成为近几十年热传导问题的理论研究热点.

早期关于热传导的微观理论研究是从气体的热传导开始的,而固体热导的微观理论则是在晶格振动理论建立后才逐渐形成的.历史上,气体分子运动论在从微观解释气体的热传导问题上取得了极大的成功,人们对固体中热传导过程声子输运的基本图像理解最初也借助了气体分子运动论.在利用声子理论解释固体比热和热导率方面,爱因斯坦于 1907 年提出了独立振子模型[316],定性解释了固体比热随系统温度降低而减少的行为.1912 年,德拜(P. Debye,1884—1966)在考虑系统中各原子之间的相互作用的基础上提出了德拜模型,解释了低温下比热与温度的三次方关系,并发现绝缘体晶格和理想气体热传导行为的类似之处[317].1929 年,皮尔斯(R. Peierls,1907—1995)根据德拜晶格振动模型导出了描述有相互作用声子气体的玻尔兹曼-皮尔斯方程[318].该方程从理论上揭示了粒子间的非谐相互作用对于正确理解和认识固体热输运性质的重要性,并且成为了研究晶格热传导率的基本方程之一.同年,玻恩(M. Born,1882—1970)与冯·卡门(T. Von Karman，1881—1963)建立了晶格动力学的理论框架[319,320]，并把量子化条件引入到晶格振动经典理论中，为更全面地处理固体的热传导性质提供了新的理论依据[321].

低维晶格系统原本在理论上被用作简单的模型系统，人们希望能够从简单的微观模型出发，利用统计物理学方法解析得到与实验事实符合的结果.但事实上，早期的低维简谐振子链和近年来越来越多纳米尺度下的热力学实验发现了大量反常热传导行为[181,182].20世纪下半叶，随着计算机技术的飞速发展，非线性系统动力学和混沌行为的研究促使人们从微观动力学角度审视平衡态和非平衡态热力学系统的宏观性质[183]，热传导作为非平衡热力学中重要的输运行为受到密切关注，形成了一个新的重要研究热点.当前低维热传导问题已成为直接从动力学出发研究系统的统计物理和热力学的最典型问题之一.

围绕正常热传导的不同动力学机制，人们从微观动力学的不同角度开展了大量研究.1984年，卡萨蒂(G. Casati)等人对一维晶格模型热传导性质进行了数值模拟，并提出混沌性是能量扩散输运的本质条件，开启了热传导行为微观动力学机制研究的先河[322].莱普瑞(S. Lepri)等人研究发现，混沌性并不足以保证系统的正常热传导[323].胡斑比、李保文和赵鸿等人则从声子散射与模式激发的角度来对热传导机制加以解释，发现外势场的存在会导致声子散射而导致系统的正常热导率[324].这些研究促进了大自由度系统的统计性质、集体模激发性质、非线性波等相关问题的研究[325].到目前为止，基于声子图像的热传导微观理论是走得最远的理论框架.阿拉比索(C. Alabiso)和卡萨特里(M. Casartelli)等人于1995年对非线性晶格系统提出了声子的重整化理论[326,327]，之后人们将其成功推广至一般非简谐且有外势的晶格系统，不仅解释了热传导的微观机制，而且成功地应用于低维材料热导性质参数的计算[328].

能量输运是一种宏观非平衡过程，对热传导基本理论研究不仅帮助人们更客观、更深入地理解各种能量输运现象及其背后的物理规律，而且也为实现能量输运与热传导过程的调控提供了必要的理论基础，具有潜在的应用价值.从斯塔尔(C. Starr)1935年关于热整流器的实验[329]之后，直到2002年，特拉尼奥(M. Terraneo)等人通过在一维非线性链中引入缺陷的方式成功地控制热流传导，开辟了热输运调控的新方向[330].随后人们提出了热二极管模型[331]、界面耦合效应[332]、声子整流器[333]、热三极管效应[334]、热逻辑门[335]、热计算机[336]、声学二极管[337]、热流棘轮效应[338,339]等等.沿着热流调控的路线开展的研究目前已进入实验研究阶段，但理论机制仍然是研究的重点并面临着困难和挑战.这些潜在的应用推动着声子学作为一门兼跨理论与应用的学科又与电子学和光子学等站在一起，焕发出新的生机和活力[340].

热传导是典型的统计热力学问题,而且是最基本、最传统的非平衡热力学问题,同时热导率又是表征非平衡输运过程的重要输运系数.从微观来看,承担热传导过程的系统又是典型的非线性系统,简正模、非线性波、可积性与混沌等又都是微观动力学的重要内容.从微观动力学探求宏观热传导的行为特征就成为重要课题.本章将对低维和少体系统的热传导行为及其调控进行系统阐述,试图从微观动力学角度对宏观热传导及其应用进行探讨.

4.1.2 热传导与傅里叶定律

对热本质的思考与探求可以一直追溯到上古时代.公元前 11 世纪在我国商周时期产生的"五行说",公元前 8 世纪在我国春秋战国时期形成的"元气说"和"阴阳学说"以及公元前 6 世纪在西方古希腊时期提出的"本源说"和"四根说"等都对热本质问题给出了各种不同看法.这些看法更多的是一些哲学上的观点.

在科学史上,关于热的本质曾有热动说(thermodynamic theory)与热质说(caloric theory)的长期争论,其争执的核心是热到底是某种具体物质还是某种运动.热质说认为热是一种没有重量的可流动的特殊物质,可渗透在一切物体中,且数量守恒;热质粒子之间相互排斥,但却受到普通物质粒子的吸引,不同的普通物质对热流体的吸引力不同;物体的冷热由它所含热质的多少决定,较热的物体含有较多热质,较冷的物体含有较少热质,冷热物体相互接触,会发生热质从较热物体流向较冷物体的现象.热动说则认为热是组成物质的微小粒子机械运动的一种特殊表现形式,可由物体的机械运动转化而来.两种学说之间的争论困扰人类长达几个世纪.

18 世纪 30 年代英国爆发的工业革命极大地推动了生产力的发展,也促进了自然科学的发展.导热和对流作为两种基本的热量传递方式早就为人们所知,而热辐射是在 1803 年发现了红外线后才被确认的.随着能量守恒和转化定律的逐步确立,人类对热本质的认识走上了科学热动说的正确道路[341—344].人们认识到热是能量的一种形式,与温度有关.组成物质的微观粒子永不停息地做无规则热运动,温度不同的物体相互接触就会交换内能,直至双方温度一致而达到热平衡,该能量转移过程称为热传递或热交换.

热在不同条件下可以不同的方式进行传递.热传递与做功都是系统能量传递的形式.与内能是系统的态函数不同,热量是一个过程量,它刻画系统内能的变化,描述能量的流动.热传递的基本方式是热传导(heat conduction)、热对流(thermal convection)和热辐射(heat radiation).热传导是当物体内具有温度差或者不同温度的物体相互接触时,在不涉及物质转移的情况下,热量可以通过物质微观粒子的不规则热运动从物体的高温向低温传递的过程.导热是固体内唯一的热量传递方式. 热对流是由于流体(气体或液体)中温度不同的各部分相互混合的宏观运动所导致的使温度趋于均匀的热量传递过程,它是液体和气体中热传递的主要方式之一. 热辐射是物体因自身具有温度,其内能转化为电磁波向外发射能量的热量传递过程. 不同于热传导和热对流,热辐射是不接触的传热方式,不依赖于中间介质的媒介作用,可在真空中传递. 任何物体都在连续不断地向外发射辐射热量,温度越高,辐射能力越强. 辐射的波长分布情况也随温度而变,低温时主要以红外光进行辐射,高温则以可见光以至紫外光辐射. 一个实际热传递过程往往可能包含有两种甚至全部三种热传递方式.

早在 18 世纪末至 19 世纪初,兰贝特(J. H. Lambert,1728—1777)、毕奥(J. W. Biot,1774—1862)和傅里叶等就从实验研究入手开展了对固体导热的探索. 毕奥于 1804 年根据实验提出了一个关于热量与温差的公式,认为在单位时间通过单位面积的导热热量正比于材料两侧表面的温度差,而反比于壁厚,比例系数反映了材料的物理性质. 傅里叶于 1822 年发表了《热的解析理论》,标志着热传导理论的建立[345]. 他在导热实验结果基础上得出热流量应该正比于系统中的温度梯度:

$$j = -\boldsymbol{\kappa}(T)\, \nabla T. \tag{4.1.1}$$

这里 j 为热流,$\boldsymbol{\kappa}(T)$ 为热传导系数张量,即热导率张量,它通常与温度 T 有关. (4.1.1)式即傅里叶热传导定律. 傅里叶定律表明,在热传导某一时刻 t,位置 r 处的热流密度矢量大小(单位时间内通过单位面积的热流量)与该处的温度梯度值大小成正比,方向指向温度梯度的负方向. 傅里叶定律是热传导的基本定律,通过它可将热流量与可观测量温度联系在一起. 傅里叶定律不仅适用于固体热传导问题,也适用于液体和气体的热传导.

热导率表征物质的导热能力. 根据傅里叶定律,热导率在数值上等于单位温度梯度下所传导的热流密度. 热导率是物质的一个重要输运特性,取决于物质的原子和分子物理结构,而这种结构又与物质所处的状态有关. 因此热导率受到物质的种类、结构、状态、组成、温度、湿度、压强以及聚集形式等诸多因素的影响.

一般来说,固体热导率大于液体热导率,而液体热导率又大于气体热导率,而固体的热导率主要与固体自身的特性及其上的温度分布两个因素有关. 对于包括金属和非金属在内的绝大多数固体来说,均匀材料的热导率要比非均匀固体的大,金属材料的热导率要比非金属的大. 大多数金属(汞例外)的热导率随温度升高而减小,而大多数非金属(冰例外)的热导率随温度升高而增大.

液体的热导率主要与液体自身的特性及其上的温度分布两个因素有关. 对于绝大多数液体(包括金属液体和非金属液体),纯液体的热导率要大于其溶液的热导率,金属液体的热导率大于一般液体的热导率. 金属液体的热导率随温度升高而减小,而非金属液体(除水和甘油外)的热导率随温度的升高也略有减小. 在已知的非金属液体中,水的热导率最大.

对于气体,一般只考虑温度对其热导率的影响,几乎所有气体的热导率都很小,但热导率随温度的升高而增大.由于气体的热导率太小,因而有利于保温与绝热.

在过去的二十年里,纳米材料的热传导研究取得了很大进展,人们对纳米材料热传导的微观机理与特性,特别是与理论密切相关的一些基础性问题,如非傅里叶热传导行为、界面效应、尺寸效应等开展了全面而深入的研究,并根据纳米材料的特有热传导性质来设计具有特定功能的热控器件,成为热传导应用研究的重要发展方向.对基础性问题的实验研究使得人们重新从动力学与统计角度来审视低维材料的热传导问题,并通过对微观动力学的合理描述来探讨动力学与非平衡热力学过程的关系.

4.1.3 低维系统的热传导模型

为理论研究低维系统的热传导性质,人们采用了多种多样的模型系统.从已有模型来看,大致有格气(lattice gas)模型和晶格(lattice)模型两类.格气模型为类气体的系统模型,主要用来描述气体在给定空间或通道中的非平衡能量输运行为.这类系统通常以第 2 章中的弹子系统为基本讨论出发点,以其为基本单元构成一个空间通道.通道在多数情况下为准一维的二维通道,即横向空间尺度远大于纵向尺度,通道边界可设定各种不同形状.在动力学方面,通道两端与热源接触,其中的自由空间部分为粒子飞行的空间,粒子与热源之间接触时产生作用,从热源吸收或放出能量.在除热源以外的边界处,粒子一般假设为镜面反射.格气模型是用粒子运动通道的尺寸来刻画系统尺度的,在准一维情况下通道的长度就是系统的尺寸,用 L 来表示.如果通道的形状具有周期或接近周期的结构,假设每一个周期为长度为 a 的元胞,则可利用 $L=Na$,以元胞个数 N 作为系统尺寸的量度.

晶格模型为类固体的系统模型,主要用来模拟固体特别是晶格的热传导行为.本章主要讨论空间一维非线性晶格模型,其典型的构成如图 4.1 所示,很容易可将其推广到高维的情形.系统的哈密顿量可写为

$$H = \sum_{n=1}^{N}\left[\frac{p_n^2}{2m_n} + V(x_{n+1}, x_n) + U(x_n)\right], \tag{4.1.2}$$

其中 N 为系统所包含的总粒子数,m_n 和 q_n 分别为第 n 个粒子的质量和位置,p_n 为第 n 个粒子的动量,$U(x_n)$ 为外势或底势(substrate potential),$V(x_{n+1}, x_n)$ 为近邻粒子间的相互作用势,它通常是 $r_n = x_{n+1} - x_n$ 的函数.

晶格系统不与热源接触时,由哈密顿量(4.1.2)可得到系统的运动方程

$$m_n \ddot{x}_n = -\frac{\mathrm{d}U(x_n)}{\mathrm{d}x_n} - \left(\frac{\partial V(x_n, x_{n-1})}{\partial x_n} + \frac{\partial V(x_{n+1}, x_n)}{\partial x_n}\right), \quad n = 1, 2, \cdots, N.$$

$$\tag{4.1.3}$$

外势场 $U(x_n)$ 的存在与否对晶格系统动力学有着本质影响. 当 $U(x)=0$ 时,系统势能只有粒子间的相互作用势 $V(r)$,哈密顿量在位置坐标平移变换 $\{x_n\} \rightarrow \{x_n+\delta x\}$ 下具有不变性,这意味着系统的总动量 $P=\sum p_n$ 为系统的守恒量. 没有外势情况下,晶格振动的典型形式为行波,且主要是由各种不同频率和波长的简谐波组成,频率和波数之间满足色散关系,并存在一个频率和波矢同时为零的戈德斯通(J. Goldstone,1933—)模,这是特有的声学模式. 通常没有外势场情况下的晶格也称为声学晶格系统(acoustic lattices)[325].

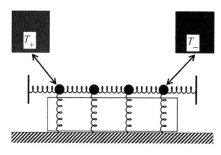

图 4.1　一维热传导格点模型示意图

横向为具有相互作用的粒子组成的一条链,两端粒子分别与温度为 T_+ 和 T_- 的热源接触,方框内纵向的弹簧表示一维链与底势之间的相互作用.(改编自文献[325])

在很多情况下晶格系统可能会受外势场作用,$U(x) \neq 0$,此时系统的空间平移对称性被破坏,总动量守恒也不再成立. 这种守恒律的破坏会给系统的能量输运行为带来本质影响. 另外,有外势存在时,原有耦合链的行波会在传播过程中受到外势的散射作用,使色散关系中对应于零波数模的频率不再为零,出现频率间隙,戈德斯通模消失,此时的运动模式对应于光学模. 有外势场存在时的晶格系统称为光学晶格系统(optical lattices)[325].

相互作用势 $V(r)$ 和衬底势 $U(x)$ 取不同的形式便可得到不同类型并具有不同特征的格点系统. 研究中常用的相互作用势有以下几种:

(1) 简谐相互作用势,
$$V(r)=K(r-a)^2/2, \tag{4.1.4}$$
其中 a 为粒子间平衡间距即晶格常数,K 为简谐耦合强度.

(2) 兰纳-琼斯(Lennard-Jones,LJ)势,
$$V(r)=K[(a/r)^{12}-2(a/r)^6], \tag{4.1.5}$$
其中 a 为晶格常数,K 为非线性耦合强度.

(3) FPU 势,
$$V(r)=Kr^2/2+\alpha r^3/3+\beta r^4/4, \tag{4.1.6}$$
其中 K 为线性耦合强度,α 和 β 为非线性耦合强度. 此模型有两个很重要的特例:

$\beta=0$ 时,即只有二次项和三次项的情形,称为 FPU-α 模型;$\alpha=0$ 时,即只有二次项和四次项的情形,称为 FPU-β 模型.

(4) 转子相互作用势,

$$V(r) = K \cos r. \tag{4.1.7}$$

外势场 $U(x)$ 则常用以下几种形式:

(1) ϕ^4 势,

$$U(x) = ax^2/2 + bx^4/4. \tag{4.1.8}$$

(2) 周期势,

$$U(x) = -\frac{V}{(2\pi)^2}\cos\left(\frac{2\pi x}{b}\right), \tag{4.1.9}$$

其中 b 为外势的空间周期,V 为势场强度.

当相互作用势能为(4.1.4)而外势场 $U(x)$ 为(4.1.9)式时的系统是由福伦克(Y. I. Frenkel,1894—1952)与康托洛娃(T. Kontorova,福伦克的博士生)在 1938 年提出的[346,347],称为福伦克-康托洛娃(FK)模型.这是一个描写晶格位错动力学的典型模型.FK 模型系统中存在两个特征空间尺度,即弹簧的自由长度 a 和周期势场的周期 b.若 $U(x)=0$,则粒子的平衡分布由自由长度 a 决定;若 $V(r)=0$,则粒子的平衡分布为外势场周期 b;当两种势场共存时,粒子的平衡位形将取决于两个空间尺度之间的竞争.定义 $\delta=a/b$,称为阻挫(frustration),它反映了晶格链的结构与衬底势场之间的匹配(失陪).不同阻挫下系统的平衡态性质显示出丰富的结构.空间尺度竞争是 FK 模型的本质特点,它导致一系列复杂的空间调制结构及其非线性时空动力学行为,这些行为已在用 FK 模型来刻画的位错动力学、耦合单摆、电荷密度波、铁电畴壁、磁序结构、约瑟夫森结阵列、滑动摩擦、介观摩擦学和相关的自组织临界性等问题中得到大量研究[348—351].

§4.2　热传导过程的理论研究方法

4.2.1　热导体中的温度定义

热传导研究中一个非常重要的问题是确定系统与热源接触后系统中温度的分布情况.在系统的热传导过程中,与热源直接接触的粒子会达到与热源相同的温度,而系统内部不与热源直接接触的粒子的温度分布、通过温度不均匀而传输的热流及温度和热流之间的相互联系等都需要在理论上给出合理的定义.

对内部粒子的温度等热力学量基于动力学来进行定义需要一定的平均.根据在第 2 章中讨论的遍历性理论,我们可以用系综平均和沿微观动力学轨道的时间平均两种不同方法来进行计算,二者只有在满足遍历性的情况下才一致.这个认识在从微观动力学层次对非平衡能量输运和热传导进行描述时很重要,因为很多动力学系统并不满足遍历性.

首先我们通过系统的动力学变量来定义温度. 为了得到形式简单而物理意义明确的温度定义式,人们从不同角度采用多种不同方法对其进行了推导[352,353]. 以下沿用第2章的研究结果来对温度给出严格的动力学定义. 在微正则系综下,熵扮演着广义热力学势的角色,以此可以确定其他热力学函数. 特别地,温度可以通过热力学关系来定义:

$$\frac{1}{T} = \left(\frac{\partial S}{\partial E}\right)_V, \tag{4.2.1}$$

这里下标 V 表示保持体积不变时对内能的偏微分. 如果系统相空间具有不可分解的概率测度(遍历),则利用玻尔兹曼关系(2.1.3)可以得到熵

$$S(E, N, V) = \ln\Omega(E, N, V) = \ln\int_{H\leqslant E} \mathrm{d}\Gamma, \tag{4.2.2}$$

这里设玻尔兹曼因子 $k_B = 1$. 利用(4.2.1)和(4.2.2)式,可得

$$\frac{1}{T} = \frac{1}{\Omega}\int_{H=E} \frac{\mathrm{d}\sigma}{\parallel \nabla H \parallel}, \tag{4.2.3}$$

其中右边的积分在等能面上进行. 引入一个矢量 $\boldsymbol{u}$ 满足 $\nabla \cdot \boldsymbol{u} = 1$,并利用散度定理,可得

$$\frac{1}{T} = \left[\int_{H=E} \parallel \nabla H \parallel^{-1} \mathrm{d}\sigma\right] \Big/ \left[\int_{H<E} \nabla \cdot \boldsymbol{u}\mathrm{d}\Gamma\right]$$

$$= \left[\int_{H=E} \parallel \nabla H \parallel^{-1} \mathrm{d}\sigma\right] \Big/ \left[\int_{H=E} \nabla H \cdot \boldsymbol{u} \parallel \nabla H \parallel^{-1} \mathrm{d}\sigma\right]. \tag{4.2.4}$$

该式可进一步写成

$$T = \langle \boldsymbol{u} \cdot \nabla H \rangle_\mu, \tag{4.2.5}$$

这里的平均 $\langle \cdot \rangle_\mu$ 是对微正则系综的平均. (4.2.5)式中矢量 $\boldsymbol{u}$ 可以在满足散度为1的条件下任意选择,这给温度的具体表达带来了很大的灵活性和便利,可以通过选择不同的 $\boldsymbol{u}$ 矢量得到许多形式不同但物理意义相同的温度表达式. 例如,若选择

$$\boldsymbol{u} = (0, \cdots, 0, p_1/N, \cdots, p_N/N), \tag{4.2.6}$$

则温度可表述为通常系综下温度的定义:

$$T = \left\langle \left(\sum_{n=1}^N p_n^2\right) \Big/ (Nm) \right\rangle_\mu. \tag{4.2.7}$$

若矢量 $\boldsymbol{u}$ 选择为

$$\boldsymbol{u} = (0, \cdots, 0, p_i, 0, \cdots, 0), \tag{4.2.8}$$

则可以得到第 n 个粒子处的局域温度定义

$$T = \langle p_n^2/m \rangle_\mu. \tag{4.2.9}$$

(4.2.7)和(4.2.9)式是计算中常用的两种定义,其中在计算热传导时由于不同格点的温度分布不均匀,需要用局域温度(4.2.9)式来定义空间给定位置的温度.

4.2.2 热源的微观理论刻画

在热传导问题的动力学理论研究中,为了对热传导进行有效的微观描述,就需要对与系统接触的热源进行微观的理论处理,这又需要解决一个重要问题——对热源的刻画.热源通常被假设为一个自由度无限大的处于平衡态的系统,任何一个所研究的系统与其接触就会产生能量交换,主要表现为吸收或放出热量,而大热源本身则不会受到影响.

考虑简单的一维情形,即一个由哈密顿量

$$H_s = \frac{p^2}{2m} + U(x) \tag{4.2.10}$$

描述的系统与热源接触,这里 m, x, p 分别为系统的粒子质量、位置和动量,$U(x)$ 为系统势能.假设系统与一个由大量谐振子组成的热源接触,热源与系统相互作用的哈密顿量为

$$H_B = \sum_j \left[\frac{p_j^2}{2} + \frac{\omega_j^2}{2} \left(q_j - \frac{K_j x}{\omega_j^2} \right)^2 \right], \tag{4.2.11}$$

这里 ω_j 为第 j 个谐振子的振荡频率,K_j 为热源的第 j 粒子与系统的耦合强度.系统与热源合在一起的总系统运动方程为

$$\dot{x} = \frac{p}{m}, \quad \dot{p} = -U'(x) + \sum_j K_j \left(q_j - \frac{K_j x}{\omega_j^2} \right), \tag{4.2.12}$$

$$\dot{q}_j = p_j, \quad \dot{p}_j = -\omega_j^2 q_j + K_j x. \tag{4.2.13}$$

要在(4.2.12)式中得到只涉及所研究系统(x, p)的封闭方程,需要先求解(4.2.13)式中的$\{q_j\}$,然后将其代入(4.2.12)式.欲求解(4.2.13)式,可以对其进行拉普拉斯变换

$$q_j(s) = \int q_j(t) e^{-st} dt, \quad x(s) = \int x(t) e^{-st} dt, \tag{4.2.14}$$

代入(4.2.13)式,可以得到

$$s^2 q_j(s) - s q_j(0) - p_j(0) = -\omega_j^2 q_j(s) + K_j x(s). \tag{4.2.15}$$

由此解出 $q_j(s)$ 为

$$q_j(s) = \frac{K_j x(s) + s q_j(0) + p_j(0)}{s^2 + \omega_j^2}. \tag{4.2.16}$$

利用拉普拉斯变换的卷积定理

$$L^{-1}\{F(s)G(s)\} = L^{-1}\{F(s)\} * L^{-1}\{G(s)\} = \int_0^t F(t')G(t-t') dt'$$

$$\tag{4.2.17}$$

计算反变换,可以得到

$$q_j = \frac{K_j}{\omega_j}\int_0^t \left[x(s)\sin\omega_j(t-t') + q_j(0)\cos\omega_j t + \frac{p_j(0)\sin\omega_j t}{\omega_j} \right]\mathrm{d}t'. \quad (4.2.18)$$

将(4.2.18)式代入(4.2.12)式,可以得到广义朗之万方程[211,354]

$$\dot{p} = -U'(x) - \int_0^t m^{-1}\Gamma(t')p(t-t')\mathrm{d}t' + \xi(t), \quad (4.2.19)$$

其中 $\Gamma(t)$ 为记忆核函数,

$$\Gamma(t) = \sum_j \frac{K_j^2}{\omega_j^2}\cos\omega_j t, \quad (4.2.20)$$

$\xi(t)$ 为谐振子热库作用于系统上的"随机力",

$$\xi(t) = \sum_j \frac{K_j p_j(0)\sin\omega_j t}{\omega_j} + \sum_j K_j\left(q_j(0) - \frac{K_j x(0)}{\omega_j^2}\right)\cos\omega_j t, \quad (4.2.21)$$

其关联函数为

$$\langle \xi(t)\xi(t')\rangle = \sum_j \frac{K_j^2}{\omega_j^2}\cos\omega_j(t-t') = \Gamma(t-t'). \quad (4.2.22)$$

由(4.2.21)式可以看出,只要热源振子的初始位置和动量及其系统的初始位置给定,则随机力 $\xi(t)$ 就是确定性的.但热源是由无穷多个谐振子组成的,所以如果假定上述对振子取和可以看成是无穷多个独立随机变量进行,则由中心极限定理, $\xi(t)$ 的分布就是高斯分布.记忆核函数(4.2.20)的无穷多求和可以写成积分形式

$$\Gamma(t) = \int_0^\infty g(\omega)\frac{K^2}{\omega^2}\cos(\omega t)\mathrm{d}\omega, \quad (4.2.23)$$

其中 $g(\omega)$ 为频率分布的谱函数.另外,如果耦合强度不依赖于频率,即 $K(\omega)=K$,且谱函数为德拜模型的形式

$$g(\omega) = \omega^2, \quad (4.2.24)$$

则

$$\Gamma(t) = K^2\int_0^\infty \cos(\omega t)\mathrm{d}\omega\frac{K^2}{2}\int_{-\infty}^\infty \mathrm{e}^{-i\omega t}\mathrm{d}\omega = \pi K^2\delta(t). \quad (4.2.25)$$

此时可以将系统在简谐振子热源影响下的动力学方程约化为白噪声驱动的朗之万方程

$$\dot{p} = -U'(x) - \alpha p/m + \xi(t). \quad (4.2.26)$$

对更一般的热源,微观动力学层次上的理论处理不仅解析计算很困难,进行直接的数值模拟更不现实.在平衡态下,人们通常可以用已经较为成熟的微正则系综、分子动力学方法或蒙特卡洛模拟方法来进行处理,但在非平衡态下,到目前为止仍然没有一套统一的理论来有效地处理系统和热源之间的相互作用,对热源本身也有多种不同的处理方式.非平衡态下理论上的热源处理目前主要有三种方案,即平衡态统计麦克斯韦热源、朗之万热源和确定性热源.

（1）麦克斯韦热源.

热源可以用温度为 T 的麦克斯韦气体速度分布律给出[88,105,106]：

$$f(v) = \frac{|v|}{T} e^{-v^2/2T}. \tag{4.2.27}$$

当粒子碰到热源时，它被热源吸收，然后又发射回系统，其速度由符合 $f(v)$ 概率分布的随机值给出. 这种热源常用于格气模型系统中运动粒子热接触的数值模拟，其方便之处在于时间演化行为可以离散化为从上一次碰撞到下一次碰撞，每次与热源的接触相当于热源的蒙特卡罗取样，数值计算的效率很高. 但麦克斯韦热源的缺点是不容易用来进行理论分析，且在求解连续时间微分方程的时候需要考虑粒子与热源作用的弛豫时间.

（2）朗之万热源.

另一种处理热源的传统和典型方法是根据涨落耗散定理，引入随机力和耗散项来实现粒子与热源之间的相互作用，即将热源看成是一个强度正比于热源温度的噪声[298,299]. 考虑热源的影响后，不与热源接触的粒子运动方程为

$$m_n \ddot{x}_n = -\frac{dU(x_n)}{dx_n} - \left(\frac{\partial V(x_n, x_{n-1})}{\partial x_n} + \frac{\partial V(x_{n+1}, x_n)}{\partial x_n} \right), \tag{4.2.28a}$$

而与热源相接触的端点处粒子的运动方程（4.1.3）改写为

$$m_n \ddot{x}_n = -\frac{dU(x_n)}{dx_n} - \left(\frac{\partial V(x_n, x_{n-1})}{\partial x_n} + \frac{\partial V(x_{n+1}, x_n)}{\partial x_n} \right) + (\xi_\pm - \eta_\pm(t)\dot{x}_n), \quad n \in S_\pm. \tag{4.2.28b}$$

上式中 $S_\pm$ 代表粒子链两端与温度为 $T_\pm$ 的热源相接触的 $N_\pm$ 个粒子的集合，$\xi_\pm$ 为高斯白噪声，满足涨落耗散关系[211]

$$\langle \xi_\pm(t) \rangle = 0, \quad \langle \xi_\pm(t) \xi_\pm(t') \rangle = 2\eta_\pm k_B T_\pm \delta(t - t'), \tag{4.2.29}$$

其中 k_B 是玻尔兹曼常数，$\eta_\pm$ 为阻尼系数，代表系统与热源之间的耦合强度.

（3）确定性热源.

朗之万热源能够较好地模拟热源和系统之间的相互作用，但在实际计算中对随机过程的模拟较为困难. 为了克服这些困难，人们提出了多种对热源进行确定性描述的方法，其中被研究者们所广泛接受的是所谓诺泽 - 胡佛热源（NH 热源）[212—214]. 在 NH 热源中，与热源相接触的粒子运动方程为

$$m_n \ddot{x}_n = -\frac{dU(x_n)}{dx_n} - \left(\frac{\partial V(x_n, x_{n-1})}{\partial x_n} + \frac{\partial V(x_{n+1}, x_n)}{\partial x_n} \right) - \xi_\pm(t)\dot{x}_n, \quad n \in S_\pm, \tag{4.2.30}$$

其中 $S_\pm$ 代表粒子链两端与温度为 $T_\pm$ 的热源相接触的 $N_\pm$ 个粒子的集合，右边最后一项中 $\xi_\pm$ 为描述热源的两个辅助变量，它们满足演化方程

$$\dot{\xi}_\pm = \frac{1}{\Theta_\pm^2} \left(\frac{1}{N_\pm k_B T_\pm} \sum_{n \in S_\pm} m \dot{x}_n^2 - 1 \right), \tag{4.2.31}$$

其中 k_B 是玻尔兹曼常数, $\Theta_\pm$ 为热源的热响应时间. 当系统 $S_\pm$ 中粒子按照(4.2.5) 或(4.2.8)式定义的动力学温度 $T_n > T_\pm$ 时, (4.2.31)式右边的第一项大于 $1, \xi_\pm$ 会随时间增加到大于零, 它们在(4.2.30)式右边的速度项 $\xi_\pm(t) \dot{x}_n$ 起着正阻尼的作用; 当动力学温度 $T_n < T_\pm$ 时, $\xi_\pm(t)$ 为 $\xi_\pm(t) \dot{x}_n$ 项又起着稳定反馈的作用. 由 (4.2.31)式所产生的时间序列为类随机序列, 且满足正则统计分布. 当 $\Theta_\pm \to 0$ 时, NH 热源退化为第 3 章讨论的等动能热源(3.2.7)式[211], 此时由(4.2.31)式可以看到,

$$\Theta_\pm^2 \dot{\xi}_\pm = \frac{1}{N_\pm \, k_B T_\pm} \sum_{n \in S_\pm} m \dot{x}_n^2 - 1 = 0, \tag{4.2.32}$$

即与热源接触粒子的总动能守恒,

$$\sum_{n \in S_\pm} m \dot{x}_n^2 = N_\pm \, k_B T_\pm. \tag{4.2.33}$$

在这种情况下, 不需要额外引入变量 $\xi_\pm$, 因为它是系统变量的函数,

$$\xi_\pm = \left(\sum_{n \in S_\pm} \dot{x}_n \left(\frac{\partial V(x_n, x_{n-1})}{\partial x_n} + \frac{\partial V(x_{n+1}, x_n)}{\partial x_n} \right) \right) \Big/ \left(\sum_{n \in S_\pm} \dot{x}_n^2 \right). \tag{4.2.34}$$

确定性热源给出的热源对系统作用是确定性的, 其随机性与统计性质则需要由混沌性来保证. 如果将研究的系统与确定性热源作为一个整体来看待的话, 总系统仍然保持哈密顿结构, 具有时间可逆性, 即系统动力学演化方程在反演

$$\dot{x}_n \to -\dot{x}_n, \quad \xi_\pm \to -\xi_\pm$$

下不变. 该问题在第 3 章中已有论述.

4.2.3　热流

　　系统内部热量的空间流动性质是热传导研究的重要组成部分. 热量定义为热传递过程中转移的能量, 所以从微观来看热流即为能量流, 据此可以根据能量的连续性方程推导出热流的表达式. 为简单起见, 这里以最近邻相互作用的一维格点系统为例来说明热流的定义[355,356]. 一维情形热流定义的导出思路可以很自然地推广到一般情形.

　　对于一维系统, t 时刻在空间 x 处的热流 $j(x, t)$, 即能量流, 满足连续性方程

$$\partial h(x,t)/\partial t + \partial j(x,t)/\partial x = 0, \tag{4.2.35}$$

其中 $h(x,t)$ 和 $j(x,t)$ 分别称为 t 时位置 x 处的能量密度和能量流密度. 对于一维情形, 密度 $h(x,t)$ 是时刻 t 位置 x 处的能量密度, 能量流密度 $j(x,t)$ 是在 t 时刻单位时间内流经位置 x 处的能量(其正负值参考正方向来定义), 即热流.

　　一般来说, 由能量连续性方程(4.2.35)所定义的能量流并不等同于热流, 因为此处的能量流是从宏观运动的角度得到的, 其中还牵涉到物质的定向运动或迁移

的部分,它们与热流无关.前面引入的格气模型就涉及物质输运,而这类系统的能量空间流动过程必须要由物质的空间迁移来完成,此时的热传递就与物质扩散联系在一起,计算热流时需要同时考虑物质流动.下面主要讨论晶格系统.由于在固体中不会有稳定的物质定向运动发生,因此我们可以认为(4.2.35)式中所计算的能量流等同于热流,二者在讨论晶格模型时将不再加以区分.

对于最近邻相互作用的一维格点系统,可以将其在时刻 t 位置 x 处的微观能量密度定义为 t 时刻位于 x 处所有粒子的能量之和,即

$$h(x,t) = \sum_n h_n \delta(x - x_n), \qquad (4.2.36)$$

其中 $\delta(x)$ 为 δ 函数分布,x_n 为第 n 个粒子的位置,h_n 为粒子 n 的能量,根据(4.1.2)式表示为

$$h_n = \frac{p_n^2}{2m_n} + \frac{1}{2}\left[V(x_{n+1} - x_n) + V(x_n - x_{n-1})\right] + U(x_n), \quad (4.2.37)$$

而 m_n 和 p_n 分别代表第 n 个粒子的质量和动量.(4.2.37)式右端的前两项分别为第 n 个粒子的动能和它在外势场中的势能,最后一项为最近邻粒子间的相互作用能.按照同样的思路,时刻 t 位置 x 处的热流也可定义为 t 时刻位于 x 处所有粒子的热流之和,

$$j(x,t) = \sum_n j_n \delta(x - x_n). \qquad (4.2.38)$$

这样,如何定义时刻 t 位置 x 处热流的问题就转化为如何定义 t 时刻第 n 个粒子处局域热流 j_n 的问题.下面将分两种情形详细讨论局域热流的定义.

如果粒子只在其平衡位置附近做小振动,那么其粒子数密度的涨落可以忽略,可近似认为最近邻粒子间的距离等于晶格常数 a.对 $h_n(t)$ 进行时间求导,得

$$\frac{\mathrm{d}h_n}{\mathrm{d}t} = m_n \dot{x}_n \ddot{x}_n + \dot{x}_n U'(x_n)$$
$$- \frac{1}{2}\left[(\dot{x}_{n+1} - \dot{x}_n)F(x_{n+1} - x_n) + (\dot{x}_n - \dot{x}_{n-1})F(x_n - x_{n-1})\right]. \quad (4.2.39)$$

上式中

$$\dot{x} = \mathrm{d}x/\mathrm{d}t,$$
$$F(x_n - x_{n-1}) = -\partial V(x_n, x_{n-1})/\partial x_n,$$
$$U'(x) = \mathrm{d}U(x)/\mathrm{d}x.$$

根据哈密顿量(4.1.2)式,可将第 n 个粒子的运动方程写为

$$m_n \ddot{x}_n = -U'(x_n) - F(x_{n+1} - x_n) + F(x_n - x_{n-1}). \qquad (4.2.40)$$

将其代入(4.2.39)式,可得

$$\frac{\mathrm{d}h_n}{\mathrm{d}t} = -\frac{1}{2}\left[(\dot{x}_{n+1} + \dot{x}_n)F(x_{n+1} - x_n) - (\dot{x}_n + \dot{x}_{n-1})F(x_n - x_{n-1})\right].$$

$$(4.2.41)$$

引入定义

$$j_n = a\dot{\phi}_n = \frac{1}{2}a(\dot{x}_{n+1} + \dot{x}_n)F(x_{n+1} - x_n), \tag{4.2.42}$$

方程(4.2.41)可以写为

$$\frac{\mathrm{d}h_n}{\mathrm{d}t} + \frac{j_n - j_{n-1}}{a} = 0. \tag{4.2.43}$$

与连续性方程(4.2.35)对比可知,j_n就是t时刻第n个粒子处的局域热流.

但如果粒子振动比较剧烈,粒子数密度涨落就不可忽略,近邻粒子间距离不可近似为晶格常数a.这时可对能量连续性方程(4.2.35)做傅里叶变换,得

$$\frac{\mathrm{d}\widetilde{h}(k,t)}{\mathrm{d}t} = -\mathrm{i}k\widetilde{j}(k,t), \tag{4.2.44}$$

其中

$$\widetilde{h}(k,t) = \int h(x,t)\mathrm{e}^{-\mathrm{i}kx}\mathrm{d}x, \tag{4.2.45a}$$

$$\widetilde{j}(k,t) = \int j(x,t)\mathrm{e}^{-\mathrm{i}kx}\mathrm{d}x. \tag{4.2.45b}$$

将(4.2.36)式代入(4.2.44)式,可得

$$\frac{\mathrm{d}\widetilde{h}(k,t)}{\mathrm{d}t} = \sum_n \left(\frac{\mathrm{d}h_n}{\mathrm{d}t} - \mathrm{i}k\dot{x}_n h_n\right)\mathrm{e}^{-\mathrm{i}kx_n}. \tag{4.2.46}$$

将(4.2.41)式和(4.2.42)式代入上式右端第一项并进行指标平移变换,可得

$$\sum_n \frac{\mathrm{d}h_n}{\mathrm{d}t}\mathrm{e}^{-\mathrm{i}kx_n} = \sum_n (\phi_n - \phi_{n-1})\mathrm{e}^{-\mathrm{i}kx_n} = \frac{1}{2}\sum_n \phi_n\mathrm{e}^{-\mathrm{i}kx_n}(1 - \mathrm{e}^{-\mathrm{i}k(x_{n+1} - x_n)}). \tag{4.2.47}$$

当k较小时,上式可近似为

$$\sum_n \frac{\mathrm{d}h_n}{\mathrm{d}t}\mathrm{e}^{-\mathrm{i}kx_n} \approx -\frac{\mathrm{i}k}{2}\sum_n (x_{n+1} - x_n)\phi_n\mathrm{e}^{-\mathrm{i}kx_n}, \tag{4.2.48}$$

将(4.2.48)式代回到(4.2.46)式并考虑(4.2.42)式,可得

$$j_n = \frac{1}{2}(x_{n+1} - x_n)(\dot{x}_{n+1} + \dot{x}_n)F(x_{n+1} - x_n) + \dot{x}_n h_n. \tag{4.2.49}$$

这是更一般的t时刻局域热流的表达式.在小振动极限情况下,(4.2.49)第二项可忽略,且如果第一项中的$x_n - x_{n-1} \approx a$,则局域热流表达式(4.2.49)就回到(4.2.42)式的结果.考虑到晶格的特点,下面我们更多地用原子离开平衡位置的位移,即相对坐标

$$q_n = x_n - nq \tag{4.2.50}$$

来讨论格点动力学.当热传导过程达到定态时,

$$\langle\dot{V}(q_{n+1} - q_n)\rangle = \langle\mathrm{d}V(q_{n+1} - q_n)/\mathrm{d}t\rangle = 0. \tag{4.2.51}$$

利用运动方程(4.2.40)式可以将(4.2.51)式写为

$$\langle \dot{q}_{n+1} F(q_{n+1} - q_n)\rangle = \langle \dot{q}_n F(q_{n+1} - q_n)\rangle, \tag{4.2.52}$$

这样平均热流就可以表示为

$$\langle j_n\rangle = a\langle \dot{q}_{n+1} F(q_{n+1} - q_n)\rangle. \tag{4.2.53}$$

定态时系统满足

$$\langle \mathrm{d}(q_n^2)/\mathrm{d}t\rangle = 0,$$

这样有

$$\langle \dot{q}_n F(q_{n+1} - q_n)\rangle = \langle \dot{q}_n F(q_n - q_{n-1})\rangle, \tag{4.2.54}$$

将(4.2.54)式与(4.2.52)式比较,可以得到

$$\langle j_n\rangle = \langle j_{n-1}\rangle \equiv j. \tag{4.2.55}$$

这说明,在定态时,在格点上各处的平均热流都相等.

系统的总热流为

$$J(t) = \int_0^L j(x,t)\mathrm{d}x. \tag{4.2.56}$$

对于空间离散的晶格系统,将(4.2.38)式的热流密度 $j(x,t)$ 代入(4.2.56)式,可得

$$J(t) = \sum_n j_n(t). \tag{4.2.57}$$

总热流等于各处局部热流的叠加是因为热流对应于单位时间能量的变化,能量是可加量. 在定态稳恒流动时,利用(4.2.55)式,平均总热流(4.2.56)或(4.2.57)式可写为

$$\langle J\rangle = Nj. \tag{4.2.58}$$

在一般维度的晶格系统中,可以仿照上述一维情况的推导得到总热流的形式为[179]

$$\boldsymbol{J} = V\boldsymbol{j} = \sum_n \left\{ \dot{\boldsymbol{x}}_n h_n + \frac{1}{2}\sum_{n'\neq n}[\boldsymbol{F}_{nn'}\cdot(\boldsymbol{x}_n - \boldsymbol{x}_{n'})](\dot{\boldsymbol{x}}_n - \dot{\boldsymbol{x}}_{n'})\right\}, \tag{4.2.59}$$

其中

$$\boldsymbol{F}_{nn'} = -\partial V(\boldsymbol{x}_n, \boldsymbol{x}_{n'})/\partial \boldsymbol{x}_n. \tag{4.2.60}$$

4.2.4 热导率与正常热传导

有了温度和热流的定义就可以来讨论热导率. 热导率 κ 是表征材料热传导性质的物理量,它可用傅里叶定律来定义,即热导率就是材料的局域热流密度与对应的温度空间变化率之比[357]:

$$\boldsymbol{\kappa} = -\boldsymbol{j}/\nabla T. \tag{4.2.61}$$

由于热流与温度梯度均为空间矢量,因此(4.2.61)式定义的热导率通常是一个张量[179]. 这并不难理解,因为 κ 就是第3章中讨论的流和力之间的线性关系(3.1.3)

式中的唯象系数矩阵 $\boldsymbol{K}$,其非对角元就是交叉唯象系数,反映了空间一个方向的温差在另外方向上产生的热流. 如果材料具有各向异性或具有掺杂,$\boldsymbol{\kappa}$ 的非对角元通常不为零.

利用线性响应理论也可以对热导率进行计算. 第 3 章介绍的线性响应理论主要是基于力学扰动的响应过程. 由于热传导主要是通过系统边界与热源接触发生的非平衡过程,因此它可以被看作是边界力驱动下的响应过程. 力学微扰可以体现于系统的哈密顿量中,由此我们可以利用刘维尔方程在平衡态基础上对扰动量的线性响应进行系综平均计算. 这一点在热扰动情况下难以做到,通常我们无法将这种扰动表征为哈密顿量的显式形式. 为此,需要引入局域平衡假设[358]. 在此假设下,可以定义空间中的温度场

$$\beta(\boldsymbol{x}) = 1/T(\boldsymbol{x}),$$

也相应地引入非平衡分布函数的局域平衡分布形式

$$\rho = \frac{1}{Z} e^{-\int d\boldsymbol{x}\beta(\boldsymbol{x})h(\boldsymbol{x})}, \tag{4.2.62}$$

其中 $h(\boldsymbol{x})$ 为哈密顿密度函数,Z 为配分函数. 如果系统处于近似局域平衡的非平衡态,则可以将温度写为

$$\beta(\boldsymbol{x}) = \beta\Big[1 - \frac{\Delta T(\boldsymbol{x})}{T}\Big], \tag{4.2.63}$$

(4.2.62)式就可以写为

$$\rho = \frac{1}{Z} e^{-\beta(H_0 + H')}, \tag{4.2.64}$$

其中 H_0 和 H' 分别为非扰动哈密顿和温度梯度产生的等效扰动哈密顿量

$$H_0 = \int h(\boldsymbol{x}) d\boldsymbol{x}, \tag{4.2.65a}$$

$$H' = -T^{-1} \int d\boldsymbol{x} \Delta T(\boldsymbol{x}) h(\boldsymbol{x}). \tag{4.2.65b}$$

这样我们就引入了由于温度不均匀而导致的对平衡态哈密顿量的扰动项. 仿照第 3 章的方法可以对扰动响应的线性部分进行计算. 根据(3.1.18)式的格林-久保(GK)公式,可得到热导率[179]

$$\boldsymbol{\kappa} = \frac{1}{k_B T^2} \lim_{t \to \infty} \int_0^t dt' \lim_{V \to \infty} \frac{1}{V} \langle \boldsymbol{J}(t') \boldsymbol{J}^T(0) \rangle, \tag{4.2.66}$$

其中 V 为系统的体积,$\boldsymbol{J}$ 为总热流,式子右边的系综平均为对平衡态的统计平均. 注意这里的热流是空间矢量,所以热导率 $\boldsymbol{\kappa}$ 是一个张量. 如果所研究的系统是均匀各向同性的规则晶格,热导率张量就可以对角化,且对角元由于各向同性都相等. 此时对空间 d 维的系统,(4.2.66)的 GK 公式可以写成标量形式

$$\kappa = \frac{1}{k_B T^2 d} \lim_{t \to \infty} \int_0^t dt' \lim_{V \to \infty} \frac{1}{V} \langle \boldsymbol{J}(t') \cdot \boldsymbol{J}(0) \rangle. \tag{4.2.67}$$

因此,通过线性响应理论,我们可以通过利用平衡态平均来计算热流关联函数,并根据(4.2.66)或(4.2.67)式来得到材料的热导率.

传统的热传导材料一般都是三维体材料,人们在实验中发现其热导率不依赖于系统的尺寸大小.如果利用统计物理方法对热导率进行计算,从(4.2.61)式可以看出,对材料两边加上给定温度的热源后,由于温差固定,若能形成很好的温度梯度,则温度梯度会随着材料尺度增加而减小,即

$$\nabla T \sim N^{-1}.$$

另一方面,热流密度 j 也会随材料尺度增加而以

$$j \sim N^{-1}$$

方式减小.在热力学极限 $N \to \infty$ 下,利用(4.2.61)式会得到有限的热导率.我们称热导率不依赖于系统尺寸的情况为正常热传导.在正常热传导情况下,总热流 $J = Nj$ 不依赖于系统尺寸.

近年来有关纳米材料的探索将原有材料推向了低维度的纳米线、纳米面和纳米管,人们在这些材料的热传导研究中发现了很多异于体材料的热传导现象,其中一个重要的行为就是热导率对系统尺寸大小的依赖性.一个系统的热流密度虽然随材料尺度增加减小,但可能为幂律

$$j \sim N^{-\alpha'},$$

其中 $0 < \alpha' < 1$,则材料的热导率会依赖于系统尺寸 N,即

$$\kappa(N) \sim N^{\alpha}, \quad 0 < \alpha = 1 - \alpha' < 1, \tag{4.2.68}$$

此时热力学极限 $N \to \infty$ 下热导率 κ 是发散的.这种热导率依赖于系统尺寸的行为称为反常热传导,相应的热导率称为反常热导率.类比于电流的行为,热导率的倒数 κ^{-1} 也被称为热导体的热阻(thermal resistance).热导率的发散意味着热阻为零.

上述的一系列热力学量的定义对于非线性晶格系统在理论推导中是非常有用的.它也使得我们可以利用数值模拟再现热传导的微观过程,并根据上述的方法来计算与热传导有关的量,从而可以观察和研究热传导的动态行为.

§ 4.3 动力学系统的遍历性质与热传导

在描述热传导的傅里叶定律中,局域热流密度和温度概念的建立需要以空间局域平衡假设为基础,即系统可以在空间一个宏观无穷小而微观无穷大的小体积中处于热力学平衡态,因此,傅里叶定律不能由热力学定律直接推导得到,它是对实验结果的概括,是基于实验观测的经验定律.对于统计物理学而言,有关热传导研究非常重要的问题是系统正常和反常热传导的微观机制以及与系统内部动力学

之间的关系. 人们一直以来试图从微观动力学和统计力学角度对傅里叶定律做第一性原理的解释, 然而至今尚未得到令人满意的结果. 这样, 在低维情形下研究傅里叶热传导定律是否成立及成立的条件成为首先要解决的问题.

本节着重于热传导问题的微观动力学研究. 与能量输运和热传导相关的微观动力学性质研究有两个层面: 一是直接考虑系统动力学的非线性(非简谐性)、可积性、遍历性与混沌等微观动力学行为对宏观热传导的影响, 探讨在诸多动力学特征中哪些因素可能成为正常热传导的微观动力学判据[89,102]; 二是从能量载流子的角度来进行研究[318,357,359]. 对晶格系统来说, 微观动力学中的集体激发模式是完成能量输运的重要因素. 典型的线性激发模式是声子, 而高温下系统的非线性相互作用则会使非线性激发模, 如孤子和呼吸子等在能量输运中扮演重要角色. 应该说对这一问题研究的许多方面尚无定论, 但近年来大量有关热传导微观机制的研究已经获得了一系列很有启发性的成果.

从系统微观动力学与遍历性质来理解宏观热传导是否正常的思路与平衡态统计基本问题非常相似, 一个最直接的想法就是, 如果系统动力学满足遍历特别是混沌性, 系统在传递热量时就会产生"正常"的能量扩散行为. 这一观点在早期研究中得到肯定, 但又被新的反常结果所质疑, 在一段时间内产生了很多争议. 本节不试图给出该问题的最终结论, 实际上至今也没有统一的结论, 重要的是众多论点使得人们对正常热传导的微观动力学机制有了来自不同视角的更为深入的认识.

4.3.1 一维简谐链系统的可积性与热传导

研究一维格点系统热传导最简单的情形是简谐链. 简谐链是一个可积的哈密顿系统. 考虑一条 N 粒子的简谐链, 其哈密顿量(4.1.2)中的势能项为

$$V(q_{n+1} - q_n) = K(q_{n+1} - q_{n+1})^2/2, \quad U(q_n) = 0.$$

一个简洁的办法是引入简正坐标 $(Q_k, \dot{Q}_k)$ 来代替原有的单粒子坐标 $(q_n, \dot{q}_n)$, 这样的集体坐标表示为所有单粒子坐标的函数:

$$Q_k = \frac{1}{\sqrt{N}} \sum_{n=1}^{N} q_n e^{i\frac{2\pi k}{N}n}, \tag{4.3.1}$$

其中

$$Q_{-k} = Q_k^*, \quad k = -N/2, \cdots, N/2, \tag{4.3.2}$$

k 为波矢. 设链上的粒子质量相等, $m=1$, 对于周期边界条件, 利用简正坐标从简谐耦合链可以得到 N 个 Q_k 的独立方程, 即

$$\ddot{Q}_k + \omega_k^2 Q_k = 0, \tag{4.3.3}$$

其中 ω_k 表示对应于 Q_k 的本征频率, 其值为

$$\omega_k = 2\sqrt{\frac{K}{m}} \left| \sin\left(\frac{\pi k}{N}\right) \right|. \tag{4.3.4}$$

利用简正坐标可以将系统的哈密顿量对角化为

$$H = \sum_k (\dot{Q}_k^2/2 + \omega_k^2 Q_k^2/2), \tag{4.3.5}$$

即 N 个简谐耦合作用的粒子链通过简正坐标变换可化为 N 个频率为(4.3.4)的独立简谐振子系统,相互独立的模 Q_k(4.3.1)称为简正模,其频率关系式(4.3.4)称为色散关系,k 为模的波矢.引入复振幅 a_k,可将简正坐标写为

$$Q_k = \frac{1}{2}(a_k e^{i\omega_k t} + a_{-k}^* e^{-i\omega_k t}), \tag{4.3.6}$$

其运动方程为

$$\dot{Q}_k = \frac{i\omega_k}{2}(a_k e^{i\omega_k t} - a_{-k}^* e^{-i\omega_k t}). \tag{4.3.7}$$

将(4.3.6)和(4.3.7)式代入热流的表达式(4.2.49),可得

$$j = \sum_k v_k E_k, \quad v_k = \partial \omega(k)/\partial k. \tag{4.3.8}$$

第 k 个简正模的能量为

$$E_k = \frac{1}{2} m \omega_k^2 |a_k|^2. \tag{4.3.9}$$

可以看到,简谐振子链中的能流是就各个简正模贡献的叠加,简正模相互之间独立,因此能流(4.3.8)式是系统守恒量.

人们很早就研究了两端分别与不同温度 T_+ 和 T_- 的热源相接触的 N 粒子简谐链,发现系统在达到非平衡定态后,热流正比于温差 $T_+ - T_-$,而不像傅里叶定律那样正比于温度梯度 $(T_+ - T_-)/N$.这种情况下热导率 κ 与系统的大小 N 成正比[360],

$$\kappa = jN/(T_+ - T_-) \propto N. \tag{4.3.10}$$

实际上,简谐链中的热传导可以解析求解.将链两端与随机热源接触,系统的朗之万方程为

$$\ddot{q}_n = \omega^2(q_{n+1} - 2q_n + q_{n-1}) + \delta_{n1}(\xi_+ - \lambda\dot{q}_1) + \delta_{nN}(\xi_- - \lambda\dot{q}_N), \tag{4.3.11}$$

其中 $\omega = \sqrt{K/m}$ 为特征频率.引入坐标 $\boldsymbol{X} = (\{q_i\}, \{\dot{q}_i\})$,由朗之万方程(4.3.11)可以写出相应随机变量 $\boldsymbol{X}$ 的分布 $P(\boldsymbol{X}, t)$ 演化的福克-普朗克方程

$$\frac{\partial P(\boldsymbol{X}, t)}{\partial t} = \sum_{i,j} A_{ij} \frac{\partial}{\partial X_i}(X_j P(\boldsymbol{X}, t)) + \frac{1}{2}\sum_{i,j}\left(D_{ij}\frac{\partial^2}{\partial X_i \partial X_j}P(\boldsymbol{X}, t)\right). \tag{4.3.12}$$

方程(4.3.12)中的漂移项为线性力,扩散项为常数矩阵,所以与高斯型热源接触的简谐链系统的随机过程为典型的奥恩斯坦-乌伦贝克(Ornstein-Uhlenbeck)过

程[298,299]. 矩阵 A 和 D 分别可写为 $N \times N$ 块矩阵的形式:

$$A = \begin{bmatrix} 0 & -I \\ \omega^2 G & \lambda R \end{bmatrix}, \quad D = \begin{bmatrix} 0 & 0 \\ 0 & 2\lambda k_B T(R + \Delta S) \end{bmatrix}, \tag{4.3.13}$$

这里

$$T = (T_+ + T_-)/2, \quad \Delta = (T_+ - T_-)/T, \tag{4.3.14}$$

(4.3.13)式中 $G, R, S, 0, I$ 均为 $N \times N$ 矩阵, 其中 0 为零矩阵, I 为单位矩阵, G, R, S 的矩阵元分别为

$$G_{ij} = 2\delta_{ij} - \delta_{i+1,j} - \delta_{i,j+1}, \tag{4.3.15a}$$
$$R_{ij} = \delta_{ij}(\delta_{i1} + \delta_{iN}), \tag{4.3.15b}$$
$$S_{ij} = \delta_{ij}(\delta_{i1} - \delta_{iN}). \tag{4.3.15c}$$

方程(4.3.12)的通解为二次型指数形式[298]

$$P(\boldsymbol{X}, t) = \frac{\det[\boldsymbol{C}^{-1/2}]}{(2\pi)^N} e^{-C^{-1}\boldsymbol{x}\boldsymbol{x}^T/2}, \tag{4.3.16}$$

其中 $C(t)$ 为待定的 $2N \times 2N$ 对称矩阵, 矩阵元为 $\boldsymbol{X}$ 各分量的关联函数(二阶矩):

$$C_{ij}(t) \equiv \langle X_i X_j \rangle \equiv \int X_i X_j P(\boldsymbol{X}, t) d\boldsymbol{X}. \tag{4.3.17}$$

将解(4.3.16)代入福克-普朗克方程(4.3.12), 可得

$$\dot{\boldsymbol{C}} = \boldsymbol{D} - \boldsymbol{A}\boldsymbol{C} - \boldsymbol{C}\boldsymbol{A}^\dagger, \tag{4.3.18}$$

$\boldsymbol{A}^\dagger$ 为矩阵 $\boldsymbol{A}$ 的厄米共轭. 在定态时, $\dot{\boldsymbol{C}} = 0$, (4.3.18)式化为

$$\boldsymbol{D} = \boldsymbol{A}\boldsymbol{C} + \boldsymbol{C}\boldsymbol{A}^\dagger. \tag{4.3.19}$$

下一步的工作是计算定态时的矩阵 $\boldsymbol{C}$[361]. 将 $\boldsymbol{C}$ 矩阵进一步写为 $N \times N$ 块矩阵

$$\boldsymbol{C} = \begin{bmatrix} \tilde{\boldsymbol{U}} & \tilde{\boldsymbol{Z}} \\ \tilde{\boldsymbol{Z}} & \tilde{\boldsymbol{V}} \end{bmatrix}, \tag{4.3.20}$$

其中

$$\tilde{U}_{ij} = \langle q_i q_j \rangle, \quad \tilde{V}_{ij} = \langle \dot{q}_i \dot{q}_j \rangle, \quad \tilde{Z}_{ij} = \langle q_i \dot{q}_j \rangle \tag{4.3.21}$$

分别为描述位移-位移、速度-速度以及位移-速度的关联矩阵. 当两边热源温度相等时, $\Delta = 0$, 将(4.3.20)和(4.3.21)式代入(4.3.19)式, 得到的平衡态解为

$$\boldsymbol{U}_e = k_B T \omega^{-2} \boldsymbol{G}^{-1}, \quad \boldsymbol{V}_e = k_B T \boldsymbol{I}, \quad \boldsymbol{Z}_e = \boldsymbol{0}. \tag{4.3.22}$$

在两边热源温度不相等的情况, 我们关注系统的非平衡定态解. 将 $\boldsymbol{C}$ 矩阵中的 $N \times N$ 块矩阵写为平衡态与偏离平衡态之和的形式:

$$\tilde{\boldsymbol{U}} = \boldsymbol{U}_e + k_B T \Delta \boldsymbol{U}/(2\omega^2), \tag{4.3.23a}$$
$$\tilde{\boldsymbol{V}} = \boldsymbol{V}_e + k_B T \Delta \boldsymbol{V}/2, \tag{4.3.23b}$$
$$\tilde{\boldsymbol{Z}} = k_B T \Delta \boldsymbol{Z}/2\lambda. \tag{4.3.23c}$$

将它们代入 C 矩阵(4.3.19)和(4.3.20)式并利用(4.3.22)式的平衡态解表达式, 可以得到

$$Z = -Z^{\dagger}, \tag{4.3.24a}$$

$$V = UG + ZR, \tag{4.3.24b}$$

$$2S - [V, R] = \nu[G, Z], \tag{4.3.24c}$$

其中

$$\nu = \omega^2 / \lambda^2$$

为耦合因子,反映了谐振子系统与热源的相互作用强度,另外

$$[A, B] = AB - BA,$$

U, V 为对称矩阵. 利用矩阵分析,人们研究了方程(4.3.24c)并推测出待求的矩阵 Z 应具有结构[360]

$$Z_{ij} = \phi(j - i), \tag{4.3.25}$$

其中 ϕ 函数满足

$$\phi(-j) = -\phi(j),$$

进一步可以推导其函数的形式. 由于计算的复杂,这里只给出结果(感兴趣的读者可参看文献[360]):

$$\phi(j) = \sinh[(N - j)\theta] / \sinh(N\theta), \tag{4.3.26}$$

其中上式双曲正弦函数中的指数函数

$$e^{-\theta} = 1 + \nu/2 - \sqrt{\nu + \nu^2/4}. \tag{4.3.27}$$

另外待求矩阵 U 和 V 也可由函数 $\phi(j)$ 表示出来:

$$U_{ij} = \begin{cases} \phi(i + j - 1), & \text{当 } i + j \leqslant N, \\ \phi(2N + 1 - i - j), & \text{当 } i + j \geqslant N, \end{cases} \tag{4.3.28}$$

$$V = S - \nu U, \tag{4.3.29}$$

简谐链上所有粒子温度的分布为 $T(i) = T(1 + \Delta V_{ii})$,即

$$T(i) = \begin{cases} T_+ - \nu T \Delta \phi(1), & i = 1, \\ T[1 - \nu \Delta \phi(2i - 1)], & i \in (1, N/2], \\ T[1 + \nu \Delta \phi(2(N - i) - 1)], & i \in (N/2, N), \\ T_- + \nu T \Delta \phi(1), & i = N, \end{cases} \tag{4.3.30}$$

如图 4.2 所示. 可以看到,简谐链系统无法形成温度的梯度分布,不与热源接触的中间部分会形成温度平台,甚至靠近低温热源段的温度可以高于靠近高温热源段的温度.

流过第 i 个粒子的热流为

$$j_i = \omega^2 \widetilde{Z}_{i-1, i} = \omega^2 k_B T \Delta \lambda^{-1} \phi(1), \tag{4.3.31}$$

链长无穷长时有

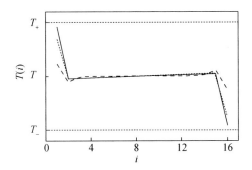

图 4.2 由 $N=16$ 个粒子组成的简谐链在不同耦合因子 ν 情况下的温度分布

两端温度分别为 T_+, T_-, 用短虚线标记. 图中的温度分布曲线中, 实线的耦合因子 $\nu=0.05$, 点线为 $\nu=0.2$, 虚线为 $\nu=1.0$. 可以看到除了与热源接触的振子外, 温度分布基本一致, 且表现出无温度梯度的分布. (改编自文献[360])

$$j = \frac{\omega^2 k_B T}{2\lambda} \left(1 + \frac{\omega^2}{2\lambda^2} - \frac{\omega}{\lambda} \sqrt{1 + \frac{\omega^2}{4\lambda^2}} \right) (T_+ - T_-). \tag{4.3.32}$$

可以看到, 热流正比于热源温差, 而不是温度梯度, 因此简谐链的有效热导率为 (4.3.10)式, 即热导率会随系统尺寸的增加而发散. 这说明简谐链不能产生正常热传导行为, 是典型的反常热传导.

4.3.2 户田链系统的可积性与热传导

上面讨论的是线性晶格系统, 是可积哈密顿系统. 非线性晶格系统中可积系统的典型例子是户田链, 它是户田盛和(M. Toda, 1917—2010)在研究非线性晶格振动提出的一维晶格模型[13,362]. 户田相互作用势能为

$$V(r) = c_1 e^{-c_2 r}/c_2 + c_1 r, \quad c_1 c_2 > 0, \tag{4.3.33}$$

其中 r 代表相邻格点之间的广义坐标之差,

$$r_n = q_n - q_{n-1}.$$

当 r 很小 ($r \ll 1/c_2$) 时, (4.3.33)的势可以做泰勒展开得到, 为

$$V(r) = \frac{c_1 c_2}{2} r^2 \left(1 - \frac{c_2}{3} r \right) + \cdots, \tag{4.3.34}$$

可以看到第一项就是简谐项. 在 $c_2 \to 0$ 而保持 $c_1 c_2$ 为有限值时, 相互作用也趋近于简谐相互作用; 当 $c_2 \to \infty$ 而保持 $c_1 c_2$ 为有限值时, 系统约化为硬球系统. 图 4.3 给出了相互作用势 $V(r)$ 的示意图.

利用(4.3.33)的相互作用势, 可以写出户田链的动力学方程为

$$m\ddot{q}_n = c_1 \left[e^{-c_2(q_n - q_{n-1})} - e^{-c_2(q_{n+1} - q_n)} \right]. \tag{4.3.35}$$

下面来讨论户田链系统的不变积分. 要寻找守恒量, 需要对原有变量进行变换, 引

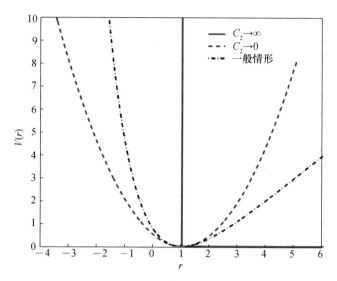

图 4.3   户田相互作用势示意图

点虚线为一般情况下的势能形状,实线为户田势的硬球极限,虚线为势的线性极限

入无量纲变量

$$t \to (\sqrt{c_1 c_2 / m}\,)t, \quad Q_n = c_2 q_n, \quad P_n = m\dot{q}_n, \tag{4.3.36}$$

户田链的哈密顿量可以重新写为

$$H(\boldsymbol{Q}, \boldsymbol{P}) = \sum_n (P_n^2 / 2 + \mathrm{e}^{-(Q_n - Q_{n-1})}). \tag{4.3.37}$$

这里略去了(4.3.33)中右边不对运动方程产生影响的项 $c_1 r$,因为该项给出的对应力为常数,会在导出(4.3.35)的动力学方程时由于近邻相互作用而自动抵消. 这样方程(4.3.35)写为

$$\mathrm{d}Q_n / \mathrm{d}t = P_n, \tag{4.3.38a}$$

$$\mathrm{d}P_n / \mathrm{d}t = \mathrm{e}^{-(Q_n - Q_{n-1})} - \mathrm{e}^{-(Q_{n+1} - Q_n)}. \tag{4.3.38b}$$

做坐标变换

$$a_n = \frac{1}{2} \mathrm{e}^{-(Q_n - Q_{n-1})/2}, \quad b_n = \frac{1}{2} P_n, \tag{4.3.39}$$

根据(4.3.38)式,可以写出 a_n 和 b_n 的时间演化方程为

$$\dot{a}_n = a_n (b_{n-1} - b_n), \quad \dot{b}_n = 2(a_n^2 - a_{n+1}^2). \tag{4.3.40}$$

下面考虑周期边界条件,即

$$Q_{n+N} = Q_n, \quad \dot{Q}_{n+N} = \dot{Q}_n.$$

对方程(4.3.40)而言,对新的变量该边界条件仍然成立,即

$$a_{n+N} = a_n, \quad b_{n+N} = b_n.$$

(4.3.40)可以写成

$$\mathrm{d}\boldsymbol{L}/\mathrm{d}t = \boldsymbol{BL} - \boldsymbol{LB} = [\boldsymbol{B}, \boldsymbol{L}], \tag{4.3.41}$$

其中 $\boldsymbol{L}, \boldsymbol{B}$ 为矩阵,

$$\boldsymbol{L} = \begin{bmatrix} b_N & a_1 & \cdots & & & a_N \\ a_1 & b_1 & a_2 & & & \\ & a_2 & b_2 & & & \\ \vdots & & & \ddots & & \vdots \\ & & & & & a_{N-1} \\ a_N & a_1 & \cdots & & a_{N-1} & b_{N-1} \end{bmatrix}, \tag{4.3.42}$$

$$\boldsymbol{B} = \begin{bmatrix} 0 & a_1 & \cdots & & & -a_N \\ -a_1 & 0 & a_2 & & & \\ & -a_2 & 0 & & & \\ \vdots & & & \ddots & & \vdots \\ & & & & & a_{N-1} \\ a_N & & \cdots & & -a_{N-1} & 0 \end{bmatrix}. \tag{4.3.43}$$

引入 $\boldsymbol{U}$ 矩阵,它满足如下方程

$$\mathrm{d}\boldsymbol{U}/\mathrm{d}t = \boldsymbol{BU}. \tag{4.3.44}$$

从(4.3.43)可以看到,$\boldsymbol{B}$ 是反厄米(反对称)矩阵,满足

$$\boldsymbol{B}^{\dagger} = -\boldsymbol{B}.$$

由(4.3.44)式可知,$\boldsymbol{U}$ 矩阵必为正交矩阵,满足

$$\boldsymbol{U}\boldsymbol{U}^{\mathrm{T}} = \boldsymbol{I},$$

其中 $\boldsymbol{U}^{\mathrm{T}}$ 为 $\boldsymbol{U}$ 矩阵的转置. 用 $\boldsymbol{U}$ 矩阵对 $\boldsymbol{L}$ 进行变换 $\boldsymbol{U}^{-1}\boldsymbol{L}\boldsymbol{U}$,并求其时间导数,再利用(4.3.41)和(4.3.44)式,可得

$$\mathrm{d}(\boldsymbol{U}^{-1}\boldsymbol{L}\boldsymbol{U})/\mathrm{d}t = \boldsymbol{U}^{-1}(\mathrm{d}\boldsymbol{L}/\mathrm{d}t - [\boldsymbol{B}, \boldsymbol{L}])\boldsymbol{U}, \tag{4.3.45}$$

再次利用(4.3.41)式,可以得到

$$\mathrm{d}(\boldsymbol{U}^{-1}\boldsymbol{L}\boldsymbol{U})/\mathrm{d}t = 0. \tag{4.3.46}$$

这说明 $\boldsymbol{U}^{-1}\boldsymbol{L}\boldsymbol{U}$ 为不随时间变化的常数矩阵,也说明 $\boldsymbol{L}$ 矩阵的本征值必为不随时间变化的常数,设为 $\lambda_1, \lambda_2, \cdots, \lambda_N$. 利用久期方程

$$\det|\lambda\boldsymbol{I} - L| = 0 \tag{4.3.47}$$

可以得到本征值 λ 的 N 次方程

$$\lambda^N + I_1\lambda^{N-1} + \cdots + I_{N-1}\lambda + I_N = 0, \tag{4.3.48}$$

其中 $I_1, I_2, \cdots, I_N$ 为 N 个常数系数. 由久期方程(4.3.47)和 $\boldsymbol{L}$ 矩阵形式可知,它们也必然是 Q_n 和 P_n(当然也是 $q_n, \dot{q}_n$)的级数组合,因此 $I_1, I_2, \cdots, I_N$ 就是我们寻找

的系统的 N 个运动积分. 这同时也证明了户田链系统是一个可积的哈密顿系统, 积分 $I_1, I_2, \cdots, I_N$ 原则上可以通过(4.3.48)和(4.3.42)式写出来, 但表达式非常繁杂. 在此我们只写出前几个典型的运动积分. 系数 I_1 为

$$I_1 = \sum_n b_n, \tag{4.3.49}$$

将(4.3.39)式代入此式, 可得

$$I_1 = \frac{1}{2} \sum_n P_n, \tag{4.3.50}$$

这表明系统的总动量守恒. 系数 I_2 为

$$I_2 = \sum_n a_n^2 + \sum_{i,j} b_i b_j. \tag{4.3.51a}$$

将(4.3.39)代入上式, 可得

$$I_2 = \sum_n a_n^2 - \frac{1}{2} \sum_n b_n^2 + I_1^2 \sim \sum_n \left(\frac{1}{2} P_n^2 + e^{-(Q_n - Q_{n-1})} \right), \tag{4.3.51b}$$

这表明系统的总能量守恒. 其他的守恒量都可以根据久期方程的本征值系数依次写出来, 这里我们只写到第四个守恒量. 令 $z_n = e^{-(Q_n - Q_{n-1})}$, 则

$$I_3 = \sum_n (P_n^3/3 + (P_n + P_{n+1}) z_n), \tag{4.3.51c}$$

$$I_4 = \sum_n [P_n^4/4 + (P_n^2 + P_n P_{n+1} + P_{n+1}^2) z_n + z_n^2/2 + z_n z_{n+1}]. \tag{4.3.51d}$$

户田及后来的研究者的研究结果表明, 户田链的动力学方程有孤子解, 这是非线性系统特有的一种现象[13]. 由于户田链是可积系统, 不同的非线性孤子模是相互独立的, 每一个模式都可以携带能量在格点中自由运动, 因而户田链也是热的理想导体, 链上不能形成线性温度梯度分布, 系统的热传导率在热力学极限下也像简谐链系统那样趋向无穷大.

上述对简谐链和户田链的研究表明, 系统的非线性或非简谐相互作用是系统出现正常热传导的必要条件, 但并不充分, 作为非简谐链的户田晶格就是典型例子, 它虽然具有非线性相互作用, 但由于其可积性仍然表现出反常热导率.

4.3.3 混沌性与正常热传导

正常与反常热传导的微观机制密切联系着微观动力学特点与宏观系统的输运行为, 这使得人们联想到将动力学与正常热传导联系到一起的另一个重要的动力学特征, 即系统运动的混沌性质. 如果一个系统的动力学是全局混沌的, 特别是满足阿诺索夫双曲不稳定特征, 就可能会观察到系统的能量传播是扩散性的, 那么就有理由预期系统会有正常的傅里叶特征, 即具有与宏观系统尺寸无关的热导率.

上面关于简谐振子和完全可积系统的讨论是规则微观运动产生反常热传导

最典型的例证.系统的混沌性是非线性动力学极为重要的课题,而正常与反常热传导则是能量输运的非平衡统计热力学核心问题之一.二者之间的关联对建立从微观动力学到宏观统计热力学的联结桥梁有重要意义.近年来大量研究工作涉足于这一问题,但至今没有一个令人信服和统一的结论.本小节介绍这一方向上对该领域起过重要推动作用的工作,并在最后说明作者对这一问题的观点.

1984 年,卡萨蒂等人提出了一个一维模型[322],该模型由 N 个质量相同的粒子组成,排列于一维空间,编号为偶数的粒子为简谐振子,每个振子都在各自的平衡位置附近振动,而奇数的为自由粒子,它们在相邻两个振子之间来回运动,并与振子发生弹性碰撞.该系统被形象地称为 Ding-a-ling 模型[322,363],系统的哈密顿量可写成

$$H = \frac{1}{2} \sum_{k=1}^{N} (p_k^2 + \omega_k^2 q_k^2) + V_H, \tag{4.3.52}$$

其中当 k 为偶数时 $\omega_k = \omega$,k 为奇数时,$\omega_k = 0$,粒子质量均设为单位质量,p_k,q_k 为第 k 个粒子的动量与位置,V_H 代表碰撞时的硬核相互作用.在给定总能量时,系统的动力学随 ω 的改变而改变.$\omega \to 0$ 时,系统变成一维等质量硬球气体;ω 逐渐增加时,系统可变成在整个相空间的混沌(K 系统).图 4.4 给出了 $N = 2$ 个粒子的系统在 $\omega = 0.2$ 和 3.0 时的庞加莱截面图(取满足 $q_1' = (q_2 - q_1 + 1)/\sqrt{2}$ 且 $p_1' = (p_2 - p_1)/\sqrt{2} > 0$ 条件时的截面).可以看到 ω 较大时系统表现出全局混沌.当 N 增大时,全局混沌所需的 ω 阈值会迅速减小.

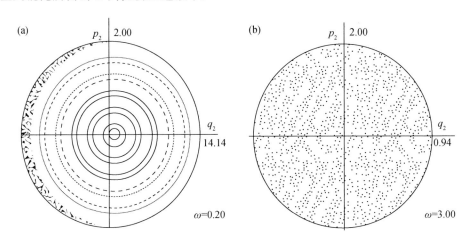

图 4.4　Ding-a-ling 模型在 $N = 2$ 时的庞加莱截面图

(a) $\omega = 0.2$,可以看到系统在低能情况下,规则运动占据相空间的大部分比例;(b) $\omega = 3.0$,对此时大一些能量的情况,系统几乎在整个相空间为混沌运动.(改编自文献[322])

现在考虑在系统左右两边加上热源,温度分别为 $T_{\pm}$,$T_+ > T_-$.为方便,选择

N 为奇数,且左右与热源接触的为均自由粒子.采用麦克斯韦热源.粒子与热源作用前后能量改变,变化的能量设为 ΔE,则热流为

$$\langle j(t)\rangle = \frac{1}{t}\sum_{i=1}^{n}\Delta E_i, \qquad (4.3.53)$$

ΔE_i 表示第 i 次与热源作用时的能量交换,$n=n(t)$ 为从 0 到时间 t 时边界粒子与热库作用的总次数.当左右两边热流相等,即 $\langle j(t)\rangle_{L}=\langle j(t)\rangle_{R}$ 时说明系统达到非平衡定态.粒子的温度用(4.2.9)式来计算.根据(4.2.61)式可以计算系统的热导率 κ.

图 4.5(a)给出了 κ 与 N 的关系,可以看到对固定的 ω,N 增加时,κ 很快趋于一个定值.卡萨蒂等人验证了不同方法算出的热传导系数 κ 在 ω 比较大时与前面模拟的结果完全相符,而 ω 小时(非 K 系统)则不相符,从而得出结论:混沌性是保证系统产生扩散性能量输运和正常热传导的本质条件.后来人们计算了更长的链与更大的参数范围[364],发现卡萨蒂等人计算的热导率并没有在 $N=20$ 时趋于饱和,而只是达到了一个极小值,κ 随 N 的继续增大而增大,在 $N\sim200$ 时达到饱和,如图 4.5(b)所示.

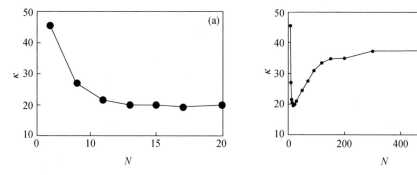

图 4.5　Ding-a-ling 模型系统的热传导系数 κ 与粒子数 N 的关系

(a) 为卡萨蒂等的计算结果,只计算到 $N=20$;(b) 为后来利用高性能计算机重新计算的热传导系数 κ 与粒子数 N 的关系.可以看到热导率随着 N 增加的饱和发生在更大的粒子数 N.(改编自文献[325])

若将 Ding-a-ling 模型中的自由粒子也换为局部振荡但具有不同振荡频率的简谐振子,近邻振子间仍会通过碰撞交换能量,这一模型称为 Ding-dong 模型.人们同样证实了该系统在一定能量范围内是全局混沌的,具有正常热导率,即随着振子数增加,热导率会很快收敛为有限常数值[365].

利用弹子系统也可以对混沌运动与正常热导率之间的关系进行研究.与耦合格点系统不同的是,弹子系统是以一个自由粒子在通道中与热源接触交换能量,然后通过与散射体碰撞的飞行实现能量从高温向低温的转移.如图 4.6(a)所示,这是一个典型的格气模型,被称为洛伦兹气体通道的二维弹子系统.它是由

一系列半圆形散射体构成的,自由粒子在通道内沿水平方向运动,并与散射体发生碰撞,在左右两端与麦克斯韦热源交换能量.定义系统尺寸 $N = L/a$,这里 N 表征的是以一个半圆散射体构成的洛伦茨弹子元胞的个数.由于半圆形散射边界的存在,数学上可以证明洛伦茨弹子系统是一个 K 系统.图 4.6(b)给出了温度分布曲线,可以看到理论曲线与数值模拟计算的结果符合得非常好,系统可以建立很好的温度梯度,温度的稳定分布也说明了非平衡定态的存在,系统内部有稳恒热流通过.图 4.6(c)画出了热流与系统尺寸 N 的关系,可以看到 $j \propto N^{-\nu}$,计算结果 $\nu \approx 0.98 \sim 0.99$,接近于 1.由于 $\nabla T \sim N^{-1}$,因此热导率 κ 为有限值,说明系统为正常的热传导[366].

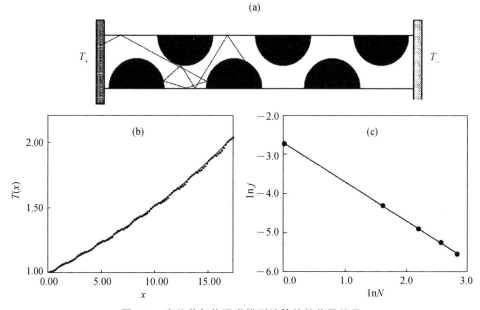

图 4.6 洛伦茨气体通道模型计算的热传导结果

(a) 洛伦茨气体通道模型示意图;(b) 水平方向温度分布,热源温度为 $T_+ = 2.00$,$T_- = 1.00$;(c) 热流与系统尺寸之间的关系(双对数),可以看到很好的幂律关系,斜率约为 -0.98,接近 -1,说明系统具有正常有限的热导率.(改编自文献[366])

上述对各种不同系统的数值研究结果表明,如果系统动力学为全局混沌,则系统就具有正常的能量扩散行为,会表现出正常的热导率.需要指出的是,与大量数值研究相比,理论上要对该结论加以证明是很困难的,迄今为止尚无确切的理论证明.

如果一个哈密顿系统虽然是 K 系统,但并非全局混沌,即在相空间中有 KAM 环面区域存在,这些规则运动区的存在会造成热传导行为的反常性.莱普瑞等人研究了 FPU-β 链的热传导行为,发现了热传导的反常性[323].将 FPU 系统置于两个

温度分别为 $T_{\pm}$ 的热源之间,研究表明系统最后会达到非平衡定态,且满足局域平衡.温度的空间分布曲线由图 4.7(a)～(d)给出,其中图(a)与(b)为用随机热源计算得到的不同粒子数 N 的温度曲线,(c)与(d)则为用诺泽-胡佛热源计算的结果,可以看到不同热源模拟的结果基本一致,且系统在定态时均可以建立很好的温度梯度.

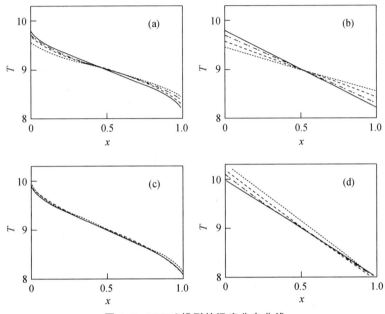

图 4.7 FPU-β 模型的温度分布曲线

这里取高温热源 $T_+ = 10$,低温 $T_- = 8$. (a)(b) 随机热源作为热源的结果,点、虚线、点—虚线和实线分别对应于 $N = 128, 256, 512, 1024$;(c)(d) 诺泽-胡佛热源作为热源的模拟结果,$\Theta = 1$. 图中的点线、虚线、点虚线和实线分别对应于 $N = 32, 64, 128, 256$. 另外在(a)和(c)采取了固定边界条件(N 粒子链中 $x_{0,N+1} = 0$,$p_{0,N+1} = 0$),而(b)和(d)采取自由边界条件(N 粒子链中第 1 个与第 N 个粒子只与近邻的一个粒子耦合).(改编自文献[323])

莱普瑞等研究发现[323],尽管系统内存在稳定的温度梯度,但系统的热流与系统尺寸之间满足幂律关系 $j \propto N^{-\gamma}$,幂律指数为 $\gamma \approx 0.55 \pm 0.05$. 由于 $dT/dx \propto N^{-1}$,所以热传导系数 $\kappa = j/(dT/dx) \propto N^{1-\gamma} \approx N^{0.45}$,这说明热导率 κ 随系统尺寸 N 的增加而幂律发散. 图 4.8(a)～(b)给出了热导率 κ 与振子数 N 的关系,可以看出无论是随机热源还是诺泽-胡佛热源,κ 与 N 都呈现幂律关系,说明 FPU 系统微观动力学上尽管是混沌系统,但不满足正常热传导. 对此较为普遍的认识是,KAM 环面包含的规则运动区域或残存的 KAM 环面区域所带来的粘连效应是非正常热传导的微观动力学根源.

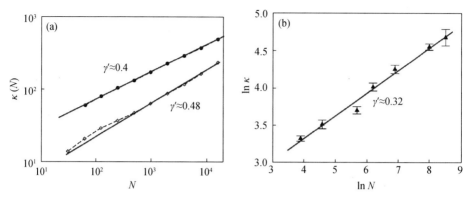

图 4.8　FPU-β 模型的热导率与系统尺寸的变化关系

(a) 诺泽-胡佛热源, $T_+ = 0.11$, $T_- = 0.09$, $\Theta = 1$. 圆点线为自由边界条件结果, 菱形线为固定边界条件结果. (b) 随机热源, $T_+ = 150$, $T_- = 15$. 热导率 $\kappa(N)$ 的标度关系可用 $\kappa \propto N^{1-\gamma}$ 来拟合, 图中的 $\gamma' = 1 - \gamma$. (改编自文献[323])

4.3.4　无序性与正常热传导

全局混沌可以为能量在空间的正常扩散提供很重要的动力学机制. 另一方面, 能量的正常扩散不一定需要动力学的全局混沌性. 如果有另外因素可以提供能量正常扩散的机制, 那么对动力学混沌的要求就可以放松. 系统正常热传导动力学条件的研究引起了广泛关注, 例如, 系统在结构上的某种无序性也同样可以为能量的正常扩散提供保证.

下面以洛伦茨弹子气体通道模型为例来加以说明. 我们可以将图 4.8(a) 中的散射体换为等边三角形, 如图 4.9(a) 所示. 由于散射面是平的, 系统的 KS 熵在数学上可严格证明等于零, 因此系统只有混合性, 没有混沌性. 首先考虑均匀分布散射体通道的热传导过程. 设每一个元胞的长度为 a, N 个元胞的长度为 $L = Na$. 图 4.9(b) 给出了不同尺度通道温度的分布曲线, 可看到在通道中间的大范围内系统都存在恒定的温度梯度, $\mathrm{d}T/\mathrm{d}x \propto N^{-1}$. 图 4.9(c) 的热流曲线 $j(N) \sim N^{-0.19}$, 因此系统的热导率 $\kappa \sim N^{0.81}$, 这说明当所有散射体相同且规则排布时, 系统有反常的热传导. 图 4.9(d) 进一步计算了粒子在通道内运动的平方平均位移

$$\langle [x(t) - x(0)]^2 \rangle = Dt^\beta,$$

结果发现 $\beta \approx 1.67 > 1$, 这说明系统是反常的超扩散行为, 这也从另一个侧面反映了系统的反常热传导.

现在对图 4.9(a) 中散射体的尺寸大小和位置引入无序分布. 设散射体高度为随机值 $h_i = h_0 + R_i d$ $(i = 1, 2, \cdots, 2N)$, 如图 4.10(a) 所示, 其中 R_i 为 $[-1, 1]$ 之间的随机数, d 描述无序的程度. 图 4.10(b) 和 (c) 给出了 $d = 0.4$ 时的温度分布曲线

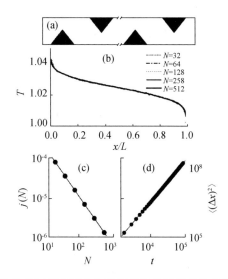

图 4.9 洛伦茨正三角形均匀散射体气体通道的热传导计算结果

(a) 气体通道示意图. (b) 不同散射体元胞数量 N(即不同系统尺寸)情况下的温度分布曲线, $N=32,64,$ 128,256,512. 这些不同 N 的结果几乎重合. (c) 热流随系统尺寸 N 的幂律变化关系. (d) 系统平方平均位移的时间行为. 幂律关系的指数大于 1,说明系统能量在空间的扩散行为为超扩散性质. (改编自文献[367])

和热流的尺寸依赖关系,可以看到温度分布具有很好的线性. 热流 $j(N) \sim N^{1+\alpha}$, $\alpha = -1.992 \pm 0.018$,因此 κ 为有限值,系统有正常热传导. 图 4.10(d)和(e)给出了指数 α 和 β 随着无序程度 d 的变化,可以看到 α 随无序程度的增加逐渐趋近 2(正常热传导), β 则很快趋于 1(正常扩散).

类似地,图 4.11(a)给出了散射体位置随机分布的气体通道. 令 $x_i = R_i d$ 为与周期结构位置的偏离大小,图 4.11(b)计算了指数 α 随无序程度 d 的变化,同样可以看到位置无序程度越高,指数越趋近于正常热传导对应的指数值 $\alpha \approx -2$[367].

对于一维简谐链,如果考虑系统加入无序,例如粒子质量 m_n 随机给定,则系统的微观动力学和热传导行为都与均匀简谐链系统有很大的不同. 勒博威茨等人[368—370]证明了无序简谐链系统可以达到唯一的非平衡定态. 人们还发现,无序简谐链系统的动力学和热传导对于不同边界条件也会有完全不同的行为. 例如,自由边界情况下非均匀简谐链的热导率随系统尺寸不再是线性发散,而是 $\kappa \propto N^{1/2}$[371,372]. 固定边界条件时的无序系统热导率不仅不会发散,而且还会随尺寸增加而降低, $\kappa \propto N^{-1/2}$[373],这意味着在大尺度下固定边界条件的耦合无序简谐链可以趋向于一个热绝缘体.

简谐链的热导率 κ 与系统尺寸 N 的幂律发散指数随着系统质量的无序程度升高而降低,甚至趋于零,这一趋势反映出质量无序带来了对热传导阻碍程度的增强,该效应与量子系统中无序引发的安德森(P. W. Anderson,1923—)局域化

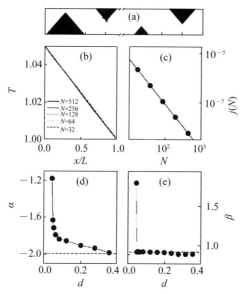

图 4.10　随机散射体尺寸的洛伦兹正三角形弹子气体通道热传导计算结果

（a）气体通道示意图；（b）$d=0.4$ 时的温度分布曲线.不同曲线对应于不同系统尺寸 $N=32,64,128$, $256,512$,曲线几乎重合；（c）热流 J 的尺寸依赖性；（d）（e）指数 α 和 β 随尺寸无序程度 d 的变化,随着 d 的增加,$\alpha \to -2, \beta \to 1$.（改编自文献[367]）

之间有某种相似之处[359].对二维简谐链热传导行为的研究表明,系统在引入无序后也会表现出正常的热导率.例如,通过在二维简谐晶格中随机地去掉一些粒子之间的简谐耦合会使得原本能量发散的弹道性输运降低直至成为扩散性的输运,甚至导致不发散的正常热导率[374,375].

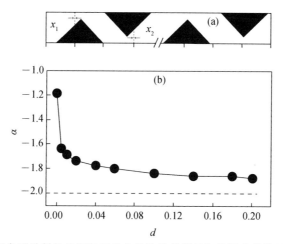

图 4.11　三角形散射体位置随机分布的洛伦兹弹子气体通道热传导计算结果

（a）气体通道示意图.（b）指数 α 随无序程度 d 的变化.d 越大,α 越趋于 -2,趋向正常热传导.（改编自文献[367]）

微观动力学的混沌性与正常热导率之间的关系在过去的若干年当中产生过很多争论,在这里有必要进行一点评述.莱普瑞等人上述关于 FPU 链的结果原本是对卡萨蒂等人 1984 年的结果提出质疑,认为混沌性并不能保证系统有正常热传导.需要注意的是,卡萨蒂等人的工作并没有简单地说混沌就意味着正常热传导,他们更为强调的是扩散型能量输运这一条件,而非线性系统在相空间的全局性混沌可以保证系统能量输运具有扩散性质.莱普瑞等人所研究的 FPU 链在等能面上的运动并不满足全局混沌,该系统在相空间中存在着大量的 KAM 环面区[29],因此该模型并不满足足够混沌这个条件.尽管 KAM 环面会随着参数改变而缩小,但 FPU 系统的非简谐相互作用会使得环面运动仍残存,这些残存的规则区会造成粘连效应[39],即系统运动的混沌轨道会被吸引在规则区边缘逗留较长时间.这直接导致能量输运的反常性.这种反常扩散使得系统的热传导行为也出现反常.

迄今为止的研究结果表明,动力学的全局混沌性可以保证系统能量在空间的正常扩散,从而使得系统具有正常热传导性质,但这并不是必要条件.如果系统存在其他因素,诸如结构无序等,这些因素也可能使得系统能量满足正常的空间扩散,此时上述对系统本身动力学的全局随机性要求就可以放松[376,377].

4.3.5 一维动量守恒不可积系统的热传导

前面的讨论表明,承担热量传递的系统的不可积性是正常热导率的必要条件,但并不充分,很多的反例都表明了不可积性不能保证正常热传导.从第 1 章哈密顿系统的可积性讨论可知,N 自由度的系统如果有 N 个独立的不变积分,则该系统的运动是可积的.独立不变积分的个数越多,系统就越接近可积.我们所研究的哈密顿系统中总能量是一个自然的守恒量.对于(4.1.2)式描述的晶格系统,在无外势场($U(x)=0$)情况下动量又是另外一个守恒量.普罗森(T. Prosen)与坎贝尔(D. K. Campbell)证明了如下结果[378]:

普罗森–坎贝尔定理(PC 定理):在热力学极限下,如果一维晶格哈密顿系统的平均压强不为零,则系统的总动量守恒就意味着其热传导行为表现出反常的热导率.

该结果的意义在于,它对大量具有不同相互作用形式的晶格链给出了具有普遍性的结论,而且是目前为数不多的普遍性结论之一.下面给予简单证明.

考虑一维不含外势场的多体系统,其哈密顿量写为

$$H = \sum_{n=1}^{N} \left(\frac{p_n^2}{2m_n} + V_{n+1/2}(q_{n+1} - q_n) \right), \qquad (4.3.54)$$

其中 $V(r)$ 为粒子之间的非线性相互作用势,粒子质量和相互作用势能的下标表示系统中粒子质量和粒子间相互作用可能不同.注意(4.3.54)式中用整数 n 代表粒

子或格点位置,而用 $n+1/2$ 来代表第 n 个粒子与第 $n+1$ 个粒子之间的部分. 以下讨论的计算方法和结论对于非均匀粒子质量和非均匀相互作用势 $V(r)$ 等情形都适用. 由于(4.3.54)式中的势能项只取决于相邻粒子之间的距离 $r_n = q_{n+1} - q_n$,因此系统的哈密顿量在空间平移变换

$$q_n \rightarrow q_n + \delta q \qquad (4.3.55)$$

下保持不变. 系统的动量 p_n 遵循正则方程,可写成泊松括号表述的海森堡方程

$$\dot{p}_n = \{H, p_n\}. \qquad (4.3.56)$$

将上式对 n 求和即可得到总动量

$$p = \sum_{n=1}^{N} p_n$$

满足的方程. 将哈密顿量(4.3.54)代入上式,由于空间平移不变性,可得到

$$\dot{p} = \{H, p\} = 0, \qquad (4.3.57)$$

即总动量 p 为系统的运动积分(守恒量)[29].

将(4.3.54)式写为

$$H = \sum_{n=1}^{N} h_{n+1/2}, \qquad (4.3.58)$$

其中 $h_{n+1/2}$ 为局域能量密度,它可定义为以粒子间相互作用为中心,包含两粒子间相互作用势能和两边的两个粒子各一半动能:

$$h_{n+1/2} = \frac{p_{n+1}^2}{4m_{n+1}} + \frac{p_n^2}{4m_n} + V_{n+1/2}(q_{n+1} - q_n). \qquad (4.3.59)$$

系统的局域能流由(4.2.42)或(4.2.49)式给出,即

$$j_n = \{h_{n+1/2}, h_{n-1/2}\} = \frac{p_n}{2m_n}[V'_{n+1/2}(q_{n+1} - q_n) + V'_{n-1/2}(q_n - q_{n-1})],$$
$$(4.3.60)$$

总能流为

$$J = \sum_{n=1}^{N} j_n. \qquad (4.3.61)$$

能量密度与能流满足连续性方程(4.2.43),即

$$\frac{\mathrm{d}h_{n+1/2}}{\mathrm{d}t} = \{H, h_{n+1/2}\} = j_{n+1} - j_n. \qquad (4.3.62)$$

热导率的表达式可利用 GK 公式(4.2.66)通过计算能流时间关联函数的时间积分来求得,为

$$\kappa = \lim_{t \to \infty} \lim_{N \to \infty} \frac{\beta}{N} \int_{-t}^{t} \langle J(\tau)J(0) \rangle \mathrm{d}\tau. \qquad (4.3.63)$$

进一步定义系统的热力学压强为相邻粒子之间力的统计平均,

$$P = \langle V'_{n+1/2}(q_{n+1} - q_n) \rangle. \tag{4.3.64}$$

压强也可以通过热力学方法写出,它定义为改变系统体积(这里是一维,所以是改变尺寸)所产生系统自由能的变化,在一维情况下则可由对尺寸 $L = Na$ 的偏微分求得,

$$P \equiv \frac{\partial F}{\partial L} = \frac{1}{N}\frac{\partial F}{\partial a} = \frac{1}{N}\sum_{n=1}^{N}\langle V'(x_{n+1} - x_n + a) \rangle. \tag{4.3.65}$$

在热力学平衡态,作用于粒子 n 上的总力为零,因此

$$\langle V'_{n+1/2}(q_{n+1} - q_n) \rangle = \langle V'_{n-1/2}(q_n - q_{n-1}) \rangle. \tag{4.3.66}$$

对任意物理量 A,通过(4.5.66)与(4.3.64),(4.3.65)式,在温度 $\beta = 1/k_{\mathrm{B}}T$ 下用正则系综求平均,有

$$\langle A \rangle = \left(\int A\mathrm{e}^{-\beta H}\prod_n \mathrm{d}p_n \mathrm{d}q_n\right)\bigg/\left(\int \mathrm{e}^{-\beta H}\prod_n \mathrm{d}p_n \mathrm{d}q_n\right). \tag{4.3.67}$$

给定任意两个物理量 $A(t)$,$B(t)$ 及任一高斯函数

$$G_t(\tau) = \sqrt{2}\mathrm{e}^{-2\pi(\tau/t)^2}, \tag{4.3.68}$$

数学上可严格证明如下的柯西(A. L. Cauchy,1789—1857)-布尼亚科夫斯基(V. Y. Bunyakovsky,1804—1889)-施瓦茨(K. H. A. Schwarz,1843—1921)不等式:

$$\left(\int G_t(\tau)\langle A(\tau)A \rangle \mathrm{d}\tau\right)\left(\int G_t(\tau)\langle B(\tau)B \rangle \mathrm{d}\tau\right) \geqslant \left(\int G_t(\tau)\langle B(\tau)A \rangle \mathrm{d}\tau\right)^2. \tag{4.3.69}$$

令 $A = J$(总热流),$B = p$(总动量),由于动量守恒 $p(t) = p$,施瓦茨不等式可表述为

$$\int G_t(\tau)\langle J(\tau)J(0) \rangle \mathrm{d}\tau \geqslant \left(\frac{\langle Jp \rangle^2}{\langle p^2 \rangle}\right)t. \tag{4.3.70}$$

由于能量均分定理,

$$\langle p^2 \rangle = \left(\sum_{n=1}^{N} m_n\right)\bigg/\beta. \tag{4.3.71}$$

另外,

$$\langle Jp \rangle = \beta^{-1}\sum_{n=1}^{N}\langle V'_{n+1/2}(q_{n+1} - q_n) \rangle = NP. \tag{4.3.72}$$

再利用(4.3.65)式及不等式(4.3.70),可以进一步得到

$$\kappa(N,t) = \frac{\beta}{N}\int G_t(\tau)\langle J(\tau)J(0) \rangle \mathrm{d}\tau \geqslant \left(\frac{P^2}{a\left(\sum_{n=1}^{N} m_n\right)\bigg/N}\right)t. \tag{4.3.73}$$

该不等式右边时间 t 前的系数为有限值. 热导率为

$$\kappa = \lim_{t\to\infty} \lim_{N\to\infty} \kappa(N,t). \tag{4.3.74}$$

另外

$$\lim_{t\to\infty} G_t(\tau) = \sqrt{2}. \tag{4.3.75}$$

不等式(4.3.73)说明了热导率在 $t\to\infty$ 极限下,只要压强

$$\lim_{L\to\infty} P > 0, \tag{4.3.76}$$

就有热导率 $\kappa\to\infty$. 这就证明了 PC 定理.

动量守恒的一维系统在内部压强不为零情况下热导率发散的结果也曾为重整化群理论和模耦合理论所证明,并与很多数值结果相一致. 人们对 LJ 链[379]、FPU 系统[380,381]、ϕ^4 模型[382]等都用数值计算验证了 PC 定理. 研究表明,热导率随系统尺寸发散来于非谐相互作用势导致的系统各种局域模(localized modes)之间的相互作用,它们产生各种模之间的能量交换,由此增大了系统的热流量. 这时如果在链中随机掺杂一些大质量的原子作为杂质,系统的热流将会减少,而热导率会逐渐收敛.

另一方面,近几年人们也试图寻找一些 PC 定理的反例,即虽然系统哈密顿量可由(4.3.54)式表述且满足总动量守恒,但系统的热传导行为表现出正常热导率. 人们曾经研究的一些系统包括 Ding-a-ling 模型[322,383]、Ding-dong 模型[365]、耦合转子模型[384,385]等. 这些深入研究使得人们对于 PC 定理的适用条件有了更进一步的认识. 值得注意的是,一维总动量守恒系统具有反常热导率的一个重要前提是由(4.3.64)和(4.3.65)式定义的系统平均压强必须不为零,而对于 Ding-a-ling 和 Ding-dong 模型而言,平均压强 $P=0$,因此它表现出正常热传导行为就不在上述结论的范围之内. 另外,总动量守恒只是反常热导率的充分而非必要条件,即一维总动量守恒的格点系统具有反常热传导,反之则未必成立.

耦合转子模型是一个特殊的尚未完全给出确定性结论的反例. 该系统的平均压强满足 $P\neq0$,且满足总动量守恒,然而研究表明该系统却表现出正常的热导率行为. 研究表明,其正常热传导的机理来自于系统的非线性模式激发对线性模式激发之间的散射作用. 我们将在后面对此进行详细讨论.

需要说明的是,PC 定理是热传导研究中为数不多的以定理形式给出的较强论断,但近年来人们对其正确性提出的各种质疑和反例说明,该定理应有其更为有限的使用条件和范围. 从前面关于定理的证明过程来看,有几个地方用到了已有的相关结果,这些结果是推导过程中的重要步骤和前提,因此应加以关注. 一是在证明过程中的热导率 κ 用到的是 GK 公式(4.3.63)或(4.2.66),这是非平衡统计物理中线性响应理论的结果,非线性响应情况下则不能以此为基础展开后续的论证. 二是用到了能量均分定理(4.3.71)式,非线性很强的晶格系统能量能否达到均分是一个值得关注的问题. 例如,在转子链系统中,人们已经发现系统除了声子模之外

还会出现呼吸子等空间局域模式,这种模是格点系统相互作用非局域性和非线性的结果,其存在会破坏系统能量的均分,这可能会对该系统可以有正常热导率的观察结果提供更为有效的解释.迄今为止,关于 PC 定理的适用范围和各种反例的提出仍然是人们关注的有意义课题之一,近几年关于正常和反常热传导存在的一些激烈争议和各种结论似乎对立的例证,都说明了这一领域一直吸引着持续的兴趣和活跃的研究.感兴趣的读者可参考文献[386—390],这里不再讨论.

§4.4 晶格热传导的声子气体理论

固体热传导可分为电子热导和晶格热导.绝缘体和一般半导体中的热传导主要靠晶格热导,它来自晶格振动的格波.格波是所有原子在各自平衡位置附近振动的一种集体模式,是固体物理典型的集体激发.简谐近似下,不同格波之间相互独立,系统一般状态可看成是一些独立基本激发单元的集合,这些激发单元就是声子.声子概念的引入,将 N 个原子的耦合振荡问题在简谐近似下约化为无相互作用的理想声子气体来进行理论分析和处理,可以很好地解释晶体的比热随温度下降而减小等晶体热力学性质的微观机制[357,359].

4.4.1 晶格系统的格波与声子

首先讨论一维单原子链的线性振动.设原子之间的间距为 a,原子质量为 m.在简谐近似下,可以写出第 n 个原子的运动方程

$$m\ddot{q}_n + K(2q_n - q_{n+1} - q_{n-1}) = 0. \qquad (4.4.1)$$

由于晶格的周期性,晶格振动模的形式为格波,即上述运动方程具有格波形式的解

$$q_n^k = A e^{i(\omega t - nak)}, \qquad (4.4.2)$$

其中 ω 和 A 为常数.将其代入(4.4.1)式,可以得到

$$\omega^2 = \frac{2K}{m}[1 - \cos(ak)] = \frac{4K}{m}\sin^2(ak/2), \qquad (4.4.3)$$

此即简谐链系统的色散关系,给出了格波的振动频率与空间波数之间的关系.考虑周期性边界条件及其格波周期性,可以得到波数 $k = 2\pi l / Na$(l 为整数)应满足

$$-\frac{\pi}{a} < k \leqslant \frac{\pi}{a}. \qquad (4.4.4)$$

(4.4.4)式称为布里渊区,如图 4.12(a)所示.色散关系表明,对于有限长度的原子链,其振动的波数是离散的,一个具有 N 个原子的原子链中存在 N 种振动模.当原子链的长度趋于无穷时,其振动模也将有无穷种,波数也相应趋于连续化.

进一步考虑一维双原子链的振动问题.这一系统可以看成是原子质量交替的一维简谐链,每个元胞内包含质量分别为 m 和 M 的两个原子,运动方程为

$$m\ddot{q}_{2n} + K(2q_{2n} - q_{2n+1} - q_{2n-1}) = 0, \tag{4.4.5a}$$

$$M\ddot{q}_{2n+1} + K(2q_{2n+1} - q_{2n+2} - q_{2n}) = 0. \tag{4.4.5b}$$

方程组(4.4.5)也有(4.4.2)式的格波解

$$q_{2n}^{k} = A\mathrm{e}^{\mathrm{i}[\omega t - (2n)ak]}, \quad q_{2n+1}^{k} = B\mathrm{e}^{\mathrm{i}[\omega t - (2n+1)ak]}, \tag{4.4.6}$$

将(4.4.6)式代入运动方程式,可以得到一维双原子链的色散关系

$$\omega_{\pm}^{2} = K\frac{m+M}{mM}\left(1 \pm \left[1 - \frac{4mM}{(m+M)^{2}}\sin^{2}(ak)\right]^{1/2}\right), \tag{4.4.7}$$

波数 k 满足的条件区间即为一维双原子链的布里渊区

$$-\pi/2a < k \leqslant \pi/2a. \tag{4.4.8}$$

图4.12(b)所示给出了布里渊区内双原子链的色散关系.与图4.12(a)的单原子色散关系相比可以看出,双原子链中每个波数 k 对应于两个频率,色散关系分成 ω_{+} 和 ω_{-} 上下两支,其中 ω_{-} 支与单原子链的色散关系类似,当 $k \to 0$ 时,$\omega \to 0$,ω 和波数 k 近似为线性关系.我们将属于 ω_{-} 这支色散关系的格波称为声学波(acoustic waves),而属于 ω_{+} 的格波称为光学波(optical waves).声学支和光学支之间有一个空白区域,这个空隙称为带隙(band gap).两个支各自对应的频率范围称为通带(pass band),在通带中的波矢 k 是实的,格波可以无衰减通过.在声学支和光学支之间的带隙以及光学支上方的频率范围称为禁带(forbidden band 或 band gap).在这两个禁带中,波矢 $k = \mathrm{Re}(k) + \mathrm{i}\,\mathrm{Im}(k)$ 为复数,虚部不为零使得格波在晶格的传播过程中衰减,导致格波在禁带不能传播.声学模和光学模之间的频率空隙是由双原子分子的质量差引起的,当质量差异减小时,隙宽也降低,等质量时消失.光学支上方禁带的出现称为高频截止,它来源于晶格的分立结构[357].

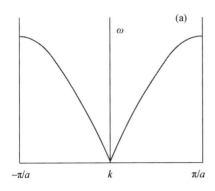
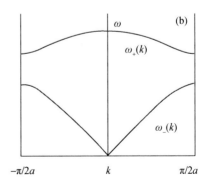

图 4.12　一维简谐链的色散关系

(a) 一维简谐单原子链的色散关系;(b) 一维简谐双原子链的色散关系,与单原子情形相比,多出高频的光学支

上面关于一维晶格的格波与振动行为的讨论可以自然扩展到二维和三维晶格系统,只需要相应地将波矢空间(倒格矢空间)从一维推广至二维和三维,一维中标量波矢 k 相应地用多维矢量 $\boldsymbol{k}$ 来描写. 通过晶格线性振动的色散关系不难看出,一个只能沿链方向振动的 N 个原子的原子链中只能存在 N 种互相独立的具有特定波数的平面波形式的振动模,原子链中的实际晶格振动是这些模的线性叠加. 一个初始由多个振动模线性叠加的空间局域波包由于其本征模的相速度不同,将不能保持其局域的形态而塌缩. 另外,不同于连续介质中的连续色散关系,由于晶格的离散性质,只有特定频率范围的晶格振动存在,而且范围是有上下边界的,对于复式晶格来说,还会存在带隙.

简谐晶格只是一般晶格的近似. 对于大多数情况,格波的色散关系以及频谱结构不仅与晶格中原子的相互作用形式有关,也与晶格结构有关. 人们通常用单位频率间隔的振动频率数 $g(\omega)$ 来刻画不同晶格材料的晶格振动性质,称为频率分布函数,其通式一般很难得到. 理论上有两个近似方法被证明是有效的,一个是爱因斯坦模型,它在刻画晶格高温下的热力学性质时可以给出合理的结果,但对低温情形描述偏离较大. 对低温可以给出理想结果的是德拜模型,它考虑到长波情况下连续介质弹性波效应,成功解释了低温下固体的比热性质.

晶格的原子振动是集体运动模式,在简谐近似下晶格中弹性波的各个基本简正振动是彼此独立的,每一种简正振动模式就是一种具有特定频率 ω,波数 k 和一定传播方向的弹性波,整个晶格的振动相当于由一系列相互独立的谐振子振动叠加而成. 在经典理论中,谐振子能量是连续的. 要处理原子、分子组成的晶格系统问题,特别是要研究物质与电磁、光等的相互作用过程,必须要在量子力学框架下进行. 在量子情况下,谐振子的能量必须是量子化的,即 $E_n = (n+1/2)\hbar\omega_k$,其中 $\hbar\omega_k/2$. 我们可以将能态 E_n 看作是由 n 个能量为 $\hbar\omega_k$ 的能量量子相加而成,而这种量子化弹性波的最小单位就称为声子(phonon). 声子是准粒子,是一种基本的能量载流子. 声子本身并不具有动量,但有准动量 $\hbar\boldsymbol{k}$.

4.4.2 声子相互作用的微观机制

用声子作为准粒子来描述晶格振动,就可以把晶格的热运动系统看成是由大量声子组成的气体. 对于简谐近似的理想晶格,在一定温度下系统能量为 $\hbar\omega_k$ 的平均声子数由玻色-爱因斯坦统计分布律给出,

$$\bar{n}_k = \frac{1}{e^{\hbar\omega_k/k_\mathrm{B}T} - 1}. \tag{4.4.9}$$

在非平衡条件下,声子气体会在晶格空间中产生输运.

当空间温度不均匀时,晶格的热传导可以用声子气体的输运过程来刻画. 利用

声子气体理论研究晶格热传导有两个不同层面:第一个是唯象理论层次,即可以将声子气体类比于一般的气体,并利用气体分子运动论来得到一些直接结果和启示;第二个层次是非平衡输运理论,即建立声子气体统计分布满足的诸如玻尔兹曼方程等非平衡动理学方程,并在此基础上对非平衡输运系数进行计算和分析.热传导是一种典型的非平衡输运过程,热导率就是需要计算和研究的最基本的输运系数.另外,利用非平衡统计物理的线性响应理论和涨落耗散定理也可以计算输运系数.

作为宏观研究的基础,下面首先对声子气体行为进行微观理论分析[357].声子气体非平衡过程最核心的要素是声子间的相互作用过程、机制及其效应.在非简谐晶格中,不同格波之间存在一定的耦合,因此必须考虑它们之间的相互作用.利用声子理论的语言,格波相互作用可以表示为声子间的"碰撞".简谐近似下,不同格波间完全独立,不存在不同声子间的相互碰撞,相当于完全忽略声子间的相互作用.正是存在各种非谐作用才能保证不同格波间可以交换能量,以此刻画非线性晶格中的能量非平衡输运与弛豫过程.

考虑(4.1.2)式的非简谐耦合晶格系统,并设外势 $U(x)=0$.参考(4.4.2)形式的格波解,利用(4.3.1)式定义的简正坐标 Q_k,晶格运动方程在简正坐标下满足

$$\ddot{Q}_k = -\omega_k^2 Q_k + \psi_k. \tag{4.4.10}$$

将热流密度的定义(4.2.42)式带入总热流(4.2.57)式,可以得到简正坐标下系统总热流量

$$J_{\mathrm{h}} = \sum_k v_k \omega_k Q_k \dot{Q}_k^*, \tag{4.4.11}$$

其中

$$v_k = \partial \omega / \partial k$$

表示声子运动的群速度.

对于简谐链, $\psi_k = 0$,而在一般的非简谐系统中 $\psi_k \neq 0$,因此 ψ_k 反映的是(4.1.3)式描述的系统非简谐势能部分的贡献,刻画了各简正模之间的相互作用.对于(4.1.2)式中不同的 U 和 V, ψ_k 有不同的具体表达形式.为了做一般性的讨论,可以将 ψ_k 统一写成简正模 Q_k 的级数展开形式[325].如果展开到四阶,可以得到

$$\ddot{Q}_k = -\omega_k^2 Q_k - \sum_{k_1, k_2} V_{k, k_1, k_2}^{(3)} Q_{k_1} Q_{k_2} - \sum_{k_1, k_2, k_3} V_{k, k_1, k_2, k_3}^{(4)} Q_{k_1} Q_{k_2} Q_{k_3}. \tag{4.4.12}$$

利用(4.4.11)式,可以得到能流的变化率满足方程

$$\dot{J}_{\mathrm{h}} = \frac{1}{3} \mathrm{Im} \left(\sum_{k, k_1, k_2} (-v_k \omega_k + v_{k_1} \omega_{k_1} + v_{k_2} \omega_{k_2}) V_{-k, k_1, k_2}^{(3)} Q_k Q_{k_1} Q_{k_2} \right)$$

$$+ \frac{1}{4} \mathrm{Im} \left(\sum_{k, k_1, k_2, k_3} (-v_k \omega_k + v_{k_1} \omega_{k_1} + v_{k_2} \omega_{k_2} + v_{k_3} \omega_{k_3}) V_{-k, k_1, k_2, k_3}^{(4)} Q_k Q_{k_1} Q_{k_2} Q_{k_3} \right).$$

$$\tag{4.4.13}$$

对于简谐情况，$\dot{j}_h = 0$，即 J_h 为守恒量.

(4.4.13)式给出了非简谐作用情况下三阶和四阶非简谐项对能流的贡献. (4.4.13)式中的势能三次方项对应于三声子过程，它包括两种情形，一种是二个声子碰撞后产生第三个声子，另外一种是一个声子劈裂为二个声子，如图 4.13 所示. 势能四次方项则对应于四声子相互作用的过程. 一个晶格系统如果不存在缺陷，则(4.4.13)式的右边应遵守选择定则，即(4.4.13)式中只有波矢满足条件

$$-k + k_1 + k_2 = 0, \pm N \qquad (4.4.14a)$$

的三阶项系数 $V_{-k,k_1,k_2}^{(3)}$ 和满足

$$-k + k_1 + k_2 + k_3 = 0, \pm N \qquad (4.4.14b)$$

的四阶项系数 $V_{-k,k_1,k_2,k_3}^{(4)}$ 具有非零贡献. 只要不满足上述选择定则，三阶和四阶的系数均为零，$V_{-k,k_1,k_2}^{(3)} = 0$，$V_{-k,k_1,k_2,k_3}^{(4)} = 0$. 由(4.4.14)式可以看出，选择定则给出了两种不同情形. 一种是作用前后的声子波矢之和为零的情况

$$-k + k_1 + k_2 = 0 \quad (三声子过程), \qquad (4.4.15a)$$

$$-k + k_1 + k_2 + k_3 = 0 \quad (四声子过程). \qquad (4.4.15b)$$

这意味着在声子相互作用过程中动量守恒. 另外一种情形是相互作用前后的声子波矢之和不为零，即

$$-k + k_1 + k_2 = \pm N, \quad N = 1, 2, \cdots \quad (三声子过程), \qquad (4.4.16a)$$

$$-k + k_1 + k_2 + k_3 = \pm N, \quad N = 1, 2, \cdots \quad (四声子过程). $$
$$(4.4.16b)$$

另外声子相互作用过程中还要满足能量守恒条件，于是有

$$\omega_{k_1} + \omega_{k_2} = \omega_k \quad (三声子过程), \qquad (4.4.17a)$$

$$\omega_{k_1} + \omega_{k_2} + \omega_{k_3} = \omega_k \quad (四声子过程). \qquad (4.4.17b)$$

皮尔斯发现，在没有色散，即 $\omega_k = v_s / |k|$ 的情况下，当声子碰撞满足(4.4.15)式条件时，三声子和四声子相互作用对热流 J_h 变化的贡献均为零，满足条件(4.4.15)和(4.4.17)式的声子作用过程称为正规过程(normal process，N 过程)[318,321,357].

由于不满足选择定则(4.4.14)的情况均会有 $\dot{j}_h = 0$，因此唯一可能对热流 J_h 变化产生贡献的是(4.4.16)式的情形，即声子碰撞前后的波矢之和不抵消，使得(4.4.13)式中的三阶项或四阶项不为零，从而 $\dot{j}_h \neq 0$. 这种机制称为倒逆过程(umklapp process，U 过程)[318,321,357]. 因此，声子作用的正规过程对热阻不产生贡献，倒逆过程则会导致晶格系统的有限热阻，从而产生有限的热导率和正常热传导. 这一点在用声子理论研究晶格热传导行为中非常重要.

下面以二维晶格中如图 4.13(b)所示的三声子过程为例来更清楚说明正规过

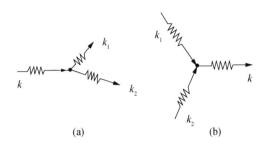

图 4.13 三声子碰撞过程

(a) 一个声子劈裂为二个声子;(b) 二个声子碰撞产生另一个声子

程和倒逆过程对热流和热传导过程的贡献.碰撞过程满足能量守恒,而声子碰撞的动量则不一定守恒,可以写为

$$\hbar \boldsymbol{k}_1 + \hbar \boldsymbol{k}_2 = \hbar \boldsymbol{k} + \boldsymbol{G}_n, \tag{4.4.18}$$

$\boldsymbol{G}_n$ 为倒格矢空间矢量.对于 $\boldsymbol{G}_n = 0$ 的正规过程情况,(4.4.18)式变为

$$\hbar \boldsymbol{k}_1 + \hbar \boldsymbol{k}_2 = \hbar \boldsymbol{k},$$

即声子相互作用过程中的动量没有发生变化,说明正规过程只是改变动量分布,而不影响热流方向,$\dot{J}_h = 0$,过程对热阻没有贡献.

如果晶格中存在缺陷或外势场,则声子作用过程就是一个非弹性散射过程,动量不守恒,$\hbar \boldsymbol{k}_1 + \hbar \boldsymbol{k}_2 \neq \hbar \boldsymbol{k}$,由(4.4.18)可知 $\boldsymbol{G}_n \neq 0$.声子动量不守恒意味着声子散射后有部分动量不以声子形式被转移出来,或者说被耗散掉,这部分转移出来的动量也会相应地改变热流,从而对原有声子的输运产生阻碍作用,产生热阻.这种动量不守恒的声子作用过程就是倒逆过程.对此我们可以从布里渊区内的矢量 $\boldsymbol{k}_1$,$\boldsymbol{k}_2$ 的叠加来理解.如图 4.14(a)所示,如果叠加后的合矢量 $\boldsymbol{k}_1 + \boldsymbol{k}_2$ 仍然落在布里渊区之内,则对应于正规过程,动量守恒满足,新的声子动量为 $\hbar \boldsymbol{k}_1 + \hbar \boldsymbol{k}_2 = \hbar \boldsymbol{k}$.如果 $\boldsymbol{k}_1 + \boldsymbol{k}_2$ 落在布里渊区之外,则需要并总可找到唯一的 $\boldsymbol{G}_n \neq 0$ 使 $\boldsymbol{k} = \boldsymbol{k}_1 + \boldsymbol{k}_2 - \boldsymbol{G}_n$ 回到布里渊区内.在示意图 4.14(b)中,为了使 $\boldsymbol{k}$ 落在布里渊区内,选取

$$\boldsymbol{G}_n = 2\pi/a\hat{\boldsymbol{i}}, \tag{4.4.19}$$

其中 $\hat{\boldsymbol{i}}$ 表示图中布里渊倒格矢的水平方向,$2\pi/a$ 为布里渊区的宽度.倒逆过程导致散射后声子的动量发生很大变化,并破坏热流的输运方向.图 4.14(c)和(d)分别给出了正规过程和倒逆过程的声子输运示意图,每一个箭头矢量代表一个声子,在(c)中正规过程的声子会有一致的定向运动方向,而在(d)中存在倒逆过程,产生一些沿逆方向运动的声子,因而产生对热流的阻碍.

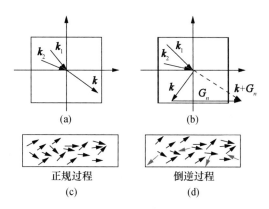

(a)　　　　　　　　　　(b)

正规过程　　　　　　　　倒逆过程
(c)　　　　　　　　　　(d)

图 4.14　声子相互作用过程及其热传导示意图

(a),(c) 正规过程,动量守恒,不产生热阻效应;(b),(d) 倒逆过程,动量不守恒,对热阻产生贡献

4.4.3　热传导的声子非平衡输运理论

声子的气体运动论来自于气体热传导问题唯象理论的启发. 当气体分子从温度高的区域运动到温度低的区域时,它将通过碰撞把它所带的较高平均能量传给处于低温区的分子;反过来,当气体分子从温度低的区域运动到温度高的区域时,它将通过碰撞获得一些能量. 这些能量传递过程在宏观上就表现为热传导过程. 所以,分子间的碰撞对气体导热有决定性作用. 气体的导热可以定性地看作在一个自由程 λ 之内冷热分子相互交换位置的结果,由此可以得到气体的热导率为[357]

$$\kappa = \frac{1}{3} c_v \lambda \bar{v}, \tag{4.4.20}$$

这里 c_v 为气体的单位体积热容,λ 为分子运动的平均自由程,$\bar{v}$ 为气体热运动的平均速率.

晶格系统的热传导主要由大量原子局域振动形成的各种格波组成,可以看作是声子气(phonon gas)系统,这就使晶格热导和气体热传导有了相似之处. 存在温度梯度时,声子气体的密度分布不均匀,高温处密度高,低温处密度低,因而声子气体在随机运动的基础上产生扩散运动. 因此晶格热传导可以看成是声子扩散运动的结果[357].

利用气体热传导的唯象分析可以得到声子气体的热导率近似公式,只是需要将气体分析的平均速度改为声子的速度 v_0,为简化起见 v_0 通常取为固体中的声速

$$\kappa = \frac{1}{3} c_v \lambda v_0, \tag{4.4.21}$$

其中 λ 表示声子的平均自由程. 声子平均自由程由声子间的"碰撞"和缺陷对声子的散射两种过程决定. 声子的碰撞起着限制声子平均自由程的作用.

由声子间碰撞决定的声子平均自由程密切依赖于温度. 在高温, 即 $T \gg \Theta_D$(德拜温度)情况下, 对于所有晶格振动模, 平均声子数正比于温度 T,

$$\bar{n}(k) = \frac{1}{e^{\hbar\omega_k/k_B T} - 1} \approx \frac{k_B T}{\hbar\omega_k}. \quad (4.4.22)$$

温度升高使平均声子数和声子浓度增大, 相互"碰撞"的概率增大, 自由程减小, 这时平均自由程 λ 与温度 T 成反比,

$$\lambda \propto T^{-1}. \quad (4.4.23)$$

考虑到高温情况下晶格热容是与温度无关的常数, 热导率 κ 也与温度成反比. 在低温, 即 $T \ll \Theta_D$ 时, 可以得到平均自由程

$$\lambda \propto e^{\Theta_D/aT}, \quad (4.4.24)$$

a 为 2～3 之间的数值. (4.4.24)式表明, 当温度下降时自由程将迅速增长. 这是因为对热传导真正起作用的是声子碰撞的倒逆过程, 必须有大波矢 k 的短波参与才有可能. 短波往往是高能量的格波, 如在爱因斯坦理论中看到的那样. 高频的格波振动随温度下降而十分陡峭地减弱. 也就是说, 低温下自由程 λ 增大是参加倒逆过程的短波声子数减少的结果.

除声子间相互碰撞作用外, 实际固体中存在缺陷也可以成为限制自由程的原因. 在低温下, 声子间相互碰撞作用迅速减弱, 自由程将由这些散射因素所决定, 如晶体的不均匀性、多晶体晶界、晶体表面和内部的杂质都可以散射格波, 即都可以与声子发生碰撞.

由上述讨论可见, 对绝缘体晶格中热传导过程最基本图像的认识, 最初借助了气体分子运动论, 即把晶格的振动模与理想气体分子运动联系起来. 然而, 上述关于声子气体的分子运动论讨论还存在问题. 首先, 晶格振动模与理想气体分子的运动是有区别的. 在热力学平衡态, 理想气体分子运动速度的分布服从麦克斯韦分布, 而固体中晶格振动不同的振动模则具有不同的群速, 群速由波方程(4.4.2)和色散关系 $\omega = \omega(k)$ 决定,

$$v_k = \partial\omega/\partial k, \quad (4.4.25)$$

因此, 考虑到速度的不均匀性和对波数的依赖性, 固体的热传导率应该表达为

$$\kappa = \frac{1}{3}\int c_k v_k^2 \tau_k \, dk, \quad (4.4.26)$$

其中 $\tau_k = \lambda_k/v_k$ 为声子输运的弛豫时间, λ_k 为声子 k 的平均自由程. 上式唯象的包含了固体热传导过程中所有的散射因素, 如非谐相互作用势的影响、杂质的影响、边界的反射、电子的散射等等.

利用(4.4.26)式可以很容易理解简谐链热传导反常的原因. 在简谐近似下, 晶格中的声子之间没有相互作用, 它们可以在晶格中自由飞行, 因此各种声子模的平均自由程 λ_k 在材料长度 $N \to \infty$ 时也趋于无穷大, 弛豫时间 $\tau_k \to \infty$, 这将导致

(4.4.26)的热导率 $\kappa \rightarrow \infty$.

上述关于固体热导率的分析是唯象结果, 缺乏对非平衡过程的动理学细致分析和计算. 1929 年, 皮尔斯在玻尔兹曼方程的基础上研究了包含非谐相互作用势的晶格系统的热输运性质[318]. 他指出, 晶格振动对系统能量输运的贡献可以通过有相互作用的声子气体来描述. 玻尔兹曼方程将一个系统空间某处的粒子数或概率密度的变化归因为空间整体漂移和粒子相互作用两种机制所产生的变化的贡献. 考虑一维位形空间的简单情形, 将每一个声子的微观状态在波矢—位形空间描述. 设 $N_k(x,t)$ 为在 t 时刻位于空间 x 处的单位小体积内波数为 k 的声子数, 则其变化率为

$$\frac{\partial N_k}{\partial t} = \left(\frac{\partial N_k}{\partial t}\right)_{\mathrm{d}} + \left(\frac{\partial N_k}{\partial t}\right)_{\mathrm{c}}, \qquad (4.4.27)$$

其中右边第一项为漂移项, 利用连续性方程可以得到

$$\left(\frac{\partial N_k}{\partial t}\right)_{\mathrm{d}} = -\nu_k \partial N_k/\partial x. \qquad (4.4.28)$$

(4.4.27)式的第二项为碰撞项, 类似于玻尔兹曼方程中的碰撞分析, 可以利用前面的声子微观过程来分析. 微观方程(4.4.12)中包含了三声子和四声子相互作用的贡献. 四声子相互作用对碰撞项的贡献写起来比较繁杂, 如果只考虑三声子作用过程, 碰撞项为[318]

$$\left(\frac{\partial N_k}{\partial t}\right)_{\mathrm{c}} = \iint \mathrm{d}k'' \mathrm{d}k' \left\{ [N_k N_{k'} N_{k''} - (N_k+1)(N_{k'}+1)N_{k''}] W_{kk'k''} \right.$$
$$\left. + \frac{1}{2} [N_k(N_{k'}+1)(N_{k''}+1) - (N_k+1)N_{k'}N_{k''}] W_{kk'k''} \right\}, \quad (4.4.29)$$

其中 $W_{kk'k''}$ 表示由声子 k, k' 碰撞产生 k'' 声子的三声子过程跃迁概率, 具体表示为

$$W_{kk'k''} = \frac{\hbar}{32\pi^2 \rho} \sum |V^{(3)}_{-k,k',k''}|^2 \omega\omega'\omega''\delta(\omega+\omega'-\omega''), \qquad (4.4.30)$$

其中求和对所有可能参与的声子碰撞过程进行. (4.4.30)式表明, 在声子气体系统中, 非简谐相互作用势会造成声子态间的跃迁 $k \rightleftharpoons k', k''$, 概率 $W_{kk'k''}$ 需要满足量子跃迁的费米黄金定则(Fermi's golden rule). 费米黄金定则[318,357]描述的是一个量子系统在微扰的作用下从初始本征态 $|\mathrm{i}\rangle$ 跃迁到末本征态 $|\mathrm{j}\rangle$ 的转移概率满足

$$\mathrm{d}W_{\mathrm{if}}/\mathrm{d}t = 2\pi \hbar^{-1} |\langle \mathrm{i}|V'|\mathrm{f}\rangle|^2 \delta(E_{\mathrm{f}} - E_{\mathrm{i}}). \qquad (4.4.31)$$

(4.4.27)~(4.4.30)式共同构成了玻尔兹曼–皮尔斯(BP)输运方程. BP 方程 (4.4.27)提供了一种从经典微扰理论来预测低维非简谐系统输运特性的方法, 被誉为固体热输运理论研究中的一个里程碑.

BP 方程(4.4.27)右边第二项为碰撞积分项(4.4.29)式, 它描述了单位时间内一系列相互作用过程对 k 态声子数的影响. 与传统玻尔兹曼方程类似, 该方程也是

一个微分积分方程, 很难求解. 在小温度梯度情况下, 可以在平衡态

$$N_k^{\mathrm{eq}} = \frac{1}{\mathrm{e}^{\hbar \omega_k / k_\mathrm{B} T} - 1} \tag{4.4.32}$$

附近计算扰动解

$$N_k = N_k^{\mathrm{eq}} + \delta N_k, \tag{4.4.33}$$

在线性响应时可以得到线性化方程. 定态情况下有

$$v_k \frac{\partial N_k^{\mathrm{eq}}}{\partial T} \frac{\partial T}{\partial x} = \psi(\delta N_k), \tag{4.4.34}$$

其中 ψ 为线性化的碰撞积分项, 它通常是 δN_k 的线性泛函. 限于篇幅和本书以动力学与统计相联系的主旨, 这里不再做进一步的展开讨论, 感兴趣的读者可参阅皮尔斯所著的文献[318] 及相关专著[391].

4.4.4　模耦合理论——热导率的维度和尺寸效应

前面有关声子气体的理论主要是对相互作用声子气体从唯象或输运动理学角度讨论其宏观行为. 实际上, 从微观来探讨声子之间的具体相互作用和散射机制, 进而从中得到宏观非平衡行为的动力学与统计理论也非常重要. GK 公式 (4.2.66) 和 (4.2.67) 给出了热导率与热流的关联函数之间的关系, 这意味着计算作为输运系数的热导率时, 热流关联函数的计算至关重要. 模耦合理论 (mode coupling theory) 就是从微观出发研究系统热输运性质重要方法之一, 该理论对 GK 公式中的关联函数做出了很好的估计. 模耦合理论发展自流体中长时尾问题的讨论. 基于晶格系统的声子理论, 与热传导过程相关的声子非平衡输运过程也可以用类似流体力学的 BP 方程 (4.4.27) 来描述, 因而模耦合理论近年来被成功地应用于晶格系统的热传导研究中[392].

模耦合理论关注的是系统中各种不同模式之间相互作用和竞争而导致的非平衡弛豫过程[393]. 上一节的皮尔斯-玻尔兹曼方程给出了声子数密度的演化方程, 但在进一步研究弛豫过程的时候, 就需要像玻尔兹曼方程那样通过投影方法来建立流体力学方程以进行动理学的讨论. 类似于流体力学, BP 方程 (4.4.27) 的碰撞项对阐明系统的非平衡弛豫过程非常重要. 固体中的各种声子模在传播过程中会衰减, 但不同模的衰减速度不同. 设模 k 的衰减为 $\sim \mathrm{e}^{-v_k t}$, 则对应 k 的寿命时间尺度为 $1/v_k$. 固体中最慢的弛豫模来自于守恒量的扩散, 即主导弛豫的是一些与微观相互作用中的守恒量 (例如粒子数、能量、动量等) 相关的元过程, 这些过程被称为慢过程, 它们对应于各种流体力学模. 这些慢变模的动力学密切联系着大波长, 即波矢 $k \to 0$ 的模. 因为长波声子模在固体传播过程中衰减的最慢, 对能量传递起着最主要的作用, 因而它们对热传导起着主导作用. 那些短波长的声子模在传播过程中衰减很快, 因而对热传导不产生主要贡献.

GK 公式(4.2.66)或(4.2.67)中的热流关联函数直接反映着上述时间尺度，显然对于 k 大的模，v_k 较大，对应于较短的时间尺度 $1/v_k$，这些模所对应的热流关联在 GK 公式中积分贡献很小，因而关联函数依赖于 $k \rightarrow 0$ 时 $v_k \rightarrow 0$ 的渐近行为。从(4.2.66)式的积分可以看出，如果 v_k 随 $k \rightarrow 0$ 减小得太快，则热流关联函数就会随时间减小得过于缓慢，导致积分发散，从而系统不具有正常的热导率。$v_k \rightarrow 0$ 的渐近行为通常与热导体的空间维数有关。对于高维热导材料，垂直于热流传播方向的横向声子模对纵向传播的声子会起到碰撞和耗散作用，从而导致正常热传导。相比于高维材料，守恒量所对应的慢模在一维材料中的传播会更有效率，使得低维材料更容易出现反常热导。本节讨论的要点就是分析理解材料维数对热传导的影响。下面我们利用模耦合理论将慢模在系统弛豫过程中的贡献计算出来，并且进一步讨论它对输运系数，特别是对热导率的贡献。

对一般非简谐晶格，简正模的动力学方程由(4.4.10)式给出。由于模相互作用项 ψ 对于不同晶格相互作用各有不同，因此仅凭(4.4.10)式本身难以对热传导过程的普适性进行讨论。考虑在由简正坐标和简正动量所构成的经典微观动力学相空间

$$\Gamma \equiv \{(Q_k, \dot{Q}_k), k = -N/2, \cdots, N/2\} \tag{4.4.35}$$

中，对一个典型的力学可观测量 A，可以定义投影算符 $\hat{P}$[179]：

$$\hat{P}A \equiv \sum_k \left(\frac{\langle AQ_k^* \rangle}{\langle |Q_k|^2 \rangle} Q_k + \frac{\langle A\dot{Q}_k^* \rangle}{\langle |\dot{Q}_k|^2 \rangle} \dot{Q}_k \right). \tag{4.4.36}$$

显然，这一投影算符满足 $\hat{P}^2 = \hat{P}$。

对不同的问题，投影算符的选择不尽相同。具有相互作用势的晶格系统满足总动量守恒，这意味着系统在波矢空间满足选择定则

$$\sum_i \boldsymbol{k}_i = 0. \tag{4.4.37}$$

这说明，系统在各种模式相互作用下的长时间弛豫过程由波矢足够小($|\boldsymbol{k}| \ll N/2$)的慢模动力学决定，即与长波傅里叶分量模 Q_k 相联系。因此为了分析慢模的动力学，可以适当选择将运动方程投影到某些慢模 k 上的投影算符。利用模方程(4.4.10)和投影操作(4.4.36)式，可以得到某一慢 k 模上 Q_k 满足的广义主方程为[394]

$$\ddot{Q}_k + \int_0^t \Gamma_k(t-s)\dot{Q}_k(s)\mathrm{d}s + \tilde{\omega}_k^2 Q_k = R_k, \tag{4.4.38}$$

其中 R_k 表示广义随机力，它来自投影的补算符 $1-\hat{P}$ 对 Q_k 的作用，

$$R_k(t) = (1-\hat{P})\ddot{Q}_k. \tag{4.4.39}$$

(4.4.38)式左边第二项为有效阻尼项，其中 $\Gamma_k(t)$ 为含时间的核函数，它描述了模 Q_k 演化时的记忆效应，与广义随机力 R_k 之间满足涨落耗散定理

$$\Gamma_k(t) = \beta \langle R_k(t)R_k^*(0) \rangle. \tag{4.4.40}$$

系统非线性(非简谐)产生的一个重要效应就是对原有线性色散关系形成与温度有关的重整化. 由于非简谐相互作用, 模式之间相互耦合, 在采用投影操作得到广义主方程时, (4.4.38)式除了方程中的阻尼项和方程右边的涨落项以外还会产生相对于线性模 k 本征频率的移动,

$$\widetilde{\omega}_k^2 = 1/(\beta \mid Q_k \mid^2) = (1+\alpha)\omega_k^2, \qquad (4.4.41)$$

其中 α 为重整化因子, 可以表达为

$$\alpha(\beta) = \frac{1}{\beta} \frac{\int e^{-\beta V(x)} \, dx}{\int x^2 e^{-\beta V(x)} \, dx} - 1. \qquad (4.4.42)$$

对于简谐链的情况, $V(x) = Kx^2/2$, 由(4.4.42)式计算可得 $\alpha(\beta) = 0$. 当晶格为非简谐时, 重整化系数 $\alpha(\beta) \neq 0$, 相应的声速也需要用(4.4.41)式重整化,

$$\widetilde{v}_s = \partial \widetilde{\omega}_k / \partial k = v_s \sqrt{1+\alpha(\beta)}. \qquad (4.4.43)$$

从方程(4.4.38)可以得到关联函数

$$C_k(t) = \beta \widetilde{\omega}_k^2 \langle Q_k(t) Q_k^*(0) \rangle \qquad (4.4.44)$$

的演化方程(由(4.4.44)定义式易知 $C_k(0) = 1$)为

$$\ddot{C}_k(t) + \int_0^t \Gamma_k(t-s) \dot{C}_k(s) \, ds + \widetilde{\omega}_k^2 C_k(t) = 0. \qquad (4.4.45)$$

下面讨论记忆核函数 $\Gamma_k(t)$, 模耦合理论核心就是提供了一种将 $\Gamma_k(t)$ 用 $C_k(t)$ 来表示的自洽近似方法. 在热力学极限下, 将(4.4.39)式带入(4.4.40)式的涨落耗散定理, 可以得到

$$\Gamma_k(t) \propto \langle R_k(t) R_k^*(0) \rangle. \qquad (4.4.46)$$

利用(4.4.10)式的晶格运动方程, 可以近似得到

$$\Gamma_k(t) \propto \langle \psi_k(t) \psi_k^*(0) \rangle, \qquad (4.4.47)$$

其中 $\psi_k(t)$ 为晶格运动方程(4.4.10)式的模相互作用力. 进一步, 可以将核函数 $\Gamma_k(t)$ 利用关联函数 $C_k(t)$ 进行多重分解. 例如, 如果方程(4.4.10)中的力 $\psi_k(t)$ 为 Q_k 的二次型, 即

$$\psi_k(t) \sim \sum_{k'} Q_{k'} Q_{k-k'}, \qquad (4.4.48)$$

则(4.4.39)式可以表示为关联函数展开,

$$\Gamma_k(t) \propto \frac{\widetilde{\omega}_k^2}{N} \sum_{k'} C_{k'}(t) C_{k-k'}(t). \qquad (4.4.49)$$

从而, (4.4.49)式与关联函数 $C_k(t)$ 的演化方程(4.4.45)式共同构成了自洽方程组, 原则上可以从中求解出关联函数. 为了对其求解, 可引入拉普拉斯变换

$$\Gamma_k(z) = \int_0^\infty \Gamma_k(t) e^{-izt} \, dt, \qquad (4.4.50)$$

$$C_k(z) = \int_0^\infty C_k(t) \mathrm{e}^{-\mathrm{i}zt} \mathrm{d}t. \tag{4.4.51}$$

对于 $\dot{C}_k(0)=0$，对(4.4.45)式做拉普拉斯变换可以得到

$$C_k(z) = \frac{\mathrm{i}z + \Gamma_k(z)}{z^2 - \tilde{\omega}_k^2 - \mathrm{i}z\Gamma_k(z)}. \tag{4.4.52}$$

如果耗散足够小，对(4.4.52)式反变换可以近似得到关联函数行为

$$C_k(t) \sim \mathrm{e}^{\mathrm{i}\lambda_k t}, \tag{4.4.53}$$

其中

$$\lambda_k = \pm\tilde{\omega}_k + \mathrm{i}\Gamma_k(|\tilde{\omega}_k|)/2. \tag{4.4.54}$$

(4.4.54)式可以看作是广义的色散关系. λ_k 的虚部

$$\gamma_k = \Gamma_k(|\tilde{\omega}_k|)/2 \tag{4.4.55}$$

相当于有效阻尼系数，反映了模 k 的耗散/衰减速率，代表声子模 k 由于相互作用产生的有效弛豫速率. 由于记忆效应包含在虚部当中，则模 k 的方程(4.4.45)可以近似为

$$\ddot{Q}_k + \gamma_k\dot{Q}_k(t) + \tilde{\omega}_k^2 Q_k = R_k. \tag{4.4.56}$$

由(4.4.40)式，$\Gamma_k(t-t')/\beta \sim \gamma_k\delta(t-t')$，随机力可近似用高斯白噪声来描写:

$$\langle R_k(t)R_k^*(t')\rangle = \gamma_k\beta^{-1}\delta(t-t'). \tag{4.4.57}$$

在此近似下，模之间的相互作用都包含在色散关系(4.4.55)式之中，非马尔可夫效应化为大量模的有效马尔可夫效应叠加，每一个模 k 都对应于其关联时间尺度

$$\tau_k \propto \gamma_k^{-1} = 2/[\Gamma_k(|\tilde{\omega}_k|)]. \tag{4.4.58}$$

对于空间一维晶格系统，波莫(Y. Pomeau)对(4.4.45)和(4.4.40)式进行了自洽计算，并预测了记忆函数 $\Gamma_k(z)$ 在 $z=0$ 处具有奇异性，即 $z\to 0$ 时 $\Gamma_k(z)\to\infty$，且在 $z=0$ 附近遵循标度律[392]

$$\Gamma_k(z) \sim z^{-1/3}k^2. \tag{4.4.59}$$

将(4.4.59)式代入(4.4.45)式，可以得到长波极限 $k\to 0$ 下有效阻尼的标度性质[395]

$$\gamma_k \propto k^{5/3}, \tag{4.4.60}$$

该标度性质对于一维非简谐晶格系统具有普适性. 对于二维和三维晶格系统，在长波极限下也可以得到相应的普适性关系[396]，这里不再做推导，我们只把空间维数 $d=1,2,3$ 的结果做如下总结:

$$\lambda_k = \begin{cases} ck - \mathrm{i}(c'k^{5/3}) + \cdots & (d=1), \\ ck - \mathrm{i}(c'k^2\ln k) + \cdots & (d=2), \\ ck - \mathrm{i}(c'k^2) + \cdots & (d=3), \end{cases} \tag{4.4.61}$$

其中 i 为虚数单位，$c=c(k)$ 为波速，c' 为待定系数.

下面来处理热流. 系统的相互作用势能可以展开为简谐与非简谐两部分，总热

流为其相应的热流之和

$$J = J_{\mathrm{H}} + J_{\mathrm{A}}. \tag{4.4.62}$$

在非简谐相互作用很强的情况下,利用 BP 方程可以估算出热流(4.4.62)的简谐部分 J_{H} 与非简谐部分 J_{A} 具有同等量级的渐近行为

$$|\, J_{\mathrm{H,A}}\,| \propto \int \mathrm{d}k/k^2. \tag{4.4.63}$$

该结论在数值试验研究中也得到了有效的验证[397],因此只需要考虑(4.4.63)式中热流 J_{H} 的自关联. 可以将 J_{H} 表为

$$J_{\mathrm{H}} = \sum_k v_k(E_k - \langle E_k \rangle) = \sum_k v_k \delta E_k, \tag{4.4.64}$$

其中 δE_k 代表对应于模 k 的能量涨落,满足朗之万方程:

$$\delta \dot{E}_k = -\gamma_k \delta E_k + R_k^{'}, \tag{4.4.65}$$

$R_k^{'}$ 可以用高斯白噪声描写,$\langle (\delta E_k)^2 \rangle = (k_{\mathrm{B}} T)^2$. 对于足够大的系统,

$$\langle J_{\mathrm{H}}(t) J_{\mathrm{H}}(0) \rangle \propto \sum_k v_k^2 \langle (\delta E_k)^2 \rangle \mathrm{e}^{-\gamma_k t}$$

$$\approx \frac{Na}{2\pi}(k_{\mathrm{B}} T)^2 \int_{-\pi/a}^{\pi/a} v^2(q) \mathrm{e}^{-\gamma(q)t} \mathrm{d}q. \tag{4.4.66}$$

上述积分在长时间行为的主要贡献来自于低波数 $k \to 0$,设此时 $c(k) \approx v_0$,这里 v_0 为声速,γ_k 取(4.4.61)式的虚部 $\gamma_k = c'k^\delta$. 对(4.4.66)式积分,可得

$$\langle J_{\mathrm{H}}(t) J_{\mathrm{H}}(0) \rangle \propto \frac{v_0^2 Na}{(c't)^{1/\delta}}(k_{\mathrm{B}} T)^2 [1 + O(t^{-2/\delta})]. \tag{4.4.67}$$

将不同维数晶格系统的结果(4.4.61)式代入,可以得到热流时间关联的标度特性如下[397]:

$$\langle J(t) J(0) \rangle \sim \begin{cases} t^{-3/5} & (d=1), \\ t^{-1} & (d=2), \\ t^{-3/2} & (d=3), \end{cases} \tag{4.4.68}$$

由热流关联函数的性质我们可以得到热导率的尺寸依赖关系. 将(4.4.68)式代入 GK 公式(4.2.66),可以得到[179,397]

$$\kappa \sim \begin{cases} N^{2/5} & (d=1), \\ \ln N & (d=2), \\ N^0 & (d=3), \end{cases} \tag{4.4.69}$$

因此对于具有非简谐相互作用的一维和二维晶格系统,热导率都会随粒子数的增大而增大,表现出反常效应. 对于三维非简谐晶格系统,系统中的热传导行为服从傅里叶热传导定律,热导率与系统尺寸无关.

4.4.5 晶格系统热导率尺寸效应的实证研究

根据前面对于热传导的理论讨论,可以利用模耦合理论和 GK 公式,通过平衡态下热流的涨落特性来计算系统的热导率.特别地,热导率可以直接通过计算热流时间关联函数的积分(4.2.66)式来得到.根据玻尔兹曼方程,热流自相关函数 $c(t)$ 随时间的增长会呈指数衰减,然而大量不同晶格系统的研究表明,大部分系统的热流关联呈现出幂律行为 $c(\tau)\propto t^{-\beta}$.例如,图 4.15 就是 FPU-$\beta$ 链中一种典型的热流自关联函数 $c(i,t)$ 的时空演化行为[397].这种幂律的长时尾现象源于系统中的长波长、低频振动模在系统中的自由传播.这种效应会导致系统的输运系数随系统尺度增大而发散.

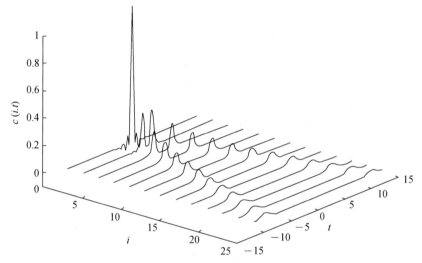

图 4.15 FPU-β 模型的流自相关函数的时空演化行为

对于初始的关联函数空间波包随时间演化在空间传播,并以幂律衰减,表现出长时尾效应.(改编自文献 [397])

对于一维动量守恒格点系统的热导率 κ 与系统尺寸之间的关系,可以容易地对理论结果与数值模拟结果相互比较.设热导率满足的幂律关系为 $\kappa\propto N^{\alpha}$.(4.4.69)式中已经给出了模耦合理论下利用 GK 公式计算的理论结果为 $\alpha=2/5$,人们同时还利用数值模拟计算对很多不同的满足动量守恒的格点系统进行了研究,并计算相应的幂律指数 α.表 4.1 给出了基于非平衡分子动力学(non-equilibrium molecular dynamics,NEMD)模拟对一些系统的数值计算研究结果.可以看到,分子动力学数值模拟得到的结果与 GK 公式的结果 $\alpha=2/5=0.4$ 基本一致,这说明模耦合理论可以在一定范围内给出较为合理的理论结果.

表 4.1 基于非平衡分子动力学方法对不同一维系统热导率的研究结果

模型	α(分子动力学)
FPU-β	0.37
FPU-α	$\leqslant$0.44
双原子 FPU $r=2$	0.43
双原子 Toda $r=2$	0.35$\sim$0.37
双原子 Toda $r=8$	0.44
硬球	0.35

表中双原子的情况 r 表示两种原子的质量比.结果来源如下:FPU-β 来自文献[397],[398],FPU-α 来自文献[399],双原子 FPU($r=2$)来自文献[400],双原子 Toda($r=2$)来自文献[401]和[402],双原子 Toda($r=8$)来自文献[402],硬球结果来自文献[401].

另一方面,表 4.1 中给出的结果对于不同系统而言差别还是比较大的,这些不同系统中的各种 α 值引发了人们近年来对一维系统热导率尺寸依赖关系普适性的研究和争议.人们利用上述的模耦合理论、重整化群理论、量子格林函数以及描述声子输运的玻尔兹曼-皮尔斯(BP)方程等多种理论方法进行了研究.利用重整化群理论对热传导的流体力学方程的研究表明,一维动量守恒系统具有普适指数 $\alpha=1/3\approx0.33$[402].Lee-Dadswell 等人发现,一维系统热导率根据材料的比热比 $\theta=c_p/c_V$,其尺寸依赖性存在两个不同的普适类[403]:当 $\theta=1$ 时,$\alpha=1/2=0.5$;当 $\theta>1$ 时,$\alpha=1/3$.如果将相互作用势写成多项式级数展开的形式,人们利用模耦合理论计算得出,如果非线性主项展开到三次方,$\alpha=1/3$,如果展开到四次方,则有 $\alpha=1/2$[394,404].与此相矛盾的是,人们对于四次方的非线性势利用 BP 方程理论来计算的结果[405,406]却给出 $\alpha=2/5$.最近人们利用量子格林函数方法研究多项式形式的相互作用势系统时发现[407],对于相互作用势主导项为偶次势的情况,$\alpha=2/5$,而对于奇次势,$\alpha=1/3$.上述利用不同理论得到的各种不同普适类和标度律说明,线性响应、BP 方程、模耦合理论等都是近似理论,有各自适用范围,是否正确并具有多大普适性都还需要进一步研究和检验.

相比于近年来大量一维热传导问题的工作,二维系统热传导系统的研究工作就少得多.早期关于二维晶格的研究较少涉及到反常热导率问题.佩顿(D. N. Payton)等人[379,408]分析了二维简谐链和兰纳-琼斯相互作用的非简谐晶格的非线性与无序对热传导的影响,发现无序非线性系统的热导率要高于简谐链的热导率,但他们没有研究热导率与系统尺寸的关系.依据模耦合理论,二维动量守恒的晶格系统热导率随系统尺寸是对数发散的,仍然表现出反常热传导.早期对二维 FPU 晶格热传导的尺寸效应的研究发现,尺寸很大时热导率有发散的趋势[409].之后一系列有关二维户田链[410]、不规则固体[411]晶格系统等的热传导研究结果都支持了模耦合理论的预测结果(4.4.69)式.

最近里皮(A. Lippi)等人较为系统地做了关于二维 $N_x \times N_y$ FPU 晶格热传导问题的研究[412],这里二维晶格两个方向上的粒子数可以不相等. 图 4.16 给出了固定 $R=N_y/N_x=1/2$ 时热导率与系统尺寸之间的关系,(a),(b) 分别为 FPU 相互作用势(4.1.6)式和兰纳-琼斯势(4.1.5)式的结果,可以看到热导率出现相同的走势,且均与模耦合理论预测的对数发散(4.4.69)式一致. 杨磊等 2006 年利用二维 FPU 晶格研究了低维热传导的维数跨越(crossover)[413],数值发现了二维热传导的发散性,这种发散随着 $R=N_y/N_x$ 的减小可以从二维的对数发散过渡到一维的幂律发散. 该结果证实了模耦合理论给出的有关一维和二维的结论. 另外,4.3.5 节中的 PC 定理给出的是一维动量守恒系统的热传导反常性的结果,但对二维情况迄今为止尚无理论证明. 人们也发现了一些动量守恒的二维格点系统仍然具有正常热导率或者热导率的尺寸变化关系不符合对数发散律的例证. 一个典型的例子是二维转子系统,人们发现该系统的热导率是有限的[414]. 我们将在后面有关非线性激发模对声子模的散射部分来讨论耦合转子系统有限热导率的机制.

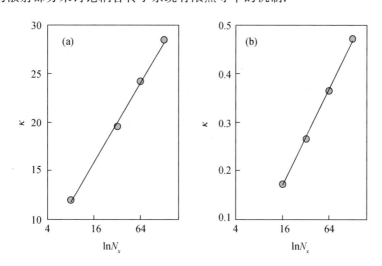

图 4.16 二维晶格系统在固定 $R=N_y/N_x=1/2$ 时热导率 κ 与尺寸 N_x 的关系

(a) FPU 模型,$T_+=20$,$T_-=10$;(b) 兰纳-琼斯相互作用势,$T_+=1$,$T_-=0.5$. 热导率与 N_x 均表现出对数依赖的关系,反映二维晶格系统的反常热导率,实线为(4.4.69)式的理论预言,圆圈为数值计算结果.(改编自文献[412])

随着计算机性能的大幅提高,近年来人们对三维格点系统热传导与系统尺寸的关系也开展了数值模拟研究. 到目前为止,研究结果均表明,三维非简谐格点系统的热导率是有限的[415,416]. 这些模拟结果同时也验证了模耦合理论关于三维体材料具有正常热传导的预测(4.4.69)的普适性.

4.4.6　声子-格点相互作用与正常热传导

上面讨论了系统由于动量守恒而导致的反常热传导行为. 晶格系统在没有外势的情况下单纯依赖不同模的声子之间相互作用, 它自身不能完全确定声子输运平均自由程, 随着系统尺度的增大, 平均自由程仍然会随之增加, 这就导致许多情况下热导率依赖于系统的尺寸而发散. 要使系统具有有限热导率, 就需要其他机制进一步增强对声子的散射, 使得声子平均自由程不再依赖于系统大小. 如果考虑外势的作用, 系统的总动量守恒就会被破坏, 声子不仅会由于非简谐相互作用势能而产生模耦合, 而且会出现外势对声子模的多重散射, 进一步降低平均自由程, 最终导致正常热传导.

研究声子与格点相互作用最典型的系统是 FK 模型. 早在 1985 年人们就研究了一维 FK 链的热传导问题[417], 发现系统在与热源接触时会形成非平衡定态, 出现很好的温度梯度, 并具有有限热导率, 但未涉及正常热导率的机制问题. 胡斑比等研究了 FK 模型热传导的尺寸效应[324], 并推断外势对声子的散射是导致正常热导率的关键机制.

图 4.17(a) 给出了 FK 系统的温度分布曲线, 可以看到系统能够建立很好的温度梯度. 为考察在外势下系统的热传导是否正常, 还需考察系统的热传导系数 κ 在系统尺寸 N 增加时是否会趋于与 N 无关的饱合, 这就需要考察系统的热流随 N 的变化情况. 在图 4.17(b) 中给出了热流 $J = Nj$ 随 N 的变化情况. 为了便于对照,

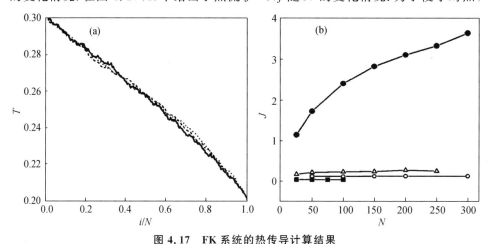

图 4.17　FK 系统的热传导计算结果

(a) 温度分布曲线, 可以看到 FK 系统可以建立很好的温度梯度. (b) 不同情况下总热流 J 随 N 的变化. 参数为 $m=1, K=1, U_0=5, a=0.3, b=1, T_+=0.3, T_-=0.2$. 实心方块 (■) 为势场为 (4.4.60) 的周期势 $U_1=15$ 时的结果. 空心三角形 (△) 给出了相互作用势为 (4.4.61) 的 FPU 势在 $\beta=0.9$ 且底势高度为 $U_0=5$ 的结果. 对比单纯 FPU 势 (即无外势场) 的结果 (实心圆点 ●) 可以看到, 总热流随着系统粒子数增加趋于饱和, 表明 κ 随 N 的增加趋于一个常数. (改编自文献[324])

图中同时给出了 FPU 模型的结果(实心圆点●),可以看到总热流 J 随 N 的增加而以 N^α 的规律增加,说明 FPU 系统的热传导是反常发散的.而空心圆点○是 FK 模型当 $U_0 = 5$ 的结果.为了考察不同外势场的影响,图 4.17(b)中还给出了外势场为周期势

$$U(x) = -\frac{U_0}{(2\pi)^2}\cos(2\pi x) - \frac{U_1}{(4\pi)^2}\cos(4\pi x) \qquad (4.4.70)$$

的结果.考察非简谐相互作用势的影响,图 4.17(b)也给出了 FPU 相互作用势

$$V(x) = \frac{x^2}{2} + \frac{\beta}{4}x^4 \qquad (4.4.71)$$

而外势为 FK 余弦势的计算结果.可以看出,对这几种不同的相互作用及其外势形式,只要有足够的外势,系统就会表现出正常的热传导,即 $\kappa \sim J = Nj$ 为常数.

从上面的讨论可以发现,当外势 $U(x)$ 不存在时,格点系统不管对于简谐耦合还是非简谐耦合都没有正常的热传导行为.对于简谐耦合的格点系统,系统具有不同模式的声子,这些声子模式之间是独立的,没有相互作用,这导致声子以声速无阻碍传播,热传导系数在 $N \to \infty$ 时是无穷大的.当格点粒子间是非简谐耦合时,各种声子模不再独立,声子之间存在相互作用,使得声子运动有一定的平均自由程,但自由程随系统尺寸增加而增大,虽然系统可以建立温度梯度,但声子自由程发散使得能流与系统尺寸不能形成 N^{-1} 的关系,因而导致反常的热导率.因此,外势 $U(x)$ 的存在是格点系统具有正常热传导的重要条件.正常热导率要求声子对能量的迁移是正常扩散,这一方面可以通过声子之间的相互作用来减慢其弹道运动,另一方面底势的存在使得声子发生散射,散射可以使声子的倒逆过程比例大大增加,进一步削减声子的弹道运动,最终实现能量的扩散性迁移.

应当指出,上述产生正常热传导的讨论是在低温情况下的,即 $T/V \ll 1$,此时底势会对声子造成很强的散射效应,从而大大降低能量的扩散速度,使得其呈现正常的扩散.在高温下,声子非常大的平均能量使得底势的散射效应可以忽略不计,系统的热传导又会表现为反常热传导.另外,除了外加底势之外,还有很多因素可以造成散射效应,例如缺陷、无序、其他非线性载流子,如孤子和呼吸子等,这些因素又可能使得系统回归正常的热导率.

§4.5 声子重整化理论

4.5.1 非简谐晶格的声子重整化——有效声子

前面对非简谐链的处理方法建立在简谐链的线性声子行为基础上,将非简谐性考虑为各种线性声子之间的相互作用与对声子的散射,这样如何正确合理处理

各种模式之间的耦合就成为揭示非简谐行为与能量输运行为的重要但也是困难之处.

我们首先简单回顾一下哈密顿系统的动力学.简谐链哈密顿系统是动力学上完全可积的系统.对于其他一般的可积系统,我们总可以设法找到一套正则变换(正则坐标和正则动量),使得所有正则动量为运动积分.另外,在第1章中我们研究了近可积哈密顿系统的动力学.近可积系统虽然在整体上不可积,但根据 KAM 定理,只要不可积扰动足够小,系统的相空间大部分区域仍然为 KAM 环面所覆盖,在 KAM 环面上系统为准周期或周期运动,对于这些区域理论上仍然可以通过正则变换将其可积化[29].

哈密顿系统的可积动力学启发我们对非简谐链系统的声子理论进行重新思考,可以找到对应于 KAM 环面运动的非线性模.实际上,线性声子的重整化在早期提出的模耦合理论中就已有雏形,而 4.4.4 节中的(4.4.41)和(4.4.43)式就意味着非线性效应会产生色散关系和声速计算的重整化.在 1995 年,阿拉比索和卡萨特里等对 FPU-β 等无底势的非简谐振子链进行了讨论,发现了具有重整化频率的准周期声子模,由此提出了声子的重整化理论[326,327].2006 年,李念北等人成功将此推广到存在底势的情形[328].为了对非线性晶格系统的反常热传导给出深入的物理解释及计算其热导率,该理论基于遍历性假设及相应的能量均分定理,将非线性链的相互作用声子谱重整化为"简谐振子链"的独立声子谱.这一思想被证明可以很好地解释反常热传导和热导率,有效声子也是一种能量载流子.

下面以哈密顿量为(4.1.2)式的非简谐振子链系统为例来对声子重整化问题进行推导,讨论中采取周期边界条件,即
$$x_{N+n} = x_n, \quad \dot{x}_{N+n} = \dot{x}_n,$$
并设所有原子为单位质量,$m_n = 1$.引入
$$\delta x_{n,n'} = x_n - x_{n'},$$
不失一般性,可将外势场和相互作用势一律写成级数形式
$$V(\delta x_{n,n+1}) = \sum_{s=2}^{\infty} g_s (\delta x_{n,n+1})^s / s, \tag{4.5.1}$$
$$U(x_n) = \sum_{s=2}^{\infty} \sigma_s x_n^s / s. \tag{4.5.2}$$
如果上述展开式的系数除了 g_2 以外都等于零,则系统就是简谐链,它具有 N 个独立无相互作用的声子模.如果有其他系数不为零,则系统为非简谐链.非简谐性带来声子模之间的耦合,耦合项使问题变得困难.前面虽然对其已经进行很多讨论,但很不充分.对于(4.5.1)和(4.5.2)式中一般的展开形式,我们期望能像 KAM 定理的讨论那样通过正则坐标变换得到重整化的独立声子谱.引入坐标

$$X_j = (x_j, \dot{x}_j)$$

和变换后的坐标

$$Q_k = (q_k, p_k),$$

参考(4.3.1)式的简正坐标变换，可以考虑正则变换

$$\boldsymbol{X} = \boldsymbol{B}\boldsymbol{Q}, \tag{4.5.3}$$

其中变换矩阵 $\boldsymbol{B}$ 为

$$B_{ik} = \begin{cases} \sqrt{\dfrac{2}{N}} G_k \cos\left(\dfrac{2\pi\mathrm{i}(k-1)}{N}\right), & k = 1, 2, \cdots, \left[\dfrac{N}{2}\right], \\ \sqrt{\dfrac{2}{N}} G_k \sin\left(\dfrac{2\pi\mathrm{i}(N-k+1)}{N}\right), & k = \left[\dfrac{N}{2}\right]+2, \cdots, N, \end{cases} \tag{4.5.4}$$

符号 $[N/2]$ 表示对 $N/2$ 取整，系数

$$G_k = \begin{cases} 1/\sqrt{2}, & k = 1, k = N/2+1, N \text{ 为偶数}, \\ 1, & \text{其他情况}. \end{cases} \tag{4.5.5}$$

对于一般的非线性振子链，模之间会产生相互作用和能量交换，从而在很多情况下系统会近似满足遍历性，并满足广义能量均分定理[326]

$$k_\mathrm{B}T = \langle q_k \partial H / \partial q_k \rangle, \quad k = 1, 2, \cdots, N. \tag{4.5.6}$$

上式右边为正则系综平均，对模 k 的作用力包括两部分

$$-F_k = \partial H / \partial q_k = \sum_{i=1}^{N} \sum_{s=2}^{\infty} (\omega_k g_s (\delta x_{i,i+1})^{s-1} \gamma_{ik} + \sigma_s x_i^{s-1} B_{ik}), \tag{4.5.7}$$

其中右边前一部分中矩阵 γ 的矩阵元为

$$\gamma_{ik} = \begin{cases} 0, & j = 1, \\ \dfrac{1}{\omega_k}(B_{ik} - B_{i+1,k}), & \text{其他情形}, \end{cases} \tag{4.5.8}$$

它们满足

$$\sum_{i=1}^{N} \delta x_{i,i+1} \gamma_{ik} = \omega_k q_k, \tag{4.5.9a}$$

$$\sum_{i=2}^{N} \gamma_{ik} \omega_i q_i = \delta x_{i,i+1}. \tag{4.5.9b}$$

将力的表达式(4.5.7)及其矩阵表达式(4.5.8)代入广义能均分定理(4.5.6)式，可得到

$$k_\mathrm{B}T = \sum_{i=1}^{N} \sum_{s=2}^{\infty} (\omega_k g_s \langle q_k (\delta x_{i,i+1})^{s-1} \gamma_{ik} \rangle + \sigma_s \langle q_k x_i^{s-1} \rangle B_{ik}),$$

$$\approx \sum_{s=2}^{\infty} \left(g_s \frac{\left\langle \sum\limits_{i=1}^{N} (\delta x_{i,i+1})^s \right\rangle}{\left\langle \sum\limits_{i=1}^{N} (\delta x_{i,i+1})^2 \right\rangle} \omega_k^2 + \sigma_s \frac{\left\langle \sum\limits_{i=1}^{N} x_i^s \right\rangle}{\left\langle \sum\limits_{i=1}^{N} x_i^2 \right\rangle} \right) \langle q_k^2 \rangle$$

$$= \alpha(\omega_k^2 + \gamma)\langle q_k^2 \rangle, \tag{4.5.10}$$

$k = 1, 2, \cdots, N.$ 可以看到,这里能量均分最后可以表达成第 k 个正则模对应的独立平方势能项的系综平均.这类似于简谐振子链情形下的能量均分定理

$$k_B T = \widetilde{\omega}_k^2 \langle q_k^2 \rangle, \tag{4.5.11}$$

所不同的是,(4.5.11)式中右边的系数模频率 $\widetilde{\omega}_k^2$ 不是原来的 $\omega_k = 2\sin(k/2)$,而是重整化后的频率

$$\widetilde{\omega}_k^2 = \alpha(\omega_k^2 + \gamma). \tag{4.5.12}$$

我们将模 q_k 称为系统的有效声子模.相比于原有的 k 声子模,重整化后的有效声子频率产生了两个变化,一个是在其前面乘上了一个伸缩因子

$$\alpha = \frac{\sum_{s=2}^{\infty} g_s \left\langle \sum_{i=1}^{N} (\delta x_{i,i+1})^s \right\rangle}{\left\langle \sum_{i=1}^{N} (\delta x_{i,i+1})^2 \right\rangle}, \tag{4.5.13}$$

它来自于相互作用势部分.若对于非简谐相互作用,非简谐高次部分产生的贡献表现在此因子中.另外一个变化是对原有频率的平移因子[328]

$$\gamma = \frac{1}{\alpha} \frac{\sum_{s=2}^{\infty} \sigma_s \left\langle \sum_{i=1}^{N} x_i^s \right\rangle}{\left\langle \sum_{i=1}^{N} x_i^2 \right\rangle}, \tag{4.5.14}$$

该因子一方面与伸缩因子 α 有关,另一方面则与底势有关.

图 4.18 分别给出了四次方 ϕ^4 模型 $V(r) = r^2/2 + r^4/4$ [(a),(b)] 和标准 ϕ^4 模型 $V(r) = r^2/2$ [(c),(d)] 计算的有效声子相对平均能量 $e_k = \langle p_k^2 \rangle/(\widetilde{\omega}_k^2 \langle q_k^2 \rangle)$ 和频

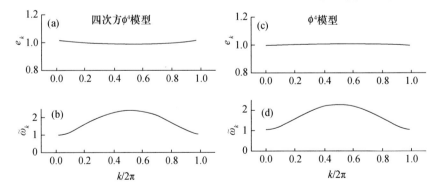

图 4.18   利用有效声子计算的平均能量和频率色散关系

(a),(b) 四次方 ϕ^4 模型,(c),(d) ϕ^4 模型.可以看到对于两种模型,能量均分定理可以很好地满足,而色散关系符合(4.5.12)式的理论预测.(改编自文献[328])

率色散关系 $\widetilde{\omega}_k$,可以看到能量均分定理可以近似地满足,而色散关系符合 (4.5.12)式的理论预测.

新的重整化有效声子模的波速为

$$v_k = \frac{\partial \widetilde{\omega}_k}{\partial k} = \frac{\sqrt{\alpha}\omega_k}{\sqrt{\omega_k^2 + \gamma}} \cos \frac{k}{2}. \tag{4.5.15}$$

有了上述理论框架,计算非简谐系统热传导的统计问题就归结为分析晶格系统动力学重整化因子的计算问题.

4.5.2 热导率的尺寸依赖性

下面利用声子重整化理论来讨论反常热传导系数问题. 晶格的热传导系数可用如下的德拜公式得到:

$$\kappa = \sum_k c_k v_k^2 \tau_k, \tag{4.5.16}$$

其中 c_k, v_k, τ_k 分别为对应于声子模 k 的比热、声速和声子弛豫时间. 一般来说,不同频率声子对比热的贡献应具有不同的权重,但这一点在(4.5.16)式的表述中并未体现. 由于热导率是热传导非平衡过程的输运系数,通过联系温度梯度(力)和热流(流)的关系而体现,因此适当加上的权重因子应该是总热流的功率谱. 所以,对于一维非简谐振子链,可以将(4.5.16)式修改为

$$\kappa = \sum_k P_k c_k v_k^2 \tau_k, \tag{4.5.17}$$

此处 P_k 就是归一化的总热流的功率谱. 另外,德拜公式中未给出弛豫时间 τ_k 的清晰表达式. 对于一维非简谐链,该时间与对应的声子模 k 的周期有关. 参考模耦合理论分析的弛豫时间与模频率之间的关系(4.4.58)式,可估计 τ_k 反比于 $\widetilde{\omega}_k$,

$$\tau_k = 2\pi\theta/\widetilde{\omega}_k, \tag{4.5.18}$$

其中 θ 是与温度有关的因子.

在讨论热导率的尺寸依赖性时,使用空间尺度可比时间尺度更为直接,所以下面将用平均自由程来代替弛豫时间进行讨论. 有效声子的平均自由程可以定义和计算为

$$l_k = v_k \tau_k = 2\pi\theta \frac{\omega_k}{\omega_k^2 + \gamma} \cos(k/2). \tag{4.5.19}$$

若没有底势,重整化因子 $\gamma = 0$,(4.5.19)式变为

$$l_k = \frac{2\pi\theta}{\omega_k} \cos(k/2). \tag{4.5.20}$$

可以看到,在没有底势的情况下,在长波极限 $k \to 0$,$\omega_k \propto k \to 0$,平均自由程 $l_k \propto 1/k$ 会出现发散. 但如果系统存在底势,则 $\gamma > 0$,所有的有效声子的平均自由程都会是

有限的,不会发散.正是这一本质的差别导致了无衬底势情况下热导率的发散.这一点在下面还会通过具体计算来做进一步分析.

由(4.5.18)和(4.5.19)式,修正后的德拜热导率公式(4.5.17)在热力学极限下可以表示为连续的积分形式

$$\kappa = \frac{N}{2\pi}\int_0^{2\pi} P(k)c_k v_k l_k \, dk = c\theta \sqrt{\alpha}\int_0^{2\pi} P(k)\frac{\omega_k^2}{(\omega_k^2+\gamma)^{3/2}}\cos^2(k/2)\, dk,$$

$$(4.5.21)$$

其中

$$c = \sum_k c_k.\qquad (4.5.22)$$

在实际热传导测量中,人们通常通过测量热流的功率谱 $P(\omega)$ 来得到 $P(k)$ 的信息.很显然

$$P(k)dk = P(\omega)d\omega,\qquad (4.5.23)$$

其中 $P(\omega)$ 为总热流 $J(t)$ 的自关联函数的傅里叶变换.(4.5.21)式对一维晶格是正常还是反常取决于(4.5.21)式中的积分是否发散.对于 FK 模型或 ϕ^4 模型,$\gamma>0$,积分项除 $P(k)$ 以外都不等于 0,积分收敛.$P(k)$ 对所有声子满足归一化

$$\int_0^{2\pi} P(k)dk = 1.\qquad (4.5.24)$$

对于存在底势的晶格系统,非零重整化系数将无底势情况下的最小声子频率 ($k=0$) 从 0 移至 $\tilde{\omega}_k = \sqrt{k}$,此时(4.5.21)式计算为

$$\kappa \propto \int_{0^+}^{2\pi} dk \, \frac{1}{\tilde{\omega}_k k^\delta} < \frac{1}{\sqrt{\gamma}}\int_{0^+}^{2\pi} dk \, \frac{1}{k^\delta}.\qquad (4.5.25)$$

由于声子谱的归一化,$\delta<1$,因此上述热导率的积分总是有限值.可见,即使不知道系统的声子谱 $P(k)$ 的具体函数关系或等效的功率谱 $P(\omega)$ 的具体信息,我们也可以由(4.5.25)式判断,在一维链下存在底势的晶格系统在低温、强底势等情况下会具有正常热传导,遵守傅里叶定律.对二维和三维的晶格系统当然更是如此.

对于不存在底势的一维晶格系统,系统动量守恒,重整化因子 $\gamma=0$,相应地上述热导率的积分(4.5.21)约化为

$$\kappa = \int_0^{2\pi} P(k)\frac{\cos^2(k/2)}{\omega_k}dk.\qquad (4.5.26)$$

在长波极限 $k\to 0$ 下,$\omega_k \approx k$,积分(4.5.26)出现奇异性.这种奇异性来自于长波极限下有效声子平均自由程 $l_k \propto 1/k$ 趋于无穷的发散性.由于长波有效声子是热传导的主导部分,因此一维无底势的晶格系统会表现出反常热传导行为.

以 FPU-β 晶格系统为例,取

$$V(x) = x^2/2 + x^4/4, \quad U(x) = 0.\qquad (4.5.27)$$

由于系统无底势,因此可以利用(4.5.13)式计算重整化系数,此时 $g_2 = g_3 = 1$. 代入(4.5.13)式,得

$$\alpha = 1 + \frac{\left\langle \sum_{i=1}^{N} (\delta x_{i,i+1})^4 \right\rangle}{\left\langle \sum_{i=1}^{N} (\delta x_{i,i+1})^2 \right\rangle} = 1 + \frac{\int_{-\infty}^{\infty} x^4 e^{-V(x)/k_B T} dx}{\int_{-\infty}^{\infty} x^2 e^{-V(x)/k_B T} dx}. \tag{4.5.28}$$

对于大尺寸系统,热传导过程中长波有效声子起主要作用,能量输运的速度可以近似用最长波长有效声子的波速来近似,

$$v = \sqrt{\alpha} \cos(\pi/N). \tag{4.5.29}$$

图 4.19(a)给出了声子波速与温度的变化关系,不同实线为不同粒子数(尺寸)的理论曲线,不同点为相应的数值结果.图中的数值数据来自文献[418]的计算结果.可以看到理论和数值计算结果在不同温度范围都符合得非常好,并且所有情况都可证明上述热传导发散的论断.

在热力学极限 $N \to \infty$ 下,根据(4.5.26),如果长波有效声子对热传导起主导作用并在长波极限下有

$$P(k) \propto 1/k^{\delta} \quad (\delta > 0), \tag{4.5.30}$$

则可以得到热导率与系统尺寸之间的标度关系

$$\kappa \propto k^{-\delta} \propto N^{\delta}. \tag{4.5.31}$$

对 FPU-β 系统总热流的功率谱数值计算表明,$\delta \approx 0.37 \sim 0.4$,由此得到的热导率尺寸依赖关系与以往的数值计算结果一致.

下面仍然以 ϕ^4 系统为例进行声子重整化的讨论[419]. ϕ^4 系统的相互作用势能为 $V(x) = x^2/2$,底势为 $U(x) = x^4/4$. 将 $V(x)$ 和 $U(x)$ 代入(4.5.13)和(4.5.14)式,可得重整化系数

$$\alpha = 1, \tag{4.5.32}$$

$$\gamma = \left\langle \sum_{i=1}^{N} x^4 \right\rangle \Big/ \left\langle \sum_{i=1}^{N} x^2 \right\rangle. \tag{4.5.33}$$

取温度 $T = 1$ 时,可以算出 $\gamma \approx 1.065$. γ 与温度的关系在图 4.19(b)中给出,从中可看到很好的幂律关系.将(4.5.32)和(4.5.33)式代入(4.5.19)式,可得到 ϕ^4 系统的平均自由程为

$$l_k = v_k \tau_k = 2\pi\theta \frac{\sin k}{4 \sin^2(k/2) + \gamma}. \tag{4.5.34}$$

正如上一节讨论的,该系统因含有底势而具有正常热传导,其热导率的温度依赖性将在下一小节讨论.

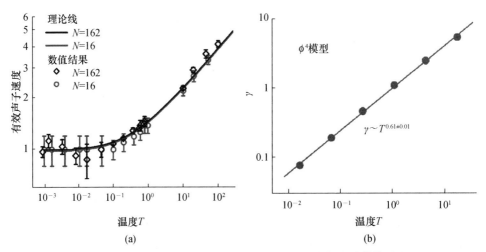

图 4.19 两种不同模型的声子重整化理论结果与数值计算的对比

(a) FPU-β 晶格系统的声子波速与温度 T 的变化关系,不同实线为不同粒子数(尺寸)的理论曲线,不同点为相应的数值结果. (b) ϕ^4 系统的重整化参数 γ 与温度 T 的关系,实线为理论结果,●为数值结果,可以看到很好的幂律关系.两种模型下的重整化声子理论与数值实验结果符合得很好.(改编自文献[419])

4.5.3 热导率的温度依赖性

声子重整化理论还可以对热导率的温度依赖性进行讨论,它与系统的非线性有密切关系.下面来讨论具有底势的 FK 模型和 ϕ^4 模型以及无底势的 FPU 模型等几个一维非线性晶格系统的热导率问题[420,421,422].

首先来对不同系统的非线性强度做一个统一的定义.一个系统的总势能可以分成简谐势能 E_l 和非简谐势能 E_n 两部分,其中简谐部分对应的力为线性,而非简谐部分则对应非线性的力.这样就可以引入一个无量纲非线性强度,它定义为平均非线性力的势能与总势能的比值

$$\varepsilon = |\langle E_n \rangle| / \langle |E_l + E_n|\rangle. \qquad (4.5.35)$$

可以看到 $0 \leqslant \varepsilon \leqslant 1$. 当非线性力的势能占主导时,非线性强度接近于 1. 系统的非线性项体现声子之间的耦合作用,非线性强度越大,声子之间或声子与外势的散射效应越强,这导致声子的平均自由程减小.有效声子的平均自由程与系统的非线性强度成相反依赖关系(非线性强度增加导致自由程减小,反之亦然),则可以看到声子重整化理论在弱耦合和强耦合下都可能对热传导行为给出很好的理论解释.

首先来讨论具有底势的 FK 晶格系统的热导率与温度关系.图 4.20 给出的圆点是 FK 模型热导率与温度关系的数值结果.可以看到,在低温区域,热导率与温度之间为幂律关系

$$\kappa \propto T^{-1.9\pm0.1}, \qquad (4.5.36a)$$

在高温区域则满足关系

$$\kappa \propto T^{1.3\pm0.03}. \tag{4.5.36b}$$

如果用声子碰撞理论(4.4.21)式对热导率的温度关系加以估计,在低温下会得到 $\kappa \propto 1/T$. 该结果与上述的数值计算结果都不一致. 另外,在高温下利用(4.4.21)式也无法解释热导率随温度增加的现象. 但上述的温度关系可以利用声子重整化理论合理地解释.

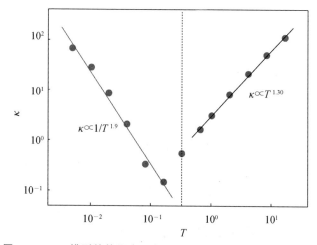

图 4.20 FK 模型的热导率 κ 与温度 T 的关系的数值计算结果

在低温和高温区域可以看到二者有不同的幂律关系,两条实线为拟合曲线.(改编自文献[420])

下面以 FK 模型为例,

$$V = (x_i - x_{i+1})^2/2, \quad U = [1-\cos(2\pi x_i)]/(2\pi)^2,$$

其外势场就对应于 E_n. 在高温下,非线性强度(4.5.35)分母中的非线性势能项部分由于余弦函数的有界性,相比简谐相互作用能可以忽略. 在高温下

$$\left\langle \sum_{i=1}^{N} [1-\cos(2\pi x_i)] \right\rangle /2\pi \approx N/2\pi, \tag{4.5.37a}$$

将 V, U 两种势能表达式代入(4.5.35)式,可以得到

$$\varepsilon \propto N \Big/ \left\langle \sum_{i=1}^{N} \frac{1}{2} (x_i - x_{i+1})^2 \right\rangle, \tag{4.5.37b}$$

其中分子部分来自于底势的平均(4.5.37a)式,分母为相互作用势的系综平均,利用能量均分定理可得

$$\left\langle \sum_{i=1}^{N} \frac{1}{2} (x_i - x_{i+1})^2 \right\rangle = N \frac{k_B T}{2}. \tag{4.5.38}$$

代入(4.5.37b)式,可得到 $\varepsilon \propto 1/T$,因此在高温下热导率

$$\kappa \propto \varepsilon^{-1} \propto T. \tag{4.5.39}$$

　　上述的估计与数值结果对比,虽然热导率随温度增加的走势是一致的,但这里推测的幂律关系指数是线性增加,而数值得到的幂律指数为1.3,说明上述的理论分析忽略了一些因素.这一点可以在声子重整化理论框架下进行更精确的讨论.非线性强度 ε 越大,则声子相互作用和散射越强,有效声子平均自由程越短,$\lambda \propto 1/\varepsilon$.在简谐极限下,$\varepsilon \rightarrow 0$,声子的平均自由程 λ 趋于无穷大.因此

$$\kappa = \frac{c\lambda\sqrt{\alpha}}{2\pi}P \propto \frac{c\sqrt{\alpha}}{\varepsilon}P, \tag{4.5.40}$$

此处 c 为比热,

$$P = \int_0^{2\pi} \frac{P(k)\omega_k^2}{(\omega_k^2 + \gamma)^{3/2}}\cos^2(k/2)\mathrm{d}k. \tag{4.5.41}$$

　　对于一般的非简谐链系统,比热 $c = \langle H \rangle/NT$ 在高温和低温情况下都可以近似认为是常数,因此

$$\kappa \propto P\sqrt{\alpha}/\varepsilon. \tag{4.5.42}$$

对于 FK 晶格,$\alpha = 1$,高温情况下相互作用势占主导,利用(4.5.39)式可以得到

$$\kappa \propto TP. \tag{4.5.43}$$

在(4.5.41)中,重整化系数 γ 随温度升高而减小,在高温极限下趋于 0,所以 P 随温度升高而增加.P 带来的额外温度依赖性使得热导率 κ 随温度的变化必然要比线性增加 $\kappa \propto T$ 的程度要快,这就解释了为什么图 4.20 中在高温情况下热导率具有更快的变化关系(4.5.36b)式.尽管预测可知随温度幂律变化的指数 α 大于 1 及其物理机制,但要理论精确地估计得到(4.5.36b)式的幂律指数 $\alpha = 1.3$ 则是一件比较困难的工作,迄今尚无类似的理论计算,这里也不再展开讨论.

　　下面讨论 FK 系统的低温温度依赖性.此时可以将底势做泰勒展开:

$$U(x_i) = \frac{1}{2\pi}\left[\frac{(2\pi x_i)^2}{2!} - \frac{(2\pi x_i)^4}{4!} + \frac{(2\pi x_i)^6}{6!} - \cdots\right], \tag{4.5.44}$$

只取展开的首项,能量可以写为

$$E_l = \sum_{i=1}^{N}\left(\frac{1}{2}(x_i - x_{i+1})^2 + \frac{2\pi x_i^2}{2!}\right). \tag{4.5.45}$$

对于(4.5.45)$2N$ 个独立平方项,能量均分定理仍然有效,所以 $\langle E_l \rangle = Nk_B T$.如果对(4.5.44)展开式取到第二项,则可计算出最低非线性项对 ε 的贡献为

$$\varepsilon \approx \left\langle \sum_i \frac{1}{2\pi}\frac{(2\pi x_i)^4}{4!}\right\rangle / \langle E_l \rangle \propto T. \tag{4.5.46}$$

然而,如果只取到(4.5.44)第二项的话,该非线性项的符号决定了底势会不稳定.系统需要更高阶非线性项来保证系统的稳定性和向定态的演化,这要求(4.5.44)中非线性的贡献取到六次方项,它对 ε 的贡献为

$$\varepsilon \approx \left\langle \sum_i \frac{1}{2\pi} \frac{(2\pi x_i)^6}{6!} \right\rangle \langle E_l \rangle \propto T^2. \qquad (4.5.47)$$

在低温下 γ 的温度依赖性很弱,可以忽略,这样可以得到低温下热导率的温度标度关系为

$$\kappa \propto \varepsilon^{-1} \propto 1/T^2. \qquad (4.5.48)$$

该理论估计很好地说明了数值结果(4.5.36a)式.

§4.6 热传导与非线性能量载流子

热传导研究中非常重要的一个问题是能量载流子的问题. 气体热传导是通过气体分子和原子在空间的运动和相互作用交换能量完成的,晶格则是通过处于格点上的原子和分子之间的相互作用来实现的,由相互作用形成的集体模式在能量输运中起着重要作用. 在低温下,晶格的振动占主导地位,此时声子是低温下关键的能量载流子,它对热传导有着主导贡献. 当温度升高或系统的非线性效应增强时,除了声子之外,其他的集体模特别是非线性模会被激发出来,它们往往在高温下对热传导和能量输运有重要的作用. 作为线性模的声子及在其框架下的有关热传导问题前面已详尽讨论,本节将集中于分析格点系统的非线性模及其在热传导过程中所起的作用.

4.6.1 非线性格点链系统的孤子解

格点系统中的非线性波研究可从 20 世纪 50 年代的 FPU 问题追溯起[9],在第 1 章已进行了回顾. 对 FPU 链系统中能量回归行为的研究直接触发了扎布斯基和克鲁斯卡尔在之后对孤立子的重新发现[423]及其新一轮研究热潮[12,424],特别是引起对离散格点系统中的非线性波研究的强烈兴趣[13,14,425—429]. 由于物理中很多系统需用离散格点模型来描述,其中最典型的就是固体晶格系统,因此格点系统中的非线性波在物理上也具有很重要的研究价值.

不同于户田晶格等可积系统[13]中孤立子的空间平移不变性以及相互作用的无能量动量交换,绝大多数非线性格点系统只是近可积的,不存在精确的孤立子解. 但众多的数值实验表明,近可积非线性格点系统里仍然具有与精确孤立子相似的非线性波,它们能够长时间稳定存在,碰撞后波形几乎能恢复到相互作用之前,被称为孤立波[13,425—429]. 1988 年,西沃斯(A. J. Sievers)和武野正三(S. Takeno)等的工作[430,431]引发了人们对非线性格点系统中本征局域模(intrinsic localized modes),又称离散呼吸子(discrete breather,DB)的存在性及稳定性方面的系统研究,从中陆续得到了本征局域模一些比较基本的性质,同时一些特殊的极限方法也

被设计出来研究这类模的一般性质. 这方面研究一个里程碑式的工作是 1994 年麦凯(R. S. Mackay)和奥布里(S. Aubry)从格点的反连续化极限(anti-continuum limit)出发对本征局域模存在性的严格证明[432]. 本征局域模中的"本征"一词是为了区别于线性格点系统中著名的安德森局域模[433]. 线性格点系统中的安德森局域模是由无序引起的,而非线性格点系统中的本征局域模是格点系统本身的非线性特征导致的,"本征"一词强调了这类局域模是非线性格点系统自身的性质[425—429].

下面以经典的 FPU 系统为例来讨论非线性格点系统的孤立波. 首先可以看到, FPU-β 格点链中存在孤立波,而且同 mKdV 方程中的孤立子解有密切联系[13].

FPU-β 系统的哈密顿量的势能项为

$$V(q_{i+1} - q_i) = \frac{K}{2}(q_{i+1} - q_i)^2 + \frac{\beta}{4}(q_{i+1} - q_i)^4, \quad (4.6.1)$$

格点链的运动方程为

$$\ddot{q}_i = K(q_{i+1} - 2q_i + q_{i+1}) + \beta\left[(q_{i+1} - q_i)^3 + (q_{i-1} - q_i)^3\right]. \quad (4.6.2)$$

引入慢变量

$$\xi_1 = \varepsilon(i - v_1 t), \quad \tau_1 = \varepsilon^3 t, \quad (4.6.3)$$

并记

$$q_i(t) = \varphi_1(\xi_1, \tau_1), \quad (4.6.4)$$

这里 ε 为表征时间快慢的标度小量. 对(4.6.4)求时间的一阶导数,并利用(4.6.3)式,可得到

$$\dot{q}_i(t) = \frac{\partial \varphi_1}{\partial \xi_1}\frac{\partial \xi_1}{\partial t} + \frac{\partial \varphi_1}{\partial \tau_1}\frac{\partial \tau_1}{\partial t} = -\varepsilon v_1\frac{\partial \varphi_1}{\partial \xi_1} + \varepsilon^3\frac{\partial \varphi_1}{\partial \tau_1}. \quad (4.6.5)$$

进一步求时间二阶导数可以得到

$$\ddot{q}_i(t) = \mathrm{d}[\dot{q}_i(t)]/\mathrm{d}t = \varepsilon^2 v_1^2\frac{\partial^2 \varphi_1}{\partial \xi_1^2} - 2\varepsilon^4 v_1\frac{\partial^2 \varphi_1}{\partial \xi_1 \partial \tau_1} + \varepsilon^6\frac{\partial^2 \varphi_1}{\partial \tau_1^2}. \quad (4.6.6)$$

利用(4.6.4)式可以将相邻格点坐标连续化,

$$q_{i+1}(t) = \varphi_1(\xi_1 \pm \varepsilon, \tau_1) = \varphi_1(\xi_1, \tau_1) + \frac{\partial \varphi_1}{\partial \xi_1}\cdot(\pm\varepsilon) + \frac{1}{2!}\frac{\partial^2 \varphi_1}{\partial \xi_1^2}\cdot(\pm\varepsilon)^2$$

$$+ \frac{1}{3!}\frac{\partial^3 \varphi_1}{\partial \xi_1^3}\cdot(\pm\varepsilon)^3 + \frac{1}{4!}\frac{\partial^4 \varphi_1}{\partial \xi_1^4}\cdot(\pm\varepsilon)^4 + \cdots. \quad (4.6.7)$$

(4.6.7)式的展开可以到 ε 的各级高次项,这里截断到四次项. 将变换(4.6.7)代入(4.6.2)式右边第一项,可得到

$$q_{i+1} - 2q_i + q_{i+1} = \varepsilon^2\frac{\partial^2 \varphi_1}{\partial \xi_1^2} + \frac{\varepsilon^4}{12}\frac{\partial^4 \varphi_1}{\partial \xi_1^4} + \cdots. \quad (4.6.8)$$

将变换(4.6.7)代入(4.6.2)式右边第二项,可得到

$$(q_{i\pm1} - q_i)^3 = (\pm\varepsilon)^3\left(\frac{\partial \varphi_1}{\partial \xi_1}\right)^3 + \frac{3}{2!}(\pm\varepsilon)^4\left(\frac{\partial \varphi_1}{\partial \xi_1}\right)^2\frac{\partial^2 \varphi_1}{\partial \xi_1^2} + \cdots. \quad (4.6.9)$$

将(4.6.6),(4.6.8)和(4.6.9)式代入 FPU 运动方程(4.6.2),并对比 ε 的二阶小量,有 $v_1^2 = K$. 取 $v_1 = \sqrt{K}$,再对比 ε 的四阶项,可以得到

$$\frac{\partial^2 \varphi_1}{\partial \xi_1 \partial \tau_1} + \frac{\sqrt{K}}{24} \frac{\partial^4 \varphi_1}{\partial \xi_1^4} + \frac{3\beta}{2\sqrt{K}} \left(\frac{\partial \varphi_1}{\partial \xi_1} \right)^2 \frac{\partial^2 \varphi_1}{\partial \xi_1^2} = 0. \tag{4.6.10}$$

引入变换

$$\tau_3 = \frac{\beta \sqrt{6\beta}}{4K} \tau_1, \quad \xi_3 = \sqrt{6\beta/K} \xi_1, \tag{4.6.11}$$

并令 $Z = \partial \varphi_1 / \partial \xi_1$,上式可简化为

$$\frac{\partial Z}{\partial \tau_3} + \frac{\partial^3 Z}{\partial \xi_3^3} + 6Z^2 \frac{\partial Z}{\partial \xi_3} = 0. \tag{4.6.12}$$

此即标准形式的 mKdV 方程[14]. 该方程有典型的单孤子解

$$Z = A\mathrm{sech}[A(\xi_3 - C - A^2 \tau_3)], \tag{4.6.13}$$

这里 A 为孤子解的振幅,$\mathrm{sech}(x)$ 为双曲正割函数. 将 Z 反变换为 φ_1 和 u,并回到 FPU-β 链,粒子动量与该孤子解有联系

$$p_i(t) = \dot{q}_i(t) = -\varepsilon v_1 \frac{\partial \varphi_1}{\partial \xi_1} + \varepsilon^3 \frac{\partial \varphi_1}{\partial \tau_1} \approx -\varepsilon \sqrt{K} Z. \tag{4.6.14}$$

4.6.2 能量孤立波的传播与失稳

对于有限长度的 FPU 链,可以采取数值模拟的方法. 要观察孤子解的产生与演化,可以在初始时刻 $t = 0$ 令格点链的所有粒子处于静息平衡态,即 $(p_i(0), q_i(0)) = (0,0)$,$i = 1, 2, \cdots, N$,可以采取自由边界条件,然后在格点链的一端给链端的粒子例如左端的 $i = 1$ 的粒子给予一个初始动量激发 $p_1(0) \neq 0$,再观察该动量激发后链上的时间演化和能量传播过程. 如果系统不受任何其他外力影响,系统的总能量是守恒的,则初始给定的能量脉冲就等于系统的总能量,此时总能量是一直在格点链上保持局域化形式向前传播还是被均分到各个粒子上就是一个很有意义的问题,这直接联系着 FPU 的能量均分问题[434].

在(4.6.2)式系统的所有参数中,当固定简谐系数 K 时,唯一可以改变的就是势能项中的非线性系数 β,它描述了格点上粒子之间的非线性相互作用强弱. 在不同非线性强度下,一条有限 FPU 链在给予初始的动量激发后能量波包的演化动力学就是下面关注的问题. 图 4.21 给出了不同非线性强度波包演化的情况. 可以看到,在弱非线性(即 β 较小)的情况下,(4.6.2)中的简谐耦合起主导作用,简谐项对应的色散效应会导致能量波包很快衰减,初始时局域在格点链链端的能量波包在格点链上传播,同时很快弥散,使得系统能量分配到各个声子模中,如图 4.21(a)~(b)所示. 随着非线性强度 β 的增大,线性色散逐渐被非线性效应取代,这里能量波包不再迅速衰减,如图 4.21(c)所示. 在较大的 β 时,系统可以形成一个能量局域、

在格点链上以一定速度稳定传播的孤立波,如图 4.21(d)~(e)所示.如果格点链无穷长,则孤立波会几乎无衰减地向前传播.但对于有限格点链,孤立波在传播到自由边界链端时会被反射,反射后沿着相反方向继续传播.孤立波在格点上稳定的传播可以维持很长的一段时间,之后孤立波会在相当短的时间内失稳并衰减,能量分散到格点链上的各个粒子中,格点系统在长时间后将趋于平衡态.这种有趣的行为表明孤立波可以长时间压制声子模而占主导地位,被称为孤立波的长时暂态传播[434].

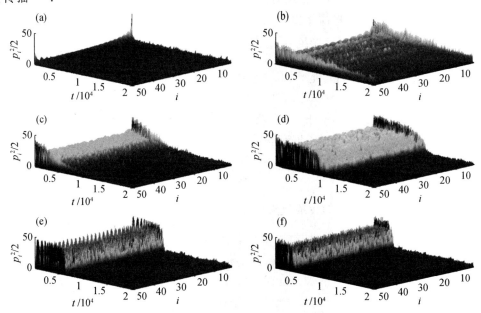

图 4.21   自由边界条件下 FPU-β 格点链初始动量激发产生的能量波包在链上的时空传播行为

$N=50$, $K=1.0$.(a) 非线性系数 $\beta=0.001$;(b) $\beta=0.004$;(c) $\beta=0.01$;(d) $\beta=0.04$;(e) $\beta=0.4$;(f) $\beta=0.7$.可以看到 β 较小时波包随时间很快塌缩,能量分散到链中的各个粒子上((a),(b)).随着 β 的增大,能量波包可以在较长时间里保持,但经过一段时间后逐渐塌缩((c)).当 β 较大时,能量波包以孤波形式传播,波包演化时间大大加长,在一段时间后能量波包会在很短时间内迅速塌缩并消失((d),(e),(f))

为了刻画以上链端的初始动量激发产生的能量波包在格点链上的传播演化行为,可以引入一个描述系统整体性质的物理量.上述过程是一个从能量局域有序态到能量扩展无序态的过程.为了描述格点链上能量分布的无序度及定量研究系统的演化行为,可以定义格点系统的熵

$$S(t)=-\sum_{i=1}^{N}\rho_i(t)\ln\rho_i(t).\tag{4.6.15}$$

定义格点链上第 i 个粒子在 t 时刻的瞬时能量

$$E_i = p_i^2/2 + \frac{1}{2}[V(q_{i+1} - q_i) + V(q_i - q_{i-1})] \tag{4.6.16}$$

占总能量 $\sum_i E_i = E$ 的比例

$$\rho_i(t) = E_i(t)\bigg/\bigg[\sum_j E_j(t)\bigg] \tag{4.6.17}$$

为局域化的能量密度.(4.6.15)式的 $S(t)$ 在统计意义上描述了格点系统中能量的空间局域化程度. $S(t)$ 值越小对应格点系统能量的局域化程度越高. $S(t)$ 的值越大,对应格点系统能量在粒子间越具有均匀分布.图 4.22(a)~(f)给出了系统参数与图 4.21 相对应情况下 FPU-β 格点链初始动量激发产生的能量波包在链上传播时系统熵(4.6.15)式的演化行为,子图(a)~(f)的参数与图 4.21 相应的子图相同.可以看到,β 较小时熵随时间迅速增加并饱和.随着 β 的增大,熵增加变得缓慢,经过一个较长的过渡期达到饱和.对于较大的 β,如图 4.22(e)~(f)所示,熵的演化揭示出系统能量波包行为三个显著不同的阶段.首先是第一个阶段,给予系统初始的动量激发后,熵 $S(t)$ 会长时间地保持在一个稍大于 0 的较低值附近涨落,此时孤立波形成并保持在格点上连续传播,而且在该阶段孤波可以保持长时间的暂态传播.第二个阶段发生于能量孤立波经过长时间暂态后,格点系统的 $S(t)$ 会发生快速的增长,这对应于孤立波在一个短时间内发生失稳的过程,表明孤立波在动力学上的不稳定性.经过第二个短时间的孤立波塌缩阶段后,系统进入到第三个阶段,熵

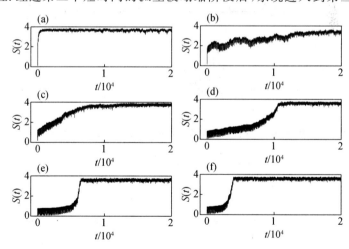

图 4.22　自由边界条件下 FPU-β 格点链初始动量激发产生的能量波包在链上传播时系统熵(4.6.15)的演化行为

系统参数与图 4.21 相同,子图(a)~(f)的参数与图 4.21 相应的子图相对应.可以看到,β 较小时熵随时间迅速增加并饱和.随着 β 的增大,熵增加变得缓慢,经过一个较长的过渡期达到饱和.当 β 较大时,熵能够在很长时间内保持基本不变,并在能量波包塌缩过程中迅速增加达到饱和

$S(t)$会长时间保持在一个高值附近涨落,该值接近于系统熵 $S(t)$ 的最大值即能量均分的情形 $S_{max}=\ln N$. 在此之后就不再看到 FPU 的能量回归现象.

上述现象来自于格点上多种传播波模式间的相互竞争[434,435]. 施加在第一个粒子上的初始动量激发在产生出一个孤立波的同时还激发出一个声子尾巴. 声子尾巴的速度要比孤立波慢,且由于色散效应会在格点链上扩散开来. 对于有限系统的自由边界条件,孤立波在链两端的反射又会激发新的声子尾巴. 图 4.23(a),(c) 和(e)给出了自由边界条件下不同时刻系统能量在格点链上的分布. 可以清楚地看到,初始动量激发产生的孤立波后面有一系列慢速运动的低能波包(即初始声子尾巴),传播过程中这些低能波包的高度逐渐降低. 当孤立波传播到边界时被反弹,会辐射出新的声子尾巴. 孤立波与边界碰撞以及与这些声子尾巴的相互碰撞导致孤立波经过长时暂态后失稳.

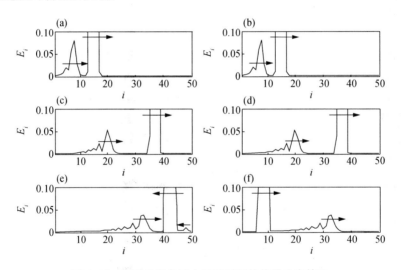

图 4.23　FPU-β 格点链中不同时刻的能量分布情况

$\beta=0.05$. (a),(b) $t=12$;(c),(d) $t=30$;(e),(f) $t=48$. 左右两栏分别对应自由和周期边界条件. 因为孤立波的能量远远高于声子尾巴的能量,为了看清楚声子尾巴的行为,纵坐标只画出($-0.001,0.1$)的部分,超出图范围的部分为能量孤立波

FPU 系统中的长时能量孤立波暂态行为反映了由于非线性而产生的能量局域化. 令孤立波暂态的寿命为 τ_s,图 4.24 中给出了 FPU 链在自由边界条件和周期边界条件下的随着非线性参数 β 的变化. 首先可以看到,孤立波的寿命并非随 β 增加单调增加,而是会出现很多长寿命的峰. 这些峰值的出现意味着系统的能量孤立波可以维持更久,它与 FPU 作为哈密顿系统的 KAM 环面运动密切相关. 周期边界条件的能量孤立子动力学不同于自由边界条件的情况,孤立波在传播过程中不会受到边界的反射,在周期边界格点链中单向传播,如图 4.23(b),(d) 和(f)所示.

由于不存在边界反射,也就不会有新的声子尾巴产生,因此周期边界条件下孤立波的寿命要远远长于其在自由边界条件下的寿命,这可以从图 4.24(a)和(b)对应的两种边界条件下寿命的对比很清晰地看出.尽管如此,无论是周期边界还是自由边界,由于孤立波的运动快于其声子尾巴,因此它本身仍然会不断与声子尾巴相遇碰撞,从而导致孤立波经过长时暂态后最终失稳.

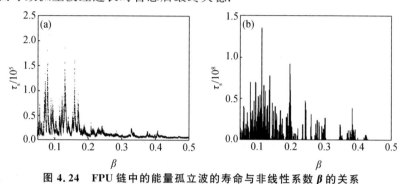

图 4.24 FPU 链中的能量孤立波的寿命与非线性系数 β 的关系

(a) 自由边界条件;(b) 周期边界条件

现在来定量研究孤立波的失稳过程,并估算孤立波在高温情形下的平均自由程.可以通过声子尾巴能量的演化来研究孤立波的衰减过程.对于格点链系统,声子尾巴的能量定义为系统中去掉孤立波后的残余能量.由于孤立波的空间局域性,声子尾巴的能量可以近似定义为

$$E_T = E - \sum_{i=i_{EC}-i_n}^{i_{EC}+i_n} E_i(t), \qquad (4.6.18)$$

其中 E 为系统初始动量激发的总能量,E_i 是格点 i 粒子的能量,$i_{EC}(t)$ 是时刻 t 时能量最大的格点粒子.i_n 表示 $i_{EC}(t)$ 左右近邻粒子个数,由于孤立波的空间局域性,i_n 代表局域波的有限宽度,在具体数值模拟中可以观察到,以最大能量处为中心,离中心格点距离 $i_n \geqslant 2$ 的格点能量已经远远小于最大能量,因此这里取 $i_n = 2$.由于系统总能量守恒,E_T 的增加对应于孤立波能量的减少.

进一步研究表明,虽然由于孤立波压制声子模,E_T 可能会长时间处于一个低能量水平,但最终声子模总会出现指数增长的过程,这对应于孤立波的失稳阶段,此时孤立波的能量转化为声子尾巴的能量.尽管孤立波的寿命对于自由边界和周期边界两种边界条件有很大的差异,但它们在失稳阶段 E_T 增长的快慢却表现出一致性,相应孤立波的能量 $E-E_T$ 会随时间指数衰减,

$$E - E_T \propto e^{-\gamma t}, \qquad (4.6.19)$$

其中 γ 为孤立波能量的衰减指数.在自由和周期两种边界条件下的计算表明,衰减指数及孤立波的失稳过程与边界条件无关.

图 4.25(a)给出了大范围内孤立波衰减指数 γ 与非线性系数 β 的关系,可以看到 γ 呈现出在两种不同标度律 $\gamma \propto \beta^{\nu}$ 间的转变. 当 β 较小时,标度指数 $\nu \approx 2/3$;当 β 较大时,标度指数 $\nu \approx 1/4$. 有趣的是,人们在研究 FPU-β 哈密顿动力学时发现,该系统的最大李雅普诺夫指数 λ_{MLE} 随系统能量密度 $\mu = E/N$ 的变化也在相应区间出现不同标度律间的转变:低能量密度时 λ_{MLE} 正比于 μ^2,中等能量密度时 λ_{MLE} 正比于 $\mu^{2/3}$,高能量密度极限下的渐近行为 λ_{MLE} 正比于 $\mu^{1/4}$[103,140]. 另外,考虑到 FPU 系统的总能量增大会直接导致哈密顿量的非线性项影响增大,这相当于增大哈密顿量中的非线性项系数 β,因此李雅普诺夫指数对 β 的依赖关系与对总能量的依赖关系表现出高度的一致性.

利用第 2 章中讨论过高维哈密顿系统的微分几何理论[103,140],我们可以来计算一维非线性链系统的最大李雅普诺夫指数,并得到李指数与系统位形空间拓扑的里奇曲率及其曲率涨落之间的关系. 这些讨论使得我们可以很好地研究系统的动力学,并进一步分析孤立波趋向平衡态的非平衡过程.

在哈密顿混沌的几何方法中,运动方程所描述的动力学同黎曼流形上的测地线流是等价的. 哈密顿系统动力学上的不稳定性(混沌)则联系着流形的曲率涨落,并由测地线流所满足的雅可比-列维-西维塔方程(2.5.24)式所描述. 最大李雅普诺夫指数 λ_{MLE} 的解析表达式为(2.6.26)式,这里为了区别本模型其他符号,重新表达如下

$$\lambda_{\text{MLE}} = \frac{1}{2}\left(\Lambda - \frac{4\Omega_0}{3\Lambda}\right), \tag{4.6.20}$$

其中

$$\Lambda = \left[2\sigma_{\Omega}^2\tau_0 + \sqrt{\left(\frac{4\Omega_0}{3}\right)^3 + (2\sigma_{\Omega}^2\tau_0)^2}\right]^{1/3}, \tag{4.6.21}$$

$$2\tau_0 = \frac{\pi\sqrt{\Omega_0}}{2\sqrt{\Omega_0(\Omega_0 + \sigma_{\Omega})} + \pi\sigma_{\Omega}}, \tag{4.6.22}$$

Ω_0 和 σ_{Ω} 分别为里奇曲率的平均值和涨落. 对于 FPU-β 格点链,计算最大李指数(4.6.20)中所需的量均已经在第 2 章中得出,其中里奇曲率平均值为

$$\Omega_0 = 2K + \frac{3K}{\theta}\frac{D_{-3/2}(\theta)}{D_{-1/2}(\theta)}, \tag{4.6.23}$$

涨落为

$$\sigma_{\Omega}^2 = \frac{9K^2}{\theta^2}\left\{2 - 2\theta\frac{D_{-3/2}(\theta)}{D_{-1/2}(\theta)} - \left[\frac{D_{-3/2}(\theta)}{D_{-1/2}(\theta)}\right]^2\right\} + F(\theta), \tag{4.6.24}$$

其中 D_x 表示抛物柱状函数,$\theta = K\sqrt{\Theta/2\beta}$,$\Theta = 1/T$,函数 $F(\theta)$ 为

$$F(\theta) = -\frac{\Theta^2}{c_v(\theta)}\left(\frac{\partial\Omega_0(\theta)}{\partial\Theta}\right)^2. \tag{4.6.25}$$

将(4.6.23)和(4.6.24)式代入(4.6.21)和(4.6.22)式就可得到(4.6.20)式的各个参数,即可得到李雅普诺夫指数的计算表达式.

图 4.25(b)给出了图 4.25(a)中孤立波失稳的衰减指数数值结果经过重新标度后的 $\gamma_L = L\gamma$ 以及利用(4.6.20)式的理论结果,标度系数选取为系统的粒子数 $L = N$ = 50. 图中实线为(4.6.20)李指数的理论计算结果,圆圈为重新标度的数值结果 γ_L. 可以看到理论与数值结果符合得很好. 实际上,FPU-β 模型最大李雅普诺夫指数随 β 的增加而呈现出的标度律上的转变对应于系统从弱混沌到强混沌的转变[9].

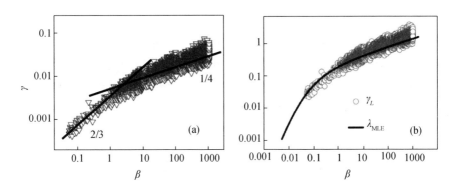

图 4.25 FPU-β 模型的孤立波衰减指数与最大李雅普诺夫指数

(a) 孤立波失稳的衰减指数 γ 与 β 的关系($\triangledown$).为了方便观察与比较,注意图中的实拟合线,可以看到两段不同的标度关系.(b) 通过解析表达式计算得到 FPU-β 模型的最大李雅普诺夫指数随 β 的关系曲线(实线),圆圈○对应于经过重新标度后的孤立波失稳过程的衰减指数 γ,二者表现出高度的一致性.

综合上面的动力学讨论,我们就可以很好地理解为什么图 4.24 的曲线在小 β 和大 β 情况下能量孤立波的寿命都很短,而在中等 β 时寿命较长的行为.首先,在弱混沌区域 $\beta \to 0$,FPU-β 模型中的简谐项在相互作用势能中占主导地位,系统主要激发模式是声子,此时格点链链端初始动量激发无法把孤立波模式激发出来,因而孤立波的寿命较短.其次,在 β 的中等区域,非线性作用已使链端初始的动量激发可以产生孤立波,但由于非线性的作用仍然有限,系统运动是近可积的.该区域对应于系统从弱混沌到强混沌的转变区域,可用 KAM 定理来理解,相空间中 KAM 环面仍然起支配作用,导致孤立波长时间做准周期运动.孤立波的长时暂态传播动力学上与哈密顿系统相空间中的 KAM 环面相对应.孤立波的长寿命事实上体现了相空间中 KAM 环面的相对稳定性.再次,在 $\beta \gg 1$ 的强混沌区域,非线性耦合起主导作用,链端初始的动量激发可以产生孤立波,但随着非线性系数 β 的增加,系统的最大李雅普诺夫指数变大,哈密顿系统运动的混沌性加强,相空间中的混沌轨道逐步取代原来的 KAM 环面并趋于支配地位,孤立波变得越来越不稳定,寿命又会逐渐变短.

4.6.3　非线性格点链中的包络孤子与椭圆余弦波

前面主要讨论了 FPU-β 格点链中的孤立波. 虽然孤立波可以长时间存在于格点链系统中, 但与边界和声子尾巴的相互作用最终将导致其失稳. 一个有趣问题是, 如果不存在边界, 也不存在初始声子尾巴, 孤立波是否会衰减? 如果是, 衰减机制是什么? 下面我们将一个去掉初始声子尾巴的孤立波引入周期边界的环状 FPU-β 链中, 这里没有孤波与声波及边界的碰撞, 但研究发现这时孤波最终仍然会失稳, 衰减机制是孤立波首先会在格点链中激发椭圆余弦波, 与椭圆余弦波的长时间相互作用导致声子模的辐射及其最终失稳[436].

下面使用多尺度分析方法将 FPU-β 格点链连续化成非线性薛定谔方程, 并分析其波解[426]. 我们仍然从 FPU 的运动方程 (4.6.2) 开始. 为避免与虚数单位 i 混淆, 以下用 n 而不用 i 来代表格点指标. 设系统存在如下的包络孤子解, 即解可以写为一个光滑包络函数与简谐振荡的乘积形式

$$q_n = \frac{\varepsilon}{2}\varphi_2(\xi_2, \tau_2)\mathrm{e}^{\mathrm{i}(nk-\omega t)} + \mathrm{c.c.}, \tag{4.6.26}$$

其中 c.c. 表示复共轭. 类似 (4.6.3) 式, 引入如下的慢变量, 其中 ε 为标度小量:

$$\xi_2 = \varepsilon(n - v_2 t), \quad \tau_2 = \varepsilon^2 t. \tag{4.6.27}$$

包络函数 $\varphi_2(\xi_2, \tau_2)$ 的一阶和二阶时间导数为

$$\dot{\varphi}_2 = \frac{\partial \varphi_2}{\partial \xi_2}\frac{\partial \xi_2}{\partial t} + \frac{\partial \varphi_2}{\partial \tau_2}\frac{\partial \tau_2}{\partial t} = -\varepsilon v_2 \frac{\partial \varphi_2}{\partial \xi_2} + \varepsilon^2 \frac{\partial \varphi_2}{\partial \tau_2}, \tag{4.6.28}$$

$$\ddot{\varphi}_2 = \frac{\mathrm{d}\dot{\varphi}_2}{\mathrm{d}t} = \varepsilon^2 v_2^2 \frac{\partial^2 \varphi_2}{\partial \xi_2^2} - 2\varepsilon^3 v_2 \frac{\partial^2 \varphi_2}{\partial \xi_2 \partial \tau_2} + \varepsilon^4 \frac{\partial^2 \varphi_2}{\partial \tau_2^2}. \tag{4.6.29}$$

对 (4.6.26) 求时间微分, 得到

$$\dot{q}_n(t) = \frac{\varepsilon}{2}\dot{\varphi}_2(\xi_2, \tau_2)\mathrm{e}^{\mathrm{i}(nk-\omega t)} - \frac{\mathrm{i}\omega\varepsilon}{2}\varphi_2(\xi_2, \tau_2)\mathrm{e}^{\mathrm{i}(nk-\omega t)} + \mathrm{c.c.}. \tag{4.6.30}$$

对此式再求一次导数, 可得

$$\ddot{q}_n(t) = \left[\left(-\frac{\omega^2}{2}\varphi_2\right)\varepsilon + \left(\mathrm{i}\omega v_2 \frac{\partial \varphi_2}{\partial \xi_2}\right)\varepsilon^2 + \left(-\mathrm{i}\omega v_2 \frac{\partial \varphi_2}{\partial \tau_2} + \frac{v_2^2}{2}\frac{\partial^2 \varphi_2}{\partial \tau_2^2}\right)\varepsilon^3\right.$$
$$\left. + \left(-v_2 \frac{\partial^2 \varphi_2}{\partial \xi_2 \partial \tau_2}\right)\varepsilon^4 + \left(\frac{1}{2}\frac{\partial^2 \varphi_2}{\partial \tau_2^2}\right)\varepsilon^5\right]\mathrm{e}^{\mathrm{i}(nk-\omega t)} + \mathrm{c.c.}. \tag{4.6.31}$$

由于

$$q_{n\pm 1}(t) = \frac{\varepsilon}{2}\varphi_2(\xi_2 \pm \varepsilon, \tau_2)\mathrm{e}^{\mathrm{i}[(n\pm 1)k-\omega t]} + \mathrm{c.c.}, \tag{4.6.32}$$

将 φ_2 对 ε 展开, 可得

$$q_{n\pm 1} - q_n = \left[\varepsilon \frac{(\cos k - 1 \pm \mathrm{i}\sin k)}{2}\varphi_2 + \varepsilon^2 \frac{(\pm \cos k + \mathrm{i}\sin k)}{2}\frac{\partial \varphi_2}{\partial \xi_2}\right.$$

$$+ \varepsilon^3 \frac{(\cos k \pm \mathrm{i} \sin k)}{4} \frac{\partial^2 \varphi_2}{\partial \xi_2^2} + \cdots \Big] \mathrm{e}^{\mathrm{i}(nk-\omega t)} + \mathrm{c.c.}, \tag{4.6.33}$$

进一步可以得到

$$(q_{n\pm1} - q_n)^3 = -\frac{3\varepsilon^3}{4}(1 - \cos k \mp \mathrm{i} \sin k)(1 - \cos k) \mid \varphi_2 \mid^2 \varphi_2 \mathrm{e}^{\mathrm{i}(nk-\omega t)} + \cdots + \mathrm{c.c.}.$$
$$\tag{4.6.34}$$

在推导表达式(4.6.34)时忽略了高次谐波项. 将上述结果代入运动方程(4.6.2),并按照 ε 的不同阶整理. 对比 ε 的一阶项,可以得到

$$\omega^2 = 2K(1 - \cos k) = K \sin^2(k/2). \tag{4.6.35}$$

由(4.6.35)式立即可以得到 $\omega = \sqrt{K} \sin(k/2)$,此即色散关系. 对比 ε 的二阶项,可以得到

$$v_2 = (K \sin k)/\omega, \tag{4.6.36}$$

此即孤波的群速. 对比三阶项,可以得到

$$\mathrm{i} \frac{\partial \varphi_2}{\partial \tau_2} + \frac{K \cos k - v_2^2}{2\omega} \frac{\partial^2 \varphi_2}{\partial \xi_2^2} - \frac{3\beta \left[2\,(1 - \cos k)^2 \right]}{8\omega} \mid \varphi_2 \mid^2 \varphi_2 = 0. \tag{4.6.37}$$

将一阶结果(4.6.35)式和二阶结果(4.6.36)式代入(4.6.37)式,可以得到

$$-\mathrm{i} \frac{\partial \varphi_2}{\partial \tau_2} + \frac{\omega}{8} \frac{\partial^2 \varphi_2}{\partial \xi_2^2} + \frac{3\beta \omega^3}{8k^2} \mid \varphi_2 \mid^2 \varphi_2 = 0. \tag{4.6.38}$$

这是包络函数 φ_2 所满足的非线性薛定谔方程,它具有一个熟知的包络孤子解

$$\varphi_2 = B \mathrm{sech} \left(B \sqrt{\frac{3\beta \omega^2}{2K^2}}(\xi_2 - D\tau_2 - C_1) \right) \mathrm{e}^{-\mathrm{i}(\tilde{v}\tau_2 + C_2)}, \tag{4.6.39a}$$

其中

$$\tilde{v} = \frac{4D}{\omega} \xi_2 - \left(\frac{2D^2}{\omega} - \frac{3\beta \omega^3}{16K^2} B^2 \right), \tag{4.6.39b}$$

B, D, C_1, C_2 均为常数. (4.6.39)为受孤子调制的平面波,称为包络孤子解(enveloped soliton).

实际上,比该包络孤子解更为一般的是椭圆余弦波解(cnoidal wave),这可以通过对上述的非线性薛定谔方程(4.6.38)求解得到. 对 τ_2,ξ_2 做进一步的标度变换

$$\tau_4 = \frac{3\beta \omega^3}{16K^2} \tau_2, \quad \xi_4 = \sqrt{\frac{3\beta \omega^2}{2K^2}} \xi_2, \tag{4.6.40}$$

可以得到标准形式的非线性薛定谔方程

$$\mathrm{i} \frac{\partial \varphi_2}{\partial \tau_4} - \frac{\partial^2 \varphi_2}{\partial \xi_4^2} - 2 \mid \varphi_2 \mid^2 \varphi_2 = 0. \tag{4.6.41}$$

设方程具有如下形式的解

$$\varphi_2 = r(X) \mathrm{e}^{\mathrm{i}s(X) + \mathrm{i}\Omega\Theta}, \tag{4.6.42}$$

其中 $X=\xi_4-U\tau_4$，$\Theta=\tau_4$，$r(X)$ 和 $s(X)$ 均为实函数. 将(4.6.42)式代入(4.6.41)式,可解出 $r(X)$ 和 $s(X)$ 函数. 由于过程繁琐,这里略去讨论详细计算过程,只给出解的形式(感兴趣的读者可参考文献[426])

$$\varphi_2=\sqrt{h_3}\,\mathrm{cn}(\sqrt{h_3-h_1}(\xi_4-U\tau_4-C_3),m)\mathrm{e}^{-\mathrm{i}[U\xi_4/2+(h_3+h_1-U^2/4)\tau_4-C_4]},$$

(4.6.43)

其中 $C_{3,4}$，$h_{1\sim3}$ 为系数,$\mathrm{cn}(x,m)$ 为雅可比椭圆函数,$0<m<1$ 为函数的模

$$m=(h_3-h_2)/(h_3-h_1).\qquad(4.6.44)$$

非线性薛定谔方程的解(4.6.43)称为椭圆余弦波解. 函数 $\mathrm{cn}(x,m)$ 是周期函数,其周期为 $4P$,其中 P 为全椭圆积分值:

$$P=\int_0^{2\pi}\frac{\mathrm{d}\theta}{\sqrt{1-m\sin^2\theta}}.\qquad(4.6.45)$$

在一些极限下,(4.6.43)式可以化为更简单的结果. 例如,当 $h_3=h_2$，$m=0$ 时,$\mathrm{cn}(x,0)=\cos(x)$,此时(4.6.43)式中的雅可比椭圆函数为

$$\cos[\sqrt{h_3-h_1}(\xi_4-U\tau_4-C_3)].$$

而当 $h_1=h_2$，$m=1$ 时 $\mathrm{cn}(x,1)=\mathrm{sech}(x)$,此时 cn 函数为

$$\mathrm{sech}[\sqrt{h_3-h_1}(\xi_4-U\tau_4-C_3)].$$

图 4.26 给出了在模 m 取几个不同值时雅可比椭圆函数 $\mathrm{cn}(x,m)$ 在前 1/4 周期内的函数关系,可清楚看到 $\mathrm{cn}(x,m)$ 在 $m\to0$ 和 $m\to1$ 情况下函数向 $\cos(x)$ 和 $\mathrm{sech}(x)$ 逼近的行为.

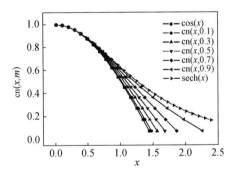

图 4.26　雅可比椭圆函数 $\mathrm{cn}(x,m)$ 在不同 m 取值时的形状
■线为余弦函数,▶线为双曲正弦函数

由于可以将环状 FPU-β 格点链连续化为非线性薛定谔方程,前者也可以激发出椭圆余弦波. 将上述变量恢复到 FPU-β 系统的变量,格点 n 处的动量可计算为

$$p_n=\dot{q}_n\approx\omega\sqrt{h_3}\,cn\left(\sqrt{h_3-h_1}\sqrt{\frac{3\beta\omega^2}{2K^2}}(n-v_2t)-C_3,m\right)$$

$$\times \sin\left[kn-\left(\omega+\frac{3\beta\omega^{3}}{16K^{2}}(h_{3}+h_{1})\right)t-C_{4}\right], \qquad (4.6.46)$$

其中 ω,K,k,β 等在前面已先后给出. 如图 4.27 所示, (4.6.46)式在数值试验中得到了很好验证. 由于孤立波与椭圆余弦波之间通过包络行为的相互作用, 系统能量可在二者之间不断交换, 使系统出现大的振荡行为, 并最终导致系统趋向平衡的过程[436].

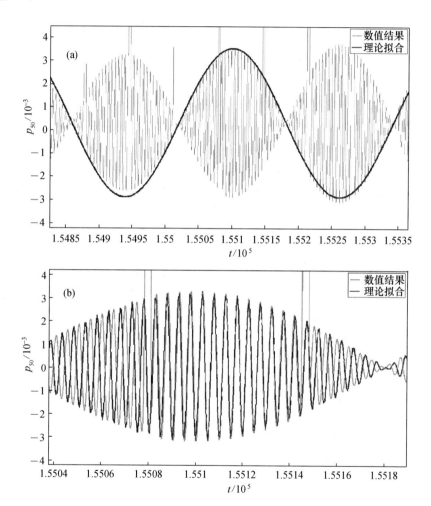

图 4.27 FPU-β 环中的椭圆余弦波

(a) 用雅可比椭圆函数 $cn(x,m)$ 对 FPU-β 环的第 $n=50$ 个振子动量演化的包络进行拟合的结果; (b) 用 (4.6.46)式对演化进行每时每刻的完整拟合的结果. 振子数 $N=100, K=0.5, \beta=0.126$. 图中超出纵轴坐标标注范围的为能量孤立子的波峰

4.6.4 离散呼吸子与正常热传导

呼吸子是一种空间局域、时间周期的非线性振动模.这种时空斑图的解最初是在可积 sine-Gordon 方程中发现的[425].但是,这种局域周期态是非常脆弱的,对方程的很小扰动都会导致呼吸子失稳而消失.离散呼吸子则是广泛存在于离散非线性系统中的一种空间局域、时间周期的非线性激发模式[425,428].人们发现,由于晶格的空间离散性以及演化方程的非线性特征,在晶格系统中也会广泛存在离散呼吸子,这种呼吸子的激发对非线性系统的性质尤其是热学性质有着重要影响.在过去的几十年里,有关离散呼吸子的研究主要集中于其时间、空间特征及不同实验条件对多种物理过程所起的作用.

一维耦合非简谐振子链中本征局域激发的研究可以追溯到 1969 年[437].西沃斯和武野正三在 1988 年发现了 FPU 链中的局域激发模式[430,431],人们随后开始研究各种局域振动模式的稳定性问题[438].坎贝尔和佩拉(M. Peyrard)总结了在不同晶格模型中观测到的这种局域激发模式并将其命名为离散呼吸子[439].1990 年,人们开始用严格的数学方法分析这种类似 sine-Gordon 呼吸子的非线性局域激发,得到了丰富的结果,同时越来越多实际系统的实验现象也使得对离散呼吸子的理论研究在生物、材料、通信等诸多相关领域显示出广泛的应用前景[425,428].

作为一种局部激发模式,呼吸子在局部格点上的振动并不传播,这种特征与格波、孤立波等可以传播的载流子非常不同,从而起到阻止能量在格点上传播的作用.越来越多的研究表明,离散呼吸子的空间不移动性提供了一种正常热传导的声子散射机制.齐罗尼斯(G. P. Tsironis)等人用非线性格点系统中的呼吸子来解释格点系统的正常热传导[440,441].考虑如下的空间一维格点系统,哈密顿量为

$$H = \sum_n \left[\frac{1}{2} \dot{q}_n^2 + \frac{1}{2} (q_{n+1} - q_n)^2 + \omega_0^2 U(q_n) \right], \tag{4.6.47}$$

其中外势 $U(q)$ 满足 $U''(0) = 1$.下面考察如下四种不同的底势,包括:

(1) 简谐势,$U(q) = q^2/2$,标记为 H;

(2) sinh-Gordon 势,$U(q) = \cosh q - 1$,标记为 SHG;

(3) 束缚单阱势,$U(q) = \frac{1}{2}(1 - \text{sech}^2 q)$,标记为 BSW;

(4) sine-Gordon 势,$U(q) = 1 - \cos q$,标记为 SG.

其中(2)~(4)三种式为非线性力的底势.对于以上几种不同格点系统,将其与热源接触并计算通过系统的热流.图 4.28(a)给出了粒子数 $N = 200$ 的系统平均热流与温差 $\Delta T = T_+ - T_-$ 的关系.可以发现,对于简谐底势,热流与温差成正比,其他

几种非简谐底势热流虽然也随温度差增大而增大,但增长速度明显变慢,在 SG 底势下曲线甚至出现了饱和.

通过分析系统集体能量模式的行为可以对图 4.28(a)的结果有深入的理解. 研究表明[441],不同于情形(1)的线性底势,(2)~(4)的非简谐底势系统的集体模式除了线性非局域的声子模外还存在非线性大幅度振荡的空间局域模, 即离散呼吸子. 由于这种模在格点上不传播,因而产生能量的空间局域化. 图 4.28(b)给出了 SHG 势系统在未加热源情况下呼吸子的时空演化行为,可以看到在长时间后除少部分格点的大幅度简谐振荡外,其他格点的能量几乎为零,这说明系统的大部分能量可以被呼吸子局域在很少的格点上. 当系统与热源接触后,呼吸子解的长时间传播虽然最终会被破坏,但它会以暂态的形式不断地阻碍能量以孤立子的形式进行弹道式传播,促使系统形成能量的扩散,从而趋向正常热传导行为.

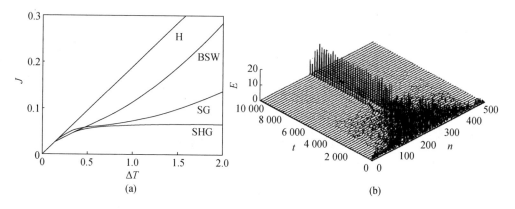

图 4.28　几种不同底势情况下的格点系统的热流与能量的时空演化

(a) 简谐势(H)、Sinh-Gordon 势(SHG)、束缚单阱势(BSW)和 sine-Gordon 势(SG)四种不同底势情况下系统的平均总热流与温差的关系,$N=200$. 可以看到非线性势系统的行为与简谐势系统完全不同. (b) SHG 势系统在未加热源情况下呼吸子的时空演化行为,系统的大部分能量可以被呼吸子局域在很少的格点上,从而阻碍能量的弹道式传播并形成能量扩散,导致正常热传导行为.(改编自文献[441])

即使是在没有外势场 $U(q)$ 的情况下,只要系统相互作用势是非简谐的,且系统可以存在空间局域的非线性激发模式,特别是空间局域而时间振荡的离散呼吸子模,局域模就会产生对线性声子模的作用,扮演着类似于外势场的角色,对声子产生散射,从而导致动量守恒的晶格系统中也可能出现正常热传导行为. 一个典型的例子是耦合转子(coupled rotors)模型[442—446]. 耦合转子模型常用来描述经典的一维最近邻相互作用自旋链 XY 模型系统,它由 N 个相互耦合的转子构成,系统的相互作用势能函数为

$$V(r) = 1 - \cos r. \tag{4.6.48}$$

该系统在低能量下可简化为谐振子链,在高能下则对应于自由转子模型.耦合转子系统不含格点底势,因此系统的总动量守恒.按照普罗森等的理论结果,系统应具有非正常的热导率[378],然而图 4.29(a)中给出的热导率 κ 与链长 N 之间关系研究结果表明,在 N 很大时,热导率 κ 逐渐趋于饱和,这说明系统的热传导在 $N \to \infty$ 时服从傅里叶热传导定律.另外,可以通过 GK 公式(4.2.66)的热流关联函数来计算非平衡定态时热流的涨落特征.图 4.29(b)给出了周期边界条件下耦合转子系统的热流自关联函数的演化,可以看到关联函数 $c(\tau)$ 随时间的增长呈指数衰减 $c(\tau) = \mathrm{e}^{-b\tau}$.图 4.29 的结果表明,耦合转子系统的热传导是正常的[442,447].

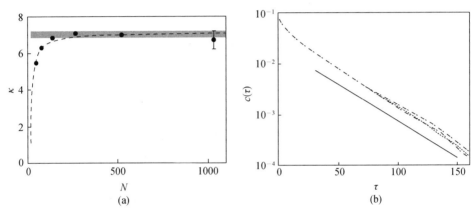

图 4.29   耦合转子系统的热传导计算结果

(a) 热导率 κ 随系统尺寸的变化.圆圈(●)对应于温度 $T_+ = 0.55, T_- = 0.35$.虚线为用函数 $a + b/N$ 的最佳拟合.阴影区域为基于 GK 公式得到的热导率的不确定性.可以看到热导率随 N 增大而趋于饱和.(b) 热流自关联函数随时间的演化.能量密度 $e = E/N = 0.5$. $N = 256$(虚线), $N = 512$(点虚线), $N = 1\,024$(点线).实线为一指数拟合函数 $c(\tau) = \mathrm{e}^{-\tau/30}$,关联函数的指数衰减表明热量的正常扩散行为.(改编自文献[442])

耦合转子系统与很多格点系统不同之处在于其相互作用势是有界的多阱势.人们发现该系统中存在非线性的局域转动模,即链上可以产生部分转子转动而其他转子处于振荡的动力学态,这种部分转动的模称为转子呼吸子(rotobreather)[448,449].当系统与热源接触时,转子链的振荡运动对应于系统的声子模,但转子呼吸子模会对声子产生强烈的散射,同时粒子的这种跳跃运动受到势垒的散射,从而使得能量在链上扩散式地输运,导致系统的正常热传导行为.这个特点与上面讨论的含有格点势系统的呼吸子非常类似.

为了进一步理解呼吸子与声子相互作用导致正常热传导的机制,下面用具有次近邻耦合的 FPU-β 链来讨论[450].系统的哈密顿量为

$$H = \sum_n \left[\frac{1}{2}\dot{q}_n^2 + V(q_{n+1} - q_n) + \gamma V(q_{n+2} - q_n) \right], \qquad (4.6.49)$$

其中 γ 为次近邻耦合强度参数.这里相互作用势为 $V(r) = r^2/2 + r^4/4$.首先来看在

存在非近邻相互作用($\gamma \neq 0$)时系统的热导率 κ 随系统尺寸 N 的幂律变化

$$\kappa \sim N^a, \tag{4.6.50}$$

其中 α 为标度指数. 图 4.30(a)给出了指数 α 与次近邻系数 γ 的变化关系. 可以发现 α 首先随 γ 增大而减小,在 $\gamma \approx \gamma_c = 0.25$ 时达到最小值 $\alpha_{\min} \approx 0.24$,然后随 γ 增加而增大,逐渐趋于饱和. 而在以往的研究中,人们发现在大多数情况下 α 指数并不依赖于系统的动力学参数. 由于声子是 FPU 格点链系统的能量载流子,极小值的出现意味着非局域耦合可以增强对声子的散射效应.

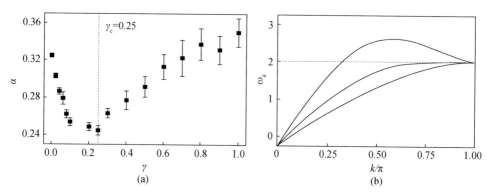

图 4.30 次近邻耦合 FPU-β 链的热传导系数与色散关系的对比

(a) (4.6.50)式热导率与系统尺寸幂律关系的指数 α 与(4.6.49)式的非近邻耦合参数 γ 之间的关系曲线. 可以看到 α 先随 γ 增加而减小,在转折点 $\gamma_c = 0.25$ 时达到最小值,然后随 γ 增加而增大,逐渐趋于饱和(≈ 0.35).(b) 具有非近邻相互作用一维 FPU-β 链(4.6.49)的色散关系(4.6.51),从下到上的曲线对应于 $\gamma = 0$, 0.25 和 1,水平线对应于 $\omega_\pi = 2$. 可以看到 $\gamma = \gamma_c = 0.25$ 恰好是声子色散关系的转折点.(改编自文献[450])

声子散射效应的增强也可以通过考察其色散关系清楚看到. 当 $\gamma \neq 0$ 时,将行波解 $q_n^k(t) = A\mathrm{e}^{\mathrm{i}(\omega_k t - nak)}$ 代入系统哈密顿量(4.6.49)对应的运动方程,可以得到色散关系为

$$\omega_k = 2\sqrt{\sin^2(k/2) + \gamma \sin^2 k}, \tag{4.6.51}$$

其中 k 为波数,ω_k 为相应的频率. 不同 γ 的色散关系如图 4.30(b)所示,可以看到 $\gamma = \gamma_c = 0.25$ 恰好是声子色散关系的转折点,在临界点以下最大频率位于布里渊区边缘 $k = \pi$,而在临界点以上时最大频率却位于该值以上. 在 $\gamma = \gamma_c$ 处,声子群速在布里渊区边缘很大 k 范围为 $0(\partial \omega(k)/\partial k \approx 0)$. 当 $\gamma > \gamma_c$ 时,部分波矢 k 的声子 ω_k 位于布里渊区之外意味着 4.4.2 节中所述的倒逆过程的出现.

另一方面,热源对 FPU 链的作用本身就可以通过激发而产生离散呼吸子. 要观察和分析离散呼吸子,最好的方法是将其他的激发模消除掉. 要做到这一点可以利用吸收边界的方法进行. 具体做法是,先将格点系统与温度为 T 的热源进行热接触,然后将热源撤掉,在格点链两端加上吸收边界,即在系统演化方程的两端格

点处引入阻尼项

$$\ddot{q}_n = -\partial H/\partial q_n - \eta \dot{q}_n(\delta_{n,1} + \delta_{n,N}),$$ (4.6.52)

其中 η 为阻尼系数. 这样, 只要是在格点链上移动传播的激发模, 如声子、孤立波等的能量都会在运动到链两端时被耗散掉, 系统就会剩下一些在链内不能移动的呼吸子模[418,419]. 这些离散呼吸子通常随机地分布于格点链上, 并且与声子作用, 因此它们一方面带来了内在的无序性, 另一方面又扮演着声子散射体的作用. 从上面的讨论中, 我们可以期望当 $0 \leqslant \gamma \leqslant \gamma_c$ 时, 随着 γ 的增大, 离散呼吸子与声子的相互作用会越来越强, 而当 $\gamma_c < \gamma \leqslant 1$ 时, 二者相互作用反而随着 γ 增加而越来越弱. 为了讨论这种可能趋势, 可定义线性声子带中的集体模式能量与热涨落总能量之比为

$$\varepsilon = \left(\int_0^{\omega_\pi} P(\omega)\mathrm{d}\omega \right) \bigg/ \left(\int_0^{\infty} P(\omega)\mathrm{d}\omega \right),$$ (4.6.53)

该参数可以描述离散呼吸子与声子的相互作用强度. 图 4.31(a) 给出了 ε 随参数 γ 的变化曲线, 可以看到呼吸子-声子相互作用强度先随着 γ 增大而增大, 在 γ 接近 0.25 时开始减小. 这与前面的定性分析完全相符, 也大致与前面的临界值 $\gamma_c = 0.25$ 相符.

为什么在临界值 $\gamma_c = 0.25$ 处呼吸子与声子具有最强的相互作用呢? 一种很大的可能是在 γ_c 处链上的呼吸子具有最大的分布密度, 从而对声子产生了最强的

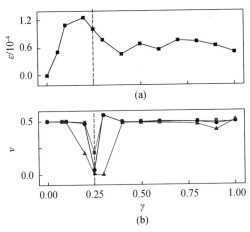

图 4.31   具有次近邻耦合的 FPU-β 链中呼吸子与声子的相互作用和竞争

(a) 线性声子带中的集体模式能量与热涨落的总能量之比 ε 随非局域耦合参数 γ 的变化曲线, 可以看到呼吸子-声子相互作用强度先随着 γ 增大而增大, 在 γ 接近 0.25 时开始随 γ 增大而减小. (b) 能量衰减幂律指数 ν 随非局域参数 γ 的变化, $e(0) = 0.005$(方块), 0.045(圆点)0.18(三角). 可以很清楚看到对于不同的初始能量 $e(0)$, ν 均在 $\gamma_c = 0.25$ 处出现 $\nu \to 0$. 虚线对应于 $\gamma_c = 0.25$. 这说明在此处呼吸子具有最长寿命及最大的分布密度, 从而对声子产生了最强的散射效应. (改编自文献[450])

散射效应. 在平衡态下, 呼吸子的密度可由玻尔兹曼因子 e^{-e_{sh}/k_BT} 给出, 这里 e_{sh} 为产生离散呼吸子所需的能量阈值. 在 γ_c 时的呼吸子密度最大, 意味着阈值 e_{sh} 最小. 这一点可以通过考察呼吸子能量随时间的弛豫过程看得更清楚[450]. 呼吸子的能量可以通过利用吸收边界将可移动模的能量吸收后剩下的能量来得到, 记为 $e(t)$. 假设 $e(t)$ 随时间的变化是幂律衰减的,

$$e(t) \sim t^{-\nu}, \tag{4.6.54}$$

幂律指数 ν 刻画呼吸子能量 $e(t)$ 减小的速度. 如果链上有呼吸子存在, 则弛豫过程就会减慢, 而呼吸子的长时存在会使得能量不再衰减, 即 $\nu \to 0$. 图 4.31(b) 给出了 ν 随着 γ 的变化, 可以很清楚地看到对于不同的初始能量 $e(0)$, ν 均在 $\gamma_c = 0.25$ 处出现 $\nu \to 0$, 这说明在此处呼吸子产生具有最低的能量阈值.

4.6.5 有效声子作为能量载流子

声子重整化理论提出的有效声子是一种可以用来描述晶格系统中能量输运的能量载流子, 由于一般情况下相互作用势是非简谐的, 本质上有效声子也是一种非线性载流子. 一个基本的问题是如何在低维晶格系统中确认能量载流子的模式行为. 下面将通过计算来阐明, 既不同于线性声子只在低温起作用, 也不同于孤立子只在高温起主要作用, 有效声子在从低温到高温的大范围内都是一种基本的能量载流子[451].

下面以 FPU-β 链系统为例来进行讨论, 并在声子重整化理论基础上来考察系统的能量载流子. 系统的哈密顿量为

$$H = \sum_{i=1}^{N} \left[p_i^2/2 + (q_i - q_{i-1})^2/2 + (q_i - q_{i-1})^4/4 \right]. \tag{4.6.55}$$

采用固定边界条件 $q_{-N/2-1} = q_{N/2+1} = 0$, 并使两端 $i = \pm N/2$ 的振子与热源接触. 系统的运动方程可以写为

$$\ddot{q}_i = -\partial H/\partial q_i + \xi_i - \eta \dot{q}_i, \tag{4.6.56}$$

其中热源用高斯白噪声描述, $\langle \xi_i \rangle = 0$, $\langle \xi_i(t) \xi_j(t') \rangle = 2\eta k_B T \delta_{ij} \delta(t-t')$. 为研究能量和动量涨落, 定义以下归一化的能量与动量关联函数[452,453]

$$C_E(i,t) = \frac{\langle \Delta h_i(t) \Delta h_0(0) \rangle}{\langle \Delta h_0(0) \Delta h_0(0) \rangle}, \tag{4.6.57}$$

$$C_p(i,t) = \frac{\langle \Delta p_i(t) \Delta p_0(0) \rangle}{\langle \Delta p_0(0) \Delta p_0(0) \rangle}, \tag{4.6.58}$$

这里

$$\Delta h_i(t) = h_i(t) - \langle h_i \rangle, \quad \Delta p_i(t) = p_i(t) - \langle p_i \rangle. \tag{4.6.59}$$

h_i 取 (4.2.37) 式的定义. 初始关联取 $C_E(i,0) = \delta_{i,0}$, $C_p(i,0) = \delta_{i,0}$, 即系统的初始能量和动量都集中于中间格点, 然后观察从中间格点开始的系统动力学行为. 关联

函数(4.6.57)和(4.6.58)式可以用来刻画能量和动量扰动的时空模式演化.

图 4.32 画出了 $N=500$ 的 FPU-β 链系统在不同温度($T=0.02,0.5,5$ 分别代表低温、中温和高温的典型情形)下从中间格点开始能量和动量涨落关联函数随时间的变化情况. 低温下可以看到由于色散作用而产生很多的声子波包,随着温度升高,波包很快塌缩. 对于不同温度区域,都可以看到动能和动量的扰动波前是匀速传播的,波前由最快的行波能量载流子形成,由此可以通过不同时刻的峰位确定传播的声速.

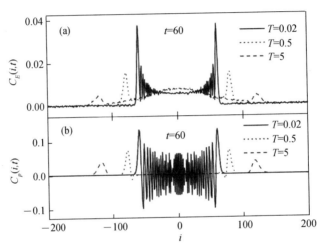

图 4.32　在不同温度 $T=0.02,0.5,5$ 时初始从 FPU-β 链中间的格点 $i=0$ 开始的波包在时间 $t=60$ 时的能量涨落关联(a)和动量涨落关联(b)函数在格点上的分布情况

$N=500$. 低温下可以看到由于色散作用而产生很多的声子波包,随着温度升高,波包很快塌缩.(改编自文献[451])

FPU-β 链在格点连续化近似下可以化为 mKdV 方程(4.6.12),该方程有孤立子解(4.6.13). 将(4.6.3)和(4.6.11)式的变换参数代入(4.6.3)式,有[451]

$$Q_s(z) = \sqrt{2(c_s^2-1)}\,\mathrm{sech}(2z\sqrt{2(c_s^2-1)/c_s^2}), \qquad (4.6.60)$$

其中 $z \approx q_i - q_{i-1}$, c_s 为孤立子的声速. 孤立子的能量正比于 $c_s^3\sqrt{c_s^2-1}$,声速满足

$$c_s^3\sqrt{c_s^2-1} = AT, \qquad (4.6.61)$$

其中 A 为拟合参数. 在极限情况 $T \to 0$ 下,

$$c_s \to 1. \qquad (4.6.62a)$$

当 $T \gg 1$ 时,有

$$c_s \approx (AT)^{1/4}. \qquad (4.6.62b)$$

如果能量载流子是有效声子(非线性化声子),上述的声速就是有效声子的最大群速

$$c_s = \frac{\partial \widetilde{\omega}_k}{\partial k}\bigg|_{k=0}. \tag{4.6.63}$$

有效声子的频率 $\widetilde{\omega}_k = 2\sqrt{\alpha}\sin(k/2)$,其中波数 $0 \leqslant k \leqslant 2\pi$,重整化参数 α 根据 $(4.5.13)$ 式为

$$\alpha = 1 + \frac{\int_{-\infty}^{\infty} x^4 e^{-V(x)/k_B T}\,\mathrm{d}x}{\int_{-\infty}^{\infty} x^2 e^{-V(x)/k_B T}\,\mathrm{d}x}, \tag{4.6.64}$$

因此可以得到声速为

$$c_s = \sqrt{\alpha} = \sqrt{1 + \frac{\int_{-\infty}^{\infty} x^4 e^{-V(x)/k_B T}\,\mathrm{d}x}{\int_{-\infty}^{\infty} x^2 e^{-V(x)/k_B T}\,\mathrm{d}x}}. \tag{4.6.65}$$

在极限情况 $T \to 0$ 下,由 $(4.6.65)$ 式可得 $c_s \to 1$,即得到 $(4.6.62a)$ 的结果. 当 $T \gg 1$ 时,$V(x)$ 中的二次方相比于四次方可以忽略,$(4.6.65)$ 式可以近似为

$$c_s \approx \sqrt{1 + \frac{\int_{-\infty}^{\infty} x^4 e^{-x^4/(4k_B T)}\,\mathrm{d}x}{\int_{-\infty}^{\infty} x^2 e^{-x^4/(4k_B T)}\,\mathrm{d}x}} \approx 1.22\,(k_B T)^{1/4}. \tag{4.6.66}$$

进一步,可以利用计算关联函数演化的方法[452,453]来数值得到不同温度下非线性链中扰动的传播速度. 图 4.33 的圆点给出了 FPU-β 链($N=1000$)的声速随

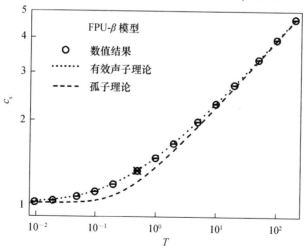

图 4.33 FPU-β 链的声速随温度变化的数值模拟结果曲线（圆点）

$N=1000$. 点线为声子重整化理论的结果,虚线为孤子理论的声速关系（拟合参数取 $\eta=2.215$）. 低温和高温极限下两种理论给出一致的结果,但在中段温度区域孤子理论在此区域表现出较大偏离.（改编自文献[451]）

温度变化的曲线.作为对比,图中也画出了声子重整化理论和孤子理论的声速关系,其中孤子声速中的拟合参数取 $A = 2.215$.可以发现上述高温和低温极限下两种理论给出一致的结果,并都与数值结果一致.上面的理论讨论已经显示在低温和高温极限下孤立子理论和声子重整化理论可以给出相同的温度依赖关系,但在中段温度区域,声子重整化理论给出了与数值计算几乎完全一致的结果,而孤子理论在此区域表现出很大的偏离,这说明重整化的声子是低维非线性链系统热传导和能量输运的主要载流子.另一方面,孤立子、有效声子等作为非线性载流子之间的关系仍然是目前关注的问题,正得到进一步的研究和讨论[452,454].

§4.7　反常热传导与反常扩散

热传导是能量在空间的非平衡输运过程,因此热传导的反常行为应与能量空间输运行为的反常性有密切联系.通过前面讨论的多种系统的热传导问题可以发现,一方面,一些反常的热导率行为可根据微观机制的不同分为不同的普适类,另一方面,一些系统的热导率指数在系统温度等参量变化时也会相应发生变化,而这样的变化区域难以归于普适类之列.因此,有必要从更一般的能量扩散层面来研究反常热传导行为的微观机制.反常扩散理论的建立为这一探索提供了依据.

4.7.1　反常扩散

近年来反常扩散的研究成为统计物理研究的重要热点领域.反常扩散现象早在 1926 年就由理查德森(L. F. Richardson,1881—1953)在论述湍流扩散时提出[455].直到 20 世纪 60 年代,人们才开始从输运理论的角度对这一现象进行研究和讨论.蒙特尔(E. W. Montroll,1916—1983)等人在研究无序半导体中的扩散输运理论时,采用了传统的扩散理论框架,但并没有成功,这导致了反常扩散理论研究的开始[456—458].

遵循高斯分布的随机行走过程对应通常意义下的扩散.在动力学的范畴来看,高斯分布的热力学噪声将引起正常扩散.随着实验技术的不断进步和研究领域的不断扩展,许多被揭示出来的实验现象与经典理论不相协调.这些实验现象包括玻璃表面的液体扩散、湍流中的输运现象、有缺陷晶格中的电子输运、核磁共振现象、生物细胞中的跨膜输运、蛋白质折叠、DNA 序的组合等[459—463].这些系统大多可以归入当今被称为复杂系统的范畴.当前复杂系统结构及其动力学性质的研究已成为物理学和与其他学科交叉的一个重要领域.复杂系统通常有以下几方面的特征:(1) 不同结构单元和不同元素之间的巨大差异;(2) 在元素之间和结构单元之间有强烈和复杂的相互作用;(3) 随时间的反常演化和不可预测性.

反常扩散是指自由系统(除随机力和阻力外没有其他外力或外场)偏离正常布朗运动的扩散行为,表现为粒子的方均位移满足

$$\langle (x(t) - x_0)^2 \rangle \sim K_a t^\alpha, \quad \alpha \neq 1, \tag{4.7.1}$$

其中 K_a 为广义扩散系数,α 为功率指数或扩散指数. 当 $\alpha = 1$ 时,我们称布朗运动为正常扩散;当 $0 < \alpha < 1$ 时,扩散速度降低,称为亚扩散(sub-diffusion);当扩散指数 $1 < \alpha < 2$ 时,扩散速度高于正常的情况,称为超扩散(super-diffusion). 这三种不同的扩散行为如图 4.34 所示. 正常扩散的特点是由于平方平均位移的线性特征,粒子空间迁移呈现小幅随机的过程,如图 4.35(a)所示. 图 4.35(b)则给出发生超扩散时的空间迁移特征,可以看到一些长程的大幅度空间飞行过程.例如,莱维飞行就是一种典型的超扩散过程. 图 4.35(c)显示了亚扩散的迁移特征,粒子的迁移高度局域化和密集.

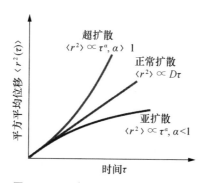

图 4.34 平方平均位移与反常扩散

正常扩散、超扩散和亚扩散可以由平方平均位移随时间变化在长时间的幂律关系加以区分

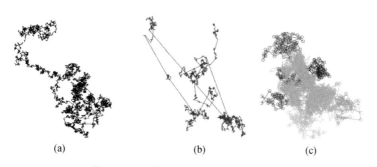

图 4.35 二维空间中的不同扩散行为

(a) 正常扩散行为;(b) 超扩散行为;(c) 亚扩散行为

扩散过程有两个极限情形,一个是 $\alpha = 0$ 的情况,此时平方平均位移不随时间而增长,我们称其为局域化(localization)行为,它是亚扩散的极限情况.而当 $\alpha = 2$ 时,平方平均位移与时间的平方成正比,即平均位移与时间成正比,此时系统的扩

散行为类似于粒子的自由运动,我们称之为弹道扩散(ballistic diffusion),它是超扩散的极限情况.

迄今为止,人们已经对许多复杂系统的动力学反常扩散现象有了较为清楚的认识.例如,人们已经发现非晶体半导体中带电粒子的输运、液体中核磁共振的扩散、多微孔系统的渗透、聚合物系统中的激发和重构、分数维几何上的输运、在对流层中标度性示踪物的扩散、聚合体网格上小珠的动力学特征等呈现出典型的亚扩散行为,而旋转流体的特殊畴壁、固体表面上聚集体的滑动扩散、速度场中的层流、理查德森扰动的扩散、量子光学、细胞内不均匀摇摆的输运、单分子光谱、等离子体的扰动、细菌的运动以及信天翁的飞行等许多行为则表现出明显的超扩散性[459].

研究反常扩散与反常输运的主要手段目前包括连续时间随机行走(continuous-time random walk,CTRW)[456,457,458]、广义主方程(generalized master equation,GME)[459]、广义朗之万方程(generalized Langevin equation,GLE)[460]、分数阶朗之万方程(fractional Langevin equation,FLE)[460]、非线性介质福克-普朗克方程[458]、分数阶福克-普朗克方程[461]、非广延或查理斯统计热力学统计(Constantino Tsallis)等[462-463].限于篇幅,这里不打算对这些理论一一展开.值得关注的是,低维系统的热传导问题由于其少体与非线性等特征显然属于复杂系统的研究范畴,它无法用简单的非线性动力学或者传统统计物理理论很好地阐述,这一点在前面的一系列讨论中已经清楚表明.本节将首先利用连续时间随机行走理论来介绍反常扩散的机制,在此基础上对前面得到的各种不同系统热传导行为的共性加以归纳总结,并找到能量扩散行为与热传导之间的定量联系.

4.7.2　反常扩散的连续时间随机行走理论

下面简单介绍一下连续时间随机行走(CTRW)理论对反常扩散的讨论[464].随机行走理论最早由爱因斯坦在1905年关于流体中分子热运动的论文中提出,他用随机行走的方法对处于平衡态的布朗粒子的方均位移进行了理论推导,并得到了扩散方程,进而将布朗粒子的扩散系数与温度涨落等联系起来,给出了布朗运动框架下的涨落耗散定理(爱因斯坦关系).同年皮尔森(K. Pearson,1857—1936)正式提出了随机行走的概念.1965年,蒙特尔等人建立了连续时间随机行走理论,将布朗运动过程分解成随机的空间跳跃和两次跳跃之间的随机等待时间两个部分,两者由各自的概率密度分布函数决定[456].

为了更好理解如何将随机行走与反常扩散联系起来,下面首先从传统的随机行走理论开始,以此推导出扩散方程.在皮尔森-爱因斯坦的随机行走理论中,粒子运动具有空间均匀且各向同性.进一步假设粒子只在相邻的格点之间跳跃,如图4.36所示.对一维情况,不同的格点用下标 j 区分标记,设粒子向相邻 $j\pm1$ 格点跳

跃的概率相等,均为 1/2.由此可以得到粒子的一维扩散主方程为

$$W_j(x,t+\Delta t) = \frac{1}{2}W_{j-1}(x-\Delta x,t) + \frac{1}{2}W_{j+1}(x+\Delta x,t). \qquad (4.7.2)$$

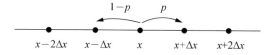

图 4.36 一维随机行走示意图

每次行走的步长为 Δx,在每一点向右跳跃的概率为 p,向左的概率为 $1-p$.(4.7.2)式中 $p=1-p=1/2$

连续性近似下 $\Delta x \rightarrow 0$,$\Delta t \rightarrow 0$,可将主方程两边分别对 Δx 和 Δt 做泰勒展开.(4.7.2)的左边展开得到

$$W_j(x,t+\Delta t) = W_j(x,t) + \Delta t \frac{\partial W_j}{\partial t} + O([\Delta t]^2), \qquad (4.7.3)$$

主方程右边两项展开得到

$$W_{j\pm 1}(x \pm \Delta x,t) = W_j(x,t) \pm \Delta x \frac{\partial W_j}{\partial x} + \frac{(\Delta x)^2}{2} \frac{\partial^2 W_j}{\partial x^2} + O([\Delta x]^3).$$

$$(4.7.4)$$

将上面两式代入主方程,就得到自由场扩散方程

$$\frac{\partial W}{\partial t} = K_1 \frac{\partial^2}{\partial x^2} W(x,t), \qquad (4.7.5)$$

其中扩散系数为

$$K_1 = \lim_{\Delta x \rightarrow 0, \Delta t \rightarrow 0} \frac{(\Delta x)^2}{2\Delta t}. \qquad (4.7.6)$$

上述的随机行走过程导出扩散方程是在假设随机行走的每一步都是等间距和等时间间隔的.在实际的布朗运动中,系统从一个状态向另一个状态的跃迁不仅每一步的幅度会不一样,而且每两次跃迁之间在任一状态逗留的时间都可能不一样.如果将随机行走的固定时间间隔和固定跳跃距离都假设成随机变量,则可将上述随机行走理论进行拓展,这就是 20 世纪 60 年代蒙特尔等人提出的连续时间随机行走(CTRW)[456,457].下面重点阐述一下在 CTRW 理论框架下如何得到反常输运方程.

在 CTRW 理论中,粒子的扩散过程包含两个基本要素:(1)粒子在空间的随机跳跃,由此可引入随机跳跃距离 x;(2)粒子在两次跳跃之间的时间间隔,由此可引入随机等待时间 τ.令这两个量的联合分布密度函数为 $\psi(x,\tau)$,跳跃距离分布函数记为 $\lambda(x)$,等待时间分布函数记为 $\omega(\tau)$.显然,$\lambda(x)$ 和 $\omega(\tau)$ 可由联合分布 $\psi(x,\tau)$ 的不同积分约化得到,即

$$\lambda(x) = \int_0^\infty d\tau \psi(x,\tau), \qquad (4.7.7)$$

$$\omega(\tau) = \int_{-\infty}^{\infty} \mathrm{d}x \psi(x,\tau), \tag{4.7.8}$$

其中 $\lambda(x)\mathrm{d}x$ 表示跳跃距离取值在 $(x,\ x+\mathrm{d}x)$ 的概率, $\omega(\tau)\mathrm{d}\tau$ 表示等待时间在 $(\tau,\tau+\mathrm{d}\tau)$ 的概率. 粒子 t 时刻在初始位置的存留概率为

$$\Phi(t) = 1 - \int_0^t \omega(\tau)\mathrm{d}\tau. \tag{4.7.9}$$

显然当 $t \rightarrow \infty$ 时,由于(4.7.9)式右边第二项归一化,因而有 $\Phi(t \rightarrow \infty) = 0$. (4.7.9)式的拉普拉斯变换形式为

$$\Phi(u) = \frac{1 - \omega(u)}{u}. \tag{4.7.10}$$

假设粒子初始分布为 $W_0(x)$,则粒子在 t 时刻到达坐标 x 处的概率密度 $\eta(x,t)$ 为

$$\eta(x,t) = \int_{-\infty}^{\infty} \mathrm{d}x' \int_0^t \mathrm{d}t' \eta(x',t')\psi(x-x',t-t') + \delta(t)W_0(x), \tag{4.7.11}$$

这是描述随机行走过程条件概率满足的广义主方程. 粒子的分布函数 $W(x,t)$ 则为

$$W(x,t) = \int_0^t \mathrm{d}t' \eta(x,t-t')\Phi(t'). \tag{4.7.12}$$

将(4.7.11)式代入(4.7.12)式,可以得到 $W(x,t)$ 满足的方程为

$$W(x,t) = \int_{-\infty}^{\infty} \mathrm{d}x' \int_0^t \mathrm{d}t' W(x',t')\psi(x-x',t-t') + \Phi(t)W_0(x). \tag{4.7.13}$$

对方程(4.7.13)做傅里叶-拉普拉斯变换,得到粒子分布函数在相空间满足的方程为

$$W(k,u) = \frac{1 - \omega(u)}{u} \frac{W_0(k)}{1 - \psi(k,u)}, \tag{4.7.14}$$

$\psi(k,u) = \lambda(k)\omega(u)$. 于是(4.7.13)的积分方程就变成一个代数方程. 下面讨论该方程在不同扩散情况下的行为,可以看到,不同的扩散行为取决于等待时间 $\omega(\tau)$ 和跳跃距离分布 $\lambda(x)$ 具有不同的统计特性.

(1) 正常扩散.

在正常扩散情况下,CTRW 理论要求等待时间分布的一阶矩和跳跃距离分布的二阶矩有限,这与前面固定跳跃距离和跃迁时间是一致的. 由于泊松分布只由一个参数即一阶矩就可以确定,因此通常选择泊松函数作为等待时间的特征分布,记作

$$\omega(\tau) = \tau_0^{-1} \mathrm{e}^{-\tau/\tau_0}. \tag{4.7.15}$$

对应于有限二阶矩的典型分布函数是高斯分布,因此可以选用高斯函数来作为跳跃距离的分布函数,即

$$\lambda(x) = \frac{1}{\sqrt{4\pi\sigma^2}} \mathrm{e}^{-x^2/4\sigma^2}. \tag{4.7.16}$$

分布(4.7.15)时间坐标的拉普拉斯变换和分布(4.7.16)空间坐标的傅里叶变换形式分别为

$$\omega(u) \sim 1 - u\tau_0 + O(u^2), \tag{4.7.17}$$

$$\lambda(k) \sim 1 - \sigma^2 k^2 + O(k^4). \tag{4.7.18}$$

将(4.7.17)和(4.7.18)两式代入方程(4.7.14)，并舍去 u 和 k 的高阶项，可得

$$uW(k,u) - W_0(k) = -K_1 k^2 W(k,u), \tag{4.7.19}$$

其中 $K_1 = \sigma^2 / \tau_0$. 利用傅里叶变换 F 和拉普拉斯变换 L 对导数变换的特点

$$F\{\partial_x^2 W(x,t)\} = -k^2 W(k,t), \tag{4.7.20}$$

$$L\{\partial_t W(x,t)\} = uW(x,u) - W_0(x), \tag{4.7.21}$$

将其对比方程(4.7.19)并进行反变换，可得到

$$\frac{\partial}{\partial t} W(x,t) = K_1 \frac{\partial^2}{\partial x^2} W(x,t). \tag{4.7.22}$$

这就是描述自由粒子正常扩散的扩散方程，其中 $K_1 = \sigma^2 / \tau_0$ 为扩散系数，它取决于特征等待时间尺度 τ_0 和特征空间跳跃距离的方差 σ^2.

(2) 亚扩散.

在亚扩散情况下，粒子的随机行走特征是在两次行走之间有更长的逗留时间. 在 CTRW 理论中，粒子发生跳跃的空间特征是正常的，跳跃距离分布的二阶矩仍然有限，因此也可以选择高斯函数(4.7.16)作为粒子跳跃距离的分布. 同时，由于粒子两次跳跃事件之间会有少量较长的逗留等待时间，以至于粒子的平均等待时间即等待时间分布的一阶矩会发散，因此通常选择的等待时间分布函数为具有长尾渐近形式的幂律分布

$$\omega(\tau) = A_a \left(\frac{\tau_0}{\tau}\right)^{1+a}. \tag{4.7.23}$$

当 $0 < \alpha < 1$ 时，

$$\langle \tau \rangle = \int \tau\omega(\tau)\mathrm{d}\tau \sim \tau^{1-a} \rightarrow \infty,$$

这说明(4.7.23)式的选择是简单且满足所述发散要求的等待时间分布，其拉普拉斯变换形式为

$$\omega(u) \sim 1 - (u\tau_0)^a. \tag{4.7.24}$$

将亚扩散等待时间分布和跳跃步长分布的相空间表达式(4.7.18)和(4.7.24)代入方程(4.7.14)，可以得到

$$W(k,u) - \frac{1}{u}W_0(k) = -K_a k^2 u^{-a} W(k,u). \tag{4.7.25}$$

下面引入非整数阶积分和微分. 关于非整数阶微分、积分，数学上已经有几种定义方法，详细可参考附录 C 或文献[459]，[461]，[464]. 这里引入函数 $f(t)$ 的黎

曼-刘维尔 α 阶积分为

$$_{\tau}\mathrm{I}_t^\alpha f(t) = \frac{1}{\Gamma(\alpha)} \int_\tau^t (t-t')^\alpha f(t')\,\mathrm{d}t', \qquad (4.7.26)$$

其中 $\Gamma(\alpha)$ 为伽马函数

$$\Gamma(\alpha) = \int_0^1 (-\ln x)^{\alpha-1}\,\mathrm{d}x.$$

当 $\alpha=1$ 时, $\Gamma(\alpha)=1$, (4.7.26) 自动退化为常见的一阶函数积分. (4.7.26) 式的优点在于 α 可以是实数甚至复数, 当然可以是分数. 同样, 导数或微分也可以推广到一般的 α 阶. 黎曼-刘维尔 α 阶时间导数算符定义为

$$_{\tau}\mathrm{D}_t^\alpha f(t) = \left(\frac{\mathrm{d}}{\mathrm{d}t}\right)^{m+1} \int_\tau^t \mathrm{d}t'\ (t-t')^{m-\alpha} f(t') \quad (m \leqslant \alpha \leqslant m+1), \quad (4.7.27)$$

其中 m 为整数. 利用微分是积分的逆操作, 可以得到积分表达式

$$_{\tau}\mathrm{D}_t^{-\alpha} f(t) = \frac{1}{\Gamma(\alpha)} \int_\tau^t \mathrm{d}t'\ \frac{f(t')}{(t-t')^{1-\alpha}}. \qquad (4.7.28)$$

很容易验证, 分数阶导数和分数阶积分之间有关系

$$_0\mathrm{D}_t^{1-\alpha} = \frac{\partial}{\partial t}\,_0\mathrm{I}_t^\alpha. \qquad (4.7.29)$$

对 (4.7.26) 式做拉普拉斯变换, 有

$$\mathrm{L}\{_0\mathrm{I}_t^{-\alpha} W(x,t)\} = u^{-\alpha} W(x,u), \qquad (4.7.30)$$

可得

$$W(x,t) - W_0(x) = \,_0\mathrm{I}_t^{-\alpha} K_\alpha \frac{\partial^2}{\partial x^2} W(x,t). \qquad (4.7.31)$$

最后得到描述自由粒子亚扩散的分数阶扩散方程 (FDE) 为

$$\frac{\partial}{\partial t} W(x,t) = \,_0\mathrm{D}_t^{1-\alpha} K_\alpha \frac{\partial^2}{\partial x^2} W(x,t), \qquad (4.7.32)$$

其中运算 $_0\mathrm{D}_t^{1-\alpha}$ 为 (4.7.27) 和 (4.7.28) 式定义的黎曼-刘维尔导数. 可见和整数阶导数不同, 分数阶导数包含了对历史的记忆, 体现出亚扩散的非马尔可夫性质. 将亚扩散粒子方均位移 (MSD) 的定义式做傅里叶变换, 得到

$$\langle x^2(u) \rangle = F\left\{ \int_{-\infty}^\infty x^2 W(x,u)\,\mathrm{d}x \right\} = -\frac{\partial^2}{\partial k^2} W(k,u)\bigg|_{k=0}. \qquad (4.7.33)$$

将 $W(k,u)$ 的表达式代入计算, 并做拉普拉斯逆变换, 可得

$$\langle x^2(t) \rangle = \frac{2K_\alpha}{\Gamma(1+\alpha)} t^\alpha, \quad 0 < \alpha < 1. \qquad (4.7.34)$$

可见从 CTRW 模型出发, 选择合适的等待时间分布函数, 可得到方均位移正比于 t^α 而 $0<\alpha<1$ 的亚扩散结果.

　　(3) 超扩散.

　　超扩散的特点是粒子随机行走过程中会有空间大尺度跳跃的小概率事件发

生,而这种长距离的空间跃迁会使得跳跃距离分布出现大涨落.因此在 CTRW 理论中,描述超扩散最重要的要求就是跳跃距离分布的二阶矩发散.等待时间分布是正常的,即一阶矩有限,因此我们仍然选择泊松函数(4.7.15)作为等待时间的分布.考虑到超扩散的上述特点,可以选择莱维分布作为跳跃距离的分布,它具有一个长的拖尾,其渐近形式为

$$\lambda(x) = \sigma^\mu \frac{\Gamma(1+\mu)\sin(\pi\mu/2)}{\pi \mid x \mid^{1+\mu}}, \quad \mu = 2/\alpha, \tag{4.7.35}$$

其傅里叶变换形式为

$$\lambda(k) \sim e^{-\sigma^\mu |k|^\mu} \sim 1 - \sigma^\mu \mid k \mid^\mu. \tag{4.7.36}$$

$1 < \mu < 2$ 时对应的跃迁距离分布的渐近行为是

$$\lambda(x) \sim \frac{A_\mu}{\sigma^\mu \mid x \mid^{1+\mu}}, \quad \mid x \mid \gg \sigma. \tag{4.7.37}$$

由于等待时间有限,可将(4.7.36)式代入(4.7.14)式,可得

$$W(k,u) = \frac{1}{u + K_\mu \mid k \mid^\mu}. \tag{4.7.38}$$

对其做傅里叶逆变换,可以得到自由粒子超扩散也满足分数阶扩散方程,具有形式

$$\frac{\partial}{\partial t}W(x,t) = K_{\mu -\infty}D_x^\mu W(x,t), \tag{4.7.39}$$

其中 $_{-\infty}D_x^\mu$ 是利兹-维尔(Reisz-Weyl)分数阶导数算符,它是(4.7.27)的分数导数定义中积分下限为 $-\infty$ 的情形.有效扩散系数为

$$K_\mu = \sigma^\mu/\tau. \tag{4.7.40}$$

上述分数阶扩散方程的解具有幂律渐近形式

$$W(x,t) \sim \frac{K_\mu t}{\mid x \mid^{1+\mu}}, \quad 1 < \mu < 2. \tag{4.7.41}$$

可见粒子空间分布函数具备莱维分布(4.7.35)的幂律特征,粒子的方均位移是发散的.现采用空间分布宽度替代方均位移的方法,空间分布宽度定义为

$$\langle x^2(t) \rangle_L = \int_{-L^{\alpha/2}}^{L^{\alpha/2}} x^2 W(x,t)\mathrm{d}x \sim t^\alpha, \quad 1 < \alpha < 2. \tag{4.7.42}$$

该式具有快于正常布朗运动的扩散行为.(4.7.42)式的方法相当于假设空间存在一个宽度随时间增长的虚拟"盒子",在计算粒子方均位移的时候,只统计"盒子"内部粒子的贡献.

4.7.3 从反常扩散到反常热传导

能量在空间的扩散行为与热传导的性质密不可分.卡萨蒂早期提出正常热导率的条件就需要能量的正常扩散.正常的热传导过程满足傅里叶定律 $j(r,t) =$

$-\kappa \nabla T(\boldsymbol{r},t)$. 利用局域能量守恒(连续性方程)

$$\frac{\partial \varepsilon(\boldsymbol{r},t)}{\partial t} + \nabla \cdot \boldsymbol{j}(\boldsymbol{r},t) = 0, \quad (4.7.43)$$

其中局域能量为 $\varepsilon(\boldsymbol{r},t)=cT(\boldsymbol{r},t)$, 可以得到

$$\frac{\partial \varepsilon(\boldsymbol{r},t)}{\partial t} = D_E \nabla^2 \varepsilon(\boldsymbol{r},t), \quad (4.7.44)$$

这是典型的能量扩散方程, 其中能量扩散系数(即热扩散率)为 $D_E = \kappa/c$. 这说明在正常的热传导下, 系统的能量的确是正常扩散过程.

对于热传导, 人们比较关注热导率 κ 与系统尺寸 L 或 N 的关系, 例如对于一维材料,

$$\kappa \propto L^\beta. \quad (4.7.45)$$

一维简谐振子链的热导率满足 $\kappa \propto L$, 即内部能量输运属于典型的弹道扩散形式, $\alpha=2$. 而一些系统会表现出正常热传导, κ 为有限值, 在这些系统中的能量输运都遵循正常扩散规律, $\alpha=1$. 另外, 一些系统会表现出反常热传导, 并与亚扩散或超扩散的能量输运行为直接相关. 因此表征能量扩散速率的幂律指数 α 和表征热导率尺寸依赖的幂律指数 β 之间应该会存在某种关联性. 下面对此进行讨论.

考虑一维长度为 L 的系统与两个热源 T_+ 和 T_- 接触, 下面来讨论热传导与能量扩散之间的关系[465]. 假设能量通过晶格系统中的声子或气体通道中的粒子等载流子来输运. 如果具有速率为 v 的载流子的平方平均位移具有形式

$$\langle \Delta x^2 \rangle = 2D(vt)^\alpha. \quad (4.7.46)$$

吉特曼(M. Gitterman)利用分数阶福克-普朗克方程的计算得到了载流子在一维空间输运所需的首通时间(mean first passage time, MFPT)(MFPT 的具体计算见附录 B)[466]

$$\langle t_\pm \rangle = \frac{4\mu}{\alpha \pi v} \left(\frac{2L}{\pi \sqrt{D}} \right)^{2/\alpha}, \quad (4.7.47)$$

其中

$$\mu = \sum_{n=0}^{\infty} \frac{(-1)^n}{(2n+1)^{1+2/\alpha}}. \quad (4.7.48)$$

如果一维系统具有各向同性, 则从左到右的首通时间 $t_\pm$ 与从右到左的首通时间 $t_\mp$ 的平均值应该相等, 即

$$\langle t_\pm \rangle = \langle t_\mp \rangle. \quad (4.7.49)$$

考虑系统两端温度分别为 T_+ 和 $T_-(T_+ > T_-)$ 的热源都具有高斯分布, 即热源中粒子的速率分布为

$$p(v,T_\pm) = \frac{4\pi v^2}{(2\pi T_\pm)^{3/2}} e^{-v^2/2T_\pm}, \quad (4.7.50)$$

利用(4.7.50)计算出平均速率 v，并将平均速率 v 的表达式代入(4.7.47)，则首通时间可计算为

$$\langle t_\pm \rangle = \frac{16T\mu}{\alpha(2\pi T)^{3/2}}\left(\frac{2L}{\pi\sqrt{D}}\right)^{2/\alpha}. \tag{4.7.51}$$

通过系统的热流单位时间内从高温热源向低温热源转移的能量，即

$$J = \frac{\int_0^\infty \frac{v^2}{2}p(v,T_+)\mathrm{d}v - \int_0^\infty \frac{v^2}{2}p(v,T_-)\mathrm{d}v}{\langle t_\pm \rangle + \langle t_\mp \rangle} = \frac{T_+ - T_-}{2\langle t_\pm \rangle}. \tag{4.7.52}$$

如果两端温度差别足够小，则温度梯度满足

$$\nabla T = (T_+ - T_-)/L, \tag{4.7.53}$$

热导率为

$$\kappa = -LJ/\nabla T. \tag{4.7.54}$$

将(4.7.52)和(4.7.53)代入(4.7.54)式，有

$$\kappa \propto L^{2-2/\alpha}. \tag{4.7.55}$$

比较(4.7.43)式，可以得到

$$\beta = 2 - 2/\alpha. \tag{4.7.56}$$

该式给出了表征能量扩散速率的幂律指数 α 和表征热导率尺寸依赖的幂律指数 β 之间的定量关系. 可以看到，当系统满足正常扩散 $\alpha=1$ 时，(4.7.56)式给出 $\beta=0$. 对于弹道扩散，$\alpha=2$，利用(4.7.56)式可以得到 $\beta=1$，即热导率正比于系统尺寸.

作为理论结果(4.7.56)式与实际结果的对比，我们将人们已经计算得到的一些系统的能量扩散速率幂律指数 α 与热导率尺寸依赖幂律指数 β 的数值结果标记在图 4.37 中. 从图中可见，大多数不同模型系统的结果都与理论结果(4.7.56)符合得很好，其中半圆洛伦兹气体通道、FK 模型、ϕ^4 模型、无序 FPU 模型、无序洛伦兹气体通道、无理角三角形散射体通道、交替质量的硬核势相互作用模型以及一些多边形气体通道等都落在正常扩散的值 $(\alpha,\beta)\approx(1,0)$ 上. 一维简谐链则属于弹道扩散，对应于 $(\alpha,\beta)=(2,1)$. 另外，超扩散区域 $(\alpha>1,\beta>0)$ 和亚扩散区域 $(\alpha<1,\beta<0)$ 均有多种系统的指数落于其中，而这些不同扩散行为类型对应的热导率标度指数点都很好地落在曲线(4.7.56)式上. 值得注意的是，图 4.37 中除了有多个不同系统结果落在正常扩散的值 $(\alpha,\beta)=(1,0)$ 处外，在亚扩散区域 $(\alpha<1,\beta<0)$ 的落点相对较少. 实际上，能量的亚扩散区域恰恰对应于热的绝缘体区域，而人们更多关注的是热的良导体. 对一维材料而言，迄今为止发现的表现为热绝缘体的系统并不多. 例如，一维晶格系统要么表现为随尺寸发散的热导率，要么表现为正常热导率. 造成这种结果的主要原因是在一维空间中声子的输运更加有效，多种散射机制对声子输运的影响不足以表现为亚扩散行为. 对于高维材料，声子的散射效应更加多样化和强烈，甚至强到对热输运可产生完全阻碍，导致热导率随系统尺寸反而

下降.

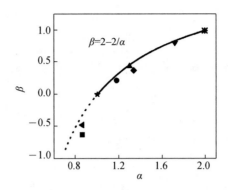

图 4.37　曲线 $\beta=2-2/\alpha$ 及其不同模型计算的 α-β 关系

数值计算(图中不同符号的点)与理论(实线和虚线)结果基本符合. ★：$(\alpha,\beta)=(1,0)$ 对应于正常扩散与正常热传导，＊ 对应于弹道扩散的 $(\alpha,\beta)=(2,1)$；超扩散对应于 $\alpha>1,\beta>0$，其中▼代表一维直角散射体洛伦茨气体通道的结果，●为一维有理角三角形散射体通道，▲为一个无理角$[(\sqrt{5}-1)\pi/4]$和一个 $\pi/3$ 角的多边形散射体通道，◆为一维三角形—正方形散射通道的结果. 亚扩散对应于 $\alpha<1,\beta<0$，具体系统为有一个无理角$[(\sqrt{5}-1)\pi/4]$和一个 $\pi/4$ 角的多边形散射体通道，■对应于通道长度为 $1\leqslant L\leqslant40$ 的情形，◄为长度 $40\leqslant L\leqslant80$ 的情况. (改编自文献[465])

第5章 分子马达动力学与合作定向输运

非平衡系统的输运行为可以通过看起来完全不同的现象表现出来,例如在各种教科书中详细介绍的扩散、漂移、热传导、黏滞性等宏观现象都属于非平衡输运行为[179, 180]. 在各种输运行为中,偏置外场作用下物质和能量的定向流动是两种典型的表现,长期以来得到了物理、生物等不同领域的密切关注[181, 182]. 与这种偏置外场情况下沿外场设定方向的传统输运行为不同,近年来人们发现并开始研究在作用于系统上的外力总效果为零甚至没有外力(称为无偏置,unbiased)情况下物质或能量定向输运的可能性及效率. 在第4章中,我们已经研究了能量的定向输运,即热传导问题,本章将研究物质的定向输运,即定向流问题. 一个非平衡系统要在外力总效果为零的情况下发生定向运动,就意味着内部或外部的某些对称性被打破,进而由某种机制将涨落或非定向驱动的能量转化为定向的物质流动或做功. 存在无偏置条件下定向输运系统的现象在物理上称为棘轮(ratchet)效应[467],在生物学上则称为分子马达(molecular motor)[468]. 若系统的定向输运是由于随机涨落引起的,我们称其为布朗马达(Brownian motor);若这种定向输运是由确定性外力引起或不含随机力时,则称为确定性马达(deterministic motor).

生命活动与物理上的定向输运过程有着密切关系. 生命体区别于非生命体的一个重要标志是生命活动的主动运动,即定向而有目的的运动. 生命体如何实现各种主动的运动? 人们通过大量的研究发现,一类被称为分子马达的蛋白酶在这些生命活动中起着极其重要的作用,扮演着生命宏观活动的微观守护神的角色. 尽管某些生命体在肉眼看来是静止的,但在细胞层次却是非常热闹繁忙的. 例如,在绿色植物的体内,叶绿体内的细胞器会发生大量快速定向运动,还有细胞分裂期间染色体的分离活动,而这些细胞层次的运动都需要能量,这些能量需要通过某种机制将化学能转化成机械能(功). 因此,探索细胞层次的生命运动不仅是生物学的重要使命,也是物理学家非常感兴趣的领域[469-471]. 作为一种细小精巧的生物机器,分子马达最早由酶(enzyme)的命名者、德国生理学家库尼(W. Kühne,1837—1900)在1864年研究骨骼肌收缩时发现并命名[472]. 到目前为止,已有上百种分子马达被确认. 细胞内马达一个迷人的特征就是其结构和功能的多样性. 分子马达在生物体内无处不在,并执行着各种各样的生物功能,如肌肉收缩、细胞内和细胞间物质输运、DNA复制、细胞分裂等等[469-471, 473].

分子马达多种多样,有着非常丰富而有趣的现象. 另一方面,很多不同种类的马达分享着类似的基本物理原理. 因此, 即使不同马达进化过程毫不相关, 生物功能也各不相同, 但对某一马达的分析都可以不断地启示我们对其他马达功能的确定. 物理学家更喜欢透过现象看本质, 并通过建立简单的模型来探讨分子马达产生定向输运的生物复杂性行为, 通过了解这些不同种类的马达的结构和功能, 进一步在物理上利用简单的机理和方程来揭示和描述其运动[474, 475]. 对于马达功能的深入和更为丰富的理解, 需要生物、物理学、化学和力学等多学科领域的交叉. 生物分子马达的研究是近年来生物学和物理学融合成果丰硕的热点领域之一[469-471]. 由于马达蛋白尺度小(典型值为几个纳米)以及它们的工作大多处在分子热运动起重要作用的条件下, 测量马达速率及发现相关的物理量在技术上就很具挑战性. 许多用于各种物理概念测量的精巧技术大部分是由生物学家和物理学家一起合作开发的.

　　本章将着重对从生物分子马达与物理学背景下抽象出来的非平衡定向输运问题进行讨论, 并从热力学、统计物理和动力学方面加以分析. 传统关于物理定向输运的研究是从热力学, 特别是热机及其密切相关的热力学第二定律开始的, 是非平衡态情况下有限时间热机问题的延伸, 而生物分子马达作为如此精巧的热力学机器, 用传统的热力学无法描述, 需要考虑马达蛋白的内部构型及构型变化过程, 还需要考虑化学供能过程以及该过程与力学做功过程的结合. 因此对于生物分子马达完整的刻画与描述用单纯的统计力学描述是不够的, 内部动力学的非线性效应、化学供能过程与机械做功过程的耦合等因素不可避免甚至起着重要和关键的作用. 从这一点来看, 统计和动力学在分子马达的问题研究中经常是相互影响、不可分拆的, 它可以看成是第 1 章到第 3 章的重要应用, 但又有别于那些基本问题.

　　需要强调的是, 定向输运问题本质上是非平衡态物理问题, 生物分子马达则是无偏置定向输运非常重要的应用. 近年来物理学家对该领域的研究不仅推动了生物分子马达基本机制问题和理论研究, 物理学领域自身也得到了极大的发展. 如在第 3 章所提到, 在纳米尺度下, 涨落扮演着重要的角色[181, 182], 因此布朗马达在纳米技术中正在得到重要的应用[476]. 人们还提出了人工布朗马达的概念, 对介观和纳米尺度下的定向输运调控问题进行了很多研究. 人们另外还对量子马达与棘轮的输运性质进行了系统研究, 这些问题在光晶格、玻色-爱因斯坦凝聚、高温超导和约瑟夫森结等系统中已得到了理论研究和实验上的证实及应用. 限于篇幅, 本章将不对这些不同领域的定向输运应用相关的问题展开更多讨论.

§5.1　热力学棘轮与布朗马达

5.1.1　热力学棘轮与永动机

分子马达由于近年来生物学实验研究令人瞩目的进展而成为科学关注的热点,但是关于分子马达原理的探索最早可追溯到热力学中有关第二类永动机(perpetual motion machine of the second kind),即单源热机的讨论[106, 107, 312].虽然当时人们无法意识到该问题在原理上与生命体内的分子马达一脉相承,但对"永动机"的追求与争论不仅澄清了热力学的基本原理,而且生物分子马达一经发现就迅速被物理学家敏锐地注意到其内涵,因此分子马达多年来的理论研究离不开生物和物理学家的共同努力.

人们一直以来有一个美好的愿望,那就是制造一种神奇的机器,它不需要人们为它提供能量却又能不停地做有用功,这种机器被称为第一类永动机(perpetual motion machine of the first kind)(图 5.1)[477, 478].这种看似美妙的想法曾经吸引了许多有杰出创造才能的人为此付出大量的智慧和劳动,甚至包括了文艺复兴时期伟大的画家达·芬奇(L. da Vinci,1452—1519),他投入了十二年时间去研究制造永动机.但是,没有任何一部永动机被实际制造出来,也没有任何一个永动机的设计方案能经受住科学的审查.制造永动机美好梦想的破灭,对于每一个寻找永动

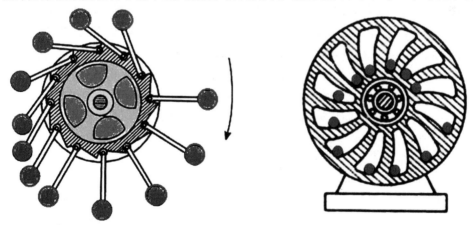

图 5.1　两个典型设计的第一类永动机

(a) 13 世纪法国人亨内考设计的"永动机",轮子中央有一个转动轴,轮子边缘安装着 12 个可活动的短杆,每个短杆的一端装有一个铁球.亨内考认为右边的球比左边的球离轴远些,导致右边球产生的转动力矩要比左边球的大,这样轮子就会永无休止地沿着箭头所指的方向转动下去,并且带动机器转动. (b) 文艺复兴时期达·芬奇设计的"永动机",他认为右边的重球比左边的重球离轮心更远些,在两边不均衡的作用下会使轮子沿箭头方向转动不息

机的人是不小的打击.但是另一方面,它从反面给科学家以启迪,从否定中思考,最终总结出了热力学第一定律,即能量守恒与转化定律.1847 年,焦耳向英国皇家科学院呈交了他讨论能量的转化和守恒的论文.这篇陈列在大英博物馆里的论文成为第一类永动机的墓志铭[479].

在意识到第一类永动机存在理论上的缺陷后,一些人转而追求制造另一种不违反热力学第一定律的永动机,称为第二类永动机,它可以不断地从单一热源吸取热量做有用功,因此又称单源热机.然而,克劳修斯(1850 年)[480]和开尔文(1851年)[481]分别提出了热力学第二定律,该定律否定了第二类永动机,即物质不可能从单一的热源吸取热量,使之完全变为有用的功而不产生其他影响.上面所述的分子马达,最早同样起源于热力学中有关第二类永动机(单源热机)的争论.

布朗马达的研究来源于多个方面.最早关于棘轮效应的讨论来源于对热力学第二定律的理解,这在阿基米德(Archimedes of Syracuse,公元前 287 年—公元前212 年)、塞贝克(T. J. Seebeck,1770—1831)、麦克斯韦、居里等人的著作中都可零星见到,但都没有对此效应专门的讨论.1912 年由斯莫拉考夫斯基提出的假想实验(gedanken experiment)可算是关于棘轮效应的专门讨论[482].费曼对此进行了进一步的分析并将其推广[312].

另一个直接推动布朗马达研究的动力是近年来关于细胞内输运过程的研究,特别是分子马达与分子泵的生成问题.英国生物与生理学家、诺贝尔奖获得者赫胥黎(Sir A. F. Huxley,1917—2012)于 1957 年研究了肌肉收缩问题,并对其进行了生物分子马达理论研究,建立了动力冲程模型[483, 484].阿斯图米安(R. D. Astumian)等人 1986 年用棘轮效应解释了有关生物实验,并将定向输运问题与分子泵联系起来[485, 486].

在物理方面,从 20 世纪 70 年代中期开始至今,人们对于无偏置周期驱动力作用下在对称破缺的空间周期结构中产生定向输运的问题,已做了大量的实验和理论研究,如早期从实验上观察到并从理论上解释了在磁场和无偏置交流电流作用下直流超导量子干涉装置中的电压整流效应(棘轮效应的表现)[487].这些方面的研究使得布朗马达和定向输运的内容变得大为丰富[467, 488, 489].由于所涉及的定向输运过程大多与系统的非线性因素有关,因此近年来关于统计输运过程与非线性动力学关系的研究以及时空非线性系统的合作输运研究为这一方面的探索注入了新的活力[348].

5.1.2　斯莫拉考夫斯基-费曼棘轮

一个很有吸引力的问题是噪声(热涨落)的利用.科学家近些年发现噪声并不是总起着破坏的作用,它同样也可能起促进相干运动的各种正面作用,诸如随机共振、噪声促进同步、噪声诱导斑图形成、噪声促进扩散等现象.把无序的能量转化为对我们有用的能产生有序功能的能量是多少年以来人们孜孜以求的梦想,核心的问题是:系统是否可以自发地(无偏置力地)从无序的涨落中获取能量并转化为有用的功?如果能,怎样来实现?在热力学平衡态,热变功而不产生影响是不可能的.关于该问题的讨论,一个著名的假想实验由斯莫拉考夫斯基于 1912 年提出[482],后来由费曼纳入物理学教科书中并进行了进一步讨论[312],称为斯莫拉考夫斯基-费曼棘轮(Smoluchowski-Feynman ratchet,简称 SF 棘轮).

SF 棘轮的装置如图 5.2 所示,它由一根轴及其两头连接的轮翼(叶片)和棘轮组成,分别处于温度为 T_1 和 T_2 的气体环境中.斯莫拉考夫斯基所提出的假想实验对应于单一热源即温度 $T_1 = T_2$ 的情况,在这种情况下整个装置被处于热平衡的气体所包围.棘轮是一个圆形的由非对称锯齿组成的部件.假设系统绕轴可以自由转动,通过气体分子对叶片作用会引起系统的转动布朗运动.为了可以实现将无偏置的随机运动转化为有向转动,可以设计一个如图 5.2 所示的"棘爪",其作用是使得棘轮向一个方向转动,倒转的时候棘爪就会卡住棘轮,使其不发生倒转.这样,如果大量气体分子对叶轮的持续作用使系统发生转动,棘爪的设计就可以保证棘轮单向转动.如果假想在杆的中部加上负载,这样的单向转动就可将重物提起,克服重力做功.

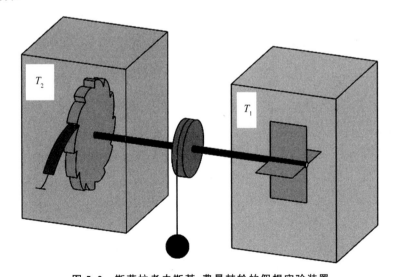

图 5.2　斯莫拉考夫斯基-费曼棘轮的假想实验装置

棘爪部分与叶片部分可以与不同温度的热源接触.(改编自文献[467])

从热力学角度来看,等温 $T_1 = T_2$ 情况的 SF 棘轮就是一种单源热机,上述实验就实现了"单源热机"的"梦想",即可以从单一热源吸收热量将其转化为做功.问题是,上述的假想实验在实际中能否实现? 很明显,该实验违反了热力学第二定律,它是一种第二类永动机.这使我们联想起第 2 章中所讨论的麦克斯韦妖[87、94、96],该假想实验中的"小妖"就是装置中的棘爪.尽管图 5.2 的系统中棘轮结构上存在非对称性,但这种非对称性本身并不足以引起定向转动,将无规布朗转动转化为单向运动正是通过棘爪的设计来实现的.就像麦克斯韦妖中的小妖可以甄别粒子速度一样,棘爪可以甄别棘轮的转动方向并做出选择.那么为什么这种设想不会实现呢? 实际上,既然气体分子与叶片的作用发生在微观尺度,那么棘爪也应该足够小.小尺度下的棘爪由于由少数分子构成,其相互作用是软性的,可以想象它上面需要有一个弹簧,否则无法抬起落下以发挥作用.这种弹性特征在图中没有表现出来,但它却是本质和决定性的,该特性使得棘轮的正转和倒转都可能发生,只是前者的概率要大一些.

从热力学角度来看,该单源热机是无法实现的.按照费曼的观点,设想该热机如果可以实现,由于棘爪本身也处于热涨落环境中,涨落就会引起棘爪的跳动,使其抬起落下.每次棘爪抬起时,棘轮同样也会发生倒转,而棘爪在每次阻碍倒转的过程中也会吸收转动的能量,并表现为热量的形式,这会造成在棘轮单向转动时轮子变得越来越热.即使只有部分热量释放到气体中,这也会造成棘轮和气体的温度升高.温度升高反过来又使得棘轮的倒转变得越来越频繁.这种效应最终会抵消非对称效应和正向运动,因而这种情况是不能持续的[312].近几年人们在分子尺度对 SF 棘轮效应进行了实验研究[490-494],都证实了 SF 棘轮效应在单一热源下是无法实现的.棘爪本身会产生热运动的行为与第 3 章所述的绝热活塞系统中活塞的热运动一样,会确保宏观运动遵循热力学第二定律.

上述证明的是在分子尺度下 SF 棘轮效应不会发生,但这并不意味着在大一些的尺度或其他情况下不会发生.人们在 SF 棘轮提出后开展了很多后续研究,并试图找到一些类似于 SF 棘轮而又会发生定向运动的例子.最近,人们利用颗粒物质体系来模拟"热源"中的分子,并模拟在该热源驱动下棘轮的运动,发现了有趣的单向转动现象.不同于由原子分子(尺度为 $10^{-10} \sim 10^{-6}$ m)为基本单元组成的气体,颗粒体系是由大量尺寸大于 $1 \, \mu m$ 的颗粒(如沙粒等)组成的物理系统,它在平衡态和非平衡动力学行为上既不同于分子、原子体系的运动,又有别于大量原子和分子组成的宏观流体、固体、气体等的统计和热力学性质[495].特别是这些体系在非平衡条件下会表现出相干或复杂的合作行为.实验上可以用外来驱动模拟颗粒物质的类气体状态.近年来,人们对其非平衡动力学做了大量的实验观察,尤其是振荡驱动颗粒流的对流斑图动力学的研究.荷兰的洛斯(D. Lohse)与范德米尔(D. van der Meer)小组在 2010 年利用颗粒物质对叶片作用实现了所谓"SF 棘轮"的有趣实验[496].如图 5.3(a)所示,颗粒物质和叶片被置于容器中,颗粒物质通过下方的振动台垂直方向运动来驱动,在容器中产生无规运动,并类似于 SF 棘轮的空气分子对叶片产生碰撞.通过转动传感器可以观察在不同"温度"(取决于振荡的幅度和频率)下叶片产生单向转动的可能性.他们发现,当叶片设计为非对称结构(类似于棘轮结构)时,在一定振荡强度下,叶片会出现单向转动,如图 5.3(b) 所示.定义一个无量纲的驱动强度

$$S = 4\pi^2 (af)^2/gh, \tag{5.1.1}$$

其中 a 为平台振幅,f 为振荡频率,h 为振动平台平衡位置与叶片的距离,g 为重力加速度.实验和数值模拟计算发现,叶片的平均转速与驱动强度 S 呈现

$$\langle d\theta/dt \rangle \propto (S - S_c)^\beta \tag{5.1.2}$$

的标度关系,其中 S_c 为临界强度,指数 $\beta \approx 1.4 \pm 0.2$.这种有趣的现象与微观尺度下 SF 棘轮的结果明显不同,说明颗粒物质作为"热源"会表现出不同于大量原子、分子的热源产生的效应,值得进一步研究.但无论如何,违背热力学第二定律的从单一热源吸热做功的自发宏观过程是不可能实现的.图 5.3 的实验是非平衡态条件下发生的非自发行为,其非平衡性来自于平台的振动(尽管振动本身不具有定向性)及颗粒物质作为热源内"分子"运动的非平衡性.关于这一问题的理论机制的探讨尚待进一步深入.

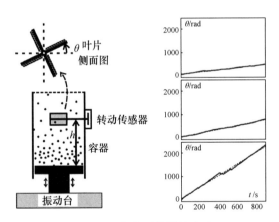

图 5.3 颗粒物质的棘轮实验

(a) 实验装置图.颗粒物质和叶片被置于容器中,通过下方振动台垂直方向运动来驱动颗粒物质在容器中产生无规运动,并对叶片产生碰撞.上方为叶片的侧面图,其棘轮非对称性是通过叶片上加涂层实现的.
(b) 不同参数下叶片转动角度随时间的变化.图中显示的是 $S > S_c$ 时角度随时间的变化,可以看到角度的单调增加,表明叶片朝向一个方向的转动.(改编自文献[496])

5.1.3 从假想实验到布朗马达

SF 棘轮的假想实验基于分子尺度下的过程,这样的过程可以用布朗运动理论

来刻画.考虑一个质量为 m 的粒子在一维空间的运动,在 SF 棘轮中只考虑转动方向,设角度为 x.棘轮的转动在不考虑有重物负载时,会受到空气分子的随机碰撞和耗散的黏滞阻力,还会受到棘爪对它的作用.考虑到棘爪的柔性特点,该作用可以用一个有限高度的非对称周期势 $V(x)$ 来描述,称为棘轮势,它代表棘轮和棘爪之间的作用强度.这样,描述 SF 棘轮转动简化模型所满足的朗之万方程可写为

$$M\ddot{x} = -\eta\dot{x} - V'(x) + \xi(t), \tag{5.1.3}$$

其中 η 为阻尼系数,$\xi(t)$ 为分子碰撞的热涨落,它描述温度为 T 的热源对棘轮的作用,可假设为满足涨落耗散定理的高斯型白噪声,

$$\langle\xi(t)\rangle = 0, \quad \langle\xi(t)\xi(s)\rangle = 2\eta k_{\mathrm{B}}T\delta(t-s). \tag{5.1.4}$$

棘轮势 $V(x)$ 为空间周期的非对称势,$-V'(x) = -\mathrm{d}V(x)/\mathrm{d}x$ 为相应的力.本章中主要将使用如图 5.4 所示的两种函数形式的棘轮势,其中图 5.4(a) 为分段线性的棘轮势

$$V(x) = \begin{cases} d(x-nL)/L_1, & nL \leqslant x < nL+L_1, \\ -d[x-(n+1)L]/(L-L_1), & nL+L_1 \leqslant x < (n+1)L, \end{cases} \tag{5.1.5}$$

其中 d 和 L 分别表示势的高度和周期,n 为整数.$L_1 = L/2$ 时势 $V(x)$ 是空间对称的,否则就不对称,两段线性势的坡度不相等.图 5.4(b) 为常用的一种三角函数形式的空间非对称势,

$$V(x) = d[\sin(2\pi x/L) + \sin(4\pi x/L)/4]. \tag{5.1.6}$$

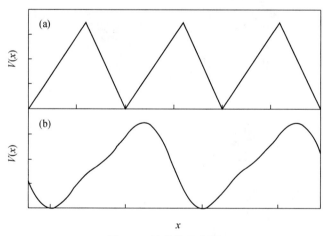

图 5.4　棘轮势示意图

(a) (5.1.5)式的分段线性周期势;(b) (5.1.6)式的三角函数势

对于 SF 棘轮,分子碰撞的涨落力和阻尼远大于惯性项,运动处于过阻尼状态,因此方程(5.1.3)中的惯性项 $m\ddot{x} \approx 0$,由此可得到方程

$$\eta\dot{x}(t) = -V'(x(t)) + \xi(t), \tag{5.1.7}$$

概率分布 $P(x,t)$ 满足的福克-普朗克方程为[299]

$$\frac{\partial P(x,t)}{\partial t} = \frac{1}{\eta}\frac{\partial[V'(x)P(x,t)]}{\partial x} + \frac{k_B T}{\eta}\frac{\partial^2 P(x,t)}{\partial x^2}. \tag{5.1.8}$$

下面来计算运动速度 $\langle\dot{x}\rangle$. 由方程(5.1.7)式,可得

$$\langle\dot{x}\rangle = -\eta^{-1}\int_{-\infty}^{\infty} V'(x)P(x,t)\mathrm{d}x. \tag{5.1.9}$$

福克-普朗克方程(5.1.8)也可写为连续性方程

$$\frac{\partial P(x,t)}{\partial t} + \frac{\partial J(x,t)}{\partial x} = 0, \tag{5.1.10}$$

其中概率流 $J(x,t)$ 为

$$J(x,t) \equiv \langle\dot{x}(t)\delta(x - x(t))\rangle = -\eta^{-1}[V'(x) + k_B T\partial/\partial x]P(x,t), \tag{5.1.11}$$

则粒子运动的平均速度为

$$\langle\dot{x}\rangle = \int_{-\infty}^{\infty} J(x,t)\mathrm{d}x = \frac{\mathrm{d}}{\mathrm{d}t}\int_{-\infty}^{\infty} xP(x,t)\mathrm{d}x. \tag{5.1.12}$$

(5.1.12)式中用到自然边界条件时,要求在 $x\to\pm\infty$ 处 $P(x,t)=0$. 在周期边界条件 $P(x+L,t)=P(x,t)$ 下可以证明,如果仅考虑粒子流,则只需求解定态福克-普朗克方程,此时系统存在唯一的定态分布

$$P_{st}(x) = Z^{-1}\mathrm{e}^{-V(x)/k_B T}, \tag{5.1.13}$$

$Z = \int_0^L \mathrm{e}^{-V(x)/k_B T}\mathrm{d}x$ 为配分函数. 可见定态分布具有玻尔兹曼分布形式,系统定态满足细致平衡,该定态分布就是平衡态分布. 系统平均速度 $\langle\dot{x}\rangle=0$. 这表明,尽管系统存在空间非对称性,但系统运动并没有优先方向,因而无定向运动.

利用布朗运动理论对 SF 棘轮分析讨论的另外一个重要启示是我们可从考虑随机力的动力学角度来对原本热力学的棘轮问题进行研究,这样描述定向输运的模型称为布朗马达.

单一热源(热噪声 $\xi(t)$ 下)SF 棘轮不能产生定向运动. 费曼进一步讨论了棘轮和棘爪部分与叶片部分处于不同温度热源中,即如图 5.1 所示 $T_1\neq T_2$ 的情况[312]. 由于整个系统温度不同,因此系统处于非平衡态,问题是这时系统能否将热量转化成功? 下面仍然从随机过程理论的角度来对此进行讨论. 考虑棘轮和棘爪与不同热源接触,需要同时考虑两部分的运动情况. 与快速涨落相比,整个系统有两个重要的慢变量:一个是棘轮与棘爪之间的相对位置或角度变量 $x(t)$,它实际也是叶片转动的角度;另外一个是与 $x(t)$ 方向垂直的棘爪高度 $h(t)$,只有棘爪抬起到一定的高度,棘轮才能够自由地转动. 两个部件分别与不同温度的热源接触. 根据变量区分可知,角度变量 $x(t)$ 的变化取决于温度为 T_1 的热源,而棘爪高度的变化则受到温度为 T_2 的热源影响. 在过阻尼情况下,系统可用简化朗之万方程

描述:[497]

$$\eta_1 \dot{x}(t) = -\partial V(x,h)/\partial x + \xi_1(t), \qquad (5.1.14a)$$

$$\eta_2 \dot{h}(t) = -\partial V(x,h)/\partial h + \xi_2(t), \qquad (5.1.14b)$$

$\xi_{1,2}(t)$ 分别描述温度为 $T_{1,2}$ 的两个热源对叶片和棘爪的随机作用力. 为简便,设两热源提供相互独立并满足涨落耗散关系的高斯白噪声:

$$\langle \xi_{1,2}(t) \rangle = 0, \langle \xi_i(t)\xi_j(t') \rangle = 2\eta_i k_B T_i \delta_{ij}\delta(t-t'), \ i,j=1,2. \ (5.1.15)$$

从(5.1.14)可以看到,两个变量之间的相互影响反映在棘轮势 $V(x,h)$ 中,它是棘轮和棘爪相互作用的结果. 对这种作用的分析,人们提出了如下形式的棘轮势[498]:

$$V(x,h) = Kh + \mu/[h - H(x)], \qquad (5.1.16)$$

其中 K 为棘爪的弹性系数,$H(x)$ 为棘轮的几何形状,μ 是刻画棘轮势坡度的参数. 尽管棘轮势简化成(5.1.16)式的形式,对(5.1.14)式的直接理论计算仍然比较困难. 人们对其进行了数值计算,结果表明[498],当 $T_1 \neq T_2$ 时,可以观察到棘轮的定向转动,棘轮的转动方向取决于热源温度 T_1 与 T_2 的相对大小,当 $T_1 > T_2$ 时,棘轮顺时针转动,重物被提高,而当 $T_1 < T_2$ 时,棘轮发生反向转动,并在 $|T_1-T_2|$ 减小时,定向运动速度降低,直至 $T_1-T_2=0$ 时完全消失.

§5.2　布朗马达的定向输运

5.2.1　棘轮的布朗运动描述

以上热力学棘轮的讨论表明,系统要在空间势场中所有的力或梯度在空间、时间、统计系综平均为零的情况下产生宏观的定向运动,除空间上的非对称性外,还需要偏离热力学平衡态. 在一般情况下,系统对称性破缺的要求并不仅限于空间的对称破缺,系统的对称破缺方式可以多种多样,同样,系统偏离平衡态的方式也可以是多种多样的. 由于众多不同的对称破缺和非平衡机制,就会导致产生定向输运各种完全不同的类型.

偏离平衡态的一种直接方式是使系统所处的环境温度在空间分布上不均匀,前面讨论的双温费曼棘轮就是一个典型的例子. 当温度随时间变化时,系统也会处于非平衡态,只要温度变化不太慢,系统就来不及弛豫回平衡态. 这种系统被称为温度棘轮系统. 如果受到随时间变化的外来驱动,系统也会处于非平衡态,这个驱动可以是直接的外力,也可以是对系统周期势的时间或空间调制,驱动既可以是确定性的,也可以是完全随机的,并且本身不具有非对称性.

一个典型的满足上述要求的模型可以用一个质量为 M 的粒子在空间外势场 V 中的布朗运动来描述. 考虑到粒子可能受到的各种力,粒子的运动由朗之万方程

来描述:

$$M\ddot{r} = -\eta\dot{r} - \nabla V(r, f(t)) + F(t) + \xi(t), \tag{5.2.1}$$

其中 r 为粒子的空间坐标方程右边给出了粒子受到的各种力.上式第一项是环境对粒子的阻力,忽略非马尔可夫的记忆效应,设力正比于粒子的运动速度,η 为阻尼系数.第二项是外势场对粒子的作用力,外势场 $V(r, f(t))$ 是空间周期的:

$$V(r+L, f(t)) = V(r, f(t)), \tag{5.2.2}$$

外势场可以受到 $f(t)$ 的调制.这种外力称为调制外力(modulating force).

系统还可能会直接受到含时外力 $F(t)$ 的作用,这由(5.2.1)右边的第三项给出.$F(t)$ 如果为不随时间变化的恒力,系统必然会在合适的参数下产生沿着外力方向的定向运动,但这不是本章要考虑的情况,因为布朗马达要研究外力 $F(t)$ 时间平均为零的无偏置条件下的定向运动.外力 $F(t)$ 可以是周期的,也可以是随机的.若它是周期的,设周期为 T_0,$F(t+T_0) = F(t)$,则应有

$$\int_0^{T_0} F(t)\mathrm{d}t = 0.$$

若 $F(t)$ 是随机的,则其系综平均应该为零,即

$$<F(t)> = 0.$$

这样 $F(t)$ 的效果只是使得势场交替在正反两个方向上倾斜摇摆而产生非平衡条件.这种外力称为摇摆外力(rocking force).

(5.2.1)式右边最后一项 $\xi(t)$ 为随机力(噪声),满足涨落耗散定理,

$$\langle\xi_i(t)\rangle = 0, \langle\xi_i(t)\xi_j(t')\rangle = 2\eta k_B T(r,t)\delta_{ij}\delta(t-t'), \tag{5.2.3}$$

其中下标代表随机力分量,T 为环境温度,它可以随时间和空间位置不同而不同.模型(5.2.1)可以作为后面所有关于单粒子棘轮效应理论分析的出发点.如果考虑多粒子的情况,方程(5.2.1)中还需要考虑粒子之间相互作用势带来的外力,这将在§5.5和§5.6详细讨论.

考虑有向性输运最简单的情况,可以把方程(5.2.1)简化为空间一维粒子的定向输运问题,

$$M\ddot{x} = -\eta\dot{x} - \partial V(x, f(t))/\partial x + F(t) + \xi(t), \tag{5.2.4}$$

$$\langle\xi(t)\rangle = 0, \langle\xi(t)\xi(s)\rangle = 2\eta k_B T(x,t)\delta(t-s). \tag{5.2.5}$$

考察马达运动的一个基本量是平均定向流,它可以定义为粒子运动的平均速度[445],

$$J \equiv \lim_{t\to\infty}[r(t)-r(0)]/t = \langle\dot{r}\rangle. \tag{5.2.6a}$$

对一维定向运动为

$$J \equiv \lim_{t\to\infty}[x(t)-x(0)]/t = \langle\dot{x}\rangle. \tag{5.2.6b}$$

需要注意(5.2.6)式中第一个等号是定向流的严格定义,代表的是沿轨迹的长时间

平均. 如果系统满足运动的遍历性, 则长时间平均可由第二个等号的系综平均来代替, 即对大量从不同初始条件出发的速度样本进行平均.

与输运的有向性相比, 描述在有噪声情况下输运无向性的重要指标是粒子在空间的扩散, 所以扩散系数 (diffusion coefficient) 也是人们研究中常用的物理量, 它定义为[467]

$$D = \lim_{t \to \infty} \langle [\boldsymbol{r}(t) - \langle \boldsymbol{r}(t) \rangle]^2 \rangle / 2t. \tag{5.2.7}$$

根据中心极限定理, 处于初始位置的粒子 t 时刻的分布在 $t \to \infty$ 时将趋于高斯分布

$$P(\boldsymbol{r}, t) \approx \sqrt{4\pi D t} \, e^{-(\langle \dot{\boldsymbol{r}} \rangle t - r_0)^2 / (4Dt)}, \tag{5.2.8}$$

可以看出, 粒子流 $\boldsymbol{J} = \langle \dot{\boldsymbol{r}} \rangle$ 描述了高斯波包的漂移速度, 而有效扩散系数 D 则描述了波包随时间的弥散速度. 当 $\boldsymbol{J} = 0$ 时, 波包是纯扩散的.

马达定向输运的另外一个经常需要考察的问题是效率问题. 从热力学来看, 无论是物理上的棘轮效应还是生物上的分子马达, 都是将非平衡涨落的能量转化为定向运动的做功过程, 因而可以从热机的角度加以分析. 热机研究的一个重要指标是效率 (efficiency). 传统热力学卡诺热机的效率是用准静态过程来计算一次循环吸收的总热量中用来做功部分的比例, 而准静态需要用无穷慢的热力学过程来实现, 因此这样的热机在实际上是不可行的. 为此, 人们提出了有限时间热力学, 效率的讨论也就相应局限于有限时间的热力学循环中[499-501]. 对于马达而言, 效率指的是整流效率 (rectification efficiency), 可以定义为单位时间内定向运动平均力所做的功与非平衡驱动所提供的输入总功率之比

$$R = \langle P_{输出} \rangle / \langle P_{输入} \rangle. \tag{5.2.9}$$

以一维运动为例, 若马达所受外力为恒力 F, 则 $R = \langle \dot{x} \rangle F / \langle P_{输入} \rangle$.

我们关心马达输运作为一个热机循环过程的效率. 下面对布朗马达从能量的角度具体分析基本定义式 (5.2.9) 式[502-504]. 噪声在 t 时刻单位时间内的功率为

$$P_{噪声} = \langle \dot{x}\xi(t) \rangle_\xi. \tag{5.2.10a}$$

考虑 (5.2.4) 式的过阻尼情形, 得到

$$\xi(t) = \eta\dot{x} + V'(x, f(t)) - F(t).$$

将其代入 (5.2.10a) 式, 可得

$$P_{噪声} = \eta\langle \dot{x}^2 \rangle_\xi + \langle \dot{x}V'(x) \rangle_\xi - \langle \dot{x}F(t) \rangle_\xi. \tag{5.2.10b}$$

上式的平均为系综平均, 其中右边

$$P_{外力} = \langle \dot{x}F(t) \rangle_\xi \tag{5.2.11a}$$

为外力 $F(t)$ 的功率,

$$P_{耗散} = \eta\langle \dot{x}^2 \rangle_\xi \tag{5.2.11b}$$

为粒子的耗散功率,

$$\dot{E}_{内能} = \langle \dot{x}V'(x) \rangle_\xi \tag{5.2.11c}$$

为系统内能的变化率.这样(5.2.10)式就可写为平衡方程

$$P_{耗散} + \dot{E}_{内能} = P_{噪声} + P_{外力}. \tag{5.2.12}$$

这说明随机力 $\xi(t)$ 的功率与外力 $F(t)$ 的功率之和等于系统耗散的功率和内能的变化率之和.将该式对一次循环周期(设为 T)取和,内能的变化率为零,于是可以得到

$$\langle P_{耗散}\rangle_T - \langle P_{噪声}\rangle_T = \langle P_{外力}\rangle_T. \tag{5.2.13}$$

对于朗之万方程(5.2.4),设粒子质量 $M=1$,系统的能量定义为动能和势能之和,

$$E = v^2/2 + V(x),$$

则系综平均能量的时间演化为

$$\frac{\mathrm{d}}{\mathrm{d}t}\langle E\rangle_\xi = \frac{1}{2}\frac{\mathrm{d}}{\mathrm{d}t}\langle v^2\rangle_\xi + \frac{\mathrm{d}}{\mathrm{d}t}\langle V(x)\rangle_\xi. \tag{5.2.14}$$

(5.2.4)式系统对应的福克-普朗克方程为

$$\partial P(x,v,t)/\partial t = LP(x,v,t), \tag{5.2.15}$$

其中算子

$$L = -v\partial/\partial x + \eta\partial/\partial v + [V'(x) - F(t)]\partial/\partial v + \eta k_B T\partial^2/\partial v^2. \tag{5.2.16}$$

利用(5.2.15)式,系综平均得到

$$\frac{\mathrm{d}}{\mathrm{d}t}\langle v^2\rangle_\xi = \langle L^\dagger v^2\rangle_\xi = -2\eta\langle v^2\rangle_\xi - 2\langle V'(x)v\rangle_\xi + 2F(t)\langle v\rangle_\xi + 2\eta k_B T,$$
$$\tag{5.2.17}$$

$$\frac{\mathrm{d}}{\mathrm{d}t}\langle V(x)\rangle_\xi = \langle L^\dagger V(x)\rangle_\xi = \langle vV'(x)\rangle_\xi. \tag{5.2.18}$$

将其代入(5.2.14)式,可以得到能量平衡方程

$$\frac{\mathrm{d}}{\mathrm{d}t}\langle E\rangle_\xi = -\eta\langle v^2\rangle_\xi + F(t)\langle v\rangle_\xi + \eta k_B T$$
$$= P_{耗散}(t) + P_{外力}(t) + P_{噪声}. \tag{5.2.19}$$

该方程表明,系统总的能量变化来自于由耗散损失的能量(右边第一项)、与驱动力交换的能量(第二项)及由随机涨落得到的热能(第三项),其中第三项

$$P_{噪声} = \langle \dot{x}\xi(t)\rangle_\xi = \eta k_B T,$$

说明噪声的功率为一不依赖于外力 $F(t)$、不随时间变化的常数.

根据效率的定义,输入功率

$$P_{输入} = P_{外力} + P_{噪声}.$$

输出功率为有负载情况下的做功功率,负载在这里对应于阻力

$$F = -\eta\dot{x},$$

对应的功率为

$$P_{输出} = \eta\dot{x}^2.$$

马达效率可表为

$$R = \eta\langle\dot{x}\rangle^2/[\langle F(t)\langle v\rangle_\xi\rangle_T + \eta k_B T]. \tag{5.2.20}$$

5.2.2 布朗马达的分类

布朗马达系统不同的对称性破缺与非平衡方式会导致不同的棘轮类型. 为此, 下面首先来讨论对称性破缺问题[467,488,489]. 对周期势 $V(x, f)$ 来说, 若存在一个 Δx 使得对所有 x 都有

$$V(-x, f) = V(x + \Delta x, f), \qquad (5.2.21)$$

则称它是空间反演对称或各向同性的. 当系统不满足(5.2.21)式的对称性时, 则称其空间非对称或各向异性. 棘轮势就是空间非对称的势场. 一个系统的势场是否具有空间对称性是系统内在结构的特征, 以下会谈到生物分子马达的轨道就具有内禀的空间非对称性结构. 一个空间周期为 L 的势场 $V(x, f)$ 是对称的, 可以证明[467]当且仅当它具有形式

$$V(x, f) = \sum_{n=1}^{\infty} a_n(f(t)) \cos(2\pi n x / L). \qquad (5.2.22)$$

作用于系统的含时外力 $F(t)$ 的时间对称特征也很重要. 若 $F(t)$ 是周期的, 则存在一个 $T \neq 0$, 满足对任意 t 都有最小的 T 为周期. 如果存在 $\Delta t \neq 0$, 使得对所有时间 t 都有

$$F(t + \Delta t) = -F(t), \qquad (5.2.23)$$

则称外力 $F(t)$ 关于时间反演对称. 在两次反演后可以得到 $F(t + 2\Delta t) = F(t)$, 因此一般要求 $\Delta t = T/2$. 类似于空间周期势, 一个满足(5.2.23)式对称要求的周期力 $F(t)$ 可写成时间傅里叶展开形式

$$F(t) = \sum_{n=1,3,5,\cdots} F_n \cos(\varphi_n + 2\pi n t / T). \qquad (5.2.24)$$

外力 $F(t)$ 如果是随机力, 其对称性不能通过(5.2.23)式直接给出, 而是需要在统计意义上满足. 已经证明[298,488], 随机力 $F(t)$ 关于时间反演对称, 当且仅当对任意整数 n 和任意时刻, 其奇数阶矩为 0, 即

$$\langle F(t_1) F(t_2) \cdots F(t_{2n+1}) \rangle = 0, \quad n = 0, 1, 2, \cdots. \qquad (5.2.25)$$

如果 $V(x, f(t))$ 与 $F(t)$ 同时满足(5.2.21)和(5.2.23)式的空间与时间对称性, 对(5.2.4)式做时间平移和空间反演变换时会得到

$$\langle \dot{x} \rangle = -\langle \dot{x} \rangle,$$

这意味着

$$\langle \dot{x} \rangle = 0,$$

即系统不存在非零定向流. 因此对称性分析表明, 要使系统产生非零的定向粒子流, 周期势 $V(x, f(t))$ 或外力 $F(t)$ 的对称性必须发生破缺.

下面简要介绍根据不同时间或空间对称破缺情况对棘轮系统的一些分类. 在一个外界温度空间均匀分布且不随时间变化的环境中, 棘轮系统一般来说有两种

基本类型:

(1) 脉动棘轮.

存在一类外力等于零的棘轮系统,由于 $F(t)=0$,(5.2.4)式的系统要发生定向输运就需要 $f(t)\neq0$ 以使得系统处于非平衡态.由于 $f(t)$ 产生了对势场 $V(x)$ 的时间调制,这类系统称为脉动棘轮(pulsating ratchet).如果 $f(t)$ 在保持原势 $V(x)$ 形状基础上对振幅大小进行调制,则脉动棘轮系统称为涨落势棘轮(fluctuating-potential ratchet),

$$V(x,f(t)) = V(x)f(t). \tag{5.2.26}$$

式中的时间调制函数 $f(t)$ 可以取各种不同的形式.涨落势棘轮的一个特殊类型是 $f(t)$ 随时间变化交替取 0 或 1,这种系统称为开关棘轮(on-off ratchet),即通过 $f(t)$ 在两个不同值之间的变化使得 $V(x,f)$ 启动或关闭.

如果 $f(t)$ 对外势的调制满足关系

$$V(x,f(t)) = V(x-f(t)), \tag{5.2.27}$$

则势可表为类似于行波的单一坐标 $y=x-f(t)$,称为行波势棘轮(traveling potential ratchet).定义行波的波速

$$u = \lim_{t\to\infty} f(t)/t.$$

当 $u\neq0$ 时,$f(t)$ 会有非零的长时间漂移,相应的系统称为真行波势棘轮.若 $f(t)$ 仅为时间的周期或随机函数,即 $u=0$,则称其为非标准行波势棘轮系统.行波势棘轮的周期势 $V(x)$ 可以不是空间非对称的棘轮势.如果 $V(x)$ 是对称的,调制势的空间对称性破缺可以由 $f(t)$ 的时间对称破缺来实现,如(5.2.27)式.

(2) 摇摆棘轮.

如果外力 $F(t) \neq 0$,则系统在外力作用下处于非平衡态,此时的势场 $V(x)$ 可不通过 $f(t)$ 调制而是为摇摆外力 $F(t)$ 所调制,称为摇摆棘轮(tilting ratchet).当 $V(x)$ 为棘轮势时,满足时间对称的摇摆外力 $F(t)$ 即可引起定向输运.若势场 $V(x)$ 满足空间对称性,则摇摆外力 $F(t)$ 的时间对称破缺可以导致系统产生非零的定向流.随机摇摆的外力 $F(t)$ 驱动的棘轮系统称为涨落力摇摆棘轮(fluctuating-force ratchet).

即使是调制外力 $f(t)$ 与摇摆外力 $F(t)$ 均为零,系统依然可能产生定向输运,此时系统非平衡态条件必然来自于热源的非平衡性,它可以表现为热源温度的时间依赖性及空间分布的不均匀性.温度 T 与空间坐标有关的系统称为塞贝克棘轮(Seebeck ratchet)[505-507];温度 T 随时间变化的棘轮称为温度棘轮(temperature ratchet)[508,509].与涨落的非马尔可夫性相联系,阻尼系数 η 也可以与时间和空间有关,这样的系统被称为摩擦棘轮(friction ratchet)[510].研究表明,η 的时空不均匀性本身并不破坏系统的细致平衡,因而不会观察到宏观的定向流.只有当 η 有记忆效应,细致平衡对称性被打破时,才可能观察到宏观定向流[467].

虽然上面 $V(x, f(t))$ 与 $F(t)$ 的对称性破缺是产生定向流的必要条件,但并不充分.系统尽管有对称破缺,但若有隐含的内禀超对称性因素时,系统也不会产生定向输运.这些问题将不在本章中继续讨论,读者可参考文献[511-514].另外,系统是否出现宏观定向输运还要取决于系统的具体参数.考虑到布朗马达、分子马达等都是小尺度下的系统输运行为,涨落因素远大于惯性效应,因此以下讨论将针对过阻尼情况下几种最常见的布朗马达,而惯性效应会在后面专门讨论.

5.2.3   脉动棘轮的定向输运

对于脉动棘轮,(5.2.4)式的 $F(t)=0$,过阻尼情况下惯性项可以忽略,一维脉动棘轮系统的一般朗之万方程可以写为

$$\eta \dot{x} = -\partial_x V(x, f(t)) + \xi(t). \tag{5.2.28}$$

首先考虑势场的时间调制函数 $f(t)$ 随时间是随机变化且无偏置,即 $\langle f(t) \rangle = 0$ 的情形,设其定态分布为 $\rho(f)$.随机调制函数 $f(t)$ 的关联时间可定义为

$$\tau = \left[\int_{-\infty}^{\infty} \langle f(t)f(0) \rangle dt \right] / 2\langle f^2(t) \rangle. \tag{5.2.29}$$

系统的定向输运特征与关联时间 τ 有密切关系.当关联时间 τ 很小时,$f(t)$ 是快速变化的量,对势场如此快速的调制使得粒子在其弛豫时间尺度内感受不到 $f(t)$ 所起的对势场的调制作用,此时 $V(x, f(t)) \approx V(x)$,方程(5.2.28)回到单热源 SF 棘轮系统的情形,因而定向流 $J=0$.当关联时间 τ 很大时($\tau \to \infty$),$f(t)$ 变化很缓慢,在绝热近似下慢变的 $f(t) \approx f =$ 常数.对于任一固定 f,系统仍为单源 SF 棘轮系统,定向流 $J=0$.上述在快慢极限下的讨论同样适用于 $f(t)$ 是时间周期函数的情况,并可得到同样结果.因此对于任意一种脉动棘轮,在快脉动与慢脉动极限及周期调制情况下系统都不存在净的定向粒子流,$J=0$.

当关联时间 τ 为较小的有限值时,系统会有非零的定向流,$J \neq 0$.对于较小的关联时间 τ,可以在 $J(\tau \to 0)=0$ 基础上计算到 τ 的一级近似.在小 τ 情况下,$f(t)$ 的时间快变性使得在任意给定的 x,周期势 $V(x, f)$ 对粒子的效应都可以在关联时间尺度内进行时间平均.设 $f(t)$ 为一个平稳的随机过程,则利用平均定理(1.4.23)式,f 的时间平均可由对它的系综平均来替代.因此势场对粒子的作用可以用如下周期为 L 的平均有效势来代替:

$$V_0(x) = \langle V(x, f(t)) \rangle = \int_{-\infty}^{\infty} V(x, f)\rho(f)df, \tag{5.2.30}$$

对方程(5.2.28)两边再利用定态分布 $\rho(f)$ 对 f 的系综平均积分,可以得到

$$\eta \dot{x} = -\partial_x V_0(x) + \xi'(t), \tag{5.2.31a}$$

其中噪声 $\xi'(t)$ 是对 $\xi(t)$ 做相应系综平均积分 $\xi'(t) = \int_{-\infty}^{\infty} \xi(t)\rho(f)df$ 的有效噪声,

它仍然是高斯型的白噪声,满足

$$\langle \xi'(t) \rangle = 0, \quad \langle \xi'(t_1) \xi'(t_2) \rangle = \left[\eta k_B T \int C(x,\tau) \mathrm{d}\tau \right] \delta(t_1 - t_2). \quad (5.2.31b)$$

式中 $C(x,t)$ 为 $V'(x, f(t))$ 的时间关联函数

$$C(x,t) = \langle V'(x, f(t)) V'(x, f(0)) \rangle - [V_0'(x)]^2, \quad (5.2.32)$$

它也可以类似于(5.2.30)式表为系综平均形式

$$C(x,t) = \iint_{-\infty}^{\infty} \rho(f_1, f_2, t) V'(x, f_1) V'(x, f_2) \mathrm{d}f_1 \mathrm{d}f_2, \quad (5.2.33)$$

其中

$$\rho(f_1, f_2, t) = \langle \delta(f(t) - f_1) \delta(f(0) - f_2) \rangle \quad (5.2.34)$$

为 $f(t)$ 在 0 和 t 时刻的联合分布函数. 方程(5.2.31)比较容易求解,因此在小关联时间 τ 情况下系统的定向流可以不必进行小 τ 展开,而是通过直接计算有效势方程(5.2.31)越过势垒的首通时间 T_0,然后得到平均速度,即定向流为 $\langle \dot{x} \rangle = L/T_0$. 关于(5.2.31)式系统首通时间的常规计算,读者可以参考附录 B 或文献[515, 516],这里直接给出定向流的计算结果

$$J = \langle \dot{x} \rangle = \frac{L}{T_0} = \frac{L}{\eta^2 k_B T} \frac{\int_0^L V_0'(x) \int_{-\infty}^{\infty} C(x,t) \mathrm{d}t \mathrm{d}x}{\int_0^L \mathrm{e}^{V_0(x)/k_B T} \mathrm{d}x \int_0^L \mathrm{e}^{-V_0(x)/k_B T} \mathrm{d}x}. \quad (5.2.35)$$

(5.2.35)式是小关联时间 τ 下一般脉动棘轮 $V(x, f)$ 的定向流表达式.

涨落势棘轮模型是脉动棘轮中讨论较多的一类特定系统[517, 518],其外势可写为 $V(x,f) = V(x) f(t)$,此时 $f(t)$ 对 $V(x)$ 的调制作用只改变幅度而不改变其形状. (5.2.35)式中的 $C(x,t)$ 隐含关联时间 τ,在 τ 较小的情况下 $C(x,t) \propto \tau$,因此 J 正比于 τ,(5.2.35)式可以化为[519]

$$J = \frac{2L\tau \langle f^2(t) \rangle \int_0^L [V'(x)]^3 \mathrm{d}x}{\eta^2 k_B T \int_0^L \mathrm{e}^{V(x)/k_B T} \mathrm{d}x \int_0^L \mathrm{e}^{-V(x)/k_B T} \mathrm{d}x}. \quad (5.2.36)$$

在关联时间 $\tau \gg 1$ 的情况下,定向流 J 的计算也可以在 $\tau \to \infty$ 的 $J_0 = 0$ 基础上用绝热近似来计算定向流的 τ^{-1} 一级近似,但表达式更为复杂并且强烈依赖于调制函数 $f(t)$ 的具体形式[519],这里不再进一步讨论.

涨落势棘轮系统中的一种简单、特殊且典型的类型是开关棘轮[520, 521],即调制势 $V(x, f) = V(x) f(t)$ 中对空间非对称周期势 $V(x)$ 的调制函数为 $f(t) = 0$ 或 1. 开关棘轮效应在物理的一些实验上比较容易实现,因而得到了不少应用. 研究表明,系统的定向流大小与摩擦系数 η 有密切关系. 不同种类和尺寸的粒子会有不同的定向输运流和扩散速度. 这一现象启发人们利用开关棘轮效应来分离混合的不同种类颗粒物质. 如两种不同颗粒物质混合在一起,初始时待分离的粒子都几乎处

于同样位置,如 $x(0)$. 可以发现,在利用开关棘轮势的情况下,经过一段时间,两种颗粒由于单向漂移及扩散存在的差异,通过布朗运动实现了分离[522-525]. 这种分离方法最近被用来进行 DNA 片断及细小颗粒体系的分离,达到了很好的效果[526, 527].

行波势棘轮是另外一类常见的布朗马达,在一维过阻尼情况下的运动方程为

$$\eta \dot{x}(t) = -V(x(t) - f(t)) + \xi(t). \tag{5.2.37}$$

此时 $\xi(t)$ 仍为无偏置的高斯白噪声,而周期势 $V(x)$ 可以不必是非对称的棘轮势. 通过引入新变量 $y(t) = x(t) - f(t)$,上述方程可化为

$$\eta \dot{y}(t) = -V'(y(t)) - \eta \dot{f}(t) + \xi(t). \tag{5.2.38}$$

可以看到,方程(5.2.37)化为摇摆棘轮的形式(参见下面的(5.2.42)式),其中外力 $F(t) = -\eta \dot{f}(t)$. 对于真行波势棘轮系统,$f(t) = ut$,方程(5.2.38)直接化为

$$\eta \dot{y}(t) = -V'(y(t)) - \eta u + \xi(t), \tag{5.2.39}$$

此即直流外力作用下过阻尼粒子在周期势中的布朗运动方程,定向流 J 表达式可直接写出为[298]

$$J = \langle \dot{x} \rangle = u - \frac{k_B T L \left[e^{\eta u L/k_B T} - 1 \right]}{\eta \int_0^L \mathrm{d}x \int_x^{x+L} \mathrm{d}y e^{[V(y) - V(x) + (y-x)\eta u]/k_B T}}. \tag{5.2.40}$$

可见即使 $V(x)$ 空间对称或热噪声 $\xi(t)$ 为零,系统仍然有非零定向流. 在 $T \to 0$ 时,上式化为

$$\langle \dot{x} \rangle = \begin{cases} u - L/\int_0^L \left[u + V'(x)/\eta \right]^{-1} \mathrm{d}x, & \text{若对任意 } x, u + V'(x)/\eta \neq 0, \\ u, & \text{若存在 } x, u + V'(x)/\eta = 0. \end{cases} \tag{5.2.41}$$

5.2.4   摇摆棘轮的定向输运

现在考虑加性含时外力时的定向输运问题. 在过阻尼情况下,方程(5.2.4)的惯性项可以忽略,势场调制函数 $f(t)$ 为常数,朗之万方程可写为

$$\eta \dot{x}(t) = -V'(x(t)) + F(t) + \xi(t). \tag{5.2.42}$$

这里的外力 $F(t)$ 为无偏置($\langle F(t) \rangle = 0$)的周期力或平稳随机力. 摇摆棘轮系统的定向运动可由 $V(x)$ 的空间对称性破缺或 $F(t)$ 的时间对称性破缺来实现.

最简单的情况是 $F(t)$ 随时间变化非常缓慢时的输运行为. 设系统的弛豫时间尺度为 τ,则 $F(t)$ 缓变意味着其特征时间尺度 $T_0 \gg \tau$,因此 $F(t)$ 为慢变量,系统相应的变量为快变量. 利用绝热近似,在系统变量演化的时间尺度内可以认为 $F(t)$ 不随时间变化,粒子流都可用常外力作用下的 SF 棘轮来描述. 在这种绝热近似下,系统的非定态问题可化为定态问题处理,时间 t 此时起着参数的作用.

首先考虑周期驱动 $F(t+T_0)=F(t)$ 的情况,其中 $T_0\gg\tau$ 为外力的周期.根据上述分析,在绝热近似下系统的平均定向流可写为

$$\langle\dot{x}\rangle = T_0^{-1}\int_0^{T_0}v(F(t))\mathrm{d}t, \qquad (5.2.43)$$

其中 $v(F(t))$ 是外力为定值 $F(t)=F_t$ 时的粒子流,按照绝热近似可以利用过阻尼情况下常力驱动的周期势场布朗运动的朗之万方程

$$\eta\dot{x}(t) = -V'(x(t)) + F_t + \xi(t)$$

来求解,有[528, 529]

$$v(F(t)) = v(F_t) = \frac{Lk_\mathrm{B}T(1-\mathrm{e}^{-LF_t/k_\mathrm{B}T})}{\eta\int_0^L\mathrm{d}x\int_x^{x+L}\mathrm{d}z\mathrm{e}^{[V(z)-V(x)-(z-x)y]/k_\mathrm{B}T}}. \qquad (5.2.44)$$

在低温 $T\to0$ 的极限下,可以得到

$$v(F_t) = \begin{cases} \eta L/\int_0^L[F_t-V'(x)]^{-1}\mathrm{d}x, & F_t\neq V'(x), \\ 0, & F_t = V'(x). \end{cases} \qquad (5.2.45)$$

由此可见,即使在没有热噪声 $\xi(t)$ 的情况下也可能观察到非零的定向流.当噪声很小时,对于 $F_t\neq V'(x)$ 的情况上述结果只有稍微的改变.当存在 x 使 $F_t=V'(x)$ 时,令 $x_{\min}$ 为势 $V(x)-xF_t$ 在 $[x_{\min}-L,\ x_{\min}]$ 间取极小的 x 值,$x_{\max}$ 为 $v(x)-xF_t$ 在 $[x_{\max}-L,\ x_{\max}]$ 间取极大的 x 值,则在小噪声下 $v(F_t)$ 可用克莱默逃逸率给出[298, 504](也可见附录 B 的(B.19)式):

$$v(F_t) = L(k_+-k_-) = (2\pi\eta)^{-1}L\sqrt{V''(x_{\max})V''(x_{\min})}(1-\mathrm{e}^{-F_tL/k_\mathrm{B}T})\mathrm{e}^{-\Delta V(F_t)/k_\mathrm{B}T}, \qquad (5.2.46)$$

其中

$$\Delta V(F_t) = V(x_{\max}) - V(x_{\min}) - (x_{\max}-x_{\min})F_t.$$

(5.2.46)式适用于 $k_\mathrm{B}T\ll\Delta V(F_t)$ 和 $k_\mathrm{B}T\ll\Delta V(F_t)-F_tL$ 的情形.

如果 $F(t)$ 是一个随机变量,不妨设其概率分布为 $\rho(F)$.如果随机外力 $F(t)$ 变化缓慢,则其特征时间尺度可由关联时间

$$T_0 = \left(\int_{-\infty}^{\infty}\langle F(t)F(0)\rangle\mathrm{d}t\right)/(2\langle F^2(t)\rangle) \qquad (5.2.47)$$

来刻画.如果 $T_0\gg\tau$,则绝热近似仍然有效,此时系统的定向流为

$$\langle\dot{x}\rangle = \int_{-\infty}^{\infty}v(F)\rho(F)\mathrm{d}F. \qquad (5.2.48)$$

当 $F(t)$ 快速变化时,研究表明在低阶近似下 $\langle\dot{x}\rangle=0$,高阶的近似则依赖于 $F(t)$ 的具体特点[467].如果 $F(t)$ 是随机变量,快速变化意味着关联时间 T_0 很短,可以 T_0 为展开参量做近似.在一阶近似下,$F(t)$ 可认为是高斯白噪声,此时系统可回到传统的斯莫拉考夫斯基-费曼棘轮系统,因而 $\langle\dot{x}\rangle=0$.周期变化的 $F(t)$ 有类

似情形,只是时间尺度 T_0 不是随机的关联时间,而是周期力的周期,因此 $T_0 \to 0$ 时,周期驱动下 $\langle \dot{x} \rangle \to 0$.

同脉动棘轮的输运行为相比,摇摆棘轮在高频摇摆极限下定向流趋于零,但在慢变摇摆极限下可以观察到有限的定向流,而前者则在慢变与快变极限下的定向流均为零. 对于摇摆棘轮来说,热涨落并非不可缺少,即系统可以是我们下面将会讨论的确定性棘轮,此时只要摇摆力 $F(t)$ 足够大,就可能观察到定向流,而涨落势棘轮必须借助于噪声方可实现定向运动. 当然,行波势棘轮也可以不需噪声的支持,但通过变换,行波势棘轮实际上可化为摇摆棘轮.

5.2.5 确定性定向输运

布朗马达的定向输运是在有热噪声的作用下发生的. 热噪声的无序能量可以通过系统对称性的破缺在非线性作用下转化为有序的定向运动,这反映了噪声的积极作用. 另一方面,人们在分子马达的研究中发现,马达的能量转化效率可以超过 90%[469,470],这意味着马达蛋白可以将几乎所有吸收的能量都转化为定向的做功. 相比之下,物理中的热机只有在理想的准静态情况下才有最大效率,而且还取决于高温和低温的大小比例. 所以,生物分子马达的活动中确定性动力学起着至关重要的作用. 人们已经通过实验观察发现,肌动蛋白 V 在很多情况表现为力学马达,那里噪声起到的作用并不明显[530,531].

没有噪声时产生的定向输运系统称为确定性棘轮(deterministic ratchet),其定向运动可由系统自身结构的对称破缺产生,可由外加周期驱动力的时间对称破缺产生,也可由外力的时空对称破缺产生. 因此,有必要探讨无噪声情况下系统定向输运的可能性和产生的动力学机制. 本节将主要讨论由于时空对称破缺而引发的定向输运,并讨论在确定性输运情况下混沌动力学所起的作用.

考虑质量 $M=1$ 的粒子在噪声 $\xi(t)=0$ 且有确定性外力驱动情况下的运动,(5.2.4)式写为

$$M\ddot{x} = -\eta\dot{x} - \partial V(x)/\partial x + F(t), \qquad (5.2.49)$$

其中外势 $V(x)$ 的周期 $L=2\pi$,对应的外力 $f(x) = -\partial V(x)/\partial x$,周期力 $F(t)$ 的周期 $T_0 = 2\pi/\omega$. (5.2.49)式的惯性项起着重要作用. 由于 $f(x)$ 和 $F(t)$ 的周期性,可用傅里叶级数将其展开为

$$f(x) = \sum_k f_k \mathrm{e}^{\mathrm{i}kx}, \quad F(t) = \sum_k F_k \mathrm{e}^{\mathrm{i}\omega kt}. \qquad (5.2.50)$$

本身无偏置的 $f(x)$ 和 $F(t)$ 的平均为零,说明(5.2.50)式中的 $F_0 = f_0 = 0$. 由 $f(x)$ 和 $F(t)$ 为实变量,可以得到

$$f_k = f_{-k}^*, \quad F_k = F_{-k}^*,$$

其中 f_{-k}^*, F_{-k}^* 为 f_{-k}, F_{-k} 的复共轭.

下面首先考虑系统为保守系统,即 $\eta=0$ 时的定向运动问题[532,533]. 先来分析系统在空间和时间反演下的若干种对称性行为. 定义如下对称性:

(1) f_a 对称性. 若存在 X,对所有 x 有
$$f(x+X) = -f(-x+X),$$
则 $f(x)$ 具有空间 f_a 反对称性.

(2) F_s 对称性. 若存在时间 τ,对所有时间 t 有
$$F(t+\tau) = F(-t+\tau),$$
则 $F(t)$ 具有时间的 F_s 对称性.

(3) F_{sh} 对称性. 若
$$F(t) = -F(t+T_0/2),$$
则有 $F_{2k}=0$,$F(t)$ 具有 F_{sh} 对称性.

根据定义(1)~(3),可以进一步引入方程(5.2.49)的两种变换不变性或对称性:

(1) S_a 对称性. 若 $f(x)$ 具有 f_a 对称性,且 $F(t)$ 具有 F_{sh} 对称性,则方程(5.2.49)在变换
$$S_a : (x,t) \rightarrow (-x+2X, t+T_0/2)$$
下保持形式不变,称为 S_a 对称性.

(2) S_b 对称性. 若 $F(t)$ 具有 F_s 对称性,则方程(5.2.49)在变换
$$S_b : t \rightarrow -t+2\tau$$
下具有不变性,称为 S_b 对称性.

给定以初始条件 (x_0,v_0) 出发的一条轨迹 $(x(t;x_0,v_0), v(t;x_0,v_0))$,在对称变换 $S_{a,b}$ 下可以得到系统的新轨道,即
$$S_a : (x(t;x_0,v_0), p(t;x_0,v_0)) \rightarrow (-x(t+T_0/2;x_0,v_0)+2X, -p(t+T_0/2;x_0,v_0)),$$
$$\tag{5.2.51a}$$
$$S_b : (x(t;x_0,v_0), p(t;x_0,v_0)) \rightarrow (x(-t+2\tau;x_0,v_0), p(-t+2\tau;x_0,v_0)).$$
$$\tag{5.2.51b}$$
可以看到变换后的新轨道速度 v 与原轨道速度符号相反,这使得原轨道对应的平均速度(时间平均)与新轨道的平均速度符号相反.

保守动力学系统(5.2.49)在相空间的运动既有周期解、准周期解,也有处于相空间随机层(stochastic layer)中的混沌轨道[3,39,61]. 如果系统在随机层中的混沌运动是遍历的,则从层中任意点出发的轨道平均速度都相同[102]. 如果对随机层内的混沌轨道进行 S_a 和 S_b 操作,则仍将得到随机层中的轨道. 由于 $S_{a,b}$ 变换使得速度发生反转,这说明如果随机层中的轨道具有 $S_{a,b}$ 变换不变性,则沿随机层中任何一条轨道的时间平均速度都为零. 一旦 S_a 或 S_b 的对称性破缺,则会在随机层观察到

非零的平均速度.对称性破缺导致非零速度这一结论与初始条件无关,其符号取决于对称破缺的方式.

考虑阻尼系数 $\eta=0$ 时的哈密顿系统在空间对称周期外势场

$$V(x) = -\cos x \tag{5.2.52a}$$

中,并受具有高阶周期项的周期驱动力[532]

$$F(t) = F_1\cos\omega t + F_2\cos(2\omega t + \alpha) \tag{5.2.52b}$$

的情况. 当 $F_1=0$ 或 $F_2=0$ 时,很容易验证(5.2.49)式的系统满足 S_a 对称性;当 $\alpha=0$,π 或者 $F_1=0$ 或者 $F_2=0$ 时,系统满足 S_b 对称性. 考虑初始速度 $v_0 \gg 1$ 且 $\omega \gg v_0$ 的情况. $x(t)$ 的演化可分为快变和慢变两部分,

$$x(t) = x_s(t) + \xi(t),$$

其中快变量 $\xi(t)$ 可认为是小量[69].代入方程(5.2.49)并按 $\xi(t)$ 展开,保留线性项,可得

$$\ddot{x}_s + \ddot{\xi} - \sin x_s - (\cos x_s)\xi + F(t) = 0. \tag{5.2.53}$$

快变量 $\xi(t)$ 满足

$$\ddot{\xi} - (\cos x_s)\xi + F(t) = 0. \tag{5.2.54}$$

在快变量 ξ 的时间尺度内可认为慢变量 x_s 不变,这样将(5.2.54)式解出为

$$\xi(t) = A_1\cos\omega t + A_2\cos(2\omega t + \alpha), \tag{5.2.55}$$

其中

$$A_1 = -F_1/(\omega^2 - \cos x_s),$$
$$A_2 = -F_2/(4\omega^2 - \cos x_s).$$

对快变量在其周期内如(1.4.22b)式做时间平均,则从方程(5.2.49)可得到慢变量方程为

$$\ddot{x}_s - \sin x_s = 0. \tag{5.2.56}$$

设初始条件为 (x_0, v_0),由于 $v_0 \gg 1$,可利用 v_0^{-1} 近似展开并保留最低非零项得到近似解

$$J = \langle v \rangle = \langle \dot{x}_s(t) \rangle \approx -\frac{25\sqrt{2}}{32}\frac{1}{v_0^6}\frac{F_1^2 F_2}{\omega^2}\sin\alpha. \tag{5.2.57}$$

让我们来讨论几种具体情形. 当 $F_1=0$ 或 $F_2=0$ 或 $\alpha=0$ 或 π 时,系统满足 S_a 和 S_b 对称性变换不变性(对称性),由(5.2.57)给出 $J=0$,系统不会产生定向运动,与前面进行的对称性分析一致. 当 $F_{1,2}\neq 0$,$\sin\alpha \neq 0$ 时,S_a 和 S_b 对称性都不能满足,由(5.2.57)式也可看到 $J\neq 0$,此时系统存在非零定向流. 这说明(5.2.57)式结果与前面的对称性分析结果完全一致. 图 5.5(a)给出了不同情况下轨道 $x(t)$ 的演化,曲线(1)对应的参数满足 S_a 与 S_b 对称性,可以看到 $x(t)$ 随时间不增加,对应的平均速度应为零,而曲线(2)、(3)、(4)都破坏 S_a 与 S_b 对称性,因而 $x(t)$ 随时间增加,都会产生定向运动. 另外,图中的曲线(1)随时间的变化总体不增加,曲线(2)~(4)随时间总体是增加的,但可以看到曲线是不规则的,甚至可以看到短时间的反向运

动,这是因为此时的定向输运是在哈密顿系统相空间的随机层发生的.

上面考察了哈密顿系统情况下的定向运动问题.当阻尼系数 $\eta \neq 0$ 时,系统相空间可分成属于不同低维吸引子的不同吸引域.这些吸引子一般都是周期轨道(极限环),原来哈密顿系统的随机层在有了小耗散时则变成相空间中复杂的暂态部分.在这里不同极限环的吸引域以复杂的方式交织在一起[3].耗散情况下的 S_b 对称性不再保持,只有 S_a 在一定条件下还可能保持.

当 S_a 对称仍然满足时,假设可以找到满足

$$x(t + nT_0) = x(t) + 2\pi m, \quad v(t + T_0) = v(t), \quad m, n \in Z \quad (5.2.58)$$

条件的极限环,在此极限环上的定向流为

$$J = \langle v \rangle = T_0^{-1} \int_0^{T_0} \dot{x}(t)\mathrm{d}t = m\omega/n. \quad (5.2.59)$$

S_a 对称性意味着可以找到一个平均速度与(5.2.59)相反,即 $\langle v \rangle = -m\omega/n$ 的极限环,该极限环同样满足条件(5.2.58)式.对称性还表明,两个对称极限环的吸引域是对称的.

一旦 S_a 对称性产生破缺,系统就会出现自发的对称性破缺行为,此时原有的两个通过 S_a 对称性联系的极限环仍存在,但由于此时二者不再通过对称性联系,因此两个极限环对应吸引域就不再对称.对耗散系统来说,当 S_a 对称性满足时,系统的平均速度在对初始条件(相空间)平均(系综平均)后为零,而 S_a 对称破缺则会导致非零的定向流.图 5.5(b)给出了当 $f(x)$,$F(t)$ 与图 5.5(a)的模拟相同,但

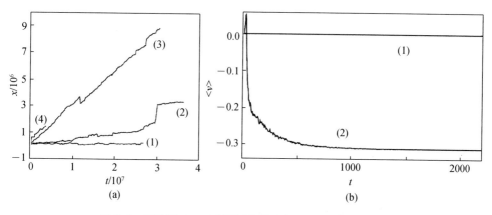

图 5.5 系统(5.2.49)在不同阻尼系数下的定向运动情况

(a) 阻尼系数 $\eta = 0$ 时的保守系统在不同情况下轨道 $x(t)$ 的演化.这里 $f(x) = \cos(x) + v_2 \cos(2x + 2/5)$,$F(t) = F_1 \sin(\omega t) + F_2 \sin(2\omega t + 7/10)$,$\omega = 2.4$.对曲线(1),$v_2 = 0$,$F_1 = 2.3$,$F_2 = 0$.曲线(1)对应的参数满足 S_a 与 S_b 对称性,可以看到 $x(t)$ 随时间无趋势性增加,无定向运动,而曲线(2)、(3)、(4)都破坏 S_a 与 S_b 对称性,$x(t)$ 随时间有平均增加趋势.(b) 小耗散情况下定向流 $J(t) = \langle v \rangle$ 随时间的演化.曲线(1):$v_2 = F_2 = 0$(满足 S_a 对称),定向流 $J(t) = 0$,曲线(2):$v_2 = 0.6$,$F_2 = -5.23$,定向流 $J(t) \neq 0$.(改编自文献[532])

参数不同时的平均速度$\langle v \rangle$(对初始条件进行系综平均)随时间的演化.曲线(1)满足S_a对称,可以看到$J = \langle v \rangle = 0$.曲线(2)的$S_a$对称破缺,$J$趋于一个非零的稳定值,说明存在定向流.

5.2.6   确定性混沌与定向输运

上述分析表明,惯性马达在发生对称破缺时会产生非零的定向流.(5.2.49)式的惯性系统在周期力作用下经常会出现混沌运动.一个自然的问题是,系统的微观动力学,特别是混沌运动对宏观定向输运行为会有什么影响?混沌外力与通常的随机噪声有何相同和不同点?

下面考虑(5.2.4)式中外力为时间对称的周期驱动,

$$F(t) = A\sin\Omega t,$$

外势为棘轮势(5.1.6)式的情况[534].当阻尼较小时,方程(5.2.4)式中的惯性项不能忽略,系统在相空间会出现混沌运动与规则运动.规则运动轨道可以是由(5.2.58)式描述的$m = 0$(即速度$v(n,m) = 0$)的无输运轨道,也可以是$m \neq 0$的输运轨道.对于混沌轨道而言,系统总存在非零的定向输运,小的外力A就能引起定向运动.对于混沌运动,我们可引入含时概率分布$\rho(x, \dot{x}, t)$,从初始概率分布ρ_0开始的概率分布的演化为

$$\rho(x, \dot{x}, t) = \int \mathrm{d}x' \int \mathrm{d}\dot{x}\, \delta(x - x_{\mathrm{d}}(x', \dot{x}', t)) \delta(\dot{x} - \dot{x}_{\mathrm{d}}(x', \dot{x}', t)) \rho_0(x', \dot{x}').$$

$$(5.2.60)$$

上式中$\dot{x}_{\mathrm{d}}(x', \dot{x}', t)$是运动方程以$x_{\mathrm{d}}(t=0) = x'$,$\dot{x}_{\mathrm{d}}(t=0) = \dot{x}'$为初始条件的混沌解.在图5.6(a)中,不同曲线给出的是不同时刻的空间约化分布

$$\bar{\rho}(x, t) = \int \mathrm{d}\dot{x}'\, \rho(x, \dot{x}', t)$$

的情况.这里采用了$\bar{\rho}(x, 0)$为宽度为$1/2$的初始高斯分布.可以看到$\bar{\rho}(x, t)$基本保持高斯波包的形状,但随着时间推移宽度变大,波包逐渐弥散开.将空间坐标做时间尺度变换$x \to x/t^{1/2}$可以看到,在图5.6(b)中不同时刻的$\bar{\rho}(x, t)$完全与高斯分布重合,这说明

$$(\Delta x)^2 \propto t,$$

它与§4.7中典型的自由布朗运动特征一致.因而此时运动的混沌性扮演着热噪声的作用.由于有这样的"热噪声",对系统的周期驱动$A\sin\Omega t$可以在很小的驱动信号振幅A时就实现定向运动.

上述混沌运动是系统内禀运动的特点.对于分子马达来说,噪声除了环境的热噪声之外还可以通过生化反应过程由外部提供所谓外噪声,前者需满足涨落耗散定理,而后者则不必满足涨落和耗散之间的限定关系.一个动力学与统计上都有意

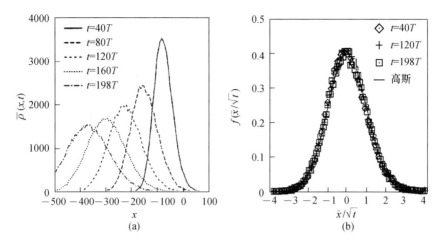

图 5.6 约化分布

(a) 不同时刻的约化分布;这里 $A=0.79, \Omega=0.1, M=20$. (b) 通过空间坐标做时间尺度变换 $x \rightarrow x/t^{1/2}$ 的不同时刻的分布互相重合并与高斯分布一致. $T=2\pi/\Omega$ 为周期力的周期. (改编自文献[534])

思的问题是,一个披着"噪声"外衣的混沌驱动是否可以扮演与完全热噪声类似的角色[3,102]. 考虑过阻尼粒子在混沌外力驱动下在周期势中的运动[535],

$$\eta \dot{x} = -\partial V(x)/\partial x + \sum_{j=-\infty}^{\infty} \xi_j \delta(t-j), \qquad (5.2.61)$$

其中 $\{\xi_j\}$ 是一个混沌序列的驱动力,满足 $\langle \xi_n \rangle = 0$,总势场

$$V(x) = V_0(x) - Fx, \qquad (5.2.62)$$

其中 $V_0(x)$ 为空间周期势,F 为直流力. $V_0(x)$ 可以选择简单的由(5.1.5)式给出的 $L_1=L/2$ 时的空间对称锯齿势. 周期冲击方程(5.2.61)可利用 δ 函数积分性质得到离散的时间演化方程

$$x_{n+1} = x_n - \partial V/\partial x \big|_{x=x_n} + \xi_n, \quad n=0,1,2,\cdots. \qquad (5.2.63)$$

下面用帐篷映射或伯努利移位映射[3]

$$-\xi_n = \eta_n = f(\eta_{n-1}) = \begin{cases} -2|\eta_{n-1}| + 1/2, & \text{帐篷映射}, \\ 2\eta_{n-1} - \text{sgn}(\eta_{n-1})/2, & \text{伯努利映射} \end{cases} \qquad (5.2.64)$$

产生的混沌序列 $\{\xi_n\}$ 作为对(5.2.64)的"噪声"驱动,其中 $\text{sgn}(\cdot)$ 为符号函数. 这两个映射都是混沌的,且具有与均匀分布的随机数相同的不变分布

$$\rho(\eta) = 1, \quad \eta \in (-1/2, 1/2).$$

此外,帐篷映射的关联函数是 δ 函数. 这都与完全随机噪声(白噪声)是相同的. 如果(5.2.64)式系统中的 $\{\xi_n\}$ 为完全随机驱动,由于周期势对称,因此当(5.2.62)式中的直流外力 $F=0$ 时,系统没有定向运动,在一个负向外力 $F<0$ 的驱动下系统则会产生向负方向的运动. 那么,当 $\{\xi_n\}$ 为(5.2.64)式的两种混沌驱动时,系统输

运的效果是否会与随机噪声一致？图 5.7 给出的结果令人意外. 可以看到,帐篷映射作为驱动在 $F=0$ 时存在定向运动,甚至在一个小负向外力(代表负载)$F=-0.005$ 和混沌噪声的作用下,粒子并没有沿负外力的方向运动,而是逆流而上,即逆着倾斜势向外力相反的方向运动.

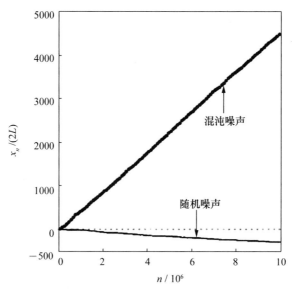

图 5.7 随机力和帐篷映射驱动下系统的运动演化

$F=-0.005, L=3, h=0.3$

上述反常定向运动显然与混沌驱动作为噪声的特有动力学特征密切相关,它说明混沌的驱动与完全随机的噪声是不同的,这种不同之处在于混沌动力学的演化貌似随机,实际上"埋藏于"运动相空间中的不稳定不动点或不稳定周期轨道虽然在动力学上是不稳定的,但这些不动点或周期轨道仍会起重要作用,混沌动力学演化在其附近仍然会显示出时间的局部有序性[535]. 以帐篷映射为例,对应于粒子正方向力的不动点为 $\eta_0=-1/2$,而在负方向力对应的不动点为 $\eta_0=1/6$. 图 5.8(a) 给出帐篷映射的一个典型序列和不稳定不动点,可以看到正是由于映射在 $\eta_0=-1/2$ 附近的长时间阵发造成了混沌噪声演化的暂态性相干行为,因而会导致在其驱动下系统的反常非对称输运. 伯努利映射不动点附近的阵发轨道如图 5.8(b)所示,由不稳定不动点 $\eta_0=-1/2$ 附近出发的混沌噪声会在阵发迭代后又重新回到 η_0 附近,这同样会导致强的相干行为. 系统在这些短时间的"规则"驱动下就会出现逆流而上的反向定向流.

当混沌噪声随机性增加时,其性质会逐渐接近随机噪声[3]. 例如,当采用 N 重复合映射

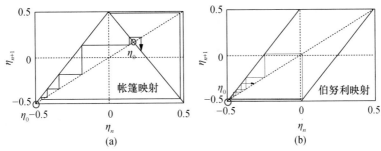

图 5.8 帐篷映射和伯努利映射的不稳定不动点及其附近的迭代阵发行为

(a) 帐篷映射的一个典型 η_0 附近的阵发轨道序列;(b) 伯努利映射不动点附近的阵发轨道. 不稳定不动点由圆圈〇标出.(改编自文献[535])

$$\eta_{n+1} = f^N(\eta_n) = f(f(\cdots f(\eta_n)))\ (N > 1)$$

作为噪声源时,其随机性就会随 N 的增大而增加,这是由于 N 重复合映射的最大李指数 λ 为单重映射指数 λ_0 的 N 倍,即

$$\lambda = N\lambda_0.$$

$N \to \infty$ 时,$\lambda \to \infty$,相邻迭代的关联消失,混沌信号会逐渐完全随机化. 图 5.9 给出了不同 N 时的混沌信号驱动下 x_n 的演化,可以看到当 $N \geqslant 3$ 时,x_n 随时间增加而单调减小. 当 N 继续增加时,系统的输运行为逐渐接近完全随机噪声的情况.

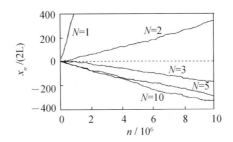

图 5.9 由复合映射 $\eta_{n+1} = f^N(\eta_n)$ 作为混沌噪声驱动下不同 N 时 x_n 的演化

$F = 0.005$,$L = 3$,$h = 0.3$. 可以看到当 N 增大时,混沌噪声趋于随机化,其对粒子运动的影响逐渐接近于完全随机噪声(对应于图中的水平虚线).(改编自文献[535])

§5.3 生命体内的分子马达

分子马达是生命活动中最重要的完成基本活动的单元之一. 从热力学观点来看,生物分子马达就是一台可以在分子尺度下将生化能量转化为机械能以供生命活动的精巧机器. 这样的机器显然不可能处于热力学平衡态. 如果分子马达处于热力学平衡态,定向运动就意味着系统可以从单一的热源吸收热量而转化为宏观运

动的功,这将成为第二类永动机(单源热机),违反热力学第二定律.因此在热力学平衡态下分子马达不会有定向运动与做功过程.要产生定向输运,要满足的第一个条件就是马达蛋白必须处于非平衡热力学状态.在布朗马达中,非平衡性是通过外来扰动等使得体系离开平衡态,分子马达的非平衡机制则来自于 ATP(adenosine triphosphate,三磷酸腺苷)的水解或其他过程以从中获得能量[469, 470].

分子马达产生定向输运另一个不可缺少的条件是对称性的破缺.已知的分子马达总是沿着特定的轨道运动,例如肌球蛋白沿着微丝运动,驱动蛋白和动力蛋白则沿微管运动.马达蛋白在运输货物时总是不停地与轨道相结合,并在寻找新的结合点中前进.人们可以把马达蛋白沿轨道的运动看成在一个势场中的运动.不论是微丝还是微管,它们都是具有空间周期的刚性结构,并且有极性,这两个特点是生物学家和物理学家建立分子马达模型的基础.前者表明势场是空间周期的,结构的极性则说明势场是空间非对称的.这种势场正是物理学家所研究的棘轮势.原则上,分子马达棘轮势的具体形式可以通过测量放置于轨道上的马达蛋白的受力来建立.轨道的空间周期大概是 10 nm 量级.实验表明,轨道上势的最高点和最低点的间距大约是 3 nm[474, 536].

要真正了解分子马达的工作原理,对马达蛋白的生物结构及其物理、生化过程等需要有一个较为全面的了解.科学家们已开展了大量的实验研究,通过实验对这些问题已有深入的阐述.本书在下面仅做简单介绍.

5.3.1 分子马达的分类

分子马达目前通常被分成四大类:线动马达(translational motor)、转动马达(rotary motor)、聚合马达(polymerization motor)与易位马达(translocation motor)[469].实际上,这样的分类更多是考虑到基本运动模式和模型简化的需要,实际中的很多马达蛋白常会兼具这几类马达的特征.例如,RNA 聚合酶(polymerase)既是沿 DNA 运动的线动马达,又是善于利用核苷聚合释放能量的聚合马达.下面从线动和转动马达的简单介绍开始,将着重揭示其中与动力学和热力学密切相关的部分.

(1)线动分子马达.

线动分子马达是一类将化学能转化为机械能,并沿着一条线性轨道以一维方式运动的马达蛋白,不仅负责细胞内多种多样的囊泡定向输运,还负责基于肌肉收缩的各种运动功能,如肌球蛋白、沿 DNA 运动并解旋双链的解旋酶、RNA 聚合酶(RNA polymerase)等,都属此类马达蛋白分子.线动马达蛋白的运动需要在微管(microtubule)或微丝(肌丝,也称肌动蛋白丝,filament)等细胞骨架(cytoskeleton)上进行.

　　线动细胞骨架马达可以分成沿肌丝滑动而引起肌肉收缩的肌球蛋白（myosin）、沿微管运动的驱动蛋白（kinesin）和动力蛋白（dynein）三大蛋白家族. 微管和肌丝由非对称的亚基通过首尾相连的方式自组装而成，因而这些轨道在结构上呈现极性，这种极性产生的非对称性保证了马达的定向运动. 例如，动力蛋白家族成员会向微管的负端运动，而大部分驱动蛋白则向微管的正端运动（个别驱动马达往负端运动）. 肌球蛋白家族多沿肌丝运动，且大部分往钩端（类似于微管的正端）移动，而个别往尖端（负端）运动.

　　沿轨道行进的马达会经历一系列步长大体固定的步进过程，而每个力学的步进都会与单个生化循环（如 ATP 的结合、水解和产物释放等）产生密切耦合，这决定了马达的行进速度就等于步长与单位时间内步进数目的乘积. 不同的驱动马达输运的物质不同，它们沿微管运动的速度也各异[537].

　　线动马达不同家族在结构方面是类似的，它们都由相似的功能域构成. 图5.10 给出了一个肌动马达蛋白的结构及沿周期极性微丝移动的示意图. 可以看到，ATP 结合域（头部域）一方面催化 ATP 水解，同时又会通过构型变化导致整个马达大尺度的构型变化而使马达沿线性轨道行进一步. 为了产生移动，ATP 的水解循环必须与轨道的结合和去结合循环耦合在一起. 多数的线动马达都有两个头部，少数马达只有一个或多至三个头部，同一家族的马达通常会行走在同一类型的

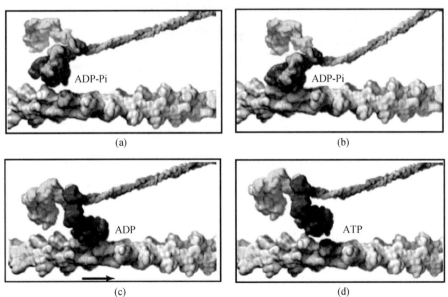

(a)　　　　　　　　　　(b)

(c)　　　　　　　　　　(d)

图 5.10　肌动马达蛋白沿周期极性的微丝移动示意图

肌动马达蛋白由两个头组成，这两个头交替与微丝结合、分离，同时通过两个头的连接部使其向前行进. 马达沿着自身前进方向自左向右运动并搬运物质，同时消耗 ATP 分子，这些 ATP 分子水解为 ADP 和磷酸盐（P）.（改编自文献[537]）

轨道上. 图 5.10 中的肌动马达蛋白头部域是由两个头组成的, 这两个头交替与微丝结合、分离, 完成马达的定向运动. 马达的另一端是尾部, 它可以结合输运不同种类的货物.

肌球蛋白肌肉组织中线动骨架马达的活动是线动马达最典型的活动之一, 其中肌球蛋白占据了中心位置, 是肌肉的最主要成分, 在骨骼肌中其重量可占整个骨骼肌的 60%. 作为一种多功能的蛋白质, 肌球蛋白在肌肉收缩中起着重要的作用[475]. 肌肉的结构是由成千上万的肌球蛋白与细丝构成的错综复杂的纤维联合体. 每个肌肉纤维由肌原纤维组成, 这些肌原纤维又由称为肌节的收缩单元所组成, 后者是由一千多种互相交错的粗细蛋白质微丝构成的, 如图 5.11 所示, 肌球蛋白排列成被称为粗肌丝的轴向对称结构, 并对邻近的细肌丝施力. 肌肉可以看成是由并联和串联的弹簧组成的阵列. 肌球蛋白通过水解 ATP, 引起构型改变从而产生力, 引起粗肌丝和细肌丝相对滑动, 使其沿肌动蛋白微丝定向运动. 这些微丝能够相对滑动, 从而引起肌动蛋白束之间的滑动. 相对运动在宏观上则表现为肌肉的收缩, 微观上则是大量马达同时作用产生运动的结果. 运动过程分析详见 §5.4.

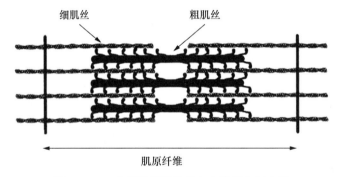

图 5.11　一个肌原纤维的纵向交错部分示意图

图中展示了互相交叉的粗微丝(肌球蛋白)和细微丝(肌动蛋白)形成一个单个的肌原纤维节. 肌球蛋白通过 ATP 水解引起构型改变而产生力, 引起粗肌丝和细肌丝相对滑动, 使其沿肌动蛋白微丝定向运动, 在宏观上表现为肌肉的收缩, 微观上则是大量马达同时作用产生运动的结果. 运动过程分析详见 §5.4

(2) 转动分子马达.

转动马达常常嵌在细胞膜内, 在工作时类似于定子和转子之间的旋转运动, 并通过构型变化产生扭矩. 在生物学上, 人们了解最多的转动马达是细菌鞭毛马达 (bacterial flagellar motor) 和 ATP 合酶 (ATP synthase)[475].

细菌鞭毛马达嵌在细菌的细胞膜内, 并连接着一根丝状鞭毛. 一个细菌细胞可以只有一根鞭毛, 也可以拥有数根鞭毛分布于整个膜表面. 马达转动时, 鞭毛的旋转运动会推动细菌在高黏度区域游动. 值得注意的是, 细菌鞭毛马达利用离子浓度梯度(而不是 ATP) 作为力学循环的基础. 特别地, 马达是由氢离子 H^+ 流驱动的,离子流又是由细胞内部与细菌膜间隙之间的离子浓度差引起的(某些奇异的鞭毛马达利用的是 Na^+ 而不是 H^+).马达的转速可以超过 100 转/秒,该马达不需要改变离子流的方向就能实现反转[538-541].

ATP 合酶是活细胞的核心发电站之一,处在细菌细胞的内膜,也存在于真核细胞的线粒体膜.它是一个精巧的分子机器,由两个不同的转动马达共轴联结而成.1960 年,奥地利生化学家莱克(E. Racker,1913—1991)成功地从线粒体膜上分离出 ATP 合酶的突出部分,由于是第一个被定义的与细胞呼吸相关的因子,因此命名为 F1 (factor1)[542,543].1965 年,莱克与同事又分解出其嵌膜部分,命名为 Fo (factor of oligomycin)[544].从此该马达被称为 FoF1-ATP 合酶.

如下一小节的图 5.12(a)所示,FoF1-ATP 合酶是由 Fo 和 F1 两个旋转马达组成的复合型马达,其中 Fo 大部分镶嵌在线粒体膜上,F1 部分则暴露在膜外.F1 是水溶性的,可以独立水解 ATP 来旋转中心轴.镶嵌在膜上的部分有三个 α 与三个 β 亚基构成离子(如 H^+ 离子)通过线粒体膜的通道,当离子流经这样的通道时产生力矩,从而推动暴露在膜外的 γ,ε 与 δ 亚基的旋转,成为线粒体重要的运输工.Fo 马达类似于鞭毛转动马达,是利用跨膜质子梯度,即储存在横跨膜的离子运动势的化学能来实现机械转动的.在膜外的 F1 马达则利用 ATP 的水解能来转动,且转动方向与 Fo 马达相反.在正常环境中,跨膜电化学梯度强,Fo 马达会比 F1 马达产生更大的扭矩,从而迫使 Fl 马达逆转,进而将 ADP 和磷酸根合成 ATP.但如果跨膜的电化学梯度较弱,则 F1 产生的扭矩比 Fo 更大,此时耦合的马达利用 ATP 水解能往细胞外泵送离子[545].

5.3.2 分子马达运动模式及生物实验探测

20 世纪 80 年代发展起来的单分子技术和实时观测技术使得人们对分子马达的认识有了飞跃.实验发现,分子马达每步前进几个到几十纳米,每移动一次所需时间是几个到几十毫秒,速度大约是几微米/秒,轨道的空间周期大约是 10 nm 量级[475].

单分子技术是在单分子水平上对生物大分子包括构象变化、相互作用、相互识别等行为进行的实时、动态检测、操纵和调控等.常用的单分子实验技术有单分子荧光成像、荧光共振能量转移、光摄、磁摄、力钳和位钳、光阱(optical trap)、玻纤微管、全内反射荧光显微镜、原子力显微镜等技术等,其中单分子荧光成像(single-molecule fluorescence imaging)是单分子检测最常用的方法.将荧光基团标记在生物大分子上,可以通过其各种特性的变化来反映有关分子间的相互作用、酶活性、反应动力学、构象动力学、分子运动自由度及在化学和静电环境下活性改变等信息.在稀溶液中,吸光光度法检测单个分子吸光值的准确度较低,但荧光发射检测则因背景值较低而较为灵敏,信噪比较高[477].

一个重要的观察单分子运动的方法是基于单分子荧光成像的荧光探针法,即用小的荧光标签对马达进行标记.由于标记上的荧光团对马达蛋白本身性质影响很小,荧光成像技术在分子马达研究中被广泛应用.这样,随着马达的定向运动,通过跟踪荧光探针就可以精确记录并观察每次步进,以判定和验证基于分子马达理论的不同假设和机制.

转动马达行为的实验研究和深刻理解则得益于大量酶学、结构生物学和单分子的实验.相比于线动马达,在活体组织中对特别微小的单元或细丝转动效应的观察在技术上非常困难.实验上的一种方法是去除大部分鞭毛,将剩余鞭毛的根部固定在盖玻片上,鞭毛马达的转动将引发细胞自身绕盖玻片固定点旋转,这种大尺度的运动比鞭毛马达自身的转动在光学显微镜中更容易观察到.另一种方法是对鞭毛进行荧光标记,然后可用光学显微镜观察.转动马达最著名的单分子实验之一是对单个 F1 马达转动的直接观察,如图 5.12(b)所示.将荧光标记的肌丝结合在转轴上,加入 ATP 后即可观察肌丝的转动并对其转速进行测量.测量数据显示,马达的转动也是以 120° 角步进的,且与 ATP 水解是紧耦合.固定角度的力学步进运动与 ATP 水解之间的紧耦合特征与线动马达类似.最近人们运用高速原子力显微镜,在纳米和毫秒的分辨率下得到了晶体结构,并通过研究细菌的 FoF1-ATP 合酶揭示了一些结构和动力学机制[546],包括 F1 的结构、F1 的扭矩产生机制、F1 的化学机械耦合方式、Fo 结构、Fo 质子运输的双通道模型和 Fo 的旋转机制等.相比于 F1 马达的研究,对单个 Fo 马达旋转机制的研究仍处于早期阶段.

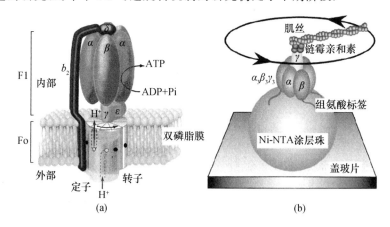

图 5.12　旋转式马达 FoF1-ATP 合酶的示意图及其实验观察

(a) Fo 与 F1-ATP 的复合型马达合酶示意图.Fo 和 F1 两个旋转马达分别在跨膜离子运动势和 ATP 水解下转动.(b) 旋转式马达 F1-ATP 酶的单分子观察实验示意图,图中是对单个 F1 马达转动的观察.将荧光标记的肌丝结合在转轴上,加入 ATP 后即可观察肌丝的转动并对其转速进行测量

5.3.3 分子马达的机械化学性质

近年来通过大量实验,人们对分子马达的机械化学(mechanochemistry)性质的了解有了长足进步,对分子马达各方面的实验研究可为物理学的深一步探索与模型构建提供有益基础.下面分几个方面将已有的一些实验观察和测量结果加以简要阐述.

(1) 能量来源.

分子马达可以主动地运动并运输物质,因此必然消耗能量.目前为止,已知的分子马达的能量来源有两种:储存于 ATP 中的化学能和细胞中 H^+,Na^+,K^+ 等离子的浓度梯度.大部分分子马达的能量来自于 ATP 水解. ATP 的水解循环可以简化为 $ATP \rightleftharpoons ADP + Pi$. 由于要运载物质前进,因此马达要逆着外力(负载)f_{ext} 运动.在此过程中,每单位时间要消耗 r 个 ATP,将其水解为二磷酸腺苷 ADP 和磷酸盐 Pi,从中获得能量.分子马达可高效率地将化学能转化为机械能,从而让自己获得前进的动力.分子马达的能量转换效率一般都很高,远超过人们制造的各种机械,有的分子马达效率甚至接近 100%[539, 540].

(2) 构型变化.

不论是肌球蛋白还是驱动蛋白或者动力蛋白,ATP 水解都会导致球形马达区域(motor domain)构型的细小变化.这种构型变化在马达附属结构帮助下被放大而转换为运动[547].以肌球马达沿肌动蛋白的运动为例.第一步,肌球马达头部结合到肌丝上,没有与 ATP 结合时,肌球蛋白和肌动蛋白丝紧密结合;第二步,肌球蛋白头部结合 ATP,同时产生裂口以减轻与肌动蛋白丝的相互作用并最终与肌丝去结合;第三步,ATP 产生水解,释放 ADP 和 Pi,引起头部与肌动蛋白弱结合而引起马达较大的构型变化,并沿细丝产生大约 5 nm 的位移;第四步,磷酸盐 Pi 释放,头部与肌动蛋白强结合,头部向微丝的负端弯曲,引起细肌丝向微丝负端移动,为马达重新结合到肌丝上作准备;最后 ADP 释放,马达重新回到初始状态.这种过程不断循环,并伴随持续的定向运动和 ATP 化学循环[469, 475].

(3) 运动轨道.

生物体内的分子马达运动以细胞骨架为轨道进行.细胞骨架是真核细胞中由蛋白质聚合而成的三维纤维状网架体系,包括微丝、微管和中间纤维(intemediate filament)三大类.与微丝和微管不同,中间纤维由不同的中间纤维蛋白聚合而成,直径约为 10 nm,不同种类的中间纤维有很强的组织特异性.实验发现分子马达都沿微丝或微管等特定轨道运动,如肌球蛋白沿微丝移动,驱动蛋白和动力蛋白则沿微管运动[475, 548].因此,下面主要对微丝和微管加以介绍.

微丝又称肌动蛋白纤维(actin filament),是由两条线性排列的肌动蛋白链形成的直径约 7 nm 的螺旋,状如双线捻成的绳子,如图 5.13 所示.组成微丝的基本蛋白质单位是肌动蛋白,因此也将微丝称为丝状肌动蛋白(filament actin,简称 F-actin),而将组成微丝的肌动蛋白单体称为球状肌动蛋白(globular actin,简称 G-actin).在微丝中,肌动蛋白之间由非共价键结合,并沿微丝的长轴螺旋排列,每 37 nm 形成一个螺旋,组成微丝结构.由于肌动蛋白自身结构上的非对称性,微丝也是具有极性的蛋白多聚体结构.当聚合形成微丝时,单体肌动蛋白可以从微丝的两端加入,从而使微丝延长,但两端的聚合速率有所不同,通常把聚合较快的一端称为正端,而把聚合较慢的一端称为负端,肌动蛋白单体加到正端的速度要比加到负端的速度快 5~10 倍,正端亦称为钩端,负端亦称为尖端.微丝和它的结合蛋白(association protein)以及肌球蛋白(myosin)三者构成化学机械系统,利用化学能产生机械运动.

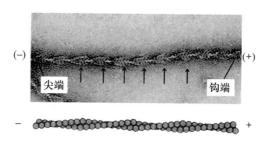

图 5.13　作为分子马达蛋白运动的骨架和轨道之一的微丝纤维

上图是负染电镜照片,下图是结构示意图.微丝纤维是由两条线性排列的肌动蛋白链形成的状如双线捻成的绳子的螺旋,具有极性、聚合较快的一端称为正端或钩端,聚合较慢的一端称为负端或尖端

微管是由 13 条原纤维(protofilament)构成的中空管状结构,直径 22~25 nm.如图 5.14(a)所示,每一条原纤维由微管蛋白二聚体线性排列而成.微管在细胞质中形成网络结构,作为运输路轨并起支撑作用.微管具有极性,正端生长速度快,负端生长速度慢.如图 5.14(b)所示,正端的最外端是 α 球蛋白,负端的最外端是 β 球蛋白.

微丝、微管和中间纤维一起构成了细胞骨架,它们均由单体蛋白以较弱的非共价键结合在一起,构成纤维型多聚体.它们分别起着不同的作用,微丝确定细胞表面特征,使细胞能够运动和收缩,微管确定膜性细胞器的位置和作为膜泡运输的导轨,中间纤维则使细胞具有张力和抗剪切力.

(4) 有向性.

分子马达一个很重要的特性是运动的有向性.由于轨道具有极性,每一种分子马达运动时会沿着特定的方向前进,前进的方向取决于多种因素.人们曾认为同一个超家族的马达总是沿着同一方向运动,例如一般情况下肌球蛋白趋于微丝的正端运动,驱动蛋白趋于微管的正端运动,动力蛋白则沿着微管向负端运动.但是近

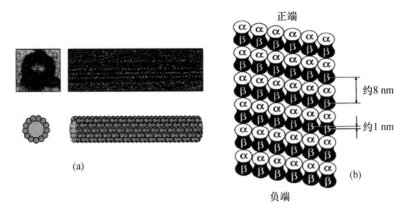

图 5.14 作为分子马达蛋白运动的骨架和轨道之一的微管纤维蛋白

(a) 微管纤维,上图是负染电镜照片,下图是结构模型,它是由 13 条原纤维构成的中空管状结构.(b) 微管蛋白二聚体结构,具有极性,正端生长速度快,负端生长速度慢,正端的最外端是 α 球蛋白,负端的最外端是 β 球蛋白

些年的研究也发现了沿微管向负端运动的类驱动蛋白及沿微丝向负端运动的肌球蛋白[549, 550]. 另外,同一种驱动蛋白可能沿微管向正端运动,也可能沿微管向负端运动,或者随机地在两种运动方向之间转换[551, 552].

(5) 步进式运动.

由于分子马达一般以水解 ATP 作为能量来源,每一个水解 ATP 的过程会导致分子马达构型的微小变化,并进而使得分子马达前进一点,因此分子马达都是以步进而非连续滑行的方式运动的. 分子马达步进有持续性和非持续性两种运动形式. 持续性马达会沿轨道运动很长一段距离,其间马达总是会与轨道相连接,而非持续性马达则在一个 ATP 水解循环后就与轨道分离. 持续性马达可以单独行动,而非持续性马达则需要像一个团队一样协作工作. 持续性马达总是尽量地抓住轨道不放,而非持续性马达则是短暂、快速地和轨道进行相互作用[553, 554].

非持续马达的典型代表是肌肉肌球蛋白(myosin II). 和传统驱动蛋白一样,II 型驱动蛋白也是二聚体(dimer),但两个头并不像传统驱动蛋白那样合作而是独立行动,同一时刻最多有一个头与轨道相联系,而且每次和轨道相互作用的时间不超过 ATP 水解循环的时间的十分之一. 因此,单个的肌肉肌球蛋白分子并不能沿着轨道连续运动,是典型的非持续分子马达[555-560].

持续性马达的运动机制还不是十分清楚,但从已有的研究结果看,马达要沿着轨道持续运动,至少需要两个因素:一是和轨道相互作用(与轨道结合),二是沿轨道扩散(寻找新的结合点)[561-564]. 这正是建立分子马达模型所基于的出发点.

(6) 分子马达的力.

分子马达可以主动将细胞内的物质从一个地方运输到另一个地方. 人们测量

了分子马达产生的力,结果显示,肌球蛋白、驱动蛋白、动力蛋白等马达产生的力大约为 $1\sim 10\,\mathrm{pN}(10^{-12}\,\mathrm{N})$[475, 565, 566]. 对于宏观世界而言,这样大小的力实在是太微不足道,一万亿 (10^{12}) 个马达也难以举起一千克的物体. 但是在细胞领域内,这样的力已经非常巨大了. 单个的分子马达可以以最大的速度在黏稠的细胞质中运输好多倍于马达本身大小的物体.

(7) 分子马达的协作性.

细胞内单个分子马达独自完成某项工作的情形是非常罕见的,更普遍的情况是许多马达协调一致来完成较大规模的任务[467-469, 475]. 一个最典型的例子就是肌肉纤维. 遍布整个细胞的大约 10^{14} 个肌球马达分子已经进化到能协同运动,形成一个协同工作的小马达团队. 10^{14} 个马达必须相互之间没有任何妨碍地同时协调发力,这些马达的合作运动产生了宏观尺度上的肌肉收缩,从而使我们能奔跑、跳跃和游泳.

肌肉收缩期间马达协调有三个必要条件:(i) 所有马达头往同一个方向运动,这可以通过马达蛋白精致的结构来达到. (ii) 马达需要同时发力,这需要通过肌动结合蛋白的活动来实现. 肌动结合蛋白由原肌球蛋白和肌钙蛋白组成,对钙离子信号会产生响应. 长的原肌球蛋白会阻止肌球马达头与肌丝的结合,因此,收缩只能发生在对正信号的响应,即在钙离子流入细胞时. 由于钙离子非常快速地充满整个细胞,导致膜去极化的快速传播,几乎同时移除整个细胞内的原肌球蛋白阻塞,最终导致大尺度的协调收缩. (iii) 马达运动相互之间需要互不妨碍,它来自于骨髓肌肌球马达与肌丝非常短暂的结合,小于整个 ATP 周期的 5%,这样每个马达产生一次运动并可以快速脱离肌丝,不妨碍其他马达的活动.

对马达协同性的研究是近几年马达研究中激动人心的前沿课题之一[567, 568]. 双头持续马达的两头之间如何通过其间的“通讯”以协调彼此的 ATP 水解循环及与细丝的结合过程是一个重要问题. 最近的研究表明[569],多个马达协同工作能够以十倍于单个马达的速度运输货物.

对以上各个方面特征的研究可以看到,分子马达的结构及运动非常精巧. 下面我们总结出分子马达几个典型的特征:

(1) 分子马达比小分子大得多,但比宏观物体小得多,相对分子质量在几万到几十万,几何尺度一般在 10 nm 左右. 实验表明,马达蛋白与轨道之间的结合能具有 $k_{\mathrm{B}}T$ 的量级,热运动的影响不容忽略,分子马达的布朗运动特征非常明显,是一种有较大噪声的微小机器.

(2) 在生物体内的马达蛋白是一个高度非平衡体系. ATP 的浓度远高于平衡态的浓度. 三磷酸腺苷水解反应的能量是单向进行的,因此马达蛋白处于高度非平衡的状态. 三磷酸腺苷水解反应所释放的能量为马达蛋白提供了定向运动的驱动力.

(3) 分子马达总是沿着微丝或微管做轨道运动,构成这些轨道的蛋白亚基顺序排列,形成非对称的周期性结构.

对于物理学来说,上述关于分子马达各种理化特征的分析为建立模型提供了基础,物理学家既可以从动力学角度入手,也可以从热力学和统计物理学角度入手建立模型和对过程进行分析.

§5.4　分子马达动力学机制与物理建模

在各种不同背景下的马达系统中,生物分子马达是其最典型和最重要的实际对象和应用. 分子马达的物理建模是建立在分子马达实验观察的基础上,并利用物理学基本原理对其进行理论刻画的结果. 前面的布朗马达、确定性马达以及下两节所述的耦合马达的讨论虽然都针对物理模型,但它们都与实际生物分子马达机制和功能密切相关. 本节将重点讨论在考虑分子马达构型及其生化反应细节的基础上建立物理理论与动力学模型的问题.

有关分子马达构型动力学最早的物理建模是肌肉收缩问题的研究,其中重要原因是肌肉收缩本身就是实验最容易观察的大量马达蛋白协调运动的结果,而肌动蛋白又是最早发现的分子马达蛋白之一,它的最早物理建模可以追溯到 20 世纪 50 年代赫胥黎[555, 556]与希尔(T. L. Hill,1911—2014)等人[570] 的工作. 为了解释构象变化如何产生力,赫胥黎建立了所谓的做功冲程模型(powerstroke model). 该模型假设蛋白马达有弹性,像一根弹簧可以储存能量. 弹簧拉紧的时候储存马达内部的能量,如 ATP 水解能等,收缩的时候则驱动马达运动. 肌球蛋白和驱动蛋白在结构上都有类似弹簧的部分. 对于肌球蛋白,轻杆区域可看作弹簧,引起杆的转动,驱动蛋白的颈部也可以看作弹簧. 赫胥黎等人早期工作中很重要的一点是将马达工作过程分为几个不同的态,相比于态之间快速跃迁所需要的短暂时间,在每一个态上的长时间行为可认为是处于热力学的局域平衡态,这样的工作原理就与热机密切联系起来. 另外在这些理论早期的研究中,马达输运的非对称性归结为态之间跃迁率的非对称性.

近年来,随着生物测量技术,特别是单分子技术的提高,人们可以对单分子尺度下的生命活动进行纳米尺度的观察与测量,对分子马达有了更仔细和确切的认识. 随着对几种典型分子马达蛋白结构与动态行为纳米级的观察,整个分子马达的研究也过渡到了纳米尺度,在新的技术条件下马达构型动力学建模又重新成为对生物分子马达理论研究有实际和理论研究价值的课题[469-473].

5.4.1 分子马达的运动机制和实验观察

分子马达的运动机制是一个重要而基本的问题,研究分子马达如何沿着轨道运动、马达运动方向的确定以及运动与 ATP 水解过程的关联等都是该领域的前沿.典型的分子马达在结构上是二聚物,具有两个马达头、两条腿和一个共用的杆,头部区域与肌动蛋白、微管或微丝结合向前运动[469,470].人们关心两个头之间是如何耦合协同使马达沿着轨道前进的.一直以来,关于持续性马达步进的具体形式有"交臂"行进(hand-over-hand)和"尺蠖"蠕动(inchworm/clamp)之争[571-574].所谓"交臂",就如同人类走路一样,分子马达两个头中的前一个固定在轨道上,后一个则在 ATP 水解过程中超过前一个,如图 5.15(a)所示.所谓"尺蠖",则如尺蠖和许多虫类一样,头有"前"、"后"之分,运动时后面的头始终不会越过前面的头,如图 5.15(b)所示.

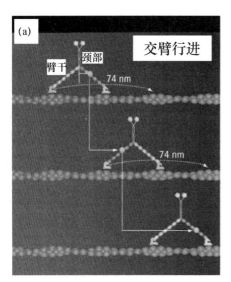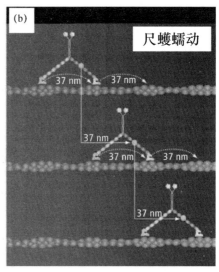

图 5.15 分子马达的两种不同行进方式示意图

(a) 交臂方式,(b) 尺蠖方式.(改编自文献[542])

分子马达具体运动方式的实验观察很长时间以来都是一件困难的事,原因在于马达具有很细微的晶体结构,两个头的间距只有 5 nm,这给测量造成很大困难.近些年来,人们主要利用以下几种技术来测量和探测分子马达的运动:

(1) 传统纳米精度跟踪技术.例如光阱和悬臂探针技术等,但这些技术的缺陷在于探针过大($>100\ \mu m$),会阻碍马达头部(约 $5\sim10$ nm)的运动,因而难以准确反映马达的运动[470,471];

(2) 单纳米精度荧光成像技术(fluorescence imaging with one-nanometer ac-

curacy,FIONA). 它由年轻生物物理学家伊尔迪兹(Ahmet Yildiz)和盖尔斯(Jeff Gelles)提出[575]. 通过该技术,利用高倍发光的有机染色剂对马达的两个头染色,并利用成像方法监测头部的运动,进而先后成功地对肌球蛋白 V[575]、驱动蛋白[576]和肌球蛋白 VI[577]的运动进行了观察,确认了这些马达蛋白的运动模式.

(3) 马达颈部旋转测量技术. 它是通过固定蛋白分子颈部的末端,考察微管相对于马达蛋白固定颈部的旋转程度来推断马达蛋白的运动. 在交臂行走模式中,马达头部的运动是高度协同的,在每一步反应过程中至少其中一个会束缚在微管上. 假定两个头彼此交替前进,结合 ATP 并水解引起前面的头(头 1)位形改变,这样的构造就会拉动后面的头(头 2)前进. 在下一步,头 2 保持固定,拉动头 1 前进. 每前进一步,与头连接的颈部旋转 180°. 在尺蠖模式中,两个头不互换位置,因此在每个循环中没有颈部的净旋转,仅仅是前进的头催化 ATP 引起另一个头跟随.

驱动马达蛋白是人们关注较多的一类分子马达,其运动模式得到了大量研究. 盖尔斯等人在实验上利用方法(3)对果蝇驱动蛋白马达的运动旋转进行了测量[578]. 如图 5.16(a)所示,实验中将驱动蛋白的颈部末端固定到具有链霉菌的灰色载玻片上,并将微管束缚到驱动蛋白头上. 实验研究发现,在驱动蛋白抑制剂 AMP-PNP 的作用下,微管会绕驱动蛋白头转动(图 5.16(b)),但转动角较小且呈现无规波动(图 5.16(c)). 而当驱动蛋白分子不受载玻片表面的束缚时,微管相对于马达蛋白固定颈部的旋转角超过 360°,但其时间变化也呈现布朗运动的性质,如

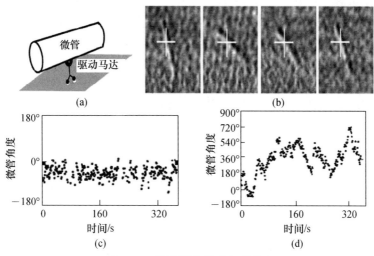

图 5.16　驱动蛋白运动方式研究

(a) 实验示意图;(b) 实验观察,发现微管绕着图中的十字交叉点在一定范围内转动;(c) 所有的微管在一个有限范围内转动;(d) 在浓度为 1 nmol(纳摩尔)的驱动蛋白抑制剂亚胺二磷酸腺苷(AMP-PNP)时,驱动蛋白分子不受载玻片表面特定吸附时微管的旋转布朗运动,旋转角度的范围超过了 360°.(改编自文献[578])

图 5.16(d).据此,盖尔斯等人认为马达蛋白是蠕动的运动方式[578].但后来人们通过测量驱动蛋白每步在微管上的驻留时间证实了马达蛋白是非对称交臂式运动,即交换的两步是不同的[579].伊尔迪兹等人用荧光标记驱动蛋白的一个头部并通过测量其步长和驻留时间进一步证明了交臂模式[576,580],并证明了驱动马达蛋白的两个头在每一步等待结合 ATP 的过程中都是与微管结合的.

颈部转动效应与马达运动有密切的关系,因此近几年人们通过实验对除了驱动蛋白以外的其他马达蛋白如肌球蛋白 V 等的颈部旋转效应进行了研究,并对它们的运动模式进行了分析[581,582].大量实验表明,交臂模式是马达蛋白主要的运动方式,也存在蠕动模式运动的马达蛋白,但其类型较少.

人们对已有马达蛋白运动模式的研究表明,交臂和尺蠖两种模式兼而有之,不同的马达蛋白有不同的运动模式.理解马达蛋白质的运动是理解细胞内输运过程的重要一步.从已有的实验观察可以总结出马达蛋白运动物理模型构建需要考虑以下几个重要因素[583,584]:

(1) 构型变化.马达蛋白是具有细致结构的分子机器,特别是多数马达蛋白都有双头结构,因此简单的单粒子或简单的粒子耦合都难以合理描述定向输运的动态过程.

(2) 力学-化学耦合.马达蛋白的运动过程必须考虑马达的力学运动与供能化学反应过程的合理耦合与转化,马达蛋白头部与轨道的结合和分离与 ATP 水解是密切配合的,因此将供能过程以简单的噪声描述无法给出与实际分子马达运动相符合的结果.这种耦合过程的处理与不同马达蛋白具有不同的工作原理密切相关,可以通过不同形式的多态的跃迁与转换来处理.

(3) 高维空间运动描述.实际马达蛋白的运动需要考虑空间二维或高维的因素,而不是简单的一维描述,如交臂式运动明显涉及马达的两个头换序的过程,而这一过程在一维空间中是无法完成的.上面提到的实验上对马达颈部旋转效应的观察与测量就是高维运动的体现.

下面简单介绍几个典型的分子马达运动模式建模的工作,我们将着重分析模型建立的思路和基本理论框架,不过多在具体计算结果方面详细展开.

5.4.2　单分子马达的多态棘轮模型

分子马达的布朗运动描述需要对化学反应供能过程给予更为细致的描述,而不能简单地以随机噪声描述.这是分子马达与众多物理上的布朗马达的重要区别.化学反应供能中一个典型的过程是 ATP 水解过程,该过程会使得马达蛋白处于非平衡的环境,同时伴随着马达与轨道之间的耦合和分离过程[468-470].前面提到的开关棘轮就是一种最简单的描述这种耦合—分离过程的模型,人们经常在理论上将其作为一种建模的基础.但实际进行的生物过程一般不是简单的开关,且很多情况下需要考虑多态之间的跃迁[468].

通过定义态来描述分子马达的想法最早出现于对肌肉的讨论[555,556],研究结果表明 ATP 水解会引起马达构型在多个不同态之间变化.这里所说的态是指整个系统与环境所处的态,它包括马达蛋白与轨道间所处的结合或分离的关系以及 ATP 水解所处的阶段.对这种态的恰当描述对物理分析来说是很重要的,利用态的布朗运动理论可以对分子马达的运动给予很好的物理描述.

考虑多态跃迁的布朗棘轮也称为离散棘轮.下面以两态跃迁为例来介绍离散棘轮,同时介绍物理学家和生物学家如何把复杂的生物和化学过程抽象为简单的模型方程[468,585,586].在不同态,马达感受到的轨道以不同的棘轮势表示,如图 5.17(a)所示.在每个态,粒子运动仍然由经典朗之万方程描述,简单地,我们讨论过阻尼的情况,

$$\gamma_i \dot{x} = -V_i'(x,t) - f_{\text{ext}} + \xi_i(t), \tag{5.4.1}$$

其中 $i=1,2,\cdots,M$ 代表系统所处的态,f_{ext} 为外加负载力,它代表分子马达运动时携带的"货物"对其产生的作用力.不同态上的噪声 $\xi_i(t)$ 满足涨落耗散定理,但不同态之间互不关联,即

$$\langle \xi_i(t)\xi_i(t') \rangle = 2\gamma_i k_B T\delta(t-t')\delta_{ij}.$$

考虑 $M=2$ 的两态问题.在没有 ATP 水解供能的情况下,系统除了处于(5.4.1)的 1 或 2 态上的布朗运动之外,两个态之间也可能存在热涨落的跃迁,但满足细致平衡.ATP 的化学水解过程提供了额外的能量,它打破了态之间跃迁的细致平衡,跃迁动力学由标准的化学反应理学来描述.细致平衡的破坏使系统处于非平衡态,结合空间的非对称破缺,定向运动就有可能发生.

设 $P_i(x,t)$ 为马达在时间 t,空间位置 x 处于态 i 的概率密度,$\omega_{i,j}(x)$ 为马达在空间位置 x 从态 i 跃迁到态 j 的概率,如图 5.17(a)所示,它和棘轮势具有同样的对称(非对称)性.$P_i(x,t)$ 的演化可以用两个耦合的福克-普朗克方程来描述:

$$\partial P_{1,2}/\partial t + \partial J_{1,2}/\partial x = -\omega_{1,2}(x)P_{1,2} + \omega_{2,1}(x)P_{2,1}, \tag{5.4.2}$$

其中流 J 与扩散、轨道间的相互作用及可能存在的外加负载力 f_{ext} 有关,具体表达式可由(5.4.1)导出为

$$J_{1,2} = \mu_{1,2}[-k_B T\partial P_{1,2}/\partial x - P_{1,2}\partial V_{1,2}/\partial x + P_{1,2}f_{\text{ext}}], \tag{5.4.3}$$

μ_i 为漂移系数.方程(5.4.2)和(5.4.3)不仅可以阐明分子马达的运动,还阐明了力和定向运动如何产生,下面通过计算整体的定态粒子流

$$J = J_1(x) + J_2(x)$$

来建立相关的描述.引入

$$P = P_1 + P_2, \quad \lambda(x) = P_1(x)/P(x), \tag{5.4.4}$$

利用(5.4.2)的 1 和 2 态方程相加,并利用(5.4.3)的表达式,系统的总定向流可以表为

$$J = \mu_{\text{eff}}[-k_B T \partial P/\partial x - P \partial V_{\text{eff}}/\partial x + P f_{\text{ext}}], \tag{5.4.5}$$

其中

$$\mu_{\text{eff}} = \mu_1 \lambda + \mu_2 (1-\lambda) \tag{5.4.6}$$

称为有效迁移率或有效漂移系数. 如果不存在 ATP 水解的化学供能过程,则分子马达系统满足细致平衡条件,跃迁率满足

$$\omega_1(x) = \omega_2(x) e^{[V_1(x)-V_2(x)]/k_B T}, \tag{5.4.7}$$

相应的 λ 系数为

$$\lambda = 1/\{1 - e^{[(V_1(x)-V_2(x))/k_B T]}\}. \tag{5.4.8}$$

在(5.4.5)式中引入了有效势函数 $V_{\text{eff}}(x)$,通过比较(5.4.5)、(5.4.3)和(5.4.2)式可以得到该势的形式为

$$V_{\text{eff}}(x) - V_{\text{eff}}(0) = \int_0^x \mathrm{d}x' \left[\frac{\mu_1 \lambda \dfrac{\partial V_1}{\partial x'} + \mu_2 (1-\lambda) \dfrac{\partial V_2}{\partial x'}}{\mu_1 \lambda + \mu_2 (1-\lambda)} \right] + k_B T \left[\ln(\mu_{\text{eff}}) \right]_0^x.$$

$$\tag{5.4.9}$$

(5.4.9)式的右边第二项 $k_B T [\ln(\mu_{\text{eff}})]_0^x$ 为已经积分出来的函数,其中 μ_{eff} 仍然隐含自变量 x. 从(5.4.9)式可以看出,如果势 $V_{1,2}(x)$ 是周期为 l 的空间周期势,则有效势 V_{eff} 的第一项也是以 l 为空间周期的函数,这意味着(5.4.9)式右边第一项在一个周期 l 内的积分为零. 有效势(5.4.9)的第二项是否为零则需考虑如下因素. 如果势 $V_{1,2}(x)$ 是空间非对称的,则第二项一般不等于零,这意味着尽管 V_1 和 V_2 在大尺度上如图 5.17(a)所示是平坦的,有效势仍然会有一个如图 5.17(b)所示的平均非零的倾斜度 $[V_{\text{eff}}(l)-V_{\text{eff}}(0)]/l$,这个平均的倾斜可看作是马达提供的有效平均力导致. 但是,如果没有 ATP 供能过程,则系统处于细致平衡(即满足(5.4.7)式),由(5.4.7)和(5.4.9)式可见,这种有效倾斜效应就不会发生. 因此,细致平衡条件(5.4.7)式的破坏是出现自发定向运动的另一个必要条件[468].

下面来讨论细致平衡及由化学反应造成的细致平衡破缺. 在马达输运中的最主要供能过程是 ATP 的水解过程 $\text{ATP} \rightleftharpoons \text{ADP} + \text{Pi}$. 在水解过程的参与下,态之间的跃迁率由(5.4.7)式变为

$$\omega_1(x) = [\alpha(x) e^{\mu_{\text{ATP}}/k_B T} + \omega(x)] e^{V_1(x)/k_B T},$$
$$\omega_2(x) = [\alpha(x) e^{(\mu_{\text{ADP}} + \mu_P)/k_B T} + \omega(x)] e^{V_2(x)/k_B T}, \tag{5.4.10}$$

其中 $\mu_{\text{ATP}}, \mu_{\text{ADP}}, \mu_P$ 分别代表 ATP,ADP 和 Pi 的化学势,$\alpha(x)$ 代表化学反应对跃迁率贡献的比率,$\omega(x)$ 代表热激发跃迁的比率. 对比(5.4.7)式的细致平衡条件可以看到,ATP 水解过程的参与会打破系统的细致平衡. 为刻画由于化学供能导致的

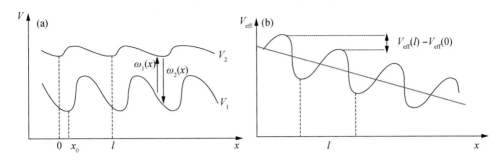

图 5.17 双态棘轮势与有效势

(a) 在两个空间周期为 l 的非对称棘轮势之间跃迁的示意图；(b) 当两态之间的跃迁概率不满足细致平衡时粒子所处的有效势 $V_{\text{eff}}(x)$ 的示意图. ATP 供能过程破坏细致平衡，有效势会在非平衡条件下产生一个平均非零的倾斜，引发系统出现自发定向运动.（改编自文献 [468, 585]）

对细致平衡的偏离，我们可以引入

$$\begin{aligned}
\Omega(x) &= \omega_1(x) - \omega_2(x) \mathrm{e}^{[V_1(x) - V_2(x)]/k_B T} \\
&= \alpha(x) \mathrm{e}^{[V_1(x) + \mu_{\text{ATP}}]/k_B T} \left(1 - \mathrm{e}^{-\Delta\mu/k_B T}\right) \\
&= \Omega\Theta(x),
\end{aligned} \tag{5.4.11}$$

其中第二式是将 $\omega_{1,2}(x)$ 的 (5.4.10) 式代入第一等式右边后的结果，$\Delta\mu = \mu_{\text{ATP}} - \mu_{\text{ADP}} - \mu_P$ 为反应前后的化学势之差，第三式则将对细致平衡的偏离表为偏离幅度 Ω 和一个对 x 归一化函数 $\Theta(x)$ 的乘积. 当无化学供能过程参与时，系统满足化学平衡，对应于 $\Delta\mu = 0$，此时由 (5.4.11) 式有 $\Omega(x) = 0$. 当系统有 ATP 水解发生时，$\Delta\mu \gg k_B T$，化学反应占主导，由 (5.4.11) 可见 $\mathrm{e}^{-\Delta\mu/k_B T} \approx 0, \Omega(x) \neq 0$，打破系统的细致平衡. 在非平衡情况下，从 (5.4.9) 式可知，系统有效势会由 ATP 水解提供一个有效平均定向力而导致有效势平均非零的倾斜，这个平均倾斜会产生非零定向流. 因此，对单个分子马达的定向输运问题可以用上述多态布朗马达物理图像进行很好的描述. 下一步的工作就是具体求解定向流

$$J = \frac{v}{l} \int_0^l P(x) \, \mathrm{d}x$$

与系统参数的依赖关系，这需要求解方程 (5.4.2) 和 (5.4.3)，计算 $\lambda(x)$，只有在给定具体的势场函数之后才能求解. 这里不再就此细节展开进一步讨论，有兴趣的读者可参考文献[468].

5.4.3 尤利舍-普罗斯特刚性耦合马达模型

作为生命活动基本单元的分子马达，在很多情况下需要许多马达蛋白相互协作来共同完成一些基本过程. 一个最典型的情形就是肌肉的收缩过程，它需要大量动力蛋白集体参与和配合. 在生物的若干实验中，人们也观察到许多马达蛋白可以结合在一起输运较大的物质.尤利舍(F. Jülicher)和普罗斯特(J. Prost)提出了一种描述这种马达输运性质的自然模型(JP模型)[468,587,588],构想如图 5.18 所示,粒子都附着在一个刚性棒上,附着点的间距是固定的,但其间距可以随机分布也可等间距.粒子在杆上的附着可以是软相互作用附着,例如像图 5.18(a)中粒子通过弹簧与杆相连的情形,也可以是像图 5.18(b)中粒子与杆的刚性连接.

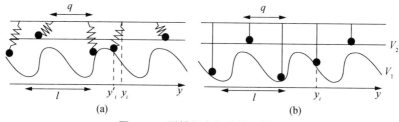

图 5.18　刚性耦合马达输运模型

(a) 粒子通过弹簧与杆相连;(b) 粒子与杆的刚性连接.粒子的势场在 V_1 和 V_2 两种状态之间跃迁.(改编自文献[468,587])

下面首先就图 5.18(b)的刚性耦合模型做一般性的讨论.如图 5.18(b)所示,设粒子在杆上的附着点间距均为 q,X 为刚性棒在水平空间的位置,则第 i 个粒子的位置为 $y_i = iq + X$.设势场的周期为 l,则 q/l 反映了两种空间尺度的关系,比值为有理数的情况称为公度结构,而比值为无理数时称为非公度结构.赫胥黎对肌肉纤维的马达蛋白排列空间尺度与和它们作用的肌丝的空间尺度进行了研究,发现在大多数生物马达情况下二者空间尺度都具有非公度结构[555].因此在下面的讨论中我们只考虑非公度情形.非公度结构与无序结构的相似之处在于粒子的运动不同步.另外一个需要考虑的问题是势场.对每个粒子而言,势场是独立开关的,设每一个粒子可以处于强束缚态 $\sigma = 1$ 或弱束缚态 $\sigma = 2$,并设处于态 σ 的周期性,

$$V_\sigma(y) = V_\sigma(y + l). \tag{5.4.12}$$

现在考虑图 5.18(a)粒子通过弹簧与硬杆连接的情况.设弹簧的弹性系数为 K,第 i 个粒子对硬杆的作用力是通过弹簧施加的,大小为

$$f_i = K(y_i - y_i'), \tag{5.4.13}$$

因此作用于杆上的总力为

$$f = \sum_{i=1}^{N} f_i. \tag{5.4.14}$$

注意此时粒子在势场中受到的力为

$$f_i' = -\partial V_\sigma(\mathbf{y}_i')/\partial y_i', \tag{5.4.15}$$

由于粒子与杆通过有限弹性系数的弹簧连接,因此粒子在势场中的空间位置 y_i' 通常与硬杆的连接点位置 y_i 不相同,即 $y_i \neq y_i'$,因此粒子受到势场的力 f_i' 不一定等于弹性力 f_i.当弹性系数 K 很小时,粒子之间无法通过软弹簧连到硬杆上以产生

协作效应,只有 K 大到一定程度时协作效应才会产生.当 $K \to \infty$ 时,$y_i = y_i'$,此即图 5.18(b)的刚性耦合情形,此时第 n 个粒子作用于硬杆上的力就等于粒子在势场中受到的力

$$f_i = -\partial V_\sigma(\mathbf{y}_i)/\partial y_i. \tag{5.4.16}$$

考虑势场的周期性,下面的讨论可以用对空间取模的新坐标 $x = y(\bmod l)$ 来代替,因而 $x \in (0, l)$.考虑粒子数 N 很大的情况,此时可以定义大量粒子空间位置的分布函数,并讨论两态系统

$$P(x, t) = \sum_{\sigma = 1, 2} P_\sigma(x, t), \tag{5.4.17}$$

其中 $P_\sigma(x, t)$ 为处于态 σ 的粒子在 t 时刻在 x 处的概率密度.在粒子数 N 很大时,若 l/s 为无理数,则粒子分布为非公度结构,P 的定态分布会趋于均匀分布 $P(x, t) = 1/l$.另外,当粒子附着于刚性棒的位置为无序分布时,粒子在 $(0, l)$ 中的位置也是均匀分布的.

在非定态情况下,多马达系统的分布演化满足类似于(5.4.2)的主方程

$$\partial_t P_{1, 2} + v \partial_x P_{1, 2} = -\omega_{1, 2}(x) P_{1, 2} + \omega_{2, 1}(x) P_{2, 1}, \tag{5.4.18}$$

其中 $\omega_{1, 2}(x)$ 代表两态间的跃迁率,

$$v = \partial X/\partial t$$

为硬杆的运动速度.与(5.4.1)式的单粒子情况相同,f_ext 为外加负载力,不同的是这里的 f_ext 是通过杆作用于耦合系统上.利用受力分析可以得到,外加负载力 f_ext 是由关系

$$f_\text{ext} = \eta v - f$$

决定的,其中 ηv 为阻尼系数为 η 的摩擦力,f 为由外势提供的力,可以表示为

$$f = -\int_0^l (P_1 \partial V_1/\partial x + P_2 \partial V_2/\partial x) \mathrm{d}x. \tag{5.4.19}$$

两个态 $\sigma = 1, 2$ 间的跃迁率与热涨落和外界驱动有关,它们由前面的(5.4.10)式给出,可将其写为

$$\omega_1(x) = \omega_2(x) \mathrm{e}^{[V_1(x) - V_2(x)]/k_B T} + \Omega \Theta(x), \tag{5.4.20}$$

其中右边第二项为对细致平衡的偏离,T 为温度.(5.4.20)式中第一项为热涨落带来的维持细致平衡部分,第二项为外界非平衡驱动,它会破坏细致平衡,并带来对细致平衡的偏离.由于对非公度或无序情形

$$P(x, t) = P_1 + P_2 = 1/l,$$

可以得到

$$P_2 = 1/l - P_1.$$

将其代入主方程(5.4.18),可以得到 P_1 的方程

$$v \partial P_1/\partial x = -[\omega_1(x) + \omega_2(x)] P_1 + \omega_2(x)/l. \tag{5.4.21}$$

由于我们主要关注系统产生定向输运的可能性,因此主要考虑 $v=0$ 附近的情形. 对方程(5.4.21)可以速度 v 为小量做展开,

$$P_1 = \sum_{n=0}^{\infty} v^n P_1^{(n)}. \tag{5.4.22}$$

将其代入(5.4.21)式,可得

$$P_1^{(0)} = \omega_2 l/(\omega_1 + \omega_2), \tag{5.4.23a}$$

$$P_1^{(n)} = -(\omega_1 + \omega_2)^{-1} \partial P_1^{(n-1)}/\partial x \, (n \neq 0). \tag{5.4.23b}$$

再代入(5.4.19)式,可得

$$f_{\mathrm{ext}} - f_{\Omega}^{(0)} = (\lambda_0 + f_{\Omega}^{(1)})v + \sum_{n=2}^{\infty} f_{\Omega}^{(n)} v^n, \tag{5.4.24}$$

$$f_{\Omega}^{(n)} = \int_0^l [\partial(V_1 - V_2)/\partial x] P_1^{(n)} \mathrm{d}x. \tag{5.4.25}$$

在没有外来非平衡驱动,即(5.4.20)式中的 $\Omega=0$ 时,系统保持细致平衡,此时有 $f_{\Omega}^{(0)}=0, f_{\Omega}^{(1)}>0$,由(5.4.24)式可以看出 $v=0$,即系统不会有自发的运动. 而当细致平衡被破坏,即 $\Omega \neq 0$ 时,$f_{\Omega}^{(0)} \neq 0$,且 $f_{\Omega}^{(1)}$ 可以变负. 当增加 Ω 越过一个临界值 Ω_c 时,由(5.4.24)式可见系统会出现自发的对称破缺,即在 $f_{\mathrm{ext}}=0$ 的情况下 $v \neq 0$,从而导致自发的定向运动[468]. 为更好地理解这种自发对称破缺,我们先考虑对称周期势的情形,此时(5.4.24)式的右边展开中 v 偶次幂的项为零. 在 $f_{\mathrm{ext}}=0$ 时,对 v 的展开保留到 v^3,由(5.4.24)式可以得到

$$-(\lambda_0 + f_{\Omega}^{(1)})v = v^3 f_{\Omega}^{(3)} + O(v^5). \tag{5.4.26}$$

下面分析系统的定向运动速度,即(5.4.26)式的解. 如果 $\lambda_0 + f_{\Omega}^{(1)}>0$,(5.4.26)式有唯一实解 $v=0$. 当 $\lambda_0 + f_{\Omega}^{(1)}<0$ 时,(5.4.26)分岔出一对定向运动解

$$v = \pm \sqrt{\frac{(\partial f_{\Omega_c}^{(1)}/\partial \Omega)}{f_{\Omega}^{(3)}}(\Omega - \Omega_c)}, \tag{5.4.27}$$

其中 Ω_c 为临界非平衡驱动,使得 $\lambda_0 + f_{\Omega}^{(1)}=0$. 当 $\Omega < \Omega_c$ 时,解 $v=0$ 是稳定的;当 $\Omega \geqslant \Omega_c$ 时,$v=0$ 的解失稳,$v \neq 0$ 的解以 $(\Omega - \Omega_c)^{1/2}$ 的方式分岔出来. 这种转变是一种非平衡相变,它意味着系统在偏离平衡态一定程度时会出现有序的合作定向输运[468]. 图5.19(a)给出了 v 的转变. 在 $f_{\mathrm{ext}} \neq 0$ 时,也可从图5.19(b)的 $f_{\mathrm{ext}} \sim v$ 关系看出这种非平衡相变行为. 可以看到当 $\Omega > \Omega_c$ 时的 $f_{\mathrm{ext}} \sim v$ 曲线出现了两个对称的局域极值,类似于顺磁-铁磁相变中磁场引发的自发磁化行为[163].

如果 $V_0(x)$ 为非对称周期势,上述非平衡相变仍会发生,但研究发现其行为与对称情况不完全相同,以下不再详细分析,仅给出一些结果. 这时定向输运的行为在临界点处更接近气液相变,在相变点的标度关系为

$$|v - v_c| \propto (f_{\mathrm{ext}} - f_c)^{1/3}, \Omega = \Omega_c \text{ 时,} \tag{5.4.28}$$

$$|v - v_c| \propto (\Omega - \Omega_c)^{1/2}, f_{\mathrm{ext}} = f_c \text{ 时.} \tag{5.4.29}$$

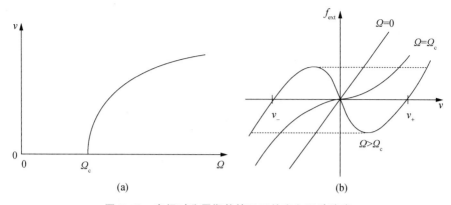

图 5.19 空间对称周期势情况下的定向运动速度

(a) 在无外力负载即 $f_{ext}=0$ 情况下定向运动速度 v 与非平衡驱动强度之间的关系,可以看到在临界点附近马达运动速度呈现由零变为非零的二级相变. (b) 不同非平衡驱动时外加负载 f_{ext} 与定向运动速度 v 的关系曲线,可以看到当 $\Omega>\Omega_c$ 时的 f_{ext}-v 曲线呈现非单调依赖关系,出现两个对称的局域极值,类似于顺磁–铁磁相变中磁场引发的自发磁化行为.(改编自文献[468,587])

以锯齿势为例,图 5.20(a)中给出了锯齿势情况下 $\Omega=0$,$\Omega=\Omega_c$ 及 $\Omega>\Omega_c$ 时的 f_{ext}-v 图.这里设 ω_2 为常数,$k_BT\ll V_0$,热涨落可忽略.当 $\Omega<\Omega_c$ 时,$v(f_{ext})$ 是一个单调增加的函数,有效阻尼系数 $\eta\equiv\partial f_{ext}/\partial v>0$.$\Omega=\Omega_c$ 时,在某一 $v\neq0$ 处曲线出现拐点 $\partial f_{ext}/\partial v=\partial^2 f_{ext}/\partial v^2=0$.当 $\Omega>\Omega_c$ 时,$v(f_{ext})$ 成为多值函数.该行为类似于范德瓦尔斯系统临界温度下的等温线[148].图 5.20(b)给出了 $f_{ext}=0$ 和 $f_{ext}<0$ 时的 $v(\Omega)$ 曲线.当系统有负载时($f_{ext}<0$)可以看到多稳性和反向输运.当考虑热涨落时,系统仍存在相变的临界点,但它随温度的变化而改变.

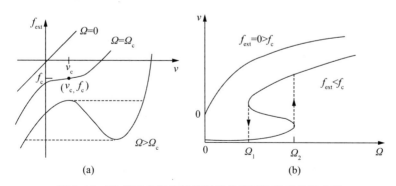

图 5.20 JP 模型在锯齿势情况下的相图和速度关系曲线

(a) $\Omega=0$,Ω_c 及 $\Omega>\Omega_c$ 时的 f_{ext}-v 相图,可以看到类似于气液相变的曲线. (b) $f_{ext}=0$ 和 $f_{ext}<0$ 的 $v(\Omega)$ 曲线,可以看到定向输运的多稳性和反向输运.(改编自文献[468,587])

上面讨论的是马达刚性耦合,即图 5.18(b)的情况,从相变理论看这实际上是一种平均场理论,因为它忽略了粒子位置的涨落效应.如果考虑图 5.18(a)的弹性耦合,则涨落效应会导致更丰富但较为复杂的新行为[468],这里也不再讨论.

5.4.4　马佐-法罗二维闪烁棘轮模型

马达运动中一个很重要的行为是双头马达的交臂式运动.JP 模型显然无法对此进行描述,因为这种行为的描述需要同时考虑马达的双头构造和势场的变化,前者需要考虑内部机械耦合作用,后者则需要对 ATP 水解引发的棘轮势变化进行合理刻画.利用二维势场,马佐(J. J. Mazo)和法罗(F. Falo)提出了描述交臂式马达运动的闪烁棘轮模型(简称 MF 模型)[589].MF 模型是基于布朗马达的思想.考虑到交臂式的可能,运动选取在如图 5.21(a)所示的二维空间势场进行,其中一维为棘轮势,而另一维为束缚势.马达两个头之间的耦合运动方程可用朗之万方程(5.2.1)进行描述.在过阻尼情况下,方程为

$$\eta \dot{\boldsymbol{r}} = -\nabla V(\boldsymbol{r}) + \boldsymbol{F}(\boldsymbol{r},t) + \boldsymbol{\xi}(t), \tag{5.4.30}$$

其中 $\boldsymbol{F}$ 代表外力,$\boldsymbol{\xi}$ 为空间和粒子独立的高斯白噪声.系统的总势能为

$$V(\boldsymbol{r}_1,\boldsymbol{r}_2) = V_1(\boldsymbol{r}_1,t) + V_2(\boldsymbol{r}_2,t) + V_{12}(\boldsymbol{r}_1 - \boldsymbol{r}_2), \tag{5.4.31}$$

其中 $V_{1,2}$ 表示作用于马达头 1 和 2 的势能,为时间开关势,二者在空间 x 方向相差半个周期,

$$V_j(\boldsymbol{r},t) = V_j(\boldsymbol{r})f_j(t), \tag{5.4.32}$$

$$V_1(\boldsymbol{r} + 2l_0\hat{\boldsymbol{x}}) = V_1(\boldsymbol{r}) = V_2(\boldsymbol{r} + l_0\hat{\boldsymbol{x}}), \tag{5.4.33}$$

l_0 为两个头之间的平衡距离,对于单个头的势能,以头 1 为例,可以取二维势场为

$$V_1(x,y) = V_{1x}(x) + V_{1y}(y), \tag{5.4.34}$$

其中 x 方向的势能 $V_{1x}(x)$ 为锯齿形棘轮势,y 方向势能为开口向上的抛物势

$$V_{1y}(y) = k_y y^2/2.$$

控制势场开关的 $f_j(t)$ 如图 5.21(a)所示.两个头的相互作用势能为

$$V_{12}(r) = -\frac{1}{2}KR_0^2 \ln[1 - (r - l_0)^2/R_0^2], \tag{5.4.35}$$

其中 $r = |\boldsymbol{r}_1 - \boldsymbol{r}_2|$,$K$ 为马达颈部的劲度系数 R_0 为最大容许间隔,$l_0 - R_0 < r < l_0 + R_0$.图 5.21(b)给出了一个典型的两个头随时间的运动情况.可以看到,两个头可以实现在 x 方向的交臂式行走.

5.4.5　双头马达转动效应与转动-平动定向输运模型

马达蛋白两个头协同运动需要颈部产生转动,这是马达蛋白运动在构型变化中的关键因素之一.大量实验都证明马达在运动过程中颈部是存在旋转的,并且这种旋转对马达的运动有着十分重要的作用.在实验观察中发现上述马达旋转效应具有布朗运动的性质.为从转动角度刻画双头马达的交臂运动,如图 5.22(a)所示,

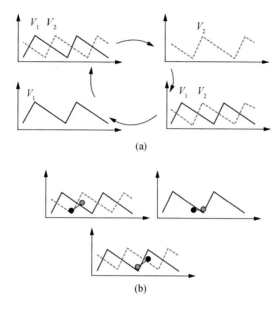

图 5.21 MF 交臂式马达运动的闪烁棘轮模型

(a) 系统在两个不同势场之间切换过程的示意图,两个势场只是在空间上错位半个周期,其他相同.
(b) 典型的双头马达用两个耦合粒子描述的在切换势场中运动情况示意图,可以看到随着系统在两个势场的切换进行,马达的两个头可以完成交臂式协同前进.(改编自文献[589])

可以考虑两个粒子间通过刚性耦合构成可以绕质心旋转的偶极子在二维势场中产生定向运动的一种机制.该机制将一维上的驱动能量转化到另一维上做功,即实现了非对称周期势场上的定向输运.事实上,早在 1996 年,萨布林(E. P. Sablin)等人已经在实验上观察到了分子马达的马达域具有极性(polarity)[590].下面考虑一个在定向流的方向上不受任何外力驱动(包括噪声)的系统,其定向运动完全是靠偶极子的旋转运动实现的[591].旋转引起的不稳定,使系统需要更长的时间产生稳定流.考虑完全相同刚性连接的两个粒子,在受到外部作用后可以绕质心旋转.引入杆与 x 方向夹角 θ 来描述这一内部旋转自由度,刚性杆在由不对称棘轮势形成的轨道上运动,如图 5.22(b)所示.系统总的势能为

$$V(x,\theta) = V_x(x) + V_\theta(\theta), \qquad (5.4.36)$$

其中外势场为周期的棘轮势,可假设为

$$V_x(x) = V_0 [\sin(2\pi x/L) + \sin(4\pi x/L)/4]/2. \qquad (5.4.37)$$

内部旋转自由度在外部作用下的势能为

$$V_\theta(\theta) = V_r \cos(\theta + \varphi). \qquad (5.4.38)$$

这样由硬杆连接的两粒子系统质心和转动在过阻尼情况下的运动方程可写为[591]

$$\eta_x \dot{x} = -\partial V(x, \theta)/\partial x,$$

$$\eta_\theta \dot{\theta} = F - \partial V(x, \theta)/\partial \theta + \xi(t),$$

(5.4.39)

其中 η_x 和 η_θ 分别为 x 和 θ 自由度上的阻尼系数,F 为直流外力,$\xi(t)$ 为高斯白噪声,D_θ 为噪声强度,它来自于 ATP 水解所产生的对马达构型和内部自由度的随机作用.这里取 $\eta_x = 1, \eta_\theta = 1$.对于选择的势能形式,运动方程(5.4.39)可以写为

$$\dot{x} = -\frac{\pi V_0}{2L}\left(2\cos\frac{2\pi x}{L}\cos\frac{\pi l\cos\theta}{L} + \cos\frac{4\pi x}{L}\cos\frac{2\pi l\cos\theta}{L}\right),$$

(5.4.40)

$$\dot{\theta} = F - \sin\theta + \xi(t).$$

上述这些描述马达运动的方程正是前面所述的(5.2.1)式一般方程的具体体现,系统通过不同的自由度耦合可以产生定向运动.

对方程(5.4.40)可以计算不同参数下的平均粒子流 $J = \langle\dot{x}\rangle$.首先考虑内部旋转自由度动力学无噪声的情况.此时相位 θ 的方程为过阻尼的直流驱动单摆运动方程,在外力 F 作用下,当 F 大于临界值 F_{c1} 时,相位从不动点解变为单向转动,即 $\dot{\theta} \neq 0$,这种相位行为的转变会给质心的运动带来很大影响.图 5.22(c)给出了定向流 J_x 与外力 F 的关系,可以看到当外力 F 小于阈值 F_{c1} 时,其质心不会发生定向运动,而一旦 $F > F_{c1}$,外力 F 导致的马达单向转动就会导致其质心沿棘轮势方向发生定向运动.这种转动效应类似于双头马达的交臂式运动.继续增大 F,可以发现定向运动速度在很多的定向流分支之间跃迁.这些分支是相位在外力 F 驱动下产生的转动平均频率与质心沿 x 方向平动速度之间的运动模式发生锁定而出现的,其中每一个分支对应于一种共振锁模状态.在 F 很大时,马达的转动速度变得很大,快速转动反而会使其平动速度降低,当 F 大于另一临界值 F_{c2} 时,平动速度降为零.当转动效应受到噪声影响时,可以从图 5.22(c)看到,定向运动速度与外力 F 之间的关系总体走向与无噪声的情形类似,不同的是一些小的锁模区域被噪声抹平,大的锁模区域也在边界处被抹平.

5.4.6 盖斯林格-川井二聚体模型

很多的马达蛋白都是双头结构,但它们的运动方式不尽相同,这就需要对结构和 ATP 水解作用过程进行更为细致的考虑.盖斯林格(B. Geislinger)与川井洋一(R. Kawai)提出了二聚体模型(简称 GK 模型)[592,593],模型的基本设想如图 5.23(a)所示.由于无论是肌球蛋白还是动力蛋白,其结构都是由两个头组成,因此每一个马达蛋白可看成是由两部分马达区域组成,每个区域都可以由 5.4.2 节提到的三态模型来描述.三态模型将一个 ATP 水解循环过程分解为三个不同态之间的跃迁,水解过程的循环既可以用布朗运动来加以描述,也可用多态的跃迁机制来描述.而每一个马达蛋白区域会受到转动-平动耦合作用的驱动,两个区域之间相互

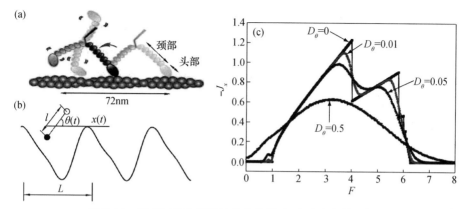

图 5.22 考虑二维空间转动效应的转动-平动定向输运模型

（a）一个双头分子马达沿微丝交臂运动的示意图；（b）考虑交臂过程中颈部发生转动时两个头在棘轮势中的运动示意图，可以看成是偶极子转动时沿棘轮势 x 方向的定向运动.（c）偶极子质心运动的定向流与旋转自由度驱动外力 F 的关系.（改编自文献[591]）

作用通过一定弹性的弹簧链接来描述,如图 5.23(b)所示.在两个马达蛋白域距离较近时,它们独立运动,而在它们距离超过平衡距离后弹簧就会产生作用.这样,由两个马达区域相互牵拉的张力导致 ATP 水解过程动理学的变化,即化学反应速率依赖于马达之间的机械张力,这种化学-机械耦合提供了两个马达区域之间的相互作用与协调运动.

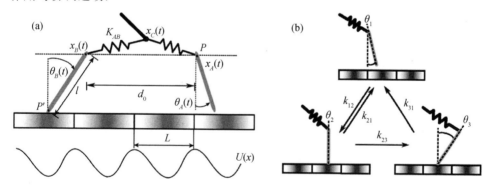

图 5.23 GK 二聚体模型的示意图

（a）二聚体马达蛋白前进模型的一般示意图.（b）马达一个区域三态模型的一个循环周期变化示意图,三态之间的跃迁则由化学反应速率 k_{12},k_{21},k_{23},k_{31} 来描述.（改编自文献[592]）

不同的 ATP 水解阶段马达会处于不同的马达构型,GK 模型的三态描述选择如下的三个不同势能状态

$$V_i(x,\theta) = K(\theta - \theta_i)^2/2 + U_i \cos[2\pi(x - l\theta)] \qquad (5.4.41)$$

来代表,其中 l 为单一马达区域的长度,x 和 θ 分别代表单个马达区域的位置和马

达的方位角,第 i 个态具有唯一的稳定方位角度 θ_i 和势能强度 U_i,它们描述了马达区域与微丝或微管的相互作用.为简单起见,假设微丝(管)的周期 $L=1$.当 x 和 θ 随时间变化时,它们就分别描述马达域沿微丝或微观的平动和空间的转动,转动与平动间的耦合由(5.4.41)式第二项来刻画,$l\Delta\theta$ 可以来描述马达蛋白域的构型变化.当构型变化较小,即 $l\Delta\theta<L$ 时,马达的动力学行为主要受热涨落的影响,可以用布朗马达来描述;当 $l\Delta\theta>L$ 时,马达域发生很大的构型变化,此时动力学行为主要由马达域的力学变化即动力冲程效应来决定.三态之间的跃迁则由化学反应速率 k_{12},k_{21},k_{23},k_{31} 来描述,其中 3→1 的过程取决于两个马达区域的距离,

$$k'_{31}=k_{31}\sigma(|x_A-x_B|)=k_{31}[1+\tanh((|x_A-x_B|-d_0)/\Delta d)], \qquad (5.4.42)$$

其中 d_0 为两个马达区域的临界距离,Δd 描述相互作用的剧烈程度.当 $|x_A-x_B|\ll d_0$ 时,两个区域之间无相互作用,每一个马达域都可以独立运动.

综合考虑上述因素的受力分析,可将蛋白的主要受力情况列出来:

$$
\begin{aligned}
F_{BA} &=-K(x_A-x_C-d_0/2), \\
F_{AB} &=-K(x_B-x_C-d_0/2), \\
F_C &=-K(2x_C-x_A-x_B-d_0)+F_{\text{load}}.
\end{aligned}
\qquad (5.4.43)
$$

(5.4.43)式中 F_{load} 为负载力,即马达拖曳货物时所受到的阻碍力.这样可以写出两个马达蛋白域的平动、转动方程以及连接点 C 的运动方程:

$$
\begin{aligned}
\dot{x}_{A,B} &=-\partial V(x_{A,B},\theta_{A,B},t)/\partial x_{A,B}+\sqrt{2D}\xi^x_{A,B}+F_{BA,AB}, \\
\dot{\theta}_{A,B} &=-\alpha[\partial V(x_{A,B},\theta_{A,B},t)/\partial\theta_{A,B}]+\sqrt{2\alpha D}\xi^\theta_{A,B}, \\
\dot{x}_C &=F_C,
\end{aligned}
\qquad (5.4.44)
$$

其中 α 和 D 分别为无量纲常数和扩散系数.注意(5.4.44)式由五个方程组成,马达域 A,B 两部分的方程分别由其位置 x_A,x_B 和偏角 θ_A,θ_B 的变化来描述,马达蛋白链接处 x_C 的演化由第五个方程给出.可以看到,A,B 两个马达域的平动与转动分别用布朗马达来描述,而两部分的水解作用仍然用无关联的噪声描述.势能部分根据反应速率 k_{ij} 的取值取不同的 V_i.

图 5.24 给出了在一定参数下马达蛋白两个头 A 和 B 的运动情况.可以看到,两个头的位置随时间交替超前,呈现较好的交臂式运动.在实际模拟中,考虑到不同马达蛋白的不同构型特征,上述参数的取值就不同.例如:六类肌球蛋白的颈部区域很短,但两个马达区域耦合较弱,因此在参数方面可以取弹性常数 K 较小,而临界转换距离 d_0 较大;五类肌球蛋白的颈部区域较长,马达区域属于强耦合,因此单一马达区域长度 l 和 K 较大,而临界距离 d_0 较短.从图 5.24 可以看到,当表征马达蛋白不同构型的稳定方位角度取不同的值时,我们既可以看到马达蛋白从左向右的定向运动,也可以观察到反向运动.实际中马达蛋白具有不同的构型,它们就会实现不同的运动特征.

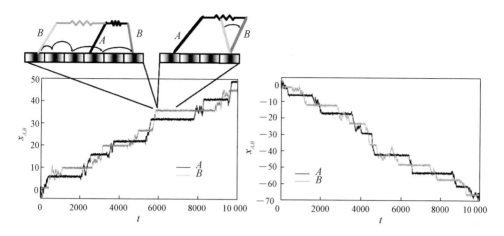

图 5.24　GK 二聚体模型马达蛋白两个头的运动情况

这里左图参数为 $k_{12}=k_{21}=2.0$, $k_{23}=0.5$, $k_{31}=0.002$, $\theta_1=-0.2$, $\theta_2=0$, $\theta_3=1.0$, $l=1.0$, $K=0.1$, $d_0=5.0$, $\Delta d=2.0$. 右图除 $\theta_1=0.2$, $\theta_2=0$, $\theta_3=-1.0$ 以外, 其他参数与左图相同. 可以看到马达两个头之间的交替前进运动模式, 左图马达蛋白向右运动, 右图马达蛋白向左运动. (改编自文献[592])

5.4.7　克雷格-林克力学-化学耦合模型

对生物分子马达的物理刻画, 从生物物理角度来说越接近实际就越有利于从物理理论上理解其内部机制. 上面所提到的 JP 模型、FM 模型都在物理上做了很多简化, 力图以最简单的物理来说明生物分子马达定向输运的机制. 另一方面, 人们试图使马达蛋白的理论建模更贴近实际, 这方面近年来已有大量的工作. 类似于 GK 模型的思想, 克雷格(E. M. Craig)与林克(H. Linke)针对五类肌球蛋白(myosin V)的运动提出了另一个力学-化学耦合模型(简称 CL 模型)[594], 该模型对于力学、结构分析和 ATP 水解过程分析更为细致, 贴近实验结果. CL 模型将分子马达蛋白看作是半柔性的蛋白纤维, 并将两个马达区域分解成各由四段刚性结构构成(如图 5.25(a)), 比 GK 模型简单的单段刚性构成更符合马达实际运动, 刚性结构之间具有可转动的弹性连接. 在考虑到多段结构构型变化性质基础上, ATP 的水解供能循环过程与相应的马达头部与轨道的耦合-脱耦循环过程也分解为更为细致的六个步骤, 如图 5.25(b)所示.

马达蛋白的分段刚性结构意味着可以将其看作是一个耦合系统来处理. 将一个半柔性的马达蛋白纤维分段刚性的几个链接位置标记为 $i=1,2,\cdots,8$, 第 i 个位置上的受力与运动方程可以用朗之万方程(5.5.1)式来描写, 其中总势能包括两部分, 一部分是外势, 它来自于马达链接处的弯曲弹性势能,

$$V(\boldsymbol{r}_i) = \sum_{i=2}^{8} V_i(\cos\phi_i - \cos\phi_i^0)^2/2, \qquad (5.4.45)$$

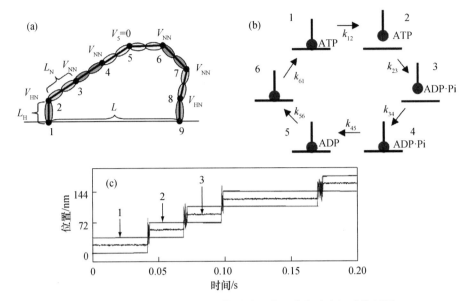

图 5.25 CL 力学-化学耦合模型对双头马达交臂式运动的刻画

(a) 模型的基本构型示意图,将分子马达蛋白看作半柔性蛋白纤维,并将其分解成各由四段构成的两个马达区域;(b) 模型的化学供能循环过程示意图,把 ATP 水解过程分解为 6 个步骤.(c) CL 模型刻画的两个马达区域和颈部的运动,其中曲线 1 和 2 代表两个头的位置随时间的变化,曲线 3 为颈部的运动.(改编自文献[594])

这里 ϕ_i 为弯曲角,ϕ_i^0 为平衡角.势能的另一部分是相互作用势,它来自于相邻点之间的弹性势能,

$$U(\boldsymbol{r}_i, \boldsymbol{r}_j) = \sum_{i,j=1}^{8} (|\boldsymbol{r}_i - \boldsymbol{r}_j| - r_0)^2 / 2. \tag{5.4.46}$$

这里暂不考虑确定性外力的影响,因此 $\boldsymbol{F}_i(t) = 0$.

ATP 的水解供能循环过程与马达头部与轨道的耦合—脱耦过程的 6 个状态间的转变如图 5.25(b)所示,5→6 态的转变马达头部与轨道保持耦合,而直接与轨道接触的马达域弯曲角发生变化.但这种转变行为不是自然发生的,而是取决于马达蛋白的构型变化,设其满足门控(gating)关系[594]

$$k_{56}(t) = \begin{cases} k_{56}^0 \mathrm{e}^{[(\cos\theta_i(t) - \cos\theta_b)\xi]/k_{\mathrm{B}}T}, & \text{当 } \cos\theta_i(t) - \cos\theta_b < 0 \text{ 时}, \\ k_{56}^0, & \text{当 } \cos\theta_i(t) - \cos\theta_b \geqslant 0 \text{ 时}. \end{cases} \tag{5.4.47}$$

这里 $\theta_i(t)$ 为各个连接点 $i = 2, 3, \cdots, 8$ 处的两个马达域之间的夹角,它随时间可以变化,θ_b 为平衡角.图 5.25(a)的马达构型中有大量参数,包括描述马达构型的结构参数 V_{NN},V_{HN},V_5,L_{H},L_{N} 及其图中未标注的平衡角等,另外对应于构型变化的图 5.25(b)中刻画 ATP 水解供能过程的反应速率 k_{12},k_{23},k_{34},k_{45},k_{56},k_{61} 等也需要给出.这些参数都可以参考实际分子马达实验中出现于不同文献经重复实验测量的可靠结果来得到.图5.25(c)给出了典型参数下模型的两个马达区域和颈部的运动,可以看到两个头典型的交臂式运动.鉴于模型的复杂性,这里不再对其动力学细节进行进一步的讨论.

以上我们介绍了几个近年来的生物分子马达建模的工作,限于篇幅,这里无法将大量的工作一一展现,读者可以参考关于生物分子马达物理建模方面的综述[467, 468, 595, 596, 597].对生物分子马达的建模取决于多个不同因素,物理建模的简与繁、本质与细节、保留与取舍,这些因素基本上是由建模的目标所决定的,目标不同,建模可能就完全不同.分子马达建模的细节一方面从物理的角度可以尽可能舍弃,以体现各种不同马达蛋白行为的共同物理本质和特征.而另一方面从生物物理角度而言,细节也可能很重要,因为分子马达有多种不同的类型,即使同一种马达也可能表现出各种不同的定向输运行为,物理建模往往只能给出其中少数的行为.因此分子马达的复杂性决定了对其物理刻画的困难,迄今为止仍然有大量的问题需要进一步深入研究.

§5.5 耦合作用对定向输运的影响

在§5.2我们讨论了单个布朗马达的定向输运行为,以此表明在非平衡和对称破缺的条件下系统都可以产生非平衡的定向流.单布朗马达在物理上可以刻画很多行为,但人们也发现,在更多的实际问题中用单个马达行为描述与实际相差较远,在许多情况下除马达构型的作用外,不同马达之间的协作效应及构型与协作之间的相互作用研究就成为重要课题.

布朗马达的合作输运问题来自于不同学科实验背景.从§5.3和§5.4生物分子马达的实验和建模研究中我们可以看到,耦合与协作在分子马达的构造和功能中也起着重要作用.首先,人们发现即使是单一的分子马达蛋白也具有复杂的内部结构,如双头和多头肌动蛋白马达经常是由多个自由度构成的特定结构.马达内部的结构使得它不仅能够完成将ATP水解的能量转化为定向运动的做功,而且还具备非常高的工作效率,几乎没有多余的能量损失.这样的效率在将分子马达视为点粒子布朗马达的时候是无法达到的[468-470].另一方面,很多马达蛋白发挥作用的过程,例如肌肉的收缩都需要多个分子马达在输运过程中的高度协同[587, 588, 598-602].而且,布朗马达的协同效应在物理方面也已有大量的例证,例如人们在耦合约瑟夫森结阵列和线型超导约瑟夫森结的实验研究中揭示了合作棘轮输运效应,这种合作行为在纳米材料,如量子点、颗粒物质等体系中也得到了深入而广泛的研究和应用[467].因此,多个马达通过相互作用产生合作定向输运行为在实际中有着重要意义.

互相耦合的多粒子布朗马达系统用具有相互作用的多个耦合的(5.2.1)式来描述

$$M\ddot{\boldsymbol{r}}_i = -\eta\dot{\boldsymbol{r}}_i - \frac{\partial V(\boldsymbol{r}_i, \boldsymbol{f}_i(t))}{\partial \boldsymbol{r}_i} - \sum_j \frac{\partial U(\boldsymbol{r}_i, \boldsymbol{r}_j)}{\partial \boldsymbol{r}_i} + \boldsymbol{F}_i(t) + \boldsymbol{\xi}_i(t), \quad (5.5.1)$$

其中$U(\boldsymbol{r}_i, \boldsymbol{r}_j)$为粒子$i$和$j$之间的相互作用势,$\boldsymbol{F}_i(t)$为作用于第$i$个粒子上的驱动力,满足无偏置条件,时间平均为零.作用于粒子上的随机噪声$\boldsymbol{\xi}_i(t)$在研究中简化地假设为相互无关联,具有相同强度的白噪声,

$$\langle \xi_i(t) \rangle = 0, \langle \xi_i(t)\xi_j(t') \rangle = 2\eta k_{\rm B}T\delta_{i,j}\delta(t-t'). \quad (5.5.2)$$

定向流还需对粒子数平均.(5.5.1)式为以下讨论合作定向输运的基本出发点.

合作定向输运研究从耦合的作用效应来看可分为两类:一类是单个粒子在不考虑相互作用情况下就可产生定向运动,这些马达系统耦合起来后会由于相互作用产生合作效应;另一类是单个粒子本身不会产生定向运动,例如单粒子动力学内部没有对称破缺机制,但耦合会引发某种对称破缺而产生定向输运.前者可以在单个马达动力学基础上进行分析,而后者则需要通过对系统做整体的细致分析、综合考察才可以揭示其协作性的机制[603,604].本节讨论第一类耦合棘轮系统,而第二类耦合导致的定向输运将在§5.6中讨论.

5.5.1　一维摇摆棘轮硬球系统的合作定向输运

硬球系统是具有简单碰撞作用的粒子系统,在前几章都有很多讨论.现在考虑简单的一维硬球情况[605].将N个硬球(用方块代表,圆点为质心)放在如图5.26所示的一维非对称锯齿棘轮势场中,它们通过硬核作用构成一维硬球马达系统.考虑过阻尼的情况,单个硬球粒子质心位置满足的朗之万方程(5.5.1)可简化为

$$\dot{x}_i = -\partial V(x_i)/\partial x_i + F_i(t) + \xi_i(t), \quad (5.5.3)$$

硬球只有相互接触时产生弹性碰撞.需要注意的是,与第2章和第3章可以不考虑硬球大小不同,这里的一维硬球需要考虑其尺寸,原因是此时考虑的是硬球在外势场中的运动.由于外势场具有特征空间尺度,例如周期势场具有一定的周期,因此多个硬球在势场中时,它们的尺寸大小与势场的空间尺度之间会产生空间尺度竞争,不能忽略.一个简单的例子是硬球在周期势场中的静态排布.类似于简谐耦合的粒子链(即FK模型)在周期势中的平衡态问题,如果硬球相互靠近且要稳定地排布在具有给定周期长度的周期势中,不同半径会导致不同的稳定排布.为此,设硬球的直径为b,棘轮势周期为$l=1$,势垒高度为d.一维位形空间还意味着在运动过程中硬球之间不允许重叠和换位.可定义粒子覆盖率为空间长度内N个尺寸为b的硬球所占的比例,即

$$\rho = Nb/L = b/l. \quad (5.5.4)$$

可将L写为lN_1,这里N_1为周期势的周期数.因此,ρ反映了系统的两种不同空间

尺度——粒子作用尺度 b 与势周期尺度 l 之间的竞争,相比于单个粒子,系统会表现出更复杂的输运行为[605].

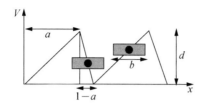

图 5.26 非对称周期锯齿势 $V(x)$ 中的硬球系统

空间周期为 1,其中两段直线势沿 x 方向的比例分别为 a 和 $1-a$,势的高度为 d,硬球的直径为 b

首先来看系统定向输运对外力响应的关系.图 5.27(a)给出了周期力 $F_j(t)=A\cos(\omega t)$ 时在不同粒子覆盖率 ρ 情况下的系统平均定向流 J 随频率 ω 的变化关系.可以看到,系统在低频区有较大的定向流,在中等频率会出现反向流,而在高频区定向运动会受到抑制,这与前面单个布朗马达的外力频率响应分析是一致的.小图中给出了 $J(\rho)$ 曲线,从中可以看到 ρ 在 $(0,1/2)$ 时系统出现反向流,而在 $(1/2,1)$ 的定向流为正向流,这反映出系统定向流随密度 ρ 改变表现出复杂依赖性.图 5.27(b)给出了粒子定向流 J 与硬球尺寸 b 的关系.可以验证,在长度为 L 的空间中 N 个直径为 $k+b$(其中 $b\leqslant 1, k=0,1,2,\cdots$)的硬球系统等价于一个长度为 $L-Nk$ 的空间中 N 个直径为 b 的硬球系统,因此在计算中只需考虑 $b\in[0,1]$ 的变化情况.可以看到在 $b\approx 0,1$ 附近粒子的定向流最大,而在 $b\leqslant 1/2$ 处 J 出现一个小的峰.定向流对硬球尺寸 b 的复杂依赖关系随着驱动频率 ω 的不同而不同.

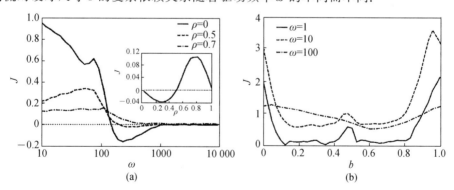

图 5.27 定向流与周期力频率和硬球尺寸的关系

(a) 周期驱动时不同 ρ 下定向流 J 与周期力频率 ω 的关系,系统在低频区有较大的定向流.在高频区定向运动会受到抑制.参数 $b=0.5$,噪声强度 $k_{\mathrm{B}}T=1$,周期力振幅 $A=32$,非对称周期势 $a=0.8$,势垒高度 $d=4$.(b) J 与粒子硬球尺寸 b 的关系.系统在 $b\approx 0,1$ 附近粒子的定向流最大,而在 $b\leqslant 1/2$ 处 J 出现一个小的峰.(改编自文献[605])

定向流 J 对硬球尺寸 b 复杂依赖性的物理机制可以通过对常外力 $F_j(t)=F \leqslant d$ 驱动下的系统行为来加以理解. 由于粒子尺度 b 与周期势周期 L 的竞争,系统会在取不同 (b, L) 值时表现出两种截然相反的效应. 第一种效应是阻碍效应. 考虑 b 略小于 l 时的两个处于相邻势阱内的硬球,此时只有在第一个粒子跳出势阱后,第二个粒子方可以进入这个势阱,这种占据类型就形成了阻碍效应,这类运动实际上由粒子之间的空隙运动行为来决定,该效应会使得系统的平均运动速度小于单个粒子时的运动速度. 图 5.28(a) 显示了 $N=15$ 个直径 $b<1$ 的粒子"空穴"类型的运动,阻碍效应导致"交通拥堵". 另外一种效应是推动效应. 当 b 略大于 1 时,相邻两个粒子的质心无法同时处于相邻的势阱底部,从而降低了硬球前进需要克服的势垒高度,造成一个粒子间接地对另外一个粒子的运动起推动作用,使得系统的整体平均速度大于单个粒子的运动速度. 图 5.28(b) 画的是 $N=12$ 个 $(b \geqslant 1)$ 粒子的时空演化,可以看到"推动"效应使得系统整体运动有较高的效率.

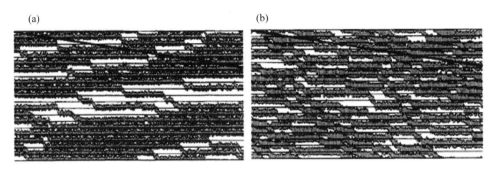

图 5.28　不同类型硬球运动的时空演化图

(a) $N=15$ 个粒子($b<1$)的运动情况,粒子"空穴"类型的运动,阻碍效应导致"交通拥堵",降低了定向输运速度;(b) $N=12$ 个($b \geqslant 1$)粒子的时空演化,"推动"效应使得系统整体运动有较高的效率,从而提高了定向输运速度.(改编自文献[605])

尺寸效应可以通过考察不同相邻硬球间平均距离的情况来加以分析. 由于覆盖率小于 1,可以引入硬球间的平均距离

$$\delta b = N_1 l / N - b.$$

图 5.29(a) 显示了 $F_j(t)=F$ 时定向流 J 与球尺寸 b 的关系. 当 $\delta b \to \infty$(如 N_1 极大而 N 很小)时硬球尺寸效应可忽略,系统运动回到单粒子情形,$J(b)$ 曲线如图中的水平直线所示. δb 减小时,$J(b)$ 曲线会出现多重的谷和峰值,在 $b<1$ 的附近,J 小于单粒子的速度,而在 $b=0$ 附近(与 $b>1$ 附近相同),定向流则大于单粒子速度. 这与图 5.28 的定性分析是一致的. 当 δb 继续减小,$J(b)$ 曲线的峰和谷越来越多,可以看到在 $b=1/2$,$1/3$,$2/3$ 等有理数的地方出现定向流极小的谷. 这说明在小 δb 的极限下,系统定向输运会表现出强烈的空间尺度竞争效应,称为公度

效应[102,348,349].

要进一步讨论空间的公度效应,首先需要定义系统的空间公度(非公度)结构. 这里所谓硬球系统具有公度结构是指系统满足

$$(b+\delta b)/l = N_1/N = n/m, \tag{5.5.5}$$

其中 m,n 为一对相互不可约的正整数,该式对应恰好在空间周期势的 n 个周期内排布 m 个硬球,该排布在无限长空间中重复出现. 对具有(5.5.5)式公度结构特点的硬球系统,可将空间 n 个周期内的 m 个硬球看作一个"元胞",于是 N 个硬球的集体运动可以用单个硬球在与图 5.26 所示的 $V(x)$ 形状相同但尺度不同的有效势场 $V_{\rm eff}(x')$ 中的运动

$$\dot{x}' = -\partial V_{\rm eff}(x')/\partial x' + F'(t) + \xi'(t) \tag{5.5.6}$$

来替代描述. 与原势场 $V(x)$ 相比,等效的锯齿势 $V_{\rm eff}(x')$ 的空间周期为 $\lambda = 1/m$,斜坡长度分别为

$$\lambda_1 = \{ma\}/m, \quad \lambda_2 = \{m(1-a)\}/m, \tag{5.5.7a}$$

而势垒高度为

$$d' = d\{ma\}\{m(1-a)\}/[m^2(1-a)]. \tag{5.5.7b}$$

(5.5.7)式中的括号 $\{X\}$ 代表取 X 的小数部分,即 $\{X\} = X - {\rm int}[X](X>0)$(int $[\cdot]$ 代表取整运算). 另外,(5.5.6)式中的外力 $F'(t) = F$,噪声 $\xi'(t)$ 对应的有效温度为 T/N.

方程(5.5.6)式为恒力 F 下单粒子在锯齿势中的布朗运动,其速度表达式利用(5.2.44)式可以直接得到:

$$J(F) = \frac{P_2^2 \sin(\lambda F/2k_{\rm B}T)}{k_{\rm B}T\left(\dfrac{\lambda}{d}\right)^2 \left\{\cosh\left[\dfrac{(d-\Delta F/2)}{k_{\rm B}T}\right] - \cosh\left(\dfrac{\lambda F}{2k_{\rm B}T}\right)\right\} - \dfrac{\lambda}{d}P_1 P_2 \sinh\left(\dfrac{\lambda F}{2k_{\rm B}T}\right)}, \tag{5.5.8}$$

其中

$$P_1 = \Delta + (\lambda^2 - \Delta^2)F/(4d),$$

$$P_2 = [1 - \Delta F/(2d)]2 - [\lambda F/(2d)]^2,$$

$\lambda = \lambda_1 + \lambda_2$ 是等效锯齿势 $V_{\rm eff}(x')$ 的空间周期,$\Delta = \lambda_1 - \lambda_2$,cosh, sinh 分别为双曲余切和双曲正弦函数. 用(5.5.8)式可以对图 5.29(a)的数值计算结果进行解析分析.

当 $(b+\delta b)/l$ 为无理数时,硬球系统具有空间非公度结构,此时(5.5.5)式中 $m,n \to \infty$. 利用上述公度情况下的单粒子运动图像来分析,可以看到此时(5.5.7a) 与(5.5.7b)中的势垒高度和空间周期 $d',\lambda' \to 0$,说明非公度情况下 N 个硬球系统的运动相当于单粒子在一个势垒几乎为零的有效势中的运动,因而系统以最大的运动速度 $J_{\max} = F$ 运动,硬球几乎感受不到外势的作用. 公度性效应在粒子间距 $\delta b \to 0$,即覆盖率为 1 时最为强烈. 图 5.29(b)给出了 $\delta b \to 0$ 时的 $J(b)$ 曲线,可以看

到曲线几乎处处不连续,在所有的有理数 b 处 J 都取极小,而在 b 为无理数的地方 $J = J_{max} = F$. $J(b)$ 曲线表现出典型的自相似结构.

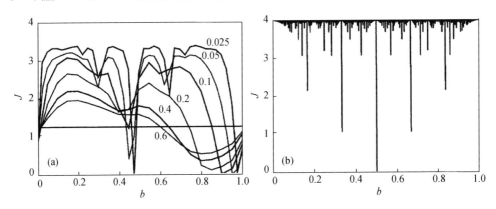

图 5.29　一维多粒子硬球系统的定向流与硬球尺寸的关系

(a) 不同球间平均距离 δb 时的平均定向流;水平线为 $\delta b \to \infty$ 的单粒子情况,自上而下的曲线对应于 $\delta b = 0.025, 0.05, 0.1, J 0.2, 0.4, 0.6$,外力为 $F_i(t) = F = d = 4$. 可以看到有限 δb 下,定向流在一些 b 值的地方出现大幅下降的尖峰,尤其是出现在 $b \approx 1/3$, $1/2$, $2/3$ 附近的低阶公度数时公度效应更为明显. (b) $\delta b \to 0$ 时的 $J(r)$ 曲线,在此极限下公度效应完全展现出来,在 b 为有理数的各种值的地方,定向流明显出现尖锐的下降.(改编自文献[605])

5.5.2　弹性耦合摇摆棘轮的定向输运

下面考虑粒子间为软相互作用时多粒子系统的定向输运行为[606,607]. 以一维 FK 链为例,考虑周期势为(5.1.6)式周期 $L = 1$ 的棘轮势.忽略惯性效应,在外力 $F_i(t)$ 和热噪声的共同驱动下 N 粒子系统的过阻尼朗之万方程为

$$\eta \dot{x}_i = -\partial V(x_i)/\partial x_i + K(x_{i+1} - x_i - a) - K(x_i - x_{i-1} - a) + F_i(t) + \xi_i(t),$$
$$(5.5.9)$$

其中 $i = 1, 2, \cdots, N$ 为粒子序号,K 为耦合强度,a 是弹簧自由长度.阻尼系数标度化为 $\eta = 1$,$\xi_i(t)$ 设为不同时间、空间的噪声之间均无关联,强度为 $D = \eta k_B T$ 的白噪声,$F_i(t)$ 为时间平均为零的外力.阻挫 $\delta = a/b$ 反映了弹性力空间尺度和外势场空间尺度之间的竞争.δ 为有理数的系统称为公度系统,无理数时称为非公度系统.下面分 $F_i(t)$ 为周期力和随机外力两种情况来讨论耦合系统的定向输运.

首先考虑周期力 $F_i(t) = A\sin\omega t$ 的情况,此时所有粒子每时每刻受到的外力相同.图 5.30(a) 给出了系统在非公度时的定向流 J 与 A 的关系曲线,可以看到 $K = 0$ 时,系统需要一定的临界周期力幅度才会产生定向运动,$J(A)$ 曲线在大驱动强度一侧有一系列共振峰.当 $K \neq 0$ 时,增强耦合作用会将无耦合时的 $J(A)$ 振荡峰逐渐抹平.增加耦合强度 K,可以在越来越小的驱动幅度 A 区域观察到非零的定向流. 图 5.30(b) 给出了 J 与 K 的关系, 可以看到定向流的共振曲线, 这说明耦合强度可以引发集体的定向输运, 并在一定的强度下定向流最大. 当耦合过大和过小时, 系统的定向运动流都较小, 前者因为定向流受过大耦合的抑制, 后者因为定向流不受耦合的推动.

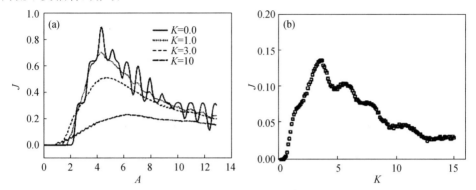

图 5.30　过阻尼情况下非公度 FK 系统的定向流与不同参量间的变化关系

(a) 在周期力作用下在不同耦合强度 K 时定向流 J 与 A 的关系, 其中参数 $\omega=1$, $D=0.1$. 可以看到耦合强度增大时共振峰被抹平. (b) 定向流 J 与耦合强度 K 的关系, 参数 $A=1.9$, $\omega=1$, $D=0.1$. 这时在给定驱动强度下无耦合系统没有定向运动. 粒子间的耦合可以产生定向输运, 并存在优化耦合强度产生的最大定向流. (改编自文献[606])

现在考虑驱动外力 $F_i(t)$ 为关联噪声外力的情况, 设其关联函数满足

$$\langle F_i(t)F_j(t')\rangle = (Q/\tau)\delta_{ij}\,\mathrm{e}^{-|t-t'|/\tau}. \tag{5.5.10}$$

这是典型的高斯型色噪声, 符合奥恩斯坦-乌伦贝克 (OU) 过程[298, 299]

$$\dot{F}_i = -\tau^{-1}F_i + \tau^{-1}(2Q)^{1/2}q_i(t), \tag{5.5.11}$$

其中 τ、Q 分别为关联时间和色噪声强度, $q_i(t)$ 为强度为 1 的高斯白噪声, $\langle q_i(t)\rangle=0$, $\langle q_i(t_1)q_j(t_2)\rangle=\delta_{ij}\delta(t_1-t_2)$.

图 5.31(a) 给出了噪声关联时间 $\tau=1$ 时非公度空间结构情况下定向流 J 与耦合强度 K 的关系, 不同曲线代表不同的色噪声强度. 没有噪声时, 系统的定向流为零. 在小噪声驱动下, 定向流随耦合强度的变化在弱耦合区域定向流几乎为零, 而在 $K\approx2\sim5$ 区域可以看到 J-K 曲线出现共振峰, 耦合强度继续增加时定向流又减小, 这表明粒子间耦合可以在弱的色噪声情况下对定向流起着促进和优化的作用. 噪声强度较大时, 系统会有大的定向流, 但随耦合强度的继续增加, 共振效应被掩盖, 而定向流会减小. 图 5.31(b) 画出了不同耦合强度 K 时定向流 J 与色噪声强度 Q 的变化关系. 可以看到无耦合时, 定向流随 Q 的增加而很快增加, 而在 $K=5.0$ 时定向流随 Q 的增加定向流增加不明显, 大 Q 情况下定向流不再随 Q 增大而增加. 这说明粒子间的耦合与色噪声驱动之间的竞争会导致丰富的定向输运行为.

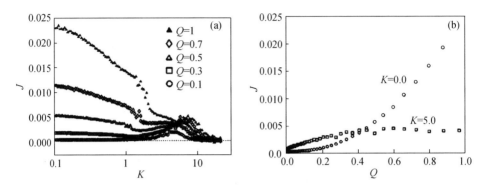

图 5.31   过阻尼情况下非公度 *FK* 系统的定向流与耦合强度和色噪声强度的关系

$\tau=1$. (a) 在不同强度色噪声驱动下的定向流 J 与耦合强度 K 的关系,在弱耦合区域,定向流随耦合强度增加而减小,但在大一些的耦合强度区域,定向流与耦合强度呈现非单调依赖关系.(b) 不同耦合强度 K 时定向流 J 与色噪声强度 Q 的变化关系.无耦合时,定向流随 Q 的增加而很快增加,而在 $K=5.0$ 时定向流随 Q 增大而缓慢增加,在大色噪声强度下有随 Q 增大而减小的趋势.(改编自文献[606])

5.5.3   耦合惯性闪烁棘轮的定向输运

下面考虑 *FK* 链的外势为闪烁棘轮势的情况.如不考虑噪声效应,利用(5.2.4)式可以得到耦合链的确定性动力学方程为[608, 609]

$$M\ddot{x}_i = -\dot{\eta}x_i - V'(x_i, t) + K(x_{i+1} - x_i - a) - K(x_i - x_{i-1} - a). \quad (5.5.12)$$

$i=1, 2, \cdots, N. V(x, t) = V(x)f(t)$ 是周期开关的棘轮势,$f(t)$ 为时间周期调制函数,这里取

$$f(t) = \begin{cases} 0, \text{如果 } t \in (nT, (n+1/2)T], \\ 1, \text{如果 } t \in [(n+1/2)T, (n+1)T], \end{cases}$$

其中开关周期为 T,粒子质量 $M=1$. 棘轮势 $V(x)$ 采用(5.1.5)式给出的分段线性势.

下面讨论在 $b_1 \neq b/2$ 的非对称情形下考虑惯性引起的定向输运行为.引入对称参数

$$\chi = \ln[(b - b_1)/b_1]$$

来量度棘轮非对称度.$\chi=0$ 为对称情形,$\chi \neq 0$ 为棘轮势,$|\chi|$ 越大表示越强的非对称性.图 5.32(a)给出了 $N=100$ 个粒子在耦合 $K=0$ 和 $K=10$ 时定向流与 χ 的关系,可以发现对于两种情形,系统在几乎相同的 χ_c 处发生定向运动,但是它们在临界点附近遵循不同的标度律.在 $K=0$ 时在 χ_c 附近有

$$J \propto (\chi - \chi_c)^2$$

的标度,而对于 $K \neq 0$ 则

$$J \propto (\chi - \chi_c)^{1/2},$$

表明单个粒子与耦合多粒子系统的行为有明显差别.可以发现,当 $\chi > \chi_c$ 但 $\chi - \chi_c$ 不大时,耦合多粒子系统的定向流要远大于单粒子情况.

图 5.32(b)画出了多粒子系统定向流随耦合强度的变化关系,可以发现在 K 不太大时定向输运随耦合强度变化经历了从抑制到增强的转变.耦合较弱时,定向流随耦合的增强而减小,即输运被抑制,此时外来驱动的提供的能量被耦合引起的局域振荡所消耗而导致定向流的削弱.耦合强度增强时,局域振荡逐渐变小,粒子间通过耦合相互的合作效果逐渐占上风,当耦合强度大到一定阈值 K_c 后,定向流随着耦合强度的变化从抑制转变为增强.然而非常强的耦合又会使得粒子之间为硬连接,合作效果又将被破坏,定向输运效率也会受到抑制.图 5.32(b)显示出强耦合下定向流随耦合强度的增加而减少.因此最佳的耦合可以使粒子以最高的效率运动.

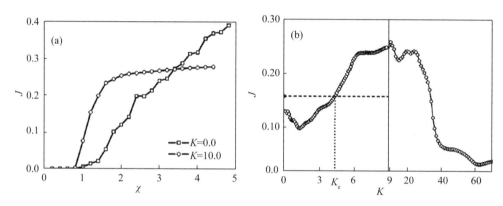

图 5.32 耦合惯性 FK 链的定向流与棘轮势场的非对称度 χ 及耦合强度 K 的变化关系

$N = 100$, $d = 1$, $b = 0.1$, $a = 1.7562$, $M = 1$, $\eta = 1$, $T = 1$. (a) 耦合强度为 $K = 0$ 和 $K = 10$ 时定向流与系统非对称性参数 χ 的关系.可以看到有耦合情况下,定向流在 χ 大于一个临界值后迅速增大而后饱和,而无耦合情况下,定向流则在 χ 大于某一临界值后以较为平稳的方式随 χ 的增加而增加. (b) 定向流与耦合强度 K 的关系.弱耦合情况下定向流较小,中等耦合时定向流增大,而在强耦合情况下则减小.存在优化的耦合强度 K 对应最强的定向输运. (改编自文献[608])

下面分析闪烁周期 T 的作用.当 $T \ll 1$ 时,棘轮势的快速开关使粒子来不及完成势阱间的跃迁,从而难以产生定向运动行为.另一方面,当 $T \gg 1$ 时,在粒子获得新能量前进之前,其动能已被阻尼耗散,也不会有定向运动.因此在极大或极小 T 的两种情形下都无法观察到定向输运.而只有在合适的 T 时,惯性效应和闪烁周期势之间优化匹配才可以导致定向运动.图 5.33(a)给出了不同耦合强度下流和闪烁周期 T 之间的关系,可看到流都存在峰值,而且这些峰值位置互相接近.这与棘轮势迅速开关和缓慢开关二者 $J \to 0$ 的行为存在明显区别,最佳开关时间可以导致最大效率的定向输运.

FK 链中粒子间平衡距离 a 和外势周期 b 的空间尺度竞争会对整体定向输运

产生复杂的影响,因此 $\delta=a/b$ 是影响耦合系统输运特性的重要参数.图 5.33(b)给出了 $b=1$ 时不同耦合强度下 J 与 a 的关系.所有的曲线都满足对称性

$$J(nb+a) = J(a),$$
$$J(a) = J(b-a),$$

这些对称性都可以通过分析运动方程(2.2.1)的时间空间变换不变性而得到证明.

从图 5.33(b)可以看到,对弱耦合 $K=1.0$,流仍然平坦但是变小,尤其是在 $a=1/2$ 附近.这表明对于所有的 a,定向流在弱耦合下都被抑制.对于强耦合,当耦合强度合适,如 $K=5.0$ 时,可以发现对于 $a<1/6$ 或者 $a>5/6$,定向输运仍然受到抑制,但是在 $3/8<a<5/8$ 的平台上,定向输运得到显著增强.当耦合非常强,如 $K=10$ 时,可以发现在 $a=1/2$ 附近的流再次变得很小.另一方面,在一些区域内输运仍然得到增强.

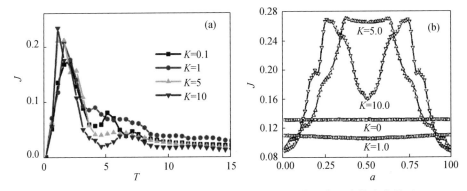

图 5.33　耦合惯性 FK 链定向流与闪烁周期和耦合平衡距离的变化关系

(a) 不同耦合强度下定向流随闪烁周期 T 的变化关系.存在一个最佳开关时间,使得输运的效率最高.(b) 不同耦合强度下定向流与耦合平衡距离之间的关系,图中四条线分别是 $K=0(\square),1(\bigcirc),5(\triangle),10(\bigtriangledown)$. 随着耦合强度的增加,在较佳耦合强度(如 $K=5,10$ 时),J 在不同公度关系处出现大 J 的大小不同的平台.定向流与平衡距离之间表现出明显的公度效应.(改编自文献[608])

§5.6　耦合引起的对称破缺与定向输运

上一节我们看到了粒子之间的耦合作用会给定向输运带来很大的影响.但是,前面所研究的耦合粒子系统输运行为从其定向运动的产生机制上来看并非源于耦合作用,而是来自于单粒子情况下就已具有的对称性破缺,即棘轮势空间对称性破缺或外力时间对称破缺,因此这种耦合系统定向输运的研究主要集中于相互作用对单粒子定向输运性质和效率的影响,而不是本质上由于耦合而引起的定向输运[467].

另一方面,多粒子的相互作用在一些情况下还会对定向输运起到更本质的作

用,即在单粒子条件下原本不存在定向输运的系统,在引入多粒子耦合时则可能产生定向输运,甚至有时是十分高效的定向输运.因此,集中研究相互作用引发的定向输运是一个近年来颇受关注的问题.粒子间相互耦合及系统大自由度可以为系统提供大量新的时空对称性,与这些对称性相关的破缺行为也可能成为诱发系统产生定向输运的新机制[348,610,611],这样耦合作用的系统就会存在比单粒子系统更多的对称性破缺可能性及机制.本节将集中讨论由于耦合带来的对称性破缺及由此产生的合作定向输运行为,而这些破缺行为在单个粒子系统中不可能存在.

5.6.1 耦合对称破缺导致的定向输运

一个很有趣的问题是在系统没有其他对称破缺情况下,耦合作用的对称破缺会否带来系统整体的定向输运[612,613].下面考虑 N 个具有近邻作用的格点粒子组成的系统,在(5.2.1)式中考虑过阻尼、外势空间对称且无外力驱动的情形,方程简化为

$$\eta \dot{x}_i = -\frac{\partial V(x_i)}{\partial x_i} + \frac{K+r}{2} \frac{\partial U(x_{i+1} - x_i)}{\partial x_i}$$
$$-\frac{K-r}{2} \frac{\partial U(x_i - x_{i-1})}{\partial x_i}, \quad i = 1, 2, \cdots, N, \tag{5.6.1}$$

其中除强度为 K 的扩散型耦合外,还考虑了强度为 r 的梯度耦合.下面考虑一维情况,并选对称外势

$$V(x) = -d\cos x,$$

相互作用势为

$$U(x_i - x_{i-1}) = (x_i - x_{i-1} - a)^2 / 2.$$

定义

$$\delta = a/2\pi$$

为外势周期 $L = 2\pi$ 与弹簧自由长度 a 之间的失配.取(5.6.1)左边阻尼系数 $\eta = 1$,对于单向耦合 $K = r = 1$,在周期边界条件 $x_{i+N} = x_i + N_a$ 下方程(5.6.1)可化为

$$\dot{x}_i = -d\sin x_i + (x_{i+1} - x_i - a). \tag{5.6.2}$$

图 5.34(a)~(f)给出了在改变势垒高度 d 时(5.6.2)式的系统部分粒子的位置及速度的演化情况.当 $d = 0.05 \ll 1$ 时(图 5.34(a),(b)),可以看到粒子产生几乎是匀速而缓慢的运动.当 d 增大时,图 5.34(c),(d)显示,粒子会在阱间跳跃并带动相邻粒子跃迁而形成相干的定向运动. d 继续增大时,粒子在两次跃迁期间阱内的逗留时间会越来越长,并当 $d \to \infty$ 时逗留时间也趋于无穷,定向运动消失.

图 5.35(a)给出了改变 δ 时系统平均定向流 J 与 d 的关系曲线.首先可以观察到只要 d 不等于 0,系统就会有非零的定向流,在 $d \ll 1$ 时

$$J \propto d^2.$$

定向流随着 d 增大以平方形式增大,在一个最优势垒高度下定向流达到最大,然后

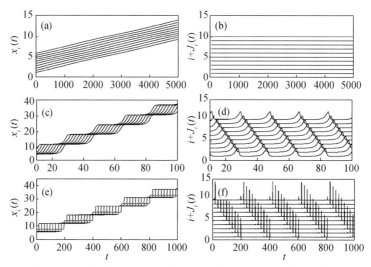

图 5.34   改变势垒高度 d 时部分粒子的位置及速度的演化情况

(a),(b) $d=0.05$；(c),(d) $d=1.2$；(e),(f) $d=3.77$. 其他参数 $a=\pi/5$，即 $\delta=a/2\pi=0.1$. 当 $d\ll1$ 时，粒子通过耦合匀速而缓慢运动，d 增大时粒子会在阱间跳跃并带动相邻粒子跃迁而形成相干的定向运动，随着 d 继续增大，粒子在阱内的逗留时间会越来越长，最终趋于无穷，定向运动消失.（改编自文献[612]）

d 增加反而使得定向流减小，直至一个临界势垒高度 d_c，当 $d>d_c$ 时 $J=0$，此时系统状态称为钉扎态. 研究发现在 d_c 附近

$$J \propto (d_c-d)^2.$$

因此，不仅是参量 d，而且参量 δ 或 a 在系统定向运动中都起着重要作用. 图5.35(b) 给出了不同 d 情况下的 $J(\delta)$ 曲线. 可以看到，$J(\delta)$ 曲线关于 $\delta=1/2$ 反对称，即 $J(\delta)=-J(1-\delta)$. 在 $\delta\in[0,1/2]$ 时通常看到的是正定向流，在 $\delta\in[1/2,1]$ 时为反向流，但在系统非线性增强时，如对于中等大小 d，在 $\delta=1/2$ 附近会出现流反转. 在一些特定值如 $\delta=0$，$1/2$，1 时，系统在其他量取任何值时都不会出现定向运动.

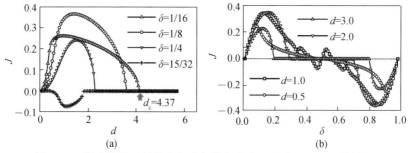

图 5.35   耦合粒子系统的定向流与势场高度 d 和失配 δ 之间的关系

(a) 不同 δ 时平均定向流 J 与 d 的关系. 可以观察到曲线的共振峰和流反转效应.（b）不同 d 时的 $J(\delta)$ 曲线. 可以看到复杂的公度效应和在(b)中的对称关系.（改编自文献[612]）

上述集体定向输运结果在 $d \ll 1$ 时可以从理论上加以解析分析[535]. 当 $d=0$ 时,系统没有定向运动,粒子的静态空间位形分布为 $x_{i+1}^0 = x_i^0 + a$. 当 $d \ll 1$ 时,耦合链以非常缓慢的速度均匀运动,$J_i(t) = \dot{x}_i(t) \approx 0$,可利用绝热近似进行理论分析得到小 d 时粒子的空间位形关系大致满足

$$x_{i+1} \approx x_i + a + d\sin x_i, \qquad (5.6.3)$$

这意味着在小的 $d \neq 0$ 条件下空间位形分布是对 $d=0$ 时位形关系一个幅度为 d 的 $\sin x$ 调制. 对运动方程(5.6.2)两边对粒子求和可得到系统的整体定向流为 $J = -\beta d$,其中系数为位形调制函数 $\sin x$ 的平均场因子

$$\beta = N^{-1} \sum_{i=1}^{N} \sin x_i. \qquad (5.6.4)$$

因此要得到定向流 J,只需求出 β. 将(5.6.3)式带入(5.6.4)式并按 d 展开至一阶,有

$$\begin{aligned}
\beta &= N^{-1} \sum_{i=1}^{N} \sin(x_{i-1} + a + d\sin x_{i-1}) \\
&\approx N^{-1} \sum_{i=1}^{N} [\sin(x_{i-1} + a) + d\cos(x_{i-1} + a)\sin x_{i-1}] \\
&\approx N^{-1} \Big[\sum_{i=1}^{N} \sin x_i^0 + d \sum_{i=1}^{N} \cos x_i^0 \sin x_{i-1} \Big],
\end{aligned} \qquad (5.6.5)$$

其中最后一式给出

$$\beta \approx N^{-1} \Big[\sum_{i=1}^{N} \sin x_i^0 + d \sum_{j=1}^{i} \cos x_i^0 \Big(\sum_{j=1}^{i-1} \sin x_j^0 \Big) \Big]. \qquad (5.6.6)$$

由于 $x_i^0 = ia + x_0$,(5.6.6)式右边第一项为

$$\beta_0 = N^{-1} \Big(\sum_{i=1}^{N} \sin x_i^0 \Big) = 0.$$

右边第二项的二重求和可用三角函数积化和差公式并用 x_i^0 代替 x_i,得到

$$\begin{aligned}
\beta &= \frac{d}{2N} \Big[\sum_{i<j} \sin(x_i^0 + x_j^0) - \sum_{i<j} \sin(i-j)a \Big] \\
&= -\frac{d}{2N} \sum_{i<j} \sin(i-j)a.
\end{aligned} \qquad (5.6.7)$$

由于 $x_i^0 + x_j^0 = (i+j)a + 2x_0$,因此上式的第一个等号后第一项求和为零.(5.6.7)式的求和可完全解出. 首先容易看到,当 $a=0, \pi, 2\pi$,即 $\delta=0, 1/2, 1$ 时,(5.6.7)式求和项中每一项均为零,因此 $\beta=0$. 而当 a 为其他值时,求和项不为零,可利用三角函数求和式得到

$$\beta \approx -d\, [\tan(a/2)]^{-1}/4. \qquad (5.6.8)$$

因此在 $d \ll 1$ 时系统的流为

$$J(d, \delta) = C(d, \delta)d^2, \qquad (5.6.9)$$

其中当 $\delta \neq 0,1$ 时,

$$C(\delta) = \lim_{d \to 0} C(d, \delta) = [4\tan(\pi\delta)]^{-1}. \tag{5.6.10}$$

这个结果在 $d \to 0$ 时是精确的.

上面结果解释了小 d 时的 $J \propto d^2$ 规律. 图 5.36 画出了 $d = 0.01 \ll 1$ 时的 $C(\delta)$ 曲线,图中的点是数值模拟结果,虚线为理论结果(5.6.10)式,可以看到二者符合得很好. 另外由(5.6.9)式可以看到 $J(d, \delta)$ 关于 $\delta = 1/2$ 反对称,这也解释了上面的对称性特征. 这种反对称流是系统对称性的结果. 另外,方程(5.6.2)在变换

$$S: (\{x_i\}, t, a) \to (\{-x_i\}, t, -a)$$

下形式不变,这意味着

$$J(1 - \delta) = -J(\delta).$$

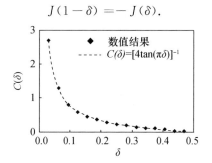

图 5.36 $d = 0.01 \ll 1$ 时的 $C(\delta)$ 曲线

点是数值模拟结果,虚线为理论线(5.6.10)式. 数值结果与理论曲线符合得很好.(改编自文献[612])

下面考察 $d > d_c$ 时的行为. 在 $d > d_c$ 时,系统的定向流 $J = 0$,从图 5.35(a)可以看到,系统处于钉扎态. 考察在临界点附近的定向流行为很有意义. 对于钉扎态,$J = 0$,可得到

$$x_{i+1} = x_i + 2\pi\delta + d\sin x_i.$$

该式给出了钉扎态时粒子的空间位形分布,它与(5.6.3)式完全相同,不同的是钉扎态时上式给出的位形分布是精确的. 有意思的是,上式正是非线性动力学中的正弦圆映射[3, 614]. 因此,系统(5.6.2)粒子钉扎态的位形分布 $\{x_i\}$ 即为圆映射的一条轨道 $\{x_i\}$,不同的是位形分布的指标 i 是格点编号,而对圆映射则为离散时间. 一个很有意义的问题是,在(5.6.2)式的耦合系统稍微小于钉扎临界点 d_c 时圆映射轨道动力学会有什么变化? 而这一变化恰恰决定了 d_c 附近的标度性质. 图 5.37(a)给出了圆映射在 $\delta = 1/32$ 时的分岔图. 映射在 d 较小时是包含周期窗口的准周期运动,随着 d 的增加,准周期运动变为周期 1 轨道,然后经历倍周期分岔通向混沌. 在 $d_{cr} \approx 4.37$ 处,混沌吸引子的尺寸发生激变(crisis),局域混沌成为 $[0, 2\pi]$ 的全局混沌[614]. 作为对比,图中也画出了(5.6.2)式的系统在同样参数下的定向流 J

(d)曲线,可以发现(5.6.2)式的系统发生定向输运 $J=0$ 的临界点 d_c 恰好对应于圆映射发生吸引子激变的位置 d_{cr}.图 5.37(b)显示了 d_{cr},d_c 与 δ 变化的对应关系,有

$$d_{cr}=d_c.$$

因此,(5.6.2)式耦合系统的定向输运转变就对应于圆映射中的激变行为,它说明了圆映射动力学与耦合系统定向输运之间的紧密联系[579].

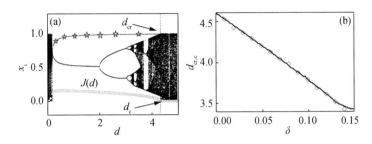

图 5.37　耦合系统定向输运钉扎转变与圆映射动力学之间的关系

(a) 圆映射系统在 $\delta=1/32$ 时的分岔图,图中标注☆的线为不稳定周期一轨道 UPO-1,它与混沌边界的交点对应的 d 值为 d_{cr}.◇线为定向流 J 与 d 的关系曲线,$J=0$ 的 d 值为 d_c,可以看到定向流 $J=0$ 的转变点与圆映射的激变点相对应.(b) 定向流 $J=0$ 的转变点 d_c(圆圈○)和圆映射的激变点 d_{cr}(实践)与 δ 的变化关系,可以看到两条曲线几乎重合.(改编自文献[612])

混沌吸引子的激变行为发生于系统的一条不稳定周期轨道与混沌吸引子边界的碰撞之处[615].对圆映射而言,它有一条不稳定周期 1 轨道(unstable period-1 orbit,以下简写为 UPO-1)

$$x^u=2\pi-\arcsin(2\pi\delta/d).\qquad(5.6.11)$$

在图 5.37(a)中上边的线对应于 UPO-1,且正是在 UPO-1 与混沌区边界相交的地方发生了激变行为,可见 UPO-1 对此起着重要作用.下面来看它与耦合系统钉扎态位形分布之间的关系.图 5.38(a)给出了 $d=4.4>d_c$ 时的粒子位形分布,这里对 x_i 取 2π 的模.图中的实线是 UPO-1,可以发现钉扎态位形分布正是 UPO-1,二者除个别空间点上的缺陷外是完全一致的.图 5.38(b)上面小图显示,缺陷实际上代表了位形分布的扭结(kink)部分[348,349],扭结的存在使得圆映射中的 UPO-1 在粒子的位形分布可以延伸到超出 2π 的部分而稳定保持.

通过计算圆映射的一条轨道且不取 2π 模可以发现,当 $d<d_{cr}$ 时,即使不取 2π 模,x_i 仍是局域化的,不会超出 2π,当 $d>d_{cr}$ 时 x_i 发生非局域化而导致 x_i 出现 2π 相移.因此,位形分布中的扭结对应于 x_i 的非局域化现象.换言之,圆映射 UPO-1 的非局域化使得耦合链位形分布产生扭结而稳定存在,这种 $d>d_c$ 时的扭结不稳定性使得它必须沿耦合链发生滑动,因而耦合系统发生脱钉(depinning)转变,从而产生定向运动.而在 $d<d_c$ 时,UPO-1 的局域化使位形分布扭结不再存在,而形成

钉扎(pinning),定向运动消失.

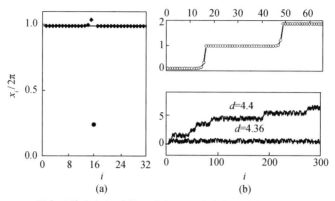

图 5.38　耦合系统定向运动粒子空间位形分布与圆映射轨道之间的关系

(a) $d > d_c$ 的粒子位形在取 2π 模后的分布,实线为理论线(5.6.11)式,◆为数值结果,可以看到偏离实线的缺陷. (b) 上图为不取模位形分布的扭结,下图为圆映射中的轨道,当 d 较大时轨道出现 2π 跳跃,下图的跳跃点就在上图位形分布的扭结上.(改编自文献[612])

5.6.2　耦合含时调制导致的定向输运

耦合系统的合作定向输运可以由耦合的对称性破缺引发,其中可以包括空间对称性破缺,也可以是某种时间对称性破缺因素.例如对耦合进行时间调制,基于空间尺度的动力学竞争,系统也可能会产生定向输运[616-620].对于(5.2.4)式的系统,仍然不考虑存在外力驱动的情况,如果相互作用势与时间有关,则系统动力学方程(5.5.1)可写为

$$M\ddot{x}_i = -\eta\dot{x}_i - \partial V(x_i)/\partial x_i - \sum_{j=\pm 1}\partial U(x_i - x_{i+j}, t)/\partial x_{i+j}, \quad (5.6.12)$$

其中外势取余弦势

$$V(x_i) = -d\cos(2\pi x_i/b),$$

b 为周期,d 为势垒高度,M 为粒子质量.相互作用势考虑受含时调制的简谐作用

$$U(x_i - x_{i\pm 1}) = K[\,|\,x_i - x_{i\pm 1}\,| - a_{i,i\pm 1}(t)]^2/2,$$

其中 K 为相互作用强度,$a_{i,i\pm 1}(t)$ 为粒子 i 与粒子 $i\pm 1$ 的平衡距离,它与格点和时间都有关.在实际系统中,可以用含时的自由长度调制来控制系统的相互作用势.粒子如果是分子或原子,则 a 就代表键长,可以通过光、电或磁等的作用来实现对分子键长的调控,因此自由长度的调制在实验上是可以实现的.考虑对 a 的调制[618]

$$a_{i,i\pm 1}(t) = a[1 + f(qx_{i,i\pm 1} + \omega t)], \quad (5.6.13)$$

其中 a 为无调制时的自由长度,$x_{i,i+1} = ib$,$x_{i,i-1} = x_{i-1,i}$ 是粒子 i 与 $i\pm 1$ 作用键的相对位置,q 为波矢量,ω 为驱动频率.$f(s)$ 为一周期调制函数,为方便取形式

$$f(s) = \begin{cases} c\sin(\pi s/s_0), & \text{当 } 0 \leqslant s \leqslant s_0 \text{ 时}, \\ 0, & \text{当 } s_0 \leqslant s \leqslant 1 \text{ 时}, \end{cases} \quad (5.6.14)$$

其中 c 为调制幅度.在上面的形式下,有若干参数如 q, ω, s_0, c 等可以作为调控变量使系统实现定向运动.由于对平衡距离的调制方式不仅取决于外加非反馈式的调制频率和幅度本身,而且还取决于粒子的空间相对位置,因此粒子之间的距离调控会根据粒子之间的状况以反馈形式进行.系统定向运动可以通过不同调控使其运动、停止或改变运动方向.图 5.39(a) 给出了 3 粒子系统中各个粒子位置在不同时刻的频闪图,可以看到 3 个粒子如何由一个势阱向另一个势阱发生跃迁.对于上面的调控方式,计算表明,只要调制力的频率 $\omega \leqslant \omega_{\max} = \pi(d/m)^{1/2}/(25b)$,系统就有定向运动,而且在某种优化耦合作用时,运动与调制频率发生 1:1 共振 $v/b = \omega$,粒子定向运动的速度可以达到最大,此时马达运动的最大运动速度可达 $v_{\max} = \pi(d/m)^{1/2}/(25)$.当调制频率 ω 太大时,系统运动会变得混沌而成为扩散性运动,此时系统定向运动的方向性就难以控制,运动反而受到抑制.

上面的耦合含时调控方法也可应用于控制高维系统[618].考虑二维空间 $\boldsymbol{r} = (x, y)$ 周期势和相互作用势分别为

$$V(\boldsymbol{r}) = -d\cos[\pi(x-y)/b]\cos[\pi(x+y)/b], \quad (5.6.15a)$$

$$U(\boldsymbol{r}_i - \boldsymbol{r}_{i\pm1}) = K\ [\ |\boldsymbol{r}_i - \boldsymbol{r}_{i\pm1}| - a_{i,i\pm1}(t)\ ]^2/2. \quad (5.6.15b)$$

利用 (5.6.13) 及 (5.6.14) 式的调制方式可使系统在二维表面上实现定向运

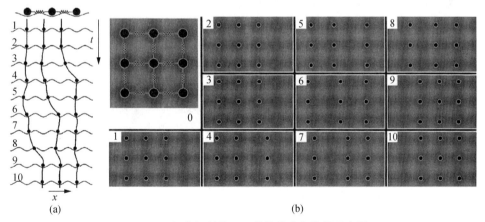

(a)　(b)

图 5.39　耦合调制情况下的集体定向输运示意图

(a) 一维空间对称势场中 $N=3$ 个粒子时在不同时刻的频闪图,可以看到粒子如何通过耦合作用实现定向运动.相关参数为 $a/b = 11/10, K = d(2\pi/b)2, q = 1/(5b), c = 7/10, s_0 = 4/10, \eta = 16\pi(md)^{1/2}/(10b), \omega = \pi(d/m)^{1/2}/(25b)$,频闪的时间间隔为 $5b(m/d)^{1/2}/(2\pi)$,平衡距离 a 的调制时间周期为 $25b(d/m)^{1/2}/\pi$.
(b) 二维表面 3×3 个粒子在调制耦合平衡距离时的合作马达运动示意图,其中子图 1～10 为按时间增加顺序的粒子空间位置.其他参数同一维情形 (a).(改编自文献[618])

动.图 5.39(b)的频闪图给出了不同时刻 3×3 个粒子的位形图,可以看到系统如何通过顺次迁徙实现定向马达运动.

5.6.3 时空对称破缺导致的集体定向输运

从以上讨论我们看到,当系统格点耦合存在空间对称性破缺或由含时调制引发的时间对称性破缺时,系统会在空间对称的势场中产生定向输运.系统内部耦合作用与其他因素相结合还可以形成更多产生集体定向输运的机制,而这些机制对于单粒子系统是不会产生的.本节再介绍一种由系统多种因素共同参与而产生的对称性破缺,虽然每一种因素本身都满足对称性,但这些因素的组合却会发生时空对称破缺而导致合作定向输运[621].以一维最近邻耦合格点系统方程(5.2.1)为例,考虑过阻尼情形,多粒子系统的一维运动方程可写为

$$\eta \dot{x}_i = -d\sin x_i + K(x_{i+1} - 2x_i + x_{i-1}) + A\cos(\omega t + i\phi) + \xi_i(t), \quad (5.6.16)$$

其中噪声是强度为 D 且满足(5.5.2)式的时空无关联高斯型白噪声,作用在每个粒子上的周期力相对近邻粒子存在一个相移 ϕ.可以看到周期势是空间反演对称的,耦合是格点对称的,周期力是时间反演对称的.很明显,当 $d=0$,即无外势时,系统为耦合周期振子,不存在定向运动.当 $K=0$ 时,粒子之间无耦合,系统也不可能产生定性运动.没有外力即 $A=0$ 时,系统也将始终处于钉扎状态.这说明上面任何一种因素自身不可能导致定性运动,任何两种因素的结合也不足以产生马达行为.此系统要产生定向运动就必然与周期势、耦合、周期力三因素同时有关.下面的讨论将表明,当三者都存在且满足一定条件时,系统就会发生定向输运[621].

首先讨论无噪声的情况($D=0$).当 ϕ 为 2π 的整数倍时,由于作用于不同单元上的力同相位,系统对于其他参数无论取什么值都不会产生定向运动.当 ϕ 取其他值时,系统则有可能在足够大的外力情况下产生集体马达运动.图 5.40(a)给出了系统定向流 J 与周期力振幅 A 的关系.对不同的外势垒高度 d 都可以看到 J 与 A 复杂的振荡型依赖关系.总体来看,当 A 很小时,J 也很小,增大 A 会使得 J 先增加后减小.对于大的 d,$J(A)$ 曲线会出现很多共振平台 $J=\omega$.图 5.40(b)计算了不同 A 下的 $J(d)$ 曲线,流 J 与 d 也表现出典型的"共振"行为,也可以观察到很多的共振台阶.共振台阶是周期力与耦合链发生锁相的结果,可通过时空变换不变性分析对其进行讨论.给定系统的一个定态解 $\{x_i(t)\}$,通过时间和空间变换

$$T_{l,m,n}\{x_i(t)\} = \{x_{i+l}(t - 2\pi m/\omega) + 2\pi n\}, \quad l, m, n \in Z. \quad (5.6.17)$$

可以产生系统的新定态解 $\{x_i'(t)\}$.如果存在一组整数 $\{l, m, n\}$ 使得变换(5.6.17)式得到的解具有不变性,即

$$T_{l,m,n}\{x_i(t)\} = \{x_i(t)\},$$

则称该解为共振解.设在 τ 时间内耦合链在空间平移的距离为

$$X_1 = la + 2\pi n,$$

则在同样时间内周期力的相位变化应为

$$X_2 = l + 2\pi m.$$

共振条件要求

$$\tau = X_1/J = X_2/\omega,$$

由此可以得到系统可能产生的共振定向流为

$$J = \omega(la + 2\pi n)/(l\varphi + 2\pi m), \quad l, m, n \in Z. \tag{5.6.18}$$

取不同的整数 $\{l, m, n\}$ 可以得到各种可能出现的 J 台阶,而在实际系统和参数下由于计算探测精度等原因,我们往往只能观察到一部分大的共振台阶.耦合强度 K 越小,系统的空间离散性越强,则出现的共振越多.当 $d < d_c$ 时,随着 d 的减小我们可以观察到一系列台阶.可以看到 $J/\omega = 1/12, 2/13, 3/14, \cdots, \to 1$,其中 $J/\omega = 1$ 代表最大共振.这些序列可以写成

$$J = l\omega/(\text{int}[2\pi/a] + l), \quad l = 1, 2, \cdots.$$

上述序列正是公式(5.6.18)的两组具体台阶序列的例子.

图 5.40(c)给出了定向流 J 与 A 和 d 的三维分布.图中白色区域为共振 $J = \omega$

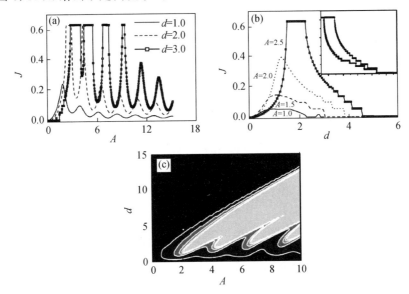

图 5.40　空间、周期力和耦合对称系统的合作定向输运流 J 与外力大小 A 和势垒高度 d 的变化关系

(a) 不同势垒高度下的 $J(A)$ 曲线.在 d 较大时可以看到定向流与外力的共振平台.(b) 不同外力 A 下的 J (d) 曲线,可以看到定向流随 d 增加先增加后减小,还可以在大 A 时看到共振台阶.理论可以对全部这些台阶的出现加以预言.(c) 定向流 J 与 A 和 d 的三维分布,白亮区域为定向流大的参数区域,可以看到在外力 A 比较大以及势垒高度 d 处于中等大小时,系统具有最大的定向流.$\phi/2\pi = 0.09$,$a/2\pi = 0.09$;$N = 100$,$K = 1.0$.(改编自文献[621])

区域.我们可以看到一系列随 A 变化的共振舌头.这些舌头对应于图(a)中的一系列平台.两个参量 a 和 ϕ 分别描述了耦合链的空间尺度和周期力相位尺度,二者之间的尺度竞争导致丰富的定向输运行为.图 5.41(a),(b)画出了系统定向流 J 与 a 和 ϕ 关系的等高图.图(a)显示了系统存在最佳的 (a_0,ϕ_0),使得系统具有最佳的定向流.在 $(0,0) \leqslant (a,\phi) \leqslant (\pi,\pi)$ 的区域,$(a_0,\phi_0) \approx (0.816,0.754)$.图 5.41(b)对应更大的 (A,d) 的情况,可以发现系统在更大的 (a,ϕ) 范围内存在大大增强的定向运输.另外,图(a)和(b)都具有反对称的特点.

定向流的对称特征可通过系统对称性分析证实.首先,系统在变换 $\phi \to \phi + 2\pi$,$a \to a + 2\pi$ 下不变,这意味着

$$J(a + 2\pi, \phi) = J(a, \phi + 2\pi) = J(a, \phi). \tag{5.6.19}$$

方程(5.11.44)在变换

$$T_s : (\{x_i\}, t, a) \to (\{-x_i\}, \quad t + \pi/\omega, 2\pi - a) \tag{5.6.20}$$

下不变,因而有

$$J(a, \phi) = -J(2\pi - a, \phi). \tag{5.6.21}$$

变换

$$T_t : (\{x_i\}, t, \phi) \to (\{x_i'\}, -t, 2\pi - \phi) \tag{5.6.22}$$

使方程(5.6.16)变为

$$-\dot{x}_i' = -d\sin x_i' + K(x_{i+1}' - 2x_i' + x_{i-1}') + A\cos(\omega t + i\phi),$$

即 T_t 变换可以得到完全相反的定向流,因而有

$$J(a, \phi) = -J(a, 2\pi - \phi). \tag{5.6.23a}$$

定向流 $J(a, \phi)$ 的这些对称性在图 5.41 中都可以清楚地反映出来.由于这些对称性,当 a 或 ϕ 等于 π 时应不存在定向输运,的确从图中可见

$$J(a, \pi) = J(\pi, \phi) = 0. \tag{5.6.23b}$$

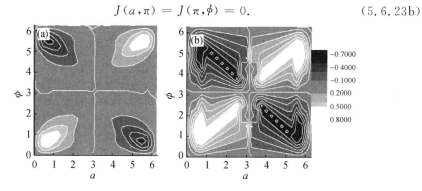

图 5.41　不同 A 和 d 下系统定向流 J 与 a 和 ϕ 的关系等高线图

(a) $(A,d) = (1, 1.25)$,(b) $(A,d) = (4, 3)$.可以看到白色区域为定向流大的区域,暗色区域为负向流大的区域,且在 (a, ϕ) 参数平面上表现出极好的对称性.中间 $a = \pi$ 和 $\phi = \pi$ 处定向流恒为零.(改编自文献 [621])

5.6.4 二维合作定向输运

下面考虑粒子在一个高维势场中的定向输运问题. 人们已经对这类具有实际意义的情形进行了很多研究[622-630]. 将系统的运动空间扩展到高维, 其定向输运的机制除了单粒子情况下的各种对称破缺和给定空间维的耦合对称性破缺外, 还应考虑相互作用在高维空间中整体的时空对称性行为. 例如下面将讨论二维势场中产生定向运动的一种机制, 该机制通过不同维度之间动力学关联的对称性破缺可以将一个方向上的驱动能量转化成另一个方向上的定向运动. 粒子间的相互作用和合作是能量转化并产生这种定向运动的基础. 值得指出的是, 下面的机制与上一节一维和二维定向运动的各种机制不同之处在于在定向流的自由度方向上系统并不受任何外力驱动, 此时的定向运动必须通过粒子间在不同自由度方向的相互作用来实现[631, 632].

N 个最近邻耦合粒子过阻尼情况下的动力学方程由(5.2.1)式描述. 将第 i 个粒子的位置坐标写为 $\boldsymbol{r}_i(t) = (x_i(t), y_i(t))$, 考虑外力只加在 y 方向上, 则系统运动方程重新写为

$$\eta \dot{x}_i = -\partial V(\boldsymbol{r}_i)/\partial x_i - \sum_j \partial U(\boldsymbol{r}_i, \boldsymbol{r}_j)/\partial x_i,$$
$$\eta \dot{y}_i = -\partial V(\boldsymbol{r}_i)/\partial y_i - \sum_j \partial U(\boldsymbol{r}_i, \boldsymbol{r}_j)/\partial y_i + F_i(t), \tag{5.6.24}$$

其中 $F_i(t)$ 为在 y 方向作用于粒子 i 的外力, 粒子间的相互作用势设为二维简谐势

$$U(\boldsymbol{r}_i, \boldsymbol{r}_j) = K(\|\boldsymbol{r}_i - \boldsymbol{r}_j\| - a)^2/2, \tag{5.6.25}$$

K 为弹性耦合系数, a 为粒子之间的平衡距离. 空间势场为如图 5.42(a)所示的二维势

$$V(\boldsymbol{r}) = V_1(x) + V_2(y), \tag{5.6.26}$$

其中 x 方向为棘轮势, 采用最简单的(5.1.5)式的分段线性势, y 方向是束缚粒子运动的势场, 如图 5.42(a)所示,

$$V_2(y) = -\omega_y y^2/2 + \lambda y^4/4. \tag{5.6.27}$$

这里有两个参数 ω_y 和 λ. 当 $(\omega_y, \lambda) = (0, 0)$ 时, 上述的势场为平坦无束缚的. 当 $\omega_y < 0, \lambda > 0$ 时, 横向的势场为一个沿 x 方向的单阱束缚势; 当 $\omega_y > 0, \lambda > 0$ 时, 横向势场为双阱束缚势.

由于 y 方向势场的约束, 虽然粒子在 y 方向受到外力驱动, 但粒子系统不可能沿该方向发生定向运动. 在 x 方向, 粒子系统不受力, 因此如果粒子之间无相互作用, 系统也不会在 x 方向产生定向运动. 要在 x 方向没有受力的情况下产生定向运动, 就需要一定机制使 y 方向外力的能量输入转化为 x 方向的做功, 粒子之间通过相互作用就可以为这样的定向输运提供可能的机制. 另外, 由于这种机制需要将 y

方向上的耦合作用力分配到 x 方向上,因而在同一时刻作用于不同粒子上的力不能全同,否则粒子之间的相互作用力在 x 方向的分力会相互抵消,导致所有粒子沿 y 方向产生同步运动而无法完成能量向 x 方向的转化过程.所以 y 方向上不同粒子受力环境的非对称性是该系统在 x 方向上产生定向运动的必要条件.

我们首先研究 $N=2$ 个粒子在 y 方向不加外势,即 $\omega_y=0,\lambda=0$ 情况下在 x 方向的运动.先考虑周期驱动外力 $F_{1,2}(t)=A\cos(\omega t+\phi_{1,2})$,由于要求在同一时刻作用于两个粒子上的力不同,因此采用不同的驱动力相位 $\phi_1\neq\phi_2+2\pi m$,m 为整数.最简单的情形是两个力刚好反相,$F_1(t)=-F_2(t)$,如图 5.42(a)所示.当两个粒子构成偶极子,即粒子带电性相反的电荷时,它们在同一交变电场中就满足反相力的要求.

图 5.42(b)给出了两个粒子在不同时刻 t 的频闪图,可以看到粒子 1 和 2 如何通过协同完成在 x 方向的单向运动.图中展示的首先是粒子 1 被钉扎于势阱中,粒子 2 在耦合(拉力占主导)和外力作用下向粒子 1 靠近的同时与 x 方向夹角发生变化,然后粒子 2 被钉扎于新的势阱中,粒子 1 在耦合(斥力占主导)和外力作用下前进一个周期.这种过程在周期力的情况下循环往复,两个粒子相互协同地被推动或拖曳前进.在这种协同前进的过程中可以看到,两个粒子作为一个整体会发生在二维空间中的旋转行为.当整体旋转到倾斜状态时,y 方向的外力可以分解为沿耦合方向的投影和沿 x 方向的投影,即旋转行为会在 x 方向产生一个非零分力,该分力扮演着摇摆棘轮中周期外力的作用,从而耦合系统发生定向运动.对比之下单个粒子就不会具有这种机制,因为它无法提供将 y 方向驱动力转化为 x 方向驱动力的机制,也就无法将 y 方向的驱动能量转化为 x 方向的定向运动.

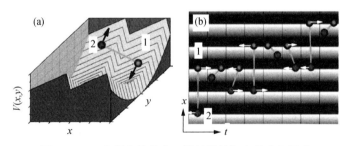

图 5.42　两个耦合粒子在二维棘轮势场中的定向运动

(a)耦合粒子在二维棘轮势场中的示意图,作用于两个粒子的外力沿 y 方向,且不相等.(b)参数 $K=100$,$a=2$,$A=5$,$\omega=0.002\pi$ 时两个耦合粒子在不同时刻 $t=0,4.3,250,316,500,750,816$ 和 1000 在 x 方向运动的频闪图,图中不同灰度代表不同势场高度,黑色区域为势阱,白色区域为势垒.可以看到两个粒子在不同时刻如何通过外力调控角度和相对位置产生协同的定向运动.(改编自文献[631])

耦合系统的定向流 J 与系统各种参数,特别是耦合强度、平衡距离以及驱动力大小和频率之间都存在密切关系.图 5.43 给出了硬杆连接(强耦合)(图(a))和小耦合强度下（图（b））定向流 J 在 A 和 a 参数平面的分布，可以看到，定向流在周期力的驱动下主要表现为各种共振台阶，这些台阶满足

$$J = 2mb/T, \qquad (5.6.28)$$

其中 m 为整数，$T = 2\pi/\omega$ 为外力的周期. 出现流的共振行为反映了系统动力学的时间和空间变换不变性，因此可以通过对方程的变换不变性分析来得到（类似于我们对于前面 5.6.3 节耦合方程的分析）. 另一方面，也可以通过图 5.42（b）的演化来理解. 例如，对于第 m 个共振区域，在周期力的前半个周期，粒子 1 会被束缚于势阱中，而粒子 2 由于耦合会被推动沿 x 方向向前跨越 m 个势垒，后半周期则在粒子 2 被束缚的情况下粒子 1 被推动 m 个势垒，因此在一个周期内整个系统前进 $2m$ 个空间周期，于是有 $J = 2mb/T$.

从图 5.43 中还可以看到一些有趣的结果. 例如，系统需要一定的外力阈值和自由长度阈值才会产生定向流. 随着驱动强度和自由长度的增加，可以看到定向流也会增加. 对于很强的耦合（$K \gg 1$），两个粒子间的弹簧接近于硬杆，可以从图 5.43（a）看到在台阶之间会出现一些空白区域，在这些空白间隙中系统的定向流为零，说明在这些间隙所对应参数下系统的定向输运是被禁止的. 而当粒子间的耦合强度相对较小时，零定向流间隙会消失，即有限耦合强度可以消除强耦合情况下的零定向流，如图 5.43（b）所示. 图 5.43（a）和（b）中还可以看到很多的实线，它们是理论上

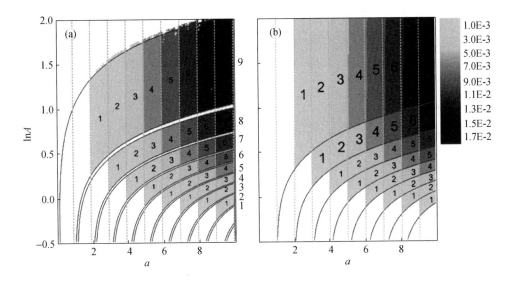

图 5.43 不同耦合强度下在驱动力强度 A 和耦合平衡距离 a 的参数平面上的定向流分布

颜色越深的地方流越大，白色区域定向流为零. (a) 强耦合 $K = 100$. (b) 耦合强度 $K = 10 < 2f_1(b - b_1)$. $\omega = 2\pi \times 10^{-3}$，$d = 1$. 可以看到很多共振台阶，用整数 m 标记. 图中实线和虚线为理论预测不同共振台阶边界的结果，理论与数值结果符合得很好. （改编自文献［631］）

给出的不同定向流共振的边界.

上述行为可以在低频驱动情况下通过力学分析的方法来确定各个共振区域的边界[631,633]. 外力驱动随时间的变化足够慢时,耦合系统可以有足够的弛豫时间对外力变化做出响应. 力学分析对于上述的分段线性棘轮势来说是比较方便的,因为 x 方向由两段线性势 $V_1(x)$ 给出的作用于粒子的力均为常数,

$$f_1 = -d/b_1, \quad f_2 = d/(b-b_1). \tag{5.6.29}$$

只要 $b_1 \neq b/2$,外势就是非对称的棘轮势,两段线性势的坡度 $f_1 \neq -f_2$. 在作用于两个粒子的反相周期力 $F_{1,2}(t) = \pm A\cos\omega t$ 驱动下,即使初始两个粒子沿耦合方向与 x 方向平行,由于两个粒子在同一时刻所受的力不同,粒子的运动也不会同步,耦合粒子的系统整体就会在 $x-y$ 平面发生空间转动. 令 θ 为沿耦合方向与 x 方向的夹角. 图 5.44 给出粒子处于临界状态(即一个粒子在势阱底部,另一个粒子沿耦合方向的夹角刚好处于势垒)的受力分析图,其中两个粒子间的弹性相互作用为

$$F = K(l-a). \tag{5.6.30}$$

设此时粒子 1 在外力驱动下处于势垒处,粒子 2 被束缚在势阱底部. 图 5.44 示意了粒子 2 在 x 方向的力,对于足够大外力 A,当弹性相互作用在 x 方向的分量 $F\cos\theta$ 满足

$$F\cos\theta \geqslant |f_1| \tag{5.6.31}$$

时,粒子 1 可以沿缓坡越过势垒到达另一边的陡坡. 另外在 y 方向临界状态满足 $F\sin\theta = A$,因此可以得到

$$A \geqslant |f_1|\tan\theta. \tag{5.6.32}$$

这样可以确定驱动强度的临界值为

$$A_c = |f_1|\tan\theta_c, \tag{5.6.33}$$

其中 θ_c 为临界角度. 在力较小时,粒子在外力的一个周期 $T = 2\pi/\omega$ 内每次只能越过一个势垒,但较大的外力也可能使得粒子在一个周期内越过两个以上以至更多个势垒,这样对应于每个周期内可以越过 1 个或多个势垒的距离. 用图 5.44 的几何关系可以得到

$$\tan\theta_c = \sqrt{l^2 - l_x^2}/l_x, \quad \cos\theta_c = l_x/l. \tag{5.6.34}$$

利用(5.6.30)、(5.6.33)和(5.6.34)式可以得到

$$\tan\theta_{c1} = \sqrt{[a/(l-f_1/K)]^2 - 1}. \tag{5.6.35}$$

类似于上述讨论,同样可以得到粒子 2 从临界状态越过势垒的临界角度为

$$\tan\theta_{c2} = \sqrt{[a/(l+f_1/K)]^2 - 1}. \tag{5.6.36}$$

因此,在周期力的一个周期内越过 n 个势垒的临界角度 $\theta_c^{(n)}$ 为

$$\tan\theta_{c1}^{(n)} = \sqrt{[a/(l_{2n-1} - f_1/K)]^2 - 1}, \tag{5.6.37a}$$

$$\tan\theta_{c2}^{(n)} = \sqrt{[a/(l_{2n} + f_1/K)]^2 - 1}, \tag{5.6.37b}$$

其中 n 为整数,l_{2n-1} 和 l_{2n} 为对应于两个线性势段的特征长度,满足

$$l_{2n-1} = nb - b_1, \quad l_{2n} = nb. \tag{5.6.38}$$

相应临界驱动强度的上下两个边界由(5.6.33)式分别为

$$A_{2n-1} = |f_1| \sqrt{[a/(l_{2n-1} - f_1/K)]^2 - 1}, \tag{5.6.39a}$$

$$A_{2n} = |f_1| \sqrt{[a/(l_{2n} + f_1/K)]^2 - 1}. \tag{5.6.39b}$$

平衡距离 a 也需要足够长,这样两个粒子才可以每次在外力作用下跨越至少棘轮势的一个周期. 对于给定 a,当 $jb \leqslant a \leqslant jb+b_1$ 时,最多可以容许的共振定向流台阶为 $m=j$ 个,而当 $jb+b_1 \leqslant a \leqslant (j+1)b$ 时,最多可以容许 $m=j+1$ 个共振台阶. 因此在 $A_{2n} < A < A_{2n-1}$ 区间里的定向流为

$$J = 2Mb/T, \tag{5.6.40}$$

其中 $M=m-n$.(5.6.39)式的临界线在图 5.44 中给出,可以看到与数值模拟的结果完全相符.

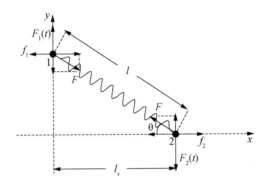

图 5.44 处于临界状态的两个耦合粒子的受力示意图

横轴和纵轴分别为 x 和 y 方向,粒子受到相互作用力 $F=K(l-a)$,外驱动力 $F_{1,2}(t)=\pm A\cos\omega t$,棘齿势力 $f_{1,2}$. 耦合方向与 x 方向的夹角为 θ,粒子间距离为 l,沿 x 方向的距离为 l_x.(改编自文献[633])

上面讨论了不同相位周期力驱动下的定向流变化情况. 如果用随机力来代替确定性周期力驱动,满足 $\langle F_i(t) \rangle = 0$,$\langle F_i(t)F_j(t') \rangle = D\delta_{ij}\delta(t-t')$,其中 D 为噪声强度,则作用于两个粒子上的噪声互不关联,自然不会同相. 图 5.45 分别给出了定向流与噪声强度 D、耦合强度 K、平衡距离 a 的关系. 首先可以发现,定向流与噪声强度之间存在有趣的随机共振关系,即很小和很大的 D 产生很小的定向流,而中等匹配的噪声强度则能导致优化的强定向运动. 其次,定向流在不同噪声强度下与自由长度 a 并非简单的单调增加关系,可以发现一系列非单调的共振峰. 在生物分子马达实验研究中人们曾观察到一种长腿效应,它是指具有更长臂的肌球蛋白每步能移动更大的距离,并因此移动得更快[634,635]. 定向流与自由长度的非单调依赖关系说明马达运动的这种长腿效应并非总是成立,人们也的确发现了这种效应不

是很普遍地存在.

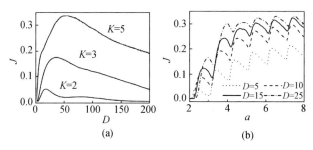

图 5.45　定向流与噪声强度 D、耦合强度 K、平衡距离 a 的关系

（a）不同耦合强度下的 J-D 曲线, 其中 $a=4.25$, $d=1$, $b_1=0.2$. 可以看到定向输运的随机共振行为.（b）不同噪声强度下的 J-a 曲线, 其中 $K=5$, $d=1$, $b_1=0.2$. 可以看到定向流与耦合平衡距离之间的非单调关系.（改编自文献[631]）

上面讨论的是在 y 方向为无外势的情况. 考虑 y 方向单势阱的外势就相当于给粒子运动在 y 方向加上了束缚, 它通常会引起沿 x 方向定向流的减小（但在一定噪声强度下非单调减小, 这里不再讨论）. 另一方面, 如果在 y 方向引入双阱势, 则粒子可沿着两个通道运动, 一条多粒子链可以在两个通道之一沿 x 方向运动, 使得链的空间构型出现调制结构, 此时 x 方向的定向流呈现非常有趣的行为. 图 5.46 给出了当 $\omega_y>0$, $\lambda>0$ 时横向势场为双势阱束缚势情况下在 y 方向随机驱动时的定向流与参数的变化关系. 从图（a）不同双稳参数 ω_y 下定向流 J 与耦合平衡距离 a 的关系曲线可以看到, 定向流与自由长度 a 的关系无论从小范围还是大趋势上都不再是图 5.45 所示的单势阱时的长腿效应, 而是呈现具有很多共振峰且总体为非

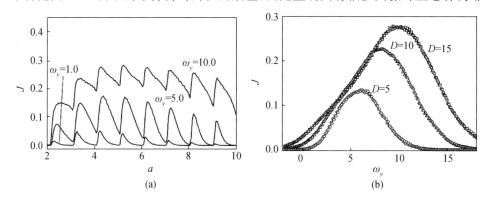

图 5.46　双稳通道中的定向流与自由长度 a 与双稳参数 ω_y 的关系

（a）不同双稳参数 ω_y 下的 J-a 曲线, 其中 $K=5$, $d=1$, $b_1=0.2$, $D=15$.（b）不同噪声强度下定向流与双稳参数 ω_y 的关系曲线, 其中 $K=5$, $d=1$, $b_1=0.2$, $a=4.25$. 可以看到通过调节系统的双稳参数可以得到远强于单通道系统的合作定向输运.（改编自文献[631]）

单调的走势. 另外可以看到, 定向流 J 随双稳参数 ω_y 增加而增大. 进一步对定向流与双稳参数 ω_y 的研究结果表明, 二者的关系表现为非单调关系. 如图 5.46(b) 所示, 定向流随 ω_y 的增加先增大而后减小. 一个很有意义的结果是 $\omega_y > 0$ 的双通道情形定向流明显大于 $\omega_y < 0$ 的单通道区域的定向流, 且双通道的定向输运流随 ω_y 的增加会出现远高于单通道的优化定向流. 这说明, 利用 y 方向的势场和外力对耦合系统空间构型进行调制, 合作定向输运可以进一步优化.

附录 A 张量与黎曼几何初步

在本节中,为了有助于对第 2 章哈密顿系统微分几何理论的理解,我们将对微分几何理论的一些最基本概念进行介绍[141-143, 153, 154, 636-638]. 以下的讨论将在仿射空间(affine space)中进行. 仿射空间是一种几何结构,它是欧几里得空间仿射特性的推广. 在仿射空间中,两个点对应一个矢量(直观地说,就是从一点指向另一点的矢量),点可通过矢量平移至另一点.

从基本数学概念上来说,一个坐标系就对应一个仿射空间,当矢量从一个坐标系变换到另一个坐标系时要进行坐标变换(coordinate transformation). 点虽然可以看成是特殊的矢量,但与一般矢量有很大不同. 对点来说,其空间移动需要进行所谓的仿射变换(affine transformation)(见 A.2 节的讨论和(A.2.1)式).

A.1 张量分析与对称性

N 维仿射空间中的点可用 N 个数构成的坐标来加以描述,我们记为

$$x^\mu = (x^1, x^2, \cdots, x^N). \qquad (A.1.1)$$

对同一个空间,我们可以用不同的方式,即采用不同坐标系来定义同一点的坐标. 不同坐标系之间的联系称为坐标变换,记为

$$\tilde{x}^\mu = \tilde{x}^\mu(x). \qquad (A.1.2)$$

由此可以导出任意一点的坐标相应的微分变换公式为

$$\mathrm{d}\tilde{x}^\mu = \frac{\partial \tilde{x}^\mu}{\partial x^\alpha} \mathrm{d}x^\alpha \equiv \sum_{\alpha=1}^{N} \frac{\partial \tilde{x}^\mu}{\partial x^\alpha} \mathrm{d}x^\alpha, \qquad (A.1.3)$$

(A.1.3)式中的第二式左边出现对 α 的重复指标定义为式中右边的求和,即遵守爱因斯坦约定(Einstein's summation convention). 以下表述中均采用该约定,而不再写出求和号. (A.1.3)式的坐标微分变换是线性的,它反映的是该点邻近点的坐标变换. $\{\partial \tilde{x}^\mu / \partial x^\alpha\}$ 为变换矩阵,它随空间点的不同而不同. 当变换矩阵满足

$$\det |\partial \tilde{x}^\mu / \partial x^\alpha| \neq 0 \text{ 和 } \infty \qquad (A.1.4)$$

时,(A.1.3)式存在相应的逆变换

$$\mathrm{d}x^\alpha = \frac{\partial x^\alpha}{\partial \tilde{x}^\mu} \mathrm{d}\tilde{x}^\mu. \qquad (A.1.5)$$

正逆变换满足

$$\frac{\partial \widetilde{x}^{\mu}}{\partial x^{\alpha}}\frac{\partial x^{\alpha}}{\partial \widetilde{x}^{\nu}} = \delta_{\mu}^{\nu}, \quad \frac{\partial x^{\alpha}}{\partial \widetilde{x}^{\mu}}\frac{\partial \widetilde{x}^{\mu}}{\partial x^{\beta}} = \delta_{\beta}^{\alpha}, \tag{A.1.6}$$

这里 δ 为克罗内克符号,满足

$$\delta_{\alpha}^{\beta} = \begin{cases} 0, & \alpha \neq \beta, \\ 1, & \alpha = \beta. \end{cases} \tag{A.1.7}$$

下面来定义空间中的 p 阶逆变张量 T(contravariant tensor). 它是由 p 个指标构成的量,满足:(1) 有 N^p 个分量,在坐标系 x^{μ} 下记为 $T^{\mu_1\mu_2\cdots\mu_p}$,其中 $\mu_i = 1, 2, \cdots, N$;(2) 当从坐标系 x^{μ} 变 $\widetilde{x}^{\mu}$ 为时,$T^{\mu_1\mu_2\cdots\mu_p}$ 的变换规则与坐标微分变换(A.1.5)相同,即相应地变为

$$\widetilde{T}^{\mu_1\mu_2\cdots\mu_p} = \frac{\partial \widetilde{x}^{\mu_1}}{\partial x^{\alpha_1}}\frac{\partial \widetilde{x}^{\mu_2}}{\partial x^{\alpha_2}}\cdots\frac{\partial \widetilde{x}^{\mu_p}}{\partial x^{\alpha_p}}T^{\alpha_1\alpha_2\cdots\alpha_p}. \tag{A.1.8}$$

当 $p=0$ 时,零阶的逆变张量 T 也称为标量(scalar). $p=1$ 时的一阶逆变张量 T^{μ} 也称为逆变矢量.

类似地可以引入 q 阶协变张量(covariant tensor),其基本特征是每一指标的变换规则与坐标微分的逆变换一致. 为与逆变张量相区分,其指标由下标记,这样可以写出类似于逆变张量(A.1.8)的变换形式为

$$\widetilde{T}_{\mu_1\mu_2\cdots\mu_q} = \frac{\partial x^{\alpha_1}}{\partial \widetilde{x}^{\mu_1}}\frac{\partial x^{\alpha_2}}{\partial \widetilde{x}^{\mu_2}}\cdots\frac{\partial x^{\alpha_p}}{\partial \widetilde{x}^{\mu_p}}T_{\alpha_1\alpha_2\cdots\alpha_q}. \tag{A.1.9}$$

此外,还可以定义既有逆变指标又有协变指标的 (p, q) 阶混合张量 $T_{\beta_1\beta_2\cdots\beta_q}^{\alpha_1\alpha_2\cdots\alpha_p}$. 例如,最低阶的混合张量是二阶的,其变换规则为

$$\widetilde{T}_{\nu}^{\mu} = \frac{\partial \widetilde{x}^{\mu}}{\partial x^{\alpha}}\frac{\partial x^{\beta}}{\partial \widetilde{x}^{\nu}}T_{\beta}^{\alpha}. \tag{A.1.10}$$

两个张量可以进行加法、减法和乘法运算,但不能定义除法运算. 另外需要注意的是,这些运算是对空间同一点上的张量来进行的,不同点的张量不能直接进行这些运算. 张量的加减法比较简单,它定义为空间同一点的同阶张量相应分量的加减,如 $(1,1)$ 阶张量的加减法为

$$C_{\nu}^{\mu} = A_{\nu}^{\mu} \pm B_{\nu}^{\mu}. \tag{A.1.11}$$

张量的乘法称为外乘(exterior product)或叉积(cross product). 例如 $(1,1)$ 阶张量 A_{λ}^{μ} 与 $(1,0)$ 阶张量 B^{ν} 的外乘定义为

$$C_{\lambda}^{\mu\nu} = A_{\lambda}^{\mu}B^{\nu}, \tag{A.1.12}$$

相应得到的张量 $C_{\lambda}^{\mu\nu}$ 为 $(2,1)$ 阶张量. 由 (p_1,q_1) 阶张量与 (p_2,q_2) 阶张量外乘后将会得到 (p_1+p_2,q_1+q_2) 阶张量.

缩并(contraction)运算是指对混合张量的某一对上下指标取相同值(求和). 一般地,(p, q) 阶张量一次缩并后得到 $(p-1, q-1)$ 阶张量. 如 $(2,1)$ 阶张量 $A_{\lambda}^{\mu\nu}$ 可对 μ(或 ν)和 λ 缩并后得到

$$C^{\nu} = A_{\lambda}^{\lambda\nu}, \quad D^{\mu} = A_{\lambda}^{\mu\lambda}. \tag{A.1.13}$$

下面用矢量的运算来进一步说明上述的外乘与缩并. 两个逆变矢量的外乘可以得到二阶逆变张量, 两个协变矢量的外乘可以得到二阶协变张量, 即

$$C^{\mu\nu} = A^{\mu}B^{\nu}, \quad C_{\alpha\beta} = A_{\alpha}B_{\beta}.$$

矢量的缩并即标积(内积), 实际上就是矢量外乘后再缩并, 由于是缩并, 因而必须在逆变矢量与协变矢量之间进行, 这样的运算后将得到标量,

$$C = A^{\mu}B_{\mu}. \tag{A.1.14}$$

下面我们讨论张量的对称性. 张量对称性是指张量在指标交换操作的情况下具有不变性的行为. 这里的指标交换指的是在上指标之间或下指标之间进行交换, 上下指标之间不交换. 对二阶逆变(或协变)张量 $T^{\mu\nu}$(或 $T_{\mu\nu}$), $\mu, \nu = 1, 2, \cdots, N$, 其分量可用 $N \times N$ 矩阵表示. 若矩阵为对称矩阵, 即

$$T^{\mu\nu} = T^{\nu\mu}, \quad \text{或 } T_{\mu\nu} = T_{\nu\mu}, \tag{A.1.15}$$

则称张量 $T^{\mu\nu}$(或 $T_{\mu\nu}$)对指标 μ, ν 是对称的; 若有

$$T^{\mu\nu} = -T^{\nu\mu}, \quad \text{或 } T_{\mu\nu} = -T_{\nu\mu}, \tag{A.1.16}$$

则称张量 $T^{\mu\nu}$(或 $T_{\mu\nu}$)对指标 μ, ν 是反对称的. 二阶逆变(或协变)张量的对称定义可以自然推广至高阶逆变(或协变)张量. 如果某一逆变(或协变)张量对任一对指标都是对称或反对称的, 则称该张量是对称或反对称的. 如三阶对称逆变张量 $T^{\mu\nu\lambda}$ 应满足

$$T^{\mu\nu\lambda} = T^{\mu\lambda\nu} = T^{\lambda\nu\mu} = T^{\nu\mu\lambda}, \tag{A.1.17}$$

而三阶反对称逆变张量 $T^{\mu\nu\lambda}$ 应满足

$$T^{\mu\nu\lambda} = -T^{\mu\lambda\nu} = -T^{\lambda\nu\mu} = -T^{\nu\mu\lambda}. \tag{A.1.18}$$

注意上述张量的对称性仅对逆变指标之间或协变指标之间的交换有效, 而对二者之间的交换对称性无意义, 因为前者在坐标变换下保持不变, 而后者无法保持不变.

一个不对称的逆变(或协变)张量总可分解为对称和反对称张量两部分之和. 例如, 一个二阶逆变张量 $T^{\mu\nu}$ 可分解为

$$T^{\mu\nu} = S^{\mu\nu} + A^{\mu\nu}, \tag{A.1.19}$$

其中对称张量 S 和反对称张量分别满足

$$S^{\mu\nu} = S^{\nu\mu}, \quad A^{\mu\nu} = -A^{\nu\mu}. \tag{A.1.20}$$

A.2　矢量平移、仿射联络与协变微商

矢量在空间中可以平移, 在平移过程中自然可以引入变换, 这种变换通常为张量. 为使张量保持其张量性质, 需要引入仿射联络(affine connection). 设 P 点的协

变矢量为$A_\mu(P)$，平移至 Q 点的相应矢量为$A_\mu(P\to Q)$，在小平移下矢量的改变$\delta A_\mu(P)$为

$$\delta A_\mu(P) = A_\mu(P\to Q) - A_\mu(P) = \Gamma^\lambda_{\mu\nu}(P)A_\lambda(P)\mathrm{d}x^\nu, \qquad (\mathrm{A.2.1})$$

其中比例系数$\Gamma^\lambda_{\mu\nu}(P)$称为 P 点的仿射联络. 下面看仿射联络需满足的条件. 由于平移至 Q 点的矢量仍需保持协变性质，因此

$$\widetilde{A}_\mu(P\to Q) = (\partial x^\alpha/\partial \widetilde{x}^\mu)_Q A_\alpha(P\to Q). \qquad (\mathrm{A.2.2})$$

利用微分关系

$$(\partial x^\alpha/\partial \widetilde{x}^\mu)_Q = (\partial x^\alpha/\partial \widetilde{x}^\mu)_P + (\partial^2 x^\alpha/\partial \widetilde{x}^\mu \partial \widetilde{x}^\nu)_P \mathrm{d}\widetilde{x}^\nu, \qquad (\mathrm{A.2.3})$$

$$\mathrm{d}\widetilde{x}^\nu = (\partial \widetilde{x}^\nu/\partial x^\sigma)_P \mathrm{d}x^\sigma, \qquad (\mathrm{A.2.4})$$

并利用(A.2.1)式，(A.2.2)式可以写作

$$\widetilde{A}_\mu + \widetilde{\Gamma}^\lambda_{\mu\nu}\widetilde{A}_\lambda \mathrm{d}\widetilde{x}^\nu = \left(\frac{\partial x^\alpha}{\partial \widetilde{x}^\mu} + \frac{\partial^2 x^\alpha}{\partial \widetilde{x}^\mu \partial \widetilde{x}^\nu}\frac{\partial \widetilde{x}^\nu}{\partial x^\sigma}\mathrm{d}x^\sigma\right)(A_\alpha + \Gamma^\beta_{\alpha\sigma}A_\beta \mathrm{d}x^\sigma). \quad (\mathrm{A.2.5})$$

上式的计算均在 P 点进行，故而省略下标 P. 利用(A.2.4)式及

$$\widetilde{A}_\mu = (\partial x^\beta/\partial \widetilde{x}^\mu)A_\beta, \qquad (\mathrm{A.2.6})$$

代入(A.2.5)式，并略去微分二阶小量，可以得到

$$\widetilde{\Gamma}^\lambda_{\mu\nu}\frac{\partial x^\beta}{\partial \widetilde{x}^\lambda}\frac{\partial \widetilde{x}^\nu}{\partial x^\sigma} = \frac{\partial^2 x^\beta}{\partial \widetilde{x}^\mu \partial \widetilde{x}^\rho}\frac{\partial x^\rho}{\partial x^\sigma} + \Gamma^\beta_{\alpha\sigma}\frac{\partial x^\alpha}{\partial \widetilde{x}^\mu}. \qquad (\mathrm{A.2.7})$$

利用(A.2.2)式可解出

$$\widetilde{\Gamma}^\lambda_{\mu\nu} = \frac{\partial^2 x^\beta}{\partial \widetilde{x}^\mu \partial \widetilde{x}^\nu}\frac{\partial \widetilde{x}^\lambda}{\partial x^\beta} + \Gamma^\beta_{\alpha\sigma}\frac{\partial x^\alpha}{\partial \widetilde{x}^\mu}\frac{\partial x^\sigma}{\partial \widetilde{x}^\nu}\frac{\partial \widetilde{x}^\lambda}{\partial x^\beta}. \qquad (\mathrm{A.2.8})$$

此式给出了为保证矢量平移协变性仿射联络应满足的变换公式，它是一个充分必要条件. 用联络建立的平移操作也可以对其他阶张量进行. 例如对 P 点的逆变矢量 $A^\mu(P)$，在确定联络后可以证明

$$A^\mu(P\to Q) = A^\mu + \delta A^\mu = A^\mu - \Gamma^\mu_{\lambda\nu}A^\lambda \mathrm{d}x^\nu \qquad (\mathrm{A.2.9})$$

为 Q 点的逆变矢量，上式即为以联络对逆变矢量做平移的公式.

联络$\Gamma^\lambda_{\mu\nu}$的对称组合

$$\Gamma^\lambda_{\mu\nu} \equiv \frac{1}{2}(\Gamma^\lambda_{\mu\nu} + \Gamma^\lambda_{\nu\mu}) \qquad (\mathrm{A.2.10})$$

也是一种联络，它对协变指标是对称的，即 $\Gamma^\lambda_{\mu\nu} = \Gamma^\lambda_{\nu\mu}$，故称为对称联络. 而联络$\Gamma^\lambda_{\mu\nu}$的反对称组合

$$\Gamma^\lambda_{[\mu\nu]} \equiv \frac{1}{2}(\Gamma^\lambda_{\mu\nu} - \Gamma^\lambda_{\nu\mu}) \qquad (\mathrm{A.2.11})$$

是一个对协变指标反对称的张量，即 $\Gamma^\lambda_{[\mu\nu]} = -\Gamma^\lambda_{[\nu\mu]}$. 该张量有一个特定名称，称为挠率张量(torsion tensor).

在张量平移的基础上，我们可以定义张量场的协变微商(covariant derivative). 以协变矢量场$T_\mu(x)$为例,协变矢量对 x^ν 的普通微商

$$T_{\mu,\nu}(x) \equiv \frac{\partial T_\mu(x)}{\partial x^\nu} = \lim_{Q \to P} \frac{T_\mu(Q) - T_\mu(P)}{\Delta x^\nu} \qquad (A.2.12)$$

并不是一个张量. 为使协变微商后的 T 仍是张量,可利用平移操作将其定义为

$$T_{\mu;\nu}(x) = \lim_{Q \to P} \frac{T_\mu(Q) - T_\mu(P \to Q)}{\Delta x^\nu}, \qquad (A.2.13)$$

这里的$T_{\mu;\nu}$是$(0,2)$阶张量. 由平移公式(A.2.1),上式化为

$$T_{\mu;\nu} = T_{\mu,\nu} - \Gamma^\lambda_{\mu\nu} T_\lambda. \qquad (A.2.14)$$

此即协变矢量的协变微商公式. 类似地可以得到逆变矢量 A^a 的协变微商公式为

$$A^\mu_{;\lambda} = A^\mu_{,\lambda} + \Gamma^\mu_{a\lambda} A^a, \qquad (A.2.15)$$

其中$A^\mu_{,\lambda} \equiv \partial A^\mu / \partial x^\lambda$为普通微商. 对于沿曲线 $\gamma(s)$ 的协变微商,我们经常用 D/ds 标记. 对高阶张量可得到类似的协变微商. 例如,二阶混合张量场$T^\mu_\nu(x)$的协变微商可分别考虑上述的协变与逆变矢量变换得到,为

$$T^\mu_{\nu;\lambda} = T^\mu_{\nu,\lambda} + \Gamma^\mu_{\rho\lambda} T^\rho_\nu - \Gamma^\rho_{\nu\lambda} T^\mu_\rho, \qquad (A.2.16)$$

$$T_{\mu\nu;\lambda} = T_{\mu\nu,\lambda} - \Gamma^\rho_{\mu\lambda} T_{\rho\nu} - \Gamma^\rho_{\nu\lambda} T_{\mu\rho}, \qquad (A.2.17)$$

$$T^{\mu\nu}_{;\lambda} = T^{\mu\nu}_{,\lambda} + \Gamma^\mu_{\rho\lambda} T^{\rho\nu} + \Gamma^\nu_{\rho\lambda} T^{\mu\rho}. \qquad (A.2.18)$$

A.3　曲率张量与测地线方程

前面(A.2.11)式的挠率张量$\Gamma^\lambda_{[\mu\nu]}$是由联络构成的一个重要张量. 下面用联络来构造另一种重要张量,称为曲率张量(curvature tensor). 曲率和挠率张量是刻画空间弯曲情况的两种基本张量. 下面借助于协变微商来引入曲率张量. 对于任一协变矢量场$A_\mu(x)$做二阶协变微商,根据(A.2.17)式并进一步利用(A.2.14)式,有

$$
\begin{aligned}
A_{\lambda;\mu;\nu} &= A_{\lambda;\mu,\nu} - \Gamma^\rho_{\lambda\nu} A_{\rho;\mu} - \Gamma^\rho_{\mu\nu} A_{\lambda;\rho} \\
&= (A_{\lambda,\mu,\nu} - \Gamma^\rho_{\lambda\mu,\nu} A_\rho - \Gamma^\rho_{\lambda\mu} A_{\rho;\nu}) - (\Gamma^\rho_{\lambda\nu} A_{\rho,\mu} - \Gamma^\rho_{\lambda\nu} \Gamma^\sigma_{\rho\mu} A_\sigma) - \Gamma^\rho_{\mu\nu} A_{\lambda;\rho}.
\end{aligned}
$$
$$ (A.3.1) $$

对$A_{\lambda;\mu;\nu}$取指标 μ,ν 的反对称组合,可以得到

$$A_{\lambda;[\mu\nu]} \equiv \frac{1}{2}(A_{\lambda;\mu;\nu} - A_{\lambda;\nu;\mu}). \qquad (A.3.2)$$

将(A.3.1)式代入(A.3.2)式并整理,有

$$A_{\lambda;[\mu\nu]} \equiv \frac{1}{2}(R^\rho_{\lambda\mu\nu} A_\rho - 2\Gamma^\rho_{[\mu\nu]} A_{\lambda;\rho}), \qquad (A.3.3)$$

式中$\Gamma^\rho_{[\mu\nu]}$为$\Gamma^\rho_{\mu\nu}$反对称组合的挠率张量,而

$$R^\rho_{\lambda\mu\nu} \equiv -\Gamma^\rho_{\lambda\mu,\nu} + \Gamma^\rho_{\lambda\nu,\mu} - \Gamma^\sigma_{\lambda\mu} \Gamma^\rho_{\sigma\nu} + \Gamma^\sigma_{\lambda\nu} \Gamma^\rho_{\sigma\mu} \qquad (A.3.4)$$

称为曲率张量. 从(A.3.3)式可以看出,只有当挠率张量与曲率张量都为零时,才

有 $A_{\lambda;[\mu,\nu]}=0$，即这时 A_μ 的二次协变微商可交换顺序，$A_{\lambda;\mu;\nu}=A_{\lambda;\nu;\mu}$.

由定义式（A.3.4）可以看出，曲率张量完全由联络及其一阶微商决定，且对下指标 μ,ν 反对称，即

$$R^\rho_{\mu\nu}=-R^\rho_{\lambda\nu\mu}. \tag{A.3.5}$$

曲率是高阶张量，它可以缩并. 由于曲率张量的反对称性，独立的缩并方式有两种，即

$$A_{\mu\nu}=R^\lambda_{\lambda\nu\mu}, \tag{A.3.6}$$

$$R_{\mu\nu}=R^\lambda_{\mu\nu\lambda}. \tag{A.3.7}$$

下面我们导出在 N 维空间的测地线满足的方程. 测地线（geodesic）的名字来自于对于地球尺寸与形状的大地测量学（geodesy），又称大地线或短程线，可以定义为空间中两点的局域最短或最长路径. 设 N 维空间的曲线为

$$x^\mu=x^\mu(\lambda),\quad \mu=1,2,\cdots,N, \tag{A.3.8}$$

其中 λ 为标量性参量. 曲线上任一点的切矢量定义为

$$A^\mu=\mathrm{d}x^\mu/\mathrm{d}\lambda, \tag{A.3.9}$$

它是一个逆变矢量. 令 P,Q 为曲线上的两相邻点，坐标分别为 x^μ 和 $x^\mu+\mathrm{d}x^\mu$. 令 $A^\mu(P\to Q)$ 为 P 点切矢量 $A^\mu(P)$ 平移至 Q 点的矢量，若曲线上任意两点 P 与 Q 的切矢量平行，即平移矢量 $A^\mu(P\to Q)$ 与该点矢量 $A^\mu(P)$ 平行，则该曲线称为测地线. 平行条件可写为

$$A^\mu(Q)=[1+f(\lambda)\mathrm{d}\lambda]A^\mu(P\to Q), \tag{A.3.10}$$

此处的 $1+f(\lambda)\mathrm{d}\lambda$ 为按 $\mathrm{d}\lambda$ 展开至一阶小量的比例因子. 利用逆变矢量平移公式（A.2.9）可得

$$A^\mu(P\to Q)=\frac{\mathrm{d}x^\mu}{\mathrm{d}\lambda}-\Gamma^\mu_{\alpha\beta}\frac{\mathrm{d}x^\alpha}{\mathrm{d}\lambda}\frac{\mathrm{d}x^\beta}{\mathrm{d}\lambda}\mathrm{d}\lambda. \tag{A.3.11}$$

由切矢量微分公式，有

$$A^\mu(Q)=A^\mu(P)+\mathrm{d}A^\mu(P)=\frac{\mathrm{d}x^\mu}{\mathrm{d}\lambda}+\frac{\mathrm{d}^2x^\mu}{\mathrm{d}\lambda^2}\mathrm{d}\lambda. \tag{A.3.12}$$

将（A.3.11）和（A.3.12）式代入（A.2.9）式并保留一阶小量，可得

$$\frac{\mathrm{d}^2x^\mu}{\mathrm{d}\lambda^2}+\Gamma^\mu_{\alpha\beta}\frac{\mathrm{d}x^\alpha}{\mathrm{d}\lambda}\frac{\mathrm{d}x^\beta}{\mathrm{d}\lambda}=f(\lambda)\frac{\mathrm{d}x^\mu}{\mathrm{d}\lambda}, \tag{A.3.13}$$

此即测地线满足的微分方程. 考虑参量变换 $\lambda=\lambda(\sigma)$，将上式中的项重新改写为

$$\frac{\mathrm{d}x^\mu}{\mathrm{d}\lambda}=\frac{\mathrm{d}x^\mu}{\mathrm{d}\sigma}\frac{\mathrm{d}\sigma}{\mathrm{d}\lambda}, \tag{A.3.14}$$

$$\frac{\mathrm{d}^2x^\mu}{\mathrm{d}\lambda^2}=\frac{\mathrm{d}^2x^\mu}{\mathrm{d}\sigma^2}\left(\frac{\mathrm{d}\sigma}{\mathrm{d}\lambda}\right)^2+\frac{\mathrm{d}x^\mu}{\mathrm{d}\sigma}\frac{\mathrm{d}^2\sigma}{\mathrm{d}\lambda^2}, \tag{A.3.15}$$

则测地线方程为

$$\left(\frac{\mathrm{d}^2 x^\mu}{\mathrm{d}\sigma^2} + \Gamma^\mu_{\alpha\beta}\frac{\mathrm{d}x^\alpha}{\mathrm{d}\sigma}\frac{\mathrm{d}x^\beta}{\mathrm{d}\sigma}\right)\left(\frac{\mathrm{d}\sigma}{\mathrm{d}\lambda}\right)^2 = \frac{\mathrm{d}x^\mu}{\mathrm{d}\sigma}\left(f(\lambda)\frac{\mathrm{d}\sigma}{\mathrm{d}\lambda} - \frac{\mathrm{d}^2\sigma}{\mathrm{d}\lambda^2}\right). \quad (A.3.16)$$

若参量变换 $\lambda = \lambda(\sigma)$ 满足

$$\frac{\mathrm{d}^2\sigma}{\mathrm{d}\lambda^2} = f(\lambda)\frac{\mathrm{d}\sigma}{\mathrm{d}\lambda}, \quad (A.3.17)$$

则这样的标量性参量 σ 称为仿射参量(affine parameter),相应的测地线方程简化为

$$\frac{\mathrm{d}^2 x^\mu}{\mathrm{d}\sigma^2} + \Gamma^\mu_{\alpha\beta}\frac{\mathrm{d}x^\alpha}{\mathrm{d}\sigma}\frac{\mathrm{d}x^\beta}{\mathrm{d}\sigma} = 0. \quad (A.3.18)$$

如果在空间一个区域 V 中曲率张量与挠率张量均为零,则在 V 内总可找到适当的坐标变换 $x^\mu \to \tilde{x}^\mu$ 使得 $\tilde{\Gamma}^\lambda_{\mu\nu} = 0$,即在 V 内的联络为零,而相应的 $\delta A_\mu = 0$. 这表明在 V 内矢量的平移不改变其分量. 此时称 V 内的空间是平坦的(flat). 因此曲率和挠率张量是否为零是空间是否平坦的标志. 在平坦的空间内 $\Gamma^\mu_{\alpha\beta} = 0$,此时的测地线方程为

$$\mathrm{d}^2 x^\mu/\mathrm{d}\sigma^2 = 0. \quad (A.3.19)$$

A.4　黎曼空间的度规张量与克氏联络

下面讨论黎曼空间的几何与张量. 黎曼空间是在仿射空间中引入度规场(metric field)与不变距离(invariant distance)构成的. 通常用二次型

$$\mathrm{d}s^2 = g_{\mu\nu}\mathrm{d}x^\mu \mathrm{d}x^\nu \quad (A.4.1)$$

来定义空间相邻两点的距离. $\mathrm{d}s$ 是一个不变量标量,即其不变性与坐标无关,$g_{\mu\nu}$ 称为度规张量(metric tensor),为二阶协变张量. 令 $g_{\mu\nu}$ 为对称张量,在仿射空间中确定了度规场后,空间任意相邻点的距离便有了意义. 我们熟知的三维欧氏空间几何为黎曼空间几何的特例. 在笛卡尔坐标系中 $x^1 = x, x^2 = y, x^3 = z$,相邻点的距离为 $\mathrm{d}s^2 = \mathrm{d}x^2 + \mathrm{d}y^2 + \mathrm{d}z^2$,即度规张量为 3×3 单位矩阵,此时有 $g_{\mu\nu} = g_{\nu\mu}$. 在球坐标系中,$x^1 = r, x^2 = \theta, x^3 = \phi, \mathrm{d}s^2 = \mathrm{d}r^2 + r^2\mathrm{d}\theta^2 + r^2\sin^2\theta\mathrm{d}\phi^2$,度规张量为

$$g_{\mu\nu} = \begin{bmatrix} 1 & 0 & 0 \\ 0 & r^2 & 0 \\ 0 & 0 & r^2\sin^2\theta \end{bmatrix}. \quad (A.4.2)$$

对一个黎曼空间,若选择适当坐标系,使其度规张量 $g_{\mu\nu}$ 具有形式

$$g_{\mu\nu} = \begin{cases} +1 \text{ 或} -1, & \mu = \nu, \\ 0, & \mu \neq \nu, \end{cases} \quad (A.4.3)$$

则称空间是平坦的黎曼空间.

黎曼空间中的张量利用度规可将其表为逆变、协变形式或混合的形式. 例如,

黎曼空间中某一点上的逆变矢量 T^μ 可通过该点的度规来定义相应的协变矢量,

$$T_\mu \equiv g_{\mu\nu} T^\nu, \qquad (A.4.4)$$

其他有逆变指标的张量也可用 $g_{\mu\nu}$ 变换为协变指标,这种操作称为张量指标的下降 (lowering the index). 当 $\det|g_{\mu\nu}| \neq 0$ 时,则可 T^μ 定义逆变度规矢量 $g^{\mu\nu}$ 满足

$$g^{\mu\nu} g_{\nu\lambda} = \delta^\mu_\lambda. \qquad (A.4.5)$$

利用 $g^{\mu\nu}$ 就可以进行张量指标上升操作(raising the index). 如

$$T^\mu \equiv g^{\mu\nu} T_\nu \qquad (A.4.6)$$

$$T^{\mu\nu} \equiv g^{\mu a} T_a^{\ \nu}. \qquad (A.4.7)$$

在仿射空间中定义矢量平移的联络在黎曼空间中需保持矢量长度不变. 考虑 P 点的逆变矢量 $A^\mu(P)$,则

$$A^\mu(P \to Q) = A^\mu(P) - \Gamma^\mu_{\nu\lambda}(P) A^\nu(P) \mathrm{d}x^\lambda. \qquad (A.4.8)$$

平移矢量长度不变要求

$$g_{\mu\nu}(Q) A^\mu(P \to Q) A^\nu(P \to Q) = g_{\mu\nu}(P) A^\mu(P) A^\nu(P). \qquad (A.4.9)$$

度规场的微分满足

$$g_{\mu\nu}(Q) = g_{\mu\nu}(P) + g_{\mu\nu,\lambda}(P) \mathrm{d}x^\lambda. \qquad (A.4.10)$$

将此式与(A.4.8)式代入(A.4.9)式并保留一级小量,注意到 A^μ 为任意矢量,有

$$g_{\mu\nu,\lambda} - g_{a\nu} \Gamma^a_{\mu\lambda} - g_{\mu a} \Gamma^a_{\nu\lambda} = 0. \qquad (A.4.11)$$

此即联络在黎曼空间满足的方程. 利用协变微商的定义(A.2.14),(A.4.11)式可写成

$$g_{\mu\nu;\lambda} = 0, \qquad (A.4.12)$$

再利用(A.4.8)式可得到

$$g^{\mu\nu}_{\ \ ;\lambda} = 0. \qquad (A.4.13)$$

可以看出,度规张量在协变微商下的结果与常数张量在普通微商下的结果是一样的.(A.4.11)式对指标 μ,ν 对称,故包含 $n^2(n+1)/2$ 个独立方程,但由于 $\Gamma^\lambda_{\mu\nu}$ 有 n^3 个独立分量,因此方程(A.4.11)无法完全确定联络 $\Gamma^\lambda_{\mu\nu}$. 如果联络是对称的,即挠率为零,则联络也有 $n^2(n+1)/2$ 个独立分量,方程(A.4.11)可完全确定并可解出. 此时可用指标循环替换 $\mu \to \nu \to \lambda \to \mu$,(A.4.11)式可写为

$$g_{\nu\lambda,\mu} - g_{a\lambda} \Gamma^a_{\nu\mu} - g_{\nu a} \Gamma^a_{\lambda\mu} = 0, \qquad (A.4.14)$$

$$g_{\lambda\mu,\nu} - g_{a\mu} \Gamma^a_{\lambda\nu} - g_{\lambda a} \Gamma^a_{\mu\nu} = 0. \qquad (A.4.15)$$

将(A.4.11)与(A.4.14)式相加并减去(A.4.15)式,注意到联络 $\Gamma^\lambda_{\mu\nu}$ 的对称性,可解出

$$\Gamma_{\nu\lambda\mu} = g_{a\nu} \Gamma^a_{\lambda\mu} = \frac{1}{2}(g_{\mu\nu,\lambda} + g_{\nu\lambda,\mu} - g_{\lambda\mu,\nu}). \qquad (A.4.16)$$

用逆变度规提升指标,也可以得到

$$\Gamma^{a}_{\lambda\mu} = g_{a\nu}\Gamma^{a}_{\lambda\mu} = \frac{1}{2}g^{a\nu}(g_{\mu\nu,\lambda} + g_{\nu\lambda,\mu} - g_{\lambda\mu,\nu}). \tag{A.4.17}$$

这些结果表明,在黎曼空间中采用的对称联络可完全由度规及其普通微商决定,这种联络称为克利斯朵夫联络(克氏联络).可以证明,若在坐标 x^{μ} 下 P 点的联络为克氏联络 $(\Gamma^{\mu}_{\mu\nu})_{P}$,则必存在坐标变换 $x^{\mu}\to\tilde{x}^{\mu}$ 使得 $(\Gamma^{\mu}_{\mu\nu})_{P}=0$,这意味着

$$(g_{\mu\nu,\lambda})_{P} = 0, \tag{A.4.18}$$

即在 P 点附近 $\mathrm{d}x^{\mu}$ 的二阶小量可忽略的小区域内 $g_{\mu\nu}$ 近似为常数,空间近似平坦.

A.5　黎曼空间中的测地线与曲率张量

在 A.3 中,我们指出了测地线方程在采用仿射参量时会有简单形式(A.3.18).在黎曼空间中,可利用度规张量来引入这样的仿射参量.对黎曼空间中的任一条曲线,可引入标量积分

$$s = \int_{P_{0}}^{P}\mathrm{d}s, \tag{A.5.1}$$

此处 $\mathrm{d}s$ 为曲线上相邻两点的不变距离,s 为空间中 P_0 点到 P 点的固有长度,是标志曲线上点的一个自然标量性参量.以 s 为参量,切矢量 u^{μ} 定义为

$$u^{\mu} = \mathrm{d}x^{\mu}/\mathrm{d}s. \tag{A.5.2}$$

由(A.4.1)式可知,切矢量 u^{μ} 为单位矢量,即

$$g_{\mu\nu}u^{\mu}u^{\nu} = 1. \tag{A.5.3}$$

对此式求协变微商,注意到(A.4.12)式,可以得到

$$g_{\mu\nu}u^{\mu}_{;\lambda}u^{\nu} + g_{\mu\nu}u^{\mu}u^{\nu}_{;\lambda} = 0. \tag{A.5.4}$$

上式的两项交换指标 μ,ν,由于 $g_{\mu\nu}=g_{\nu\mu}$,因此左边两项相等,再利用(A.4.4)式有

$$u_{\nu}u^{\mu}_{;\lambda} = 0. \tag{A.5.5}$$

利用(A.5.2)式可把测地线方程写为

$$\frac{\mathrm{d}u^{\mu}}{\mathrm{d}s} + \Gamma^{\mu}_{\alpha\beta}u^{\alpha}u^{\beta} = f(s)u^{\mu}, \tag{A.5.6}$$

由此可得 $f(s)$,并利用(A.5.5)式与 $\mathrm{d}u^{\mu}/\mathrm{d}s=u^{\mu}_{,\alpha}u^{\alpha}$,有

$$\begin{aligned}
f(s) &= u_{\mu}\left(\frac{\mathrm{d}u^{\mu}}{\mathrm{d}s} + \Gamma^{\mu}_{\alpha\beta}u^{\alpha}u^{\beta}\right) \\
&= u_{\mu}(u^{\mu}_{,\alpha}u^{\alpha} + \Gamma^{\mu}_{\alpha\beta}u^{\alpha}u^{\beta}) \\
&= u_{\mu}u^{\mu}_{;\alpha}u^{\alpha} = 0. \tag{A.5.7}
\end{aligned}$$

这说明在黎曼空间中,s 的确是仿射参量,相应可得到黎曼空间中的测地线方程为

$$\frac{\mathrm{d}u^{\mu}}{\mathrm{d}s} + \Gamma^{\mu}_{\alpha\beta}u^{\alpha}u^{\beta} = 0. \tag{A.5.8}$$

测地线是空间中任意两点间最短的线,它实际就是欧氏空间中直线的推广.考虑黎

曼空间中任意两点 P_0 和 P,定义泛函 $L = \int_{P_0}^{P} ds$,其中积分沿通过 P_0,P 的任一曲线进行,L 即是该曲线的固有长度. 可以证明,在所有的曲线中,通过 P_0,P 的测地线使 L 取极小值. 这与欧氏空间中直线最短完全一致.

下面简单看一下采用克氏联络的黎曼空间曲率张量具有哪些新的性质. 首先 $(1,3)$ 阶曲率张量 $R^{\rho}_{\lambda\mu\nu}$ 有以下对称性:

（1）反对称性,即

$$R^{\rho}_{\lambda\mu\nu} = -R^{\rho}_{\lambda\nu\mu};\tag{A.5.9}$$

（2）轮换关系,即

$$R^{\rho}_{\lambda\mu\nu} + R^{\rho}_{\mu\nu\lambda} + R^{\rho}_{\nu\lambda\mu} = 0;\tag{A.5.10}$$

利用度规张量,可以将上面的 $(1,3)$ 阶曲率张量 $R^{\rho}_{\lambda\mu\nu}$ 变为 $(0,4)$ 阶曲率张量

$$R_{\rho\lambda\mu\nu} \equiv g_{\rho\sigma} R^{\sigma}_{\lambda\mu\nu}.\tag{A.5.11}$$

将上述定义代入,可得 $(0,4)$ 阶曲率张量的如下对称性:

（1）关于 μ,ν 指标的反对称,即

$$R_{\rho\lambda\mu\nu} = -R_{\rho\lambda\nu\mu};\tag{A.5.12}$$

（2）关于指标 ρ,λ 的反对称,即

$$R_{\rho\lambda\mu\nu} = -R_{\lambda\rho\mu\nu};\tag{A.5.13}$$

（3）关于指标 $\rho\lambda$,$\mu\nu$ 交换对称,即

$$R_{\rho\lambda\mu\nu} = R_{\mu\nu\rho\lambda};\tag{A.5.14}$$

（4）关于指标 λ,μ,ν 反对称（轮换关系）,即

$$R_{\rho\lambda\mu\nu} + R_{\rho\mu\nu\lambda} + R_{\rho\nu\lambda\mu} = 0.\tag{A.5.15}$$

黎曼张量同样可以缩并. 对于缩并

$$A_{\mu\nu} \equiv A^{\lambda}_{\lambda\mu\nu},\tag{A.5.16}$$

由于张量的反对称性(A.5.9)式,$A_{\mu\nu} = 0$. 唯一非零的缩并是

$$R_{\mu\nu} \equiv R^{\lambda}_{\mu\nu\lambda}.\tag{A.5.17}$$

该张量称为里奇张量,它是对称的,即 $R_{\mu\nu} = R_{\nu\mu}$,这是因为

$$R_{\mu\nu} \equiv g^{\lambda\alpha} R_{\alpha\mu\nu\lambda} = g^{\lambda\alpha} R_{\nu\lambda\alpha\mu} = g^{\lambda\alpha} R_{\lambda\nu\mu\alpha} \equiv R_{\nu\mu}.\tag{A.5.18}$$

在里奇曲率的基础上,通过指标上升后再缩并,可得到标量曲率

$$R \equiv g^{\mu\nu} R_{\nu\mu} = R^{\mu}_{\mu}.\tag{A.5.19}$$

附录 B　布朗粒子在势场中的逃逸与跃迁

B.1　克莱默斯逃逸速率

粒子在多势阱中的布朗运动在小噪声情况下会发生势阱间的跃迁,本书在多处均涉及这样的问题.对于这种情形,计算布朗粒子从一个势阱中的逃逸或在势阱之间的跃迁率就成为基本任务[298-299].下面对此问题进行简要介绍.

考虑在势场 $U(x)$ 中布朗运动的粒子,其运动方程为

$$m\ddot{x} = -\gamma\dot{x} - U'(x) + \Gamma(t). \tag{B.1.1}$$

在过阻尼极限下,惯性项 $m\ddot{x}$ 可以绝热消去,方程变为

$$\gamma\dot{x} = -U'(x) + \Gamma(t). \tag{B.1.2}$$

图 B.1(a)是一种常见的势场,该势场在 x_s 处为极小值,而在 x_u 处为极大值,当 $x\to\pm\infty$ 时,$U(x)\to\mp\infty$.势场的不稳定点 x_u 将 x 分成两个区域,$x<x_u$ 的区域称为束缚区或稳定区,$x>x_u$ 的区域称为逃逸区.方程(B.1.1)反映了一大类具有有界稳定(束缚)区并同时具有一个标志崩溃的临界变量值的实际系统.我们感兴趣的是系统由于受不可避免的噪声作用而产生的逃逸.研究系统在噪声作用下从束缚区进入逃逸区的问题称为逃逸问题(escape process).为了分析简单同时考虑实际系统中普遍存在的快速变化噪声,假设随机力为高斯白噪声,并认为噪声很弱,

$$\langle\Gamma(t)\rangle = 0, \quad \langle\Gamma(t)\Gamma(t')\rangle = 2D\delta(t-t'), \tag{B.1.3}$$

另一个有意义的问题是布朗粒子在噪声作用下在不同状态之间的跃迁.图 B.1(b)中的曲线是双稳势函数的示意图.与图 B.1(a)逃逸问题中的势函数有显著不同,双稳势在 $\pm x$ 方向上都是受束缚的,系统只能处于有限的区域,同时势函数有两个极小值和一个极大值.我们感兴趣于两个稳态之间的跃迁过程(transition process).在随机力作用下,粒子在两个势阱中的运动不再互相独立,初始在某一势阱内的系统,会在不同时间以不同的概率跃入另一势阱.无论是逃逸问题还是双稳态之间的概率跃迁问题,都是研究系统在随机力作用下从稳态出发的演化这同一本质的问题,只是它们在实际问题中表现的形式似乎很不相同.

对应朗之万方程(B.1.2)的福克-普朗克方程(设 $\gamma=1$)是

$$\frac{\partial P(x,t)}{\partial t} = L_{\mathrm{FP}}P(x,t), \tag{B.1.4}$$

其中

$$L_{\mathrm{FP}} = -\frac{\partial}{\partial x}U'(x) + D\frac{\partial^2}{\partial x^2} = D\frac{\partial}{\partial x}\mathrm{e}^{-U(x)/D}\frac{\partial}{\partial x}\mathrm{e}^{U(x)/D}. \qquad (\mathrm{B.1.5})$$

对于图 B.1(a)的势场,方程(B.1.4)不具有最终定态解,事实上,当 $t\rightarrow\infty$ 时,所有概率 P 都会跑到 $x\rightarrow+\infty$ 的区域去.我们来研究初始处于稳态上的系统演化,假定初始概率分布为

$$P(x,0) = \delta(x - x_0). \qquad (\mathrm{B.1.6})$$

从(B.1.6)开始,系统的演化可以分为两个阶段.第一阶段,这一 δ 函数在束缚区的势井内扩散开来,形成区内的局域平衡分布(准稳态);第二阶段,概率通过 x_{u} 处的势垒溢出到不稳定区 $x>x_{\mathrm{u}}$.由于 $x\rightarrow\infty$ 时 $U(x)\rightarrow-\infty$,在 $x>x_{\mathrm{u}}$ 区不存在任何类似准稳的状态,所以我们既不关心概率在 $x\gg x_{\mathrm{u}}$ 处的具体分布,也不考虑从 $x>x_{\mathrm{u}}$ 的不稳定区回流到稳定区 $x<x_{\mathrm{u}}$ 的可能性,简单认为在 $x\gg x_{\mathrm{u}}$ 时 $P(x,t)=0$.

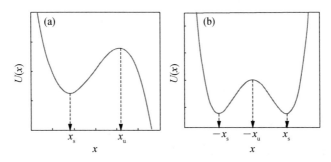

图 B.1　单阱势与双阱势

(a) 单阱势 $U(x)$,在 x_{s} 处为极小值,而在 x_{u} 处为极大值,当 $x\rightarrow\pm\infty$ 时,$U(x)\rightarrow\mp\infty$.(b) 双稳势图.在 $\pm x_{\mathrm{s}}$ 处为极小值,而在 x_{u} 处为极大值,当 $x\rightarrow\pm\infty$ 时,$U(x)\rightarrow\infty$

在弱噪声 $D\ll1$ 的情况下,以上两个阶段处于完全不同的时区.第一阶段为局域平衡弛豫过程,在此阶段中概率将在势阱内建立局域近似平衡态分布.我们先大致估计一下完成此阶段所需的时间.为估计这一时间量级,由于过程在势阱底部局域进行,我们可以用线性漂移项 $U''(x_s)(x-x_x)^2$ 来近似代替整体势场 $U(x)$.经过这样的替代后,以(B.1.6)为初始分布的福克-普朗克方程(B.1.4)的解为

$$P(x,t) \approx \frac{1}{\sqrt{2\pi D(1 - \mathrm{e}^{2U''(x_s)t})}}\mathrm{e}^{U''(x_s)(x-x_s)^2/[2D(1-\mathrm{e}^{2U''(x_s)t})]}, \qquad (\mathrm{B.1.7})$$

其中 $U''(x_s)<0$.该演化给出

$$1/t_s = |U''(x_s)| = O(1).$$

因此当 $t\gg t_s$ 时,势阱内的局域分布就会实现.非线性的引入会改变(B.1.7)的具体形式,但不会改变对 t_s 的量级估计.值得指出的是,在弱噪声条件下,从稳态的 δ 分布出发实现准稳态所需的时间量级 $t_s=O(1)$,甚至远远小于从不稳定态的 δ 分布出发演化到准稳态所需的时间量级

$$t_0 \sim O(-\ln D).$$

第二阶段为概率从束缚区向不稳定区逃逸的过程,在小噪声条件下该过程的时间尺度则要长得多,其量级为 $O(\mathrm{e}^{1/D})$,不仅远大于 t_s,也远大于 t_0. 这样,逃逸过程是在 $x < A$ ($A > x_u$) 的区域内已经形成了局域平衡的系统中进行的,其中 A 的选择有任意性,其条件是 $P(A, t) \approx 0$. 局域平衡的数学表示为

$$P(x, t) = N(t) \mathrm{e}^{-U(x)/D}, \tag{B.1.8}$$

其中归一化常数

$$N(t) \leqslant N(t = 0) = 1 / \left[\int_{-\infty}^{A} \mathrm{e}^{-U(x)/D} \mathrm{d}x \right] \tag{B.1.9}$$

是时间的减函数,它的减少说明概率从势阱区向不稳定区逃逸. 由于 $N(t)$ 随时间变化极为缓慢,所以势阱内概率总量的变化率可忽略不计. (B.1.8)式近似满足 (B.1.4)式的定态平衡方程,这一平衡被称为局域平衡(local equilibrium),而系统的状态则称为准稳态(quasi-steady state). 将定态方程 $L_{\mathrm{FP}} P(x, t) = 0$ 对 x 积分,可得

$$D \frac{\partial}{\partial x} \mathrm{e}^{-U(x)/D} \frac{\partial}{\partial x} \mathrm{e}^{U(x)/D} P(x, t) = J. \tag{B.1.10}$$

用 $\mathrm{e}^{U(x)/D}$ 乘上式两边并将两边对 x 积分,可得

$$D \left[\mathrm{e}^{U(x)/D} P(x_s, t) - \mathrm{e}^{U(x)/D} P(A, t) \right] = J \int_{x_s}^{A} \mathrm{e}^{U(x)/D} \mathrm{d}x. \tag{B.1.11}$$

将(B.1.8)和(B.1.9)式代入(B.1.11)式,得

$$J = DN(t) / \left[\int_{x_s}^{A} \mathrm{e}^{U(x)/D} \mathrm{d}x \right]. \tag{B.1.12}$$

t 时刻处于 $(-\infty, A)$ 区间内的总概率为

$$M(t) = N(t) \int_{-\infty}^{A} \mathrm{e}^{-U(x)/D} \mathrm{d}x. \tag{B.1.13}$$

J 为概率 M 流出 $(-\infty, A)$ 区域内的速率流,即 $\mathrm{d}M(t)/\mathrm{d}t = J$,因此

$$J = \mathrm{d}M(t)/\mathrm{d}t = DM(t) / \left[\int_{-\infty}^{A} \mathrm{e}^{-U(x)/D} \mathrm{d}x \int_{x_s}^{A} \mathrm{e}^{U(x)/D} \mathrm{d}x \right]. \tag{B.1.14}$$

求解得到

$$M(t) = M(0) \mathrm{e}^{-Rt} = \mathrm{e}^{-Rt}, \tag{B.1.15}$$

其中

$$\frac{1}{R} = \frac{1}{D} \int_{-\infty}^{A} \mathrm{e}^{-U(x)/D} \mathrm{d}x \int_{-\infty}^{A} \mathrm{e}^{U(x)/D} \mathrm{d}x. \tag{B.1.16}$$

由于 $D \ll 1$,上述的两个积分均可求出. 利用泰勒展开,积分的贡献主要来自相应极值点的邻域,

$$U(x) = U(x_s) + U''(x_s)(x - x_s)^2/2, \tag{B.1.17}$$

$$U(x) = U(x_u) - |U''(x_u)|(x - x_u)^2/2. \tag{B.1.18}$$

将(B.1.17)和(B.1.18)式代入(B.1.16)式,可得

$$R = \frac{1}{2\pi}\sqrt{U''(x_s)\,|\,U''(x_u)\,|}\,\mathrm{e}^{-\Delta U/D}, \tag{B.1.19}$$

$$\Delta U = U(x_u) - U(x_s). \tag{B.1.20}$$

R 表示概率流入不稳定区的速率,称作克莱默斯逃逸速率(Kramers escape rate),该表达式在$\triangle U = O(1)$和$D \ll 1$,或$\triangle U \gg 1$和$D = O(1)$时是克莱默斯逃逸速率很好的近似表达.整个上述讨论都建立在实现局域平衡所需的时间远远小于概率逃逸时间的假设上.

B. 2　首通时间

　　粒子在随机力作用下从一个稳态出发越过势垒进入另一势阱的跃迁过程显然也是随机过程,每次跃迁所用的时间在各次试验中是不同的,因此跃迁时间可以看成是随机变量.上述的克莱默斯逃逸率与粒子首次跃迁时间密切相关,我们将该时间称为首次通过时间(first passage time),简称首通时间.首通时间的平均值称为平均首通时间(mean first-passage time,MFPT).

　　一般情况下的首通时间可按下述的方法定义.如图 B.2 所示,设布朗粒子运动空间存在两个边界 $x = x_1$,$x = x_2$,其中 x_1 或 x_2.粒子从 $x' \in [x_1, x_2]$ 出发在一势场中运动,设时间 T 为粒子首次穿过边界 x_1 或 x_2 所用的时间,即首通时间.在同样条件的各次试验中首通时间 T 是各不相同的.下面来计算上述过程的首通时间概率分布函数及其平均.

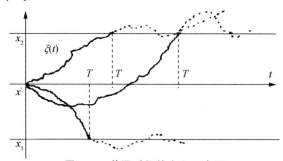

图 B.2　首通时间的定义示意图

　　令 $P(x,t\,|\,x',0)$ 为初始始于 $x' \in [x_1, x_2]$ 的粒子在 t 时刻到达 $x \in [x_1, x_2]$ 的概率分布,它遵循福克-普朗克方程

$$\partial P(x,t\,|\,x',0)/\partial t = L_{\mathrm{FP}} P(x,t\,|\,x',0), \tag{B.2.1}$$

其中初始条件为

$$P(x,0\,|\,x',0) = \delta(x - x'), \tag{B.2.2}$$

边界条件为吸收边界, 即布朗粒子一经到达边界 x_1, x_2 即刻除去,

$$P(-\infty, t \mid x', 0) = P(0, t \mid x', 0) = 0. \tag{B.2.3}$$

上述边界条件使区间 $[x_1, x_2]$ 内的概率总量不归一. 在 $t=0$ 时为 1, 以后随时间减少, 这完全类似于在逃逸过程中概率一旦进入不稳定区后就不再返回. 设 $W(x', t)$ 为 t 时刻处于 $[x_1, x_2]$ 内的概率总量

$$W(x', t) = \int_{x_1}^{x_2} P(x, t \mid x', 0) \mathrm{d}x, \tag{B.2.4}$$

则概率总量随时间减少. 在 T 时刻后 $\mathrm{d}T$ 时间内逃出 $[x_1, x_2]$ 区的概率, 即布朗粒子具有首通时间 $T \to T + \mathrm{d}T$ 的概率为

$$-\mathrm{d}W(x', T) \equiv -\dot{W}(x', T)\mathrm{d}T = -\int_{x_1}^{x_2} \dot{P}(x, T \mid x', 0) \mathrm{d}x \mathrm{d}T. \tag{B.2.5}$$

T 时刻概率流出的速率为

$$\omega(x', T) = -\frac{\mathrm{d}W(x', T)}{\mathrm{d}T} = -\int_{x_1}^{x_2} \dot{P}(x, T \mid x', 0) \mathrm{d}x, \tag{B.2.6}$$

此亦即首通时间 T 的分布函数. 由此可计算首通时间的 n 阶矩为

$$T_n(x') = \int_0^\infty T^n \omega(x', T) \mathrm{d}T = \int_{x_1}^{x_2} P_n(x, x') \mathrm{d}x, \tag{B.2.7}$$

考虑到 (B.2.6) 式和 T, x 积分交换, 有

$$P_n(x, x') = -\int_0^\infty T^n \dot{P}(x, T \mid x', 0) \mathrm{d}T, \tag{B.2.8}$$

$$P_0(x, x') = -\int_0^\infty \dot{P}(x, T \mid x', 0) \mathrm{d}T = \delta(x - x'). \tag{B.2.9}$$

这里用到了无穷长时间后所有概率都要从原区域流掉的条件, 即

$$\lim_{T \to \infty} P(x, T \mid x', 0) = 0. \tag{B.2.10}$$

对 (B.2.8) 式进行分部积分, 可得

$$P_n(x, x') = n\int_0^\infty T^{n-1} P(x, T \mid x', 0) \mathrm{d}T. \tag{B.2.11}$$

用福克–普朗克算符作用于两边, 可得

$$\begin{aligned}
L_{\mathrm{FP}} P_n(x, x') &= n\int_0^\infty T^{n-1} L_{\mathrm{FP}} P(x, T \mid x', 0) \mathrm{d}T \\
&= n\int_0^\infty T^{n-1} \dot{P}(x, T \mid x', 0) \mathrm{d}T \\
&= -n P_{n-1}(x, x'),
\end{aligned} \tag{B.2.12}$$

由此得到递推式

$$\begin{aligned}
L_{\mathrm{FP}} P_1(x, x') &= -\delta(x - x'), \\
L_{\mathrm{FP}} P_2(x, x') &= -2 P_1(x, x'), \\
&\vdots \\
L_{\mathrm{FP}} P_n(x, x') &= -n P_{n-1}(x, x'),
\end{aligned} \tag{B.2.13}$$

所有 $n \geqslant 1$ 的各阶均满足在左右边界 x_1 和 x_2 处的边界条件

$$P_n(x_1, x') = P_n(x_2, x') = 0. \tag{B.2.14}$$

知道了上面的各阶整数矩就可以全面掌握首通时间的概率分布和各种统计性质.

下面来计算一阶矩,即平均首通时间 T_1. 对于如图 B.1(a)所示的单阱势而言,粒子不可能从 $-\infty$ 方向逃逸,所以束缚区只在正方向有边界. 令 A 为右边界的吸收壁,将区域 $[x_1, x_2]$ 定为 $(-\infty, A)$,而当考虑从稳态的逃逸时,应把 x' 选在稳定点 x_s,因而平均首通时间为

$$T_1(x_s) = \int_{-\infty}^{A} P_1(x, x_s) \mathrm{d}x, \tag{B.2.15}$$

$$L_{\mathrm{FP}}(x) P_1(x, x_s) = -\delta(x - x_s). \tag{B.2.16}$$

将福克–普朗克算子代入并求解,可得

$$P_1(x, x_s) = D^{-1} \mathrm{e}^{-U(x)/D} \int_{x_s}^{A} \mathrm{e}^{U(x)/D} \mathrm{d}x, \tag{B.2.17}$$

因此

$$T_1(x_s) = \frac{1}{D} \int_{-\infty}^{A} \mathrm{e}^{-U(x)/D} \mathrm{d}x \int_{x_s}^{A} \mathrm{e}^{U(s)/D} \mathrm{d}s. \tag{B.2.18}$$

此式正好是前面的逃逸率的倒数 R^{-1}(B.1.16)式,但可以看到首通时间计算有如下特点:(1) 这里只用了 A 是一个吸收壁的条件,得到的是精确解;(2) 计算既不要求弱噪声 $D \ll 1$,也不要求 $\Delta U \gg D$;(3) 对系统初态只要求 $\delta(x - x_s)$,推导过程不要求关于两个时间阶段的区分或局域平衡假设等所有物理图像;(4) 完全没有涉及福克–普朗克方程非定态问题的讨论,只是对初态 $\delta(x - x_s)$ 利用福克–普朗克算子的逆运算,整个计算过程更为简单. 这说明利用首通时间计算的结果更具有一般性,适用范围要广泛得多.

B.3　福克–普朗克方程非定态与逃逸率

克莱默斯逃逸问题是随机过程的非定态问题,其概率分布函数满足的福克–普朗克方程没有定态解,因此我们来讨论一下克莱默斯逃逸问题与非定态解的时间尺度的关系. 福克–普朗克方程的各个本征值联系着各种不同时间尺度的演化进程.

先简单分析一下一维福克–普朗克方程(B.1.4)的解. 将分离变量形式

$$P(x, t) = \mathrm{e}^{-\lambda_i t} P_i(x) \tag{B.3.1}$$

带入(B.1.4)式,可以得到

$$L_{\mathrm{FP}} P_i = -\lambda_i P_i. \tag{B.3.2}$$

引入变换

$$P_i(x) = \mathrm{e}^{\psi(x)} Q_i(x), \qquad (\mathrm{B}.3.3)$$

可以得到

$$L_{\mathrm{FP}} \, \mathrm{e}^{\psi} \, \boldsymbol{Q}_i = -\lambda_i \, \mathrm{e}^{\psi} \, \boldsymbol{Q}_i. \qquad (\mathrm{B}.3.4)$$

进一步引入

$$L = \mathrm{e}^{-\psi} L_{\mathrm{FP}} \, \mathrm{e}^{\psi}, \qquad (\mathrm{B}.3.5)$$

可以得到

$$L \boldsymbol{Q}_i = -\lambda_i \, \boldsymbol{Q}_i. \qquad (\mathrm{B}.3.6)$$

这里 $\{-\lambda_i\}$ 为算符 L, 即福克-普朗克算符的本征值谱. 可以证明 L 算符为厄米算符, 由线性方程理论, 任意概率分布函数都可以写成 $\{-\lambda_i\}$ 相应的本征态 $\{P_i(x) = \mathrm{e}^{\psi(x)} Q_i(x)\}$ 的线性叠加. 另外可以证明 $\lambda_i \geqslant 0$. 如果存在 $\lambda_1 = 0$, 该本征值相应归一化的本征态对应于福克-普朗克方程的定态解, 而其他本征值 $-\lambda_i$ 对应的本征态的贡献会随时间衰减. 如果所有本征值 $-\lambda_i$ 都为负, 则福克-普朗克方程不具有定态解, 例如图 B.1(a) 的逃逸就是如此.

　　注意, 对图 B.1(a) 势场中的逃逸问题, 福克-普朗克方程所对应的系统不存在定态解, 因而其最大本征值为负. 逃逸过程反映了系统在动态演化中最缓慢的时间尺度过程, 因而逃逸率与最大负本征值有密切关系. 以下我们来计算这个本征值. 本征值方程满足

$$L_{\mathrm{FP}} f_1 = D \frac{\partial}{\partial x} \mathrm{e}^{-U(x)/D} \frac{\partial}{\partial x} \mathrm{e}^{U(x)/D} f_1 = -\lambda_1 f_1. \qquad (\mathrm{B}.3.7)$$

对其积分, 有

$$\frac{\partial}{\partial x} \mathrm{e}^{U(x)/D} f_1 = -\frac{\lambda_1}{D} \mathrm{e}^{U(x)/D} \int f_1(s) \mathrm{d}s. \qquad (\mathrm{B}.3.8)$$

对此式再做一次积分, 可得

$$f_1(x) = \mathrm{e}^{-U(x)/D} \left[\mathrm{e}^{U(x_s)/D} f_1(x_s) - \frac{\lambda_1}{D} \int_{x_s}^{x} \mathrm{e}^{U(s)/D} \mathrm{d}s \int_{-\infty}^{x} f_1(y) \mathrm{d}y \right]. \qquad (\mathrm{B}.3.9)$$

由于 $-\lambda_1$ 为最缓慢的时间尺度过程, $1/\lambda_1 \gg 1$, 可将 $f_1(x)$ 的第二项略去, 得到

$$f_1(x) \approx \mathrm{e}^{-U(x)/D} \mathrm{e}^{U(x_s)/D} f_1(x_s). \qquad (\mathrm{B}.3.10)$$

将 (B.3.10) 式代入 (B.3.8) 式, 并利用边界条件 $f_1(A) = 0$, 可得

$$\frac{\lambda_1}{D} \int_{x_s}^{A} \mathrm{e}^{U(x)/D} \mathrm{d}x \int_{-\infty}^{x} \mathrm{e}^{-U(y)/D} \mathrm{d}y = 1, \qquad (\mathrm{B}.3.11)$$

由此可以得到

$$\frac{1}{\lambda_1} = \frac{1}{D} \int_{x_s}^{A} \mathrm{e}^{U(x)/D} \mathrm{d}x \int_{-\infty}^{x} \mathrm{e}^{-U(y)/D} \mathrm{d}y. \qquad (\mathrm{B}.3.12)$$

在 $D \ll 1$ 极限下, 上式积分的主要贡献集中于势场的极小和极大点附近, 上限均取 A 对积分结果没有影响, 因此

$$\frac{1}{\lambda_1} = \frac{1}{D}\int_{x_s}^A e^{U(x)/D}\mathrm{d}x\int_{-\infty}^A e^{-U(y)/D}\mathrm{d}y = T_1(x_s).\qquad(B.3.13)$$

这说明在弱噪声极限下福克–普朗克方程的最大本征值的倒数即为平均首通时间. 结合克莱默斯逃逸率,我们有

$$\lambda_1 = R = 1/T_1.\qquad(B.3.14)$$

从小噪声福克–普朗克方程的非定态演化来看,在弛豫过程后留下的就是长时间尺度的逃逸过程,同时应该有一个本征值$-\lambda_1$反映这一长时间行为,这一本征值的绝对值应远远小于其他本征值的绝对值.

克莱默斯逃逸率与很多实际问题相联系.例如化学反应就与逃逸问题密切相关,又如布朗粒子在双势阱中的跃迁问题可以用上述结果进行讨论,与此相联系的随机共振则是在时间周期外力调制下跃迁率的优化问题.另一个具体的例子是粒子在周期势场中的布朗运动.在外力作用下,粒子会沿外力的方向定向运动,而运动速度v则可以通过计算外力下粒子在倾斜周期势场中由高势阱向低势阱的跃迁来得到,即$v=L/T$,其中L为相邻势阱的距离(势场的周期),T为首通时间.

附录 C　分数阶微积分简介

本节对分数阶微积分做一简介[459,461,463,464],它是整数阶微分和整数重积分的推广. 历史上莱布尼兹、欧拉、刘维尔、傅里叶、格伦沃德(A. K. Grünwald,1838—1920)、莱特尼科夫(A. V. Letnikov,1837—1888)、黎曼、外尔(H. K. H. Weyl,1885—1955)、里斯(F. Riesz,1880—1956)、卡普陀(M. Caputo)等人都先后讨论了分数阶导数和积分. 在过去的几百年里,对分数阶微积分理论的研究主要局限于纯数学的理论领域. 近几十年来,随着人们对复杂系统行为的研究及其理论探索的展开,分数阶微分积分方程越来越多被用来描述光学和热学系统、流变学及材料和力学系统、信号处理和系统识别、控制等领域中的问题. 分数阶微积分理论也受到越来越多国内外学者的广泛关注,特别是从实际问题抽象出来的分数阶微分方程又成为很多数学工作者的研究热点. 进入 21 世纪以来,分数阶微积分建模方法和理论在高能物理、反常扩散、地球物理、生物医学工程、经济学等诸多领域有了若干非常成功的应用,凸显了其独特优势和不可代替性,其理论和应用研究在国际上已成为一个热点.

分数阶微积分的应用是人们面对复杂系统研究的自然途径. 复杂系统中的时间记忆效应、动力学的幂律、无标度性与自相似性、非线性、空间长程关联性等都会使分数阶微积分自然出现,从此意义上来看,分数阶微积分将在未来复杂系统行为的研究中扮演重要角色.

从数学来讲,分数阶微积分的主要思想是推广经典的整数阶微积分,从而将微积分的概念延拓到整个实数轴,甚至是整个复平面. 但由于延拓的方法多种多样,因而根据不同的需求人们给出了分数阶微积分的不同定义方式. 然而这些定义方式只能针对某些特定条件下的函数给出,而且只能满足人们的某些特定需求. 迄今为止,人们仍然没能给出分数阶微积分的一个统一定义,这对分数阶微积分的研究与应用造成了一定困难.

人们对于分数阶微积分的定义主要有两种不同的出发点,由此产生出不同的定义方式. 第一类定义是依据整数阶微分的差分定义,另一类则基于整数阶积分特别是柯西公式. 目前,基础数学研究和工程应用研究中最常用的有以下四种分数阶微积分的定义:格伦沃德-莱特尼科夫(Grunwald-Letnikov)分数阶微积分、黎曼-刘维尔(Riemann-Liouville)分数阶微积分、卡普陀(Caputo)型分数阶导数和里斯(Riesz)分数阶微积分. 格伦沃德-莱特尼科夫的定义来自差分格式,与黎曼-刘维尔等定义比较,该定义较少用于数学理论分析,但它在微积分方程理论和数值计算方面使用较多.黎曼-刘维尔的定义采用微分-积分形式,避免了极限求解,在数学理论研究中起着重要作用.

将整数阶微积分推广至一般分数阶时,微分和积分将统一描述.在以下讨论中,记号 $_a\mathrm{D}_x^\mu f(x)$ 将统一使用,其中 x 代表函数的自变量,对于不同物理体系可以代表不同的具体变量.下角标 a 和 x 代表分数微积分运算定积分的下限与上限,上角标 μ 则为微积分阶数,当 $\mu>0$ 时上述记号为 μ 阶导数,当 $\mu<0$ 时则为 $-\mu$ 阶积分.限于篇幅,这里不做详细推导式展开,而是说明不同微积分的定义和性质.

C.1　常见的分数阶微积分定义

C.1.1　差分格式与格伦沃德-莱特尼科夫分数阶微积分

格伦沃德-莱特尼科夫分数阶微积分可以看成是整数阶微积分差分定义极限形式的推广.下面先来回顾整数阶导数.对于连续函数 $y=f(x)$,根据整数阶导数的定义,其一阶导数定义为

$$f'(x) = \frac{\mathrm{d}f}{\mathrm{d}x} = \lim_{h \to 0} \frac{f(x) - f(x-h)}{h}. \tag{C.1.1}$$

按照相同的定义,可以得到二阶导数为

$$\begin{aligned}
f''(x) &= \frac{\mathrm{d}^2 f}{\mathrm{d}x^2} = \lim_{h \to 0} \frac{f'(x) - f'(x-h)}{h} \\
&= \lim_{h \to 0} \frac{1}{h}\left[\frac{f(x) - f(x-h)}{h} - \frac{f(x-h) - f(x-2h)}{h}\right] \\
&= \lim_{h \to 0} \frac{f(x) - 2f(x-h) + f(x-2h)}{h^2}.
\end{aligned} \tag{C.1.2}$$

对比上述一阶和二阶导数,可推得三阶导数为

$$f'''(x) = \frac{\mathrm{d}^3 f}{\mathrm{d}x^3} = \lim_{h \to 0} \frac{f(x) - 3f(x-h) + 3f(x-2h) - f(x-3h)}{h^3}. \tag{C.1.3}$$

以此类推,可得到一般 n 阶导数的表达式

$$f^{(n)}(x) = \frac{\mathrm{d}^n f}{\mathrm{d}x^n} = \lim_{h \to 0} \frac{1}{h^n} \sum_{r=0}^{n} (-1)^r \binom{n}{r} f(x - rh), \tag{C.1.4}$$

其中二项式系数为

$$\binom{n}{r} = \frac{n(n-1)(n-2)\cdots(n-r+1)}{r!}. \tag{C.1.5}$$

将上式的整数 n 推广为一般实数 $\mu>0$,可以得到分数阶导数

$$f^{(\mu)}(x) = \frac{\mathrm{d}^{\mu}f}{\mathrm{d}x^{\mu}} = \lim_{\substack{h \to 0 \\ nh = x-a}} \frac{1}{h^{\mu}} \sum_{r=0}^{n} (-1)^r \binom{\mu}{r} f(x - rh), \qquad (\mathrm{C.1.6})$$

其中 $\binom{\mu}{r}$ 仍可由 (C.1.5) 式定义, 只是 μ 可以为非整数, 相应 (C.1.5) 式中分子分母的连乘最小项只要大于 0 即可. μ 为整数时即回到 (C.1.5) 式. 对于有限区域 $[a, b]$ 的函数, 上述表达式可扩展到 $\mu < 0$, 代表的是积分. 因此, 格伦沃德-莱特尼科夫分数阶微积分的定义可统一写为

$$_a\mathrm{D}_x^{\mu} f(x) = \lim_{\substack{h \to 0 \\ nh = x-a}} \frac{1}{h^{\mu}} \sum_{r=0}^{n} (-1)^r \binom{\mu}{r} f(x - rh), \qquad (\mathrm{C.1.7})$$

其中当 $\mu > 0$ 时, 表达式为导数. 确定 (C.1.7) 的极限, 可以得到

$$\begin{aligned} _a\mathrm{D}_x^{\mu} f(x) = & \sum_{k=0}^{m} \frac{f^{(k)}(a)(x-a)^{-\mu+k}}{\Gamma(-\mu+k+1)} \\ & + \frac{1}{\Gamma(-\mu+k+1)} \int_a^x (x-y)^{-\mu+m} f^{(m+1)}(y) \mathrm{d}y, \end{aligned} \qquad (\mathrm{C.1.8})$$

其中 $m < \mu < m+1$, Γ 为 μ 阶伽马函数,

$$\Gamma(\mu) = \int_0^1 (-\ln x)^{\mu-1} \mathrm{d}x, \qquad (\mathrm{C.1.9})$$

该函数可以为非整数阶. 当 $\mu < 0$ 时, 表达式 (C.1.7) 为积分. 用 $-\mu > 0$ 代替 μ, 可以得到

$$_a\mathrm{D}_x^{-\mu} f(x) = \lim_{\substack{h \to 0 \\ nh = x-a}} h^{\mu} \sum_{r=0}^{n} \binom{\mu}{r} f(x - rh). \qquad (\mathrm{C.1.10})$$

求出其极限, 可以得到

$$_a\mathrm{D}_x^{-\mu} f(x) = \frac{1}{\Gamma(\mu)} \int_a^x (x-y)^{\mu-1} f(y) \mathrm{d}y. \qquad (\mathrm{C.1.11})$$

C.1.2 柯西积分与黎曼-刘维尔分数阶微积分

引入分数导数另一个比较方便的途径是先定义分数阶积分. 令 f 为一定义于 $[a, b]$ 上的局域可积实函数, 考虑 f 的整数 n 阶积分

$$(\mathrm{I}_{a+}^n f)(x) = {}_a\mathrm{D}_x^{-n} f = \int_a^x \mathrm{d}x_1 \int_a^{x_1} \mathrm{d}x_2 \cdots \int_a^{x_{n-1}} \mathrm{d}x_n f(x_n), \qquad (\mathrm{C.1.12})$$

其中 a 为一常数. 在 (C.1.12) 式中, 我们用下脚标分别代表积分的下限 a 和上限 x, 负号表示微分或导数的逆操作. (C.1.12) 式可以等价地表为柯西积分形式

$$(\mathrm{I}_{a+}^n f)(x) = {}_a\mathrm{D}_x^{-n} f = \frac{1}{(n-1)!} \int_a^x \frac{f(y)}{(x-y)^{1-n}} \mathrm{d}y. \qquad (\mathrm{C.1.13})$$

可以将该整数 n 阶的积分表达式推广至一般的实数 ν 阶柯西积分,

$$(I_{a+}^{\nu}f)(x) = {}_aD_x^{-\nu}f = \frac{1}{\Gamma(\nu)}\int_a^x \frac{f(y)}{(x-y)^{1-\nu}}dy. \tag{C.1.14}$$

(C.1.14)式为 ν 阶黎曼-刘维尔分数阶积分. 在分数阶积分的基础上, μ 阶分数导数定义为

$$_aD_x^{\mu}f = \frac{\partial^m}{\partial x^m}\big[{}_aD_x^{-(m-\mu)}f\big]. \tag{C.1.15}$$

这里 m 为大于 μ 的最小整数. 由(C.1.15)可以看到,

$$_aD_x^{\mu}{}_aD_x^{-\mu}f = f. \tag{C.1.16}$$

另外, 当 μ 为整数时, 令 $\mu = n$, 可以得到

$$_aD_x^n f = \frac{\partial^n f}{\partial x^n}. \tag{C.1.17}$$

将(C.1.14)式代入(C.1.15)式, 可以得到

$$_aD_x^{\mu}f = \frac{1}{\Gamma(m-\mu)}\frac{\partial^m}{\partial x^m}\int_a^x \frac{f(y)}{(x-y)^{\mu+1-m}}dy, \tag{C.1.18}$$

此即 μ 阶黎曼-刘维尔分数阶导数. 这里 $m-1 \leqslant \mu \leqslant m$, 其中 m 为正整数. (C.1.18)式中在 x 点处的导数依赖于函数 f 在 x 左边的行为, 即取决于右边积分域 (a, x), 因此更准确地说, (C.1.18)应称为左黎曼-刘维尔分数阶导数. 相应的右黎曼-刘维尔分数阶导数定义为

$$_xD_b^{\mu}f = \frac{(-1)^m}{\Gamma(m-\mu)}\frac{\partial^m}{\partial x^m}\int_x^b \frac{f(y)}{(y-x)^{\mu+1-m}}dy. \tag{C.1.19}$$

更为一般的黎曼-刘维尔分数阶导数是上述左右导数的叠加, 即

$$D_x^{\mu} = l\,{}_aD_x^{\mu} + r\,{}_xD_b^{\mu}, \tag{C.1.20}$$

其中

$$l = -(1-\theta)/[2\cos(\mu\pi/2)], \tag{C.1.21a}$$

$$r = -(1+\theta)/[2\cos(\mu\pi/2)]. \tag{C.1.21b}$$

为权重因子, $-1 < \theta < 1$ 为非对称参数. 整数阶与分数阶导数的叠加满足

$$_aD_x^{\mu}f = \frac{\partial}{\partial x}\big[{}_aD_x^{\mu-1}f\big], \tag{C.1.22}$$

$$_xD_b^{\mu}f = -\frac{\partial}{\partial x}\big[{}_xD_b^{\mu-1}f\big]. \tag{C.1.23}$$

上式中的 a 和 b 定义了分数阶算符的定义域.

C.1.3 卡普陀分数阶导数

对于有限大小的 a 和 b, 黎曼-刘维尔分数阶的左导数在 $x=a$ 处以及右导数在 $x=b$ 处通常分别是奇异的. 为了避免这种奇异性, 可以定义如下的正则化卡普陀分数阶导数, 其中左导数为

$$_{a}^{c}\mathrm{D}_{x}^{\mu}f = \frac{1}{\Gamma(n-\mu)}\int_{a}^{x}\frac{f^{(n)}(y)}{(x-y)^{\mu-n+1}}\mathrm{d}y, \tag{C.1.24}$$

右导数为

$$_{x}^{c}\mathrm{D}_{b}^{\mu}f = \frac{(-1)^{n}}{\Gamma(n-\mu)}\int_{x}^{b}\frac{f^{(n)}(y)}{(y-x)^{\mu-n+1}}\mathrm{d}y. \tag{C.1.25}$$

当 $a=-\infty$ 和 $b=+\infty$ 时,卡普陀导数(C.1.24)和(C.1.25)分别退化为黎曼-刘维尔导数.这两种导数的不同之处在于一个常数的卡普陀导数等于零,而常数的黎曼-刘维尔导数不等于零.

C.2 分数阶微积分的性质

分数阶导数有如下性质:

(1) 线性性质.

考虑两个函数线性组合的分数阶微分,可以对两个函数先微分再线性组合,

$$_{a}\mathrm{D}_{x}^{\mu}[Af(x)+Bg(x)] = A[_{a}\mathrm{D}_{x}^{\mu}f(x)]+B[_{a}\mathrm{D}_{x}^{\mu}g(x)]. \tag{C.2.1}$$

(2) 交换律与合成律.

考虑一个函数的两重微分,这两个微分可以交换顺序,且可以用一个高阶单重微分代替,

$$_{a}\mathrm{D}_{x}^{\mu}[_{a}\mathrm{D}_{x}^{\nu}f(x)] = _{a}\mathrm{D}_{x}^{\nu}[_{a}\mathrm{D}_{x}^{\mu}f(x)] = _{a}\mathrm{D}_{x}^{\mu+\nu}f(x). \tag{C.2.2}$$

(3) 莱布尼兹规则.

考虑两个函数乘积的 μ 阶微分,则有

$$_{a}\mathrm{D}_{x}^{\mu}[f(x)g(x)] = \sum_{k=0}^{n}\binom{n}{k}f^{(k)}(x)_{a}\mathrm{D}_{x}^{\mu-k}g(x)-R_{n}^{\mu}(x), \tag{C.2.3}$$

其中 $\mu+1 \leqslant n$,右边第二项

$$R_{n}^{\mu}(x) = \frac{1}{n!\,\Gamma(-\mu)}\int_{0}^{x}(x-y)^{-(\mu+1)}g(y)\mathrm{d}y\int_{y}^{x}f^{(n+1)}(z)(y-z)^{n}\mathrm{d}z. \tag{C.2.4}$$

如果函数 $f(x)$ 和 $g(x)$ 及其所有整数阶导数在 $[a,x]$ 区间连续,则分数阶导数的莱布尼兹规则成为

$$\frac{\mathrm{d}^{\mu}}{\mathrm{d}x^{\mu}}[f(x)g(x)] = \sum_{k=0}^{n}\binom{n}{k}f^{(k)}(x)g^{(\mu-k)}(x). \tag{C.2.5}$$

这与整数阶导数的莱布尼兹规则一致.

(4) 复合函数的分数阶导数.

设 $f(x)$ 为复合函数,

$$F(x) = f[g(x)], \tag{C.2.6}$$

其整数 k 阶导数为

$$\frac{\mathrm{d}^k}{\mathrm{d}x^k}\{f[g(x)]\} = \sum_{m=1}^{k} f^{(m)}[g(x)]\left\{\sum \prod_{i=1}^{k} \frac{k!}{a_i!}\left[\frac{g^{(i)}(x)}{i!}\right]^{a_i}\right\}, \quad (\mathrm{C.2.7})$$

式中非负整数 $\{a_1, a_2, \cdots, a_k\}$ 满足

$$\sum_{i=1}^{k} ia_i = k, \quad \sum_{i=1}^{k} a_i = m. \quad (\mathrm{C.2.8})$$

(C.2.7)右边的第二个求和需要对所有非负整数 $\{a_1, a_2, \cdots, a_k\}$ 的组合进行. 该式可以推广到非整数 μ 的情况：

$$_a\mathrm{D}_x^\mu\{f[g(x)]\} = \frac{(x-a)^{-\mu}}{\Gamma(1-\mu)} F(x)$$
$$+ \sum_{k=1}^{\infty} \binom{\mu}{k} \frac{(x-a)^{k-\mu}}{\Gamma(k-\mu+1)} \sum_{m=1}^{k} f^{(m)}[g(x)]\left\{\sum \prod_{i=1}^{k} \frac{k!}{a_i!}\left[\frac{g^{(i)}(x)}{i!}\right]^{a_i}\right\}.$$
$$(\mathrm{C.2.9})$$

(5) 参数积分的分数阶导数.

参数积分是指上限依赖于求导变量的积分. 参数积分的一阶导数为

$$\frac{\mathrm{d}}{\mathrm{d}x}\int_a^x f(x,y)\mathrm{d}y = \int_a^x \frac{\partial f(x,y)}{\partial x}\mathrm{d}y + f(x,x). \quad (\mathrm{C.2.10})$$

将其推广至分数阶导数，有

$$_a\mathrm{D}_x^\mu\int_a^x f(x,y)\mathrm{d}y = \int_a^x {}_y\mathrm{D}_x^\mu f(x,y)\mathrm{d}y + \lim_{y\to x}\mathrm{D}_x^{\mu-1}f(x,y). \quad (\mathrm{C.2.11})$$

C.3 分数阶导数的拉普拉斯变换与傅里叶变换

C.3.1 拉普拉斯变换

函数 $f(x)$ 的拉普拉斯变换定义为

$$\hat{f}(s) = \mathrm{L}\{f(x);s\} = \int_0^\infty \mathrm{e}^{-sx} f(x)\mathrm{d}x, \quad (\mathrm{C.3.1})$$

由 $F(s)$ 的反变换基于留数定理可以得到 $f(x)$，

$$f(x) = \mathrm{L}^{-1}\{\hat{f}(s);s\} = \int_{c-\mathrm{i}\infty}^{c+\mathrm{i}\infty} \mathrm{e}^{sx} \hat{f}(s)\mathrm{d}s, \quad (\mathrm{C.3.2})$$

其中 c 为复积分绝对收敛的右半平面. 拉普拉斯变换有两种有用的变换结果：

(1) 卷积的拉普拉斯变换.

两个函数 $f(x)$ 和 $g(x)$ 的卷积定义为

$$f(x) * g(x) = \int_0^x f(x-y)g(y)\mathrm{d}y = \int_0^x f(y)g(x-y)\mathrm{d}y, \quad (\mathrm{C.3.3})$$

其拉普拉斯变换为

$$\mathrm{L}\{f(x) * g(x)\} = \hat{f}(s)\hat{g}(s). \tag{C.3.4}$$

（2）高阶导数的拉普拉斯变换.

函数 $f(x)$ 的整数 n 阶导数 $f^{(n)}(x)$ 的拉普拉斯变换为

$$\mathrm{L}\{f^{(n)};s\} = s^n F(s) - \sum_{k=0}^{n-1} s^k f^{(n-k-1)}(0). \tag{C.3.5}$$

C.3.2　分数阶积分的拉普拉斯变换

对于格伦沃德-莱特尼科夫分数阶积分(C.1.11)和黎曼-刘维尔积分(C.1.14)，二者的一致性使得其拉普拉斯变换会得到同样结果. 我们可以将这两种积分看成是函数 $g(x) = x^{\nu-1}$ 和函数 $f(x)$ 的卷积，即

$$_a\mathrm{D}_x^{-\nu} f = \frac{1}{\Gamma(\nu)} \int_a^x f(y)(x-y)^{\nu-1} \mathrm{d}y = x^{\nu-1} * f(x). \tag{C.3.6}$$

函数 $g(x) = x^{\nu-1}$ 的拉普拉斯变换较为容易得到，为

$$\mathrm{L}\{g(x);s\} = \mathrm{L}\{x^{\nu-1};s\} = G(s) = \Gamma(s)s^{-\nu}, \tag{C.3.7}$$

这样可以得到分数阶积分的拉普拉斯变换为

$$\mathrm{L}\{_a\mathrm{D}_x^{-\nu} f(x);s\} = s^{-\nu}\hat{f}(s). \tag{C.3.8}$$

C.3.3　分数阶导数的拉普拉斯变换

黎曼-刘维尔与格伦沃德-莱特尼科夫分数阶导数的不一致性使得它们的导数拉普拉斯变换有不同结果. 首先可以将分数阶导数写为函数 $g(x)$ 的整数 n 阶导数：

$$_a\mathrm{D}_x^\nu f(x) = g^{(n)}(x), \tag{C.3.9}$$

$$g(x) = _a\mathrm{D}_x^{-(n-\nu)} f(x) + \frac{1}{\Gamma(n-\mu)} \int_a^x (x-y)^{n-\nu-1} f(y)\mathrm{d}y, \tag{C.3.10}$$

其中 $n-1 \leqslant \nu < n$. 利用整数阶导数拉普拉斯变换(C.3.5)式，可以得到

$$\mathrm{L}\{_a\mathrm{D}_x^\nu f(x);s\} = s^n G(s) - \sum_{k=0}^{n-1} s^k g^{(n-k-1)}(a). \tag{C.3.11}$$

上式中 $G(s)$ 为函数 $g(x)$ 的拉普拉斯变换，由(C.3.1)式，可以求出

$$G(s) = s^{-(n-\nu)} F(s). \tag{C.3.12}$$

对于黎曼-刘维尔分数阶导数，$g^{(n-k-1)}(x) = _a\mathrm{D}_x^{-(k-\nu+1)} f(x)$，因此 $\nu > 0$ 阶导数为

$$\mathrm{L}\{_a\mathrm{D}_x^\nu f(x);s\} = s^\nu F(s) - \sum_{k=0}^{n-1} s^k \{_a\mathrm{D}_x^{-(k-\nu+1)} f(x)\}_{x=a}. \tag{C.3.13}$$

对于格伦沃德-莱特尼科夫分数阶导数，其拉普拉斯变换为

$$\mathrm{L}\{_a\mathrm{D}_x^\nu f(x);s\} = s^\nu \hat{f}(s). \tag{C.3.14}$$

C.3.4 分数阶微积分的傅里叶变换

类似于拉普拉斯变换的讨论,傅里叶变换同样对卷积和高阶导数有类似规律.这两个结果可以仿照上述方法用于分数阶微积分的讨论,因此这里不再展开推导,只给出结果.

定义函数的傅里叶变换为

$$\mathrm{F}\{f(x);k\} = \hat{f}(k) = \int_{-\infty}^{\infty} \mathrm{e}^{\mathrm{i}kx} f(x)\,\mathrm{d}x. \tag{C.3.15}$$

对于黎曼-刘维尔分数阶导数,当积分下限 $a=-\infty$ 和上限 $b=+\infty$ 时,对于指数函数的导数可以得到

$$_{-\infty}\mathrm{D}_x^{\mu}\mathrm{e}^{\mathrm{i}kx} = (\mathrm{i}k)^{\mu}\mathrm{e}^{\mathrm{i}kx}, \tag{C.3.16}$$

$$_x\mathrm{D}_{\infty}^{\mu}\mathrm{e}^{\mathrm{i}kx} = (-\mathrm{i}k)^{\mu}\mathrm{e}^{\mathrm{i}kx}. \tag{C.3.17}$$

该结果表明函数导数的傅里叶变换满足

$$\mathrm{F}\{_{-\infty}\mathrm{D}_x^{\mu}f(x);k\} = (-\mathrm{i}k)^{\mu}\hat{f}(k), \tag{C.3.18}$$

$$\mathrm{F}\{_x\mathrm{D}_{\infty}^{\mu}f(x);k\} = (\mathrm{i}k)^{\mu}\hat{f}(k), \tag{C.3.19}$$

而积分可以类似得到,为

$$\mathrm{F}\{_{-\infty}\mathrm{D}_x^{-\mu}f(x);k\} = (\mathrm{i}k)^{-\mu}\hat{f}(k). \tag{C.3.20}$$

对于时间变量的分数阶导数,考虑到沿时间的因果关系,黎曼-刘维尔的右导数定义并不恰当.人们通常采用黎曼-刘维尔左导数来定义,

$$_0\mathrm{D}_t^{\nu}f = \frac{1}{\Gamma(1-\nu)}\frac{\partial}{\partial t}\int_0^t \frac{f(\tau)}{(t-\tau)^{\nu}}\,\mathrm{d}\tau, \tag{C.3.21}$$

这里 $0<\nu<1$. 但是,这种定义也存在一定的问题. 首先,对(C.3.21)进行拉普拉斯变换可以得到

$$\mathrm{L}\{_0\mathrm{D}_t^{\nu}f(t);s\} = s^{\nu}\hat{f}(s) - [_0\mathrm{D}_t^{-(1-\nu)}f](t=0), \tag{C.3.22}$$

可以看到上述变化依赖于 f 函数的分数阶积分,而不是通常情况下函数 f 的初值 $f(0)$. 其次,黎曼-刘维尔左时间导数会在 $t=0$ 处表现出奇异性.为解决这两个问题,可以利用卡普陀导数来定义时间的分数阶导数,

$$_0^c\mathrm{D}_t^{\nu}f = \frac{1}{\Gamma(1-\nu)}\int_0^t \frac{\partial f(\tau)/\partial \tau}{(t-\tau)^{\nu}}\,\mathrm{d}\tau. \tag{C.3.23}$$

(C.3.23)式的拉普拉斯变换为

$$\mathrm{L}[_0^c\mathrm{D}_t^{\nu}f] = s^{\nu}\hat{f}(s) - s^{\nu-1}f(t=0). \tag{C.3.24}$$

可见,卡普陀时间导数与通常意义下的时间导数的拉普拉斯变换都依赖于 f 函数的初始条件 $f(0)$.

上述对分数阶微积分的定义、拉普拉斯变换以及傅里叶变换的讨论为处理一些具体系统而建立的分数阶微分方程打下了数学基础,这已经在很多的物理问题中得到了应用.

参 考 文 献

［1］ 牛顿 I. 自然哲学之数学原理. 王克迪，译. 北京：北京大学出版社，2006.

［2］ Laplace P S. A philosophical essay on probabilities. Truscott F W，Emory F L，trans.. New York：Wiley，1902.

［3］ Ott E. Chaos in dynamical systems. New York：Cambridge University Press，2002.

［4］ Poincaré H. Science and method. Maitland F，trans.. New York：Nelson，1914.

［5］ Poincaré H. Les méthodes nouvelles de la mécanique céleste：vols. 1—3. Paris：Gauthier-Villars，1899.

［6］ Diacu F. The solution of the n-body problem. The Mathematical Intelligencer，1996，18 (3)：66.

［7］ Valtonen M，Karttunen H. The three body problem. New York：Cambridge University Press，2005.

［8］ Šuvakov M，Dmitrašinovic V. Three classes of Newtonian three-body planar periodic orbits. Phys. Rev. Lett.，2013，110：114301.

［9］ Fermi E，Pasta J，Ulam S. Los Alamos Report No. LA1940 (1955). （亦可见 The Fermi-Pasta-Ulam problems：a status report// Gallavotti G (ed.). Lecture notes in physics：vol. 728. Berlin：Springer，2008.）

［10］ Dauxois T. Fermi，Pasta，Ulam，and a mysterious lady. Physics Today，2008，January 2008：55.

［11］ Reichl L E. A modern course in statistical physics. Austin：University of Texas Press，1980.

［12］ Zabusky N J and Kruskal M D. Interaction of "solitons" in a collisionless plasma and the recurrence of initial states. Phys. Rev. Lett，1965，15：240.

［13］ Toda M. Nonlinear waves and solitons. Berlin：Springer-Verlag，1989.

［14］ Dauxois T and Peyrard M. Physics of solitons. Cambridge：Cambridge University Press，2006.

［15］ Landau R H，Bordeianu C C，and Paez M J. A survey of computational physics：introductory computational science. Princeton：Princeton University Press，2008.

［16］ Kolmogorov A N. On the conservation of conditionally periodic motions for a small change in Hamilton's function. Dokl. Akad. Nauk.，1954，SSSR 98：527.

［17］ Kolmogorov A N. On quasiperiodic motion under small perturbation of the Hamiltonian. Dokl. Akad. Nauk.，1954，SSSR 98：1.

[18] Arnold V I. Proof of A. N. Kolmogorov's theorem on the preservation of quasi-periodic motion under small perturbations of the Hamiltonian. Russ. Math. Surv., 1963, 18: 9.

[19] Arnold V I. Small divisor problems in classical and celestial mechanics. Russ. Math. Surv., 1963, 18: 85.

[20] Moser J. On invariant curves of area preserving mapping of an annulus. Nachr. Akad. Wiss. Gottingen Math. Phys. K., 1962, 1: 1.

[21] Diacu F and Holmes P. Celestial encounter: the origins of chaos and stability. Princeton: Princeton University Press, 1999.

[22] 漆安慎, 杜婵英. 力学. 2 版. 北京: 高等教育出版社, 2008. 梁昆淼. 力学. 4 版. 北京: 高等教育出版社, 2009.

[23] 朱位秋. 非线性随机动力学与控制——Hamilton 理论体系框架. 北京: 科学出版社, 2003.

[24] Lagrange J L. Mecanique analytique. Courcier, 1811. (reissued by Cambridge University Press, 2009.)

[25] 梅凤翔. 高等分析力学. 北京: 北京理工大学出版社, 1991.

[26] 周衍柏. 理论力学教程. 3 版. 北京: 高等教育出版社, 2009.

[27] Hamilton W R. On a general method in dynamics. Philosophical transactions of the Royal Society of London, 1834, 124: 247.

[28] Hamilton W R. Second essay on a general method in dynamics. Philosophical transactions of the Royal Society of London, 1835, 125: 95.

[29] Arnold V I. Mathematical methods of classical mechanics. 2nd edition. New York: Springer-Verlag, 1989.

[30] McDuff D and Salamon D. Introduction to symplectic topology. London: Oxford University Press, 1998.

[31] Fomenko A T. Symplectic geometry. 2nd edition. London: Gordon and Breach Publishers, 1995.

[32] Reichl L E. The transition to chaos, in conservative classical systems: quantum manifestations. Berlin: Springer-Verlag, 1992.

[33] Arnold V I, Kozlov V V, and Neishtadt A I. Mathematical aspect of classical and celestial mechanics//Arnold V I (ed.). Dynamical systems III. Berlin: Springer-Verlag, 1988.

[34] Goriely A. Integrability, partially integrability, and nonintegrability for systems of ordinary differential equations. Journal of Mathematical Physics, 1996, 37 (4): 1871.

[35] 孙义燧. 非线性科学若干前沿问题. 合肥: 中国科技大学出版社, 2009.

[36] Wiggins S. Introduction to applied nonlinear dynamics and chaos. Berlin: Springer-Verlag, 1990.

[37] Lindstedt A. Über die Integration einer für die Storungstheorie wichigen Differentialgleichungen. Astron. Nachr., 1882, 103: 211.

[38] Arnold V I. Small denominators and problems of stability of motion in classical and celestial mechanics. Usp. Mat. Nauk. , 1963, 18(6): 91.

[39] 程崇庆, 孙义燧. 哈密顿系统中的有序与无序运动. 上海: 上海科技教育出版社, 1996.

[40] Moser J. Convergent series expansions for quasiperiodic motions. Math. Ann. , 1967, 169: 136.

[41] Cheng C Q and Sun Y S. Existence of invariant tori in three-dimensional measure-preserving mapping. Celest. Mech. Dynam. Astron. , 1990, 47: 275.

[42] Xu J, You J, and Qiu Q. Invariant tori for nearly integrable Hamiltonian systems with degeneracy. Math. Z. , 1997, 226: 375.

[43] Yoccoz J C. Recent developments in dynamics, ICM'94 Proceedings, Birkhauser, 1995: 247.

[44] Xia Z H. Existence of invariant tori in volume-preserving diffeomorphisms. Ergod. Th. &.Dyn. Sys. , 1992, 12: 621.

[45] Chirikov B V. A universal instability of many-dimensional oscillator systems. Phys. Rep. , 1979, 53: 265.

[46] Birkhoff G D. Proof of the ergodic theorem. Proc. Nat. Acad. Sci. U. S. A. , 1931, 17: 650.

[47] Birkhoff G D. Probability and physical systems. Bull. Amer. Math. Soc. , 1932, 38: 361.

[48] Birkhoff G D. Dynamical systems. Amer. Math. Soc. Colloq. Publ. , vol. 9, Amer. Math Soc. , Providence, R. I. , 1927.

[49] Heisenberg W. Nonlinear problem in physics. Physics Today, 1967, May: 27.

[50] Hénon M and Heiles C. The applicability of the third integral of motion: some numerical experiments. The Astrophysical Journal, 1964, 69: 73.

[51] Arnold V I. Instability of dynamical several degrees of freedom. Soviet Math. Dokl. , 1964, 5: 581.

[52] Arnold V I and Avez A. Ergodic problems of classical mechanics. New York: W. A. Benjamin INC. , 1968.

[53] Lochak P. Arnold diffusion: a compendium of remarks and questions//Simo C (ed.). Hamiltonian systems with three or more degrees of freedom. Dordrecht: Kluwer Academic Publishers, 1999.

[54] Chierchia L and Gallavotti G. Drift and diffusion in phase space. Ann. De l'IHP Section Phys. Theorique, 1994, 60: 1.

[55] Bessi U. An approach to Arnold diffusion through calculus of variations. Nonlinear Analysis TMA, 1996, 26: 1115.

[56] Xia Z H. Arnold diffusion: a variational construction. Doc. Math. J. DMV Extra Volume ICM, 1998, 2: 867.

[57] Cheng C Q and Yan J. Existence of diffusion orbits in a priori unstable Hamiltonian systems. J. Differential Geometry, 2004, 67: 457.

[58] Mather J N. Arnold diffusion: (I) Announcement of results. J. Math. Sci., 2004, 124: 5279.

[59] 程崇庆. KAM 理论与 Arnold 扩散: 哈密顿系统的动力学稳定性. 中国科学, 2004, 34(3): 257.

[60] Gleick J. CHAOS making a new science. New York: Viking Penguin Inc., 1988.

[61] Motter A E and Campbell D K. CHAOS at fifty. Physics Today, 2013, 2013 - 5: 27.

[62] 郑志刚, 胡岗, 摘译. 混沌研究五十年: Physics Today 撷英. 物理, 2013, 42(5): 354.

[63] Lorenz E N. Deterministic nonperiodic flow. J. Atmos. Sci., 1963, 20: 130.

[64] Li T Y and Yorke J A. Period three implies chaos. Am. Math. Mon., 1975, 82: 985.

[65] Emanuel K. Edward N. Lorenz (1917—2008). Science, 2008, 320(5879): 1025.

[66] Lorenz E N. The essence of chaos. WA: Univ. of Washington Press, 1993.

[67] Routh E J. A treatise on the stability of a given state of motion: particularly steady motion. London: Macmillan and co., 1877.

[68] Hurwitz A. Über die bedingungen unter welchen eine gleichung nur wurzeln mit negativen reellen teilen besitzt. Math. Ann., 1895, 46: 273—284. (英语译文: Bergmann H G. On the conditions under which an equation has only roots with negative real parts// Bellman R and Kalaba R (ed.). Selected papers on mathematical trends in control theory. New York: Dover, 1964: 70.)

[69] Nayfeh A H. Perturbation Methods. Weinheim: Wiley-VCH Verlag GmbH & Co. KGaA, 2004.

[70] Leibniz G W. Brief von Leibniz an de l'hospital vom 30.9.1695// Gerhardt C I (ed.). G. W. Leibniz mathematische schriften: Band II, briefwechsel zwischen Leibniz, Hugens van zulichem und dem marquis de l'hospital. Hildesheim: Georg Olms Verlagsbuchhandlung, 1962.

[71] Weierstrass K. On continuous functions of a real argument that do not have a well-defined differential quotient// Edgar G A. (ed.). Classics on fractals. London: Addison-Wesley Publishing Company, 1993.

[72] Cantor G. On infinite, linear point-manifolds. Mathematische Annalen, 1883, 21: 545.

[73] Wise G L and Hall E B. Counter examples in probability and real analysis. New York: Oxford University Press, 1993.

[74] Semmes S. Some novel types of fractal geometry. New York: Oxford University Press, 2001.

[75] Pierre F. Sur les substitutions rationnelles. Comptes Rendus de l'Académie des Sciences de Paris, 1917, 164: 806—808 and 165: 992.

[76] Gaston J. Mémoire sur l'iteration des fonctions rationnelles. Journal de Mathématiques Pures et Appliquées, 1918, 8: 47.

[77] Falconer, Kenneth J. Fractal geometry: mathematical foundations and applications. Hoboken: John Wiley & Sons, Inc., 2003.

[78] Mandelbrot B. The fractal geometry of nature. Lecture notes in mathematics 1358. San Francisco: W. H. Freeman, 1982.

[79] Mandelbrot B. How long is the coast of Britain? Statistical self-similarity and fractional dimension. Science, 1967, New Series, 156(3775): 636.

[80] 郝柏林. 混沌与分形:郝柏林科普文集. 上海:上海科学技术出版社,2004.

[81] Richardson L. The problem of contiguity: an appendix to statistic of Deadly Quarrels. Yearbook of the Society for the Advancement of General Systems Research, 1961, 6: 139.

[82] Brown R. A brief account of microscopical observations made in the months of June, July and August, 1827, on the particles contained in the pollen of plants; and on the general existence of active molecules in organic and inorganic bodies. Phil. Mag., 1828, 4: 161.

[83] Perrin J B. Mouvement Brownien et réalité moléculaire. Ann. de Chimie et de Physique (VIII), 1909, 18: 5.

[84] Smale S. Differentiable dynamical systems. Bulletin of the American Mathematical Society, 1967, 73 (6): 747.

[85] Guckenheimer J and Holmes P J. Nonlinear oscillations, dynamical systems and bifurcations of vector fields. New York: Springer, 1983.

[86] Kaplan J and Yorke J. Chaotic behavior of multidimensional difference equations. Lecture Notes in Mathematics, 1979, 730: 204.

[87] Lebowitz J L. Boltzmann's entropy and time's arrow. Physics Today, 1993, 46: 32.

[88] Boltzmann L. Lectures on gas theory (translation from Deutsch). Berkelay: University of California Press, 1964.

[89] Sinai Y G. Introduction to ergodic theory. New York: Princeton University Press, 1977.

[90] Palmer R G. Broken ergodicity. Advances in Physics, 1982, 31(6): 669.

[91] Borgonovi F, Celardo G L, Maianti M, and Pedersoli E. Broken ergodicity in classically chaotic spin systems. J. Stat. Phys., 2004, 116(5/6): 1435.

[92] Cercignani C. Ludwig Boltzmann: the man who trusted atoms. London: Oxford University Press, 2006.

[93] Leff H S and Rex A F (ed.). Maxwell's demon: entropy, information, computing. Bristol: Adam-Hilger, 1990.

[94] Leff H S and Rex A F (ed.). Maxwell's demon 2: entropy, classical and quantum information, computing. Boca Raton: CRC Press, 2002.

[95] Szilárd L. On the reduction of entropy in a thermodynamic system by the intervention of intelligent beings. Zeitschrift für Physik, 1929, 53: 840.

[96] Brillouin L. Maxwell's demon cannot operate: information and entropy I. Journal of Applied Physics, 1951, 22: 334.

[97] Prigogine I and Nicolis G. Self-organization in non-equilibrium systems, from dissipative structures to order through fluctuations. New Jersey: John Wiley & Sons Inc, 1977.

[98] Loschmidt J. Sitzungsber. Sitzungsber. Über den Zustand des Wärmegleichgewichtes eines Systems von Körpern mit Rücksicht auf die Schwerkraft I. Kais. Akad. Wiss. Wien, Math. Naturwiss. Classe, 1876, 73: 128.

[99] Zermelo E. Über einen satz der dynamik und die mechanische wärmetheorie. Ann. Physik, 1896, 57: 485.

[100] Zermelo E. Über mechanische erklärungen irreversibler vorgänge. Ann. Physik, 1896, 59: 793.

[101] Bellemans A and Orban J. Velocity-inversion and irreversibility in a dilute gas of hard disks. Phys. Lett., 1967, 24A: 620.

[102] 郑志刚. 从少体系统到多体系统, 动力学与统计力学. 北京: 北京师范大学, 1997.

[103] Pettini M. Geometry and topology in Hamiltonian dynamics and statistical mechanics. New York: Springer Science+Business Media, LLC, 2007.

[104] Gibbs J W. Elementary principles in statistical mechanics. New York: Dover, 1902.

[105] 王竹溪. 统计物理学导论. 北京: 高等教育出版社, 1956.

[106] 马本堃, 高尚惠, 孙煜. 热力学与统计物理学. 北京: 高等教育出版社, 1980.

[107] 沈惠川. 统计力学. 合肥: 中国科技大学出版社, 2011.

[108] Sagdeev R Z, Usikov D A, and Zaslzvsky G M. Nonlinear physics, from the pendulum to turbulence and chaos. Chur, Switzerland: Harwood Academic, 1988.

[109] James R G, Burke K, and Crutchfield J P. Chaos forgets and remembers: measuring information creation, destruction, and storage. Los Alamos arxiv. org:1309. 5504 (2013).

[110] Piesin Y and Sinai Y G. Characteristic Lyapunov exponents and smooth ergodic theory. Russ. Math. Surv., 1977, 32 (4): 55.

[111] Anosov D V and Sinai Y G. Some smooth ergodic systems. Usp. Mat. Nauk., 1967, 22(5): 107.

[112] Anosov D V. in Proceedings of the Steklov Institute of Mathematics, American Mathematical Society, 1969, Providence, Rhode Island.

[113] Sinai Y G. Dynamical systems with elastic reflections. Ergodic properties of dispersing billiards. Russ. Math. Surv., 1970, 25: 137. (俄文原始文献发表于 Usp. Mat. Nauk, 1970, 25: 141)

[114] Szasz D. Ergodicity of classical billiard balls. Physica A, 1993, 194, 86.

[115] Kramli A, Simanyi N, and Szasz D. Translation semigroups and their linearizations on spaces of integrable functions. Nonlinearity, 1989, 2: 311.

[116] Kramli A, Simanyi N, and Szasz D. A "transversal" fundamental theorem for semi-dispersing billiards. Comm. Math. Phys., 1990, 129(3): 535.

[117] Kramli A, Simanyi N, and Szasz D. The K-property of three billiard balls. Ann. Math., 1991, 133: 37.

[118] Kramli A, Simanyi N, and Szasz D. The K-property of four billiard balls. Comm. Math. Phys. , 1992, 144: 107.

[119] Krylov N S. Works on the Foundations of Statistical Physics. Princeton: Princeton University Press, 1979.

[120] Gutkin E. Billiards in polygons. Physica D, 1986, 19: 311.

[121] Gutkin E. Billiards in polygons: survey of recent results. J. Stat. Phys. , 1996, 83: 7.

[122] Bunimovich L A. On ergodic properties of certain billiards. Funct. Anal. Appl. , 1974, 8: 254.

[123] Bunimovich L A. Decay of correlations in dynamical systems with chaotic behavior. J. Exp. Theor. Phys. , 1985, 89: 1452.

[124] Tolman R C. The principles of statistical mechanics. London: Oxford Universitn. Press, 1938.

[125] Berdichevsky V L. A connection between thermodynamics entropy and probability. J. Appl. Math. Mech. , 1988, 52(6): 738.

[126] Berdichevsky V L and Alberti M V. Statistical mechanics of Hénon-Heiles oscillators. Phys. Rev. A, 1991, 44: 858.

[127] Hertz F. Über die mechanischen Grundlagen der Thermodynamik. Ann. Phys. (Leipzig), 1910, 33: 225.

[128] Kasuge T. On the adiabatic theorem for the Hamiltonian system of differential equations in the classical mechanics I. Proc. Jpn. Acad. , 1961, 37(7): 366.

[129] Zheng Z G, Hu G, and Zhang J Y. Ergodicity in the hard-ball systems and Boltzmann's entropy, Phys. Rev. E, 1996, 53: 3246.

[130] Zheng Z G and Hu G. From dynamics to statistical mechanics: 2-hard-disk system. Comm. Theor. Phys. , 1998, 29: 43.

[131] 付文玉, 侯锡苗, 贺丽霞, 郑志刚. 少体硬球系统的动力学与统计研究. 物理学报, 2005, 54(6): 2552.

[132] 张巨元, 郑志刚, 胡岗. 少体问题中的热力学函数. 北京师范大学学报: 自然科学版, 1995, 31: 483.

[133] Choh S T and Uhlenbeck G E. The kinetic theory of dense gases. Ann Arbor: University of Michigan, 1958.

[134] Van Beijeren H. Transport properties of stochastic Lorentz models. Rev. Mod. Phys. , 1982, 54: 195.

[135] Alder B J and Wainwright T E. Decay of the velocity autocorrelation function. Phys. Rev. A, 1970, 1: 18.

[136] Vivaldi F, Casati G, and Guarneri I. Origin of long-time tails in strongly chaotic systems. Phys. Rev. Lett. , 1983, 51: 727.

[137] Ackland G J. Equipartition and ergodicity in closed one-dimensional systems of hard spheres with different masses. Phys. Rev. E, 1993, 47: 3268.

[138] Cox S G and Ackland G J. How efficiently do three pointlike particles sample phase space? Phys. Rev. Lett. , 2000, 84: 2362.

[139] Li H, Cao Z, and Hu G. Analytical solution of space probability distributions of particles in a one-dimensional ring. Phys. Rev. E, 2003, 67: 041102.

[140] Casetti L, Pettini M, and Cohen E G D. Geometric Approach to Hamiltonian Dynamics and Statistical Mechanics. Phys. Rep. , 2000, 337(3): 237.

[141] Casetti L. Aspects of dynamics, geometry, and statistical mechanics in Hamiltonian systems. Pisa: Scuola Normale Superiore, 1997.

[142] Rund H. The differential geometry of Finsler spaces. Berlin: Springer, 1959.

[143] Asanov G S. Finsler geometry, relativity, and gauge theories. Dordechet: D. Reidel Publishing Company, 1985.

[144] Eisenhart L P. Dynamical trajectories and geodesics. Ann. Math. , 1929, 30: 591.

[145] Ong C P. Curvature and mechanics. Adv. Math. , 1975, 15(3): 269.

[146] Pettini M. Geometrical hints for a nonperturbative approach to Hamiltonian dynamics. Phys. Rev. E, 1993, 47: 828.

[147] Casetti L and Pettini M. Analytic computation of the strong stochasticity threshold in Hamiltonian dynamics using Riemannian geometry. Phys. Rev. E, 1993, 48: 4320.

[148] Casetti L, Clementi C, and Pettini M. Riemannian theory of Hamiltonian chaos and Lyapunov exponents. Phys. Rev. E, 1996, 54: 5969.

[149] Casetti L, Livi R, and Pettini M. Gaussian model for chaotic instability of Hamiltonian flows. Phys. Rev. Lett. , 1995, 74: 375.

[150] Goldberg S I. Curvature and homology. New York: Dover, 1965.

[151] Cerruti-Sola M and Pettini M. Geometric description of chaos in two-degrees-of-freedom Hamiltonian systems. Phys. Rev. E, 1996, 53: 179.

[152] Pettini M and Valdettaro R. On the Riemannian description of chaotic instability in Hamiltonian dynamics. Chaos, 1995, 5: 646.

[153] do Carmo M P. Riemannian Geometry. Boston: Birkhauser, 1993.

[154] Cheeger J and Ebin D G. Comparison Theorems in Riemannian Geometry. Amsterdam: North-Holland, 1975.

[155] Van Kampen N G. Stochastic differential equations. Phys. Rep. , 1976, 24(3): 171.

[156] Lebowitz J L, Percus J K, and Verlet L. Ensemble dependence of fluctuations with application to machine computations. Phys. Rev. , 1967, 153: 250.

[157] Livi R, Pettini M, Ruffo S, and Vulpiani A. Liapunov exponents in high-dimensional symplectic dynamics. J. Stat. Phys. , 1987, 46(1—2): 147.

[158] Pettini M and Landolfi M. Relaxation properties and ergodicity breaking in nonlinear Hamiltonian dynamics. Phys. Rev. A, 1990, 41: 768.

[159] Pettini M and Cerruti-Sola M. Strong stochasticity threshold in nonlinear large Hamiltonian systems: effect on mixing times. Phys. Rev. A, 1991, 44: 975.

[160]　Escande D, Kantz H, Livi R, and Ruffo S. Self-consistent check of the validity of Gibbs calculus using dynamical variables. J. Stat. Phys. , 1994, 76(1—2): 605.

[161]　Yang C N and Lee T D. Statistical theory of equations of state and phase transitions. I. Theory of condensation. Phys. Rev. , 1952, 87: 404.

[162]　Ruelle D. Thermodynamic formalism, encyclopaedia of mathematics and its applications. New York: Addison-Wesley, 1978.

[163]　Huang K. Statistical Mechanics. 2nd edition. New York: John Wiley&Sons, 1987.

[164]　Wilson K G and Kogut J. The renormalization group and the expansion. Phys. Rep. , 1974, 12: 75.

[165]　Ma S K. Modern theory of critical phenomena. New York: Benjamin, 1976.

[166]　Parisi G. Statistical Field Theory. New York: Addison-Wesley, 1988.

[167]　Butera P and Caravati G. Phase transitions and Lyapunov characteristic exponents. Phys. Rev. A, 1987, 36: 962.

[168]　Goldenfeld N. Lectures on phase transitions and the renormalization group. New York: Addison-Wesley, 1992.

[169]　Caiani L, Casetti L, Clementi C, and Pettini M. Geometry of dynamics, Lyapunov exponents, and phase transitions. Phys. Rev. Lett. , 1997, 79: 4361.

[170]　Caiani L, Casetti L, Clementi C, Pettini G, Pettini M, and Gatto R. Geometry of dynamics and phase transitions in classical lattice φ^4 theories. Phys. Rev. E, 1998, 57: 3886.

[171]　Caiani L, Casetti L, and Pettini M. Hamiltonian dynamics of the two-dimensional lattice φ^4 Model. J. Phys. A: Math. Gen. , 1998, 31: 3357.

[172]　Dellago C, Posch H A, and Hoover W G. Lyapunov instability in a system of hard disks in equilibrium and nonequilibrium steady states. Phys. Rev. E, 1996, 53: 1485.

[173]　Dellago C and Posch H A. Lyapunov instability, local curvature, and the fluid-solid phase transition in two-dimensional particle systems. Physica A, 1996, 230: 364.

[174]　Dellago C and Posch H A. Lyapunov instability in the extended XY-model: equilibrium and nonequilibrium molecular dynamics simulations. Physica A, 1997, 237: 95.

[175]　Dellago C and Posch H A. Kolmogorov-Sinai entropy and Lyapunov spectra of a hard-sphere gas. Physica A, 1997, 240, 68.

[176]　Franzosi R, Casetti L, Spinelli L, and Pettini M. Topological aspects of geometrical signatures of phase transitions. Phys. Rev. E, 1999, 60: R5009.

[177]　Casetti L, Cohen E G D, and Pettini M. Topological origin of the phase transition in a mean-field model. Phys. Rev. Lett. , 1999, 82: 4160.

[178]　Glansdorff P and Prigogine I. Thermodynamic theory of structure, stability, and fluctuations. London: Wiley-Interscience, 1971.

[179]　Toda M, Kubo R, and Hashisume N. Statistical physics II: nonequilibrium statistical mechanics. Tokyo: Springer, 1995.

[180]　陈式刚. 非平衡统计力学. 北京：科学出版社，2010.

[181]　Radons G, Rumpf B, and Schuster H G (ed.). Nonlinear Dynamics of Nanosystems. Weinheim: Wiley-VCH, 2010.

[182]　Klages R, Just W, and Jarzynski C (ed.). Nonequilibrium statistical physics of small systems, fluctuation relations and beyond. Weinheim: Wiley-VCH, 2013.

[183]　Klages R. Microscopic chaos, fractals and transport in nonequilibrium statistical mechanics. Singapore: World Scientific, 2007.

[184]　Gallavotti G and Cohen E G D. Dynamical ensembles in nonequilibrium statistical mechanics. Phys. Rev. Lett., 1995, 74: 2694.

[185]　Gallavotti G and Cohen E G D. Dynamical ensembles in statistical states. J. Stat. Phys., 1995, 80(5/6): 931.

[186]　Evans D J and Searles D J. Equilibrium microstates which generates second law violating steady states. Phys. Rev. E, 1994, 50: 1645.

[187]　Jarzynski C. Nonequilibrium equality for free energy differences. Phys. Rev. Lett., 1997, 78: 2690.

[188]　Jarzynski C. Equilibrium free-energy differences from nonequilibrium measurements: a master-equation approach. Phys. Rev. E, 1997, 56: 5018.

[189]　Crooks G E. Nonequilibrium measurements of free energy differences for microscopically reversible markovian systems. J. Stat. Phys., 1998, 90(5/6): 1481.

[190]　Crooks G E. Entropy production fluctuation theorem and the nonequilibrium work relation for free energy differences. Phys. Rev. E, 1999, 60: 2721.

[191]　Evans D J and Searles D J. The fluctuation theorem. Adv. Phys., 2002, 51(7): 1529.

[192]　Williams S R, Sevick E M, Prabhakar R, and Searles D J. Fluctuation theorem. Ann. Rev. Phys. Chem., 2008, 59: 603.

[193]　Jarzynski C. Equalities and inequalities: irreversibility and the second law of thermodynamics at the nanoscale. Annu. Rev. Condens. Matter Phys., 2011, 2: 329.

[194]　Wynants E, Boksenbojm B, and Jarzynski C. Nonequilibrium thermodynamics at the microscale: work relations and the second law. Physica A, 2010, 389(20): 4406.

[195]　李如生. 非平衡统计物理. 北京：清华大学出版社，1995.

[196]　Onsager L. Reciprocal relations in irreversible processes I. Phys. Rev., 1931, 37: 405.

[197]　Onsager L. Reciprocal relations in irreversible processes II. Phys. Rev., 1931, 38: 2265.

[198]　Kubo R. The fluctuation-dissipation theorem. Rep. Prog. Phys., 1966, 29: 255.

[199]　Callen H B and Welton T A. Irreversibility and generalized noise. Phys. Rev., 1951, 83: 34.

[200]　Kronig R de L. On the theory of the dispersion of X-rays. J. Opt. Soc. Am., 1926, 12: 547.

[201] Kramers H A. La diffusion de la lumiere par les atomes. Atti Cong. Intern. Fisici, (Transactions of Volta Centenary Congress) Como, 1927, 2: 545.

[202] Toll J S. Causality and the dispersion relation: logical foundations. Phys. Rev. , 1956, 104: 1760.

[203] Wiener N. Generalized harmonic analysis. Acta Mathematica, 1930, 55: 117.

[204] Khintchine A. Korrelations theorie der stationären stochastischen Prozesse. Mathematische Annalen, 1934, 109 (1): 604.

[205] Bogolyubov N N. Problems of a dynamical theory in statistical physics// de Boer J and Uhlenbeck G E (ed.). Studies in Statistical Mechanics: Vol. 1. Amsterdam: North-Holland, 1962.

[206] Zubarev D N. Nonequilibrium statistical thermodynamics. New York: Consultants Bureau, 1974.

[207] Van Hove L. Quantum-mechanical perturbations giving rise to a statistical transport equation. Physica, 1955, 21: 512.

[208] Prigogine I. Non-equilibrium statistical mechanics. New York, London: Interscience Publ. , 1962.

[209] Balascu R. Equilibrium and non-equilibrium statistical mechanics. London: Wiley, Interscience, 1957.

[210] Zwanzig R. Nonequilibrium statistical mechanics. London: Oxford University Publishing, 2001.

[211] Evans D J, Morriss G P. Statistical mechanics of nonequilibrium liquids. 2nd edition. London: Cambridge University Press, 2008.

[212] Nosé S. A unified formulation of the constant temperature molecular dynamics methods. J. Chem. Phys. , 1984, 81: 511.

[213] Nosé S. A molecular dynamics method for simulations in the canonical ensemble. Mol. Phys. , 1984, 52(2): 255.

[214] Hoover W G. Canonical dynamics: equilibrium phase-space distributions. Phys. Rev. A, 1985, 31: 1695.

[215] Uhlenbeck G E, and Ford G W. Lectures in statistical mechanics. Providence, Rhode Island: American Mathematical Society, 1963: 5, 16, 30.

[216] Ruelle D. Ergodic theory of differentiable dynamical systems. Publ. Math. IHES, 1979, 50(1): 27.

[217] Ruelle D. Measures describing a turbulent flow. Ann. N. Y. Acad. Sci. , 1980, 357: 1.

[218] Bowen R. Equilibrium states and the ergodic theory of Anosov diffeomorphisms. Berlin: Springer-Verlag, 1975.

[219] Evans D J, Cohen E G D, and Morriss G P. Viscosity of a simple fluid from its maximal Lyapunov exponents. Phys. Rev. A, 1990, 42: 5990.

[220] Sarman S, Evans D J, and Morriss G P. Conjugate pairing rule and thermal transport coefficients. Phys. Rev. A, 1992, 45: 2233.

[221] Livi R, Politi A, and Ruffo S. Distribution of characteristic exponents in the thermodynamic limit. J. Phys. A: Math. Gen. , 1986, 19: 2033.

[222] Eckmann J P and Ruelle D. Ergodic theory of strange attractors. Rev. Mod. Phys. , 1985, 57: 617.

[223] Sinai Y G. Markov partitions and C-diffeomorphisms. Funct. Anal Appl. , 1968, 2(1): 64.

[224] Sinai Y G. Construction of Markov partitions. Funct. Anal. Appl. , 1968, 2(2): 70.

[225] Sinai Y G. Lectures in ergodic theory. Princeton: Princeton University Press, 1977.

[226] Bonetto F and Gallavotti G. Reversibility, coarse graining and the chaoticity principle. Commun. Math. Phys. , 1997, 189: 263.

[227] Cohen E G D. Dynamical ensembles in statistical mechanics. Physica A, 1997, 240(1/2): 43—53.

[228] Cohen E G D and Gallavotti G. Note on two theorems in nonequilibrium statistical mechanics. J. Stat. Phys. , 1999, 96: 1343.

[229] Gallavotti G and Cohen E G D. Nonequilibrium stationary states and entropy. Phys. Rev. E, 2004, 69: 035104.

[230] Gallavotti G. Fluctuation theorem and chaos. Eur. Phys. J. B, 2008, 64(3/4): 315.

[231] Gallavotti G. Thermostats, chaos and Onsager reciprocity. J. Stat. Phys. , 2009, 134 (5/6): 1121.

[232] Cohen E G D, Evans D J, and Morriss G P. Probability of second law violations in shearing steady states. Phys. Rev. Lett. , 1993, 71: 2401.

[233] Jarzynski C. Nonequilibrium work theorem for a system strongly coupled to a thermal environment. J. Stat. Mech. , 2004: P09005.

[234] Bochkov G N and Kuzovlev Y E. On general theory of thermal fluctuations in nonlinear systems. Sov. Phys. JETP, 1977, 45: 125; Zh. Eksp. Teor. Fiz. , 1977, 72: 238.

[235] Bochkov G N and Kuzovlev Y E. Fluctuation-dissipation relations for nonequilibrium processes in open systems. Sov. Phys. JETP, 1979, 49: 543; Zh. Eksp. Teor. Fiz. , 1979, 76: 1071.

[236] Bochkov G N and Kuzovlev Y E. Nonlinear fluctuation-dissipation relations and stochastic models in nonequilibrium thermodynamics: I. Generalized fluctuation-dissipation theorem. Physica A, 1981, 106(3): 443.

[237] Bochkov G N and Kuzovlev Y E. Nonlinear fluctuation-dissipation relations and stochastic models in nonequilibrium thermodynamics: I. Generalized fluctuation-dissipation theorem. Physica A, 1981, 106(3): 480.

[238] B Roux. Implicit solvent models// Becker O, MacKerell A D, Roux B, and Watanabe M (ed.). Computational biochemistry and biophysics. New York: Dekker, 2001.

[239] Kirkwood J G. Statistical mechanics of fluid mixtures. J. Chem. Phys. , 1935, 3: 300.

[240] Cohen E G D and Mauzerall D. A note on the Jarzynski equality. J. Stat. Mech. : Theor. Exp. , 2004: P07006.

[241] Hummer G and Szabo A. Free energy reconstruction from nonequilibrium single-molecule pulling experiments. PNAS, 2001, 98(7): 3658.

[242] Liphardt J, Dumont S, Smith S B, Tinoco I Jr. , and Bustamante C. Equilibrium information from nonequilibrium measurements in an experimental test of Jarzynski's equality. Science, 2002, 296: 1832; Bustamante C, Liphardt J, and Ritort F. The nonequilibrium thermodynamics of small systems. Physics Today 43, 2005, 2005—7: 43.

[243] Fox R F. Using nonequilibrium measurements to determine macromolecule free-energy differences. PNAS, 2003, 100(22): 12537.

[244] Gore J, Ritort F, and Bustamante C. Bias and error in estimates of equilibrium free-energy differences from nonequilibrium measurements. PNAS, 2003, 100(22): 12564.

[245] Ritort F. Work fluctuations, transient violations of the second law and free-energy recovery methods: perspectives in theory and experiments. Poincare Seminar, 2003, 2: 193—227.

[246] Neupane K, Yu H, Wang F, Gupta A N, Vincent A, and Woodside M T. Experimental validation of free-energy-landscape reconstruction from non-equilibrium single-molecule force spectroscopy measurements. Nature Phys. , 2011, 7: 631.

[247] Jarzynski C, Smith S B, Tinoco I Jr. , Collin D, Ritort F, and Bustamante C. Verification of the crooks fluctuation theorem and recovery of RNA folding free energies. Nature, 2005, 437: 231.

[248] Oukris H and Israeloff N E. Nanoscale non-equilibrium dynamics and the fluctuation-dissipation relation in an ageing polymer glass. Nature Phys. , 2010, 6: 135.

[249] Garnier N and Ciliberto S. Nonequilibrium fluctuations in a resistor. Phys. Rev. E, 2005, 71: 060101.

[250] Petrosyan A, Gomez-Solano J R, and Ciliberto S. Heat fluctuation in a nonequilibrium bath. Phys. Rev. Lett. , 2011, 106: 200602.

[251] Jarzynski C. Rare events and the convergence of exponentially averaged work values. Phys. Rev. E, 2006, 73: 046105.

[252] Mukamel S. Quantum extension of the Jarzynski relation: analogy with stochastic dephasing. Phys. Rev. Lett. , 2003, 90: 170604.

[253] Shapere A and Wilczek F (ed.). Geometric phases in physics. Singapore: World Scientific, 1989.

[254] Huber G, Schmidt-Kaler F, Deffner S, and Lutz E. Employing trapped cold ions to verify the quantum Jarzynski equality. Phys. Rev. Lett. , 2008, 101: 070403.

[255] De Roeck W and Maes C. Quantum version of free-energy-irreversible-work relations. Phys. Rev. E, 2004, 69: 026115.

[256] Engel A and Nolte R. Jarzynski equation for a simple quantum system: comparing two definitions of work. Europhys. Lett. , 2007, 79: 10003.

[257] Teifel J and Mahler G. Model studies on the quantum Jarzynski relation. Phys. Rev. E, 2007, 76: 051126.

[258] Crooks G E. On the Jarzynski relation for dissipative quantum dynamics. J. Stat. Mech. , 2008: P10023.

[259] Andrieux D and Gaspard P. Quantum work relation and response theory. Phys. Rev. Lett. , 2008, 100: 230404.

[260] Quan H T and Jarzynski C. Validity of nonequilibrium work relations for the rapidly expanding quantum piston. Phys. Rev. E, 2012, 85: 031102.

[261] Sagawa T and Ueda M. Generalized Jarzynski equality under nonequilibrium feedback control. Phys. Rev. Lett. , 2010, 104: 090602.

[262] Pradhan P. Nonequilibrium fluctuation theorems in the presence of a time reversal symmetry-breaking field and nonconservative forces. Phys. Rev. E, 2010, 81: 021122.

[263] de Groot S R and Mazur P. Nonequilibrium thermodynamics. Amsterdam: North-Holland, 1962.

[264] Chandler D. Introduction to modern statistical mechanics. New York: Oxford University Press, 1987.

[265] Grimmett G R and Stirzaker D R. Probability and random processes. 2nd edition. Oxford: Clarendon Press, 1992.

[266] Joubaud S, Lohse D, and van der Meer D. Fluctuation theorems for an asymmetric rotor in a granular gas. Phys. Rev. Lett. , 2012, 108: 210604.

[267] Monnai T. Unified treatment of the quantum fluctuation theorem and the Jarzynski equality in terms of microscopic reversibility. Phys. Rev. E, 2005, 72: 027102.

[268] Esposito M and Mukamel S. Fluctuation theorems for quantum master equations. Phys. Rev. E, 2006, 73: 046129.

[269] Talkner P and Hänggi P. The Tasaki-Crooks quantum fluctuation theorem. J. Phys. A: Math. Theor. , 2008, 40: F569.

[270] Talkner P, Hänggi P, and Morillo M. Microcanonical quantum fluctuation theorems. Phys. Rev. E, 2008, 77: 051131.

[271] van Zon R, de la Pena L H, Peslherbe G H, and Schofield J. Schofield, Quantum free-energy differences from nonequilibrium path integrals. I. Methods and numerical application, Phys. Rev. E, 2008, 78, 041103.

[272] van Zon R, de la Pena L H, Peslherbe G H, and Schofield J. Quantum free-energy differences from nonequilibrium path integrals. II. Convergence properties for the harmonic oscillator. Phys. Rev. E, 2008, 78: 041104

[273] Andrieux D, Gaspard P, Monnai T, and Tasaki S. The fluctuation theorem for currents in open quantum systems. New Journal of Physics, 2008, 11: 043014.

[274] Campisi M, Talkner P, and Hänggi P. Fluctuation theorem for arbitrary open quantum systems. Phys. Rev. Lett. , 2009, 102: 210401.

[275] Bai Z W. Quantum heat-fluctuation theorems of a reduced system: an exactly solvable case. Phys. Rev. E, 2011, 83: 021101.

[276] Cohen D and Imry Y. Straightforward quantum-mechanical derivation of the Crooks fluctuation theorem and the Jarzynski equality. Phys. Rev. E, 2012, 86: 011111.

[277] Liu F and Ou-Yang Z C. Nonequilibrium work equalities in isolated quantum systems. Chin. Phys. B, 2014, 23 (7): 070512.

[278] Esposito M, Harbola U, and Mukmel S. Nonequilibrium fluctuations, fluctuation theorems, and counting statistics in quantum systems. Rev. Mod. Phys. , 2009, 81(4): 1665—1702.

[279] Campisi M, Hänggi P, and Talkner P. Colloquium: Quantum fluctuation relations: foundations and applications. Rev. Mod. Phys. , 2011, 83(3): 771.

[280] Jarzynski C and Wojcik D K. Classical and quantum fluctuation theorems for heat exchange. Phys. Rev. Lett. , 2004, 92: 230602.

[281] Sughiyama Y and Abe S. Macroscopic proof of the Jarzynski-wojcik fluctuation theorem for heat exchange. J. Stat. Mech. , 2008: P05008.

[282] Noh J D and Park J M. Fluctuation Relation for Heat. Phys. Rev. Lett. , 2012, 108: 240603.

[283] Searles D J, Williams S R, and Evans D J. Nonequilibrium free-energy relations for thermal changes. Phys. Rev. Lett. , 2008, 100: 250601.

[284] Chatelain C. A temperature-extended Jarzynski relation: application to the numerical calculation of surface tension. J. Stat. Mech. : Theory Exp. , 2007: P04011.

[285] Chelli R. Nonequilibrium work relations for systems subject to mechanical and thermal changes. J. Chem. Phys. , 2009, 130: 054102.

[286] Thomsen J S. Logical relations among the principles of statistical mechanics and thermodynamics. Phys. Rev. , 1953, 91: 1263.

[287] Cao L, Ke P, Qiao L Y, and Zheng Z G. Nonequilibrium thermodynamics and fluctuation relations of small systems. Chin. Phys. B, 2014, 23 (7): 070501. (Tutorial Review)

[288] Cao L, Cross M, and Zheng Z G. Failure of free energy relation under a non-Markovian heat bath temperature change. Chin. Phys. B, 2012, 21(9): 090501. (Rapid Communication)

[289] Lua R C and Crosberg A Y. Practical applicability of the Jarzynski relation in statistical mechanics: a pedagogical example. J. Phys. Chem. B, 2005, 109: 6805.

[290] Jarzynski C. Rare events and the convergence of exponentially averaged work values. Phys. Rev. E, 2006, 73: 046105.

[291] Mai T and Dhar A. Nonequilibrium work fluctuations for oscillators in non-Markovian baths. Phys. Rev. E, 2007, 75: 061101; Chatterijee D, Chaudhury S, and Cherayil B J. Resolving a puzzle concerning fluctuation theorems for forced harmonic oscillators in non-Markovian heat baths. J. Stat. Mech., 2008: P10006.

[292] Speck T and Seifert U. The Jarzynski relation, fluctuation theorems, and stochastic thermodynamics for non-Markovian processes. J. Stat. Mech., 2007: L09002.

[293] Puglisi A and Villamaina D. Irreversible effects of memory. Europhys. Lett., 2009, 88: 30004.

[294] Ao P. Emerging of stochastic dynamical equalities and steady state thermodynamics from darwinian dynamics. Communications in Theoretical Physics, 2008, 49: 1073.

[295] Hänggi P and Thomas H. Time evolution, correlations, and linear response of non-Markov processes. Z. Phys. B, 1977, 26(1): 85.

[296] Hänggi P and Thomas H. Stochastic processes: time evolution, symmetries and linear response. Phys. Rep., 1982, 88(4): 207.

[297] Hänggi P and Jung P. Colored noise in dynamical systems. Advances in Chem. Phys., 1995, 89: 239.

[298] Risken H. The Fokker-Planck equation: methods of solutions and applications. Berlin: Springer-Verlag, 1984.

[299] 胡岗. 随机力与非线性系统. 上海：上海科技教育出版社, 1994.

[300] Hu G, Zheng Z G, Yang L, and Kang W. Thermodynamic second law in irreversible processes of chaotic few-body systems. Phys. Rev. E, 2001, 64: 045102(R).

[301] Lebowitz J L. Stationary nonequilibrium Gibbsian ensembles. Phys. Rev., 1959, 114: 1192.

[302] Crosignani B, Di Porto P, and Segev M. Approach to thermal equilibrium in a system with adiabatic constraints. Amer. J. Phys., 1996, 64(5): 610.

[303] Abad E and Mielke A. Brownian motion in fluctuating periodic potentials. Ann. Physik, 1998, 510(1): 9.

[304] Piasecki J, Gruber C. From the adiabatic piston to macroscopic motion induced by fluctuations. Physica A, 1998, 265(3—4): 463.

[305] Gruber C, Piasecki J. Stationary motion of the adiabatic piston. Physica A, 1999, 268(3—4): 412.

[306] Gruber C, Frachebourg L. On the adiabatic properties of a stochastic adiabatic wall: evolution, stationary non-equilibrium, and equilibrium states. Physica A, 1998, 272(3—4): 392.

[307] Gruber C. Thermodynamics of systems with internal adiabatic constraints: time evolution of the adiabatic piston. Eur. J. Phys., 2001, 20: 259.

[308] Lieb E. Some problems in statistical mechanics that I would like to see solved. Physica A, 1999, 263(1—4): 491.

[309] Kestemont E, van der Broeck C, Mansour M M. The "adiabatic" piston: and yet it moves. Europhys. Lett. , 2000, 49: 143.

[310] Munakata T, Ogawa H. Dynamical aspects of an adiabatic piston. Phys. Rev. E, 2001, 64: 036119.

[311] Gruber C, Pache S. The controversial piston in the thermodynamic limit. Physica A, 2002, 314(1—4): 345.

[312] Feynman R P, Leighton R B, Sands M. The Feynman Lectures on Physics: Vol. 1. Reading, MA: Addison-Wesley, 1963.

[313] Crosignani B, Di Porto P, Conti C. The adiabatic piston: a perpetuum mobile in the mesoscopic realm. Entropy, 2004, 6: 50.

[314] Callen H B. Thermodynamics. New York: Wiley, 1963. (appendix)

[315] Li H H, He D H, Cao Z J, Zhang Y, Munakata T, and Hu G. Relaxation to equilibrium in few-particle adiabatic piston systems. Phys. Rev. E, 2005, 71: 061103.

[316] Einstein A. Die Plancksche theorie der strahlung und die theorie der spezifischen wärme. Annalen der Physik, 1907, 22(1): 180.

[317] Debye P. Zür theorie der spezifischen waerme. Annalen der Physik (Leipzig), 1912, 344(14): 789.

[318] Peierls R E. Quantum Theory of Solids. London: Oxford University Press, 1955.

[319] von Kármán T and Born M. Über schwingungen in raumgittern. (On fluctuations in spatial grids.) Physikalische Zeitschrift, 1912, 13: 297.

[320] von Kármán T and Born M. Zur theorie der spezifischen wärme. (On the theory of the specific heat.) Physikalische Zeitschrift, 1913, 14: 15.

[321] Born M and Huang K. Dynamical theory of crystal lattices. New York: Oxford University Press, 1954.

[322] Casati G, Ford J, Vivaldi F, and Visscher W M. One-dimensional classical many-body system having a normal thermal conductivity. Phys. Rev. Lett. , 1984, 52: 1861.

[323] Lepri S, Livi R, and Politi A. Heat conduction in chains of nonlinear oscillators. Phys. Rev. Lett. , 1997, 78: 1896.

[324] Hu B B, Li B W, and Zhao H. Heat conduction in one-dimensional chains. Phys. Rev. E, 1997, 57: 2992.

[325] Lepri S, Livi R, and Politi A. Thermal conduction in classical low-dimensional lattices. Phys. Rep. , 2003, 377(1): 1.

[326] Alabiso C, Casartelli M, and Marenzoni P. Nearly separable behavior of Fermi-Pasta-Ulam chains through the stochasticity threshold. J. Stat. Phys. , 1995, 79(1—2): 451.

[327] Alabiso C and Casartelli M. Normal modes on average for purely stochastic systems. J. Phys. A, 2001, 34: 1223.

[328] Li N B, Tong P Q, and Li B W. Effective phonons in anharmonic lattices: anomalous vs normal heat conduction. Europhys. Lett. , 1995, 75: 49.

[329] Starr C. The copper oxide rectifier. J. Appl. Phys. , 1936, 7: 15.

[330] Terraneo M, Peyrard M, and Casati G. Controlling the energy flow in nonlinear lat-
       tices: a model for a thermal rectifier. Phys. Rev. Lett. , 2002, 88: 094302.

[331] Li B W, Wang L, and Casati G. Thermal diode: rectification of heat flux. Phys. Rev.
       Lett. , 2002, 93: 84301.

[332] Hu B B, He D H, Yang L, and Zhang Y. Thermal rectifying effect in macroscopic size.
       Phys. Rev. E, 2006, 74: 060201.

[333] Chang C W, Okawa D, Majumdar A, and Zettl A. Solid-state thermal rectifier. Sci-
       ence, 2006, 314: 1121.

[334] Li B W, Wang L, and Casati G. Negative differential resistance and thermal transistor.
       Appl. Phys. Lett. , 88: 143501.

[335] Wang L and Li B W. Thermal logic gates: computation with phonons. Phys. Rev.
       Lett. , 2007, 99: 177208.

[336] Wang L and Li B W. Thermal memory: a storage of phononic information. Phys. Rev.
       Lett. , 2008, 101: 267203.

[337] Liang B, Guo X S, Tu J, Zhang D, and Cheng J C. An acoustic rectifier. Nature Mate-
       rials, 2010, 9: 989.

[338] Li N B, Hänggi P, and Li B W. Ratcheting heat flux against a thermal bias. Europhys.
       Lett. , 2008, 84: 40009.

[339] Ren J and Li B W. Emergence and control of heat current from strict zero thermal bias.
       Phys. Rev. E, 2010, 81: 021111.

[340] Li N B, Ren J, Wang L, Zhang G, Hänggi P, and Li B W. Colloquium: Phononics:
       manipulating heat flow with electronic analogs and beyond. Rev. Mod. Phys. , 2012, 84
       (3): 1045.

[341] Clausius R. The mechanical theory of heat — with its applications to the steam engine
       and to physical properties of bodie. London: John van Voorst, 1867.

[342] Maxwell J C. Theory of Heat. London: Longmans, Green and Co. , 1871.

[343] Joule J P. The scientific papers of James Prescott Joule. London: The Physical Society
       of London, 1884.

[344] Joule J P. Lecture on matter, living force, and heat. A lecture at St. Ann's Church
       Reading-Room, Manchester, 28 April, 1847; reported in the Manchester Courier, 5 and
       12 May, 1847; reprinted in The scientific papers of James Prescott Joule. London: The
       Physical Society of London, 1884.

[345] Fourier J. Théorie analytique de la chaleur. Paris: Firmin Didot Père et Fils. , 1822.

[346] Frenkel J and Kontorova T. On the theory of plastic deformation and twinning II. Zh.
       Eksp. Teor. Fiz. , 1938, 8: 1340.

[347] Frenkel J and Kontorova T. On the theory of plastic deformation and twinning. Izv.
       Akad. Nauk, 1939, 1: 137.

[348] 郑志刚. 耦合非线性系统的时空动力学与合作行为. 北京：高等教育出版社，2004.

[349] Braun O M and Kivshar Y S. The Frenkel-Kontorova model：concepts，methods，and applications. Berlin：Springer，2004.

[350] Floria L and Mazo J. Dissipative dynamics of the Frenkel-Kontorova model. Adv. Phys.，1996，45：505.

[351] Persson B N J. Sliding friction，physical principles and applications. Berlin：Springer-Verlag，2000.

[352] Rugh H H. Dynamical approach to temperature. Phys. Rev. Lett.，1997，78：772.

[353] Giardinà C and Livi R. Ergodic properties of microcanonical observables. J. Stat. Phys.，1998，91(5—6)：1027.

[354] 包景东. 经典和量子耗散系统的随机模拟方法. 北京：科学出版社，2009.

[355] Choquard P. Lattice energy current in solids and lattice thermal conductivity. Helv. Phys. Acta.，1963，36：415.

[356] Hardy R J. Energy-flux operator for a lattice. Phys. Rev.，1963，132：168.

[357] 黄昆（原著），韩汝琦（改编）. 固体物理学. 北京：高等教育出版社，1988.

[358] Balescu R. Equilibrium and non-equilibrium statistical mechanics. London：John Wiley & Sons，1975.

[359] 冯端，金国钧. 凝聚态物理学. 北京：高等教育出版社，2013.

[360] Rieder Z，Lebowitz J L，Lieb E. Properties of a Harmonic crystal in a stationary non-equilibrium state. J. Math. Phys.，1967，8：1073.

[361] Wang M C，Uhlenbeck G E. On the theory of the Brownian motion II. Rev. Mod. Phys.，1945，17：323.

[362] Toda M. Vibration of a chain with a non-linear interaction. J. Phys. Soc. Japan，1967，22：431.

[363] Dawson J. One-dimensional plasma model. Phys. Fluids，1962，5：445—458.

[364] Mimnagh D J R，Ballentine L E. Thermal conductivity in a chain of alternately free and bound particles. Phys. Rev. E，1997，56：5332.

[365] Prosen T，Robnik M. Energy transport and detailed verification of Fourier heat law in a chain of colliding harmonic oscillators. J. Phys. A，1992，25：3449.

[366] Alonso D，Artuso R，Casati G，and Guarneri I. Heat conductivity and dynamical insta-bility. Phys. Rev. Lett.，1999，82：1859.

[367] Li B W，Wang L，and Hu B B. Finite thermal conductivity in 1D models having zero Lyapunov exponents. Phys. Rev. Lett.，2002，88：223901.

[368] Casher A and Lebowitz J L. Heat flow in regular and disordered harmonic chains. J. Math. Phys.，1971，12：1701.

[369] O'Connor A J and Lebowitz J L. Heat conduction and sound transmission in isotopically disordered harmonic crystals. J. Math. Phys.，1974，15：692.

[370] Dhar A. Heat conduction in the disordered harmonic chai revisited. Phys. Rev. Lett. , 2001, 86(26): 5882.

[371] Matsuda H and Ishii K. Localization of normal modes and energy transport in the disordered harmonic chain. Suppl. Prog. Theor. Phys. , 1970, 45: 56.

[372] Keller J B, Papanicolaou G C, and Weilenmann J. Heat conduction in a one-dimensional random medium. Comm. Pure App. Math. , 1978, 31: 583.

[373] Frizzera W, Monteil A, and Capobianco A. Energy flow in one-dimensional lattice thermal conductivity. Il Nuovo Cimento D, 1998, 20(11): 1715.

[374] Grassberger P, et al.. Heat conduction and entropy production in a one-dimensional hard-particle gas. Phys. Rev. Lett. , 2002, 89: 180601.

[375] Yang L. Finite heat conduction in a 2D disorder lattice. Phys. Rev. Lett. , 2002, 88: 094301.

[376] Li B W, Zhao H, and Hu B B. Can disorder induce a finite thermal conductivity in 1D lattices? Phys. Rev. Lett. , 2001, 86: 63.

[377] Mai T, Dhar A, and Narayan O. Equilibration and universal heat conduction in Fermi-Pasta-Ulam chains. Phys. Rev. Lett. , 2007, 98: 184301.

[378] Prosen T and Campbell D K. Momentum conservation implies anomalous energy transport in 1D classical lattices. Phys. Rev. Lett. , 2000, 84(13): 2857.

[379] Payton D N, Rich M, and Visscher W M. Lattice thermal conductivity in disordered harmonic and anharmonic crystal models. Phys. Rev. , 1967, 160: 706.

[380] Kaburaki H and Machida M. Thermal conductivity in one-dimensional lattices of Fermi-Pasta-Ulam type. Phys. Lett. A, 1993, 181: 85.

[381] Ohtsubo Y, Nishiguchi N, and Sakuma T. The thermal conductivity in one-dimensional monatomic lattices with harmonic and quartic interatomic potentials. J. Phys. : Condens. Matter, 1994, 6: 3013.

[382] Hu B B, Li B W, and Zhao H. Heat conduction in one-dimensional nonintegrable systems. Phys. Rev. E, 61: 3828.

[383] Lee-Dadswell G R, Turner E, Ettinger J, and Moy M. Momentum conserving one-dimensional system with a finite thermal conductivity. Phys. Rev. E, 2010, 82: 061118.

[384] Giardina C, Livi R, Politi A, and Vassalli M. Finite thermal conductivity in 1D lattice. Phys. Rev. Lett. , 2000, 84: 2144.

[385] Gendelman O V and Savin A V. Normal heat conductivity of the one-dimensional lattice with periodic potential of nearest-neighbor interaction. Phys. Rev. Lett. , 2000, 84: 2381.

[386] Zhong Y, Zhang Y, Wang J, and Zhao H. Normal heat conduction in one-dimensional momentum conserving lattices with asymmetric interactions. Phys. Rev. E, 2012, 85: 060102(R).

[387] Wang L, Hu B B, and Li B W. Validity of Fourier's law in one-dimensional momentum-conserving lattices with asymmetric interparticle interactions. Phys. Rev. E, 2013, 88: 052112.

[388] Das S G, Dhar A, and Narayan O. Heat conduction in the α–β Fermi-Pasta-Ulam chain. J. Stat. Phys., 2014, 154: 204.

[389] Savin A V and Kosvich Y A. Thermal conductivity of molecular chains with asymmetric potentials of pair interactions. Phys. Rev. E, 2014, 89: 032102.

[390] Gendelman O V and Savin A V. Normal heat conductivity in chains of capable of dissociation. Europhys. Lett., 2014, 106: 34004.

[391] Lifshitz E L and Pitaevskij L P. Physical Kinetics. New York: Pergamon Press, 1981.

[392] Pomeau Y and Resibois R. Time dependent correlation functions and mode-mode coupling theories. Phys. Rep., 1975, 19: 63.

[393] Reichman D R and Charnonneau P. Mode-coupling theory. J. Stat. Mech., 2005: P05013.

[394] Lepri S. Relaxation of classical many-body Hamiltonians in one dimension. Phys. Rev. E, 1996, 58: 7165.

[395] Ernst M H. Mode-coupling theory and tails in CA fluids. Physica D, 1991, 47: 198.

[396] Naitoh T, Ernst M H, van der Hoef M A, and Frenkel D. Velocity correlations in a one-dimensional lattice gas: theory and simulations. Phys. Rev. E, 1993, 47: 4098.

[397] Lepri S, Livi R, and Politi A. On the anomalous thermal conductivity of one-dimensional lattices, Europhys. Lett., 1998, 43: 271.

[398] Lepri S, Livi R, and Politi A. Energy transport in anharmonic lattices close to and far from equilibrium. Physica D, 1998, 119: 140.

[399] Lepri S. Memory effects and heat transport in one-dimensional insulators. Eur. Phys. J. B, 2000, 18: 441.

[400] Vassalli M. Diploma thesis. Florence: University of Florence, 1999.

[401] Hatano T. Jarzynski equality for the transitions between nonequilibrium steady states. Phys. Rev. E, 1999, 59: R5017(R).

[402] Narayan O and Ramaswamy S. Anomalous heat conduction in one-dimensional momentum-conserving systems. Phys. Rev. Lett., 2002, 89: 200601.

[403] Lee-Dadswell G R, Nickel B G, and Gray C G. Thermal conductivity and bulk viscosity in quartic oscillator chains. Phys. Rev. E, 2005, 72: 031202.

[404] Delfini L, Lepri S, Livi R, and Politi A. Self-consistent mode-coupling approach to one-dimensional heat transport. Phys. Rev. E, 2006, 73: 060201(R).

[405] Pereverzev A. Fermi-Pasta-Ulam β lattice: Peierls equation and anomalous heat conductivity. Phys. Rev. E, 2003, 68: 056124.

[406] Lukkarinen J and Spohn H. Anomalous energy transport in the FPU-β chain. Comm. Pure Appl. Math., 2008, 61: 1753.

[407] Santhosh G and Deepak K. Universality classes for phonon relaxation and thermal conduction in one-dimensional vibrational systems. Phys. Rev. E, 2011, 84: 041119.

[408] Rich M, Visscher W M, and Payton D N. , Thermal conductivity of a two-dimensional two-branch lattice. Phys. Rev. A, 1971, 4: 1682.

[409] Jackson E A, Mistriotis A D. Thermal conductivity of one- and two-dimensional lattices. J. Phys. : Condens. Matter, 1989, 1: 1223.

[410] Sakuma T, Ohtsubo Y, and Nishiguchi N. Thermal conductivity in two-dimensional monatomic non-linear lattices. J. Phys. : Condens. Matter, 1992, 4: 10227.

[411] Michalski J. Thermal conductivity of amorphous solids above the plateau: molecular-dynamics study. Phys. Rev. B, 1992, 45: 7054.

[412] Lippi A, Livi R. Heat conduction in two-dimensional nonlinear lattices. J. Stat. Phys. , 2000, 100: 1147.

[413] Yang L, Grassberger P, and Hu B B. Dimensional crossover of heat conduction in low dimensions. Phys. Rev. E, 2006, 74: 062101.

[414] Dellago C and Posch H A. Lyapunov instability in the extended XY-model: equilibrium and nonequilibrium molecular dynamics simulations. Physica A, 1997, 237: 95.

[415] Saito K and Dhar A. Heat conduction in a three dimensional anharmonic crystal. Phys. Rev. Lett. , 2010, 104: 040601.

[416] Wang L, He D H, and Hu B B. Heat conduction in a three-dimensional momentum-conserving anharmonic lattice. Phys. Rev. Lett. , 2010, 105: 160601.

[417] Gillan M J and Holloway R W. Transport in the Frenkel-Kontorova model. III. Thermal conductivity. J. Phys. C, 1985, 18: 5705.

[418] Aoki K and Kusnezov D. Fermi-Pasta-Ulam β model: boundary jumps, Fourier's law, and scaling. Phys. Rev. Lett. , 2001, 86: 4029.

[419] Li N B and Li B W. Parameter-dependent thermal conductivity of one-dimensional $\varphi 4$ lattices. Phys. Rev. E, 2007, 76: 011108.

[420] Li N B and Li B W. Temperature dependence of thermal conductivity in 1D nonlinear lattices. Europhys. Lett. , 2007, 78: 34001.

[421] Li N B and Li B W. Scaling of temperature-dependent thermal conductivities for one-dimensional nonlinear lattices. Phys. Rev. E, 2013, 87: 042125.

[422] Li N B and Li B W. Thermal conductivities of one-dimensional anharmonic/nonlinear lattices: renormalized phonons and effective phonon theory. AIP advances, 2012, 2: 041408.

[423] Zabusky N J and Kruskal M D. Interaction of solitons in a collisionless plasma and the recurrence of initial states. Phys. Rev. Lett. , 1965, 15: 240.

[424] Gardner C S, Greene J M, Kruskal M D, and Miura R M. Method for solving the Korteweg-de Vries equation. Phys. Rev. Lett. , 1967, 19: 1095.

[425] Flach S and Willis C R. Discrete breathers. Phys. Rep. , 1998, 295: 181.

[426] Sato M, Hubbard B E, and Sievers A J. Colloquium: Nonlinear energy localization and its manipulation in micromechanical oscillator arrays. Rev. Mod. Phys., 2006, 78: 137.

[427] Sen S, Hong J, Bang J, Avalos E, and R. Doney. Solitary waves in the granular chain. Phys. Rep., 2008, 462: 21.

[428] Flach S and Gorbach A V. Discrete breathers, advances in theory and applications. Phys. Rep., 2008, 467: 1.

[429] Kartashov Y V, Malomed B A, and Torner L. Solitons in nonlinear lattices. Rev. Mod. Phys., 2011, 83: 247.

[430] Sievers A J and Takeno S. Intrinsic localized modes in anharmonic crystals. Phys. Rev. Lett., 1988, 61: 970.

[431] Takeno S, Kisoda K, and Sievers A J., Intrinsic localized vibrational modes in anharmonic crystals—stationary modes. Prog. Theor. Phys. Suppl., 1988, 94: 242.

[432] MacKay R S and Aubry S. Proof of existence of breathers for time-reversible or Hamiltonian networks of weakly coupled oscillators. Nonlinearity, 1994, 7: 1623.

[433] Anderson P W. Absence of diffusion in certain random lattices. Phys. Rev., 1958, 109: 1492.

[434] Yuan Z Q and Zheng Z G. Propagation dynamics in the Fermi-Pasta-Ulam lattice. Front. Phys., 2013, 8(3): 349.

[435] Yuan Z Q and Zheng Z G. Nonlinear wave dynamics of the transport process on nonlinear lattices// Bai C M, Gazeau J P, and Ge M L (ed.). Proceedings of GROUP29, Nankai series in pure, applied mathematics and theoretical physics. Singapore: World Scientific, 2013.

[436] Yuan Z Q, Chu M, Wang J, and Zheng Z G. Loss of stability of a solitary wave on a Fermi-Pasta-Ulam ring. Phys. Rev. E, 2013, 88: 042901.

[437] Ovchinnikov A A. Localized long-lived vibrational states in molecular crystals. Soviet Journal of Experimental and Theoretical Physics, 1969, 30(1): 147.

[438] Page J B. Asymptotic solutions for localized vibrational modes in strongly anharmonic periodic systems. Phys. Rev. B, 1990, 41(11): 7835.

[439] Peyrard M and Campbell D K. Chaos/xaoc: Soviet American perspectives on nonlinear science. New York: American Institute of Physics, 1990.

[440] Tsironis G P and Aubry S. Slow relaxation phenomena induced by breathers in nonlinear lattices. Phys. Rev. Lett., 1996, 77(26): 5225.

[441] Tsironis G P, Bishop A R, Savin A V, and Zolotaryuk A V. Dependence of thermal conductivity on discrete breathers in lattices. Phys. Rev. E, 1999, 60: 6610.

[442] Giardina C, Livi R, Politi A, and Vassalli M. Phys. Rev. Lett., 2000, 84: 2144.

[443] Gendelman O V and Savin A V. Normal heat conductivity of the one-dimensional lattice with periodic potential of nearest-neighbor interaction. Phys. Rev. Lett., 2000, 84: 2381.

[444] Benettin G, Galgani L, and Giorgilli A. Classical perturbation theory for systems of weakly coupled rotators. Il Nuovo Cimento B, 1985, 89: 89.

[445] Livi R, Pettini M, Ruffo S, and Vulpiani A. Chaotic behavior in nonlinear Hamiltonian systems and equilibrium statistical mechanics. J. Stat. Phys., 1987, 48: 539.

[446] Escande D, Kantz H, Livi R, and Ruffo S. Self-consistent check of the validity of Gibbs calculus using dynamical variables. J. Stat. Phys., 1994, 76: 605.

[447] Gendelman O V and Savin A V. Nonstationary heat conduction in one-dimensional chains with conserved momentum. Phys. Rev. E, 2010, 81: 020103(R).

[448] Takeno S and Peyrard M. Nonlinear modes in coupled rotator models. Physica D, 1996, 92: 140.

[449] Zheng Z G, Hu B B, and Hu G. Spatiotemporal dynamics of discrete sine-Gordon lattices with sinusoidal couplings. Phys. Rev. E, 1998, 57: 1139.

[450] Xiong D X, Wang J, Zhang Y, and Zhao H. Nonuniversal heat conduction of one-dimensional lattices. Phys. Rev. E, 2012, 85: 020102(R).

[451] Li N B, Li B W, and Flach S. Energy carriers in the Fermi-Pasta-Ulam β lattice: solitons or phonons? Phys. Rev. Lett., 2010, 105: 054102.

[452] Zhao H, Wen Z Y, Zhang Y, and Zheng D. Dynamics of solitary wave scattering in the Fermi-Pasta-Ulam model. Phys. Rev. Lett., 2005, 94: 025507.

[453] Zhao H. Identifying diffusion processes in one-dimensional lattices in thermal equilibrium. Phys. Rev. Lett., 2006, 96: 140602.

[454] 袁宗强, 褚敏, 郑志刚. Fermi-Pasta-Ulam-β 格点链系统能量载流子研究. 物理学报, 2013, 62(8): 080504.

[455] Richardson L F. Atmosphere diffusion shown on a distance-neighbour graph. Proc. Roy. Soc. London Ser. A, 1926, 110(756): 709.

[456] Montroll E W and Weiss G H. Random walks on lattices, II. J. Math. Phys., 1965, 6: 167.

[457] Montroll E W and Scher H. Random walks on lattices, IV: Continuous-time walks and influence of absorbing boundaries. J. Stat. Phys., 1973, 9: 101.

[458] Weiss G H. Aspects and Applications of Random Walks. Amsterdam: North-Holland, 1994.

[459] Klages R, Radons G, and Sokolov I M (ed.). Anomalous transport, foundations and applications. Berlin: WILEY-VCH Verlag GmbH & Co. KGaA, 2008.

[460] Metzler R and Klafter J. The random walks' guide to anomalous diffsion: a fractional dynamics approach. Phys. Rep., 2000, 339: 1.

[461] Klafter J, Lim S C, and Metzler R. Fractional dynamics: recent advances. Singapore: World Scientific, 2011.

[462] Tsallis C. Introduction to nonextensive statistical mechanics, approaching a complex world. New York: Springer Science+Business Media, LLC, 2009.

[463] Abe S and Okamoto Y (ed.). Nonextensive statistical mechanics and its applications. Berlin: Springer-Verlag, 2001.

[464] 包景东. 反常统计动力学导论. 北京: 科学出版社, 2012.

[465] Li B W and Wang J. Anomalous heat conduction and anomalous diffusion in one-dimensional systems. Phys. Rev. Lett., 2003, 91: 044301.

[466] Gitterman M. Mean first passage time for anomalous diffusion. Phys. Rev. E, 2000, 62: 6065.

[467] Reimann P. Brownian motors: noise transport far from equilibrium. Phys. Rep., 2002, 361(2—4): 57.

[468] Jülicher F, Ajdari A, and Prost J. Modeling molecular motors. Rev. Mod. Phys., 1997, 69(4): 1269.

[469] Phillips R, Kondev J, and Theriot J. Physical biology of the cell. London: Taylor & Francis Group LLC. 2009.

[470] Nelson P. Biological Physics: energy, information, life. New York: W. H. Freeman & Co Ltd 2003.

[471] 赵南明, 周海梦. 生物物理学. 北京: 高等教育出版社, 2000.

[472] Kühne W. Untersuchungen uber das protoplasma und die contractilitat. Leipzig: von Wilhelm Engelmann, 1864.

[473] Alberts B, Johnson A, Lewis J, Raff M, Roberts K, and Walter P. The molecular biology of cell. New York: Garland Publishing, Inc., 2002.

[474] Lodish H, Berk A, Zipursky S L, Matsudaira P, Baltimore D, and Darnell J. Molecular cell biology. New York: Sci Ame Books. Inc, 2000.

[475] Howard J. Mechanics of motor proteins and the cytoskeleton. Sunderland, MA: Sinauer, 2001.

[476] Hänggi P and Marchesoni F. Artificial Brownian motors: controlling transport on the nanoscale. Rev. Mod. Phys., 2009, 81(1): 387.

[477] Barrow J D. Impossibility: the limits of science and the science of limits. London: Oxford University Press, 1998.

[478] Angrist S. Perpetual motion machines. Scientific American, 1968, 218(1): 115—122.

[479] Joule J P. On the mechanical equivalent of heat. Philosophical Transactions of the Royal Society of London, 1850, 140: 61.

[480] Clausius R. On the moving force of heat, and the laws regarding the nature of heat itself which are deducible therefrom. The London, Edinburgh and Dublin Philosophical Magazine and Journal of Science, 1851, 4: 1.

[481] Thomson W. On the dynamical theory of heat, with numerical results deduced from Mr Joule's equivalent of a thermal unit, and M. Regnault's observations on steam. Transactions of the Royal Society of Edinburgh, 1851, XX (II): 261—268; 289—298.

[482] Smoluchowski M V. Experimentell nachweisbare, der üblichen thermodynamik wider-sprechende molekularphänomene. Physik. Zeitschr., 1912, 13: 1069.

[483] Huxley A F. Muscle structure and theories of contraction. Prog. Biophys., 1957, 7: 255.

[484] Huxley A F. Reflections on Muscle. Liverpool: Liverpool University Press, 1980.

[485] Tsong T Y, Astumian R D. Absorption and conversion of electric field energy by membrane bound ATPase. Bioelectrochem. Bioenerg., 1986, 15(3): 457.

[486] Westerhoff H V, Tsong T Y, Chock P B, Chen Y, Astumian R D. How enzymes can capture and transmit freeenergy from an oscillating electric field. Proc. Natl. Acad. Sci. USA, 1986, 83(13): 4734.

[487] de Waele A, de Bruin Ouboter R. Quantum-interference phenomena in point contacts between two superconductors. Physica (Utrecht), 1969, 41(2): 225.

[488] Hänggi P and Bartussek R. Browninan rectifiers: how to convert brownian motion into directed transport. Lect. Notes Phys., 1996, 476: 294.

[489] Hänggi P, Marchesoni F, and Nori F. Brownian motors. Ann. Phys., 2005, 14(1): 51.

[490] Kelly T R, Tellitu I, Sestelo J P. In search of molecular ratchets. Angew. Chem. Int. Ed. Engl., 1997, 36(17): 1866.

[491] Kelly T R, Sestelo J P, Tellitu I. New molecular devices: in search of a molecular ratchet. J. Org. Chem., 1998, 63: 3655.

[492] Davis A P. Tilting at windmills? The second law survives. Angew. Chem. Int. Ed. Engl., 1998, 37(7): 909.

[493] Sebastian K L. Molecular ratchets: verification of the principle of detailed balance and the second law of dynamics. Phys. Rev. E, 2000, 61(1): 937.

[494] Kay E R, Leigh D A, and Zerbetto F. Synthetic molecular motors and mechanical machines. Angew. Chem. Int. Ed., 2007, 46: 72.

[495] 陆坤权, 刘寄星. 软物质物理学导论. 北京: 北京大学出版社, 2006.

[496] Eshuis P, van der Weele K, Lohse D, and van der Meer D. Experimental realization of a rotational ratchet in a granular gas. Phys. Rev. Lett., 2010, 104: 248001.

[497] Parrondo J M R, Espanol P. Criticism of Feynman's analysis of the ratchet as an engine. Am. J. Phys., 1996, 64: 1125.

[498] Magnasco M O, Stolovitzky G. Feynman's ratchet and pawl. J. Stat. Phys., 1998, 93: 615.

[499] Curzon F L and Ahlborn B. Efficiency of a Carnot engine at maximum power output. Am. J. Phys., 1975, 43(1): 22.

[500] Schmiedl T and Seifert U. Efficiency at maximum power: an analytically solvable model for stochastic heat engines. Europhys. Lett., 2008, 81: 20003.

[501] Tu Z C. Recent advance on the efficiency at maximum power of heat engines. Chin. Phys. B, 2012, 21: 020513.

[502] Sekimoto K. Stochastic Energetics. Berlin/Heidelberg: Springer, 2010.

[503] Jung P and Marchesoni F. Energetics of stochastic resonance. Chaos, 2011, 21(4): 047516.

[504] Hänggi P, Talkner P, and Borkovec M. Reaction rate theory: fifty years after Kramers. Rev. Mod. Phys., 1990, 62: 251.

[505] Pollock D D. Thermoelectricity// Meyers R A (ed.). Encyclopedia of Physical Science and Technology: Vol. 16. San Diego: Academic Press, 1992.

[506] van Kampen N G. Relative stability in nonuniform temperature. IBM J. Res. Develop., 1988, 32(1): 107.

[507] Landauer R. Motion out of noisy states. J. Stat. Phys., 1988, 53(1—2): 233.

[508] Reimann P, Bartussek R, Häussler R, and Hänggi P. Brownian motors driven by temperature oscillations. Phys. Lett. A, 1996, 215(1—2): 26.

[509] Bao J D. Directed current of Brownian ratchet randomly circulating between two thermal sources. Physica A, 1999, 273(3—4): 286.

[510] Luchsinger R H. Transport in nonequilibrium systems with position-dependent mobility. Phys. Rev. E, 2000, 62: 272.

[511] Kanada R, Sasaki K. Thermal ratchets with symmetric potentials. J. Phys. Soc. Jpn., 1999, 68(12): 3759.

[512] Yevtushenko O, Flach S, Zolotaryuk Y, and Ovchinikov A A. Rectification of current in ac-driven nonlinear systems and symmetry properties of the Boltzmann equation. Europhys. Lett., 2001, 54: 141.

[513] Yan B, Miura R M, and Chen Y D. Direction reversal of fluctuation-induced biased Brownian motion in distorted ratchets. J. Theor. Biol., 2001, 210(2): 141.

[514] Reimann P. Supersymmetric ratchets. Phys. Rev. Lett., 2001, 86: 4992.

[515] Reimann P. Thermally driven escape with fluctuating potentials: a new type of resonant activation. Phys. Rev. Lett., 1995, 74(23): 4576.

[516] Reimann P and Hänggi P. Surmounting fluctuating barriers: basic concepts and results, in Stochastic dynamics. Berlin: Springer-Verlag, 1997.

[517] Astumian R D, Bier M. Fluctuation driven ratchets: molecular motors. Phys. Rev. Lett., 1994, 72: 1766.

[518] Prost J, Chauwin J F, Peliti L, and Ajdari A. Asymmetric pumping of particles. Phys. Rev. Lett., 1994, 72: 2652.

[519] Mielke A. Transport in a fluctuating potential. Ann. Phys. (Leipzig), 1995, 4: 721.

[520] Bug A L R and Berne B J. Shaking-induced transition to a nonequilibrium state. Phys. Rev. Lett., 1987, 58: 1038.

[521] Ajdari A and Prost J. Mouvement induit par un potentiel periodique de basse symmetrie: dielectrophorese pulsee. C. R. Acad. Sci. Paris Ser. II, 1992, 315(13): 1635.

[522] Faucheux L P, Libchaber A. Selection of Brownian particles. J. Chem. Soc. Faraday Trans. , 1995, 91: 3163.

[523] Faucheux L P, Bourdieu L S, Kaplan P D, and Libchaber A J. Optical thermal ratchet. Phys. Rev. Lett. , 1995, 74: 1504.

[524] Gorre-Talini L, Jeanjean S, and Silberzan P. Sorting of Brownian particles by pulsed application of an asymmetric potential. Phys. Rev. E, 1997, 56: 2025.

[525] Gorre-Talini L, Spatz J P, Silberzan P. Dielectrophoretic ratchets. Chaos, 1998, 8: 650.

[526] Bader J S, Hammond R W, Henck S A, et al. DNA transport by a micromachined Brownian ratchet device. Proc. Natl. Acad. Sci. USA, 1999, 96(23): 13165.

[527] Hammond R W, Bader J S, Henck S A, et al. Differential transport of DNA by a rectified Brownian motion device. Electrophoresis, 2000, 21: 74.

[528] Magnasco M O. Forced thermal ratchets. Phys. Rev. Lett. , 1993, 71: 1477.

[529] Bartussek R, Hänggi P, and Kissner J G. Periodically rocked thermal ratchets. Europhys. Lett. , 1994, 28: 459.

[530] Gebhardt J C M, Clemen A E M, Jaud J, and Rief M. Myosin-V is a mechanical ratchet. Proc. Natl. Acad. Sci. USA, 2006, 103(23): 8680.

[531] Cross R A. Myosin's mechanical ratchet. Proc. Natl. Acad. Sci. USA, 2006, 103 (24): 8911.

[532] Flach S, Yevtushenko O, and Zolotaryuk Y. Directed current due to broken time-space symmetry. Phys. Rev. Lett. , 2000, 84: 2358.

[533] Yevtushenko O, Flach S, Zolotaryuk Y, and Ovchinikov A A. Rectification of current in ac-driven nonlinear systems and symmetry properties of the Boltzmann equation. Europhys. Lett. , 2001, 54: 141.

[534] Jung P, Kissner J G, and Hänggi P. Regular and chaotic transport in asymmetric periodic potentials: inertia ratchets. Phys. Rev. Lett. , 1996, 76: 3436.

[535] Hondou T and Sawada S. Dynamical behavior of a dissipative particle in a periodic potential subjected to chaotic noise: retrieval of chaotic determinism with broken parity. Phys. Rev. Lett. , 1995, 75: 3269.

[536] Nishizaka T, Myata H, Yoshikawa H, Ishiwata S, and Kinosita K. Unbinding force of a single motor molecule of muscle measured using optical tweezers. Nature, 1995, 377: 251.

[537] Vale R D and Milligan R A. The way things move: looking under the hood of molecular motor proteins. Science, 2000, 288: 88.

[538] Ryohei Y, Hiroyuki N, Masasuke Y, Kazuhiko K, and Hiroyasu J. Resolution of distinct rotational substeps by submillisecond kinetic analysis of F1-ATPase. Nature, 2001, 410: 898.

[539] Yasuda R, Noji H, Kinosita K Jr., and Yoshida M. F1-ATPase is a highly efficient molecular motor that rotates with discrete 120 degree steps. Cell, 1998, 93(7): 1117.

[540] Kinosita K Jr., Yasuda R, Noji H, and Adachi K. The molecular physics of biological movement. Phil. Trans. R. Soc. Lond. B, 2000, 355: 473.

[541] Yasuda R, Noji H, Yoshida M, Kinosita K Jr., and Itoh H. Resolution of distinct rotational substeps by submillisecond kinetic analysis of F1-ATPase. Nature, 2001, 410: 898.

[542] Pullman M E, Penefsky H S, Datta A, and Racker E. Partial resolution of the enzymes catalyzing oxidative phosphorylation. I. Purification and properties of soluble. Dinitrophenol-stimulated Adenosine Triphosphatase. J. Biol. Chem., 1960, 235: 3322.

[543] Penefsky H S, Pullman M E, Datta A, and Racker E. Partial resolution of the enzymes catalyzing oxidative phosphorylation. II. Participation of a Soluble Adenosine Triphosphatase in Oxidative Phosphorylation. J. Biol. Chem., 1960, 235: 3330.

[544] Kagawa Y and Racker E. Partial resolution of the enzymes catalyzing oxidative phosphorylation. IX. Reconstruction of oligomycin-sensitive adenosine triphosphatase. J. Biol. Chem., 1966, 241: 2467.

[545] Jiang W, Hermolin J, and Fillingame R H. The preferred stoichiometry of c subunits in the rotary motor sector of Escherichia coli ATP synthase is 10. PNAS, 2001, 98 (9): 4966.

[546] Iino R, et al. Operation mechanism of FoF1-adenosine triphosphate synthase revealed by its structure and dynamics. IUBMB Life, 2013, 65(3): 238.

[547] Schliwa M and Woehlke G. Molecular motors. Nature, 2003, 422: 759.

[548] Schliwa M (ed.). Molecular Motors. Weinheim, Germany: Wiley, 2003.

[549] Sablin E P, et al. Direction determination in the minus-end-directed kinesin motor ncd. Nature, 1998, 395: 813.

[550] Endow S A. Determinants of molecular motor directionality. Nature Cell Biol., 1999, 1: E163.

[551] Wells A L, et al. Myosin VI is an actin-based motor that moves backwards. Nature, 1999, 401: 505.

[552] Homma K, Yoshimura M, Saito J, Ikebe R, and Ikebe M. The core of the motor domain determines the direction of myosin movement. Nature, 2001, 412: 831.

[553] Howard J, Hudspeth A J, and Vale R D. Movement of microtubules by single kinesin molecules. Nature, 1989, 342: 154.

[554] Young E C, Mahtani H K, and Gelles J. One-headed kinesin derivatives move by a non-processive, low-duty ratio mechanism unlike that of two-headed kinesin. Biochemistry, 1998, 37(10): 3467.

[555] Huxley H E. The mechanism of muscular contraction. Science, 1969, 164: 1356.

[556] Huxley A F and Simmons R M. Proposed mechanism of force generation in striated muscle. Nature, 1971, 233: 533.

[557] Rayment I, Rypniewski W, Schmidt-Bäse K, et al. Three-dimensional structure of myosin subfragment-1: a molecular motor. Science, 1993, 261: 50.

[558] Rayment I, Holden H M, Whittaker M, et al. Structure of the actin-myosin complex and its implications for muscle contraction. Science, 1993, 261(5117): 58.

[559] Jontes J D, Wilson-Kubalek E M, and Milligan R A. A 32° tail swing in brush border myosin I on ADP release. Nature, 1995, 378: 751.

[560] Corrie J E T, et al. Dynamic measurement of myosin light-chain-domain tilt and twist in muscle contraction. Nature, 1999, 400: 425.

[561] Okada Y and Hirokawa N A. A processive single-headed motor: kinesin superfamily protein KIF1A. Science, 1999, 283: 1152.

[562] Inoue A, Saito J, and Ikebe R. Myosin IXb is a single-headed minus-end-directed processive motor. Nature Cell Biol. , 2002, 4(4): 302.

[563] Sakakibara H, Kojima H, Saka Y, Katayama E, and Oiwa K. Inner-arm dynein c of Chlamydomonas flagella is a single-headed processive motor. Nature, 1999, 400: 586.

[564] Okada Y, and Hirokawa N. Mechanism of the single-headed processivity: diffusional anchoring between the K-loop of kinesin and the C terminus of tubulin. Proc. Natl Acad. Sci. USA, 2000, 97(2): 640.

[565] Schnitzer M J, Visscher K and Block S M. Force production by single kinesin motors. Nature Cell Biol. , 2000, 2: 718.

[566] Lang M J, Asbury C L, Shaevitz J W, and Block S M. An automated two-dimensional optical force clamp for single molecule studies. Biophys. J. , 2002, 83(1): 491.

[567] Klumpp S and Lipowsky R. Cooperative cargo transport by severalmolecular motors. Proc. Natl. Acad. Sci. USA, 2005, 102(48): 17284.

[568] Brugues J and Casademunt J. Self-organization and cooperativity of weakly coupled molecular motors under unequal loading. Phys. Rev. Lett. , 2009, 102: 118104.

[569] Kural C, et al. Kinesin and dynein move a peroxisome in vivo: a tug-of-war or coordinated movement? Science, 2005, 308: 1469.

[570] Hill T L, Simmons R M. Theoretical formalism for the sliding filament model of contraction of striated muscle, Part I. Prog. Biophys. Mol. Biol. , 1974, 28: 267.

[571] Vale R D. The molecular motor toolbox for intracellular transport. Cell, 2003, 112(4): 467.

[572] Vale R D. Myosin V motor proteins: marching stepwise towards a mechanism. J. Cell. Biol. , 2003, 163(3): 445.

[573] Block S M. Kinesin motor mechanics: binding, stepping, tracking, gating, and limping. Biophys. J. , 2007, 92(9): 2986.

[574] Yildiz A. How molecular motors move. Science, 2006, 311: 792.

[575] Yildiz A, Forkey J N, McKinney S A, Ha T, Goldman Y E, and Selvin P R. Myosin V walks hand-over-hand: single fluorophore imaging with 1. 5-nm localization. Science, 2003, 300: 2061.

[576] Yildiz A, Tomishige M, Vale R D, and Selvin P R. Kinesin walks hand-over-hand. Science, 2004, 303: 676.

[577] Yildiz A, Park H, Safer D, et al. Myosin VI steps via a hand-over-hand mechanism with its lever arm undergoing fluctuations when attached to actin. The Journal of Biological Chemistry, 2004, 279: 37223.

[578] Hua W, Chung J, and Gelles J. Distinguishing inchworm and hand-over-hand processive kinesin movement by neck rotation measurements. Science, 2002, 295: 844.

[579] Asbury C L, Fehr A N, and Block S M. Kinesin moves by an asymetric hand-over-hand mechanism. Science, 2003, 302: 2130.

[580] Snyder G E, Sakamoto T, Hammer J A III, Sellers J R, and Selvin P R. Nanometer localization of single green fluorescent proteins: evidence that myosin V walks hand-over-hand via telemark configuration. Biophys. J.,2004, 87: 1776.

[581] Komori Y, Iwane A H, and Yanagida T. Myosin-V makes two Brownian 90d rotations per 36-nm step. Nature structural&molecular biology, 2007, 14: 968.

[582] Shiroguchi K and Kinosita K Jr. Myosin V walks by lever action and Brownian motion. Science, 316: 1208.

[583] Chowdhury D. Stochastic mechano-chemical kinetics of molecular motors: a multi-disciplinary enterprise from a physicist's perspective. Phys. Rep. , 2013, 529: 1.

[584] Shu Y and Shi H. Mechanochemical coupling of molecular motor. AAPPS Bulletin, 2006, 16(3): 8.

[585] Peskin C S, Ermentrout G B, and Oster G F. The correlation ratchet: a novel mechanism for generating directed motion by ATP hydrolysis// Mov V C, Guilak F, Tran-Son-Tay R, and Hochmuth R M (ed.). Cell mechanics and cellular engineering. New York: Springer, 1994.

[586] Peskin C S, Oster G. Coordinated hydrolysis explains the mechanical behavior of kinesin. Biophys. J. , 1995, 68(4): 202.

[587] Jülicher F and Prost J. Cooperative molecular motors. Phys. Rev. Lett. , 1995, 75: 2618.

[588] Jülicher F and Prost J. Spontaneous oscillations in collective molecular motors. Phys. Rev. Lett. , 1997, 78: 4510.

[589] Munarriz J, Mazo J J, and Falo F. Model for hand-over-hand motion of molecular motors. Phys. Rev. E, 2008, 77: 031915.

[590] Sablin E P, Kull F J, Cooke R, Vale R D, and Fletterick R J. Crystal structure of motor domain of the kinesin-related motor ncd. Nature, 1996, 380: 555.

[591] Qiao L Y, Li Y Y, and Zheng Z G. Rotational effect in two-dimensional cooperative directed transport. Frontiers of Physics, 2014, 10: 108701.

[592] Geislinger B and Kawai R. Brownian molecular motors driven by rotation-translation coupling. Phys. Rev. E, 2006, 74: 011912.

[593] Geislinger B and Kawai R. A new model for myosin dimeric motors incorporating Brownian ratchet and powerstroke mechanisms. Proc. of SPIE, 2007, 6602: 660206.

[594] Craig E M and Linke H. Mechanochemical model for myosin V. Proc. Natl. Acad. Sci. USA, 2009, 106(43): 18261.

[595] Chowdhury D. Stochastic mechano-chemical kinetics of molecular motors: a multi-disciplinary enterprise from a physicist's perspective. Phys. Rep. , 2013, 529: 1.

[596] Guerin T, Prost J, Martin P, and Joanny J F. Coordination and collective properties of molecular motors: theory. Current Opinion in Cell Biology, 2010, 22: 14.

[597] Holzbaur E L F and Goldman Y E. Coordination of molecular motors: from in vitro assays to intracellular dynamics. Current Opinion in Cell Biology, 2010, 22: 4.

[598] Klumpp S and Lipowsky R. Proc. Cooperative cargo teansport by several molecular motors. Natl. Acad. Sci. USA, 2005, 102(48): 17284.

[599] Gross S P, Vershinin M, and Shubeita G T. Cargo transport: two motors are sometimes better than one. Curr. Biol. , 2007, 17(12): R478.

[600] Wang Z and Li M. Force-velocity relations for multiple-molecular-motor transport. Phys. Rev. E, 2009, 80: 041923.

[601] Berger F, Keller C, Müller M J I, Klumpp S, and Lipowsky R. Co-operative transport by molecular motors. Biochem. Soc. Trans. , 2011, 39: 1211.

[602] Berger F, Keller C, Klumpp S, and Lipowsky R. Distinct transport regimes for two elastically coupled molecular motors. Phys. Rev. Lett. , 2012, 108: 208101.

[603] Zheng Z G. Collective directional transport and coupled Brownian ratchets. Int. J. Mod. Phys. B, 2004, 18(17—19): 2498.

[604] Zheng Z G. Directed transport of interacting particle systems: recent progress. Comm. Theor. Phys. , 2005, 43(1): 107.

[605] Derenyi I, Vicsek T. Cooperative transport of Brownian particles. Phys. Rev. Lett. , 1995, 75: 374.

[606] Csahok Z, Family F, and Vicsek T. Transport of elastically coupled particles in an asymmetric periodic potential. Phys. Rev. E, 1997, 55: 5179.

[607] Derenyi I and Vicsek T. The kinesin walk: a dynamic model with elastically coupled heads. Proc. Natl. Acad. Sci. USA, 1996, 93(13): 6775.

[608] Chen H B, Wang Q W, and Zheng Z G. Deterministic directed transport of inertial particles in a flashing ratchet potential. Phys. Rev. E, 2005, 71: 031102.

[609] Chen H B and Zheng Z G. Deterministic collective directional transport in overdamped flashing ratchet potentials. Mod. Phys. Lett. B, 2011, 25(14): 1179.

[610] Zheng Z G, Liu F Z, and Gao J. Directed transport of coupled systems in symmetric periodic potentials. Chinese Physics, 2003, 12(8): 846.

[611] Zheng Z G, Gao J, and Hu G. Collective directional transport of coupled oscillators in symmetric periodic potential. Int. J. Mod. Phys. B, 2003, 17(22—24): 4415.

[612] Zheng Z G, Hu G and Hu B B. Collective directional transport in coupled nonlinear oscillators without external bias. Phys. Rev. Lett. , 2001, 86: 2273.

[613] Li X W and Zheng Z G. Collective directional transport in symmetric periodic potentials by breaking the coupling symmetry. Comm. Theor. Phys. , 2003, 39(5): 549.

[614] 陈式刚. 圆映射. 上海：上海科技教育出版社，1998.

[615] 郝柏林. 从抛物线谈起. 2 版. 北京：北京大学出版社，2013.

[616] Zheng Z G and Li X W. Biased motion in a symmetric periodic potential by breaking temporal symmetry. Comm. Theor. Phys. , 2001, 36(2): 151.

[617] Liu F Z, Li X W, and Zheng Z G. Brownian ratchet driven by a rocking forcing with broken temporal symmetry. Comm. Theor. Phys. , 2003, 39(2): 173.

[618] Porto M, Urbakh M, and Klafter J. Atomic scale engines: cars and wheels. Phys. Rev. Lett. , 2000, 84: 6058.

[619] Cilla S, Falo F, and Floria L M. Mirror symmetry breaking through an internal degree of freedom leading to directional motion. Phys. Rev. E, 2001, 63: 031110.

[620] Hu B B and Zhu J Y. Driven dynamics: a photo-driven Frenkel-Kontorova model. Phys. Rev. E, 2002, 65(1): 016202.

[621] Zheng Z G, Cross M C, and Hu G. Collective directed transport of symmetrically coupled lattices in symmetric periodic potentials. Phys. Rev. Lett. , 2002, 89: 154102.

[622] Ghosh A W and Khare S V. Rotation in an asymmetric multidimensional periodic potential due to colored noise. Phys. Rev. Lett. , 2000, 84: 5243.

[623] Guantes R and Miret-Artes S. Chaotic transport of particles in two-dimensional periodic potentials driven by ac forces. Phys. Rev. E, 2003, 67: 046212.

[624] Reichhardt C and Olson C J. Reichhardt, absolute transverse mobility and ratchet effect on periodic 2D symmetric substrates. Phys. Rev. E, 2003, 68: 046102.

[625] Sengupta S, Guantes R, Miret-Artesa S, and Hänggi P. Controlling directed transport in two-dimensinal periodic structures under crossed electric fieles. Physica A, 2004, 338 (3—4): 406.

[626] Ausloos M and Lambiotte R. Brownian particle having a fluctuating mass. Phys. Rev. E, 2006, 73: 011105.

[627] Denisov S I, Denisova E S, and Hänggi P. Ratchet transport for a chain of interacting charged particles. Phys. Rev. E, 2005, 71: 016104.

［628］ Marconi V I. Rocking ratchets in two-dimensional Josephson networks：collective effects and current reversal. Phys. Rev. Lett.，2007，98：047006.

［629］ Ai B Q. Transport of overdamped Brownian particles in a two-dimensional tube：nonadiabatic regime. Phys. Rev. E，2009，80：011113.

［630］ Marchesoni F and Savelev S. Rectification currents in two-dimensional artificial channels. Phys. Rev. E，2009，80：011120.

［631］ Zheng Z G and Chen H B. Cooperative two-dimensional directed transport. Europhys. Lett.，2010，92(3)：30004.

［632］ 吴魏霞，郑志刚. 二维势场中弹性耦合粒子的定向输运研究. 物理学报，2013，62：190511.

［633］ 陈宏斌. 确定性马达的合作定向输运. 北京：北京师范大学，2006.

［634］ Ruff C，Furch M，Brenner B，Manstein D J，and Meyhofer E. Single-molecule tracking of myosins with genetically engineered amplifier domains. Nature Struct. Biol.，2001，8：226.

［635］ Schott D H，Collins R N，and Bretscher A. Secretory vesicle transport velocity in living cells depends on the myosin-v lever arm length. J. Cell Biol.，2002，156：35.

［636］ 陈省身，陈维桓. 微分几何讲义. 2 版. 北京：北京大学出版社，2001.

［637］ Bao D，Chern S S，and Shen Z. An introduction to Reimann-Finsler geometry. New York：Springer-Verlag，2000.

［638］ 俞允强. 广义相对论引论. 2 版. 北京：北京大学出版社，1997.

［639］ 郭柏灵. 分数阶偏微分方程及其数值解. 北京：科学出版社，2011.

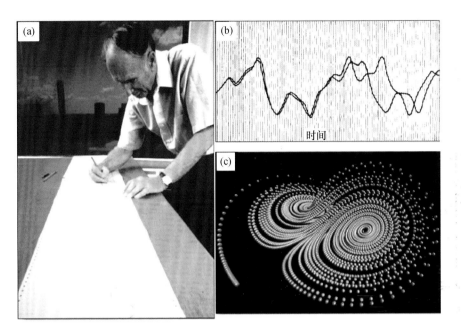

图 1.22　洛伦茨进行的气象演化的数值计算和洛伦茨吸引子

（a）洛伦茨在研究前后两次的时间序列；（b）洛伦茨两次计算的原始数据随时间的初始吻合与后来偏离，初始值指数在计算精度末位产生偏差；（c）三变量洛伦茨方程画出的洛伦茨吸引子轨道图.（引自文献〔61,62〕）

图 1.31　欧洲中世纪时期的与分形有关的画作与哥特式建筑

（a）13 世纪中期名为《神计测宇宙》（1250 年绘制）的画；（b）米兰大教堂外观的哥特式建筑风格；（c）教堂内部的哥特式建筑风格

图 1.38　用牛顿法求 $z^2=1$ 方程的根的吸引域

方程有两个根 $z=\pm1+0\mathrm{i}$，蓝色和红色区域为两个根的吸引域.可以看到两个根的吸引域是规则的、以光滑边界分开的

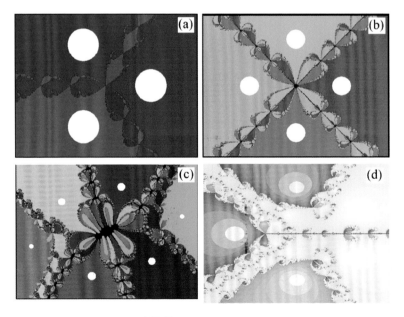

图 1.39　不同复方程牛顿法求解根的吸引域

(a) $z^3=1$；(b) $z^4=1$；(c) $(z^2-(1+3\mathrm{i})^2)(z^2-(5+\mathrm{i})^2)(z^2-(3-2\mathrm{i})^2)=0$；(d) $(z^2+4z+1)(z^2+4)(z-2)=0$.图中的白点分别代表不同的解，包围它们的同一颜色区域代表其吸引域，同种颜色代表同一个根的吸引域.可以看到在各区域边界上不同吸引域你中有我、我中有你，呈现出典型的分形边界结构

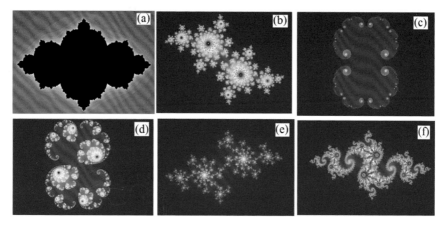

图 1.40   不同 C 值的集

（a）$C = 1 - R_g$，其中 R_g 为（1.6.17）式给出的黄金分割数；（b）$C = -0.4 + 0.6i$；（c）$C = 0.285 + 0i$；（d）$C = 0.285 + 0.01i$；（e）$C = -0.70176 - 0.3842i$；（f）$C = -0.8 + 0.156i$

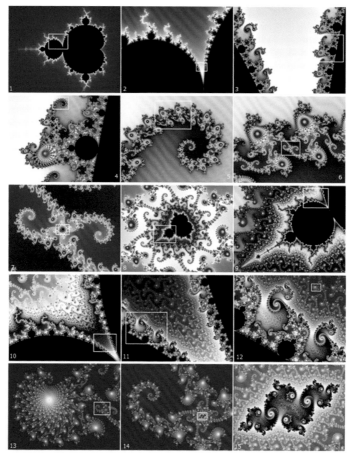

图 1.41   复数芒德布罗集在不同标尺上观测到的几何图形

每下一张图是上一张的局部放大

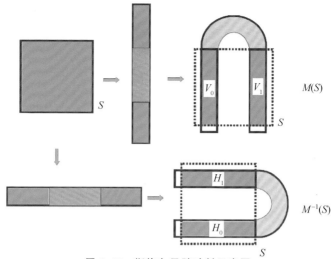

图 1.45 斯梅尔马蹄映射示意图

上面为正映射,下面为逆映射.一次变换后只剩下绿色区域

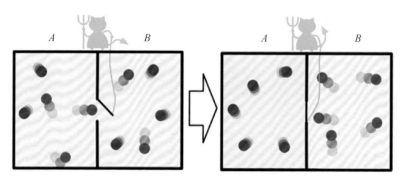

图 2.3 麦克斯韦妖示意图

将一个温度为 T 的容器分成 A 和 B 两部分,并在两部分的分界面上开一个小洞,有一个"妖"把守着洞门,它的任务是让速度超过某个值的分子由 A 通过小洞到 B,并将低速的分子挡住,从而使得容器 B 中速度大的分子越来越多,容器 A 中速度大的分子越来越少

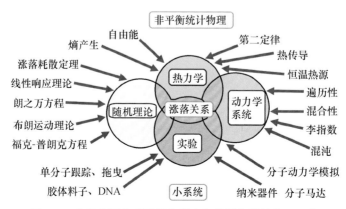

图 3.1 小尺度下小系统行为研究与非平衡统计物理研究所涉及的学科领域及其交叉问题示意图

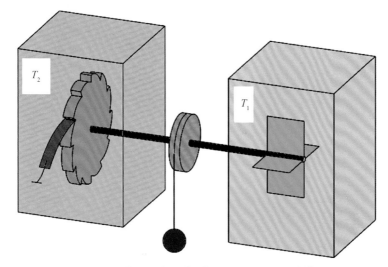

图 5.2 斯莫拉考夫斯基-费曼棘轮的假想实验装置

棘爪部分与叶片部分可以处于不同温度的热源接触.(改编自文献[467])

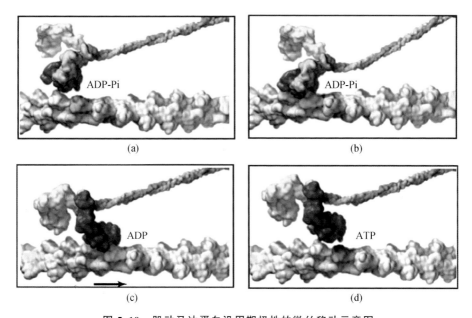

图 5.10 肌动马达蛋白沿周期极性的微丝移动示意图

肌动马达蛋白由两个头组成,这两个头交替与微丝结合、分离,同时通过两个头的连接部使其向前行进. 马达沿着自身前进方向自左向右运动并搬运物质,同时消耗 ATP 分子,这些 ATP 分子水解为 ADP 和磷酸盐(P).(改编自文献[537])

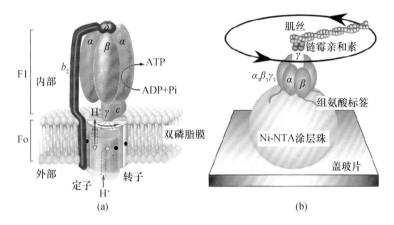

图 5.12　旋转式马达 FoF1-ATP 合酶的示意图及其实验观察

(a) Fo 与 F1-ATP 的复合型马达合酶示意图.Fo 和 F1 两个旋转马达分别在跨膜离子运动势和 ATP 水解下转动.(b) 旋转式马达 F1-ATP 酶的单分子观察实验示意图,图中是对单个 F1 马达转动的观察.将荧光标记的肌丝结合在转轴上,加入 ATP 后即可观察肌丝的转动并对其转速进行测量

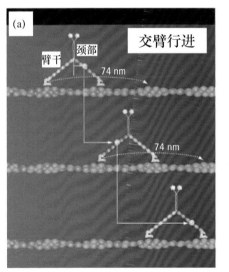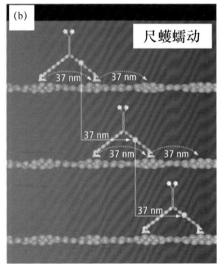

图 5.15　分子马达的两种不同行进方式示意图

(a) 交臂方式,(b) 尺蠖方式.(改编自文献[542])